Restaurierungs-Handbuch für Karosserie und Lack

OLDTIMER □ YOUNGTIMER □ LIEBHABERFAHRZEUGE

LINDSAY PORTER

SCHRADER-MOTOR-TECHNIK

Schrader Automobil-Bücher

Erstmals veröffentlicht durch
Haynes Publishing Group,
Sparkford nr. Yeovil,
Somerset BA227JJ, England,
1985.

Titel der Originalausgabe:
The Car Bodywork
Repair Manual
A Foulis Motoring Book

Übersetzung: Stephan Veil
Redaktion: Mila Schrader
Satz, Montage und Druck:
Bosch-Druck GmbH
Landshut-Ergolding

Printed in Germany

ISBN 3-922617-57-3

In dieser Reihe
Schrader-Motor-Technik:

Porsche 911
– alle Modelle 1963 – 1986
von Lindsay Porter
und Peter Morgan

VW Käfer, Cabrios
von 1946 – 78
und Transporter
von 1946 – 79
von Lindsay Porter

Zu beziehen durch jede gute
Buchhandlung oder direkt vom
Verlag

Inhalt

Kapitel 5
Lackieren – Teil 1

Weitere Tips, Tricks und Hinweise

Kapitel 5
Lackieren – Teil 2

Weitere Tips, Tricks und Hinweise

Kapitel 6
Die Karosserie-Instandsetzung

Weitere Tips, Tricks und Hinweise

Kapitel 7
Schnellreparaturen

Vorwort

Als wir vor gut zehn Jahren im Rahmen unserer ersten Verlagsreihe eine kleine Broschüre mit dem Titel „Oldtimer-Restaurierung – spezial" herausbrachten, verfaßt vom Veteranen-Experten Jakob Drach, waren dem Amateur bei weitem noch nicht jene technischen Möglichkeiten zugänglich, die ihm heute offenstehen, wenn er die Restaurierung eines Autos in Angriff nimmt. Aber nicht nur die praktischen Voraussetzungen haben sich verändert. Das allgemeine Grundwissen in der Automobiltechnik ist größer geworden, und der Laie verfügt heute über wesentlich mehr Detailkenntnisse als früher.

Der Trend zum Do-it-yourself hat natürlich auch durch die in den letzten Jahren enorm gestiegenen Werkstattkosten eine Belebung erfahren. Auch etwas kompliziertere Arbeiten führt der Nicht-Fachmann heute, wenn es nur irgend geht, in eigener Regie durch. Darauf galt es sich bei der Konzeption eines Buches, wie es hier vor Ihnen liegt, einzustellen, und ich hoffe, daß es Ihren Erwartungen entspricht.

Dieses Buch soll Ihnen bei Restaurierungs- und Reparaturarbeiten an Ihrem Wagen – Karosserie, Lack und Interieur betreffend – nach besten Kräften helfen. Mit Lindsay Porter wurde genau der richtige Autor gefunden: Er ist Praktiker mit einem großen Erfahrungsschatz, und er vermag sich zudem so klar und deutlich auszudrücken, daß gerade der Laie all die von ihm beschriebenen Arbeiten ohne Schwierigkeiten nachvollziehen kann.

Die Übersetzung und Adaption des Textes besorgte unser Mitarbeiter Stephan Veil, selbst ein erfahrener Restaurateur mit langjähriger Praxis. Auch die Unterstützung durch hilfreiche Mitarbeiter und Institutionen soll hier erwähnt werden. Den Firmen SIP und SGA (Schweißgeräte, Kompressoren), Peter Osborne, Paul Toon, David Edwards (Leedex), George Mooney und Ian Bonker (International Paints, De Vilbiss), Les Ness (Murex) sowie John Hill vom MGB Centre sei ebenso Dank gesagt wie den Firmen BOC, Apollo, Sykes-Pickavant, Black & Decker, Unipart, Holts, Webasto, Smith & Deakin, Celette Churchill, Berger Paints, Clearview Windscreens, Austin-Rover und Supra. Paul Sanderson von der Zeitschrift „Practical Classics", Jürgen Freund und Wiesław Fusaro waren uns sehr behilflich, und für die Überlassung von interessanten Fotos sei dem amw-Pressedienst, Autopress Neckarsulm, den Firmen Kretschmer & Rubel, Kreutzer & Sohn, Schröder & Weise GmbH sowie den Herren Wolfgang Dehring, Albert Häfner und Rolf Viehmayer gedankt.

Mila Schrader

Die Anwendung dieses Buches

Es kommt der Zeitpunkt im Leben eines jeden Automobils, der uns zwingt, sich mit ihm etwas näher auseinanderzusetzen. Sei es wegen einer kleinen, mehr oder weniger kosmetischen Aufarbeitung, sei es wegen der Durchführung einer Unfallreparatur, oder weil der berühmte Zahn der Zeit an der Karosserie zu nagen begonnen hat. Dieses Buch ist so aufgebaut, daß alle diesbezüglichen Arbeiten in sich geschlossen beschrieben werden.

Darüber hinaus sind die Kapitel aber so strukturiert, daß sie in zwei Bereiche aufgeteilt sind; ein System, das sich durch das ganze Buch zieht. Der eine Bereich läuft unter dem Begriff „Technik" und informiert Sie über das Grundsätzliche, er zeigt Ihnen Bilder, die bestimmte Probleme verdeutlichen, und vermittelt Ihnen Informationen, welche Kenntnisse für diese oder jene Arbeiten Sie haben sollten.

Der andere Bereich ist der der „Anwendung". Hier geht es darum, die erworbenen Kenntnisse in der Praxis anzuwenden, und dementsprechend zeigen wir die Arbeiten an Autos oder Teilen davon, die entweder wegen Rost- oder wegen Unfallschäden ihre Behandlung erfuhren. Schritt für Schritt sind alle Phasen, nach denen vorgegangen wird, im Bild festgehalten und genau beschrieben. Es wurde immer wieder darauf Rücksicht genommen, daß alle Arbeitsvorgänge auch vom Laien in der Amateurwerkstatt nachvollziehbar sind. Probleme wurden in keinem Fall unter den Teppich gekehrt – es werden stets Lösungen hierfür angeboten, mitunter auch mal mehrere.

Es mag manchmal Mittel und Wege geben, die eine oder andere Reparatur einfacher und billiger durchzuführen. In jedem Fall habe ich mich bemüht, dem Leser die beste, vor allem aber auch die sicherste Methode aufzuzeigen, stets unter der Berücksichtigung der Wertbeimessung seines Wagens und der ihm zur Verfügung stehenden technischen Hilfsmittel.

Um die beiden Bereiche deutlich zu kennzeichnen, werden im Buch zwei Symbole durchlaufend benutzt:

● für den Bereich „Technik"

■ für den Bereich „Anwendung" – wobei auch im Inhaltsverzeichnis diese Zeichen erscheinen. Es empfiehlt sich daher, vor der Inangriffnahme bestimmter Arbeiten das Inhaltsverzeichnis genau zu studieren, denn zusätzliche Hinweise zu einigen Arbeitsbereichen können auch in anderen Unterkapiteln auftauchen.

Im übrigen sollten Sie zum Arbeiten nach diesem Buch noch folgendes wissen:

1. Jedes Hauptkapitel ist in Abteilungen untergliedert; diese haben Zwischenüberschriften in Kursivschrift zwischen zwei Linien. Weitere Untergliederungen sind durch Kursiv-Überschriften ohne Linien erkennbar.

2. Die Texte zu den Fotos und den Zeichnungen sind mehr oder weniger Bestandteil der Kapiteltexte und daher in fortlaufender Reihenfolge den Spalten entsprechend von oben nach unten – mit ganz wenigen, deutlich erkennbaren Ausnahmen – zu lesen. Die Bilder und die Bildunterschriften sind zudem numeriert. Die Nummern beginnen in jedem der Kapitel wieder bei 1.

3. Auf die Sicherheitshinweise möchte ich Sie ganz besonders hinweisen. Es handelt sich bei ihnen nicht um Routine-Anmerkungen oder lästige Pflichtübungen – sie haben ihren Sinn und stellen einen wichtigen Bestandteil aller Arbeitsbeschreibungen in diesem Buch dar. Lesen Sie diese Hinweise bitte gründlich durch, damit Sie sich keinen unnötigen Risiken aussetzen. Bedenken Sie, daß der Umgang mit technischen Einrichtungen und besonders Arbeiten am Auto auch ihre gefährlichen Seiten haben können. Machen Sie sich also mit dem Inhalt dieser Hinweise vertraut, ehe Sie mit der Arbeit beginnen!

So gründlich alle beschriebenen Arbeiten auf ihre bestmögliche Durchführbarkeit geprüft wurden, können weder der Autor noch der Verlag oder seine Mitarbeiter eine Haftung für Irrtümer oder Fehler beziehungsweise für irgendwelche Schäden, Verletzungen oder Verluste übernehmen, die sich möglicherweise aus dem Nachvollzug der in diesem Buch veröffentlichten Anleitungen ergeben.

Lindsay Porter

1 Richtig restaurieren

Theorie und Praxis des Restaurierens ■

Kommt die Rede aufs Restaurieren von Automobilen, denkt man meist an Oldtimer. Wenn in diesem Buch von Restaurierungsarbeiten gesprochen wird, betreffen sie indessen Oldtimer gleichermaßen wie Alltagsfahrzeuge. Denn unser Thema betrifft ja nicht Motor, Antrieb, Elektrik und so fort, bei denen sich in einem einzigen Buch Überholungs- und Reparaturarbeiten niemals so umfassend darstellen ließen, daß sie Besitzern der unterschiedlichsten Fahrzeuge von Nutzen wären.

Bei Karosserie-, Lackierungs- und einigen Interieur-Arbeiten sind die Arbeiten an altem oder jungem Material weitgehend identisch. Eine drei- oder siebenjährige Motorhaube verlangt die gleiche Sorgfalt, das gleiche Knowhow, die gleichen Werkzeuge wie eine, die dreißig oder fünfzig Jahre alt ist.

Schließlich macht es auch kaum einen Unterschied, ob ein neues Blech an jene Stelle im Kotflügel eingeschweißt werden muß, die der Zahn der Zeit zernagt hat oder die durch eine Karambolage unbrauchbar gemacht wurde. Aus diesem Grunde sind viele der in diesem Buch aufgezeigten Arbeitsgänge, die an jüngeren Fahrzeugen praktiziert und fotografiert wurden, auf Oldtimer übertragbar. Von Fall zu Fall wird aber auch auf Unterschiede oder Besonderheiten detailliert hingewiesen.

Daß auch ein ganz „normaler" Alltagswagen ein Liebhaberfahrzeug ist, nämlich für den Besitzer, der sich Mühe gibt, sein Auto zu pflegen und zu erhalten, darf vorausgesetzt werden. Auf bestimmte Marken, Modelle oder Baujahre legen wir uns da nicht fest. Tatsache aber ist, daß in den letzten zwei Jahrzehnten die Automobil-Leidenschaft völlig neue Dimensionen erfahren hat. Oldtimer und besondere Liebhaberfahrzeuge – Sportwagen, Cabrios, Exoten – aller Jahrgänge bildeten im Laufe der Zeit ein eigenständiges Marktsegment mit bestimmten „Spielregeln". Sie unterscheiden sich ganz erheblich von denen, die für normale Alltagsautos gelten.

Während es bei einem leidenschaftslos strapazierten Geschäfts- und Einkaufswagen für den täglichen Gebrauch in erster Linie auf Zweckmäßigkeit, Wirtschaftlichkeit und Zuverlässigkeit ankommt, bestimmen beim Liebhaberfahrzeug andere Faktoren die vorderen Stellenwerte – nämlich Individualität (oder Prestige) und weitestgehender Originalzustand. Gewiß soll auch ein Old- oder Youngtimer im Betrieb zuverlässig sein, sofern er nicht nur als reines Museums-Fahrzeug sein Dasein fristet (und auch solche Autos werden ja hin und wieder anläßlich einer Rallye bewegt). Und eine wirtschaftliche Komponente gibt es ebenfalls, zumindest in jenen Fällen, wo man durch eigenhändiges Restaurieren eine Relation zwischen Aufwand und Wert herzustellen bedacht ist. Doch der Liebhaberwagen ist meist kein Gebrauchsfahrzeug im herkömmlichen Sinne. Man besitzt ihn aus Freude an seiner Besonderheit, und

1. Liebe und Sorgfalt sind die wichtigsten Voraussetzungen, die man mitbringen muß, um eine Restaurierung in Angriff zu nehmen. Fachkenntnisse kann man sich aneignen, Erfahrungen im Laufe der Zeit sammeln . . .

2. Oben: Nicht jeder Liebhaberwagen läßt sich in perfektem Zustand in einer Schloßgarage finden. Wer Ausgefallenes sucht, darf vor Schrott nicht zurückschrecken. Es sind schon schlimmere Fälle als diese toprestauriert worden!

3. Oben rechts: Wagen der frühen fünfziger Jahre wie dieser Opel Kapitän erfreuen sich zunehmender Beliebtheit, zumal man oft noch Ersatzteile bekommt.

4. Rechts: Hoch im Kurs bei Ford-Liebhabern: Der 17 M von 1957 bis 1960.

wenn sie auch nur auf einem persönlichen Verhältnis beruht und mit dem Wert- oder Sammlerstatus nicht viel zu tun hat. Das persönliche Verhältnis zum Auto zählt mehr als jede Art von nüchterner Zweckbestimmung.

Wenn es etwas zu reparieren, zu überholen, zu richten gilt, bringt man seinen Wagen gemeinhin zum Kundendienst der betreffenden Marken-Organisation oder in eine „normale" Autowerkstatt. Das ist die Regel, von der es aber eine ganze Menge Ausnahmen gibt. Womit wir beim Thema wären.

Das Restaurieren eines besonders wertvollen, historisch bedeutsamen Automobils wird in den meisten Fällen die Aufgabe einer hierauf spezialisierten Fachwerkstatt sein, und das aus gutem Grund. Bei weniger hochkarätigen Autos wird der Anteil jener Besitzer, die eine Reihe von Arbeiten in eigener Regie durchführen, aber immer größer. In zunehmendem Maße gehen auch Amateure daran, sich ihren Wagen – egal, ob Oldtimer oder Youngtimer – eigenhändig herzurichten.

Restaurieren in eigener Regie war zwar schon immer das Hobby geschickter Do-it-yourselfer, doch die Zunahme dieser Betätigungen gerade in den letzten Jahren ist nicht zu übersehen. Sie hat mehrere Gründe. Zum einen hat sich die Auto-Liebhaberei, wie eingangs angedeutet, ganz allgemein stark ausgedehnt; abzulesen ist dieses Phänomen an der ständig zunehmenden Zahl von Clubs, Oldtimer-Märkten und Spezialzeitschriften. Zum zweiten geben die stark angestiegenen Werkstatt-Stundenlöhne immer mehr Alt-Auto-Eignern eine Veranlassung, sich in vielen Techniken zu versuchen – weil eine Restaurierung sonst kaum mehr bezahlbar wäre. In Profi-Werkstattarbeit toprestaurierte Liebhaberwagen sind kaum zu verkaufen, wenn man später einmal danach trachtet, die investierten Aufwendungen wieder hereinzubekommen. Oder man macht ein herbes Verlustgeschäft.

Zum dritten aber wird die Restaurierung einem Amateur heute so leicht gemacht wie nie zuvor. In Grenzen freilich, denn es gibt da eine Menge spezieller Arbeiten, die man noch immer besser dem Profi überläßt. Die Überholung eines Motors, eines Getriebes, einer Lichtmaschine gehören dazu, auch die Erneuerung einer Innenausstattung in Leder, Reparaturen an Edelholz-Bauteilen (etwa bei einem Nobelwagen der zwanziger, dreißiger Jahre) oder galvanische Arbeiten zum Beispiel. Daß es aber eine ungeheure Menge einzelner Positionen gibt, die

5. Oberflächliche Arbeiten lohnen nicht. Gerade bei einem Liebhaberstück muß der Lack bis aufs Metall herunter, damit man die Rostnester freilegt.

6. Unten: Manchmal zeigen sich die Rostnester unverhohlen. Trittbrett/Kotflügel-Ecken sind klassische Schwachstellen, wie hier bei diesem BMW 327.

bei der Restaurierung eines Automobils – gleich welcher Konfiguration – vom Do-it-yourselfer ohne oder nur in minimaler Inanspruchnahme fremder Hilfe in Angriff genommen werden können, zeigt dieses Buch. Wir konzentrieren uns dabei auf alle Arbeiten, die mit der Karosserie zusammenhängen. Motor, Antrieb und Elektrik wurden bewußt ausgelassen, denn diese Bereiche können vom Thema her weitere umfangreiche Bände füllen . . .

Eine Reparatur im Karosseriebereich, eine Überholung des Interieurs, die Neulackierung eines in Wind

7. Unten: Zeitraubend, geruchsintensiv – aber gründlich: Abbeizen der Lackschichten mittels spezieller Laugen.

und Regen ehrenhaft „ergrauten" Wagens, dessen Lebenserwartung man somit verlängern möchte, bedarf keiner großen Vorrede. Anders ist es bei einem Auto, das, aus welchen Gründen auch immer, bei seinem Besitzer einen gewissen Liebhaberstatus hat. Eines der wichtigsten Kriterien beim Reparieren oder Restaurieren solcher Autos ist die Erhaltung oder Wiedererreichung des Originalzustandes. Der Sammlerwert eines Liebhaberwagens steigt und fällt mit dem Grad der Annäherung an diesen Punkt. Natürlich kann ein Auto, auch mit der größten Sorgfalt wiederhergerichtet, niemals „wie neu" dastehen – in diesem Falle wäre es, wie man sagt, überrestauriert und in seiner Authentizität fragwürdig. Ein Auswechseln sämtlicher Teile (einmal vorausgesetzt, es gäbe sie alle) wür-

8. Pofis benutzen eine „Wiege", in welche sie den Wagen einspannen. Das Arbeiten an den unterwärtigen Partien ist hiermit sehr viel einfacher als bei einem aufgebockten Wagen.

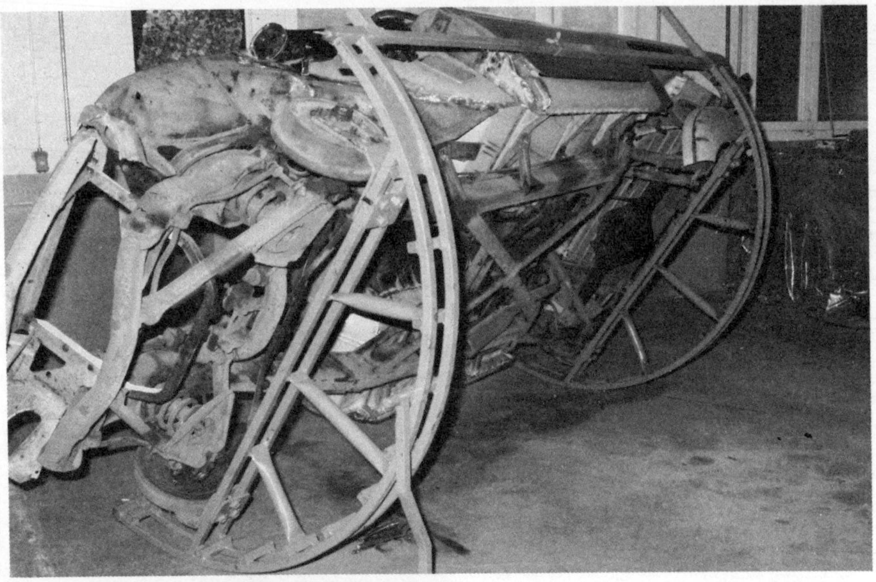

9. Bis in die letzten Einzelteile wurde dieser Horch zerlegt. Die Karosserieteile wurden feuerverzinkt und sind somit für die Ewigkeit rostgeschützt!

de aus dem Old- oder auch Youngtimer ein fabrikneues Auto machen, an dem schließlich nichts mehr die Patina der Geschichte hätte – und das wäre widersinnig. Aber die weitestgehende Annäherung an den Originalzustand muß ja nicht identisch sein mit dem „Neu"-Zustand. Aus dem, was am Fahrzeug vorhanden und brauchbar – wenn auch aufarbeitungsbedürftig – ist und durch sachgemäße Behandlung wieder seiner ursprünglichen Funktion zugeführt werden kann, besteht schließlich seine eigentliche Substanz.

Wenn hier immer wieder vom „Oldtimer" oder auch „Youngtimer" die Rede ist, sollte man das näher definieren. Die Grenzen zwischen den Begriffen, die eine bestimmte Automobil-Kategorie kennzeichnen, sind fließend. Klar, daß ein Fahrzeug vor Baujahr 1939 ein Veteran oder auch Oldtimer ist. Bei den Nachkriegswagen wird schon fein unterschieden – für die einen ist ein 1949er Mercedes 170 V durchaus ein echter „Oldie", für die anderen auch ein 1960er Borgward Isabella. Wie ist es aber bei einem Karmann-Ghia? Bei einem Heckflossen-Cadillac? Bei einem Alfa Romeo Giulietta Spider? Wenn schon nicht Oldtimer – sind das die berühmten Youngtimer? Manche meinen, das seien eben nur „alte Autos" ohne großen Marktwert. Man müsse schon einen gehörigen Spleen haben, sich damit zu beschäftigen.

Wo der Oldtimer aufhört und der Youngtimer – auch ein erst in den siebziger Jahren aufgekommener Begriff – anfängt, ist also nicht festzulegen. Ist ein NSU Ro 80 von 1968 oder ein BMW 1800 TI von 1966 ein Oldtimer oder ein Youngtimer? Schwer zu sagen. In jedem Fall können solche Wagen begehrte Liebhaberautos sein, und für Wagen dieses Kalibers gilt das hier Gesagte und die nachfolgend beschriebenen Arbeitsanleitungen ebenso wie für einen Adler Trumpf Junior Baujahr 1937 oder einen Citroën DS Baujahr 1974. Und wenn Ihr Wagen ein 1980er Opel Ascona ist oder ein Diesel-Golf, an dem Ihr Herz aus Gründen hängt, die kein anderer nochvollziehen kann – dann werden Sie Ihre Nutzanwendung aus dem Inhalt gleichermaßen zu ziehen wissen.

10. Ersatzteile für ältere Semester gibt es mehr als man glauben mag, wie die internationalen Oldtimermärkte beweisen.

11. Auch auf kleinen Auto-Flohmärkten kann man mitunter fündig werden!

12. Ein DKW von 1950, in allen Teilen perfekt restauriert. Die Frage nach dem Aufwand stellt der Liebhaber nicht, wenn es sich um ein Fahrzeug mit persönlichem Erinnerungswert handelt.

Alte Autos, neue Märkte

Die Zunahme der Liebhaberei in bezug auf alte, nicht ganz so alte und auch verhältnismäßig junge Autos hat, wie eingangs erwähnt, einen Umfang angenommen, der die Erschließung neuer Märkte nach sich zog. Die Anzeigenseiten einschlägiger Journale machen dies besonders deutlich. Es etablierten sich nämlich Hersteller, Händler und Vermittler von Ersatzteilen für solche Fahrzeuge, nachdem es sich längst herumgesprochen hat, daß ein Herumstöbern auf Abbruchplätzen nur noch in Ausnahmefällen zum Erfolg führt, wenn man bestimmte Verschleiß- oder Zubehörteile sucht. Gerade für ältere Baujahre – fünfziger Jahre und zurückliegend – wurde die Teilebeschaffung schon vor längerem immer heikler. Inzwischen hilft eine Vielzahl spezialisierter Anbieter dem Restaurateur, sich mit allem Erforderlichen auszustatten. Auf den großen Jahresmärkten, wie sie in Mannheim, Ulm, Ludwigshafen, Essen und an zahlreichen anderen Plätzen regelmäßig abgehalten werden, liegt die ganze Pracht in ihrer Vielfältigkeit vor dem Teilesuchenden. Radkappen für alte VW-Käfer, Zierleisten für einen Mercedes 300, Scheibenwischer für einen Borgward 2400, Türgriffe für ein Ford A-Modell, Scheinwerfergehäuse für einen Horch Achtzylinder, Stoßdämpfer für einen Porsche 356, Zierstäbe für den Kühler eines Citroën Gangsterwagen – es gibt (fast) nichts, was aus alten Beständen oder neuaufgelegter Produktion nicht zu haben wäre.

Gewiß, billig sind Ersatzteile für Liebhaberwagen meist nicht. Alte Originalbestände, von findigen Händlern aufgekauft, haben schon aus Gründen der Nostalgie ihren am Raritätswert orientierten Preis, und Neuauflagen nach altem Muster sind schon deshalb relativ teuer, weil sie ja nicht – wie einst zu „Lebzeiten" des betreffenden Wagens – in Massenproduktion entstehen, sondern in kleiner Auflage für einen doch recht begrenzten Kreis von Liebhabern.

Nicht alle Fahrzeuge, deren Bearbeitung in diesem Buch geschildert wird, sind teure Liebhaberwagen – zumindest jetzt noch nicht. Ihre Zeit mag noch kommen, mit Bestimmtheit sogar. Für sie kann es oft genug noch günstiger sein, auf Abbruchplätzen Ersatz- und Tauschteile zu erhalten. Die Branche der Autoverwerter verfügt sogar über ein laufend aktualisiertes Verzeichnis (mit Preisen!) aller gängigen Abbruchteile. Eins aber gilt auch für diese Fahrzeuge: Gründlichkeit und ein der Originalität möglichst nahe kommendes Arbeitsziel machen sich auch hier bezahlt. Selbst bei sogenannten Schnellreparaturen, etwa nach einem harmlosen Touchier-Unfall mit der Garagenwand, muß ja nicht gepfuscht werden.

Der bereits zitierte Liebhaberwert eines besonderen Wagens steigt, wenn ein seltenes und originalgetreu restauriertes Fahrzeug in die Jahre kommt. Um so wichtiger ist es, wenn Restaurierungsarbeiten daher mit soviel Sorgfalt durchgeführt werden, so daß sie Bestand haben. Einen zeitlichen und materiellen Aufwand zu betreiben, der nach drei oder fünf Jahren wiederholt werden muß, wäre pure Verschwendung. Aber nur der Amateur kann es sich erlauben, sich mit einzelnen Arbeiten sehr viel länger aufzuhalten, wesentlich mehr Gründlichkeit im Detail zu praktizieren, als dies bei einer Lohnwerkstatt möglich wäre – es sei denn, man habe dort zuvor einen Blankoscheck hinterlegt. Die Kosten für eine Restaurierung würden ins Unermeßliche steigen, schriebe eine Firma soviele Stunden auf die Rechnung, die Sie vielleicht in Ihrer Hobbygarage für eine vergleichbare Arbeit selbst aufgewendet haben. Zugegeben, man würde dort manches schneller und perfekter erledigen, und das Knowhow samt Anwendung hat schließlich auch seinen Preis. Dennoch ist der Do-it-yourselfer besser dran, wenn es um bestimmte Arbeiten, von ihm zu bewältigende geht – er ist auch flexibler, wenn unvorhergesehene Dinge rasche Entscheidungen erfordern, er kann zwangsweise eintretende Leerlaufzeiten mit anderen Jobs überbrücken, darf auch bereits halbwegs oder gar gänzlich abgeschlossene Arbeiten noch einmal umstoßen und anders oder besser machen, wenn ihm der Sinn danach steht – alles Sachen, die andernorts stark ins Kleingeld gehen würden.

Auf Werkstatt- und Ausrüstungsfragen wird noch ausführlich eingegangen. Ebenso auf das Thema Sicherheit. Eine weitere Voraussetzung, zu einem befriedigenden Ergebnis zu kommen, ist indessen eine umfassende Information, das Grundsätzliche betreffend – und das ist nun einmal das Objekt Auto. Daß Sie über die zum Wagen gehörende Betriebsanleitung verfügen, sollte eine Selbstverständlichkeit sein. Besorgen Sie sich aber auch eine Reparaturanleitung und ein Ersatzteilverzeichnis. Für die meisten Fahrzeuge der letzten vierzig Jahre sollte dies kein Problem sein – auch für diese Literatur gibt es Spezialverlage, Experten und Fachbörsen! Ebenso macht sich die Mitgliedschaft in einem Markenclub spätestens bei diesem Punkt bezahlt. Diese Clubs sind oft in der Lage, einem beim Nachweis von Spezialisten, bei der Beschaffung von Ersatzteilen – auch aus dem Ausland – und diesbezüglicher Literatur behilflich zu sein.

Etliche Clubs offerieren oder vermitteln auch Kurse im Restaurieren. Entweder Lehrgänge, die eine Vielzahl von Arbeiten umfassen und deshalb entsprechend lange dauern, oder Wochenend-Seminare etwa im Schweißen oder auf dem Gebiet der Elektrik. Solche Nachhilfen können nur nützen, und man spart sich eventuell viel Lehrgeld, wenn man hier einige Vorkenntnisse erwirbt, bevor man sich an's Werk macht.

In den USA und in England – derzeit noch weniger bei uns – gibt es national angelegte Wettbewerbe, in denen Jahr für Jahr die bestrestaurierten Liebhaberwagen gesucht und hoch prämiert werden. Amateurleistungen und Profi-Arbeiten werden gesondert bewertet, und es beteiligen sich an diesen „Contests" nicht etwa nur Besitzer wertvoller Edelautos à la Packard, Bentley, Auburn, Bugatti oder Ferrari. Gerade die intensive Beschäftigung mit jüngeren, noch lange nicht den „Antiques" zugerechneten Autos fällt hier auf. Da kommen Chevrolet Pickups der sechziger Jahre zu den Meetings, VW-Brezelfenster-Käfer, Jaguar-Limousinen der Mark-II-Baureihe, Jeeps und Pontiac Firebird Coupés. Besitzer eines Ford Capri oder Cortina, eines Austin Mini oder MGB zeigen da ihre Schmuckstücke – Autos, die zum Teil noch dem täglichen Straßenbild angehören. Aber ist es nicht so, daß auch wir uns hierzulande nach einem besonders gepflegten Käfer umdrehen, nach einem VW-Porsche 914 mit seinen Original-Fuchs-Felgen oder nach einem auf Hochglanz polierten Mercedes 190 SL?

Der Ehrgeiz, Autos der sechziger und siebziger Jahre schon jetzt, bevor sie „richtige" Oldtimer werden, vor dem Verfall zu retten, und sie durch eine handwerklich einwandfreie Restaurierung zu wertvollen Liebhaberstücken zu machen, braucht bei vielen Besitzern solcher Fahrzeuge nicht erst geweckt zu

13. Bei staub- und schmutzintensiven Arbeiten deckt man besser jene Fahrzeugpartien ab, die man bereits bearbeitet hat. Man erspart sich wiederholte Reinigungsarbeiten.

werden. Aber über das hierzu notwendige Detailwissen, sowohl vom Technischen her als auch in bezug auf die Typen- und Modellgeschichte, verfügen nur die wenigsten.

In etlichen Museen können wir sie ja schon länger bewundern, die Normal-Automobile der jüngeren Vergangenheit. Zu den als „Oldtimer" längst anerkannten Klassikern vergangener Epochen bilden sie einen interessanten Kontrast, und da wir uns in einer schnellebigen Zeit befinden, bekommen die Ford Capri, MGB, Porsche 914, Opel Admiral oder Peugeot 404 sehr viel eher ihr nostalgisches Flair als dies bei ihren Ahnen von nebenan der Fall war, die erst vier oder sechs Jahrzehnte alt werden mußten, ehe man sie als Liebhaberobjekte wiederentdeckte. Automuseen sind für den Oldie-Liebhaber anregend, sie stimulieren ihn geradezu, eigene Aktivitäten zu entwickeln . . .

Depressive Phasen . . .

Wer schon einmal (oder gar mehrmals) eine Restaurierung absolviert hat, kennt die Höhen und Tiefen solcher Beschäftigungen und kann bestätigen, wie euphorische und depressive Momente einander abwechseln. Unweigerlich kommen einige Phasen, die einen zur Verzweiflung bringen. Nichts klappt, nichts paßt, nichts funktioniert. Es fehlen plötzlich Gegenstände („acht Wochen lang lagen hier die Scheibengummis, und plötzlich sind sie weg!"), man vermißt bestimmte Werkzeuge oder wichtige Aufzeichnungen, entdeckt gravierende Patzer, erhält längst bestellte Teile nicht pünktlich. Darüber muß man hinwegkommen. Halb aufgearbeitete, teilzerlegte oder nicht fertiggestellte Fahrzeuge tauchen immer wieder in den Kleinanzeigenspalten der Oldtimer-Zeitschriften auf – diese „Teilrestaurierungen" sind oft genug das Ergebnis aus Resignation, zerronnenen Träumen und pekuniärer Ebbe. Und daher fast immer sehr preisgünstig. Doch Vorsicht: Man hat nie die Möglichkeit nachzuprüfen, ob all die in Verzweiflung zusammengeklaubten und in separaten Kartons mitgelieferten Teile auch wirklich komplett sind!

Daß der finanzielle Aufwand einer Restaurierung in seinem gesamten Umfang nicht im vorhinein zu ermitteln ist, erklärt den Umstand, warum etliche seriöse Profis der Branche keine Kostenvoranschläge zu machen pflegen. Der Aufwand für eine hundertprozentige Arbeit ist

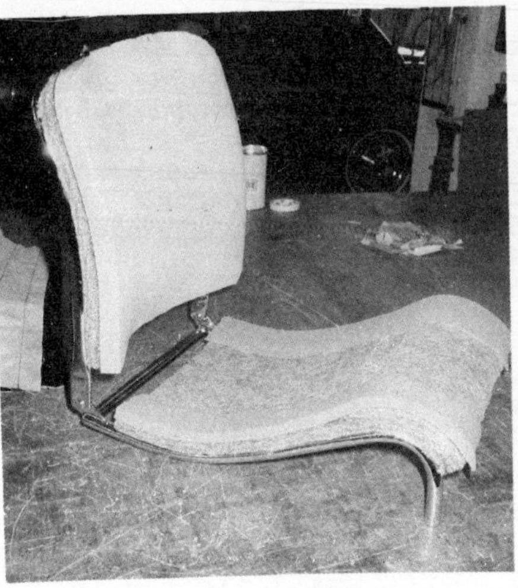

14. Wer's gründlich machen will, zerlegt auch die Polster der Sitze und arbeitet sie neu auf. Allerdings ist dies schon eine Arbeit für den Fachmann.

15. Ein simpler Trick für die Auffrischung schmutziger Lederpolster: Die Behandlung mit feinster Stahlwolle, mit etwas Azeton getränkt. Anschließend empfiehlt sich ein Einreiben mit einer speziellen Konservierungsmilch.

16. Nicht zuletzt erkennt man am Interieur, ob ein Fahrzeug mit Liebe restauriert wurde . . .

selbst bei gründlicher Diagnose nur mit großem Vorbehalt zu ermitteln: Tausend Kleinigkeiten, deren zusätzlicher Aufwand sich erst unter der Arbeit herausstellt, können jede Kalkulation über den Haufen werfen. Das hat nichts mit „versteckten Mängeln" zu tun, sondern liegt in der Natur der Sache. Ein betagtes Automobil läßt sich nicht mit ein paar Röntgenblicken auf seinen Zustand und den daraus resultierenden Arbeitsumfang analysieren!

Ebenso wenig kann man im voraus auch den exakten Zeitaufwand ermessen, der für eine Restaurierungsarbeit vonnöten ist. Kleinere Reparaturen oder Teilarbeiten sind natürlich einigermaßen genau kalkulierbar, und selbstverständlich sollte man sich ein Ziel setzen, um überhaupt eine Planung aufstellen zu können. Ein Zeitablauf muß ja nicht dazu da sein, daß man ihn exakt einhält – schon aus den oben erwähnten Gründen, die Stimmungs-Tiefs auslösen können, geht das nicht immer. Letztlich gehört auch in diesem Punkt eine gewisse Flexibilität dazu. Wohl dem, der's nicht allzu eilig hat und über eine Werkstatt oder (geheizte) Garage verfügt, in der er langfristig ungestört werkeln

17. Ein wertvoller Auburn der späten zwanziger Jahre. Aber ihn in einem Schuppen verstauben zu lassen, den Staub gelegentlich gar mit einem trockenen Lappen in den Lack „einzupolieren" – das zeugt von geringer Sachkenntnis . . . (zum Trost: Das Foto wurde „gestellt"!)

18. . . . während der wahre Liebhaber sein Schmuckstück gerade bei längeren Standzeiten durch eine Staubplane schützt, die allerdings aus atmungsaktivem Material sein sollte. Der sogenannte „Autopaletot", den es maßgeschneidert oder in Standardformaten gibt, gehört zum Liebhaberwagen unbedingt dazu.

kann nach dem Motto: Was lange währt, wird gut.

Wenn nicht gerade eine kleine Lackausbesserung oder Schnellreparatur begrenzten Ausmaßes ansteht, gehören also Zeit, viel Optimismus und Sachkenntnis dazu, um die Restaurierung eines Liebhaberwagens durchzuführen, vor allem aber Durchhaltevermögen. Wenn der erste Frust die Lust ablöst, ist es gut, eine mitfühlende Seele in der Nähe zu haben, die einen moralisch wieder aufbaut und mit Zuspruch zur Stelle ist. Trifft dann mit der Post nächstentags vielleicht auch noch das langersehnte Haubenscharnier ein, ist die Welt schon wieder halbwegs in Ordnung. Den Rest besorgt erfahrungsgemäß der Besuch einer Oldtimer-Veranstaltung bei schönem Frühlingswetter – und man ist erneut beflügelt, die mühsam begonnene Arbeit mit Elan zu Ende zu bringen. Man hat es buchstäblich in der Hand, sich die verdiente Belohnung fürs Durchhalten schließlich und letztlich selbst zu schaffen!

Erste Diagnose ■

Im Zustand automobiler Euphorie ist der Entschluß schnell gefaßt, ein bestimmtes Fahrzeug spontan, sozusagen als Gegenstand einer Liebe auf den ersten Blick, zu kaufen – ohne gründliche Diagnose, wie hoch der Aufwand einer notwendigen Restaurierung wohl ausfallen könnte. Die Stunde der Wahrheit schlägt dann spätestens bei einer Untersuchung des Fahrzeugs in all seinen Details. Und die findet meist erst hinterher statt . . .

So oder so: Versichern Sie sich der Mithilfe eines Autobesitzers, der möglichst ein identisches Modell sein eigen nennt. Vielleicht finden Sie sogar jemand, der einen gleichen Wagen bereits eigenhändig restauriert hat. Dann bekommen Sie ziemlich schnell Aufschluß über die Ihnen bevorstehenden Arbeiten.

Das Objekt Ihrer Diagnose sollte in einem gut beleuchteten Raum stehen. Eine Grube oder eine Hebebühne wäre ideal. Aber fangen wir bei den Äußerlichkeiten an, bei denen man ohne Abstieg in den Keller oder hydraulische Hilfsmittel auskommt.

Betrachten Sie zunächst die Flanken des Wagens. Sind Unebenheiten in den Flächen zu erkennen? So etwas erkennen Sie am besten bei Leuchtstoffröhren-Beleuchtung. Sie sind unbarmherzig. Vergleichen Sie den Lichtkantenverlauf an beiden Wagenseiten. Sie sollten einigermaßen identisch sein. Größere Abweichungen geben zu denken . . .

Eine gute, gleichmäßige Lackierung kann dennoch verdecken, daß sich darunter dicke Spachtelmassen verbergen. Zuviel Spachtelauftrag ist gleichzusetzen mit unzulänglich durchgeführten Karosseriearbeiten – im Extremfall können Rost- oder Unfall-Löcher damit ausgefüllt sein. Bei Stahlblech-Aufbauten – natürlich nicht bei Aluminium – läßt sich das durch einen Magneten feststellen. Je dicker die Spachtel- oder auch Zinnschicht, desto geringer ist die Haftkraft des Magneten.

Allerdings ist hierbei zu berücksichtigen, daß man früher, als Autos noch nicht in Massenproduktion hergestellt wurden, viel Zinn zu Hilfe nahm, um größere Toleranzen – durch viel Handarbeit im Karosseriebau bedingt – auszugleichen. Aber es ist ein Unterschied, ob man Reparaturzinn oder Fabrikationszinn vor sich hat.

Bei der Leuchtstoffröhren-Prüfung kann man auch die Qualität des Lacks prüfen. Die Oberfläche sollte spiegelglatt (nicht unbedingt glänzend) sein, keine Orangenhaut oder Bläschen haben, die bei Druck nachgeben. Ist dem so, verbirgt sich Rost darunter.

Betrachten Sie die Tür- und Haubenspalte. Sind sie ungleich breit, könnten Teile verzogen sein. Gewiß, auch hier darf es – bei älteren Wagen – Toleranzen geben, aber nur geringe.

Prüfen Sie alle Scheiben. Zerkratzte oder durch Steinschlag beschädigte Scheiben können teuer kommen, wenn der TÜV ein Auswechseln verlangt. Denn für viele ältere Modelle sind neue Scheiben nur sehr schwierig aufzutreiben. Auch die Dichtgummis sollten weitgehend in Ordnung sein. Ersatz ist hier allerdings leichter zu beschaffen.

Rostkontrolle: Hier wird es ernst. Falze und Kanten der Türen, die Ecken zwischen Trittbrett und Kotflügel, die Radlaufkästen, die oberen Ansätze der A-Säule unterhalb der Windschutzscheibe sind besonders kritische Stellen. Unter den Zierleisten und Fenstereinfassungen, wo man ihn kaum sieht, bildet er sich ebenfalls gern. Die strategisch wichtigen, weil tragenden Teile sind Rahmenträger, Türeinstiege (die sogenannten Schweller), Holme. Mit einem kleinen Hammer klopft man diese Teile ab. Der Fachmann erkennt am Klang, wo die Rostnester sitzen.

Auf den nachfolgenden Seiten haben wir ein ausführliches Checkprogramm zusammengestellt. Der Vollständigkeit sind auch ein paar Punkte an Motor und Fahrwerk einbezogen worden. Unser Diagnose-Objekt war ein betagter Jaguar Mark II.

Und wenn wir schon einmal beim Prüfen sind: Sollten Sie Ihren Wagen auf eine Hebebühne oder über eine Grube plazieren können – um so besser. Hobby-Werkstätten, die man stundenweise in Anspruch nehmen kann, bieten derlei in vielen Städten.

Die Hammer-Prüfmethode ist auch unterwärts gut anwendbar. Zuvor sollte das Auto gründlich gereinigt werden, am besten per Dampfstrahlgerät. Je weniger Schmutz (oder auch Unterbodenschutz) auf dem Chassis oder auf dem Bodenblech ist, desto besser. Auch die übrigen Bauteile sollten schmutzfrei sein. Der Aberglaube, daß eine dicke Schicht aus Resten von Unterbodenschutz, altem Öl und Straßendreck eine gute Konservierungsschicht für Stoßdämpfer, Aufhängungsteile und Bremsleitungen darstelle, erschwert Ihnen nur eine gründliche Diagnose!

Bremsleitungen, Spurstangenköpfe, Aufhängungen, Lenkung, Differential, Blatt- und Schraubenfedern, Stoßdämpfer – alles liegt, wenn der Wagen gut gereingt ist, greifbar über Ihnen. Keine Angst vor schmutzigen Händen oder ein paar abgebrochenen Fingernägeln. Spiel in den Gelenken, gebrochene Blattfedern, lose Teile lassen sich nicht allein per Augenmerk feststellen. Selbst für einen Fachmann dauert eine Untersuchung dieser Partien mindestens eine halbe Stunde.

Motor, Kühler, Getriebe, Elektrik, Bremsen: Vieles können Sie nur bei einer gründlichen Probefahrt checken. Die haben Sie hoffentlich bereits hinter sich. Es sprengt den Rahmen dieses Buches, darauf im Detail einzugehen. Dafür wenden wir uns jetzt dem Innenraum Ihres Autos zu.

Staub und Schmutz im Interieur deuten darauf hin, daß der Wagen auch in anderer Beziehung nicht sehr gepflegt wurde. Nehmen Sie die Sitzpolster heraus, und Sie werden die Bestätigung finden. Noch mehr Aufschluß geben die Flächen unter den Bodenteppichen. Und wenn sie noch so schön aussehen – heraus damit. Auch die verklebten Teppiche (gerade sie!) können an- oder durchgerostete Bodenbleche tarnen. Beliebte Rostnester sind auch die Stellen unterhalb der Pedalerie.

Feuchtigkeit im Wageninneren kann auf undichte Türen und Fenster hindeuten, auf defekte Scheibengummis oder andere Leckagen. Meist beschlagen nach gewisser Zeit die Instrumentengläser von innen. Daß es außerdem modrig riecht, ist eine unangenehme Begleiterscheinung.

Was für den Innenraum gilt, trifft auch für den Kofferraum zu. Hier sammelt sich besonders gern Feuchtigkeit an, vor allem, wenn es sich um ein Modell handelt, das eine unterwärtige Mulde fürs Reserverad hat. Normalerweise sollte diese Mulde eine Abflußöffnung aufweisen, die aber meist verstopft ist.

Ist auch für die Batterie eine Mulde vorgesehen, gibt es hier ebenfalls typische Schmutz- und Rostnester. Korrodierte Anschlüsse und Sulfatbildung tragen zu weiteren schrecklichen Erscheinungen in diesem Bereich bei. Versteckte Karosseriewinkel, wie sie zum Beispiel der

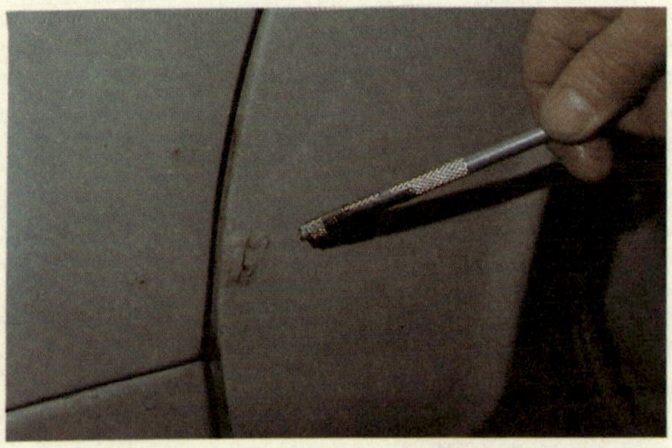

19. Mit solchen Blasen beginnt der große Rost! Das Einsetzen neuer Blechteile ist unumgänglich.

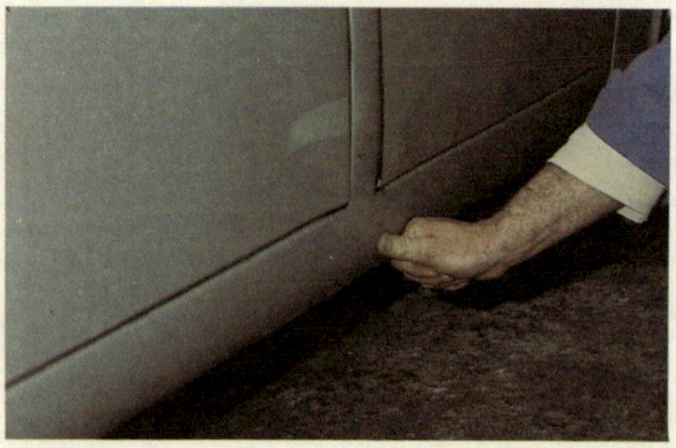

20. Rostprüfung mittels Daumendruck. Es sollte kein verdächtiges Knistern zu hören sein!

21. Mit einem Magnet spürt man starke Spachtelschichten oder Kunststoff-Reparaturen auf.

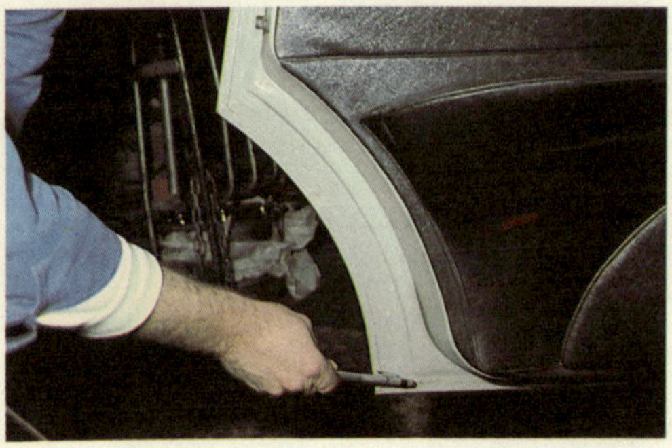

22. An Kanten, Falzen, Türblättern zeigt sich Rost besonders früh: die Lackschichten sind dünner.

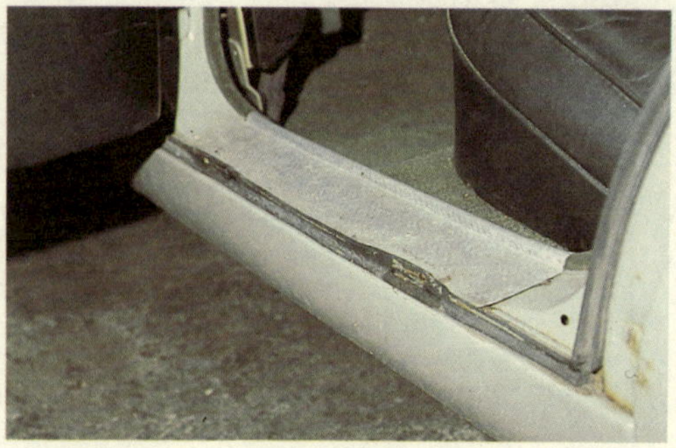

23. Auch unter Gummileisten, wie hier am Einstieg, bildet sich Rost besonders gern!

24. Mit dem Hammer im Keller: Prüfung tragender Teile. Vorherige Säuberung ist anzuraten.

25. Um die Kompression zu prüfen, benötigt man einen Druckschreiber. Werte vergleichen!

26. Druckprüfung des Kühlwassersystems: Bleibt der Druck erhalten, ist alles in Ordnung.

27. Haben die Radlager zuviel Spiel? Das Rad muß zur Prüfung natürlich angehoben sein.

Motorraum des Volkswagen-Käfers aufweist, haben auch ihre Tücken. Fündige Schatzsucher entdecken hier öldurchtränkte Lappen, Werkzeugfragmente, anschlußlose Kabel-Enden . . .

Wie auch immer das Ergebnis Ihrer Diagnose lautet: Es gibt kein ,,Unmöglich'' beim Restaurieren eines Autos. Die bösesten Wracks wurden schon wieder aufgebaut, und wenn es sich um eine echte Rarität handelt, lohnt auch eine höhere Investition an Arbeit, Zeit und Geld.

Bei einem ,,normalen'' Liebhaber-Automobil gilt es indessen abzuwägen, wie hoch der in Eigenleistung zu erbringende Teil der Arbeit ist, und in welcher Hinsicht man fremde Hilfe von Experten oder Fachwerkstätten in Anspruch nehmen muß.

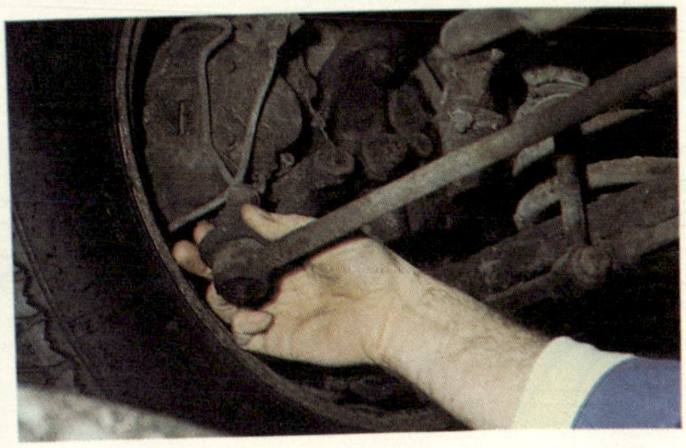

28. Auch die Spurstangenköpfe sollten kein Spiel, die Manschetten genügen Fett haben.

29. Die Gummiteile, in denen dieser Stabilisator gelagert ist, gehören ausgewechselt!

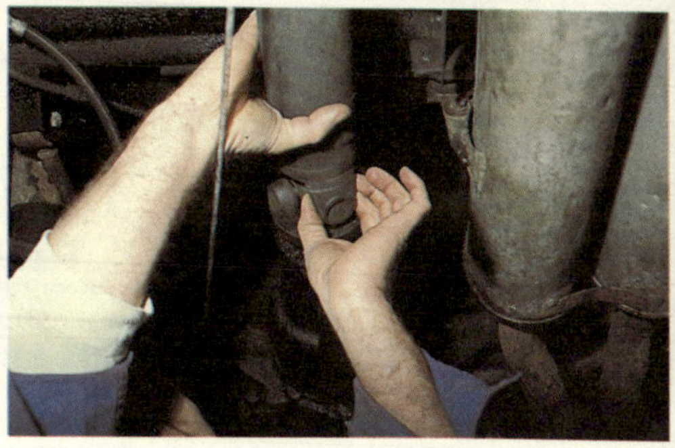

30. Prüfung der Kardangelenke per Hand. Spiel deutet auf Verschleiß hin. Auswechseln ist ratsam.

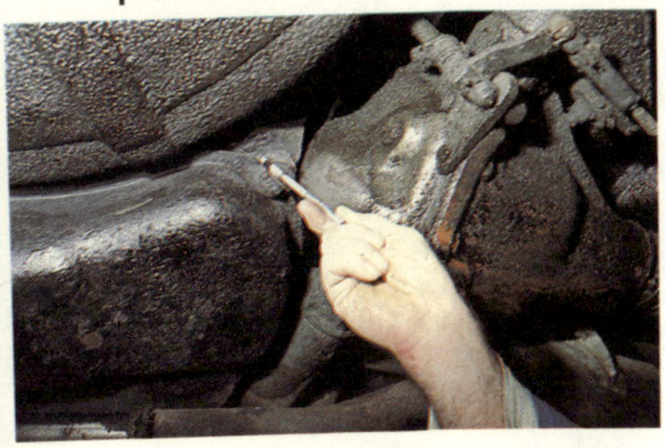

31. Auch die Nähte am Tank können Rost haben. Böse Undichtheiten sind mögliche Folgen!

32. Das Differentialgehäuse ist verölt. Schmiermittel tritt aus defekten Dichtungen aus!

33. Diese Blattfedern sind angerostet. Ihre letzte Fettration muß schon lange her sein.

34. Im Öleinfüllstutzen sollte kein milchiger Belag zu sehen sein – das hieße Kopfdichtungsdefekt.

35. Natürlich könnte man die Polster so belassen. Aber ein Aufarbeiten lohnt sich letztlich doch.

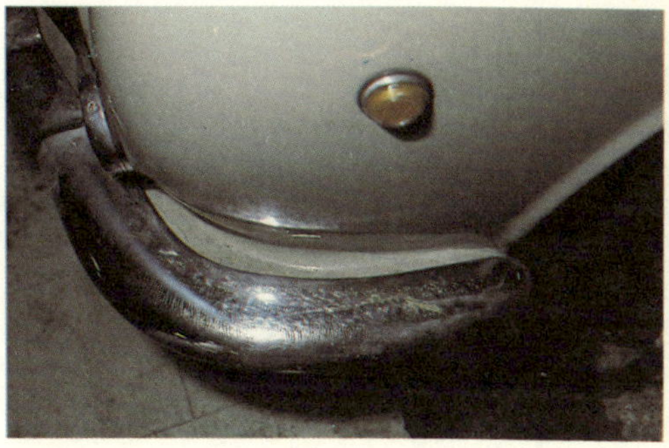

36. Um eine neue Verchromung der Stoßstangen und anderer Teile kommt man kaum umhin . . .

Daher der eingangs erwähnte Hinweis, bei der Untersuchung des Fahrzeugs einen Leidensgefährten mitzunehmen, der einen identischen Wagen besitzt, denn er kann Ihnen am besten sagen, was auf Sie in etwa zukommt. Unterziehen Sie das Auto Ihrer Wahl möglichst schon vor, nicht erst nach der Anschaffung einer gründlichen Untersuchung, dann können Sie eventuell viel Geld sparen – entweder durch geschicktes Verhandeln, was den Kaufpreis betrifft, oder durch ein Zurücktreten von der Kaufabsicht, wenn der geschätzte Restaurierungsaufwand letztlich doch zu hoch erscheint . . .

Die Sprache des Karossiers

Das Kfz-Vokabular – egal ob bei Veteranen oder Neuwagen – ist ein Fall für sich. Manche Wörter sind seit der Zeit des Kutschwagens unverändert geblieben, andere tragen als einzigen Zweck scheinbar nur zur Verwirrung bei!

Aber immerhin war das Auto in seinen Anfängen ja nichts anderes als eine motorisierte Pferdekutsche, warum sollte es also nicht auch deren Terminologie übernehmen? Als die Karosseriebauer dann daran gingen, die Fahrgestelle mit einer Vielzahl von Sonderkarosserien nach Kundenwunsch zu liefern, war der Wunsch, diese Varianten mit eigenen Namen zu belegen, durchaus begreiflich.

Diesem Hintergrund verdanken wir Bezeichnungen wie Limousine, Cabriolet, Spider, Berlinetta usw. – nicht zu reden von anderen, wie z.B. Landaulet, Skiff usw., die den Lauf der Jahre nicht überdauert haben. Heute finden wir dazu Bezeichnungen der Karosserieform mit allen Varianten wie Zahl der Türen, Stufen- oder Fließheck, die in ihrer sachlichen Nüchternheit blumigere Begriffe früherer Jahre ersetzt haben.

Die untenstehenden Legenden führen Sie bereits tief in das Vokabular des Karosseriebauers und Karosseriedesigners ein – auch wenn jeder Hersteller oft seine eigenen Bezeichnungen prägt und verwendet.

Früher waren Karosserie und Rahmen bzw. Fahrgestell des Autos streng voneinander getrennt. Das Fahrgestell verlieh dem Wagen seine ganze Steifigkeit, während die aufgeschraubte Karosserie kaum weiter dazu beitrug. Heute ist dagegen die

37. Die wichtigsten Begriffe rund um die Fahrzeugkarosserie, dargestellt an drei verschiedenen Fahrzeugen aus drei Epochen. Andere, hier nicht aufgeführte Begriffe, z.B. Schwellerverkleidung, dürften für sich selbst sprechen.

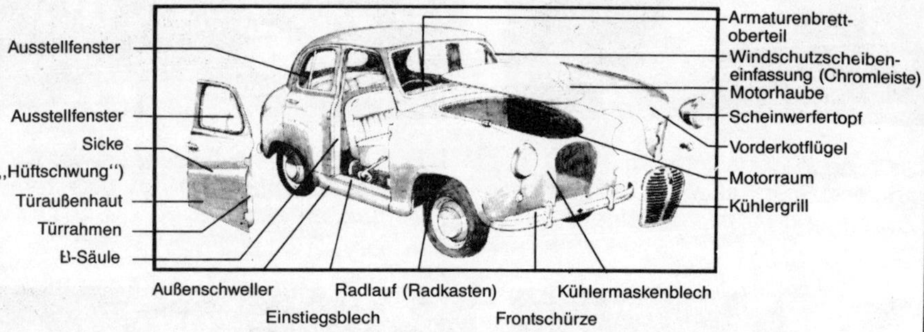

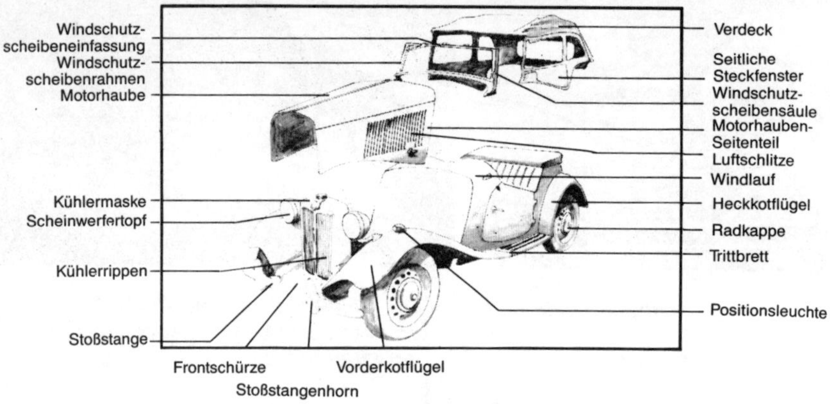

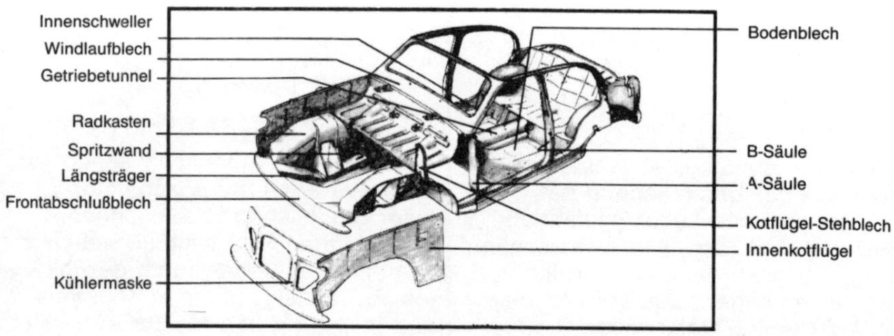

„selbsttragende Karosserie“ Standard. Hierbei ist das Fahrgestell Teil der Bodengruppe. Alle angrenzenden Baugruppen sind mit dem Fahrgestell verschweißt oder verschraubt und gewährleisten gemeinsam die Verwindungssteifigkeit des Fahrzeugs. In modernen Konstruktionsverfahren werden vor allem hoch verwindungssteife Bleche eingesetzt; oft ist dann gar kein Chassis mehr zu erkennen, denn erst die Form des ganzen Wagens macht die Steifigkeit aus.

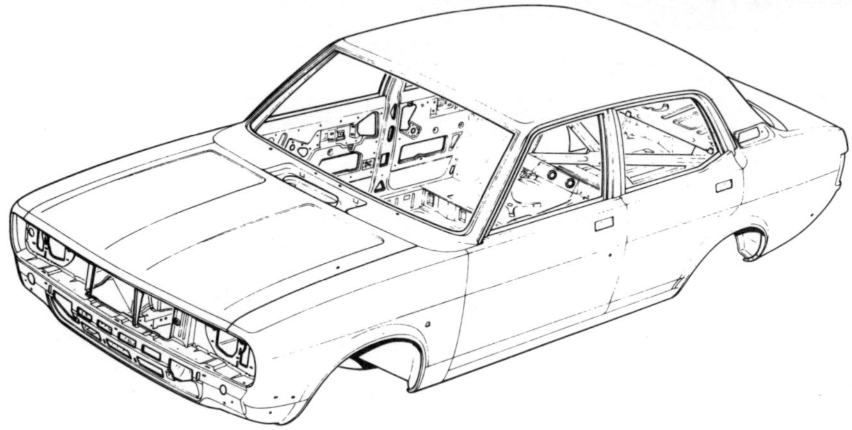

38. Eine typische Stufenhecklimousine mit zentraler Viertürer-Fahrgastzelle, Motorraum vorne und Kofferraum am Heck.
(Werkbild Austin-Rover)

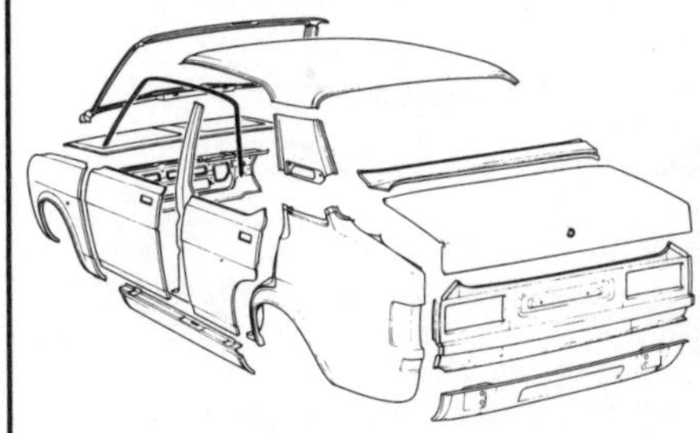

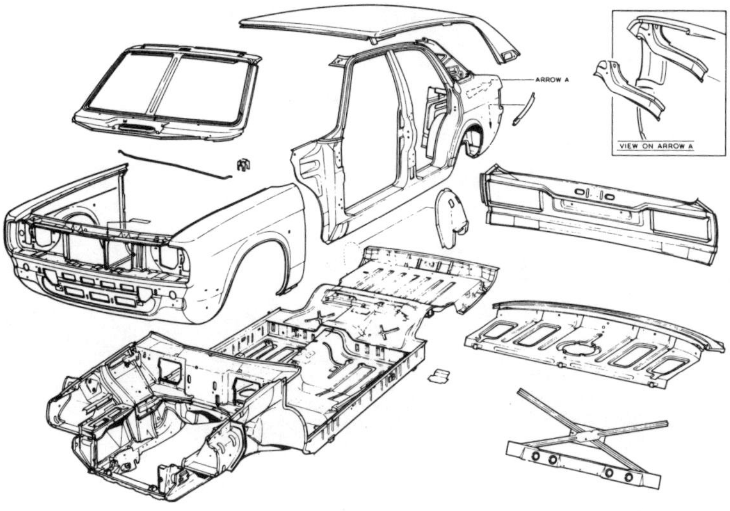

39. Die Außenbleche werden je nach Einbaulage angeschraubt oder verschweißt und verstärken damit die Bodengruppe.
(Werkbild Austin-Rover)

40. Die Längsträger dieses Modells sind fast nicht mehr zu erkennen. Sie existieren nur noch als längs von der Motorraumunterkante aus verlaufende Kastenprofile, die z.B. am Heck in der Ansichtebene „A“ zu erkennen sind. Auffällig ist auch die komplexe Form der Spritzwand und die tiefe Verrippung aller Bleche; damit wird die Steifigkeit der ganzen Baugruppen wesentlich erhöht.
(Werkbild Austin-Rover)

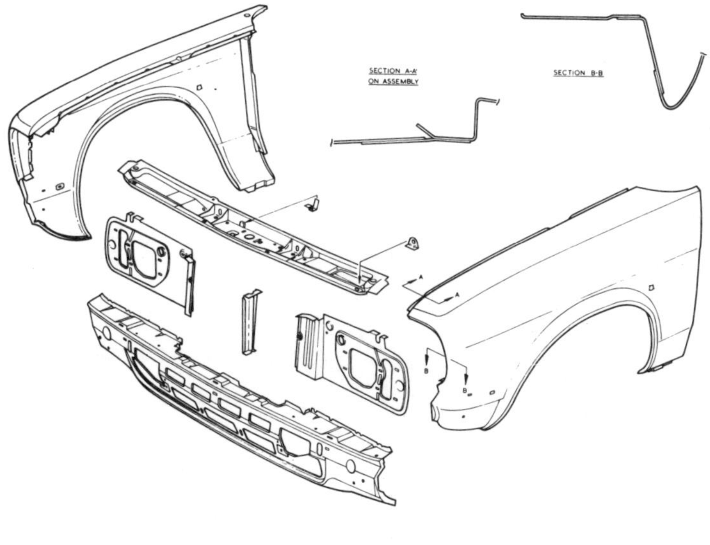

41. Diese Außenbleche bilden die Frontpartie. Der Austausch derartiger Bauteile ist auch für den Do-it-yourselfer durchaus zu bewältigen. Im Schnitt A-A und B-B ist zu erkennen, daß alle Bleche überlappend zusammengesetzt sind. Bei der Fertigung werden die Nähte punktverschweißt, mit Hobby-Mitteln sind derartige Punktschweißnähte aber oft nicht herstellbar. Hier kommen dann die in diesem Buch beschriebenen Reparaturschweißungen in Frage.
(Werkbild Austin-Rover)

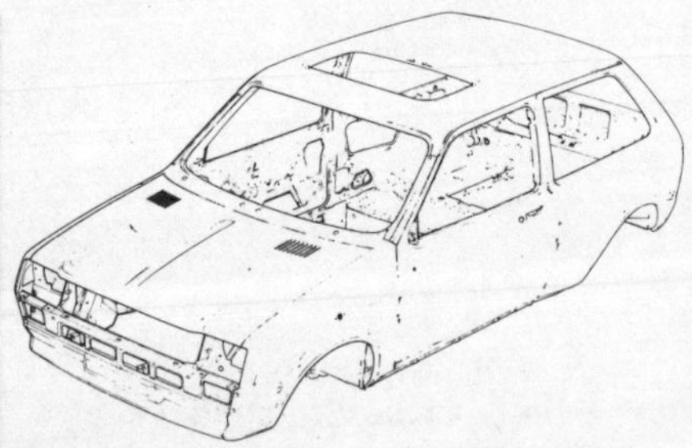

42. Die Karosserie des Austin Metro in der vor einigen Jahren vorgestellten, besonders verwindungssteifen Dreitürerversion. Statt Stufenheck jetzt das hochmoderne „Hatchback"-Konzept, das viel Innenraum und beachtlichen Kofferraum bei kompakten Außenabmessungen bietet.
(Werkbild Austin-Rover)

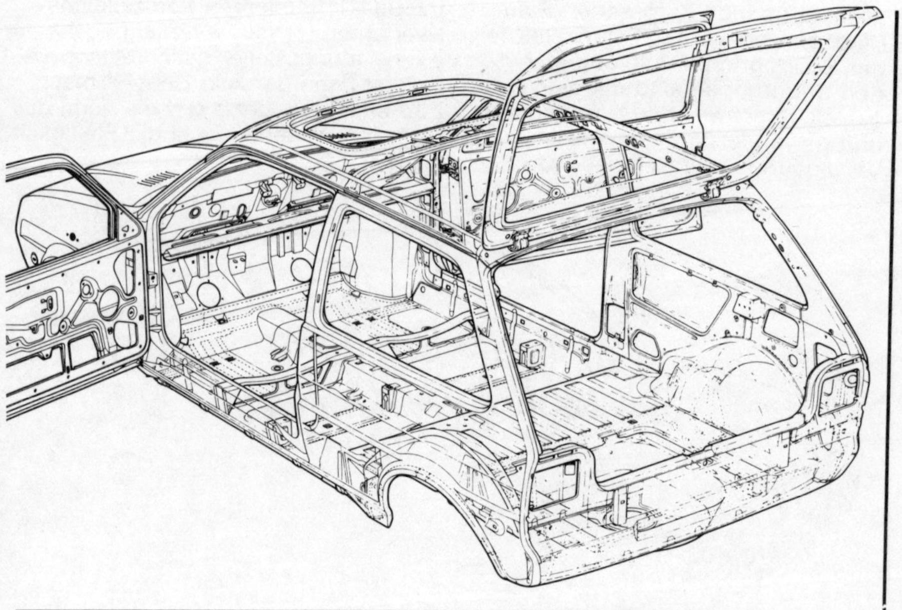

43. Die Karosserien von heute entstehen nicht mehr am Reißbrett, sondern mit CAD am Computer, wo Verwindungen, Spannungen und andere Lastfaktoren gleich bei der Konstruktion voll mit berücksichtigt werden können. Das Konstruktionsziel: maximale Steifigkeit und Stabilität bei einem Minimum an Einzelteilen.
(Werkbild Austin-Rover)

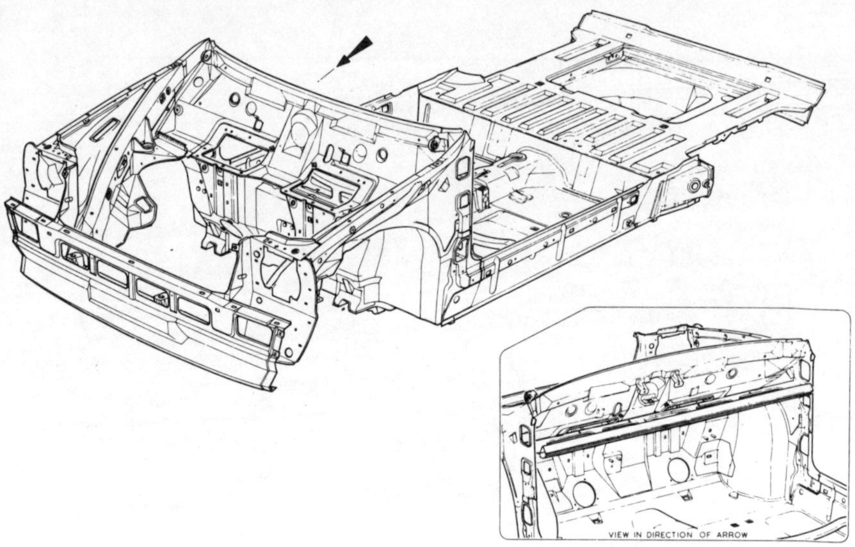

44. Bodengruppe und Frontpartie eines Pkw als eine gemeinsame Baugruppe. Die Längsträger sind kaum noch zu erkennen. Übrigens fehlen hier zwei Hauptteile dieses komplexen Gebildes: der vordere Hilfsrahmen, der fast die ganze Mechanik des Metro aufnimmt und mit der Karosserie verbindet, sowie der hintere Hilfsrahmen.
(Werkbild Austin-Rover)

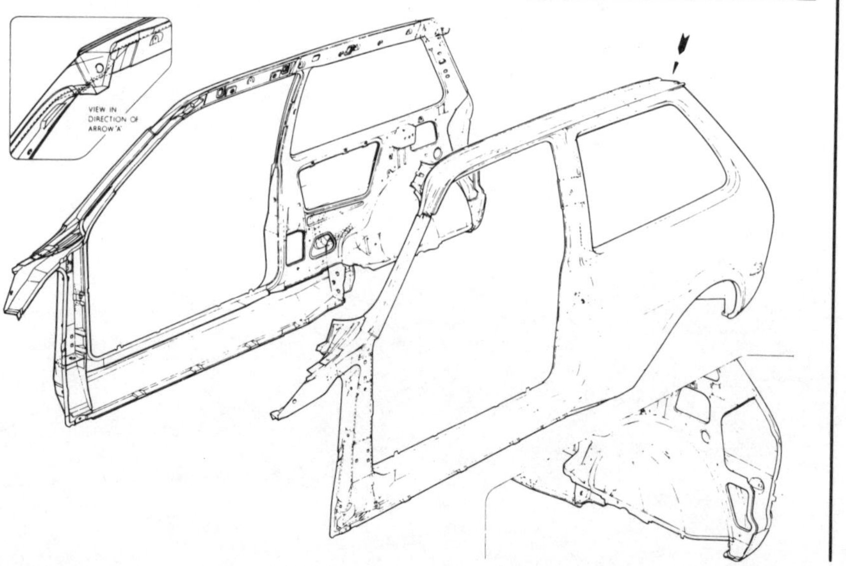

45. Auch mit Hilfsrahmen wäre die Bodengruppe in Abb. 44 nicht steif genug, um alle Kräfte aufnehmen zu können; erst mit den kompletten Seitenteilen erhält die Karosserie ihre Steifigkeit. Für Instandsetzungen sind Reparaturbleche vom Werk und von Spezialfirmen erhältlich; man braucht also nicht gleich die ganze Seitenwand zu kaufen!
(Werkbild Austin-Rover)

46. Diese Zwischenbleche (Motorraum-Seitenwände, in Abb. 37 nicht dargestellt) sind die einzigen Teile mit herkömmlichen Kastenprofilen. Sie nehmen die Spannungen am vorderen Ende des Hilfsrahmens auf und leiten sie in Richtung Spritzwand ab. Manchmal wird behauptet, an diesen Autos seien Rostschäden wegen des Wegfalls der Kastenprofile ungleich schwerer zu reparieren, dafür ist aber ihr Korrosionsschutz viel besser als bei ihren Vorgängern.
(Werkbild Austin-Rover)

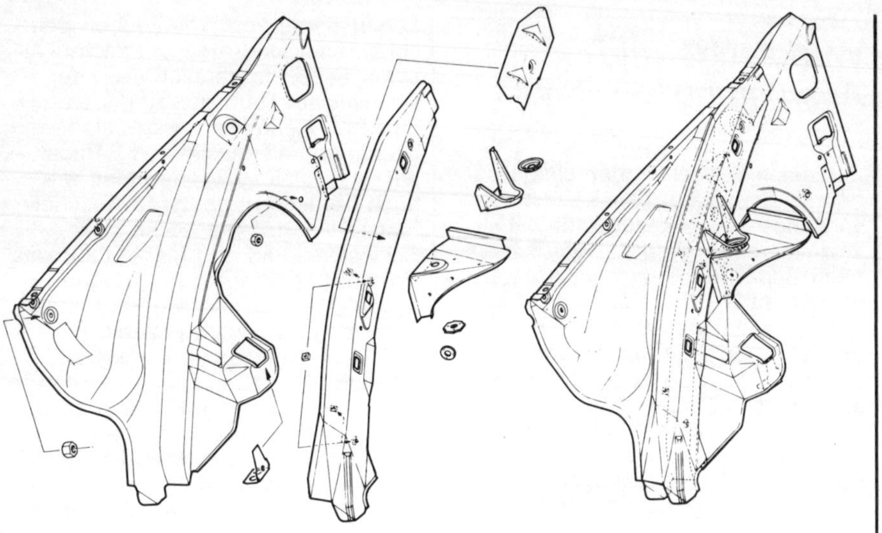

47. Dieses Bild verdeutlicht, wie sehr die Festigkeit moderner Karosserien von all den Einzelteilen und Blechen abhängig ist, vor allem in hochbeanspruchten Bereichen wie den Gurtverankerungen. Bei Blechreparaturen müssen hier alle noch so „unbedeutenden" Teile richtig montiert werden. Schweißarbeiten sollten besser mit Schutzgas statt autogen erfolgen, da viele der Bleche aus hochfestem Stahl bestehen, der bei zu starker Hitzeeinwirkung geschwächt würde.
(Werkbild Austin-Rover)

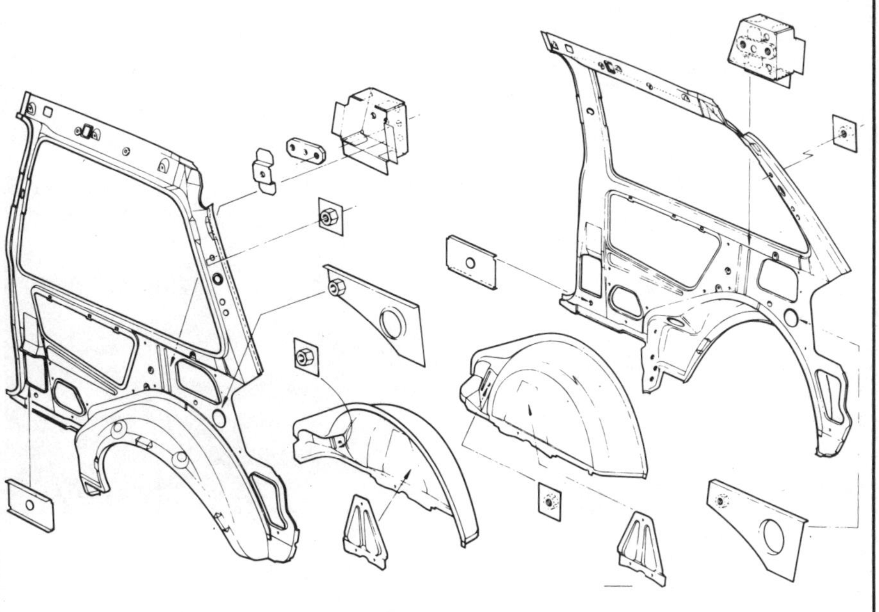

Auch Pkw's mit Kunststoff- bzw. GFK-Karosserie – siehe Kapitel zum Umgang GFK – sowie mit Alukarosserie sind in kleineren Serien produziert worden. Aluminium läßt sich schwer bearbeiten, einige Hinweise enthält jedoch das Kapitel „Schweißen". Einzelne Typen – z.B. die Vorkriegs-DKW's und der Lloyd „Leukoplastbomber" – wiesen eine Sperrholzkarosserie mit Kunstlederbespannung auf. Derartige Karosserien fallen natürlich nicht in den Rahmen des vorliegenden Buches.

Werkzeuge und Ausrüstung

In diesem Kapitel werden einige der bei der Erstellung dieses Buches verwendeten Werkzeuge vorgestellt. Wer sich seine Werkstattausrüstung nach Bedarf nach und nach anschafft, sammelt im Laufe der Zeit einen erstaunlich umfangreichen Bestand an. Geld für Qualitätswerkzeuge ist nie schlecht angelegt, denn schließlich will man ja auch nach Jahren noch damit arbeiten können. Günstige Käufe gibt es natürlich durchaus, z.B. bei Schlagschraubern. Grundsätzlich scheint die Lebensdauer von Werkzeugen deutscher, englischer und amerikanischer Fabrikate deutlich über der fernöstlicher Produkte zu liegen. Fast alle Elektrowerkzeuge stammen allerdings mittlerweile aus Fernost – auf jeden Fall sollte man hier, wie auch bei teuren, größeren Anschaffungen wie Kompressoren oder Schweißgeräten, auf Markenfabrikate achten; Experimente mit billigen Erzeugnissen dubioser Herkunft machen sich nur selten bezahlt.

Viele Werkzeuge, vor allem die kleineren Handwerkzeuge, werden in den entsprechenden Kapiteln dieses Buches noch näher behandelt.

Alle besser sortierten Kfz-Teilehändler liefern auch ein umfangreiches Werkzeugsortiment. Oft findet man hier fast nur das Programm eines einzigen Herstellers, nicht weil diese besser als alle anderen sind, sondern weil die Händler sich oft vertraglich gebunden haben. Ein Preis- und Leistungsvergleich unter den Produkten namhafter Lieferanten lohnt also auf jeden Fall. Echte Spezialwerkzeuge sind am besten im Werkzeughandel (Laden- oder Versandhandel) zu beschaffen. Adressen findet man hierfür in den entsprechenden Fachzeitschriften und im Branchenfernsprechbuch.

48. Kleinere Gas-Autogenschweißgeräte bieten vielfache Einsatzmöglichkeiten, die schon in den Bereich von Profigeräten hineinreichen. Die Flamme dieses Gerätes erreicht fast die Temperaturen größerer Azetylenflammen – allerdings sind die Bedienungselemente etwas empfindlich. Auch die Betriebskosten liegen höher, was aber durch höhere Mobilität und geringere Anschaffungskosten bei weitem wieder ausgeglichen wird.

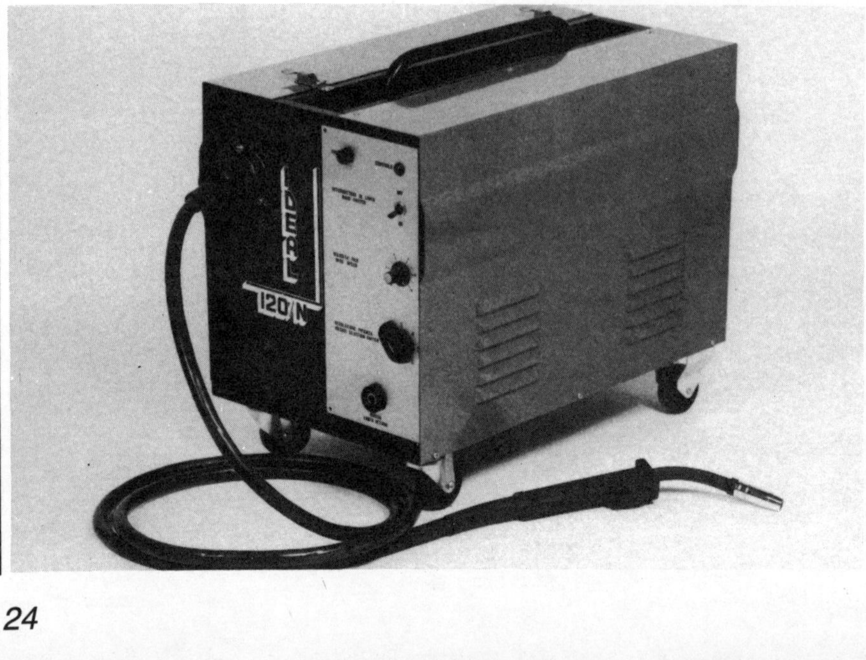

49. MIG-Schutzgasschweißen hat sich als optimales Verfahren für Hobby-Restaurator und Profi gleichermaßen durchgesetzt. Schutzgas ist für Anfänger auch wesentlich einfacher und kostengünstiger und verursacht geringeren Wärmeverzug. Auch Punktschweißen ist damit möglich. Nachteilig ist, daß Erwärmen oder Biegen im Gegensatz zu Autogengeräten nicht möglich ist und eine Argonflasche (Fachhandel) oder eine CO_2-Flasche (Gaststättenbedarf!) benötigt wird.

50. Beim Punktschweißen wird ein Stromfluß durch zwei einander überlappende Bleche erzeugt, die durch die erzeugte Hitze miteinander verschmelzen. Verbraucht wird dabei nur Strom. Auch Hindernisse kann man damit umgehen – vor allem am Mini mit seinen zahlreichen Außenflanschen nicht zu verachten – indem an das Punktschweißgerät Verlängerungsarme angesetzt werden, wie sie für verschiedene Fabrikate angeboten werden.

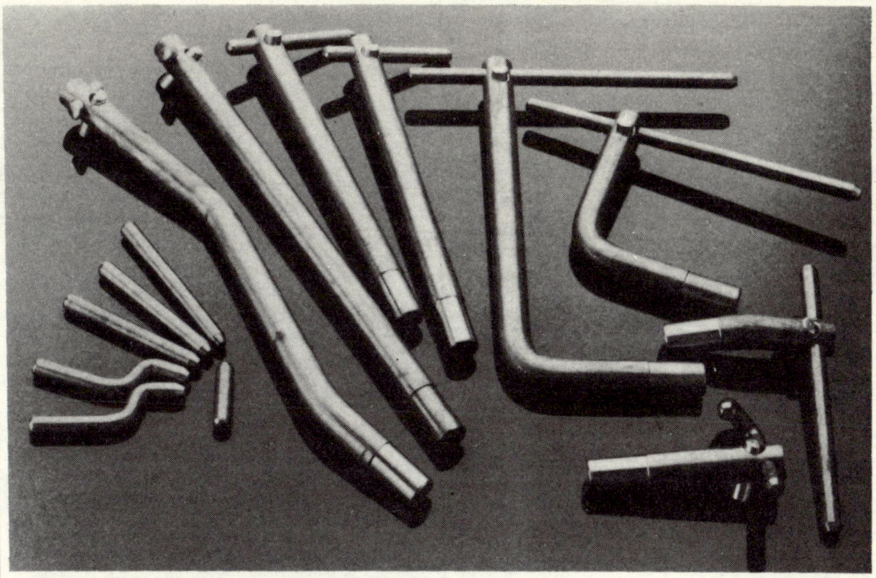

51. Am unteren Ende der Preisskala angesiedelt sind Elektroschweißgeräte, wie sie im Versandhandel und in Heimwerkermärkten angeboten werden. Dünnblechschweißen mit Elektroschweißgeräten ist aber eine Sache für echte Könner – allgemein hält man dies gar für unmöglich. Mit viel Vorsicht und Erfahrung geht es aber einigermaßen (Gleichstrom-Elektrogeräte sind dabei besser geeignet als Drehstromgeräte). Mit einem Kohlelichtbogen-Hartlötgerät ist die Verarbeitung von Dünnblech viel einfacher, aber natürlich kann man damit nur hartlöten – Arbeiten an tragenden Teilen sind also tabu!

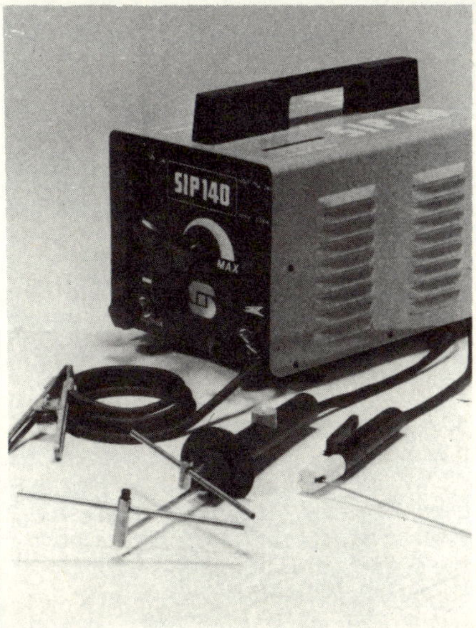

52. Ein Do-it-yourself-Schweißgerätesatz mit kleinen Arbeitsflaschen, solidem Ständer, Marken-Schweißbrennern und Manometern.

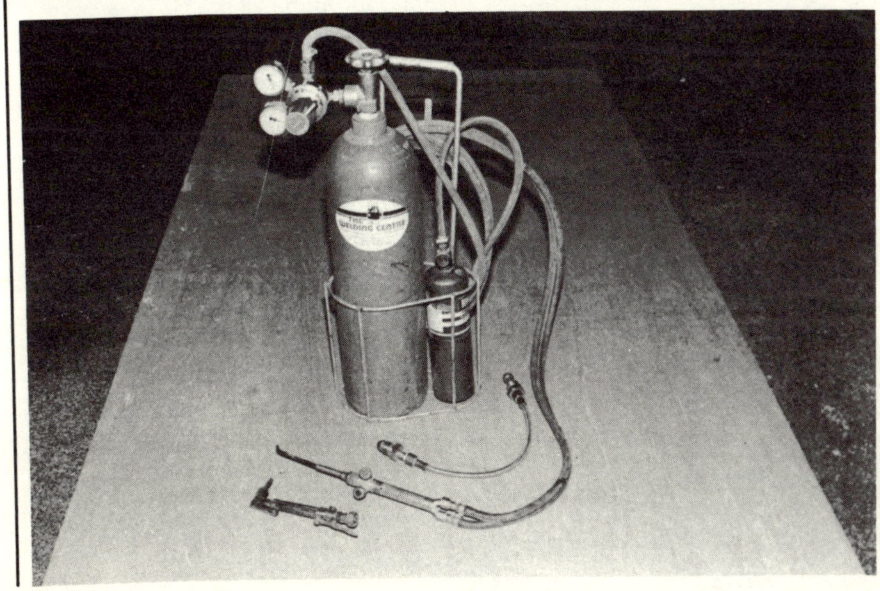

53. Ein Schweißgerät der gehobenen Klasse, das mit nachfüllbarer Sauerstofflasche, Einweg-Gasflasche (mit Azetylensubstitut) und hochwertigen Manometern sowie extrem leichten und präzise gefertigten Schweiß- und Schneidbrennern geliefert wird. Natürlich gibt es auch billigere Ausführungen.

54. Ein praktisches Blechschneidewerkzeug. Es besteht aus zwei Rollen, die auf dem Blech abrollen und sich durch das Blech schneiden und dabei gleichzeitig das Blech durch das Werkzeug durchziehen. Auch Kurven lassen sich damit schneiden.

55. Auch dieses Werkzeug ist für Amateur-Restaurateure, die sich manche Teile selbst anfertigen, fast unentbehrlich. Das Blech wird an seiner Kante zwischen zwei Rollen durchgezogen, die einen „Absatz“ in der Blechkante formen. Damit können zwei Bleche genauso glatt wie beim Stoßschweißen, aber mit derselben Festigkeit wie beim Überlappungsschweißen zusammengefügt werden.

56. Abkantwerkzeuge sind zwar etwas teurer, aber nur damit lassen sich saubere Blechprofile biegen. Das Werkzeug wird in den Schraubstock eingespannt und erzeugt absolut exakte und geradlinige Kanten – sogar leichte Verziehungen im Blech können damit „ausgebügelt“ werden.

57. Ein Kompressor, wie ihn der Verfasser für die meisten Arbeiten in diesem Buch verwendete. Er ist für fast alle Druckluftwerkzeuge geeignet (außer vielleicht für größere Schwingschleifer und Spritzpistolen, bei denen der Druck nur mit Mühe ausreicht). Kurz, das ideale Werkzeug für fortgeschrittene Do-it-yourselfer oder Halbprofis.

58. Ein sehr gutes Gerät für den Amateur ist der Einzylinder-Kompressor 250/25 W/1 von Einhell. Er hat einen Betriebsdruck von 8 bar, eine Ansaugleistung von 220 Litern pro Minute und wiegt nur 30 kg.

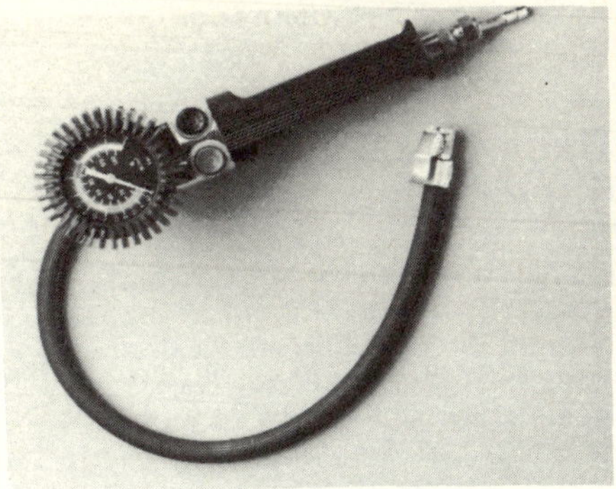

59. Auch Ihre Reifen können Sie mit diesem kleinem Zusatzgerät am Kompressor aufpumpen.

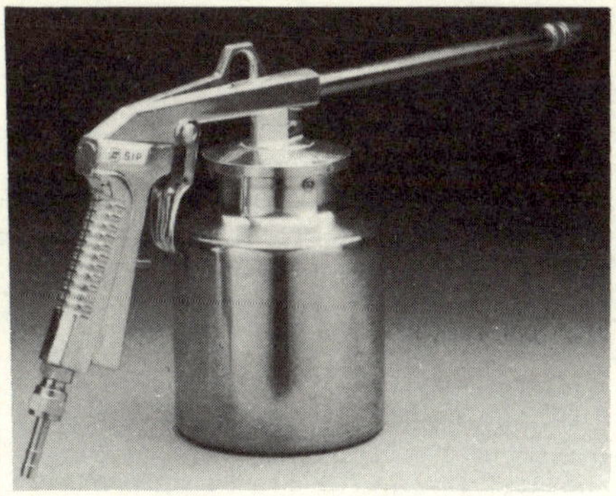

60. Eine Sprühpistole zum Reinigen verölter Teile mit Lösungsmittel. Viele Kompressorenhersteller liefern ein ganzes Zusatzgerätesortiment (z.B. Sprühpistole und Reifenpumpe) für kaum über 100 DM.

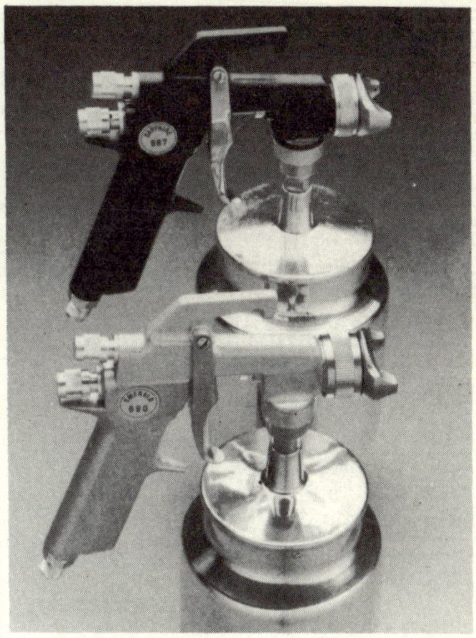

61. Mit zunehmender Lackierpraxis kommt auch der Wunsch nach einer besseren Pistole. Die teuerste Ausführung ist für den Hobbyrestaurateur aber nicht unbedingt lohnend.

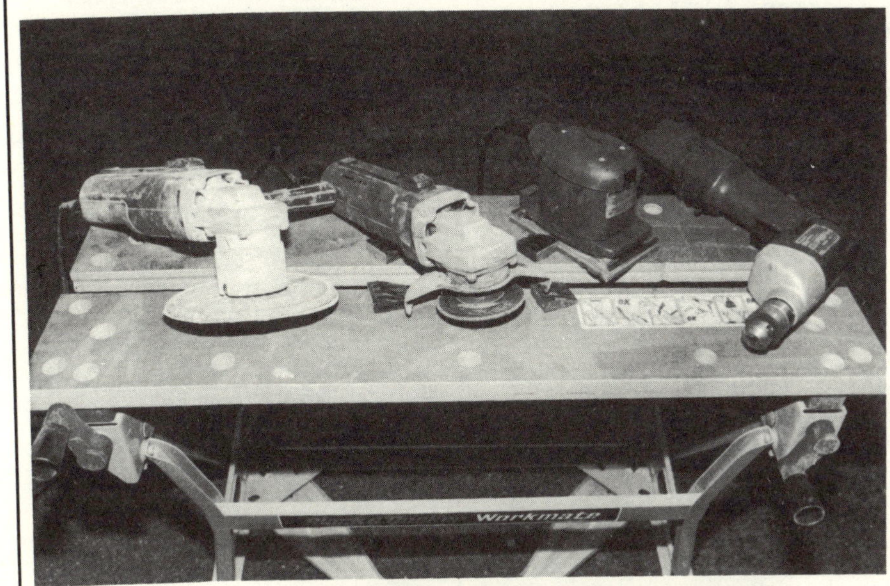

62. Elektrowerkzeuge sparen viel Zeit und Mühen. Nützlich sind vor allem (von links nach rechts abgebildet) Winkelschleifer, Trennschleifer („Flex"), Schwingschleifer und der universell einsetzbare Elektrobohrer, der hier mit Akku statt über Netzkabel betrieben wird und damit für den Do-it-Youselfer besonders vielseitig verwendbar ist. Alle namhaften Hersteller liefern ein umfangreiches Programm derartiger Werkzeuge. Auch eine stabile Werkbank, wie sie im Buch noch öfters zu sehen ist, ist fast unentbehrlich.

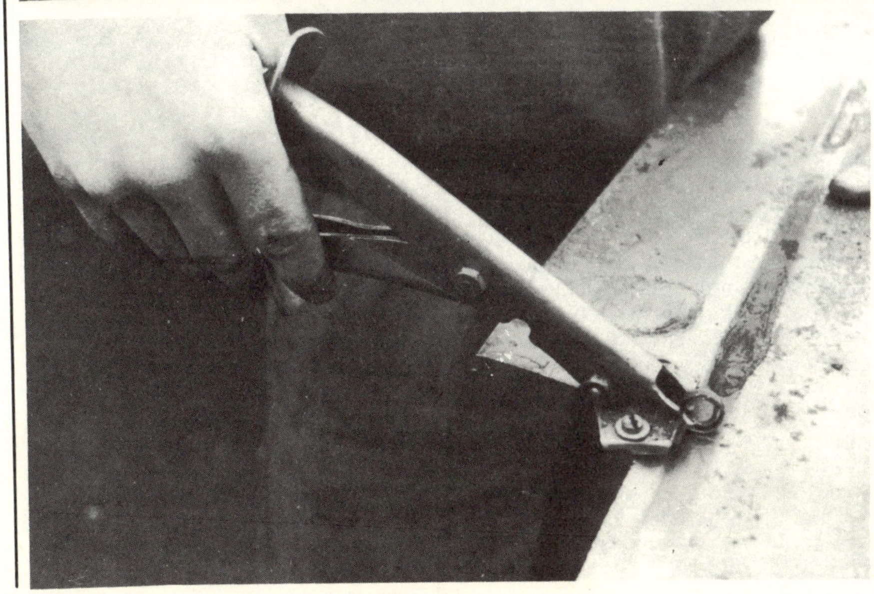

63. Eine Blechschere (Knabberschere) zum sauberen, verziehungsfreien Schneiden von Blechtafeln und Karosserieteilen. Einziger Nachteil: es geht elend langsam! Es gibt auch ähnliche Scheren als Vorsatzgerät für den Elektrobohrer.

Sicherheit beim Arbeiten

Auch wenn Sie sich vor lauter Begeisterung Hals über Kopf in die Restaurierung stürzen, nehmen Sie sich genug Zeit für absolute Sicherheit am Arbeitsplatz. Selbst kleinste Unachtsamkeiten und Mißachtung elementarer Schutzvorschriften können böse Folgen haben. Auch Langzeit-Gesundheitsschäden sollten berücksichtigt und alle notwendigen Schutzmaßnahmen gegen gesundheitsschädlichen Rauch, Dämpfe und Chemikalien ergriffen werden, selbst wenn keine unmittelbare Gefahr besteht.

Unfälle können auf tausenderlei Weise passieren. Daher erhebt die folgende Liste keinen Anspruch auf Vollständigkeit. Sie soll nur auf einige Gefahren und die Bedeutung sicheren Arbeitens am Fahrzeug aufmerksam machen.

Die wichtigsten Arbeitsschutzregeln

NIE unter einem Fahrzeug arbeiten, das nur vom Wagenheber gehalten wird. Fahrzeug immer mit Unterstellböcken an Stellen abstützen, die garantiert nicht nachgeben.

NIE mit hohem Drehmoment angezogene Muttern lösen, wenn das Fahrzeug mit dem Wagenheber angehoben ist – es könnte abkippen.

NIE verschüttetes Öl, Fett oder Farbe zurücklassen – sofort aufwischen, bevor jemand darauf ausrutscht.

NIE ungenau passende Schlüssel oder andere improvisierte Werkzeuge verwenden, die abrutschen und Verletzungen verursachen könnten.

NIE schwere Gegenstände anheben, an denen man sich vielleicht „einen Bruch hebt" – lieber einen Helfer holen.

NIE eine Arbeit allzu eilig zu Ende bringen wollen oder aus falsch verstandener Zeitersparnis „schludern".

NIE Kinder oder Haustiere unbeaufsichtigt am Auto spielen lassen.

STETS Augenschutz aufsetzen, wenn mit Elektrowerkzeugen wie Bohrer, Schleifer, Trennschleifer usw. oder unter dem Fahrzeug gearbeitet wird.

STETS die Hände mit Schutzcreme einreiben, bevor an schmutzigen Stellen oder mit Farben und Lösungsmitteln gearbeitet wird – dies schützt gegen Hautinfektionen, und der Schmutz läßt sich hinterher leichter beseitigen. Die Hände dürfen aber nicht schmierig bleiben.

STETS eine geeignete Schutzmaske beim Lackieren, Schleifen und Trennen tragen, vor allem wenn toxische oder faserhaltige Produkte freigesetzt werden.

STETS Lösungsmittel, Reinigungsmittel und Kunstharzpodukte in gut belüfteten Räumen verarbeiten.

STETS eine Schutzbrille bei der Arbeit mit Elektro- und Druckluftwerkzeugen tragen.

STETS lose Kleidungsstücke (Ärmel, Schals usw.) und lange Haare aus dem Arbeitsbereich beweglicher Maschinenteile halten.

STETS Ringe, Armbanduhr usw. vor Arbeiten am Fahrzeug (speziell an der Elektrik) abnehmen.

STETS Hebezeuge verwenden, deren Traglast auf die zu hebenden Lasten abgestimmt ist.

STETS den Arbeitsplatz sauberhalten – herumliegende Gegenstände sind gefährliche Stolpersteine!

STETS jemand anderen in gewissen Abständen nach dem Rechten sehen lassen, wenn man alleine am Fahrzeug arbeitet.

STETS die Arbeiten in logischer Reihenfolge durchführen und kontrollieren, ob alles richtig montiert wurde.

STETS daran denken, daß von der Fahrzeugsicherheit auch die Sicherheit der Insassen abhängt. Im Zweifelsfall Fachleute zu Rate ziehen.

FALLS Sie sich trotz dieser Ratschläge einmal verletzen, suchen Sie sofort einen Arzt auf.

Brandschutz

Denken Sie immer daran, daß Benzin, Verdünner und ähnliche Lösungsmittel und Farben extrem feuergefährlich sind.

Die Batterie vor Arbeiten an Karosserieteilen, an denen elektrische Kabel verlegt sind, stets abklemmen.

Beim Schweißen sind Funkenflug und offene Flammen unvermeidlich. Daher alle brennbaren Gegenstände außer Reichweite aufbewahren. Besondere Vorsicht ist beim Schweißen in Nähe von Polstern und Verkleidungen geboten. **NIE** in Nähe des Benzintanks schweißen! Halten Sie stets einen Feuerlöscher, der für die Bekämpfung von brennendem Kraftstoff und Kabelbränden geeignet ist, am Arbeitsplatz griffbereit. Brennenden Kraftstoff oder Kabelbrände nie mit Wasser zu löschen versuchen.

Dampf- und Staubentwicklung

Bestimmte Dämpfe sind extrem toxisch und führen beim Einatmen schnell zu Bewußtlosigkeit oder gar zum Tod. Hierzu zählen Benzin- und bestimmte Lack- und Lösungsmitteldämpfe, z.B. Trichloräthylen. Diese leichtflüchtigen Flüssigkeiten dürfen nur in gut belüfteten Räumen verarbeitet werden. Beim Arbeiten ggf. eine geeignete Schutzmaske tragen.

Bei der Arbeit mit Reinigungs- und Lösungsmitteln die Gebrauchsanweisungen genau beachten. Einatmen des beim Trennen und Schleifen von Kunststoffspachtel, Kunstharz und Lack entstehenden Staubs kann gesundheitsschädlich sein. Dies gilt vor allem beim Schleifen mit Elektro- oder Pneumatikwerkzeugen. Daher beim Lackieren, Trennen und Schleifen immer eine Schutzmaske tragen.

Netzstrom

Bei Arbeiten mit Elektrowerkzeugen, Handlampe o.ä. mit Netzstromanschluß darauf achten, daß der Stecker richtig in der Steckdose sitzt und der Masseanschluß in Ordnung ist. Elektrogeräte nicht in feuchten Räumen betreiben und vor Funkenbildung oder übermäßiger Wärmeentwicklung in der Nähe offener Flammen schützen!

Gasflaschen

Lagerung und Umgang mit Gasflaschen und Armaturen sind nicht ungefährlich. Die Sicherheitsregeln sind unbedingt zu beachten. Die Flaschen sicher lagern, ordnungsgemäß warten und Undichtigkeiten, Brand- und Explosionsrisiken vermeiden.

Die am häufigsten verwendeten Gase sind Sauerstoff, Azetylen und Flüssiggas. Hierfür gelten folgende Sicherheitsregeln:

- Die Flaschen in einem feuersicheren, trockenen und gut belüfteten Raum abseits von Wärme- oder Funkenquellen und gegen Eis, Schnee und direkte Sonneneinstrahlung geschützt aufbewahren.
- Die Ventile der gelagerten Flaschen müssen stets oben sitzen und geschlossen sein (auch bei vollständig entleerter Flasche)
- Die Flaschen sind vorsichtig und

ausschließlich durch qualifiziertes Fachpersonal zu bedienen. Schadhafte oder undichte Flaschen sofort ins Freie schaffen und den Lieferanten benachrichtigen. Nie mit offenem Licht oder brennender Zigarette den Gasflaschen-Lagerraum betreten! Flaschen nicht schlagen oder fallen lassen.

- Flaschen nie als Rollen mißbrauchen.
- Nie von einer Flasche in eine andere umfüllen.
- Beschädigung der Flaschenventile unbedingt vermeiden.
- Die Ventile langsam öffnen, nie mit Gewalt bis zum Anschlag aufdrehen (damit die anderen Benutzer wissen, daß das Ventil offen ist) und nie mit einem Schraubenschlüssel allzu fest zuziehen, sondern nur von Hand zudrehen, so daß sie gasdicht schließen.
- Vor dem Abbau oder Lösen der Anschlüsse, Deckel oder Verschlüsse kontrollieren, ob die Ventile geschlossen sind.
- Beim Flaschenwechsel alle Ventile und Armaturen vor dem Abbau der Flaschen schließen, offene Flammen löschen und Brenner durchspülen.
- Beim Anschließen alle Anschlüsse und Beilagscheiben auf Sauberkeit und einwandfreien Zustand kontrollieren und nicht zu fest anziehen.
- Ventil der Flasche schließen, sobald die Flasche leer ist.

Sicherheitsvorschriften für Azetylen:

- Die Flaschen bei Lagerung und Arbeit stets aufrecht stellen. Heizt sich eine Flasche durch eine Panne oder wegen übermäßiger Rückschläge auf, sofort das Ventil schließen, den Druckminderer abbauen und die Flasche ins Freie (in ausreichendem Abstand zum Gebäude) bringen, in Wasser legen bzw. mit Wasser besprühen, das Ventil öffnen und das Gas entweichen lassen, bis die Flasche leer ist.

Sicherheitsvorschriften für Sauerstoff:

- Ventile und Armaturen absolut öl- und fettfrei halten.
- Flaschen mit konvexem Sockel in einen Ständer setzen oder kippsicher an der Wand befestigen.

Sicherheitsvorschriften für Flüssiggas:

- Brennbares, korrosives Material und Sauerstofflaschen auf keinen Fall in demselben Raum wie Flüssiggasflaschen lagern.

Verwenden Sie nur Flaschen namhafter Lieferanten – „no-name"-Produkte aus dubiosen (Import-) Quellen sind hier viel zu riskant!

Umgang mit Kunststoffen

Der Umgang mit Kunststoffen bringt zusätzliche Risiken mit sich. Viele der verwendeten Werkstoffe (Polymere, Kunstharze, Klebstoffe, Härter und Beschleuniger) setzen gefährliche Gase frei, verursachen Hautreizungen und sind feuergefährlich.

Wagenheber und Unterstellböcke

Wagenheber, insbesondere die Bordwagenheber, sind zum Anheben, nicht zum Abstützen des Fahrzeugs gedacht. Legen Sie sich **KEINESFALLS** unter einen Wagen, der nur vom Wagenheber gehalten wird. Unterstellböcke sind nicht teuer und in allen Baumärkten und Kfz-Zubehörläden erhältlich. Sie sind für Arbeiten unter dem Wagen absolut lebenswichtig! Dreiecksböcke (starr oder verstellbar) eignen sich für fast alle vorkommenden Arbeiten. Auffahrrampen sind aufgrund ihrer Größe und Konstruktion nur begrenzt nutzbar.

Beim Anheben der Wagenfront den Leerlauf einlegen und die Bremse nicht anziehen, bis das Fahrgestell auf den Unterstellböcken aufsitzt. Dann Gang einlegen und/oder Handbremse anziehen und den Wagenheber ablassen. Aber **KEINEN GANG** einlegen, wenn Sie den Motor durchdrehen wollen!

Ist der Gang eingelegt oder die Handbremse angezogen, während der Wagen hochgebockt wird, kann der Wagen vom Wagenheber abkippen. Beim seitlichen Aufbocken ist dies kaum zu vermeiden; die Handbremse sollte in diesem Fall angezogen werden.

Gute Wagenheberaufnahmepunkte sind: vorderer Querträger (keinesfalls die Ölwanne!), Mitte des Differentials, Blattfedern, Rahmenunterseite bei geschlossener Tür bzw. (beim Bordwagenheber) die seitlichen Wagenheberschienen. Bei älteren Wagen mit Rost an den tragenden Teilen brechen die Wagenheberschienen oft unter der Last des mit dem Bordwagenheber angehobenen Wagens durch. In diesem Fall einen Scheren- oder Rangierwagenheber ansetzen.

Schutzvorschriften für Arbeiten mit Winkelschleifern

Der Winkelschleifer ist sehr praktisch, aber nicht ungefährlich. Bei der Arbeit stets die Hinweise des Herstellers und vor allem folgende Regeln beachten:

1) Stets Schutzbrille tragen.
2) Bei staubintensiven Arbeiten eine Schutzmaske tragen.
3) Immer die richtige Schleifscheibe für die jeweilige Arbeit verwenden (Trennscheiben zum Trennen, Schleifscheiben zum Schleifen). Keinesfalls die Schutzhaube demontieren!

Schleifscheiben laufen mit hohen Drehzahlen und können bei unsachgemäßer Anwendung auseinanderfliegen (die Folgen male sich jeder selber aus!). Daher die Sicherheitsvorschriften des Herstellers beachten.

2 Sandstrahlen und Schweißen

Der zu restaurierende Wagen steht vor uns, im stumpfen Glanz seines alten Lacks, und sicher warten hier und dort einige Roststellen, auf daß man sich ihrer annehme. Beim Entfernen alter Lack- und Spachtelreste gibt es nun mehrere Möglichkeiten des Vorgehens. Das Abbeizen mittels spezieller Mittel ist die klassische Methode, aber nicht unbedingt angenehm. Harte Spachtelreste widerstehen zudem der Abbeize. Auch die Anwendung von Lötlampen und Heißluftgebläsen ist nur begrenzt möglich. Schwierig wird's in engen, schmalen Winkeln oder Mulden, wo man mit dem Spachtel zum Nacharbeiten nicht so gut hinkommt. Um aber einwandfreie Flächen, Ecken und Kanten zur Weiterbearbeitung, vor allem fürs Schweißen, zu erhalten, muß das blanke Metall freiliegen. Hier hilft meist nur eins, und das hundertprozentig: das Sandstrahlen.

Der Umgang mit der Sandstrahlpistole per Kompressor – siehe auch Seite 178 ff – erfordert allerdings bestimmte Vorsichtsmaßnahmen: Man muß einen Schutzanzug tragen, eine Staubschutzmaske anlegen und in einem möglichst großen Raum – oder besser: im Freien – arbeiten. Es muß trocken sein, und empfindliche Teile am Wagen müssen zuvor sorgfältig abgedeckt werden. Es kann zu einer mittleren Katastrophe führen, wenn Zündverteiler, Vergaser oder Gummimanschetten dem Hochdruck-Sandstrahl ausgesetzt werden.

Natürlich kann man auch einzelne Teile strahlen, sofern man sie gut sichert. Das Strahlgut zwecks Recycling aufzufangen, ist nur möglich, wenn man Kleinteile in einem geschlossenen Behälter bearbeitet.

1. Sandstrahlen kann auch der Amateur, wenn er die Sicherheitsvorkehrungen beachtet und einen geeigneten Raum für solche Arbeiten hat.

Flammenbildung beim Autogenschweißen

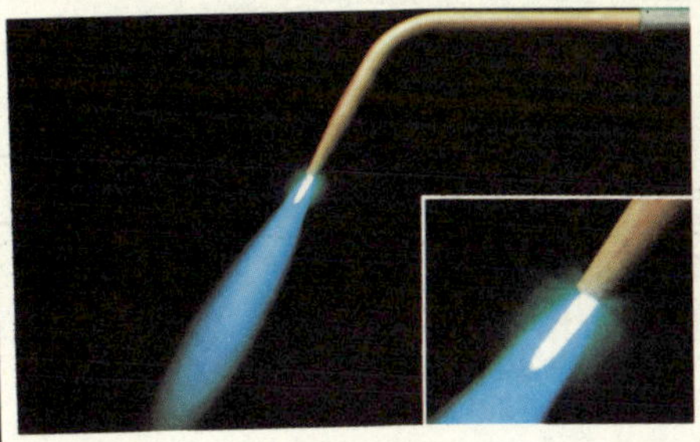

Neutral
Anwendungsbereich: normaler Stahl, rostfreie Stähle
Einstellung: Brenner zünden (siehe Text), Ventile einstellen, bis ein scharf umrissener weißer Kegel mit minimalem Azetylendunst entsteht.

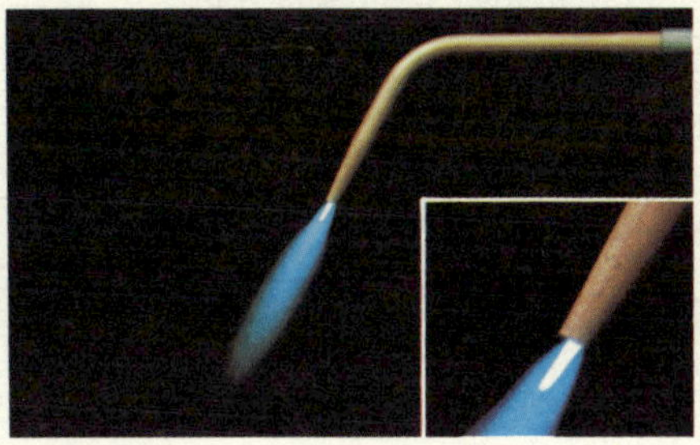

Sauerstoffüberschuß
Anwendungsbereich: Messing und Bronze
Einstellung: Ventile auf schmäleren Kegel und bläßliche Flamme einstellen. Evtl. „knallt" es an der Düse.

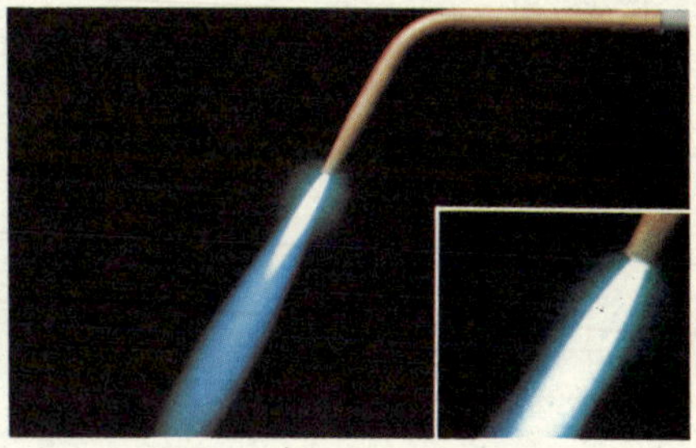

Azetylenüberschuß
Anwendungsbereich: Gußeisen, gehärtete Flächen und Stellit
Einstellung: Ventile auf länglichen Innenkegel einstellen. Wird der Kegel zu lang, ist die Wärmeentwicklung evtl. zu gering.

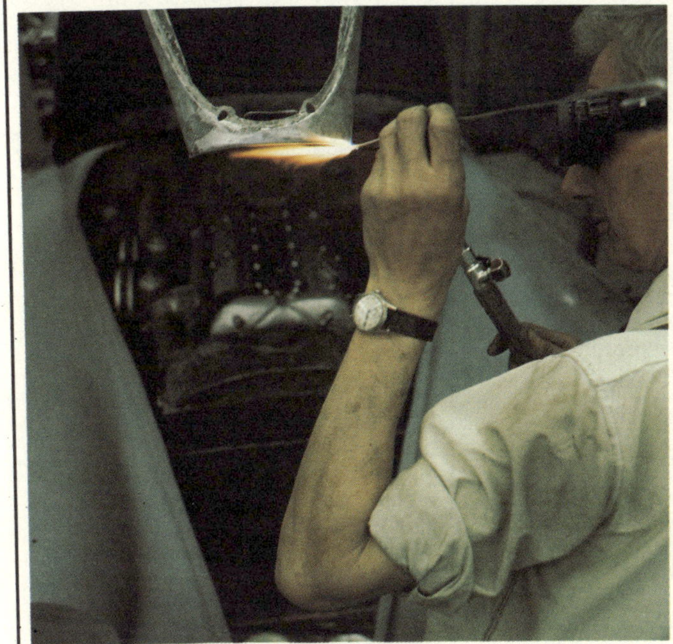

2. (Oben links) Autogenschweißen eignet sich ideal für Blechreparaturen und . . .

3. (Oben rechts) . . . zum Einschweißen von Reparaturblechen und Teilblechen, wie sie hier gerade gereinigt werden.

4. (Links) Elektroschweißen ist für Dünnbleche weniger gut geeignet, dafür kann man damit viele andere Schweißbasteleien ausführen . . .

5. (Rechts) . . . und mit einem speziellen Vorsatz auch hartlöten.

Wenn Metallteile, die fürs Schweißen gesandstrahlt wurden, absolut frei von jedweden Rückständen sind, kann mit den Vorbereitungen hierzu begonnen werden. Zunächst aber ein paar grundsätzliche Vorbemerkungen, die auch das Thema Löten mit einbeziehen.

Egal ob Veteranenliebhaber, die selbst von A bis Z restaurieren, oder Wochenend-Autobastler – Schweißen ist heute in Do-it-yourselfer-Kreisen keine Seltenheit mehr. Wer tiefer in die Karosserierestaurierung einsteigt, kommt ohne Schweißkenntnisse eigentlich nicht aus. Im folgenden werden vier Schweißverfahren behandelt, die sich alle für Karosseriereparaturen eignen – zuerst die Grundlagen, dann einige praktische Arbeitstips. Da die einzelnen Verfahren – wenn man es gründlich angeht – aber nicht unkompliziert sind, werden sie anschließend eingehender untersucht und das Know-how vermittelt, das für den fortgeschrittenen Schweißer unentbehrlich ist.

Zum Verständnis des Schweißvorgangs: Alle Metalle schmelzen, wenn sie nur genügend erhitzt werden. Anschauliches Beispiel sind die Plastikbausätze aus dem Kinderzimmer. Die Einzelteile werden dabei mit einem Spezialkleber verbunden, der das Plastik an den Paßflächen zum Schmelzen bringt, so daß die aneinandergepreßten Teile nach dem Aushärten richtiggehend miteinander verschmolzen sind und – anders als vorher die beiden Einzelteile – eine festverschweißte Verbindung bilden. Einmal davon abgesehen, daß diese Kunststoffe mit einem Spezialkleber, Metalle dagegen durch Wärmeeinwirkung verschweißt werden, ist das Prinzip dasselbe. Die beiden Metallteile werden entlang einer Naht geschweißt (und meist wird weiteres Metall beigegeben, um die Naht zu verstärken). Sobald das Metall sich unter den „Gefrierpunkt" abkühlt, entsteht eine Verbindung aus einem mehr oder weniger durchgängigen Metallstück – und nicht nur zwei mit einem „Wunderkleber" zusammengefügte Einzelteile. Außerhalb des Hi-Tech-Bereiches von Laser und Ultraschall läßt sich die notwendige Hitze des Metalls nur auf zweierlei Weise aufbauen: entweder mit in Flaschen abgefülltem Gas mit hoher Flammentemperatur, oder durch Elektrizität.

Hartlöten

Einige Worte zum Thema „Hartlöten" sind hier durchaus am Platze. Hartlöten hat den besonderen Vorteil, daß zwei Stahlteile dadurch auf denkbar einfache Weise miteinander verbunden werden können und auch Anfänger schnell brauchbare Ergebnisse zustandebringen. Wie beim Schmelzschweißen, werden dabei zwei Metallteile zusammengehalten und erhitzt. Statt daß zusätzliches Metall in die Naht fließt, wird jedoch eine Lotstange aus einer Bronzelegierung in der Flamme erwärmt und haftet dann extrem fest an der Verbindungsstelle der beiden Metallteile. Das hohe Haftvermögen ist auf die Molekularbindung zwischen dem Hartlot und dem Stahl zurückzuführen und ergibt Festigkeitswerte, die zwischen denen von Klebe- und Schweißverbindungen liegen. Das Stangenlot zum Hartlöten besteht meist aus einer Kupfer/Zinn- oder Kupfer/Zink-Legierung. Hartlöten ist übrigens, so unglaublich es klingt, nicht nur mit Autogengeräten, sondern mit entsprechenden Vorsätzen auch mit Elektroschweißgeräten möglich. Hauptnachteile beim Hartlöten sind sein hoher Preis (vor allem wegen der Kosten des Stangenlotes) und seine deutlich geringere Festigkeit im Vergleich zu Schweißverbindungen. Für tragende Teile wie Rahmenträger oder Schweller ist es also in der Regel tabu. Auch beim TÜV bekommt man bei Hartlötungen an tragenden Teilen Ärger.

Die Schweißverfahren ●

Elektroschweißen

Elektroschweißen ist das einfachste und preisgünstigste Schweißverfahren, hat aber für Kfz-Reparaturen leider den Nachteil, daß Dünnblechschweißen damit praktisch unmöglich ist. Wenigstens kann damit aber hartgelötet werden. Außerdem erfordert es einige Übung. Die Anlage besteht aus dem Schweißgerät (bzw. Schweißtrafo), das den Netzstrom in die für Stahlschweißungen geeignete Stromart umwandelt. Vom Trafo führen zwei dicke Kabel weg; das eine, das „Massekabel", wird am Werkstück festgeklemmt, das andere trägt am Ende einen speziellen Handgriff mit Schweißdrahthalter, der den mit einem speziellen Flußmittel ummantelten Stahlschweißdraht aufnimmt. Nach dem Einschalten tupft man das Werkstück an der Schweißstelle mit dem Draht an. Damit wird der Stromkreis geschlossen und durch den vom Trafo erzeugten hochamperigen Strom der Lichtbogen zwischen Schweißdraht und Werkstück erzeugt.

Dadurch schmilzt der Stahl am Drahtende sowie das Drahtende selbst, und das geschmolzene Metall bildet feine Tropfen an der Schweißstelle. Dieser Schweißvorgang läuft fast schlagartig ab, Erwärmungsverzug läßt sich also gut vermeiden – d.h. das Metall verzieht sich weniger stark als bei manchen anderen Schweißverfahren. Durch die schlagartige Hitzeerzeugung brennt man andererseits aber nur allzuleicht Löcher in dünnere Bleche. Herkömmliche Fahrgestelle und sogar diverse Kastenprofile modernerer Konstruktionen können (mit etwas Übung!) ebenso wie z.B. Stoßstangenhalter und andere Bauschweißereien, wie man sie immer wieder mal beim Restaurieren braucht, mit Elektroschweißgeräten recht gut bearbeitet werden, für Dünnbleche kommt aber eigentlich nur Hartlöten mit Kohlelichtbogenelektroden in Frage. Empfehlenswert wäre evtl. ein Elektroschweißgerät der gehobenen Preisklasse, das Gleichstrom liefert und damit die Gefahr des Durchbrennens wesentlich verringert.

Kohlelichtbogen-Hartlöten

Hier wird am Kabel, das normalerweise die Schweißdrahtzange trägt, ein spezieller Adapter montiert. Er besteht aus zwei Kohlestangen, von denen eine starr, die andere verschiebbar montiert ist. Die beiden Stäbe stehen dicht beieinander und werden dann an das Werkstück herangebracht. Bei der Bildung des Lichtbogens brennen die beiden Stäbe aneinander ab, so daß sich eine Flamme entwickelt. Dadurch heizt sich das Werkstück ausreichend weit auf, so daß eine Hartlötstange herangeführt und abgeschmolzen werden kann. Sobald Sie diese gleichzeitig ablaufenden Bewegungen beherrschen, wirkt alles andere wie ein Kinderspiel – und wenn man's erst beherrscht, fragt man sich sowieso, weshalb es anfangs so schwierig schien.

Autogenschweißen (Gasschmelzschweißen)

Schon seit jeher ist dies das klassische Schweißverfahren aller Reparaturbetriebe, auch wenn es – fast absichtlich, wie es scheint – auf dem Do-it-yourselfer-Markt nie sehr propagiert wurde. Bei diesem Verfahren werden Sauerstoff und Azetylen in einem speziellen Schweißbrenner in der richtigen Zusammensetzung gemischt und erzeugen eine extrem heiße Flamme. Das Gas strömt über Rohrleitungen aus den entsprechenden Gaszylindern zum Brenner. Die kleine, heiße Flamme wird über die Schweißstelle geführt. Sobald sich im Stahl ein kleines Schmelzbad bildet, wird ein dünner Stahldraht herangeführt. Der abschmelzende Stahl bildet eine ausreichend dicke Schweißnaht um die Schweißstelle. Da der Brenner dabei ständig in Bewegung gehalten und der Schweißdraht gleichzeitig in die Schweißstelle und an ihr entlang geführt werden muß, erfordert dieses Schweißverfahren einige Übung. Dafür läßt es sich wirklich vielseitig einsetzen. Heute sind zahlreiche Gasschmelzschweißgeräte erhältlich, bei denen oft statt Azetylen ein anderes Gas verwendet wird. Gasschweißgeräte bieten sich vor allem für Hartlöten an und lassen sich exakt regeln, so daß „Durchbrenner" an Dünnblechen weitgehend ausgeschlossen sind. Einen Haken hat die Sache aber doch: der Wärmeübergang von der Gasflamme auf das Werkstück ist relativ gering, d.h. es dauert verhältnismäßig lange, bis die Temperatur an der Schweißstelle hoch genug ist. Bis sich ein Schweißbad bildet, ist ein Großteil der Wärmeenergie in die Luft bzw. durch die angrenzenden Blechbereiche abgeflossen. Letzterer Aspekt wirft besondere Probleme auf, wie im Abschnitt „Wärmeverzug" noch zu sehen sein wird.

MIG-Schutzgasschweißen

Der ungekrönte König unter den Karosserieschweißverfahren, denn es bietet alle Vorteile der anderen Verfahren, aber keine der Nachteile, außer dem, daß man damit nicht hartlöten kann, und es auch nicht ganz so vielseitig wie Autogenschweißen ist; Bleche trennen oder festsitzende Schrauben lösen ist z.B. nicht möglich. Mit Schutzgas kann man nur schweißen, dies aber extrem gut!

MIG-Schutzgasschweißen basiert auf dem Elektroschweißen, weist aber erhebliche Verbesserungen auf. Statt eines starr in den Halter eingespannten Schweißdrahtes, dessen letzter Rest einfach weggeworfen wird, läuft der Draht beim Schutzgasgerät von einer Rolle im Gerätegehäuse ab und tritt an der Schweißpistole ins Freie aus. Im Gehäuse sitzt außerdem der Elektro-Antriebsmotor. Zu Beginn des Schweißens drückt der Schweißer also nur den Einschaltknopf, worauf der Draht zur Schweißpistolenspitze vorläuft. Wie beim Elektroschweißen wird die Masseklemme am Werkstück festgeklemmt und durch den Kontakt des Drahtes mit der Schweißstelle der Stromkreis geschlossen, so daß geschweißt werden kann. Das MIG-Gerät ist also extrem einfach zu bedienen, da der Schweißer nur noch das Gerät einstellt und einschaltet, um dann die Pistole langsam und gleichmäßig an der Schweißnaht entlangzuführen. Schutzgas kann aber noch mehr – der Motor im Schweißgerät transportiert nicht nur die Elektrode zur Schweißpistole, sondern pumpt gleichzeitig ein inertes Gas (d.h. ein Gas, das keine Reaktion mit dem Schweißgut eingeht) wie z.B. Argon, Argon/CO_2-Gemisch oder reines CO_2 (Kohlendioxid) durch die Schlauchleitung zur Pistole, so daß die Schweißstelle mit einer unsichtbaren Gasschicht umhüllt wird. Dadurch wird die Schweißstelle gekühlt und der Wärmeverzug verringert – Wellen im Blech kommen also kaum noch vor, die Verkleidungen brauchen (außer im unmittelbaren Schweißbereich) nicht demontiert zu werden und auch der Lack brennt nur an der Schweißstelle weg. Der einzige Nachteil beim Schutzgas ist, daß die Schweißstelle wirklich metallisch blank sein muß – bei zuviel Rost oder Farbresten patscht und „spuckt" das Gerät unüberhörbar!

WIG-Schweißen

Ein spezielles Schutzgasschweißverfahren, das in neuerer Zeit in Karosseriebetrieben Einzug hält und sich vor allem beim Schweißen von Alu bewährt. Daher folgen später dazu noch einige Kommentare.

Auswahl der Schweißausrüstung ●

Diese kurzen Vorbemerkungen sollen keinen Schweißerlehrgang ersetzen, sondern nur die Grundzüge der verschiedenen Verfahren aufzeigen.

Welches Verfahren ist für den Hobby-Restaurateur also am besten geeignet? Letztlich ist dies eine Frage des Geldbeutels und der eigenen Ansprüche. In einem der folgenden „Anwenderprofile" erkennen Sie sich vielleicht wieder – machen Sie sich dann ein paar Gedanken zu der empfohlenen Anlage.

1. **Sie wollen einige Schweißreparaturen (auch an tragenden Teilen) an Ihrem Auto durchführen und vielleicht auch in Zukunft ab und zu schweißen.**
   Hier empfiehlt sich erst einmal eines der preisgünstigeren Gasschweißgeräte. Sie sind zwar nicht so leicht zu bedienen wie die teureren Geräte, aber wenn Zeit keine Rolle spielt . . . ? Auch im Gebrauch sind sie nicht ganz billig, da die kleinen Gasflaschen oft nachgefüllt werden müssen und „unter'm Strich" bei Dauerbetrieb sehr teuer wären. In Fachblättern werden sie öfters angeboten, vor dem Kauf sollte man das Gerät aber selbst ausprobieren. Achten Sie auch darauf, daß das Gas die nötige Temperatur für eine vernünftige Schweißung entwickelt. Azetylen wird hier übrigens nie verwendet, da Abfüllung und Lagerung extrem teuer und auch nicht ganz ungefährlich sind (wenn man nicht genau aufpaßt).

2. **Sie brauchen ein Schweißgerät, mit dem Sie schnell ein Blech auf Durchrostungen aufsetzen und nebenbei zuhause noch hunderterlei andere Schweißereien ausführen können, z.B. ein neues Gartentor, einen Schirmständer für die Veranda usw. Und für Reparaturen an tragenden Teilen bringen Sie Ihr Auto sowieso in die Werkstatt.**
   Hier kommen Sie mit einem Elektroschweißgerät mit Hartlöt-Zusatzgerät ohne weiteres aus. Damit können Sie einen Reparaturflicken am Auto oder am Rahmen Ihres Rasenmähers auflöten und mit dem Elektroschweißer auch sonst allerlei Basteleien betreiben, z.B. für die Anfertigung von Hebehaken, Hilfs- und Spezialwerkzeugen usw. Natürlich ginge das auch mit anderen Schweißverfahren, aber nur Elektro- und Schutzgasgeräte arbeiten bei größeren Blechdicken rasch genug.

3. **Reparatur und Restaurierung alter Autos faszinieren Sie. Vielleicht macht es Ihnen auch Spaß, alte „Schrottmühlen" wieder herzurichten und weiterzuverkaufen und ab und zu an den Autos Ihrer Freunde und Bekannten mit ein paar Schweißungen auszuhelfen. Vielleicht nehmen Sie Ihr Hobby auch nur ernst und wollen gründliche Arbeit leisten ("wenn schon – denn schon").**
   Hier wäre mehr als ein Schweiß-

verfahren lohnenswert, wir empfehlen daher zwei „Pakete". Beide sind nicht billig, dafür kann man damit so ziemlich alle denkbaren Arbeiten selbst durchführen.

Paket A: Ein billigeres Elektroschweißgerät (für gelegentliche Schweißungen an mitteldicken Stahlteilen) und ein wirklich gutes Autogengerät. Das Angebot an Autogengeräten für den Do-it-yourselfer ist relativ umfangreich – man sollte sich jedenfalls nicht für das billigste entscheiden.

Paket B (mein persönlicher Favorit): Ein billiges Autogengerät, das man gelegentlich zum Hartlöten und als Schneidbrenner (Sauerstoff weit aufdrehen) sowie zum Lösen festgerosteter Schrauben einsetzt. Dazu ein kleines, aber gutes MIG-Schutzgasgerät, da dies bei weitem die besten Schweißnähte mit minimalem oder gar ganz ohne Wärmeverzug ergibt. Es eignet sich auch zum Schweißen dickerer Bleche (wenn es nicht mehr als ein paar Minuten dauert), also bestehen für die Praxis fast keine Einschränkungen. Wer viel schweißt, findet hier auch hinsichtlich des Materialverbrauchs die preisgünstigste Lösung.

Schweißverfahren und Grundlagen des Schweißens ●

Dieses Kapitel soll nicht übermäßig technisch werden, einige Grundbegriffe müssen zum besseren Verständnis aber dennoch kurz angesprochen werden:

Verträglichkeit der Schweißwerkstoffe

Natürlich kann man nicht einfach zwei beliebige Materialien miteinander verschweißen. Die verschweißten Materialien müssen genauso wie Schweißzusatzstoff und Elektrode miteinander verträglich sein. Aluminium und Stahl können z.B. nicht miteinander verschweißt werden, davon abgesehen ist die Frage der Werkstoffe für Karosserierestaurierungen jedoch ohne Belang. Achten Sie beim Kauf von Blech- oder (in seltenen Fällen) Aluminiumtafeln darauf, daß Ihnen der Lieferant das für Ihre Zwecke geeignete Material verkauft. Auch beim Kauf von Schweißstangen bzw. Schweißdraht (für Schutzgas) sollten sie dem Verkäufer sagen, wofür Sie es benötigen.

Wärmeverzug

Metall dehnt sich unter Wärmeeinwirkung bekanntlich aus und zieht sich beim Abkühlen wieder zusammen. Idealerweise heben diese beiden Erscheinungen sich gegenseitig auf – das abgekühlte Metall entspräche dann wieder genau dem ursprünglichen Material. Leider werden die so säuberlich zugeschnittenen Bleche beim Einschweißen durch die entstehende Hitze aber Zug- und Biegebeanspruchungen in allen Richtungen ausgesetzt.

Daher neigen Karosseriebleche beim Schweißen schnell zum Verziehen. Übermäßiger Wärmeverzug tritt vor allem bei starker Hitzeeinwirkung auf das Blech, z.B. beim Autogenschweißen oder an größeren, flachen Blechflächen auf, z.B. an Türaußenhaut und Motorhaube. An großen ebenen Flächen können sogar mit Schutzgas, das mit Abstand den geringsten Wärmeverzug verursacht, Wellen im Blech entstehen, ebenso beim Verzinnen oder Löten an diesen Blechen. Das Geheimnis beim Schweißen besteht darin, daß man die Bleche eng zusammenspannt und in regelmäßigen Abständen zusammenheftet, bevor die eigentliche Naht durchgezogen wird. (Zum Heften kommen wir später. Im Prinzip werden die Bleche dabei mit einzelnen Schweißpunkten, die später in der Naht verschwinden, provisorisch zusammengehalten). Es empfiehlt sich nicht, die Naht vom Anfang bis zum Ende in einem Durchgang durchzuschweißen. Stattdessen lieber aus der einen Richtung ein Stück weit schweißen, das Blech abkühlen (aber nicht den eigentlichen Schweißbereich), aus der anderen Richtung ein Stück weit schweißen, abkühlen und in der Mitte weiter schweißen und anschließend die Intervalle nach und nach durchschweißen. Damit werden die Spannungen im Blech ausgeglichen und übermäßige Wärmeentwicklung vermieden. Beim Löten rund um die Lötstelle feuchte Lappen auflegen, damit die Wärme aus dem Blech abgeführt und nicht im Blech verteilt wird. Verzieht sich das Blech dennoch, so daß eine „Beule" im Blech erscheint, ist aber noch nichts verloren. Lesen Sie im Abschnitt zum „Einziehen von Blechen" nach. Dort steht, wie man das gedehnte Metall durch geschickte Nutzung von Wärme und Wärmedehnung wieder straffen kann. Minimale Wellen in der Blechhaut können mit einer dünnen Spachtelschicht oder bei minimalem Verzug mit dicker auftragendem Spritzfüller ausgeglichen werden.

Verunreinigungen

Je mehr Verunreinigungen die Schweißnaht enthält, desto schwächer wird sie – soviel dürfte klar sein. Daher sollte nur an möglichst rost-, lack-, fett- und schmutzfreiem Metall geschweißt werden. Ein Großteil der Verunreinigungen verbrennt zwar beim Schweißen, der Rest setzt sich jedoch in der Naht fest, die dadurch an Festigkeit verliert und klumpig und rauh wirkt. Durch den Schweißlichtbogen entstehen ebenfalls Verunreinigungen, sofern die Luft nicht beim Schweißen von der Schweißstelle ferngehalten wird. Beim MIG- und WIG-Schweißen wird hierzu die Schweißstelle von einem inerten Gas als „Schutzgas" umhüllt. Beim Elektroschweißen sind die Schweißdrähte mit einer speziellen Umhüllung versehen. Die Umhüllung schmilzt zusammen mit dem Draht ab, fließt über die Schweißstelle und schirmt sie gegen Luftzutritt ab. Beim Hart- und Weichlöten muß aus denselben Gründen ein Flußmittel auf dem Metall aufgetragen werden, da die entstehenden Oxide sonst die Verbindung zwischen Lot und Werkstück verhindern. Nur beim Autogenschweißen kommt man ohne Abschirmung aus, auch hier sollten die Bleche aber möglichst sauber sein.

Schutzmaßnahmen

Bei allen Schweißverfahren entstehen beträchtliche Hitze, gleißend helles Licht und in manchen Fällen gefährliche Dämpfe. Beachten Sie also die Sicherheitshinweise zu den einzelnen Schweißverfahren und den Abschnitt „Sicherheit" zu Anfang dieses Buchs.

Schweißnähte

Abbildung 6 zeigt die wichtigsten Nahtarten für Stahlbleche. Je nach Einsatzzweck erfüllen sie unterschiedliche Funktionen. Üben Sie an alten Blechen, bevor Sie sich an einen neuen Nahttyp wagen. Beim stumpfen Verschweißen dickerer Bleche (vor allem mit Elektro- und Schutzgasgeräten) empfiehlt es sich, die Naht erst von der einen Seite aus zu ziehen und den Vorgang anschließend mit etwas höherer Stromstärke (damit die erste Naht mit der zweiten verschmilzt) von der anderen Seite zu wiederholen. Als Alternative eignet sich auch das Verfahren aus Abb. 7. Die Bleche wurden angeschrägt und in mehreren Durchgängen zusammengeschweißt. Dies ist vor allem dann praktisch, wenn die Schweißstelle nur von einer Seite zugänglich ist.

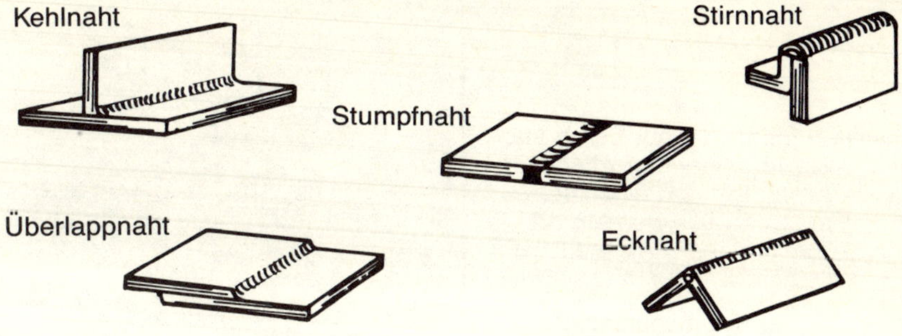

6. Die wichtigsten Schweißnahtarten

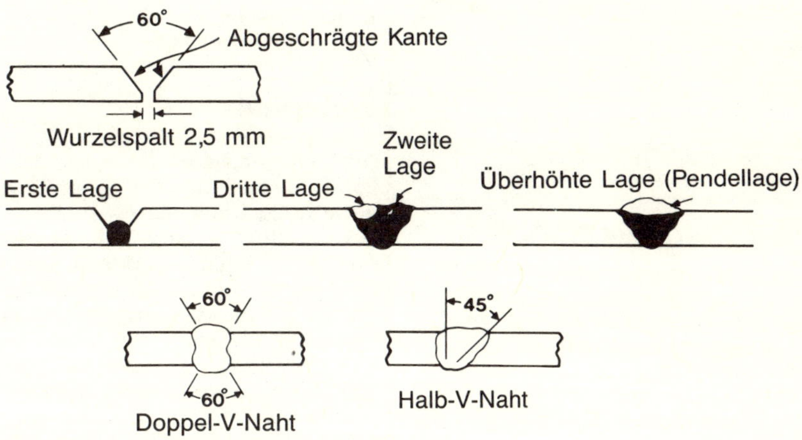

7. Mehrlagenschweißen

Schweißverfahren ●

Schweißen lernt man nur durch ständige Praxis. Im folgenden Abschnitt wird die Arbeit mit den einzelnen Schweißverfahren von den Grundlagen an beschrieben. Als Beispiel werden kleinere Bleche, nicht etwa ganze Baugruppen gezeigt, denn so läßt es sich am leichtesten erlernen. Ordnen Sie die Teile beim Schweißen in Höhe und Abstand so an, daß Sie sie bequem schweißen können. Später, wenn Sie die Grundlagen beherrschen, werden Sie noch oft genug über Kopf schweißen müssen.

Elektroschweißen ●

Wie bereits erwähnt, werden beim Elektroschweißen zwei (oder mehr) Teile durch die mit dem Lichtbogen erzeugte Hitze miteinander verschmolzen. Abb. 8 zeigt das Prinzip.

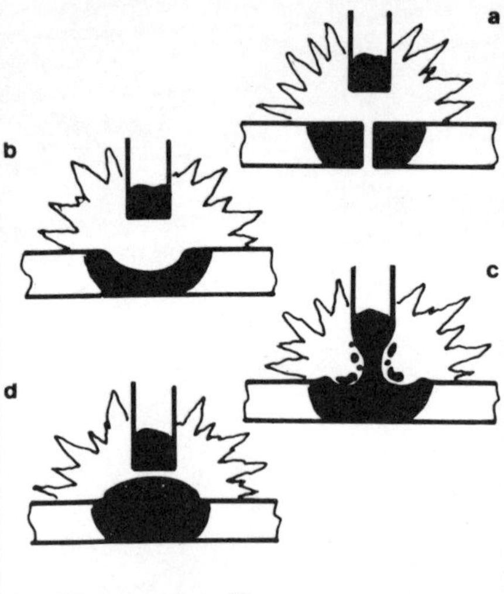

8. Elektroschweißen
(a) Beide Metallflächen werden vom Lichtbogen erhitzt ...
(b) . . . bis sie fast völlig geschmolzen sind und zu einem einzigen Teil zusammenfließen.
(c) Dann wird weiteres geschmolzenes Metall und Flußmittel vom Schweißdraht zugegeben.
(d) Die Naht wird dadurch mit Schweißgut gefüllt und die Nahtoberfläche mit einer Schlackeschutzschicht überzogen.

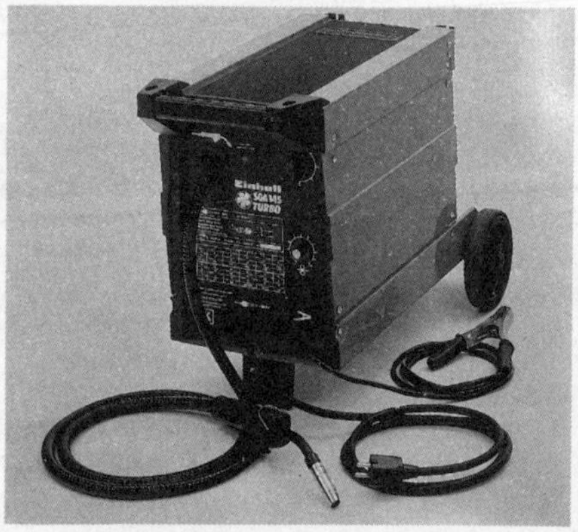

9. Ein für den Amateur recht brauchbares Gerät: Die SGA-Schutzgas-Schweißanlage Typ 145 Turbo für MIG/MAG-Arbeiten.

Sicherheit

Am gefährlichsten beim Elektroschweißen ist das freigesetzte gleißend helle Licht. Es ist nicht nur bei direktem Blickkontakt für die Augen schädlich, sondern enthält auch einen hohen UV-Lichtanteil, der zu bleibenden Augenschäden führen kann. Beim Elektroschweißen also stets mit einer Vollmaske arbeiten und auch nicht anfangs „um die Ecke schielen". Da UV-Licht auch für die Haut schädlich ist, beim Arbeiten Handschuhe und langärmelige Hemden tragen. Beim Elektroschweißen fliegen glühend heiße Funken; daher Schuhe und Kleidung tragen, bei denen keine Metalltropfen im Schuh hängenbleiben können, und die Jacke am Kragen geschlossen halten. Beim Überkopfschweißen die Ärmel am Handgelenk schließen. Nicht in engen Räumen ohne Belüftung schweißen, da die Dämpfe oft gesundheitsschädlich sind. Baumwollkleidung tragen – Nylon fängt leicht Feuer (die Folgen sind leicht auszumalen!). Vorsicht beim Umgang mit heißen Metallteilen; Kinder und Haustiere aus dem Arbeitsbereich fernhalten, damit sie vor Brandverletzungen und UV-Strahlung geschützt sind. Alle brennbaren Gegenstände aus dem Arbeitsbereich entfernen. Bei Arbeiten an der Autokarosserie alle brennbaren Materialien im Bereich der Schweißstelle von der Innenseite entfernen und nie in Nähe des Benzintanks oder von Kraftstoff- oder Bremsleitungen aus Kunststoff schweißen. Stets einen geeigneten Feuerlöscher für Notfälle und eine Spritzflasche mit Wasser für kleinere Flammen bereithalten. Auf keinen Fall Wasser an stromführende Teile kommen lassen (Stromschlaggefahr!). Beim Reinigen der Schweißstelle eine Schutzbrille tragen, da die spröde Schlacke beim Abbürsten oft durch die Gegend fliegt. Wenn man versehentlich in die Schweißflamme blickt, können nach einigen Stunden akute Augenreizungen auftreten (etwa so, als ob man die Augen voll Sand habe). In schweren Fällen muß dies im Krankenhaus behandelt werden – auf jeden Fall einen Arzt aufsuchen.

Derart viele Sicherheitshinweise wirken vielleicht abschreckend, sind aber unumgänglich. Alle obigen Punkte sind wichtig, aber bei vorsichtigem Arbeiten hält man sich bald von ganz alleine daran.

Die ersten Schweißversuche

Das Gerät entsprechend der Stärke des verschweißten Blechs richtig einstellen. Der Schweißdraht muß im Regelfall etwa so dick wie die verschweißte Materialstärke sein. Als Anhaltspunkt für die Grundeinstellung kann die untenstehende Tabelle gelten, je nach Ergebnis muß sie evtl. etwas modifiziert werden.

Elektrodendurchmesser	Blechstärke (ca.)	Stromstärke (Ampère)
1,60 mm	1,60 mm	25 – 50
2,00 mm	2,00 mm	50 – 80
2,50 mm	2,50 mm	80 – 110
3,25 mm	3,25 mm	110 – 150
4,00 mm	4,00 mm	140 – 200
5,00 mm	5,00 mm	200 – 260
6,00 mm	6,00 mm	220 – 340

Die Masseklemme muß am Werkstück an einer Stelle, die guten Kontakt gibt, festgeklemmt werden, und das Metall muß absolut sauber sein, da sonst die Schweißgüte leidet.

Suchen Sie sich eine bequeme Arbeitshaltung, und spannen Sie das Kabel am Elektrodenhalter fest.

Dann legen Sie das Kabel am besten über den Arm, mit dem Sie den Elektrodenhalter greifen.

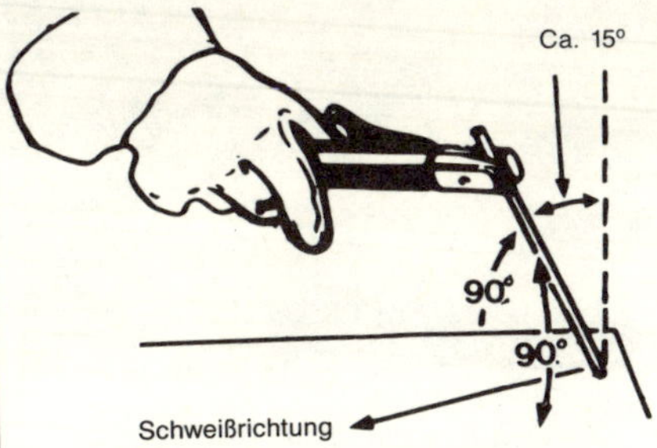

10. Die Elektrode (Schweißdraht) wird in einem Winkel von 15° zur Vertikalen in Schweißrichtung geneigt am Werkstück angesetzt. Üben Sie dies bei ausgeschaltetem Gerät, bis Sie es sogar mit geschlossenen Augen beherrschen – mit geschlossenen Augen fangen Sie auch an zu schweißen!

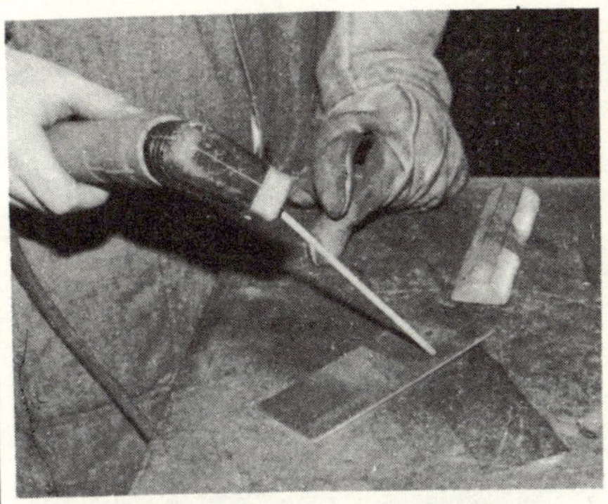

11. Wenn es losgehen kann, schalten Sie ein, halten die Elektrode in einigen cm Abstand zum Werkstück und nehmen die Gesichtsmaske in die andere Hand. Dann setzen Sie die Maske auf und zünden den Lichtbogen. Am problematischsten ist es, den Stromfluß richtig in Gang zu bringen und einen gleichmäßigen Brummton zu erzielen, ohne daß die Elektrode gleich am Werkstück „klebt". Kleber lassen sich auf zweierlei Weise vermeiden: entweder klopft man die Elektrode an der Schweißstelle leicht auf, so daß sie wieder abprallt, bis der Schweißstrom fließt, oder die Elektrode wird am Werkstück entlanggekratzt, damit sie nicht festklebt. Hängt die Elektrode bereits am Werkstück fest, versuchen Sie sie abzubiegen oder drücken kurz den Hebel am Elektrodenhalter. Dann löst sie sich sofort. Auch bei Einschraubhaltern müßte sich die Elektrode durch kurzes Drehen lösen lassen. Hängt sie endgültig fest, schalten Sie schnell das Gerät ab oder nehmen die Masseklemme ab. Die Elektrode glüht ***eventuell*** *schon fast tiefrot, also ziehen Sie sie nach dem Abklemmen vom Werkstück ab. Hat sich am Elektrodenende das Flußmittel schon in Klumpen gelöst, ist der Wiederanlauf schwieriger. Klemmen Sie ein Blechstück an Masse an und „brennen" Sie damit den blanken Stahl bis zur intakten Flußmittelumhüllung ab. Setzen Sie den Gesichtsschutz auf, und ritzen Sie mit der Elektrode rasch am Blechstück entlang, bis genug Stahl in Funken weggeflogen ist (Vorsicht vor Funkenflug!). Dann können Sie wieder mit der flußmittelumhüllten Elektrode weiterarbeiten.*

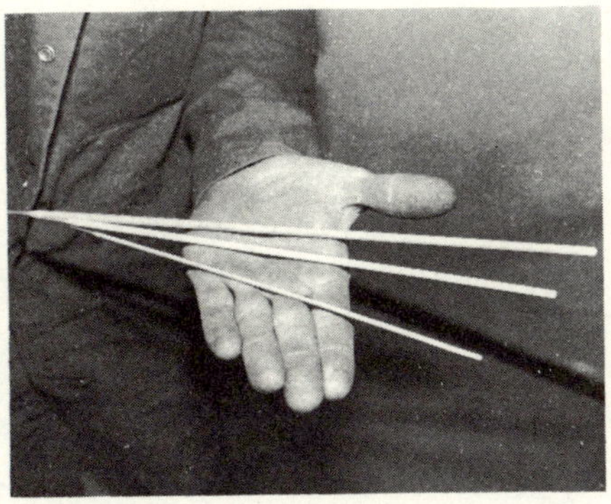

12. Die Dicke des Drahtes (Elektrode) sollte (ohne Flußmittelumhüllung) möglichst der Dicke der verarbeiteten Bleche entsprechen. Feuchtigkeit am Flußmittel erschwert die Schweißung. Notfalls trocknen Sie die Stäbe vorher. Die Elektroden daher vor der Verarbeitung immer trocken lagern. Feuchte Elektroden können vorsichtig im Herd getrocknet werden. Ist das Flußmittel aber nach dem Trocknen rissig und blättert es ab, können Sie sie gleich wegwerfen.

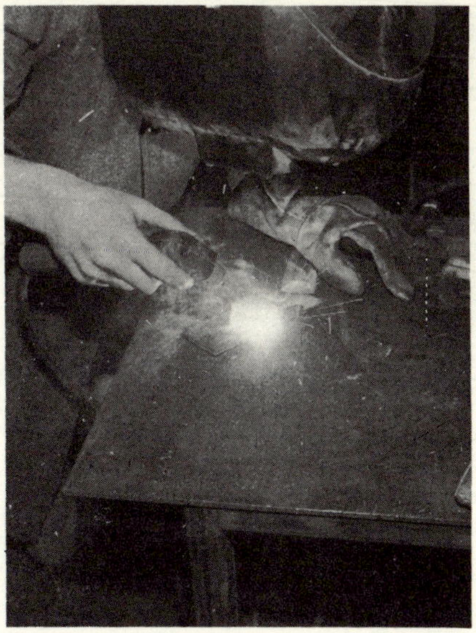

13. Das Zünden des Lichtbogens erfordert einige Übung. Falls es gar nicht vorangehen will, kontrollieren Sie die Masseverbindung und erhöhen die Stromstärke langsam, bis es klappt – wenn Sie den Stahl dann gleich durchbrennen, drehen Sie den Stromregler wieder zurück. Nach der Zündung muß der Elektrodenhalter entsprechend dem Abbrand gleichzeitig zum Werkstück hin und an ihm entlanggeführt werden. Bewegen Sie das Drahtende möglichst genau im Schmelzbad, so daß die Naht „blubbert", dann ziehen Sie ihn zurück, bis der Lichtbogen „knattert" und abreißt. Zwischen diesen beiden Extremen liegt der ideale Abstand zum Werkstück.

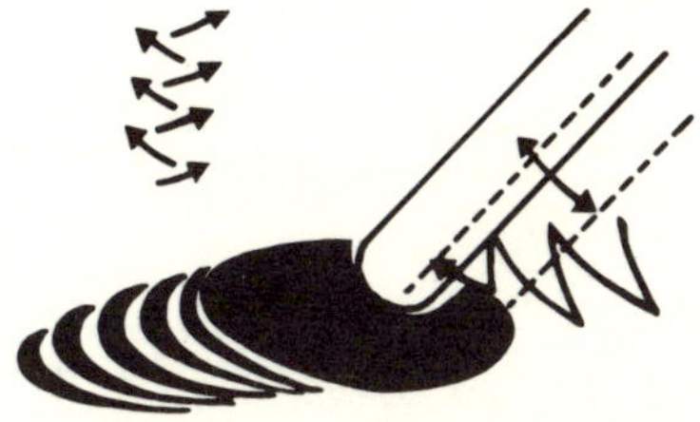

14. Nachdem Sie jetzt wissen, wie der Draht geführt werden muß, kreiseln Sie mit dem Draht ganz minimal, um die Durchschweißung zu verbessern.

15. Lichtbogenlänge und Schweißgeschwindigkeit müssen möglichst optimal gehalten werden. Bei zu rascher Drahtbewegung wird die Naht dünn und wenig haltbar. Bei zu langsamer Bewegung fließt die Schlacke vor dem Schweißbad ab und wird darin eingeschlossen, wodurch die Naht ebenfalls an Festigkeit verliert. Bei dieser Naht liegt die Schlacke oben in der Naht auf.

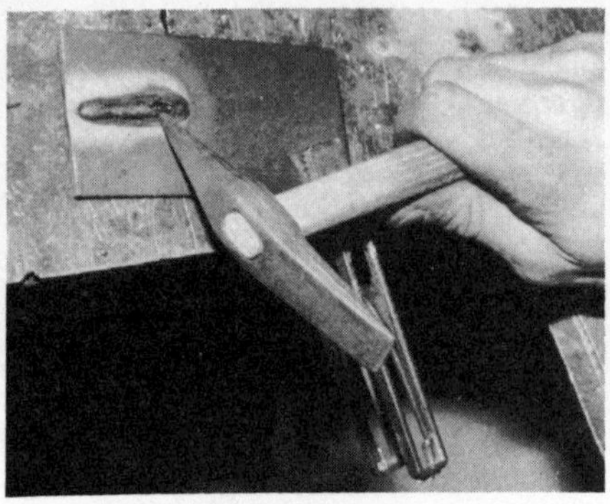

16. Nach dem Schweißen klopfen Sie mit einem Schlackenhammer die Schlacke von der Naht ab.

17. Wenn Sie sich zutrauen, eine Naht an einem flachen Blech durchzuschweißen, probieren Sie es zuerst mit einer Überlappungsnaht. Zielen Sie mit dem Draht mehr zum unteren als zum oberen Blech, da sich die Naht in die freiliegende Kante am schnellsten hineinfrißt. Nur bei relativ dünnem Blech halten Sie sich mehr an die obere Lage, damit das untere Blech nicht durchbrennt.

18. Zuerst werden die Bleche mit zwei kurzen Nähten an den Enden zusammengeheftet. Damit werden beide Teile aneinander fixiert und Wärmeverzug verringert. Andernfalls würden sich die Bleche unter der Wärmeentwicklung am entgegengesetzten Ende zur geschweißten Seite voneinander wegbewegen.

19. Alle Schlacke muß abgeklopft und die Schweißstellen ggf. abgebürstet werden, bevor die Naht über die Heftpunkte gezogen wird, da sich sonst evtl. Schlackeneinschlüsse bilden.

20. Läßt sich die Schlacke in einer Schicht abziehen und kommt darunter nach dem Abkühlen eine gleichmäßige, leicht wellige Naht zum Vorschein, ist eigentlich alles in Ordnung.

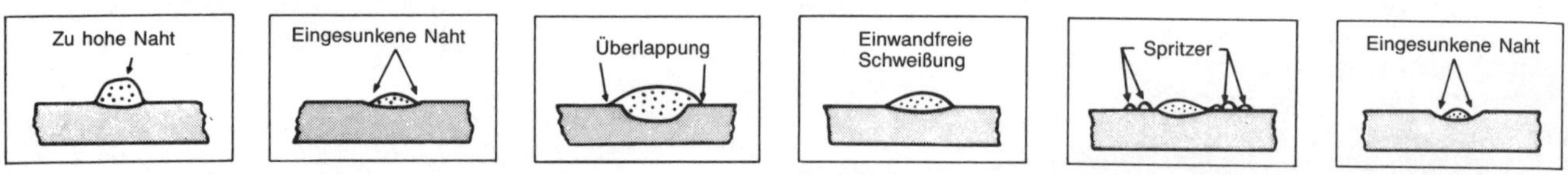

STROMSTÄRKE ZU GERING
Lichtbogen schwer durchzuhalten. Geringe Durchschweißtiefe.

STROMSTÄRKE ZU HOCH
Breite, dicke Naht, eingesunken. Kraterartige, lange Vertiefungen. Draht brennt sehr rasch ab.

VORSCHUB ZU LANGSAM
Metall wird mit breiter, dicker Naht hoch aufgetragen. Deutliche Randüberlappung.

NORMAL
Gleichmäßige Wellen auf der Nahtoberfläche. Lichtbogen „knattert" gleichmäßig.

LICHTBOGEN ZU LANG
Rauhe Nahtoberfläche. Draht schmilzt in dicken Tropfen ab. Lichtbogen pfeift.

VORSCHUB ZU SCHNELL
Dünne Naht, stellenweise eingesunken. Rauhe Oberfläche, geringe Durchschweißtiefe.

21. Mängel an Elektroschweißnähten

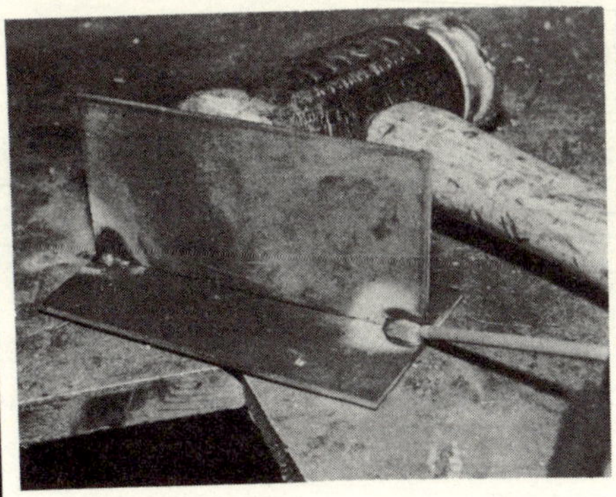

22. Beim Kehlnahtschweißen ist das Hauptproblem oft, den senkrechten Teil richtig zu fixieren.

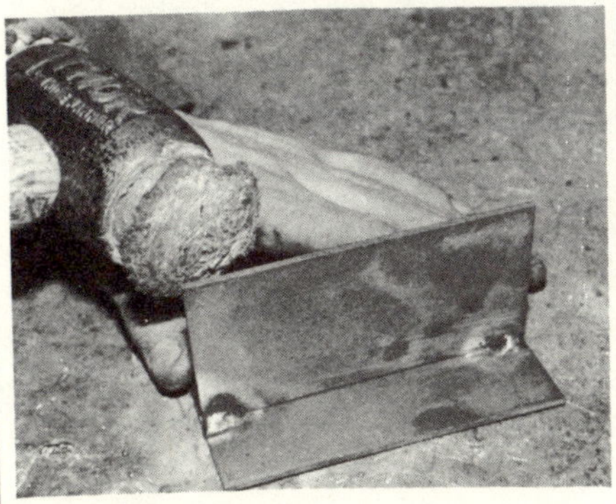

23. Nach dem Anpunkten sind die Nähte noch nicht hundertprozentig starr. Die Heftpunkte müssen also klein genug sein, daß noch Korrekturen der Passung möglich sind, aber groß genug, daß die Konstruktion beim Einpassen hält.

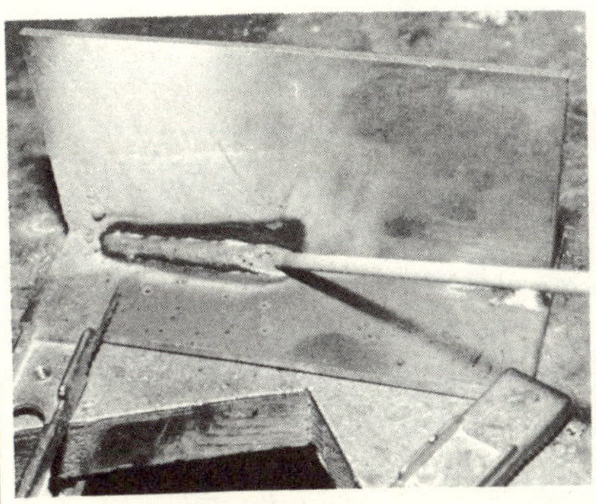

24. Zum Durchschweißen der Naht den Draht jetzt im 45-Winkel zu beiden Blechen (bzw. bei nicht rechtwinkligen Blechen in gleichem Abstand zu beiden Blechen) halten.

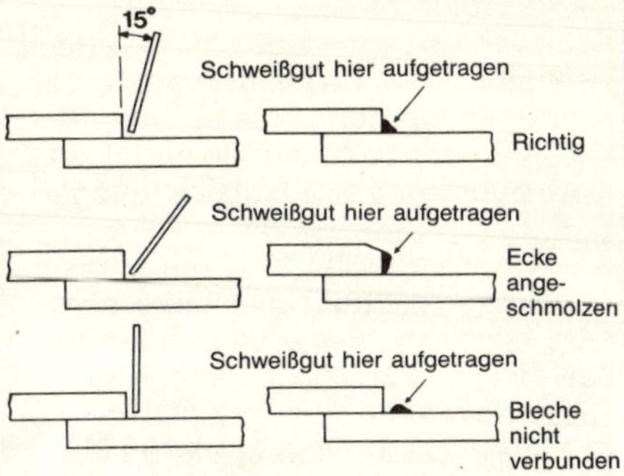

25. Überlappungsschweißen.

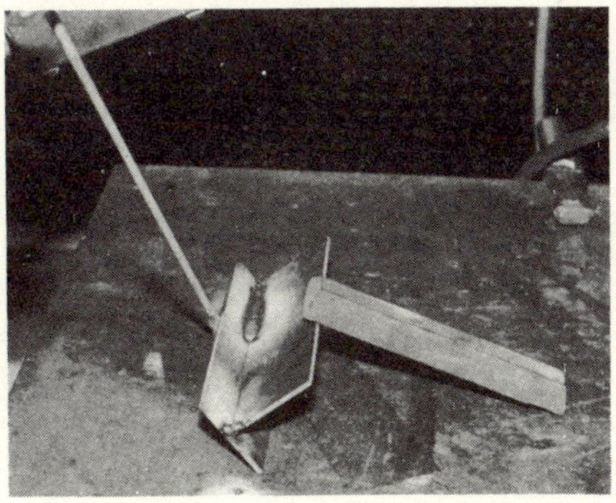

26. Je bequemer man schweißen kann, desto besser gelingt die Naht – denken Sie immer daran!

27. Ecknähte auf der Außenseite gelingen meist leichter als Nähte an der Innenseite. Auch hier gilt das Prinzip: Einrichten – Heften – Reinigen – Nahtschweißen.

28. Am besten gelingen Ecknähte auf der Außenseite, wenn die beiden Bleche wie gezeigt zusammengefügt werden und die beiden Kanten ein schmales ,,V" bilden, sich jedoch nicht überlappen.

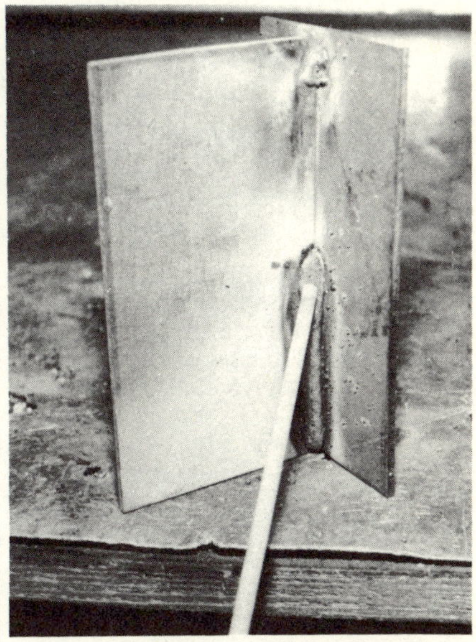

29. Oft muß an extrem unzugänglichen Stellen geschweißt werden. Üben Sie daher an unterschiedlichsten Winkeln. Hier wird in einer ,,Steignaht" geschweißt, ,,Fallnähte" (d.h. von oben nach unten) sind jedoch meist einfacher. Am besten nimmt man hierfür eine kleinere Elektrode als normal und läßt einen minimalen Spalt zwischen Elektrode und Werkstück (kurzer Lichtbogen) und schweißt geradlinig (ohne Pendeln). Steignähte sind mit normalem Elektrodendurchmesser, höherer Stromstärke (also Vorsicht vor Durchbrennern!) und mit leichter Pendelbewegung am einfachsten möglich.

Überkopfschweißen

Dies ist meist eine langsame, mühsame Angelegenheit, die oft zwei oder drei Lagen pro Naht erfordert. Häufig bilden sich Schlacke und Metalltropfen, die vor dem Weiterschweißen abgeklopft bzw. abgeschliffen werden müssen. Die erste Lage wird geradlinig (ohne Pendeln) geschweißt, bei den nächsten Lagen wird mit leichtem Pendeln die erste Lage überdeckt. Sie können die Stromstärke um ca. 10% erhöhen, passen Sie aber auf Durchbrenner auf. ZUR SICHERHEIT eine Vollmaske, Lederschürze und lange Handschuhe zum Schutz gegen glühende Spritzer tragen.

Hinweis: Vor dem Elektroschweißen den Drehstromgenerator des Wagens abklemmen, da er sonst durch den Stromfluß beschädigt würde.

Kohlelichtbogen-Hartlöten ●

Am Hartlötbrenner sitzen zwei Kabel, je eines zu den beiden Kohleelektroden. An Schweißgeräten mit Schraubklemmen werden statt der normalen Elektroschweißkabel die Kabel zum Hartlötvorsatz angeklemmt (das eine an der Elektrodenklemme, das andere an der „Werkstück-" bzw. „Masseklemme"). Die Schweißkabel unbedingt abklemmen, da bei angeklemmtem Massekabel oft merkwürdige Kurzschlüsse am Kohlelichtbogen auftreten.

An Schweißgeräten mit im Gehäuseinneren angeschlossenen Ausgangskabeln müssen die Kabel vom Kohlelichtbogenbrenner an Elektrodenhalter bzw. Masseklemme angeschlossen werden. Elektrodenhalter und Klemme dazu auf einem Holzklotz oder anderem Isolator ablegen.

Die Kohlestäbe sind mit einer Kupferbeschichtung und einer chemischen Kerneinlage versehen, so daß ein gleichmäßiger Lichtbogen zustandekommt (ältere Kohlebrenner wurden mit normalen kupferbeschichteten Kohlestäben geliefert, die in der Handhabung recht kompliziert waren; wer versehentlich Kohlestäbe ohne chemischen Kern verwendet, merkt schnell den Unterschied!). Wenn sich die Kohlestäbe berühren und der Lichtbogen gezündet wird, wirkt die entstehende „elektrische Flamme" genau wie die Gasflamme als Hitzequelle. Wie mit der Gasflamme kann dann mit entsprechenden Hartlotstäben und Flußmittel hartgelötet werden.

Der Kohlelichtbogenbrenner ist natürlich nicht so vielseitig wie eine Gasflamme, doch lassen sich damit die Einsatzmöglichkeiten eines Elektroschweißgerätes zu mäßigen Kosten beträchtlich erweitern. Außer Stahl kann damit auch Messing, Kupfer und sogar Aluminium mit entsprechenden Füllstäben gelötet werden (Umgang mit Alu setzt allerdings eine gewisse Übung voraus). Auch Erwärmen und Biegen kleinerer Stahlbleche und Lösen festgerosteter Schrauben ist damit möglich.

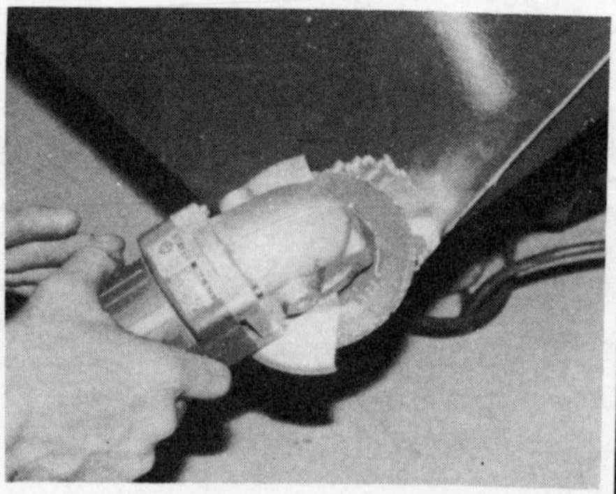

30. Zuerst müssen Rost, Zunder und Lackreste mit dem Winkelschleifer von der Lötstelle entfernt werden.

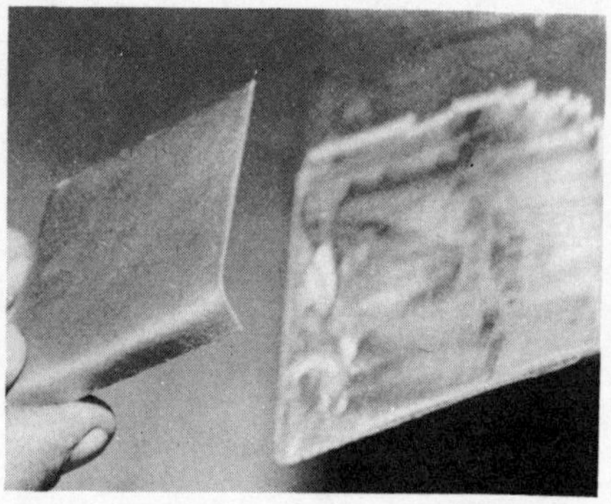

31. Dann kann ein Reparaturblech angepaßt werden (und zwar überlappend, da bei stumpf angesetzten Teilen die Kontaktfläche zum Hartlöten zu klein wäre).

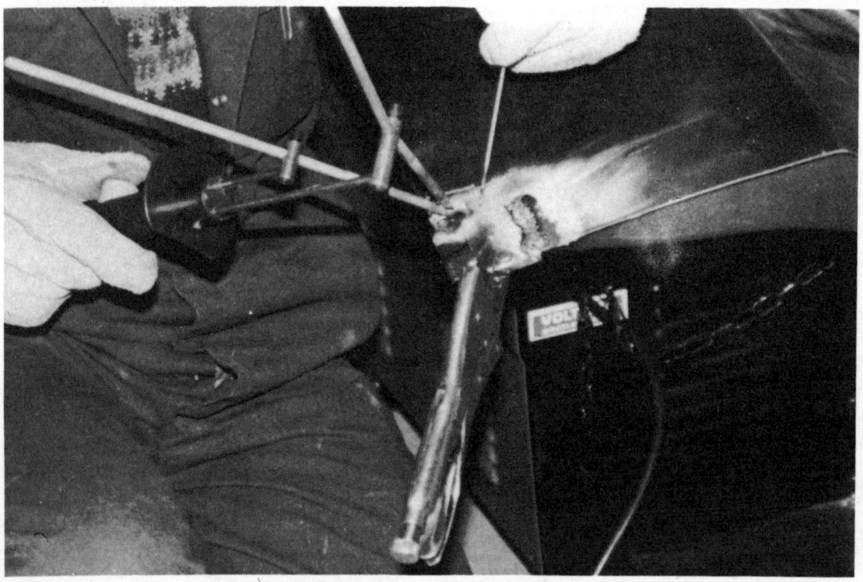

32. Das festgeklemmte Reparaturblech muß in regelmäßigen Abständen punktweise angelötet werden. Dazu wird ein Hartlötstab mit Flußmittelfüllung verwendet oder der Draht nach dem Erwärmen in das Flußmittel getaucht, so daß ausreichend viel Pulver daran haftet. Dann wird der Schieber am Griff verschoben, bis die beiden Kohleelektroden einander berühren, und wieder etwas auseinanderbewegt, so daß dazwischen ein Lichtbogen entsteht. Übrigens löten wir nicht etwa ohne Gesichtsmaske – das Foto ist zu Demonstrationszwecken gestellt!

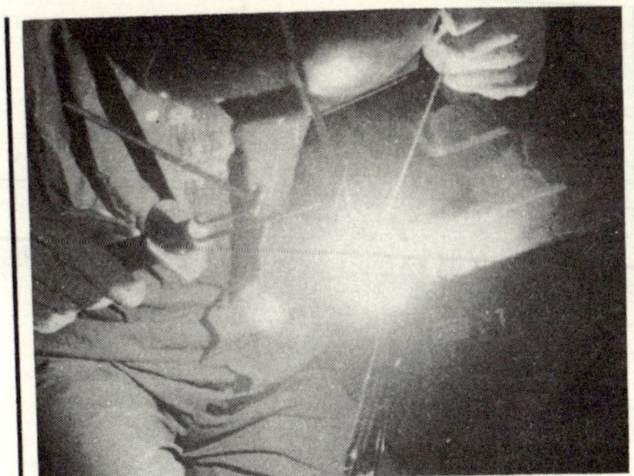

33. Der Lichtbogen ist gleißend hell, also arbeiten Sie nie ohne Gesichtsmaske. (Die Handmaske hilft, so man nicht drei Arme hat, überhaupt nichts!) Eine dunkle Brille, die nur vor dem Licht der Gasflamme schützen soll, nützt beim elektrischen Lichtbogen genausowenig, da der gleißende Lichtbogen trotz Schutzbrille Augenschäden verursachen kann. Zum Schutz gegen UV-Strahlung ist also eine Vollmaske nötig. Der Abbrand der Stäbe muß mit dem Schieber kontinuierlich ausgeglichen werden. Mit dem Lichtbogen spielt man wie mit einer Flamme auf dem Werkstück und führt den Draht an die Schweißstelle, wo zuerst das Flußmittel und dann der Draht schmilzt und die Naht ,,füllt". Beim Weiterlöten gibt man ggf. zusätzliches Hartlot zu. Stimmt der Ab stand der Kohleelektroden, ist ein Summen zu hören (statt des ,,Knisterns" beim Elektroschweißen).

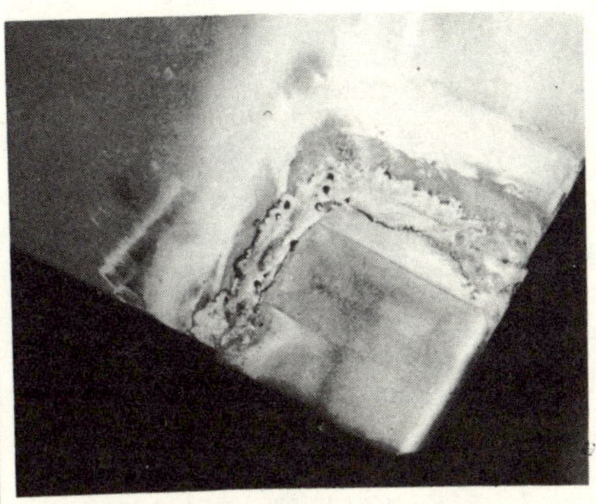

34. Hartlöten ist relativ unkompliziert. Wenn man sich an einfache Grundregeln hält, lassen sich damit stabile Verbindungen herstellen – leider sind sie aber für Reparaturen an tragenden Teilen doch nicht stabil genug.

Hinweis: Vor dem Lichtbogen-Hartlöten den Drehstromgenerator des Wagens abklemmen, da er sonst durch den Stromfluß beschädigt würde.

Autogenschweißen ● (Glasschmelzschweißen)

Autogenschweißen ist das vielseitigste aller Schweißverfahren, hat aber – wie oben erwähnt – auch seine Nachteile. Am häufigsten werden Sauerstoff und Azetylen als Schweißgase verwendet, man kann jedoch auch mit anderen Gasen schweißen. Einige Geräte arbeiten mit Butan, dessen Temperatur jedoch gerade zum Hartlöten ausreicht. Ein anderes Gas, ,,Mapp-Gas", eignet sich jedoch auch zum Verschweißen von Stahlblechteilen.

Normale Schweißflaschen sind für Do-it-yourselfer nicht ganz leicht zu beschaffen (die meisten Händler beliefern nur Fachbetriebe); auch würde es beim Hobbyrestaurateur eine Ewigkeit dauern, bis die Flaschen leer sind, und er bekäme wegen ihrer Form und des Gewichts Lagerungsprobleme.

Die Sauerstofflaschen enthalten unter Hochdruck stehenden Sauerstoff und sind teuer in der Herstellung. Sauerstoff ist relativ stabil und in der Handhabung ungefährlich, allerdings müssen Öl und Fett vom Druckminderer und den anderen Regelelementen ferngehalten werden, da es bei Kontakt mit reinem Sauerstoff zu schlagartiger Verpuffung kommen kann. Wenn Azetylen in gleicher Weise wie Sauerstoff komprimiert wird, würde es sofort explodieren, da der kritische Druck hier bereits bei ca. 1,1 bar liegt. Die Flasche wird daher mit porösem Material (z.B. Asbest, Kohle oder Balsaholz) oder anderen absorptionsfähigen Stoffen gefüllt, die mit Flüssigaceton gesättigt sind. Aceton nimmt Azetylen wie ein Löschpapier die Tinte auf, so daß das Azetylen Drücke bis ca. 17,5 bar erreichen kann. Trotzdem darf es vom Hersteller nur extrem langsam in die Flasche abgefüllt werden.

Beim Umgang mit Azetylen ist äußerste Vorsicht geboten, da es bei einem Azetylengehalt zwischen 2,5 und 80% in der Luft mit einer offenen Flamme entzündet werden kann. Azetylenflaschen können auch unter starker Schlageinwirkung explodieren. Sie müssen daher stets senkrecht gelagert werden, damit das Aceton beim Öffnen des Ventils nicht aus der Flasche gedrückt wird.

Sicherheit

Die Sicherheitshinweise in diesem Kapitel und im Anhang unbedingt beachten.

35. Komplette, tragbare Autogenausrüstungen für Do-it-yourselfer und Profis gibt es heute in vielen Ausführungen, sie sind allerdings nicht billig. Wer mehr investiert, bekommt aber auch mehr für's Geld, hat also mehr Freude an seinen Schweißnähten.

36. Kleinere Gasflaschen, die man beim Lieferanten mietet, lohnen sich für den Do-it-yourselfer eher als große Werkstattflaschen.

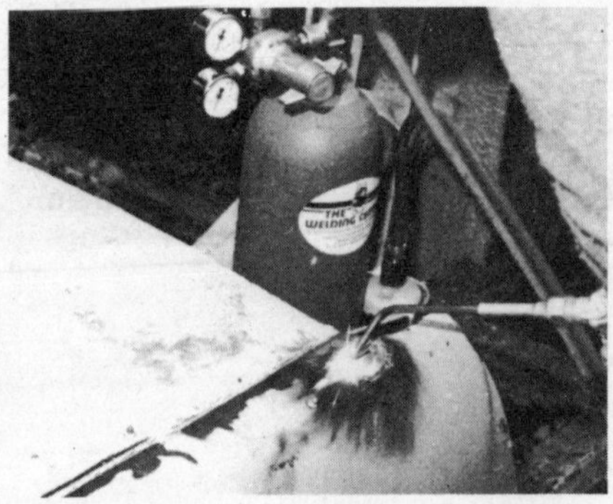

37. Für anspruchsvolle Restaurateure kommen Geräte wie dieses in Frage, das einen guten Kompromiß aus preisgünstigen Hobbygeräten und besseren Profi-Geräten darstellt. Grundsätzlich gilt: je billiger das Gerät, desto unbequemer seine Bedienung. Die nachfüllbare Sauerstofflasche und die beiden MAPP-Gasflaschen sind weniger kostspielig und leicht zu beschaffen. Nur wenn man viel schweißt, laufen die Gasflaschen ins Geld. Der Schweißbrenner gehört zu den besten seiner Art – auch der Schneidbrennervorsatz ist recht brauchbar.

38. Ein solcher Schweißbrenner hat schon fast Profi-Niveau. Er kann auch mit einem Schneidbrennervorsatz versehen werden.

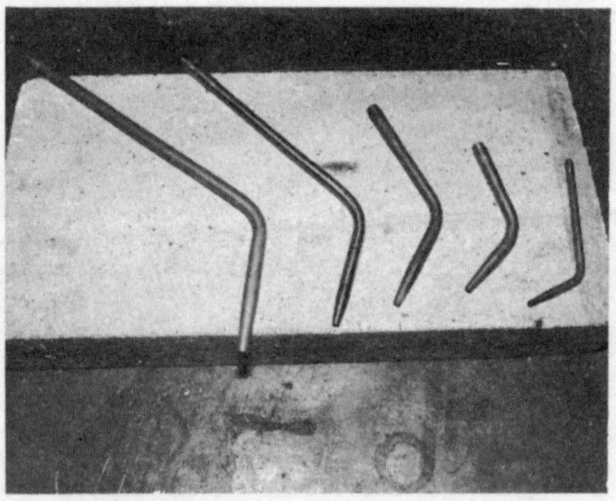

39. Düsen werden je nach Anwendungsbereich in unterschiedlichster Größen geliefert. Beim „Portapack" werden z.B. drei Düsen mitgeliefert. Düse 1 und 2 werden bei Karosseriereparaturen am häufigsten benötigt. Die Anwendungsbereiche überschneiden sich zum Teil; bei zu kleiner Düse liegt der Brenner aber zu dicht am Werkstück, bei zu großer Düse muß der Druck zu weit zurückgedreht werden, wodurch es zum Flammenrückschlag kommen kann (siehe „Sicherheit" am Ende des Kapitels).

Düsengrößen

Anwendungsbeispiele für unlegierte Stähle

0,9 mm	*Nr. 1*
1,2 mm	*Nr. 2*
2,0 mm	*Nr. 3*
2,6 mm	*Nr. 5*
3,2 mm	*Nr. 7*

Hinweis: Der Azetylen- und Sauerstoffdruck muß jeweils 0,14 bar betragen.

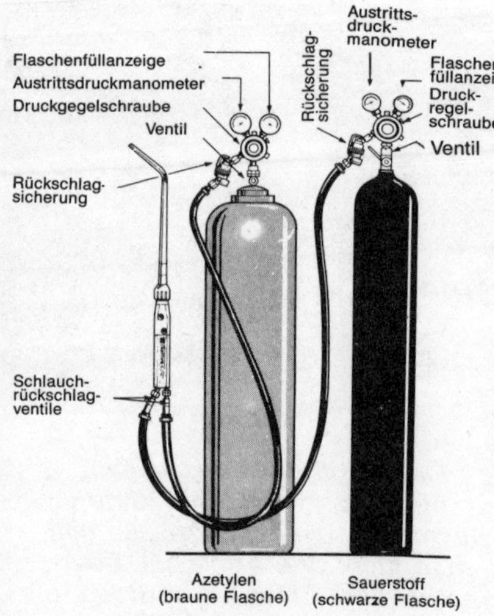

40. Hochdruck-Autogenschweißgeräte

Vor dem Anschluß des Druckminderventils an eine neue Flasche muß die Flasche kurz aufgedreht werden, so daß Staub- und Feuchtigkeitsreste aus den Ventilen entweichen können. Wenden Sie sich dabei von der Flasche ab, damit es nicht „in's Auge geht", und drehen Sie die Ventile ganz kurz auf, damit alle Fremdkörper durch den Innendruck aus dem Ventil herausgeblasen werden.

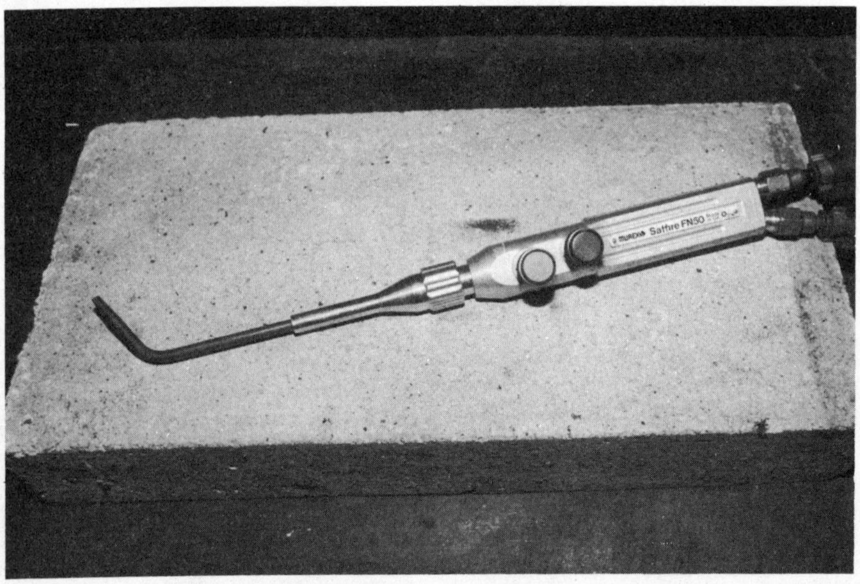

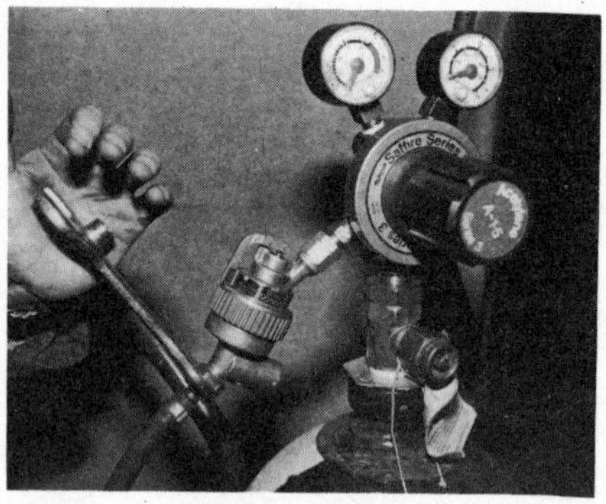

41. Denken Sie beim Anschließen daran, daß alle Brenngasfittings Linksgewinde aufweisen, alle Inertgasfittings (Sauerstoff, Kohlendioxid, Argon usw.) dagegen normales Rechtsgewinde.

Lassen Sie den Schlüssel während der Arbeit auf dem Azetylenventil aufgesetzt (manche Ventile werden allerdings auch mit Handrad bedient), damit das Ventil im Notfall rasch geschlossen werden kann.

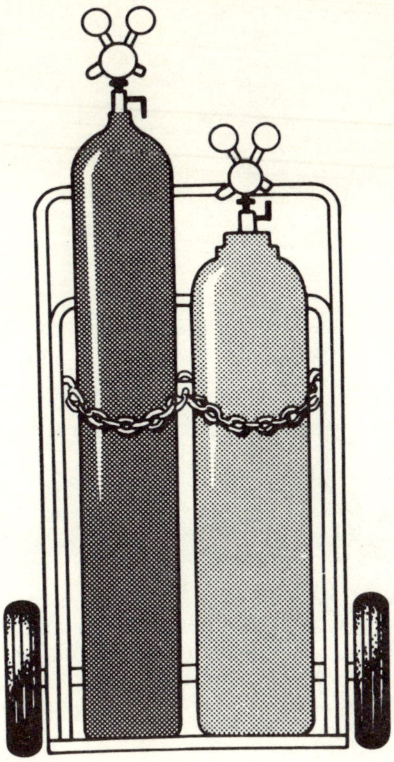

42. Bei Verwendung normaler Flaschen sollten diese vorher auf einem stabilen Fahrwagen oder mit Ketten an der Wand befestigt werden.

SCHWEISSDRÄHTE UND ELEKTRODEN — Produktbeispiele

Anwendung für unlegierte Stähle

	Verfahren	Draht/ Elektrode	Schmelz-bereich	Durchmesser	Anmerkungen
1.	Schweißen (Autogen)	Sifsteel No. 11' (CCMS)	1450°C	1,2 mm, 1.6 mm 2,0 mm, 2,4 mm 3,2 mm	Kein Flußmittel nötig. Kupferumhüllung für lange Haltbarkeit
2.	Gaslöt-schweißen	Sifbronze No. 1	875°C-895°C	1,6 mm, 2,4 mm 3,2 mm	Flußmittel je nach Anwendungsfall nötig. Vielseitig einsetzbarer Draht, z.B. zum Verbinden von verzinkten Stahlblechen ohne Beschädigung der Zinkschicht.
3.	Gaslöt-schweißen	Sifbronze No. 2	920°C-980°C	1,6 mm, 2,4 mm 3,2 mm	9% Nickelanteil. Ergibt hochfeste Nähte. Hervorragend geeignet zum Aufbauen verschlissener Flächen.
4.	Gaslöt-schweißen	Sifbronze No. 10	870°C-900°C	1,6 mm, 2,4 mm 3,2 mm	Weich abschmelzender Mangan-Bronze-Draht. Für Gasschweißflußmittel geeignet.
5.	Gaslöt-schweißen	Sifredicote No. 1	875°C-895°C	1,6 mm, 2,4 mm 3,2 mm	Flußmittelumhüllt. Ideal für rasches Druchschweißen oder für Hobbybereich. Für Kohlelichtbogen-Hartlöten geeignet.
6.	Gaslöt-schweißen	Sifredicote No. 2	920°C-980°C	2,4 mm, 3,2 mm	Flußmittelumhüllt. 9% Nickelanteil zu Erhöhung der Festigkeit.
7.	Gaslöt-schweißen	Sifredicote No. 4	875°C-895°C	2,4 mm, 3,2 mm	Besonders aggressives Flußmittel mit hoher Reinigungswirkung. Ideal für Hartlöten auf schwierigen Flächen, z.B. rostigem Metall.
8.	Gaslöt-schweißen	Sifserrate	875°C-895°C	2,0 mm, 3,0mm	Flußmittelbeschichtung für dosierte Flußmittelzufuhr mit minimaler Säuberung der Naht. Ideal auf sauberem Metall.
9.	Schutzgas-schweißen (WIG und MIG)	Phosphor-Bronze No. 8, MIG 8	—	0,8 mm, 1,0 mm 1,2 mm, 1,6 mm 2,4 mm, 3,2 mm	Für WIG- und MIG-Verfahren auf unlegierten Stählen. Auch für Verbindung ungleicher Metalle und zum Aufbauen von verschlissenen Flächen.
10.	Schutzgas-schweißen (MIG)	MIG A18	—	0,6 mm, 0,8 mm 1,0 mm, 1,2 mm	Oft als CO_2-Draht bezeichnet.

(Abdruck mit freundlicher Genehmigung der Firma Sibronze)

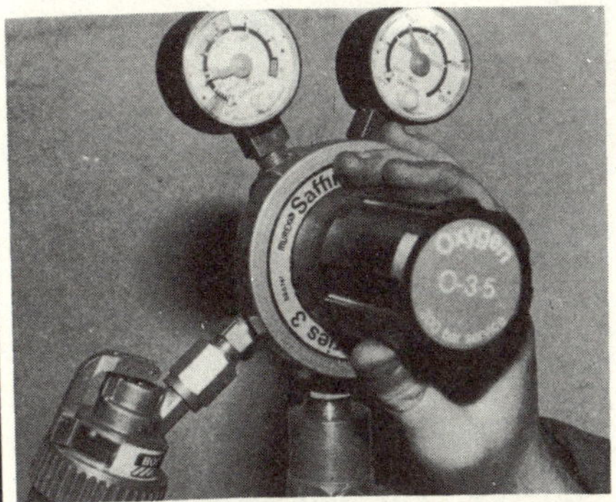

43. Alle Ventile werden durch Linksdrehen geöffnet und durch Rechtsdrehen geschlossen. Die Flaschen werden mit nachstellbaren Flammenrückschlagsicherungen versehen, durch die Flammenrückschläge aus dem Brenner über die Leitung in die Gasflasche und die verheerenden Folgen verhindert werden.

MATERIALSTÄRKEN – UMRECHNUNGSTABELLEN

Zoll (Dezimalschreibweise) auf 0,0001'' genau – Millimeter auf 0,001 mm genau

Zoll (Dezimal)	Millimeter	British Standard Wire Gauge	American Wire Gauge (AWG)	Zoll (Bruch-darstellung)
0.0201	0.511		24	
0.0220	0.559	24		
0.0253	0.643		22	
0.0280	0.711	22		
0.0313	0.794			1/32
0.0320	0.813	21	20	
0.0360	0.914	20		
0.0394	**1.000**			
0.0403	1.024		18	
0.0469	1.191			3/64
0.0480	1.219	18		
0.0508	1.290		16	
0.0591	**1.500**			
0.0625	1.588			1/16
0.0640	1.626	16		
0.0641	1.628		14	
0.0781	1.984			5/64
0.0787	**2.000**			
0.0800	2.032	14		
0.0808	2.052		12	

Zoll (Dezimal)	Millimeter	British Standard Wire Gauge	American Wire Gauge (AWG)	Zoll (Bruch-darstellung)
0.0938	2.381			3/32
0.0984	**2.500**			
0.1019	2.588		10	
0.1040	2.643	12		
0.1094	2.778			7/64
0.1181	**3.000**			
0.1250	3.175			1/8
0.1280	3.250	10		
0.1285	3.264		8	
0.1378	**3.500**			
0.1406	3.572			9/64
0.1563	3.969			5/32
0.1575	**4.000**			
0.1600	4.064	8		
0.1620	4.115		6	
0.1719	4.366			11/64
0.1772	**4.500**			
0.1875	4.763			3/16
0.1920	4.877	6		
0.1969	**5.000**			

Die ersten Schweiß-versuche

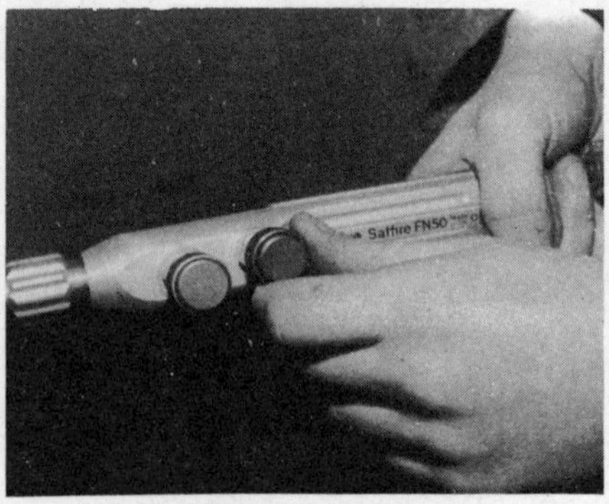

44. Das Ventil an der Azetylenflasche und an der Sauerstofflasche öffnen. Dann das Sauerstoffventil (blau) am Brenner einige Sekunden aufdrehen, so daß das Gerät durchgeblasen wird, und wieder schließen. Diesen Vorgang mit dem (roten) Azetylenventil am Brenner wiederholen, aber das Ventil beim nächsten Arbeitsschritt offen lassen.

45. Jetzt das Ventil an der Azetylenflasche öffnen und am Regler den richtigen Arbeitsdruck einstellen.

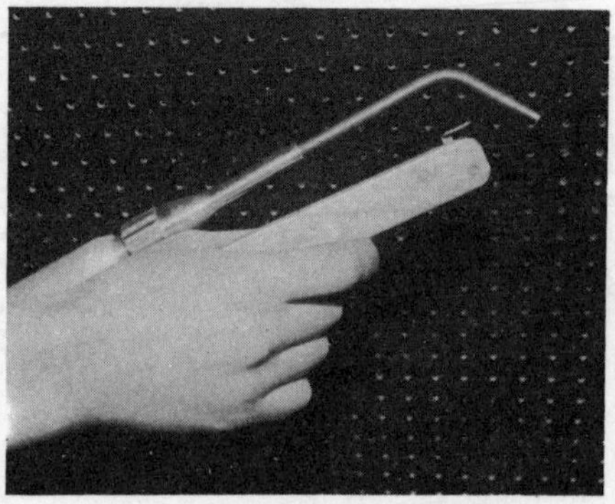

46. Mit dem Feuerzeug, das hinter dem Rohrende gehalten wird, das Azetylen am Düsenaustritt entzünden (Sauerstoffventil ist geschlossen).

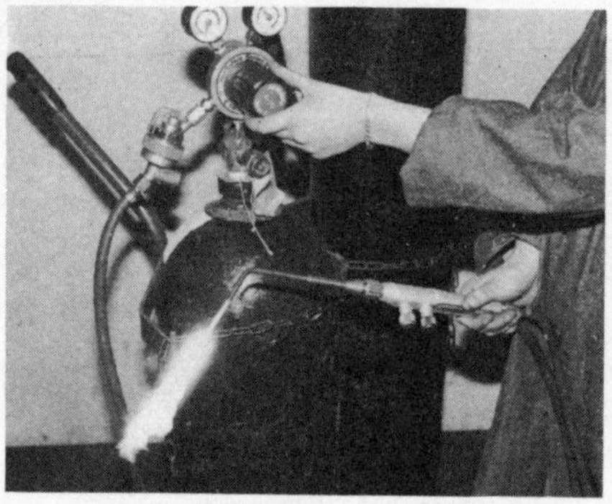

47. Viele Praktiker ignorieren die Manometeranzeige (die an älteren, schlecht gewarteten Geräten oft ungenau ist) und drehen den Druckminderer auf, bis eine helle, leicht züngelnde Flamme entsteht.

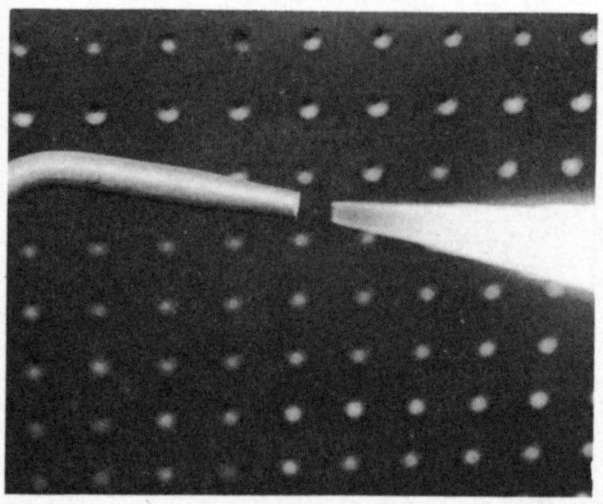

48. Bleibt ein Luftspalt zwischen Düse und Flamme, drosseln Sie die Flamme, bis der Spalt verschwindet, und öffnen dann das Azetylen, bis wieder eine helle Flamme entsteht.

49. Jetzt das Ventil am Brenner zudrehen, bis das Flammenende gerade eben schwarz zu rauchen beginnt (Bleibt die Flamme zu lange so eingestellt, schlagen sich die Rauchwolken überall als Ruß nieder).

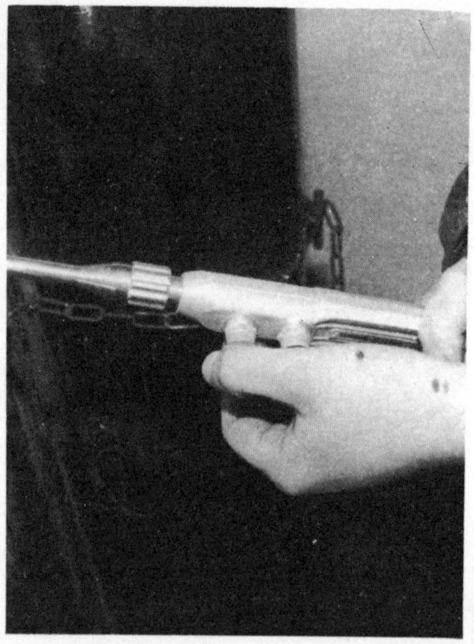

50. Jetzt drehen Sie den Sauerstoff am Brenner wieder auf ...

51. . . . und regeln die Flamme ggf. am Druckminderer nach. In der Regel stellt man an den Flaschen den empfohlenen Druck ein und nimmt die Feineinstellung dann am Brenner vor.

52. Falls die Flamme anfangs leicht schräg am Brenner austritt, deutet dies auf einen Fremdkörper an der Düsenöffnung hin.

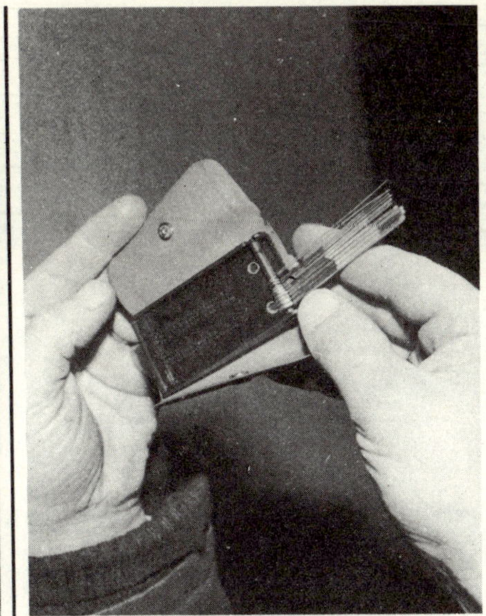

53. Zum Reinigen der Düsen sind spezielle Düsenreinigungsnadeln zu verwenden (andere Hilfsmittel bringen nicht den gewünschten Erfolg oder beschädigen gar die Düsenbohrung).

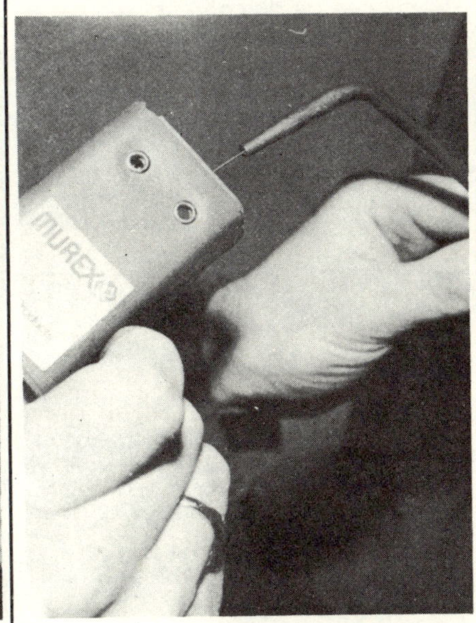

54. Die Reinigungsnadel mit dem passenden Durchmesser für die Düse wird ein- und ausgeschoben (wie ein steifer Pfeifenreiniger). Beschädigte Düsenenden können durch Abreiben auf einem flach auf einem Brett aufgelegten Schleifpapier abgezogen werden, so daß der Austritt wieder rechtwinklig zur Bohrung liegt.

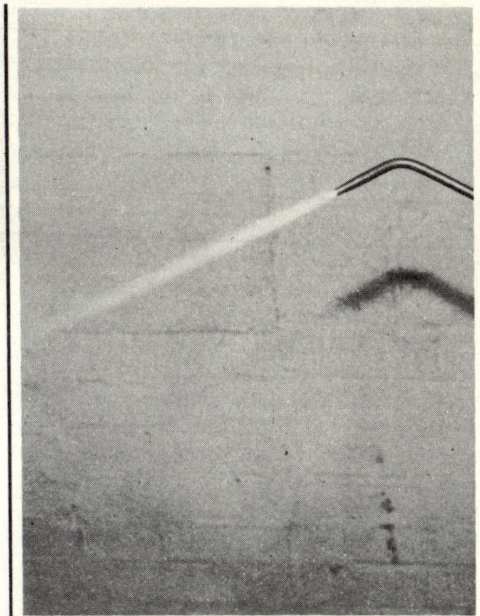

55. Die helle Flamme überdeckt hier zwar die Form des Flammkegels, so ähnlich muß die Flamme aber auf jeden Fall aussehen.

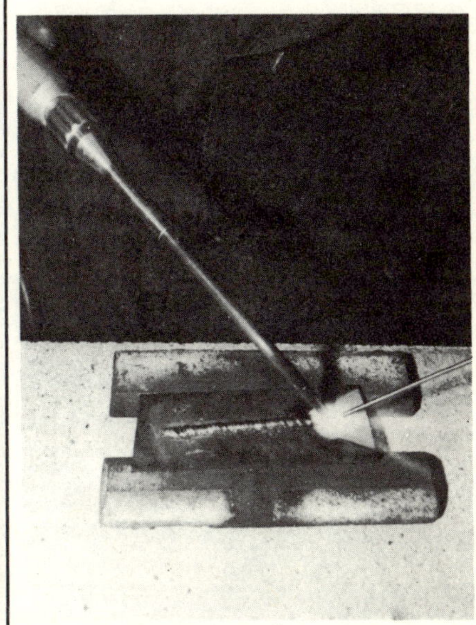

56. Die erste Naht wurde (vom Schweißer aus gesehen) von rechts nach links gezogen (das normale Verfahren bei Blechen bis 5,0 mm Stärke). Das geschweißte Blech liegt hier so auf, daß die Unterlage nicht die Schweißwärme abführen kann. Auf keinen Fall auf einer entzündlichen Unterlage schweißen.

57. Zu Anfang Düse und Draht in den angegebenen Winkeln halten. Mit der Flamme über den Ausgangspunkt spielen, bis sich ein kleines Schmelzbad bildet. Dann die Düse in Kreisen oder im Zickzack weiterführen und den Draht etwa in 1/2-Sekunden-Intervallen (bzw. so oft wie nötig) in das Schweißbad tupfen. Bildet sich das Bad zu schnell, könnte beim Schweißen das Blech durchbrennen. Daher das Gas etwas zurückdrehen. Dauert die Bildung des Bades zu lang, drehen Sie das Gas etwas weiter auf. Sind größere Nachstellungen an der Düse nötig, verwenden Sie die nächstgrößere bzw. -kleinere Düse.

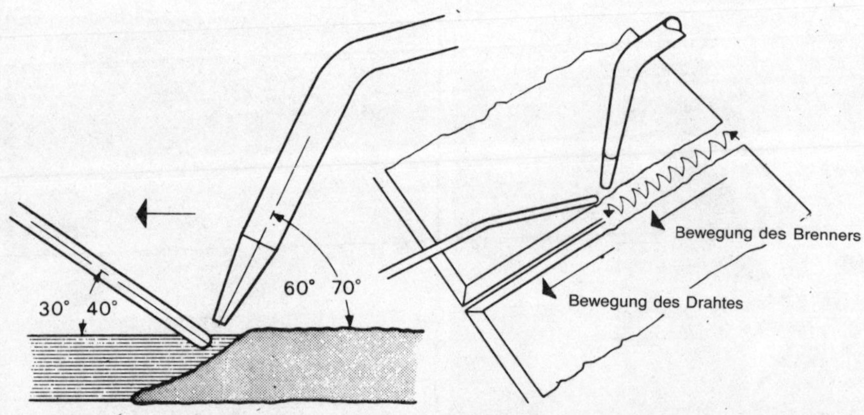

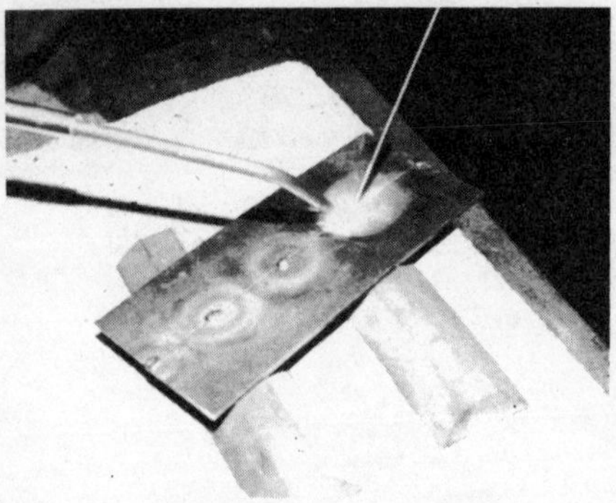

58. Beim Überlappungsschweißen heftet man die Bleche zuerst in regelmäßigen Abständen. Falls die Bleche sich beim Heften verziehen oder verschieben, müssen sie mit einem Hammer nachgerichtet werden, mit Schraubzwingen fixiert oder von einem Helfer mit einer Stahlstange zusammengepreßt werden.

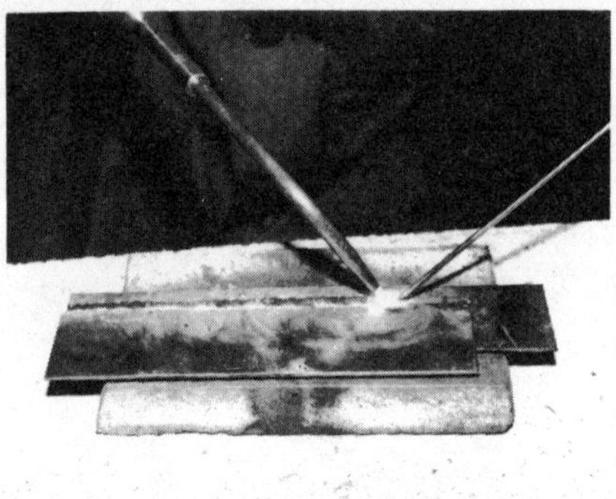

59. Die Kante des überlappenden Blechs erhitzt sich schneller als das darunterliegende Blech. Die Flamme kreisend bewegen, die Wärme aber weitgehend auf das untere Blech richten.

60. Denken Sie daran, daß man beim Schweißbeginn an der einen Blechkante oft durchbrennt, noch ehe sich das Schweißbad bildet.

61. Beim Schweißen einer Kehlnaht oder innenliegenden Ecknaht die Teile abstützen oder zusammenspannen und anpunkten.

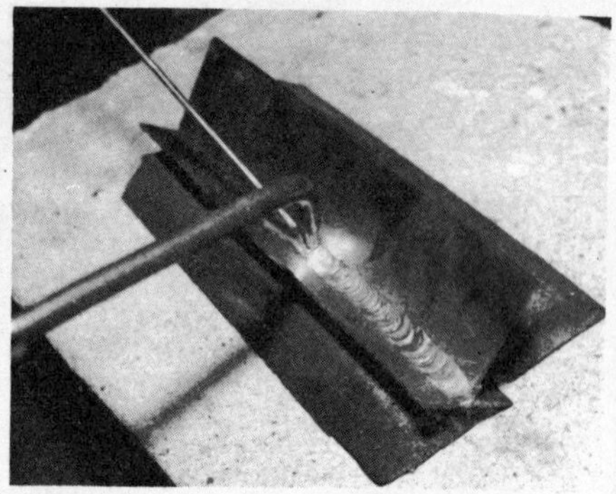

62. Wichtig ist eine ausreichende Einbrandtiefe der Naht. Die Düse wird etwas in das entstandene Schweißbad gedrückt. Eine ausreichende Nahttiefe ist am Auseinanderfließen deutlich zu erkennen.

63. Außenliegende Ecknähte können auch ohne Schweißdraht geschweißt werden (zum Anheften brauchen Sie aber Draht). An Kfz-Karosserien sind derartige Verbindungen häufig anzutreffen.

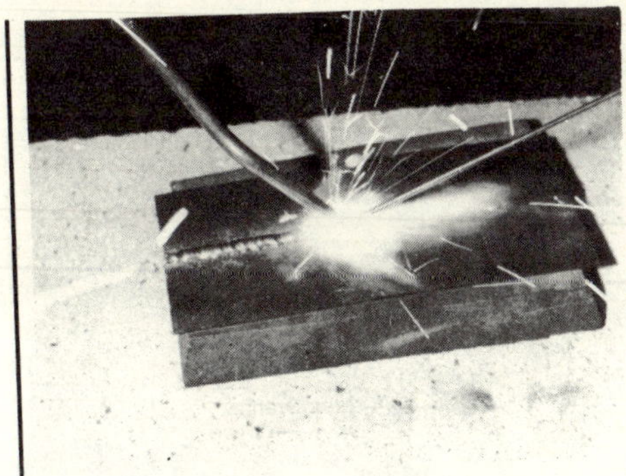

64. Stumpfnähte an Dünnblechen brennen rasch durch. Beim Schweißen dickerer Stähle muß zwischen beiden Teilen ein schmaler Spalt bleiben, Dünnbleche sollten dagegen möglichst dicht zusammengefügt werden. Heizen Sie die Naht nicht zu lange an einer Stelle auf – schließlich tritt das Problem aus Bild 59 hier doppelt auf!

65. Viele Schweißarbeiten am Auto müssen in Positionen durchgeführt werden, die man vorher kaum durchexerzieren kann. Die Zeichnungen verdeutlichen, wie man nach unten, über Kopf und waagerecht schweißt.

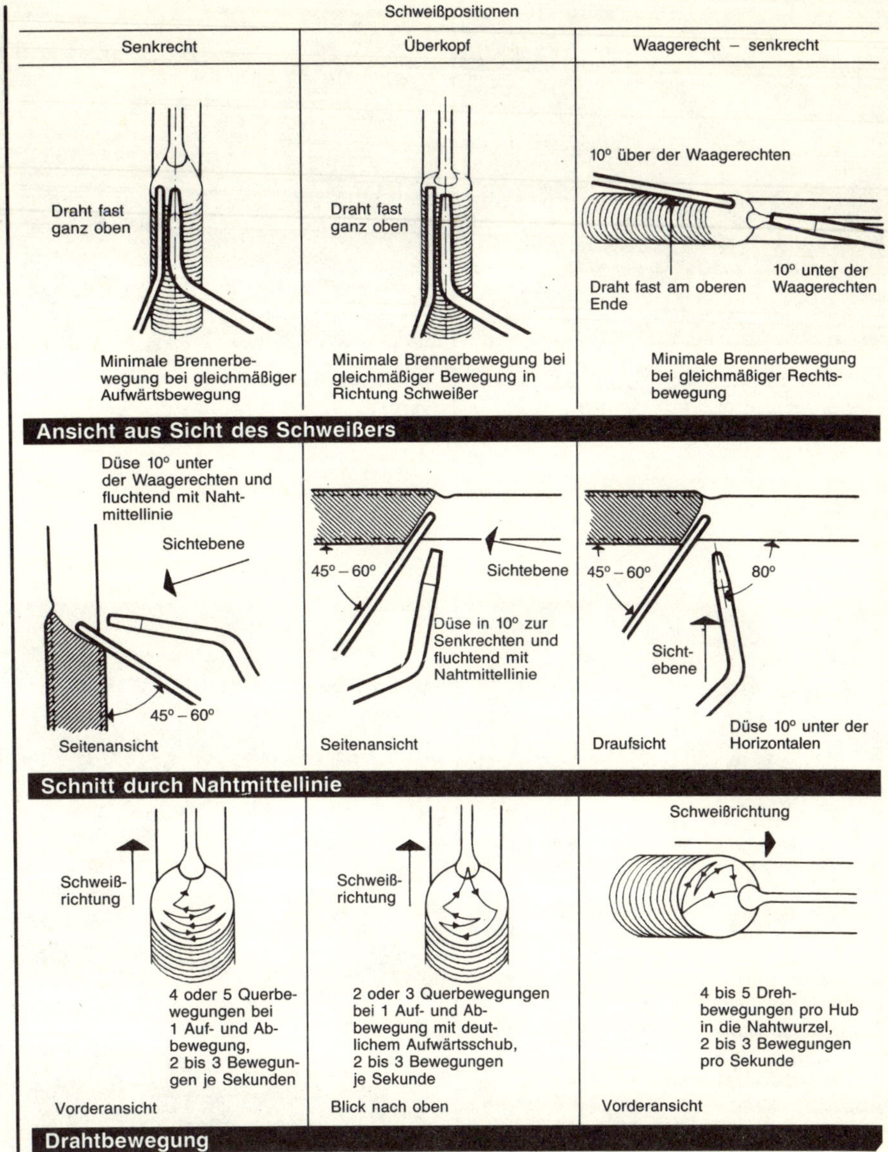

Abschalten

Zuerst die Azetylenzufuhr am Brennerventil, dann das Sauerstoffventil schließen. Sauerstoff- und Flüssiggasventile an den Flaschen schließen und die Brennerventile einzeln nacheinander (zuerst Sauerstoff, dann Azetylen) öffnen und schließen, damit der Restdruck abgebaut wird (Manometeranzeige Null!). Die Druckeinstellschrauben an den Sauerstoff- und Azetylen-Druckminderern zurückdrehen. Wird das Gerät gleich wieder benutzt (innerhalb von 1 oder 2 Stunden), brauchen die Flaschen- oder Leitungsventile nicht geschlossen zu werden.

Eine Ausnahme gilt, wenn es zum wiederholten Rückzünden in der Mischkammer des Brenners kommt. In diesem Fall zuerst das Sauerstoffventil schließen, um Weiterbrennen im Inneren zu verhindern, und dann sofort das Azetylenventil schließen. Andernfalls kann das Brennerrohr anschmelzen. Nach dem Ersticken der Rückzündung das Brennerrohr abkühlen lassen und vor der Wiederinbetriebnahme genau kontrollieren.

Trennen ●

Im folgenden Abschnitt wird gezeigt, wie das Autogengerät mit einem speziellen Schraubvorsatz auch zum sauberen Trennen von Stahlteilen verwendet werden kann (vor allem für dickere Bleche nützlich) und damit noch vielseitiger einsetzbar ist.

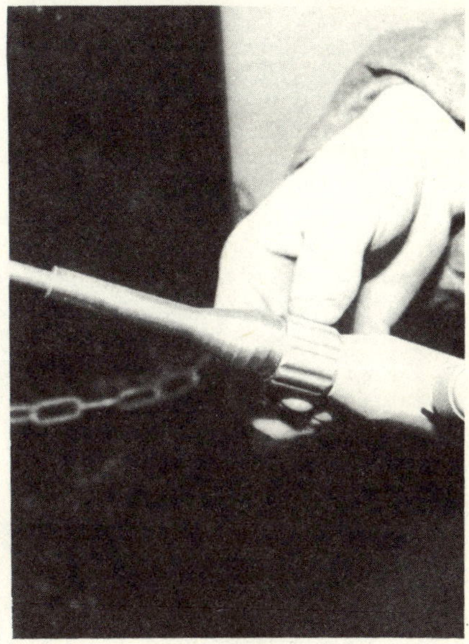

66. Zuerst den Brennerkopf durch Rechtsdrehen der Schraube abschrauben.

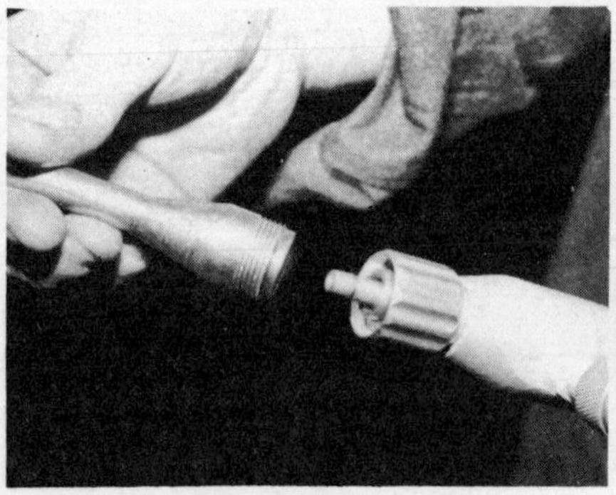

67. Der Brennerkopf kann jetzt vom Gehäuse abgezogen werden.

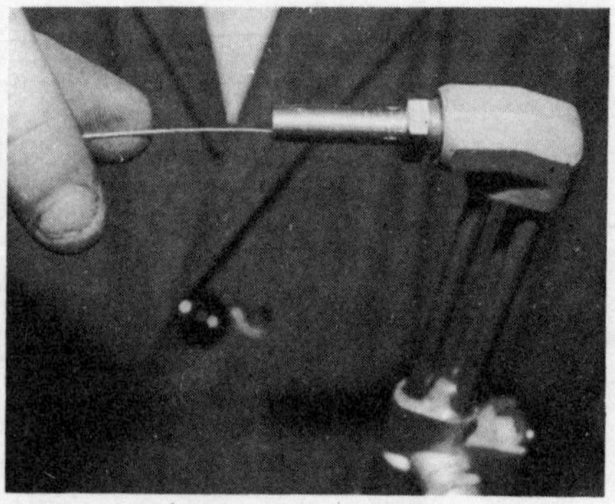

69. Alle Düsen mit den bereits erwähnten Nadeln reinigen. Sauerstoff auf ca. 1,1 bar einstellen.

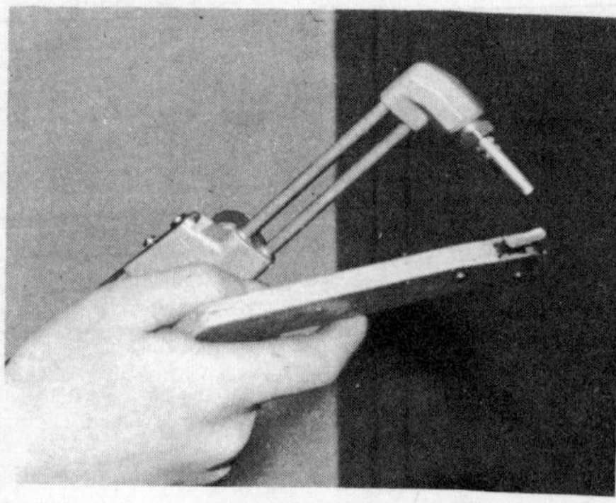

70. Azetylen aufdrehen und Flamme zünden.

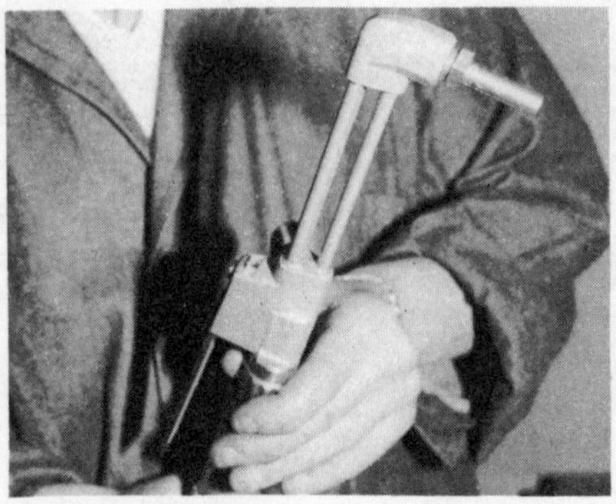

68. Der Schneidkopf wird vor dem Festziehen der Schraube auf das Brennergehäuse aufgeschoben. Mit der Schraube allein kann der Brenner nicht fixiert werden, er muß zuerst von Hand fest in seinen Sitz geschoben werden.

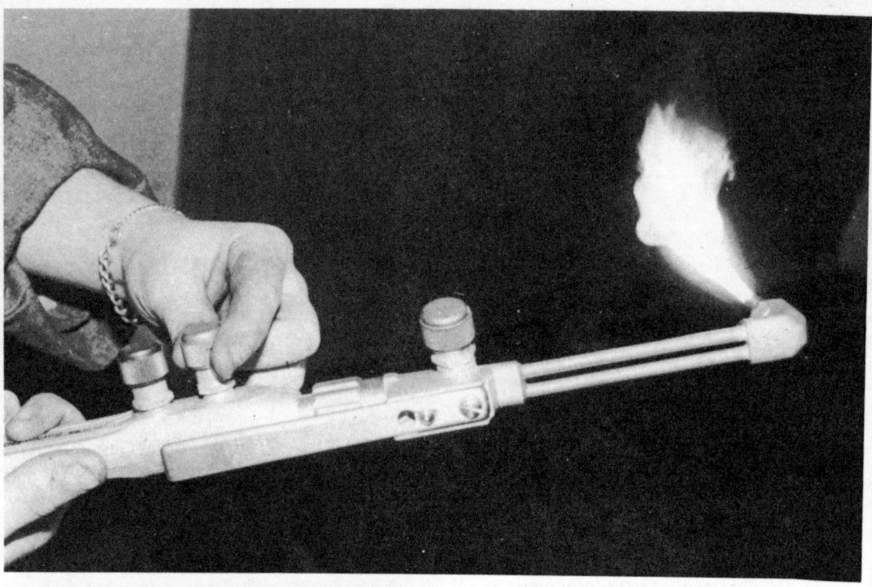

71. Das Azetylen aufdrehen, bis eine fackelnde Flamme entsteht, die nicht mehr raucht . . .

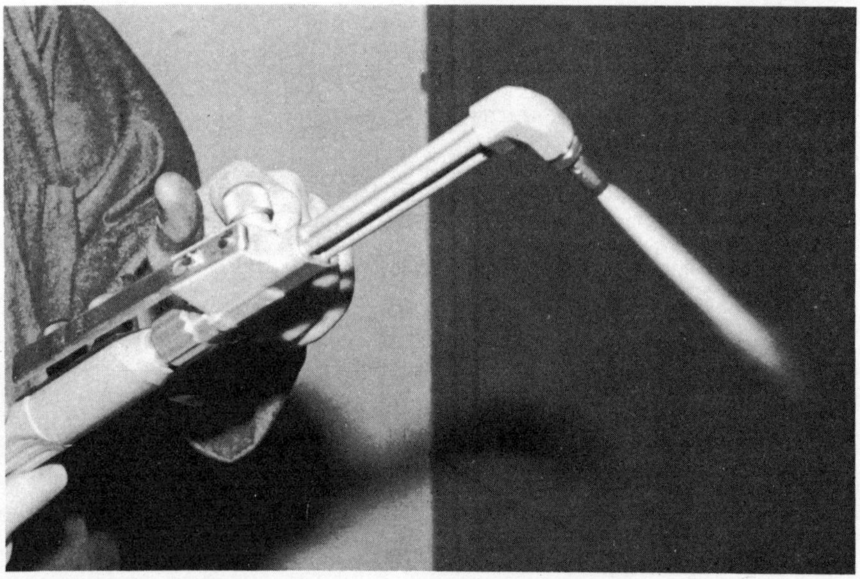

←

72. . . . dann den Sauerstoff aufdrehen, bis ein schmaler, scharf umrissener Kegel in der Flammenmitte entsteht. Jetzt drücken Sie den Hebel am Schneidvorsatz und stellen mit dem blauen Sauerstoffregelventil eine neutrale Flamme ein. Sind die Anwärmkegel unterschiedlich lang, werden zur Korrektur Brenner und Flaschen geschlossen, die Kopfmutter gelöst und die Düse um ca. 30 gedreht. Danach die Kopfmutter mit einem Schraubenschlüssel wieder festziehen.

Abschalten

Das rote Ventil am Brenner schließen, worauf die Flamme erlischt. Das blaue Sauerstoff-Anwärmventil am Schaft schließen. Das blaue Ventil am Schneidbrenner schließen. Beide Flaschenventile schließen. Das rote Ventil am Schaft öffnen und wieder schließen, nachdem das Gas aus den Schläuchen entwichen ist. Das blaue Ventil am Schaft und das blaue Ventil am Schneidvorsatz öffnen. Dann das blaue Ventil am Schaft und am Schneidvorsatz wieder schließen, sobald das Gas in den Schläuchen entwichen ist.

Propan kann für Schneidbrenner übrigens problemlos anstelle von Azetylen verwendet werden und ist auch im Transport wesentlich sicherer – bei Arbeiten fern von zuhause ein gewichtiges Argument, z.B. wenn man einen Teileträger „zersägt“.

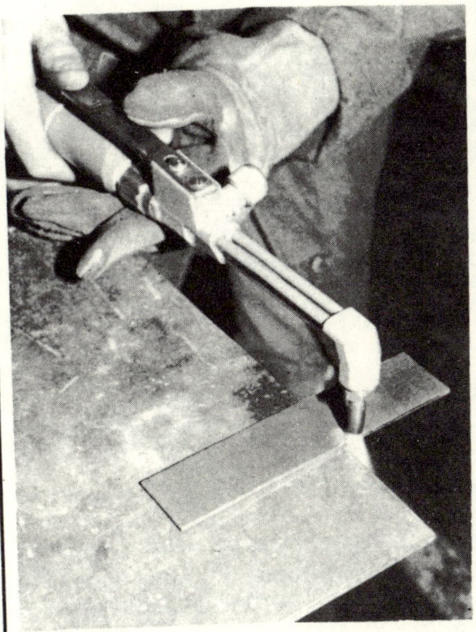

73. Rost und Zunder entfernen; dann läßt es sich sauberer trennen. Die Metallkante mit dem Brenner bis zur Rotglut erhitzen. Dann den Schneidhebel drücken . . .

74. . . . und den Schneidbrenner durch das Material ziehen. Beim Trennen stets dicke Arbeitshandschuhe (besser gleich doppelt) tragen.

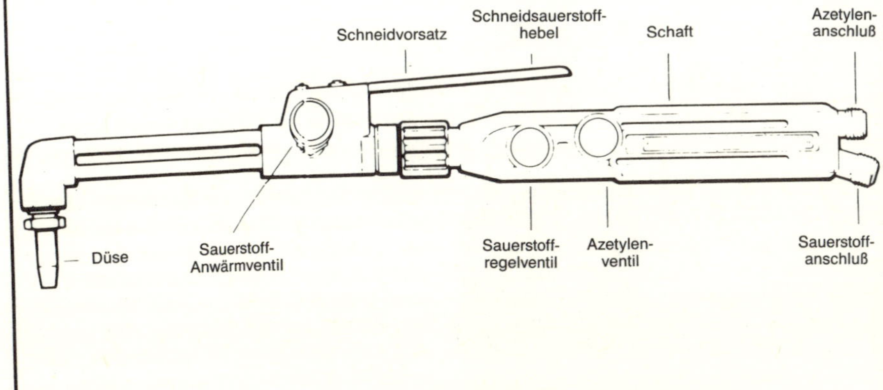

75. Schneidbrenner und Bedienungselemente

Tips für das Schweißen von rostfreiem Stahl ●

Verwenden Sie einen Schweißdraht mit ähnlicher Zusammensetzung wie das Grundmetall (ein dünner Streifen aus dem Grundmetall ist ideal). Nahtunterseite mit Flußmittel bestreichen und eine neutrale Flamme einstellen. Den Draht ständig in der Flamme halten und am Ende der Naht die Flamme langsam zurückziehen, um Risse zu vermeiden. Die Naht möglichst zügig ohne Unterbrechung durchschweißen. Nach dem Schweißen alle Oxid- und Zunderspuren beseitigen.

Tips zum Hartlöten von Aluminiumlegierungen ●

Hierfür wird ein Lötdraht aus Aluminiumlegierung mit 10% Silizium und 4% Kupfer empfohlen, dessen Schmelzpunkt niedriger als bei den meisten Alulegierungen liegt. Die Verbindungsflächen unmittelbar vor dem Hartlöten mit Stahlwolle, Drahtbürste oder Feile metallisch blank und rostfrei reinigen.

Verwenden Sie das richtige Flußmittel für das Alu-Hartlöten. Das erwärmte Stangenende wird in das Flußmittel getaucht und der an der Stange haftende Flußmittelbatzen dann zur Temperaturkontrolle auf die Lötflächen getupft. Bei richtiger Temperatur verläuft das Flußmittel sofort gleichmäßig an der Naht entlang. Die Aluminiumlegierung ändert ihre Farbe NICHT, bevor die richtige Temperatur erreicht oder gar überschritten wird und wegschmilzt. Der Fülldraht darf erst in der Naht abgeschmolzen werden, wenn das Flußmittel gut fließt. Durch die Flammen- und Kapillarwirkung wird der Füllstoff in die Naht gezogen. Nach dem Hartlöten sofort alle Flußmittelreste beseitigen, da sonst das Alu angegriffen wird. Waschen Sie die Naht nach dem Schweißen möglichst mit einer milden Säurelösung (aus der Drogerie) und anschließend mit warmem Wasser ab (Herstellerhinweise zu den Gefahren beim Umgang mit Säuren beachten).

Hartlöten mit dem Autogengerät ●

Beim Schweißen schmelzen Werkstück und Fülldraht, beim Hartlöten dagegen nur der Fülldraht, der eine feste Verbindung mit dem Werkstück herstellt.

Das Gerät wie beim Schweißen einstellen, den Sauerstoff am Brenner aber etwas weiter aufdrehen, bis eine leicht oxydierende Flamme erreicht ist.

Um den Verzug gering zu halten, wird das Blech etwas vorgewärmt und der Anfangsverzug beobachtet. Dann an dieser Stelle einen Lötpunkt setzen. Bei langen Nähten möglichst wenig Wärme einwirken lassen; dazu zieht man mehrere kurze Lötstrecken in kurzen Abständen und schließt danach die Lücken.

Das Ende des Hartlötstabes in der Flamme erhitzen und in das Flußmittel tauchen. Dann das Werkstück anwärmen und sofort das Stabende in die Flamme halten. Das Flußmittel schmilzt, und nach etwas weiterem Erwärmen fließt das Hartlot in die Naht. Bei flußmittelumhüllten Lötdrähten muß kein weiteres Flußmittel zugegeben werden – das Flußmittel aus dem in die Flamme gedrückten Draht überzieht das Werkstück vor dem Abschmelzen des Drahtes mit einer Schutzschicht.

Hartlöten ist wesentlich einfacher als Autogenschweißen – infolge der niedrigeren Temperaturen hält sich auch der Wärmeverzug in Grenzen. Auch hier hängt jedoch das Gelingen der Lötung von der gründlichen Reinigung der Lötstelle ab. Außerdem erreichen Hartlötungen nicht die Festigkeit einer Schweißverbindung, kommen also für Reparaturen an tragenden Teilen nicht in Frage.

Einziehen von Blechen ●

Alle Schweißverfahren benötigen Wärme zur Verschmelzung der zusammengefügten Metalle. Leider läßt sich diese Wärme nicht lokal begrenzen (auch wenn dies mit WIG- und MIG-Geräten schon ganz gut geht, da der Schweißbereich durch das Schutzgas rasch abkühlt). Beim Autogenschweißen wird sogar mehr Wärme in angrenzende Bereiche abgeführt, als an der Schweißnaht bleibt! Durch diesen Wärmeüberschuß dehnt sich das Metall und bekommt Wellen, und zwar umso mehr, je größer und flacher das betreffende Teil ist.

Auch durch falsche oder zu heftige Bearbeitung mit Ausbeulwerkzeugen können sich sogenannte „Springbeulen" bilden, durch die das Metall dünner wird, sich streckt und ausbeult. Für Anfänger ist es nicht ganz leicht, dies zu vermeiden.

Am häufigsten handelt man sich am Fahrzeug aber bei Unfällen Dellen ein, wenn das Metall durch den Aufprall überdehnt wird.

Dabei entsteht im Blech eine Wölbung, die durch energischen Druck in entsprechender Richtung oft wieder in die richtige (Mittel-) Lage gedrückt werden kann. Mit dem folgenden Verfahren kann die Streckung im Blech aufgehoben werden, so daß die Fläche ihre Spannung verliert und wieder einigermaßen die ursprüngliche Form annimmt. Das Einziehen bringt jedoch auch Nachteile mit sich. Das fertig bearbeitete Metall ist nicht einwandfrei eben und muß daher mit Spachtel oder Karosseriezinn nachgeglättet werden. Außerdem sind die eingezogenen Stellen oft erhöht rostanfällig und müssen daher nach dem Richten sofort blankgeschliffen und lackiert werden.

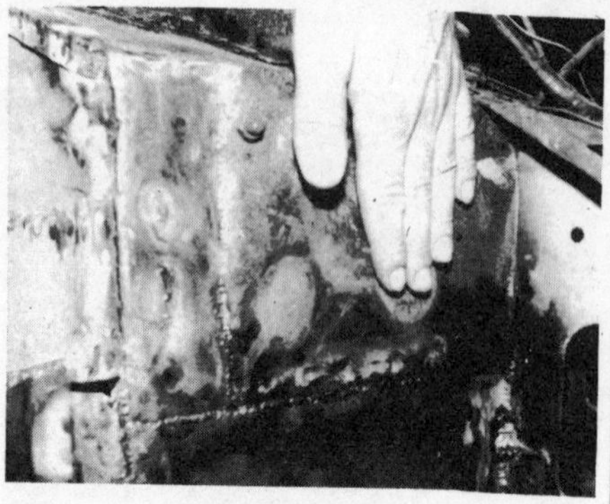

76. Wellen im Blech lassen sich auf dreierlei Weise feststellen. Erstens durch Sichtkontrolle – die meisten Dellen fallen sofort auf. Zweitens durch Abtasten der Fläche mit den Fingerspitzen – Erhebungen und Vertiefungen sind dann deutlich zu spüren. Drittens (für größere Bleche am zweckmäßigsten) durch Anlegen eines exakten Reiß- oder Haarlineals und Kontrolle des Lichtspalts zwischen Blech und Lineal.

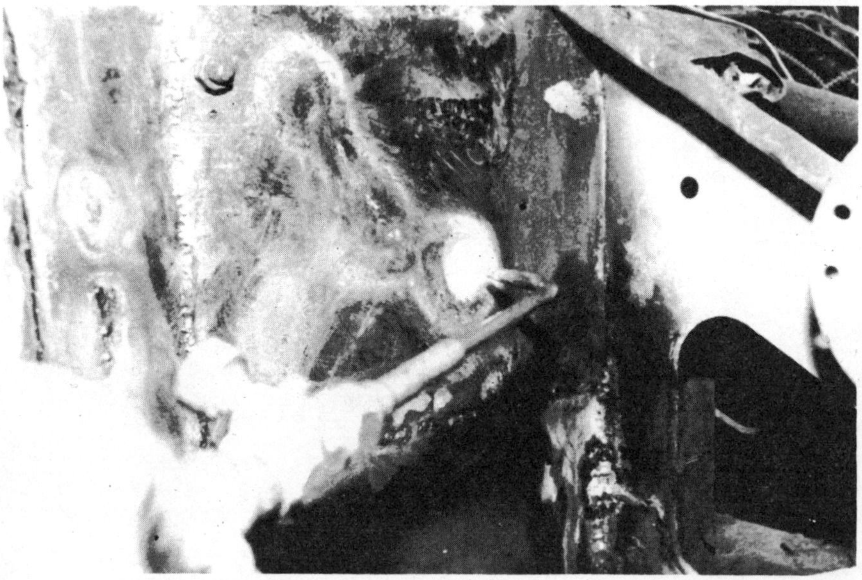

77. Beim autogenen Einziehen muß der Mittelpunkt der stärksten Erhebung in der Beule ermittelt werden, da dies als Ausgangspunkt für das Einziehen dient. Als Düse wird dieselbe Düse wie zum Schweißen dieser Blechstärke verwendet. Ein Bereich mit ca. 18 mm Durchmesser wird tiefrot erhitzt – die Flamme dabei soweit weghalten, daß das Blech nicht durchbrennt. Bei Erreichen der Rotglut bilden sich auf der Metalloberfläche Blasen.

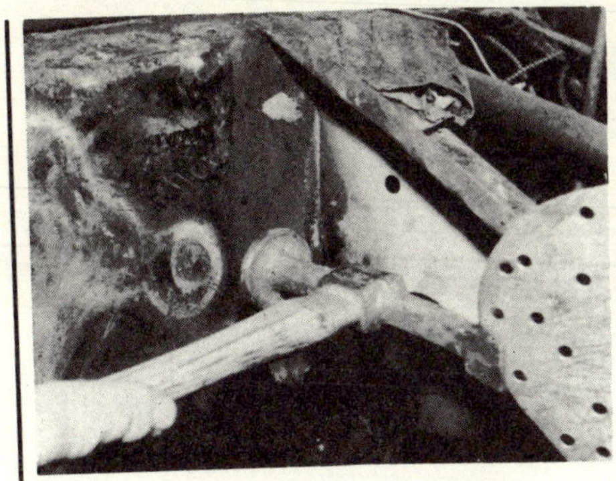

78. Den Brenner zurückziehen, einen flachen Fäustel (bzw. bei gewölbten Blechen einen runden Fäustel) an der Blechrückseite ansetzen und die Stelle mit einigen raschen, rechtwinkligen Schlägen mit dem Schlichthammer anstauchen. Die Materialstreckung wird damit abgebaut; da das unbehandelte Metall ringsum aber fester als das rotglühend erhitzte Metall ist, wandert es in den erhitzten Bereich, so daß sich die Gesamtfläche also zusammenzieht. Das Schlichten muß daher unbedingt erfolgen, bevor das Blech wieder schwarz nachdunkelt. Sie werden feststellen, daß das Metall hier viel weicher als das kalte Metall ist und sich leicht anstauchen läßt. Nicht zu viel hämmern, sonst dehnen Sie das Metall nur wieder.

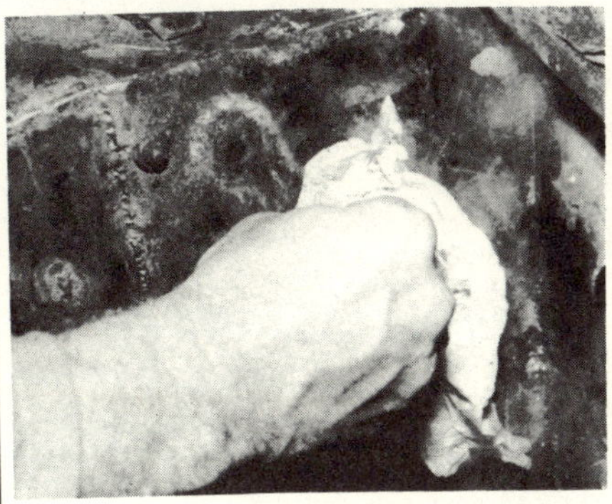

79. Ist das Metall soweit abgekühlt, daß es schwarz erscheint, schrecken Sie es mit einem dicken, in Wasser getränkten Lappen ab. Das Metall rund um den erhitzten Bereich zieht sich dadurch weiter zusammen. Das noch rotglühende Metall nicht abschrecken, sonst ändert sich das Metallgefüge, und das Blech wird spröde und schwer zu bearbeiten. Den Lappen nach Gebrauch sofort wieder in den Wassereimer legen und den am Metall anliegenden Teil des Lappens nicht berühren – Verbrühungsgefahr!

Läßt sich die Delle in einem Durchgang nicht herausziehen, wiederholen Sie den Vorgang (aber mit ausreichendem zeitlichem Abstand). Durch die Erwärmung werden die geschrumpften Bereiche „abgetötet“, also sollte zwischendrin genügend gesundes, straffes Metall stehenbleiben. Dabei nach jedem Einziehvorgang das ganze Blech und die angrenzenden Bereiche gründlich kühlen (es sollen ja nicht an anderer Stelle neue Dellen entstehen). Grundsätzlich gilt: mehrere kleinere Einziehstellen sind besser als eine große.

Sicherheit

Wer sich für Autogenschweißen interessiert, sollte unbedingt die entsprechenden Schweißerkurse (Abendkurse) der IHK oder ähnlicher Organisationen besuchen. Nachstehend werden einige der Risiken beim Autogenschweißen kurz umrissen.

- Austretender Sauerstoff kann sich in den Kleidern festsetzen und zu Flammenbildung oder gar zu Explosionen führen. Daher nie die Klei-

dung über die Gasflaschen hängen und Undichtigkeiten sofort beheben.
- Azetylenflaschen stets aufrecht lagern.
- Die Flaschen stets von Wärmequellen fernhalten und möglichst im Freien lagern.
- Stöße und Fallenlassen der Zylinder vermeiden.
- Öl und Fett von Sauerstoffarmaturen fernhalten, da es unter Druck sonst zu Explosionen kommen kann.

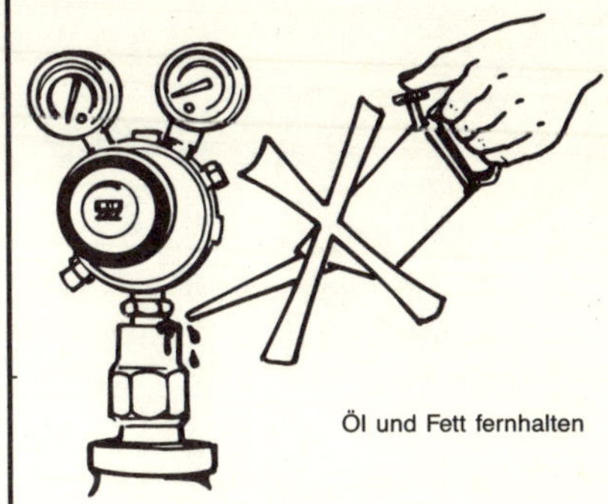

Öl und Fett fernhalten

- Die Druckgasanschlüsse mit einer verdünnten Waschmittellösung auf Dichtigkeit kontrollieren.

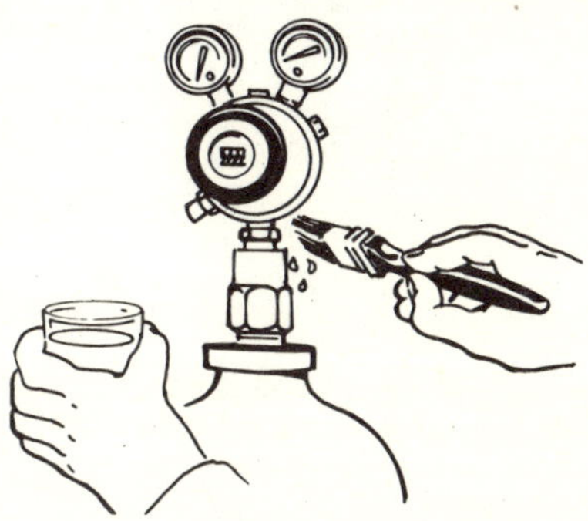

- Auf die richtigen Schlauchfarben achten (siehe einschlägige Vorschriften).
- Sauerstoff nie als Ersatz für Druckluft verwenden (extrem gefährlich!).
- Alle Schläuche müssen frei von Rissen, Ausfransungen oder Scheuerstellen, und alle Anschlüsse müssen in Ordnung sein.
- Nie für den Einsatzzweck überdimensionierte Schweiß- oder Schneidbrenner verwenden.
- Nie mit schadhaften Druckminderventilen arbeiten.
- NIE ohne richtige SCHUTZBRILLE schweißen – die Gefahr von Augenschäden ist zu groß.
- Beide Schläuche vor dem Anschluß an den Schweißbrenner und nach dem Wechsel der Gasflaschen stets durchspülen.
- Die Düse sauberhalten – verschmutzte Düsen können Flammenrückschlag verursachen. An den Zylindern unbedingt eine Flammenrückschlagsicherung montieren.

● Vor dem Zünden des Brenners stets die Leitungen „spülen" (das Gas kurz austreten lassen). Dadurch werden Flammenrückschläge in die Leitung und die Gasflasche verhindert.

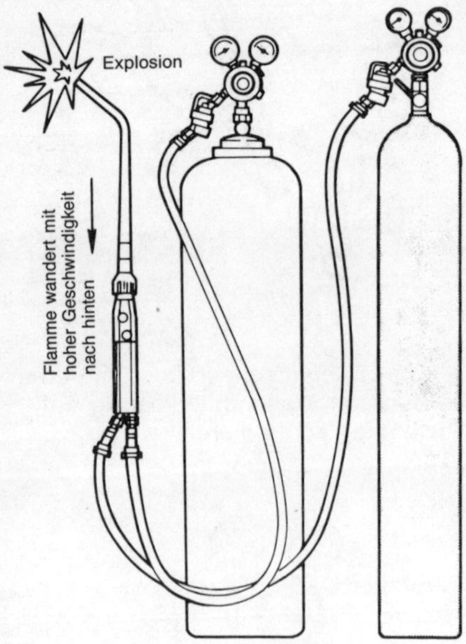

● Stets mit ausreichendem Körper-, Hand- und Fußschutz arbeiten, vor allem bei Arbeiten unter einer Schweißstelle.

Diese Sicherheitshinweise wirken vielleicht so, als sei Autogenschweißen sehr gefährlich. Bei richtigem Arbeiten ist dies jedoch nicht der Fall. Offizielle Schätzungen sprechen von „einem größeren Unfall pro 50 000 Arbeitsstunden."

Passen Sie also auf, daß Sie bei Ihren 50 000 Arbeitsstunden nicht auch diesen einen Unfall verursachen!

WIG-Schweißen ●

Ein Spezialverfahren, das sich vor allem dann bezahlt macht, wenn viel an Aluminium geschweißt wird. Daher nachstehend ein paar Anmerkungen (WIG steht für „Wolfram-Inert-Gas").

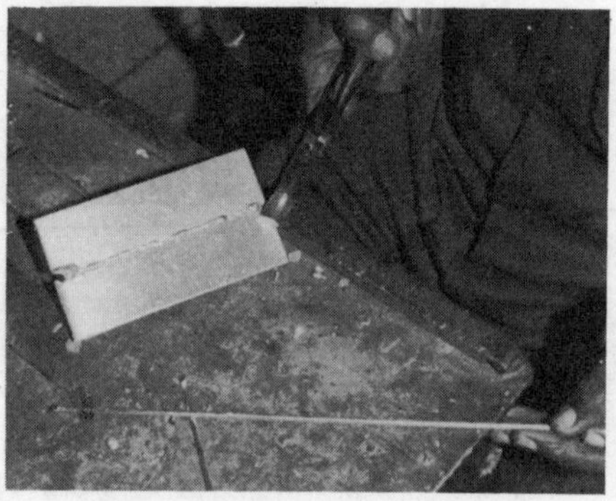

80. Hier wurden zwei Bleche mit WIG zusammengeheftet. Die Wolframelektrode des „Brenners" erzeugt einen Lichtbogen, anders als bei anderen Verfahren verbraucht sich die Elektrode beim Schweißen jedoch nicht. Der Schutzmantel führt Argon an die Schweißnaht heran (ähnlich wie beim unten beschriebenen MIG-Verfahren).

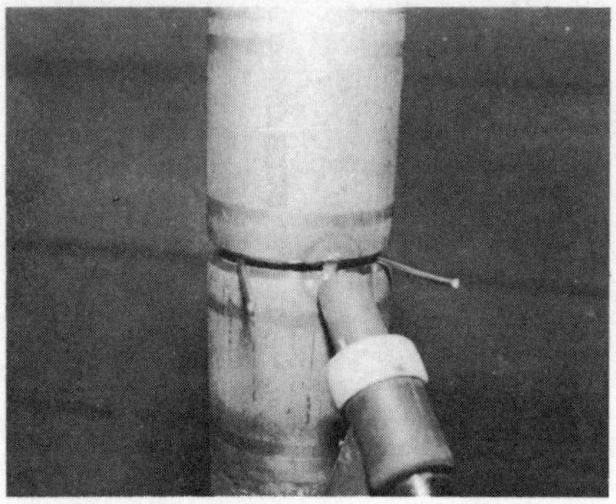

81. Die hier verschweißten Aluteile werden wie beim Autogenschweißen mit einem in der Hand gehaltenen Draht verschmolzen.

82. Mit Aluminium lassen sich gute Durchschweißung und saubere Nähte erzielen. Beim Schweißen wird extrem blendendes Licht frei, daher nur mit Vollgesichtsschutz arbeiten. Argon muß nach dem Ende des Schweißens noch etwas länger auf die Schweißnaht geblasen werden.

MIG-Schutzgasschweißen ●

Die Bezeichnung erinnert stark an Autogen-Gasschweißen, in der Praxis bestehen jedoch grundlegende Unterschiede. Schutzgas (MIG steht für Metall-Inertgas) ist leicht zu beherrschen, ergibt saubere Nähte mit geringem Wärmeverzug und geringerer Gefahr von Hitzeschäden an benachbarten Bereichen. Für das Dünnblechschweißen ist dies das rascheste und wohl auch material- und damit kostensparendste Verfahren.

83. MIG-Schutzgasgeräte gibt es in allen Größen, vom kleinen, aber leistungsfähigen Hobbygerät (rechts) bis zu größeren Geräten für Profis (links) oder gar extrem leistungsstarke Ausführungen für Industriezwecke.

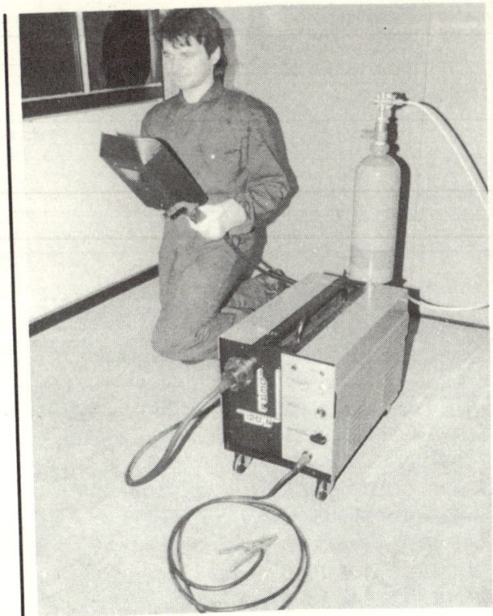

84. Dieses kleine Modell „bietet viel Leistung auf wenig Platz" und erfüllt alle Ansprüche der Hobby-Restaurateure. Auch Schutzmaske und Kabel (nicht jedoch die Gasflaschen) gehören zum Lieferumfang.

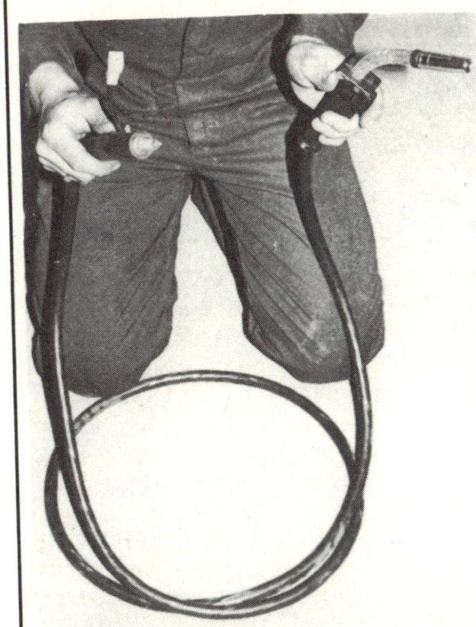

85. Schutzgasschweißen ist eine Variante des Elektroschweißens, statt der schnell abbrennenden Stabelektrode wird jedoch eine fast endlose Drahtrolle durch den Elektrodenschlauch zur Pistole transportiert. Elektrodenwechsel und ständige Korrektur des Abstandes zwischen Brenner und Werkstück entfallen damit.

86. Im Gerät sitzt eine Welle (links), auf der die Drahtrolle montiert wird, sowie die Vorschubmechanik, mit der der Draht zur Pistolenspitze transportiert wird.

87. Der Elektrodenschlauch liefert auch den Strom, der an der Pistole in den Schweißdraht fließt. Mit diesem Stromfluß werden Schweißbad und Draht am Blech zum Schmelzen gebracht.

88. Der interessanteste Teil: Argon bzw. Argon/Kohlendioxidgemisch werden im Gerät über einen Sperrhahn zur Zulaufleitung gefördert. Beim Drücken des Startknopfes läuft der Draht vor, der Stromfluß wird zugeschaltet und das Gas (aus Gründen, die noch erläutert werden, als Schutzgas bezeichnet) wird durch den Zulaufschlauch zum Pistolenaustritt gepumpt und umströmt die Schweißstelle.

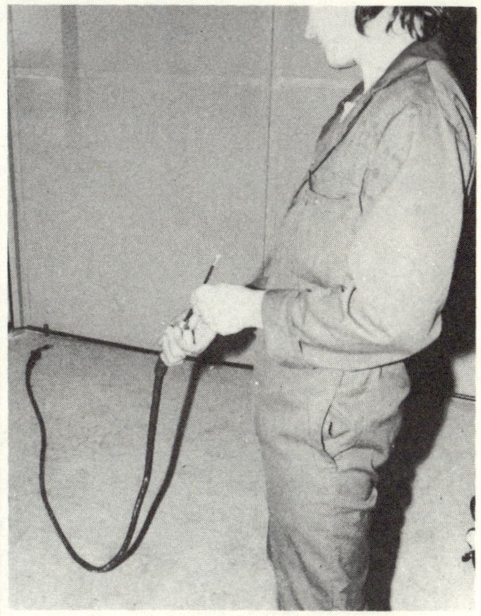

89. Auch Alulegierungen können mit MIG geschweißt werden. Statt Argon/CO_2-Gemisch werden jedoch reines Argon sowie für Alu geeigneter Schweißdraht und ein anderer Zulaufschlauch mit Teflonmantel benötigt. Damit wird verhindert, daß der „klebrige" Aludraht im Schlauch hängenbleibt.

90. Nach dem Einschalten wird der Draht durch dauerndes Drücken des Startknopfes vorgespult, bis er an der Pistole austritt, und dann abgelängt.

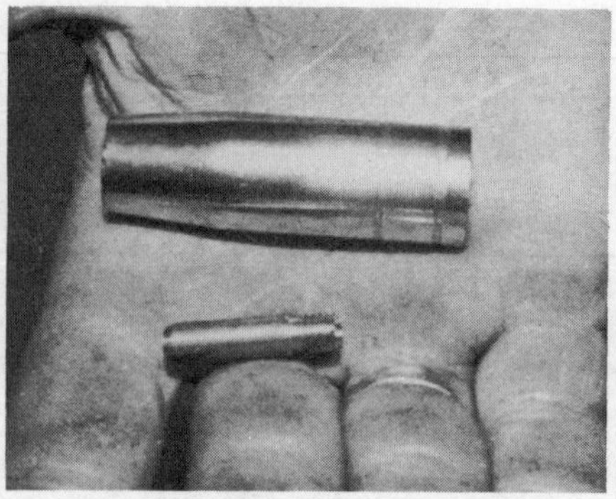

91. Nun schraubt man die für den Draht passende Düse und den Schutzmantel zum Leiten des Gasstroms auf.

92. Hier die passende Flasche für das beschriebene Gerät. Sie enthält reines Argon oder Argon/CO_2-Gemisch und eignet sich sowohl für Heimwerker als auch für Werkstätten. Die Flaschen werden nicht gemietet, sondern nach Gebrauch getauscht.

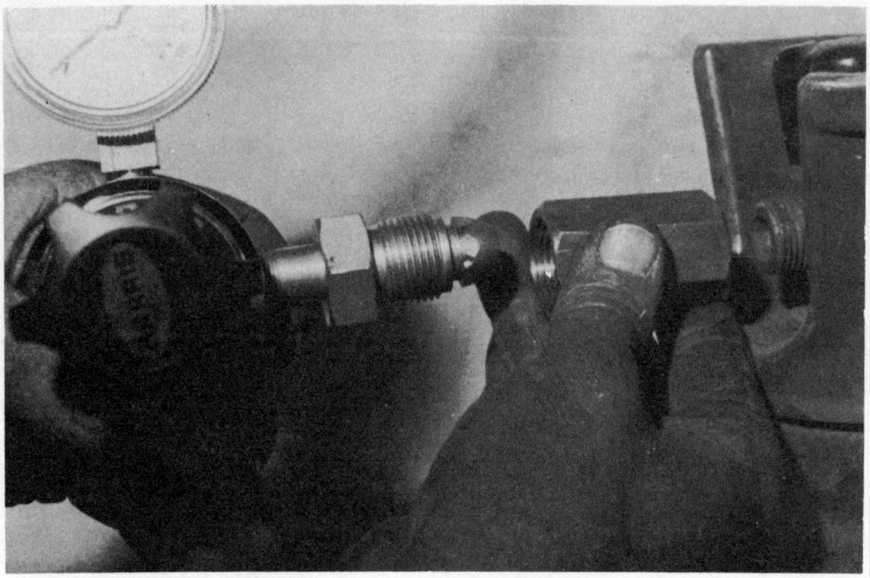

93. CO_2-Flaschen, wie sie Gastwirte für ihre Zapfautomaten verwenden, können auch angeschlossen werden, allerdings sind dafür spezielle Adapter erforderlich. Bei niedrigeren Temperaturen friert das ganze leicht ein, wenn das unter Hochdruck stehende CO_2 austritt (Für Industriebedarf wird das CO_2 mit speziellen, teuren Vorwärmern auf Temperatur gehalten). Argon-Gemisch ergibt außerdem eine gleichmäßigere Naht, bessere Einbrandtiefe über einen breiteren Bereich und weniger Spritzer, es wäre also gegenüber CO_2 vorzuziehen.

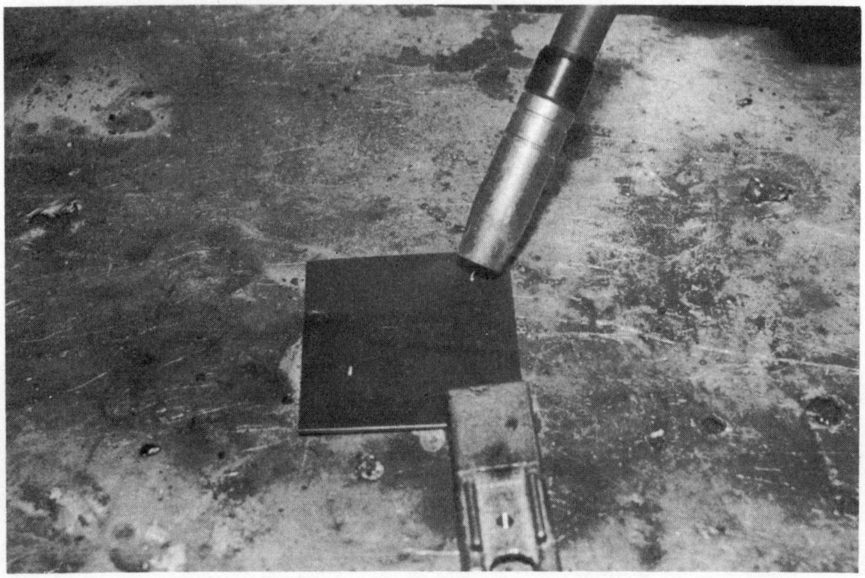

Die ersten Schweißversuche

94. Das Gerät auf die im Handbuch für die geschweißte Blechstärke angegebenen Werte einstellen und das Massekabel festklemmen. Dann die Düse etwa bei 70° anstellen, so daß die Düsenöffnung in die Schweißrichtung zeigt. Das Düsenende sollte nur knapp über der Werkstückoberfläche stehen.

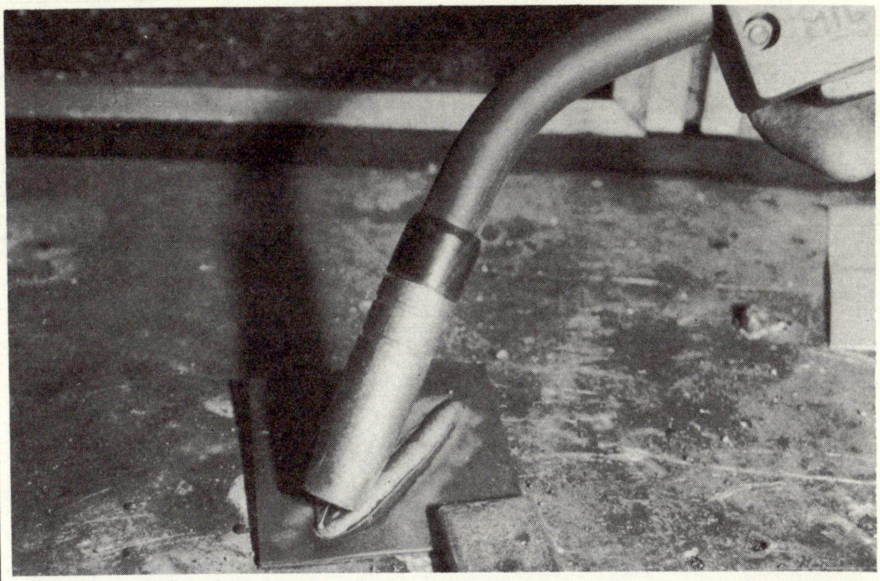

95. Jetzt setzen Sie den Gesichtsschutz auf und führen die Pistole etwa in der Geschwindigkeit weiter, mit der man langsam einen genauen Strich mit dem Filzstift zieht. Ist das Gerät richtig eingestellt und sind die Schweißstellen absolut rost- und schmutzfrei, kommen schön saubere Nähte zustande. Das Inertgas, das die Schweißstelle umhüllt, reagiert nicht mit dem Schweißmaterial, sondern hält die Oxidgase von der Schweißstelle fern, bis die Schweißstelle „sitzt". Gleichzeitig kühlt es die Schweißstelle und hält den Wärmeverzug in Grenzen.

96. ***Wichtig:*** *Schutzgasschweißen setzt gleißend helles Licht frei, daher gilt das beim Elektroschweißen gesagte. Die UV-Strahlen sind extrem gesundheitsschädlich (auch für Haustiere!), wenn man ohne Augenschutz in die Lichtquelle blickt. Eine einwandfreie Schutzgasschweißung ist am Geräusch zu erkennen (trockenes Knistern). Bei zu hoher Drahtvorschubgeschwindigkeit frißt sich die Naht zu tief in das Metall und bricht rasch durch oder der Draht „springt" auf dem Werkstück. Bei zu geringer Drahtvorschubgeschwindigkeit patscht es beim Schweißen, und es kommt evtl. zu Rückbrennern in die Düsenspitze.*

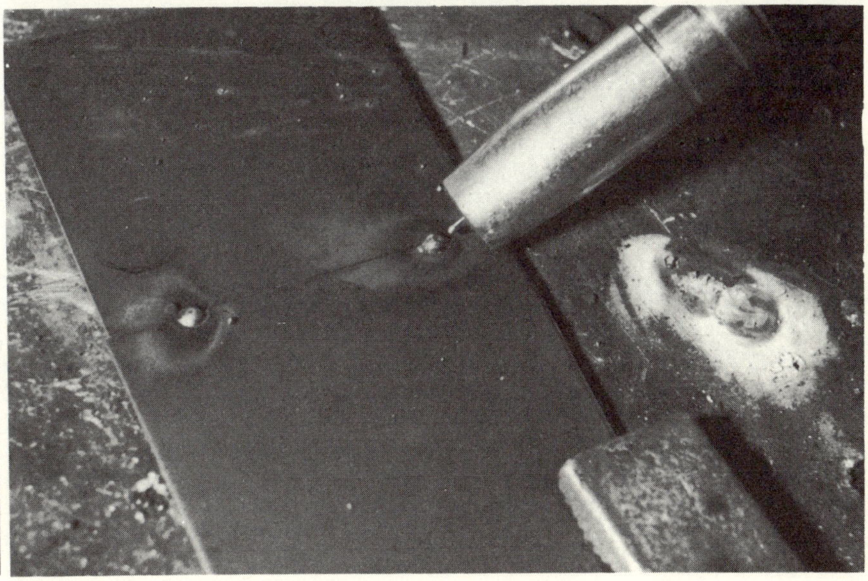

97. Als nächstes schweißen wir stumpf, wie es in der Praxis ja häufig vorkommt. Einige Blechstücke in der gewünschten Stärke werden eng zusammengefügt und der Handapparat so gehalten, daß er den Spalt berührt. Ein versehentlicher Schweißfunke kann dabei nicht entstehen, da der Lichtbogen – anders als beim Elektroschweißen – erst nach Betätigen des Schalters gezündet wird. Setzen Sie den Schutzschild auf, und punkten Sie die beiden Teile zusammen. Dann ziehen Sie mit ganz leichtem Zickzackkurs eine Naht, so daß das Schmelzbad gleichmäßig zwischen beiden Teilen entsteht. Beim Schutzgasschweißen ist die Gefahr des Durchbrennens viel geringer als bei allen anderen Verfahren.

98. Vor dem Kehlnahtschweißen setzen Sie genug Heftpunkte, so daß die Teile fixiert und nachgerichtet werden können.

99. Die Pistolendüse wird mittig im Winkel zwischen den beiden Teilen angesetzt und muß beim Nahtziehen ganz leicht hin- und herbewegt werden, damit beide Teile ausreichend durchgeschweißt werden.

100. Hier wird in normaler Weise überlappt geschweißt. Auch hier setzt man zuerst ein paar Schweißpunkte.

101. Hier ist zu sehen, wie die erste Naht abgesetzt und wiederaufgenommen wurde, ohne daß – wie bei anderen Verfahren leider oft der Fall – Einschlüsse entstehen. Auch hier ist eine ausreichende Einbrandtiefe in das untere Blech nötig, man zielt also mit der Pistole etwas mehr auf das untere als auf das obere Blech.

102. Beim Schweißen eines Außenwinkels heftet man die beiden Bleche zu einer V-Form zusammen. Damit läßt sich leichter und stabiler als bei Überlappungsnähten schweißen.

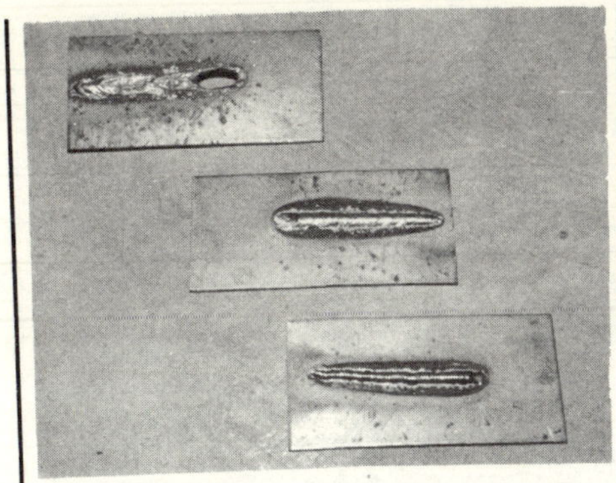

103. Das obere Blech wurde mit zu hoher Stromstärke und/oder Drahtgeschwindigkeit geschweißt, am unteren Blech ist die Naht dünn (vermutlich infolge zu geringer Stromstärke oder weil die Pistole zu schnell über das Blech geführt wurde). Die Schweißung des mittleren Bleches ist dagegen in Ordnung!

Autogenschweißer sollten beachten, daß man die Pistole nicht „kreiseln“ läßt (wie Autogenbrenner). Geschweißt werden kann in beiden Richtungen, Rechtshänder sehen beim Nachlinksschweißen aber besser an die Schweißstelle; auch der Gasstrom an der Schweißstelle ist dann günstiger.

Schutzgasschweißen an schlecht zugänglichen Stellen ●

Schweißungen an flach aufliegenden Teilen sind natürlich am günstigsten, aber eben nicht immer möglich. Es ist wenig sinnvoll, den Wagen umzukippen, nur um eine Kotflügelnaht zu ziehen. Senkrechte Nähte zieht man mit den kleineren Geräten, die hier in Frage kommen, am besten als „Fallnaht“. Stumpfschweißungen müssen gerade angesetzt werden, Kehlnähte am besten mit leichter Zickzackbewegung. Nachlinksschweißen (Vorhandschweißen, d.h. in Richtung der Düsenöffnung) empfiehlt sich für alle Senkrecht- oder Waagerechtnähte, damit die Schutzgaswirkung möglichst günstig ist.

Schutzgasschweißen im Freien ist (sofern es sich nicht vermeiden läßt) nicht sinnvoll, da die Schutzgase von der Schweißstelle weggeblasen werden und eine dünne, unsaubere Naht entsteht. Errichten Sie notfalls einen Windfang um den Schweißplatz, und stellen Sie einen höheren Gasstrom ein.

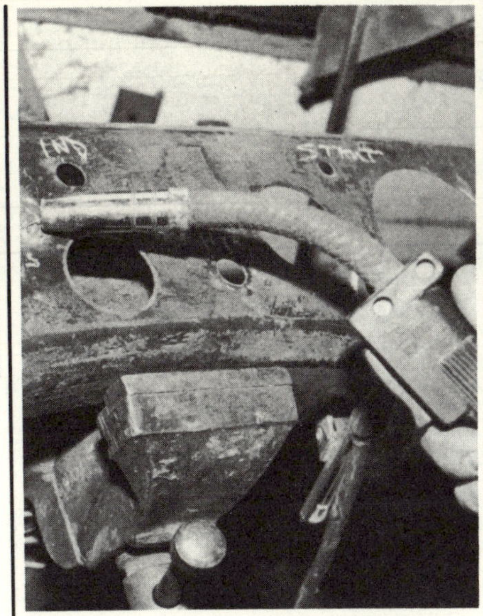

104. Zum Schließen von Löchern (wie hier am Armaturenbrett) wird an der einen Seite (z.B. in 3-Uhr-Stellung), dann an der gegenüberliegenden Seite (9-Uhr-Stellung) und an den übrigen Seiten (12- und 6-Uhr-Stellung) ein Schweißpunkt gesetzt und die Naht dann durchgezogen. Dabei die Pistole immer nur einige Sekunden ansetzen.

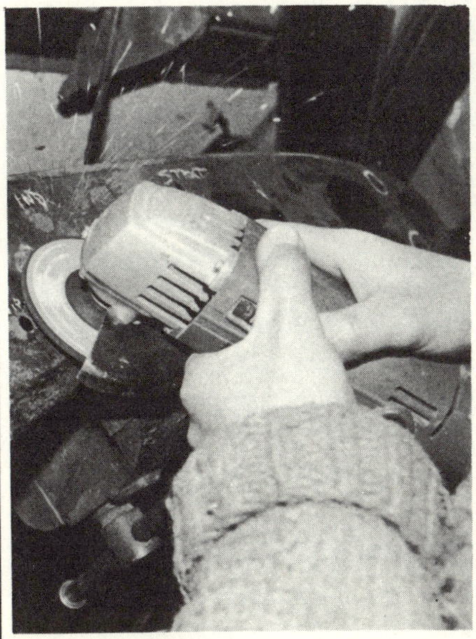

105. Mit einigen Zügen mit dem Winkelschleifer läßt sich die Fläche glatt verschleifen. Dann sieht man auch, ob schwächende Einschlüsse in der Naht vorhanden sind.

Punktschweißen mit Schutzgas ●

106. Hier wird ein Reparaturblech am Eck einer Heckklappe eingeschweißt. Es wird zuerst mit Blechschrauben fixiert, so daß die Passung bei minimalem Verzug erhalten bleibt.

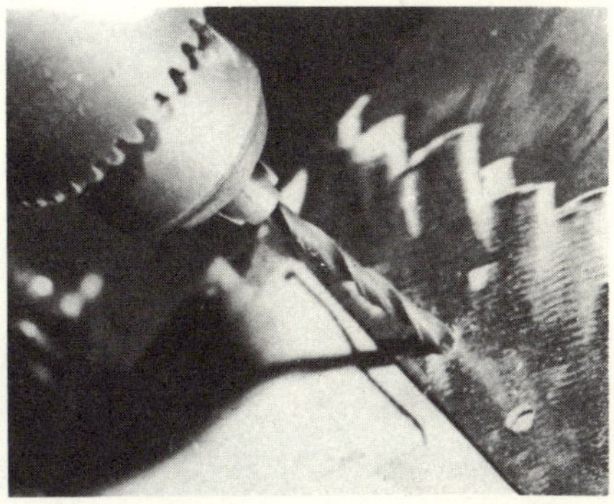

107. Das obere Blech wird mit kleinen Löchern durchbohrt.

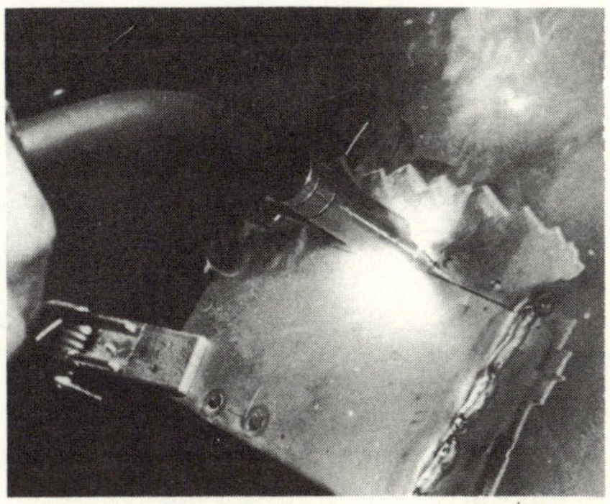

108. Dann wird am Schutzgasgerät eine Punktschweißdüse montiert, mit der die Drahtführung in etwas größerem Abstand zum Werkstück gehalten wird. Die Düse wird – anders als beim Nahtschweißen – fest auf das Werkstück gedrückt.

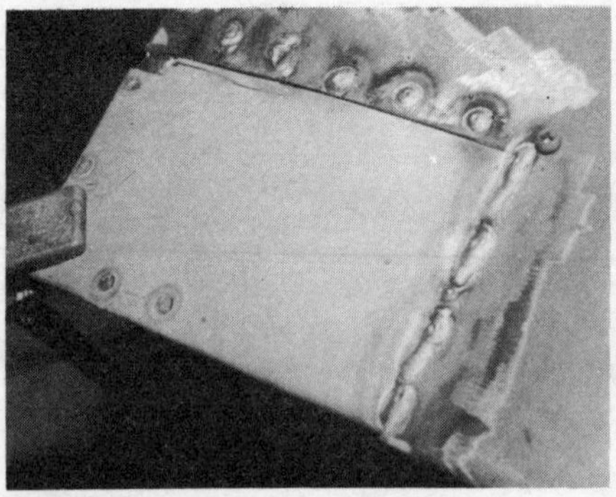

109. An der rechten Seite wurde eine Naht durchgezogen, an der Oberkante sind die sauberen Schweißpunkte zu erkennen. Zu dicke Schweißpunkte sind unzweckmäßig. Üben Sie zuerst an einem alten Blech und versuchen Sie, die fertige Schweißung mit einem Schraubendreher auseinanderzuhebeln. Dann sieht man, ob Einstellung und Ausführung stimmen. Bei manchen größeren Schutzgasgeräten ist eine Zeitschaltuhr eingebaut, mit der Impuls und Punktfolge automatisch programmiert werden können.

110. Nach dem Schweißen die Punkte mit einem Winkelschleifer verschleifen.

Hinweis: Vor Schutzgasschweißungen die Drehstromlichtmaschine des Fahrzeugs abklemmen, da sie sonst durch den Schweißstrom zerstört wird.

Sicherheit

Grundsätzlich gelten die Sicherheitsmaßregeln für Elektroschweißen (siehe Abschnitt vorne sowie Abschnitt „Sicherheit" am Buchanfang). Denken Sie daran, daß mit Schutzgas frisch eingeschweißte Bleche beim Berühren schöne Brandblasen ergeben. Brennbare Materialien fernhalten und nicht in Nähe des Benzintanks schweißen (auch wenn beim Schutzgasschweißen die Wärmeausbreitung – außer belm richtigen Punktschweißen – am geringsten ist).

Punktschweißen ●

111. Eine Profi-Punktschweißzange. An der Druckstelle, an der die Elektroden mit dem Griff zusammengedrückt werden, wird ein Stromfluß erzeugt und die beiden Bleche miteinander verschmolzen.

112. Alle modernen Pkw's bestehen aus tausenden von Schweißpunkten, die von unzähligen Schweißrobotern im Werk vollautomatisch gesetzt werden.

113. Die Punktschweißzange gibt die saubersten Schweißpunkte und ist in der Bedienung denkbar einfach, muß aber dennoch exakt eingestellt werden. Hier müssen die nicht genau fluchtenden Elektroden ausgerichtet und die Kontaktspitzen in die richtige Form für Punktschweißen gebracht werden.

114. Die Arme können mit einem Inbusschlüssel gelöst und nachgestellt oder unterschiedliche Armformen und -größen montiert werden, mit denen man die zahlreichen Hindernisse an der Karosserie umgehen kann.

115. Der Druck wird nach Herstellerangaben eingestellt. An Modellen mit Zeitschaltuhr wird die Schweißdauer je nach verwendetem Material eingestellt.

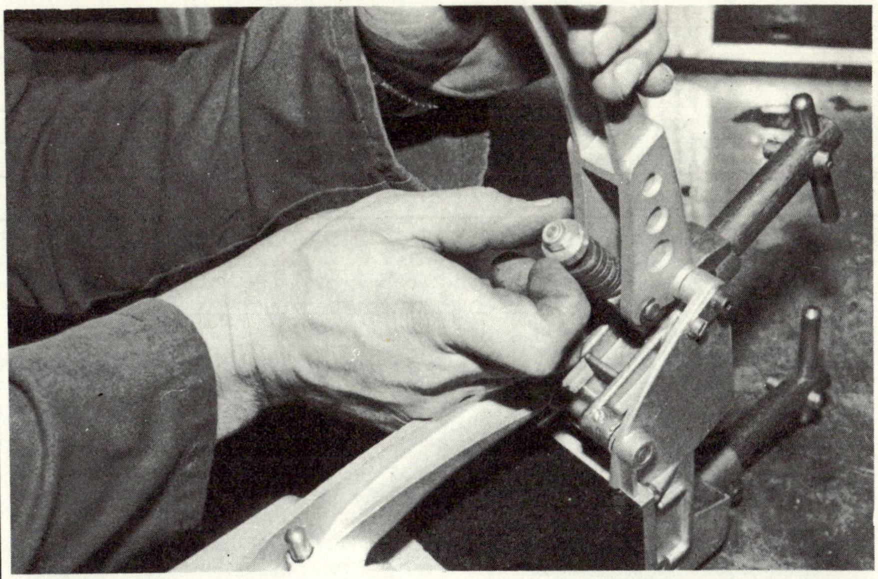

116. Probieren Sie die Einstellung vorab an einem alten Blech. Das Metall muß absolut sauber sowie rost- und schmutzfrei sein und fest (nicht nur unter dem Druck der Zangenarme) zusammengepreßt werden. Der linke Punkt dürfte in Ordnung sein, beim rechten wurde wahrscheinlich die Stromstärke zu hoch eingestellt bzw. bei manuellen Geräten der Hebel zu lange betätigt. Prüfen Sie die Qualität der Schweißpunkte stets an einem Probestück, das Sie mit einem Schraubendreher auseinanderhebeln. Schwache Schweißpunkte sind natürlich nicht ungefährlich.

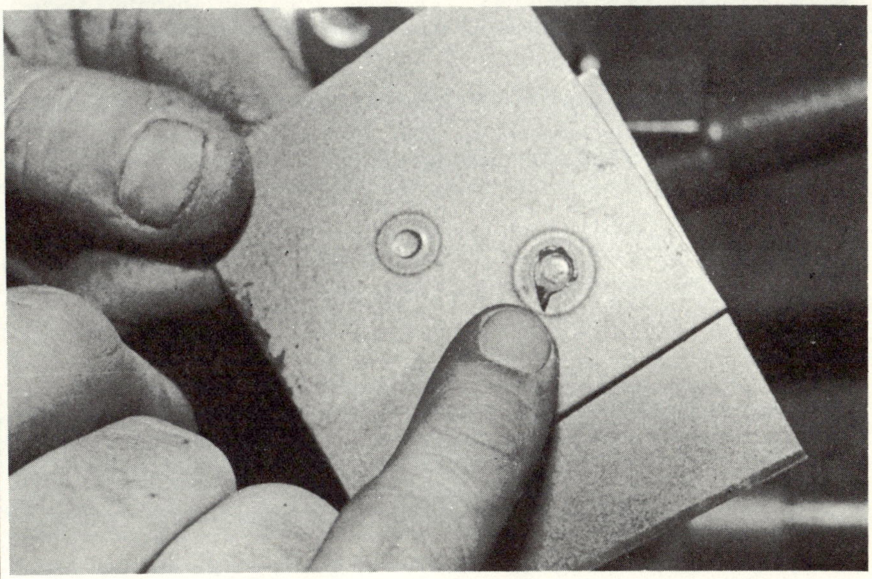

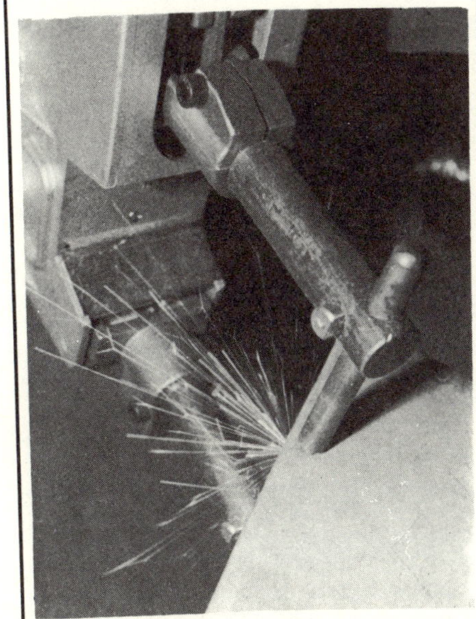

117. Die Punktschweißzange in Aktion. Im Idealfall entsteht fast oder gar kein Funkenflug. Bei starkem Funkenflug leidet meist die Festigkeit der Punkte. Schutzkleidung oder Gesichtschutz sind beim Punkten nicht nötig, aber beachten Sie die Schutzvorschriften für die Arbeit mit Elektrogeräten (siehe Anhang).

Tips für's Punktschweißen:

- Beim Punkten dickerer Metallteile die Elektroden bei zwischen den Spitzen eingesetztem Metall ausrichten.
- Bei zu hohem Anpreßdruck erscheint der Schweißpunkt als tiefe Druckstelle, bei zu geringem Druck bildet sich ein flammender Lichtbogen.
- Bei Rotglut an den Elektrodenspitzen war die Zange zu lange eingeschaltet; ggf. müssen die Spitzen auf das richtige Profil nachgeschliffen werden.
- Brennt das Blech durch, kann dies an folgendem liegen: rostiges oder verunreinigtes Metall, Druck an den Armen zu gering oder Zange bei zu hohem Druck zu lange eingeschaltet.

3 Blechbearbeitung

Die Blechbearbeitung gehört zu den kompliziertesten Dingen in der Karosseriereparatur. Die richtige Dosierung der Hammerschläge und das Wissen, wie und wo die Schläge angesetzt werden müssen, damit das Endergebnis stimmt – daran erkennt man den Fachmann. Können kommt aber nur von ständiger Übung, sobald man einmal die Grundprinzipien beherrscht. Wer größere Blecharbeiten vorhat, sollte zuerst an einem alten Blech üben und sich langsam an die komplizierteren Aufgaben heranwagen.

Dieses Kapitel wurde in Zusammenarbeit mit der englischen Firma Sykes-Pickavant Ltd. zusammengestellt, einem Hersteller von Qualitäts-Karosseriewerkzeugen, die auf die Bedürfnisse sowohl von Anfängern als auch von Profis zugeschnitten sind. Wirklich gute Werkzeuge sind zwar nicht billig, doch macht sich dies auf lange Sicht durch längere Lebensdauer und leichteres Arbeiten mehr als bezahlt.

Einführung ●

Nun aber zu den Grundlagen . . . Wird ein Blech durch Unfall- oder Schlageinwirkung verformt, wandert die Kraft durch das Blech, so daß an der Aufprallstelle eine Zone direkter Beschädigung und eine größere Zone indirekter Beschädigung entsteht. Dabei bilden sich eine Folge von Vertiefungen, Falten und Wellen, deren Spitzen stark verhärtet sind. Bei der Unfallreparatur muß als erstes die Aufprallrichtung festgestellt werden. Die Schadensbehebung kann dann in entgegengesetzter Richtung erfolgen, d.h. im allgemeinen wird zuerst der indirekte, dann der direkte Schaden behoben.

Vor der Blechinstandsetzung werden die Innen- und Außenflächen gründlich gereinigt und Unterbodenschutz und Dämmaterial entfernt, damit die Ausbeulwerkzeuge ihre volle Wirkung erreichen. Antidröhnmasse und Unterbodenschutz, wie sie heute verwendet werden, können mit einem Schaber oder Kittmesser entfernt werden, nachdem sie zuvor von der Blechaußenseite her mit einer breiten Brennerdüse mit weicher Flamme erwärmt wurden. Die Blechaußenseite wird mit sauberem Wasser abgewaschen und alle Teer-, Öl- und Asphaltspuren mit einem in Lösungsmittel getränkten Lappen entfernt. Gute Vorarbeit vereinfacht das Richten der Bleche wesentlich und schont die Werkzeuge. Als erstes werden die Täler, Verwerfungen und Stauchungen in den indirekt beschädigten Bereichen möglichst schonend geglättet und ohne zusätzliches Strecken und Verformen in etwa in die ursprüngliche Form gebracht.

Beim Richten der Bleche werden abwechselnd die erhöhten und vertieften Bereiche im Blech bearbeitet und das Metall allmählich wieder auf gleiche Höhe wie die umliegenden Flächen gebracht.

Abb. 1 zeigt eine doppelseitige Ausbeulfaust (Gegenhalter) und einen Karosserierichthammer bei einer derartigen Operation. Die auf die Metallfläche einwirkende Kraft ist auch vom Gewicht des Hammers abhängig.

Gewicht und Form der Handfaust bzw. des Löffeleisens und die Kontaktfläche mit dem Blech sind ebenfalls zu berücksichtigen. Bei zu starker Krafteinwirkung zwischen Hammer und Faust kann das Blech stellenweise gestreckt und dabei nach außen oder innen gedrückt werden, da es innerhalb des Blechs nicht seitlich ausweichen kann. In diesem Fall wären Nacharbeiten

1. Richthammer und Handfaust

durch Einziehen nötig (siehe weiter unten folgende Abschnitte).

Der Hammer wird locker in der Hand gehalten, so daß der Schaft sich an der Daumenwurzel abstützt und von der Handfläche gleichweit entfernt ist. Die Finger liegen wie in der Abb. gezeigt um den Hammerstiel. Jetzt schließt man den Griff und faßt den Stiel so, daß der Hammerkopf durch Fingerkraft in einem Winkel von ca. 80° in die mit „2" markierte Stellung kommt. Diese Technik eignet sich vor allem bei Arbeiten an der Blechunterseite, wo Hammer oder Arbeitsfläche nicht unmittelbar einzusehen sind.

Bei den ersten Versuchen schafft man damit meist nur schwache Schläge. Die nötige Fingerkraft erreicht man erst mit einiger Übung. Lassen Sie den Hammerkopf, ohne Handgelenk oder Ellenbogen zu bewegen, in der Handfläche der anderen Hand aufprallen. Sie können auch auf einem Stück Weichholz prüfen, ob die Schläge genau rechtwinklig auf der Zielfläche landen.

Schläge mit kombiniertem Finger- und Handgelenkdruck können nach dem obigen Verfahren mit einer zusätzlichen Bewegung des Handgelenks ausgeführt werden. Die Bewegung von 1 nach 2 in Abb. 2 erfolgt genau in der obigen Weise. Durch Mitschwingen des Handgelenks kommt der Hammer dann in Stellung 3 in Kontakt mit dem Blech.

Am Anfang gelingt die Koordination dieser Bewegungen beim Schlagen noch nicht so recht, daher sollte man sich Zeit zum Üben nehmen. Stärkere Schläge (zum gröberen Richten) folgen eher der natürlichen Bewegung von Ellenbogen und Schulter (wie beim normalen Hämmern), daher erübrigt sich eine weitere Beschreibung.

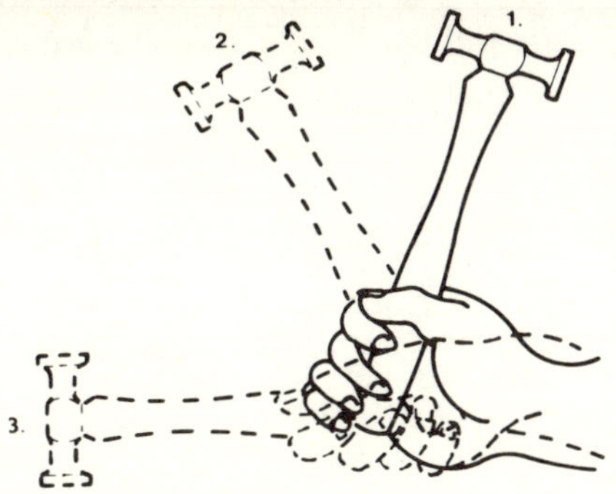

2. Schlagtechnik

Bei den ersten Versuchen ist es mitunter auch schwierig, den Hammer so zu führen, daß er das Blech genau lotrecht an der Ansatzstelle der Handfaust trifft. Setzen Sie die Ausbeulfaust unter dem Blech an, und klopfen Sie leicht mit dem Hammer auf die Oberseite. An der Stelle, an der die Faust anliegt, prallt der Hammer am stärksten zurück. Dann setzen Sie die Faust an anderer Stelle an und folgen mit dem Hammer, bis die Koordination klappt und Sie eine relativ rasche Schlagfolge zustandebringen.

Blechbearbeitung in der Praxis ●

Der Richthammer muß im Gleichgewicht geführt werden, d.h. der Hammerstiel muß „satt" in der Hand liegen, wenn er an ca. $^{3}/_{4}$ der Schaftlänge (vom Kopf aus gesehen) gehalten wird. Der Griff darf nicht zu fest gefaßt werden, da sonst die Armmuskeln bei länger andauerndem Ausbeulen ermüden. Bei den Schlägen auf Metallflächen müssen die Hammerschläge genau lotrecht auf dem Blech landen. Beim Ausbeulen kleinerer Dellen arbeitet man sich stets in kreisförmigen Bewegungen (Abb. 3) in rhythmischer Folge von ca. 100 bis 120 Schlägen pro Minute vor. Das Blech erhält damit kurze, gleitende Schläge, die nur auf eine minimale Kontaktfläche einwirken.

Zum Glätten des Blechs wird der Richthammer in regelmäßigen Bewegungen über das Blech geführt, so daß er in Intervallen von etwa 1 cm mit leichten Schlägen das Blech trifft, bis wieder eine möglichst glatte Oberfläche erreicht ist. Oft werden Hämmer, die vom Gewicht

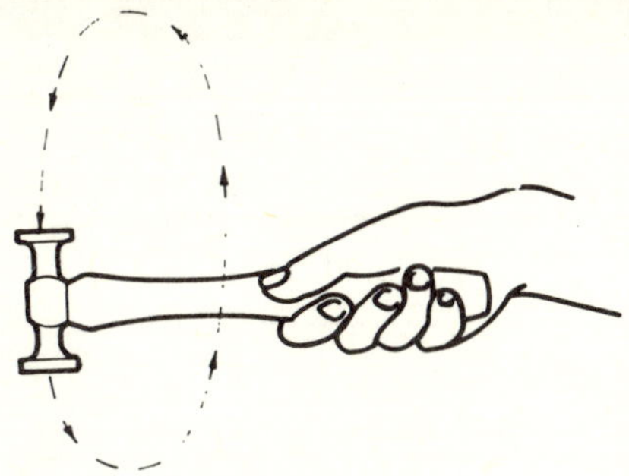

3. Aufschlagbewegung

und Größe schon für gröbere Richtarbeiten genügen, alleine oder in Kombination mit einem Hartholzstück zum Herausarbeiten der elastischen Metallbereiche verwendet. Die nicht elastischen Drucklinien bzw. Außenkanten werden dann durch Ausbeulen mit direkt unterlegter oder indirekt angesetzter Handfaust ausgeglichen. Abb. 4 zeigt das Ausbeulen mit direkt unterlegter Handfaust. Die Faust wird so angesetzt, daß ihre Kontur, die unter der Vertiefung liegt, möglichst genau der ursprünglichen Form des Blechs an dieser Stelle entspricht. Die Schläge zielen dann zuerst auf den Gipfel der Vertiefung und werden langsam verstärkt, bis die Delle wieder in ihre ursprüngliche Form kommt. Arbeiten Sie sich dabei fortlaufend rund um die Delle vor, d.h. die Delle wird nicht in einem bestimmten Punkt zu-

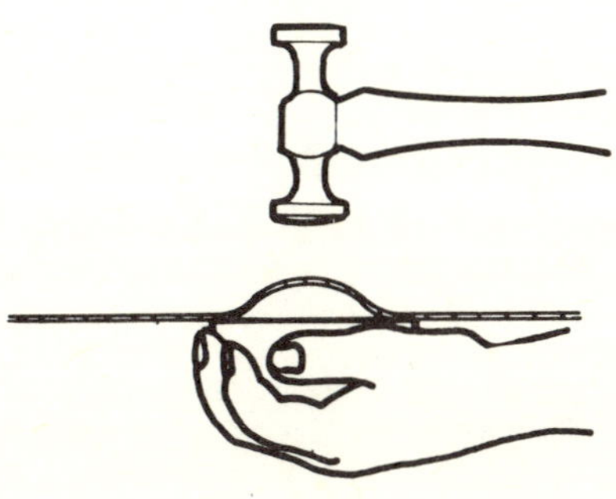

4. Das Unterlegen bei Erhebungen

rechtgeklopft, sondern allmählich rundum abgebaut.

Bei Drucklinien mit einseitiger Vertiefung wird die Handfaust indirekt angesetzt. Auch hier sollte sie möglichst genau der ursprünglichen Karosserieform entsprechen und wird unter der Vertiefung angesetzt (Abb.

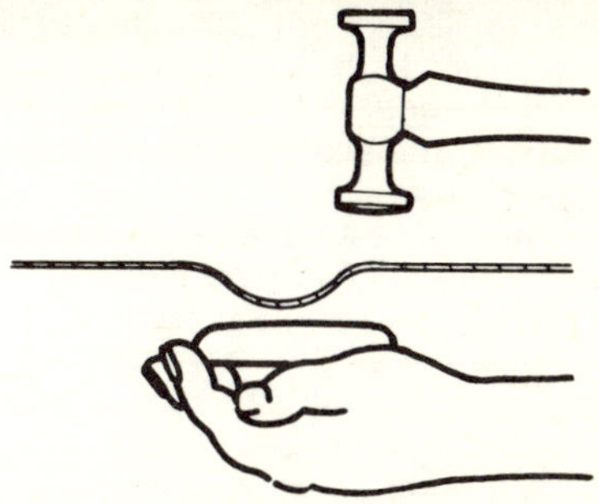

5. Das Unterlegen bei Vertiefungen

5). Durch Schläge auf die von der Handfaust abgewandte Vertiefung wird eine Reaktion aufgebaut, die das Blech einer Wechselbelastung aussetzt. Abwechselnd wirkt zuerst der Schlag des Richthammers, dann der Pralleffekt der Faust, bis die Vertiefung langsam ausgeglichen ist.

Für die letzten Ausbeularbeiten wird die Handfaust wieder direkt untergelegt. Bei der Feinbearbeitung des Blechs (Abb. 6) bearbeitet man geringe lokale Vertiefungen zuerst mit der runden Hammerseite. Die restlichen Vertiefungen können jetzt mit der Karosseriefeile herausgearbeitet werden. Sie werden dann mit dem Spitzhammer einzeln mit einem oder mehreren leichten Schlägen ausgeglichen. Die Vertiefungen dürfen dabei nicht zu hart bearbeitet werden, da sonst „Pickel" entstehen, und das Metall sich übermäßig dehnt.

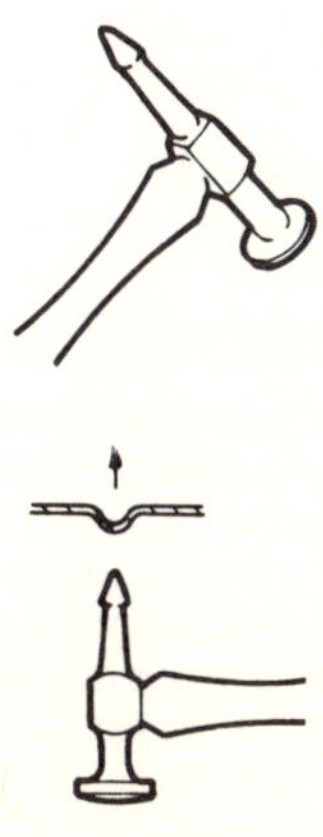

6. Feinbearbeitung des Blechs

Fäustel ●

Fäustel sind Hämmer mit einem Hartholzkopf, der auf einem Eschenholzstiel montiert ist. Bei normalen Rundfäusteln ist der Kopf zylindrisch ausgebildet. Manche Fäustel weisen Köpfe in Birnenform auf. Alle Ausführungen gibt es heute auch aus anderem Material, z.B. Gummi, Leder und Weichmetallen (u.a. mit Kupferbespannung).

Gummifäustel mit auswechselbaren Schraubköpfen sind ideal für Aluminium und können auch für die Stahlblechreparatur verwendet werden. Beim Austreiben (Abb. 7) wird die unbehandelte Blechtafel ausgedünnt, so daß ein in zwei Ebenen gewölbtes Blech entsteht. Dies geht z.B. mit einem Rundhammer und Sandsack. Das Blech wird von innen nach außen in immer größeren Kreisen bearbeitet, bis die gewünschte Form erreicht ist. Für eine regelmäßige Form ist unbedingt eine gleichmäßige Schlagstärke notwendig.

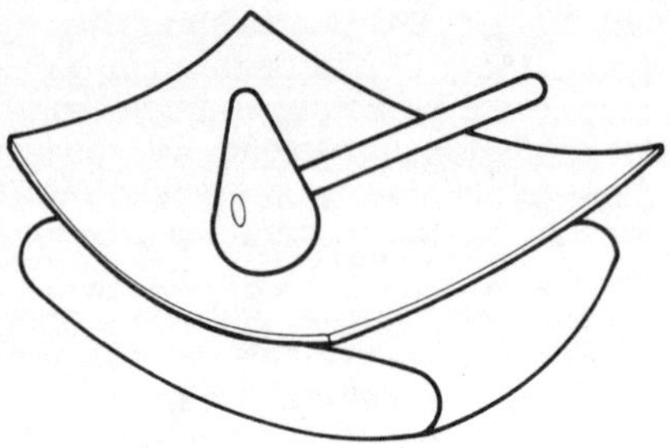

7. Austreiben mit einem Fäustel

Ausbeulen mit Richthammer und Handfaust ●

Die Handfaust (Gegenhalter) wird an der beschädigten Kante (Abb. 8) mit der Rundung angesetzt, die der ursprünglichen Karosserieform am besten entspricht. Dann wird die Handfaust nach oben und außen gedrückt. Zum Wiederaufbauen der Kante schlägt man jetzt auf die direkt unterlegte Handfaust. Dabei arbeitet man sich nach und nach an die Außenkante heran, bis die ursprüngliche Form wieder erreicht ist.

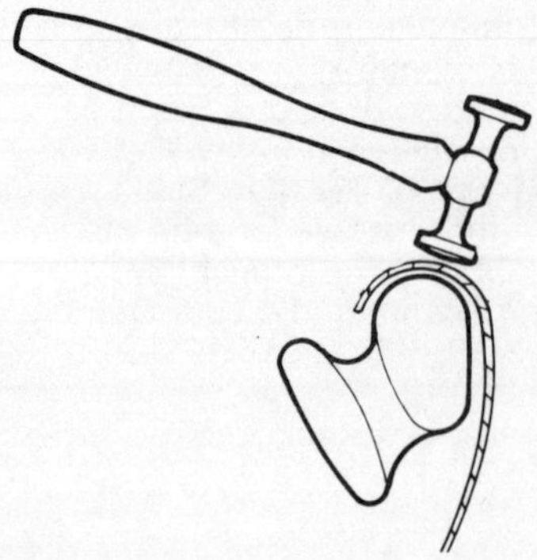

8. Das Richten einer Karosseriekante

Löffeleisen und ihre Einsatzmöglichkeiten ●

Richtlöffel werden zum Ausbeulen und Zurückbiegen verwendet, können aber – wenn das Blech durch Unterbauten von hinten schlecht zugänglich ist – auch anstelle von Handfäusten als Gegenhalter eingesetzt werden. Die Wahl des Richtlöffels ist von der ursprünglichen Form des Teils, den Platzverhältnissen, den Reparaturarbeiten (Grob- oder Feinrichten) und der Form und Länge des Richtlöffels abhängig.

Mehrzweck-Löffeleisen

Statt der Rundfaust kann zum Ausbeulen des Daches (Abb. 9) auch ein Mehrzweck-Löffeleisen verwendet werden. Abb. 10 zeigt die Einsatzweise. Je nach Platzverhältnissen kann eine Unterlage verwendet werden, die Beschädigungen der Seitenversteifung verhindern und den Flächendruck durch Verteilen der Kraft am Drehpunkt verringern soll. Durch Aufwärtsbiegen von A nach B bei gleichzeitigen ständigen Ausbeulschlägen auf die Drucklinien und Kanten im Blech läßt sich die frühere Form wiederherstellen.

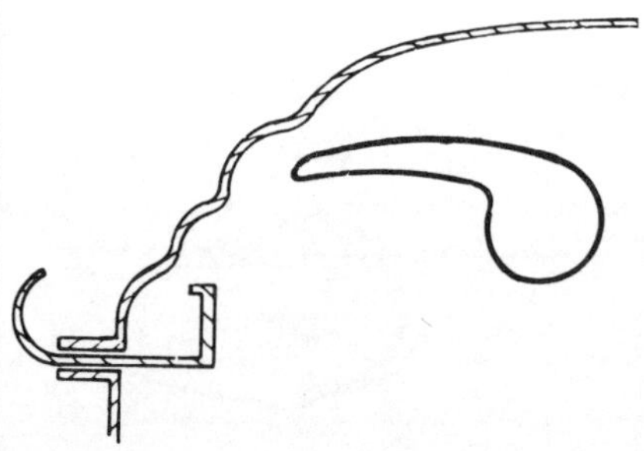

9. Das freihändige Ausbeulen einer Wölbung

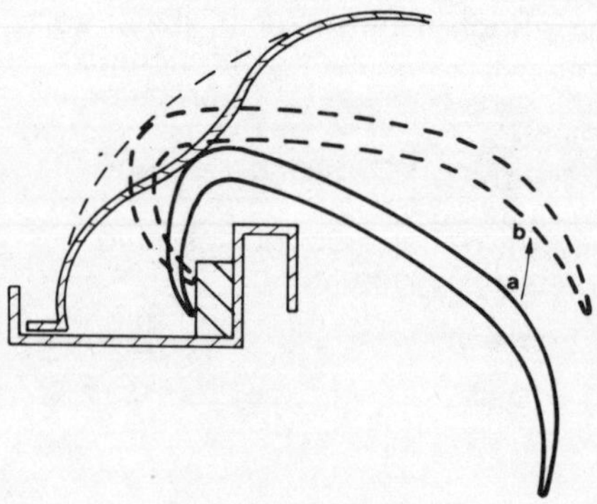

10. Das Ausbeulen mit Unterlagen

Sofern eine Stützunterlage verwendet wird, geht die Arbeit durch gezieltes Vor- und Zurückhebeln meist besser.

Spitzwerkzeuge

Eine Fahrzeugtür, bei der nur die Außenhaut beschädigt ist und eine Reparatur also lohnt, ist ein gutes Beispiel für den Einsatz von Spitzwerkzeugen an doppelten Blechen.

Nach Abbau der Türverkleidung und Scheiben wird die Tür mit der Türhaut nach unten auf zwei Holzbalken auf dem Boden abgelegt (Abb. 11). Das Blech scheuert dann nicht auf dem Boden, und die Tür kann sich bewegen und „arbeiten", wenn mit dem Spitzwerkzeug eine Kraft auf die Tür einwirkt. Nach dem groben Richten dreht man das Werkzeug um, so daß das Blech jetzt mit direkt oder indirekt angesetztem Löffeleisen geglättet werden kann. Wie man das Spitzwerkzeug ansetzen kann, hängt davon ab, wie man durch die Innenversteifungen durchkommt. Ist kein direkter Zugang möglich, setzt man möglichst einen Gegenhalter mit besonders großer Tiefe an. Es können aber auch aus dem Innenblech kreisförmige Öffnungen herausgetrennt werden, die dann beim Zusammenbau von der Seitenverkleidung überdeckt werden.

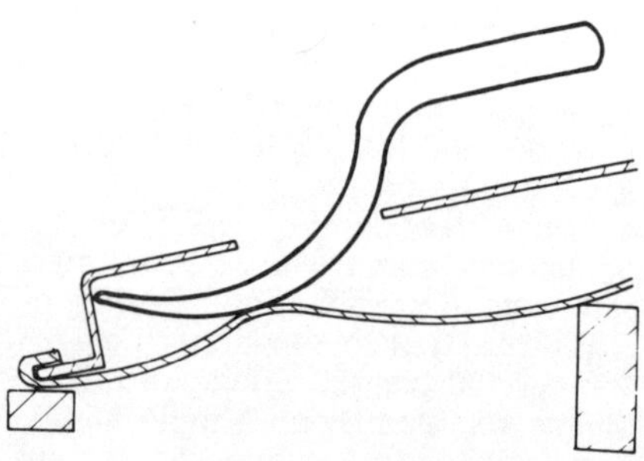

11. Ein direkt angesetztes Löffeleisen zur Glättung der Türhaut

Schweres Hebeleisen

Mit diesem Eisen können die durch den Aufprall zusammengedrückten Außenbleche wieder vom Innenrahmen weggestemmt werden (Abb. 12). Das Eisen wird zwischen beiden Blechen eingeschoben und die Bleche durch Seitwärts- oder Auf- und Abbewegung auseinandergehebelt, bis sie wieder ausreichend weit voneinander entfernt sind. Die flache Seite eignet sich auch als Gegenhalter zum Richten der beschädigten Außen- und Innenbleche. Sie läuft sehr spitz aus, so daß damit auch Türfalze aufgebogen oder die zuvor am Altteil durchgebohrten Schweißpunkte losgebrochen werden können.

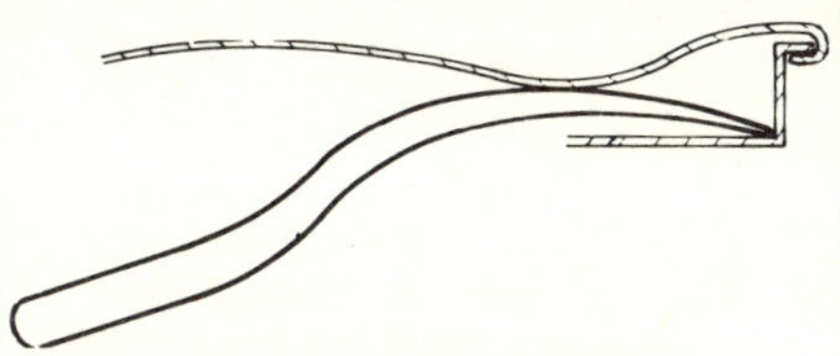

12. Das Auseinanderhebeln von Blechen

Gekröpftes Löffeleisen

Das gekröpfte Löffeleisen mit seiner breiten Arbeitsfläche und starken Kröpfung ist ideal als Gegenhalter oder Löffeleisen an schwer zugänglichen Stellen geeignet, z.B. an Scheinwerferausschnitten und stark gerundeten Blechen oberhalb der Gürtellinie (Abb. 13).

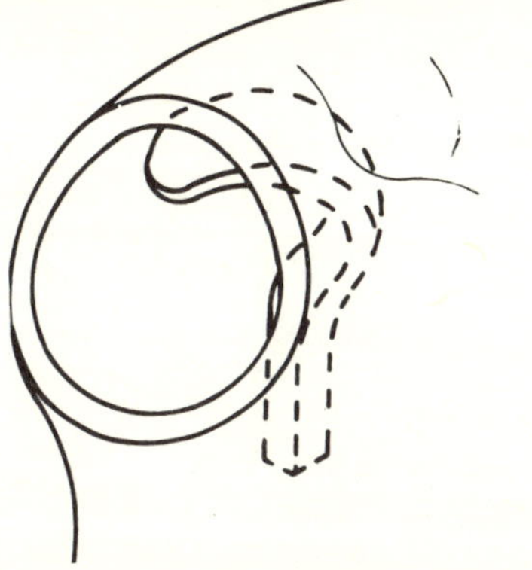

13. Das Bearbeiten von stark gerundeten Blechen

Federhammerlöffel

Dieser leichte Richtlöffel aus Formstahl dient vor allem zum Ausgleichen von Druckrändern an beschädigten Flächen. Der Richtlöffel wird auf dem Druckrand angesetzt (Abb. 14) und seine Rückseite mit scharfen Hammerschlägen bearbeitet, so daß die Kraft sich auf einer breiten Fläche verteilt. Dadurch werden Hammermarken auf dem Blech verhindert, und in vielen Fällen können Blechschäden ohne Beschädigung des Lacks behoben werden. Die Schlagstärke darf nicht übertrieben werden, damit die Fläche nicht zu stark eingeklopft wird. Zum Hebeln oder Aufstemmen ist der Federhammer nicht geeignet. Seine Oberfläche muß immer sauber und glatt poliert gehalten werden; Unebenheiten auf der Werkzeugoberfläche drücken sich sofort auf dem Blech ab (und umgekehrt).

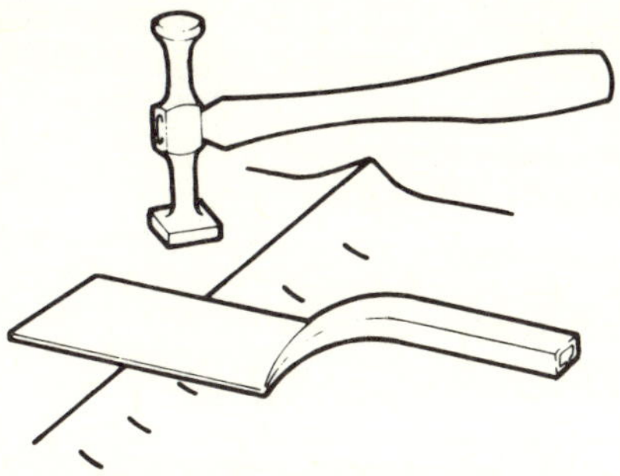

14. Der Ausgleich von Druckrändern

Treibeisen

Treibeisen werden zum Richten von Dellen mit oder ohne Handfaust als Gegenhalter verwendet. Bei leichten Dellen oder Wellen im Blech kommt man ohne Handfaust aus. Die Dellen werden in Querrichtung mit dem Treibeisen bearbeitet (Abb. 15). Durch die Riffelung des Treibeisens

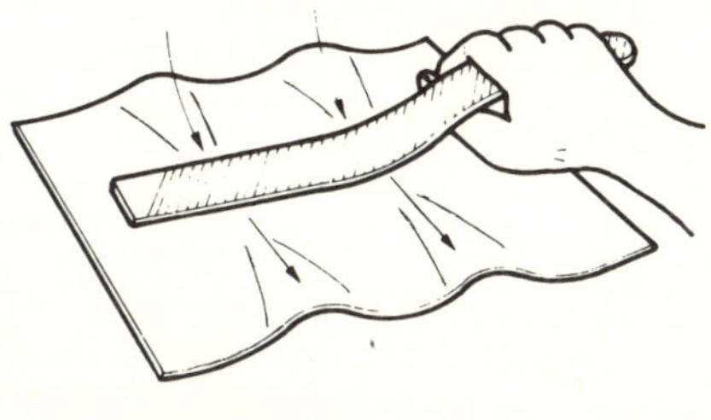

15. Das Richten von Dellen und Wellen

wird eine Dehnung des anliegenden Metalls vermieden. Mit dem Treibeisen können nur leichte bis mittlere Schäden bearbeitet werden, denn es ersetzt weder Ausbeulhammer noch Handfaust. Auch ist zur richtigen Handhabung viel Erfahrung nötig, also übt man zuerst an einem alten Blech.

Feinbearbeitung des Blechs ●

Einziehen

Bei der Feinbearbeitung stößt man oft auf gestreckte Metallteile. Lage, Größe und Form des gestreckten Bereichs kontrolliert man mit der Hand (fahren Sie mit dem Handballen leicht über die Fläche) oder nach Augenmaß bzw. – bei größeren flachen Teilen, z.B. Türen – mit einem Richtlineal. Das „Gefühl" beim Abtasten des Blechs läßt sich verbessern, wenn man einen leichten Baumwollhandschuh überzieht. An lackierten Flächen kommen geringe Unebenheiten im Blech gut zum Vorschein, wenn man eine dünne Ölschicht aufspritzt und eine starke Lichtquelle auf das Blech richtet. Die Behandlung des gestreckten Bereiches richtet sich danach, wie stark sich das Blech gestreckt hat (Siehe „Einziehen von Blechen" im Schweiß-Kapitel).

Einziehhämmer

Geringfügig gestreckte Bereiche können mit Einziehhämmern gerichtet werden (Abb. 16). Die vierkantige Seite des Hammers ist fein-kariert gefräst. Beim Hämmern werden geringe Metallmengen in den durch das Fräsprofil erzeugten Vertiefungen zusammengezogen. Aluminium kann kalt beabeitet werden, Stahl

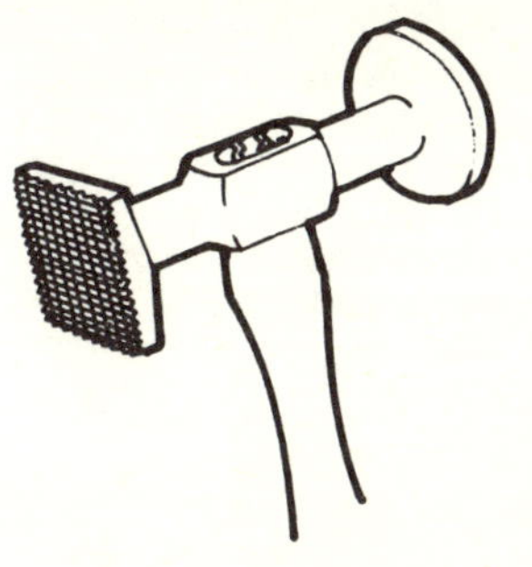

16. Das Bearbeiten von gestreckten Blechen mit diesem Einziehammer

läßt sich mit etwas Hitze rascher bearbeiten. Übertreiben Sie es aber nicht, denn bei zuviel Wärme streckt sich das Blech erneut. Die Richtschläge sollten möglichst auf der Blechinnenseite geführt werden, um Nacharbeiten nach dem Aushämmern auf ein Minimum zu beschränken.

Profilierte Handfaust

Mit einer profilierten Handfaust, die auf ihrer Oberseite ein breites gitterförmiges Profil trägt, geht das Einziehen einfacher. Die andere Seite weist eine normale Rundfläche zum Feinbearbeiten auf.

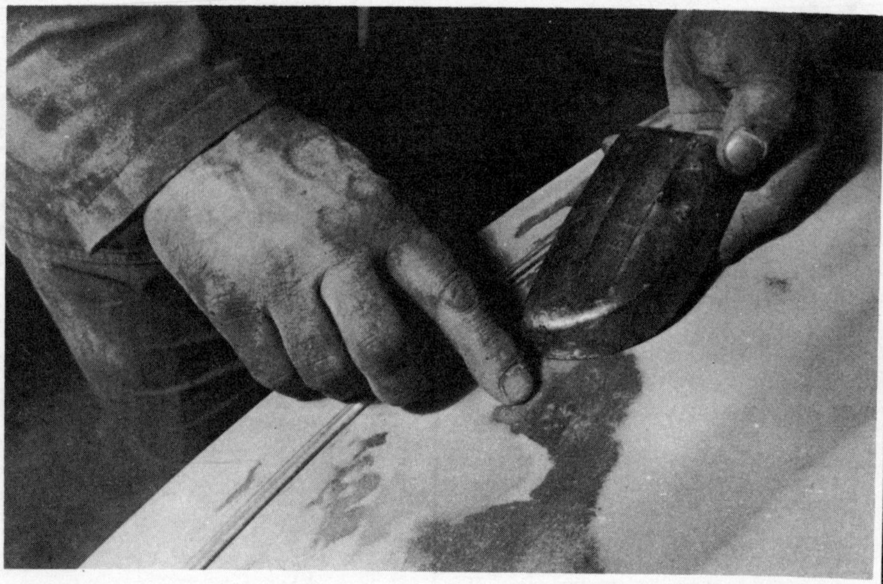

17. Hier wird das Metall in die Nut in der Profil-Handfaust geklopft und das überschüssige Metall nach unten weggearbeitet. Bei starker Dehnung kann eine zweite Nut im rechten Winkel zur ersten angelegt werden, so daß ein Kreuzmuster entsteht.

Einzelheiten zum Einziehen unter Wärmeeinwirkung sind im entsprechenden Kapitel in diesem Handbuch nachzulesen. Sykes-Pickavant empfiehlt, die bearbeitete Fläche geringfügig tiefer als die übrige Fläche zu lassen. Auf alle Fälle sind erhabene Stellen zu vermeiden, da diese sich kaum kaschieren lassen. Anfängern sei empfohlen, verbleibende minimale Vertiefungen nicht auszugleichen, denn durch Übereifer „beult" man sie schnell aus und überdehnt das Metall. Die Feinbearbeitung erfolgt mit einer dünnen Schicht Kunststoffspachtel – an der benötigten Spachtelmenge merkt man, wie weit die eigenen Fähigkeiten schon fortgeschritten sind! Auch hier sollte man aber lieber auf eine saubere Oberfläche achten, anstatt auch die letzte Macke noch mit dem Hammer „herausholen zu wollen" – wenn die Vorarbeiten in Ordnung sind, zählt letztlich nur das Endergebnis.

Glühen (Normalisieren) ●

Bei der Blechbearbeitung wird das Material durch die Schläge verfestigt, insbesondere bei Aluminium, in geringerem Maße auch bei Stahl. Das Metall wird dadurch hart und unelastisch und läßt sich nur noch schlecht bearbeiten. Der Stahl muß dann bis zur Rotglut erhitzt und der Brenner über den erhitzten Metallbereich gekreiselt und vorsichtig zurückgezogen werden, so daß der Stahl langsam abkühlen kann. Diese Vorgehensweise empfiehlt sich allerdings nur bei der Anfertigung von Reparaturblechen; bei kompletten Karosserieteilen ist die Gefahr von Wärmeverzug zu groß. Aluminium wird zum Normalisieren ebenfalls erwärmt, schmilzt aber bereits vor Erreichen der Rotglut. Es kann zum Normalisieren anschließend an der Luft gekühlt oder in Wasser abgeschreckt werden. Bei abgeschrecktem Stahl ist aber kein richtiges Normalisieren gewährleistet.

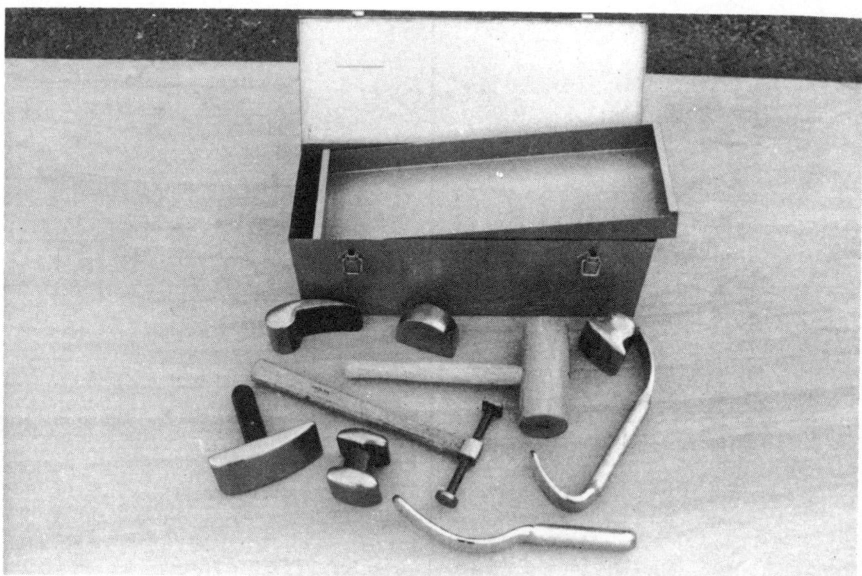

18. Namhafte Hersteller liefern komplette Karosseriewerkzeugsätze für alle Ansprüche vom Gelegenheitsbastler bis zum Werkstattprofi. Bei Markenprodukten stimmt auch die Qualität.

4 Rostbehandlung

Rost ist der größte Feind jeden Autos. Motor, Getriebe und Fahrwerk halten bei ordentlicher Wartung oft mehrere hunderttausend Kilometer, Korrosionsschäden an Stahl sind aber fast unvermeidbar. Korrosion läßt sich zwar verlangsamen und die Lebensdauer des Wagens damit beträchtlich verlängern, ganz bremsen läßt sie sich aber fast nie. Korrosion ist schon fast alltäglich – wie das ständige Entstehen und Vergehen in unserer Umwelt. Eisenerz, ein bräunliches Gestein, wird aus der Erde gewonnen, erschmolzen und mit geringen Kohlenstoff- und anderen Zusätzen zu festem, gebrauchstauglichem Stahl legiert. Mit Einsetzen der Korrosion verwandelt sich der Eisengehalt jedoch schnell wieder in eine bräunliche Substanz, die nur noch auf die Wiedereinschmelzung und Rückverwandlung in Stahl zu warten scheint.

Zum Schutz des Stahls gegen Korrosion ist eine Schutzschicht zwischen der Stahloberfläche und seiner Umgebung nötig. Die Lackierung der Stahlteile galt lange Zeit als ausreichender Rostschutz für einen Großteil des Autolebens. Verstärkter Kundendruck zwang die Hersteller jedoch zu immer intensiveren Rostschutzmaßnahmen. Unter zunehmendem Konkurrenzdruck mußten die Hersteller ihre Rostschutzmaßnahmen auch durch entsprechende Garantien untermauern. Damit wurde ein sachgemäßer Rostschutz auch bei einfacheren Reparaturen und Austausch von Karosserieteilen immer wichtiger.

Im Hauptteil dieses Kapitels zum Thema Rostschutz wird demonstriert, wie durch die Einsprühung einer ölhaltigen Substanz in die Kastenprofile des Wagens die Lebenserwartung der wichtigsten tragenden Teile wesentlich verlängert werden kann. Meistens hat der Rostteufel jedoch schon „den Durchbruch geschafft", bis der Besitzer sich um den Rostschutz kümmert, so daß nicht Vorbeugen, sondern nur noch Heilen in Frage kommt. Rost kann nie „behoben", sondern nur entfernt und das Trägermetall ggf. instandgesetzt werden, bevor auch das Äußere der Karosserie repariert wird. Die Grundlagen der Rostbehandlung werden nachstehend behandelt, die Einzelheiten sind jedoch in den „Projektabschnitten" zu den einzelnen Karosseriereparaturen nachzulesen (siehe Inhaltsverzeichnis).

Wie entsteht Rost? ●

Korrosion bildet sich im Prinzip infolge eines elektrischen Stroms, der von einem Metallteil in ein anderes fließt. Wie bei der Batterie, ist auch hier ein Elektrolyt zwischen den beiden Teilen (Salzwasser? Funktioniert prima!) sowie Sauerstoff nötig. Beim Ionenfluß vom „Pluspol" (Anode) zum „Minuspol" (Kathode) zerfällt die Anode; bei Stahl bildet sich also Rost. Der Korrosionsprozeß kommt zum Stillstand, wenn Wasser, Sauerstoff oder das Elektrolyt vollständig ferngehalten werden, bricht jedoch eines davon durch und liegt die Temperatur über dem Gefrierpunkt, rostet es munter weiter. Salzhaltiger Schlamm und Staub, Industrieabgase und düngerhaltiger Boden bieten dem Rostfraß den idealen Nährboden für die Ausbreitung an den Stahlblechen der Karosserie.

Abwehrmaßnahmen ●

Die wirksamsten Schritte zur Rostverhinderung erfolgen während der Fertigung, wenn das Fahrzeuginnenleben noch am besten zugänglich ist. Der Fahrzeughalter hat hierauf natürlich wenig Einfluß, außer sich für ein Fabrikat mit gutem Ruf in Sachen Korrosionsschutz zu entscheiden. Grundsätzlich sind Fahrzeuge aus Südeuropa, wo das Klima wenig Erfahrung im Umgang mit Rostschäden vermittelt, rostanfälliger als Fahrzeuge aus nördlichen Ländern. VW und Mercedes gehören zu den besseren „Rostschützern", und Volvo ist hier seit jeher fast unerreicht.

Im Fahrbetrieb bleiben dem Besitzer in der Regel zwei Möglichkeiten zur Rostbekämpfung an Hohlräumen und am Unterboden. Zum einen sollten Schmutz, Straßenstaub usw. mindestens zweimal pro Jahr gründlichst rundum entfernt werden. Sehr gut und zu mäßigen Preisen geht dies mit dem Dampfstrahlgerät an der nächsten Tankstelle, mit dem man den Dreck aus allen Ecken und Winkeln herausbekommt, auf die der Strahl gerichtet wird, und auch alle losen Farb- und Unterbodenschutzteile lösen kann, die sonst den Rostfraß nur beschleunigen würden.

Die gereinigten Stellen müssen gründlich kontrolliert und Schäden ausgebessert werden. Als Do-it-yourselfer fertigt man sich hierfür eine Sprühlanze aus 15-mm-Kupferrohr an und schraubt diese mit einer Schlauchschelle am Schlauchende fest. Die Sprühseite der Lanze wird flach geklopft, so daß der Wasserstrahl mit hohem Druck austritt. Vorsicht – man bekommt dabei selbst eine gute Dusche ab!

Als zweite Vorbeugemaßnahme wird der gesamte Unterboden einmal jährlich mit Motoröl eingesprüht. Dies macht man am besten, nachdem der Unterboden nach der Wäsche gründlich abtrocknen konnte. Das Öl haftet am besten auf einer ganz leichten Staubschicht am Unterboden. Rostflecken breiten sich dann nicht mehr weiter aus, und natürlich kann diese Schutzschicht auch nicht abblättern. In den Radläufen wird das Öl allerdings unter dem Beschuß der von den Rädern hochgeschleuderten Dreck- und Steinschlagpartikel bald abgetragen, also trägt man hier Unterbodenschutz oder – als alter Werkstatt-Tip – eine Mischung aus neun Teilen Unterbodenschutz und 1 Teil Öl auf. Die Wirksamkeit der Ölschicht auf dem Unterboden wurde wiederholt bewiesen, allerdings müssen die *Innenseiten* der Kastenprofile ähnlich behandelt werden, sonst rosten sie von innen durch, und es muß die gesamte Unterseite eingesprüht werden. Bei Löchern in der Rostschutzschicht setzt sich der Rost umso leichter an den Mangelstellen fest und frißt sich noch schneller voran, als wenn gar kein Rostschutz aufgetragen worden wäre.

1. Unterbodenschutz ist manchen nicht geheuer, die lieber die Unterseite lackieren, da man Schäden dann sofort erkennt, statt daß sie vom Unterbodenschutz zugekleistert werden. Wird beim Auftrag der Unterbodenschutzschicht Feuchtigkeit eingeschlossen, wird die Sache noch verheerender. Die heutigen modernen Unterbodenschutzmittel sind gegenüber älteren Produkten wesentlich verbessert worden, sollten aber auf jeden Fall mit einer Sprühpistole und nicht mit der Bürste aufgetragen werden. An den Schwellerunterkanten und Front- und Heckschürzen wirkt es als probates Mittel gegen Steinschlagschäden; auf den Türinnenseiten und an Motorhauben- und Heckklappenunterkanten läßt sich damit die Dröhnneigung reduzieren.

Durch regelmäßige Dampfstrahlreinigung an der Tankstelle lassen sich Schäden der alten Unterboden-Schutzschicht am schnellsten lokalisieren und beheben, ehe sich der Rost einnistet. Wer seinen Wagen oft von unten kontrolliert, ist mit Unterbodenschutz wohl nicht so gut beraten, wer aber kaum einen Blick unter's Auto wirft, sollte sich daran halten, denn besser als gar kein Rostschutz ist er allemal.

2. Hier ist Rostansatz an der Blechaußenseite zu erkennen. Die Rostblasen entlang des Radlaufs bedeuten meist, daß der Rost bald von innen nach außen durchbricht. Hier hatte jedoch der Lack Risse bekommen, so daß sich Rost unter dem Lack bilden konnte. Rostet das Blech von innen, sollte das Altblech ganz herausgetrennt werden, damit sich der Rostfraß nicht weiter ausbreitet. Dann schweißt man ein neues Blech ein oder repariert provisorisch mit anderen Mitteln (siehe an anderer Stelle in diesem Handbuch). Wird das Loch nicht mit Stahl, sondern mit einem anderem Blech geschlossen und die Oberfläche mit Glasfaser und Spachtelmasse nachgearbeitet (siehe „Schnellreparaturen"), sollte möglichst ein Zink- oder Alublech eingesetzt werden. Beide wirken als Anode zur Stahlkathode, so daß sie sich zuerst zersetzen und das Stahlblech intakt bleibt. Metall wie rostfreier Stahl, Kupfer, Messing, Nickel und Blei, die nach Laienverständnis nicht rosten, wirken als Kathode zur Stahlanode, so daß sich bei Kontakt mit diesen Materialien der Stahl zuerst zersetzt.

3. Der vom Rost unterwanderte Lack wird mit einem alten Holzmeißel abgekratzt, so daß aller Rost und lose Lackreste bis auf's blanke Metall entfernt werden.

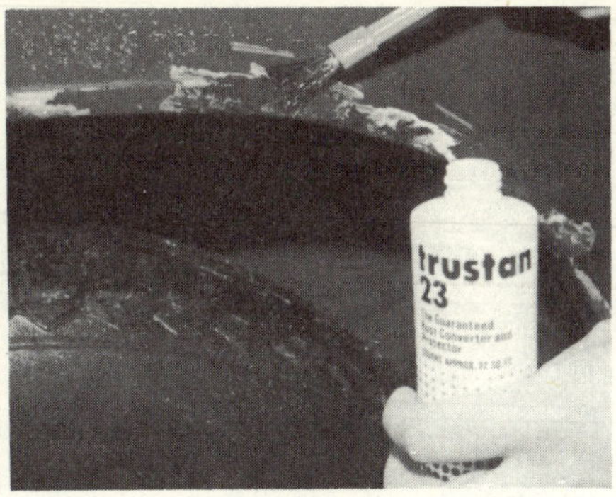

4. Rostumwandler gibt es von unzähligen Herstellern; statt des bewährten, aber hierzulande nicht leicht zu beschaffenden Trustan kommen z.B. auch Noverox, Fertan o.ä. in Frage. Den Rostumwandler läßt man nach dem Auftragen 24 Stunden trocknen.

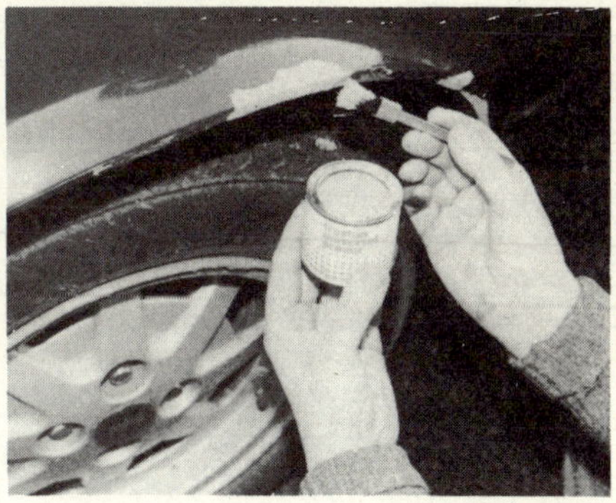

5. Danach wird grundiert. Manche Hersteller behaupten, dies genüge schon als Rostschutz; nach einigen Tagen Regenwetter kommen aber oft schon wieder Rostspuren durch. Viel wirkungsvoller ist es dagegen, bereits wenige Stunden nach der Grundierung die Decklackschicht aufzutragen.

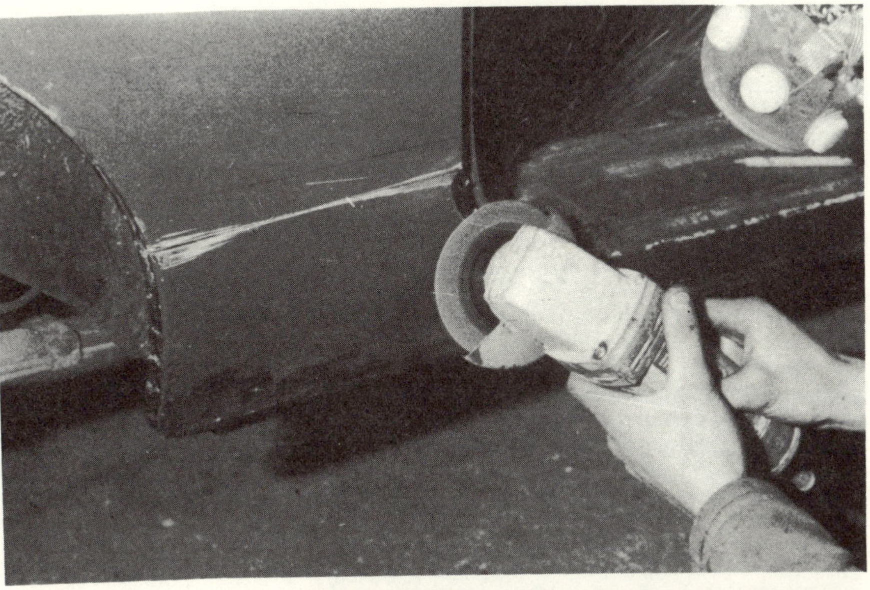

6. Auf keinen Fall sollten Sie Roststellen einfach überlackieren. Die an der Roststelle sitzende Feuchtigkeit wird dadurch eingeschlossen und beschleunigt den Korrosionsprozeß. Entfernen Sie lieber den Rost möglichst gründlich mit einem Stechbeitel oder einem Winkelschleifer.

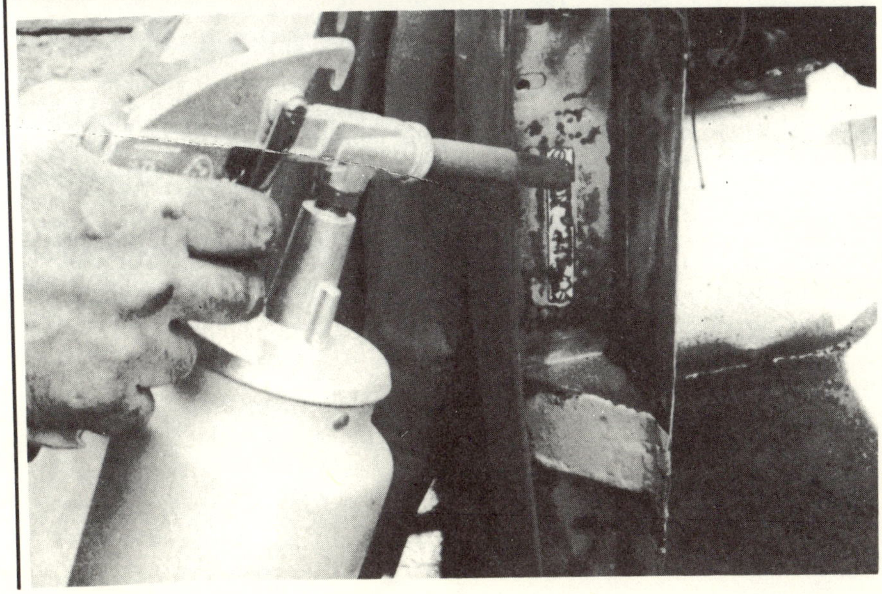

7. Noch besser geht dies mit einem Sandstrahlvorsatz am Kompressor, der den Rost bis tief in die Rostporen entfernt und wunderbar blankes Metall zum Vorschein bringt. Der Hauptnachteil der Sandstrahlpistole ist, daß benachbarte Bleche und Glasteile sauber abgeklebt werden müssen, da sie sonst leicht beschädigt werden. Der Sandstrahlstaub verursacht nicht nur eine große Verschmutzung, sondern wirkt auch tödlich auf mechanische Bauteile, in die er eindringt. Beim Arbeiten stets eine Schutzmaske tragen, damit man sich nicht selbst Gesundheitsschäden einhandelt.

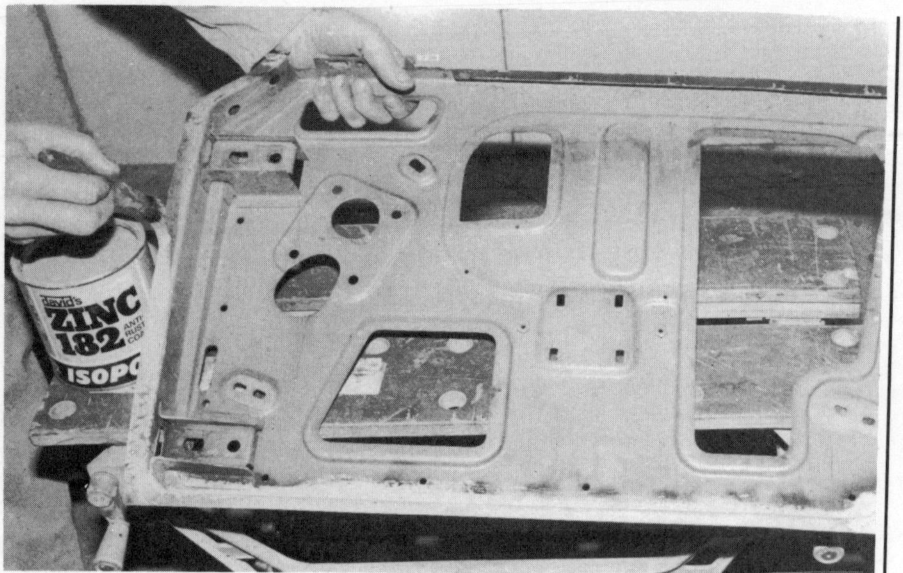

8. Vorbeugen ist auch beim Rostschutz besser als Heilen. Bei Reparaturen kann man selbst weitestgehend für Schutz gegen Weiterrosten sorgen. Hier wird der Türrahmen vor dem Anbau der Türaußenhaut mit Zinkchromatgrundierung gespritzt. Auch schweißbare Farbe ist heute in Spraydosen lieferbar; sie wird vor dem Schweißen auf alle Nähte und Falze gesprüht (sogar der Strom für's Punktschweißen fließt dann noch) und brennt nicht mehr weg. Damit ist also Rostschutz an einem der empfindlichsten Bereiche des Fahrzeugs möglich.

Rostschutz – Hohlraumwachs und Hohlraumversiegelung ■

Eine der wirksamsten Rostschutzmaßnahmen besteht darin, alle Innen- und Hohlräume mit einem Rostschutzmittel auf Wachsbasis einzusprühen. Dies kann man in der Werkstatt durchführen lassen, wo auch die richtige Ausrüstung hierfür vorhanden ist, z.B. Einstechdüsen, mit denen man „um die Ecke" sprühen kann, oder sogar Glasfasersonden zur Kontrolle, ob auch alle Hohlräume vollständig beschichtet sind. Man kann aber beim Werkstattbesuch auch ganz schön draufzahlen – der Rostschutz ist schließlich nur dann gut, wenn das Personal gute Arbeit geleistet hat. Es ist aber weder besonders amüsant noch interessant, unter anderer Leute Autos herumzuturnen – wer könnte es dem Werkstattmenschen daher verdenken, wenn er ab und zu keine Lust hat? Mit minimalem Werkzeugaufwand kann der Besitzer die Arbeiten aber selbst erledigen und weiß dann, daß alles gründlich gemacht wurde.

Sie als Besitzer müssen also zuerst ein paar Punkte kontrollieren. Die Sprühflüssigkeit muß so dünn sein, daß sie in alle Fugen und möglichst weit in wirklich unzugängliche Bereiche kriecht. Dickflüssigere Mittel können mit dem richtigen Lösungsmittel immer verdünnt werden. Sehen sie sich den Aufbau ihrer Karosserie in aller Ruhe an, am besten anhand der Explosionszeichnungen im Ersatzteilkatalog, notfalls anhand einer detaillierten Schnittzeichnung. Sind keine Unterlagen aufzutreiben, checken Sie den Unterboden Ihres Wagens direkt durch, vor allem Lage und Verlauf der Kastenprofile längs und quer am Unterboden. Besorgen Sie sich auch ein geeignetes Sprühwerkzeug sowie einen Bohrer für die Durchgangslöcher der Sprühdüse und genügend Gummitüllen, mit denen die Bohrlöcher wieder verschlossen werden.

Bei einigen Hohlraumversiegelungen werden die Sprühwerkzeuge mitgeliefert, bei anderen nicht. Nach Untersuchungen von Kfz-Fachverbänden verlängert sich die Lebensdauer des Autos durch die Behandlung um ca. 3 bis 5 Jahre, allgemein wird jedoch eine jährliche Kontrolle und Nachbehandlung empfohlen, wodurch sich die Lebensdauer weiter steigern läßt. Ein Punkt ist jedoch auf jeden Fall zu beachten – und hier ist profundes Mißtrauen gegenüber den Werbetexten der Korrosionsschutzmittelhersteller angebracht: Die Hohlraumversiegelungen bieten keinen zuverlässigen Schutz mehr, wenn der Rost bereits schuppenartig abblättert und nicht erst als brauner Oberflächenrost zu erkennen ist. Das Mittel schützt dann eher die Rostschuppen als das darunterliegende, oft bereits geschwächte Trägermaterial.

Das glänzende Lackkleid Ihres Wagens dient nicht nur der Optik, sondern soll auch Oberflächenrost bremsen. Durch äußere Einwirkung verursachter Rost ist selten so schädlich wie ein von innen nach außen durchbrechender Rost. Wird hier nicht sofort gehandelt, kann er auch böse Folgen zeitigen. Besonders gefährdet sind Türkanten, Heckklappen und Tankdeckel, wo der Lack an den Kanten abplatzt, ebenso entlang der Karosserie- und Schwellerunterkanten, die voll im Steinschlagbereich liegen. Abgeplatzte Lackstellen werden bis auf das blanke Metall durchgeschliffen und mit Reparaturlacken ausgebessert. Dies ist insbesondere dann wichtig, wenn der Lack vom dahintersitzenden Rost hochgedrückt wurde, das Metall aber noch nicht durchkorrodiert ist. Wird hier nicht beizeiten eingegriffen, entwickeln sich die schwerwiegendsten Rostschäden.

Tief unten am Wagenboden macht sich der Rost noch in anderer Form breit. Der Unterboden steht unter Dauerbeschuß durch Salzwasser, Schlamm und andere Objekte. Fast alle Autos verlassen zwar mit dickem Unterbodenschutz das Werk, diese Schutzschicht wird jedoch im Laufe der Zeit rissig und wird hochgedrückt, so daß sich Salzwasser darunter einnisten kann. An anderen Stellen wird der Unterbodenschutz durch Steinsplitter regelrecht „abgestrahlt" und in Ecken und Kanten nagt derweil der Straßendreck voller Streusalz weiter am Blech.

Einzige Abhilfe: Den Fahrbahnschmutz möglichst oft vom Unterboden entfernen (siehe oben), den Unterbodenschutz mit einem Metallschaber prüfen (haftet er fest, ist er in Ordnung) und ungenügend geschützte Bereiche nachlackieren bzw. Unterbodenschutz ausbessern.

Wem das zuviel Mühe ist, der denke an die viele Zeit, Geld und Mühe, die er in Reparaturen an der Mechanik investiert, und überlege, daß einwandfreie Karosseriepflege mehr Geld als nur die Wartung der Mechanik spart.

9. Es gibt verschiedene Fabrikate von Hohlraum-Versiegelungsmaterialien. Dieser Kanister wurde in eine Schüssel heißes Wasser gestellt, um die Konsistenz dünner zu halten. Es gibt auch bessere Spritzpistolen als diese. Was immer Sie anwenden – Vorsicht: Die Materialien sind alle feuergefährlich und sollten erst zu Anwendung kommen, wenn keinerlei Schweißarbeiten am Wagen mehr anstehen, sonst kommt es zu äußerst unangenehmen Überraschungen . . .

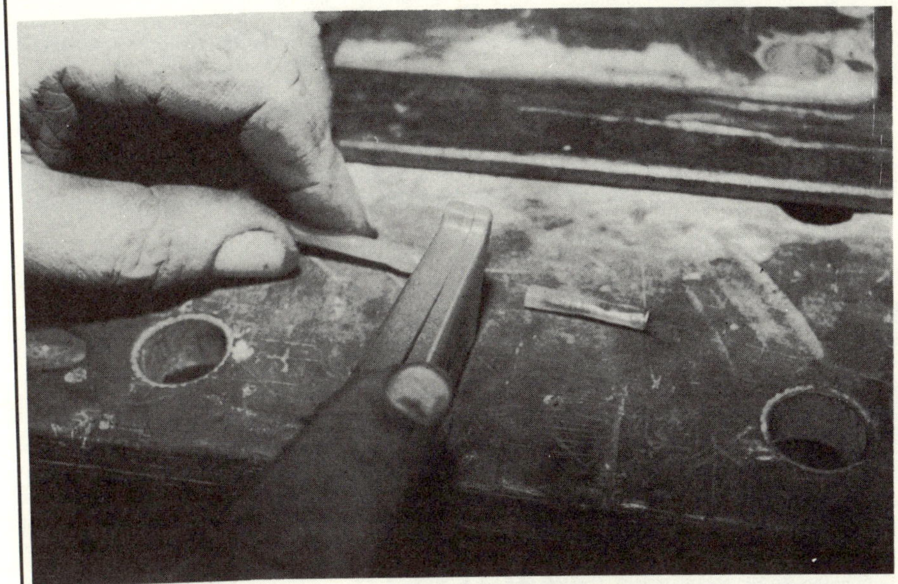

10. Die Sprühdüse des verwendeten Sprühschlauchs war nicht optimal – sie funktionierte nur zwei- oder dreimal. Das Ende, bei dem der Schlauch mit einem Nagel verschlossen war, wurde abgeschnitten.

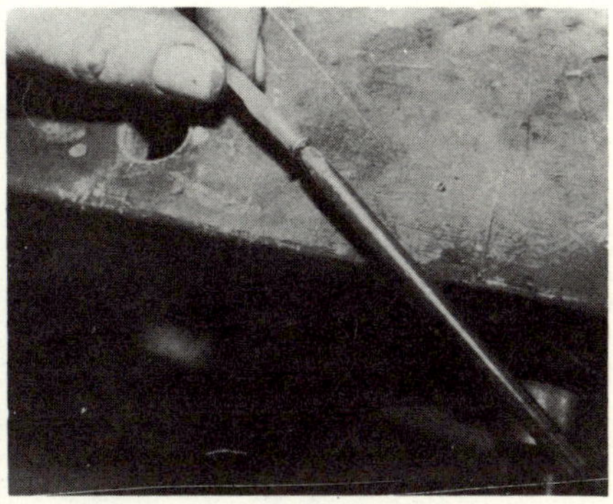

11. Stattdessen wurde das Schlauchende mit einer Blechschraube verschlossen.

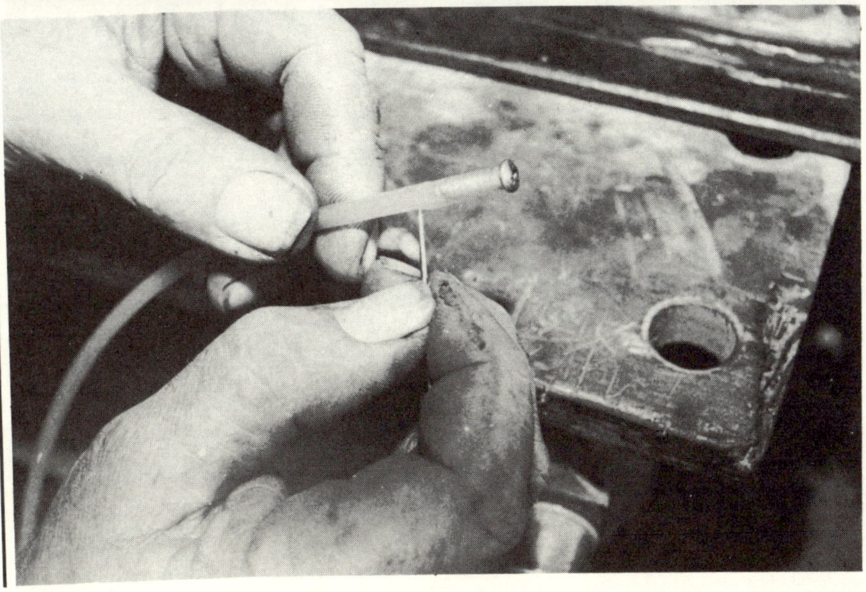

12. Dann wurden radial mit einer Nadel Löcher in den Schlauch gebohrt. Mit einigem Probieren saßen die Löcher schließlich so, daß die Düse rundum gleichmäßig abspritzte.

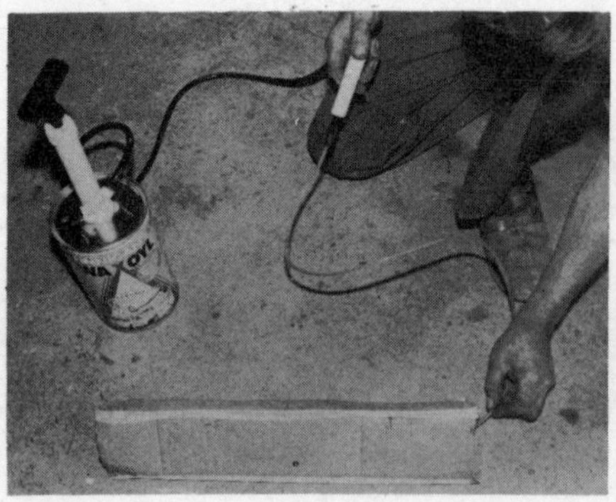

13. Eine verbesserte Ausführung des „Waxoyl"-Kanisters. An den Druckbehälter wird eine Pumpe angeschlossen (wie bei einer Gartenspritze). Der Druck im Kanister wird aufgebaut, und zum Sprühen wird der Druckknopf an der Pistole betätigt. Die Düse wird hier zur Demonstration in ein „Kastenprofil" aus Pappe gehalten.

14. Die aufgeklappte Pappe zeigt, wo das Öl überall hinkam, so daß Sie Ihre Sprühtechnik noch korrigieren können. Im unteren Bereich des Kastenprofils wurde die Düse z.B. zu schnell durchgezogen, d.h. die Schichtdicke war zu gering. Sie können hier auch beurteilen, ob die Schicht zu dick aufgetragen wurde oder ob das Mittel verdünnt werden muß.

15. Zum Einsprühen der Hohlräume müssen mehrere Löcher gebohrt werden. Das Bohrloch wird angekörnt und mit einem Klebestreifen über der Bohrstelle geschützt, damit der Bohrer keinen Schaden anrichtet, wenn er seitlich wegwandert. Zuerst das Futter des angesetzten Bohrers, ohne den Startknopf zu drücken, einige Male in Bohrrichtung drehen. Der Bohrer bekommt dann eine sichere Führung und wandert nicht mehr so leicht seitlich weg.

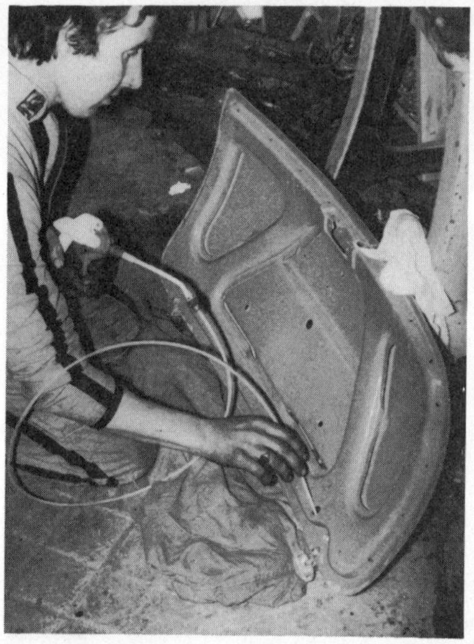

16. Oft kann die Düse durch bereits vorhandene Löcher in die Hohlräume eingeführt werden. Hier wird gerade eine Heckklappe eingesprüht.

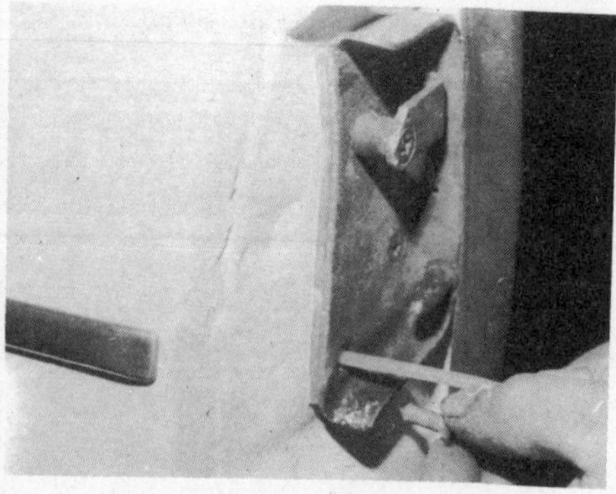

17. In anderen Fällen kommt man nach Herausdrehen einer Halteschraube an die Innenseite, z.B. hier am Türschließblech.

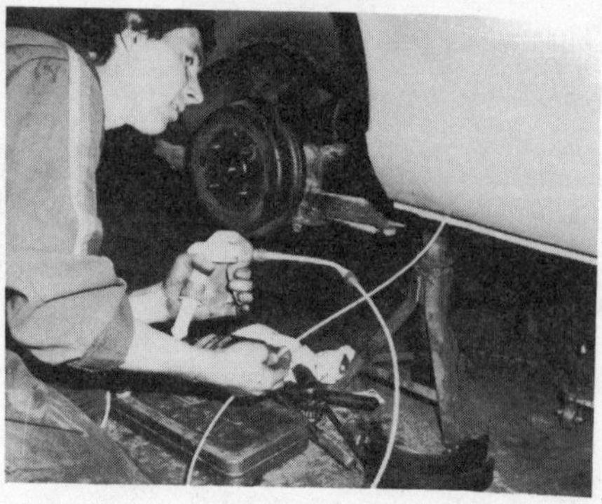

18. Auch die Wasserablauflöcher im Schweller können zum Einsprühen genutzt werden.

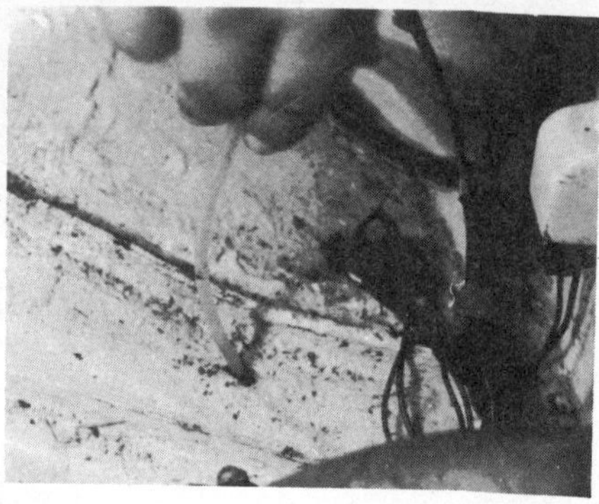

19. Am sichersten erreicht man das Kastenprofil auf seiner ganzen Länge, wenn man die Düse soweit wie möglich bzw. soweit einführt, bis man auf einen Widerstand stößt. Dann klemmt man den Schlauch zwischen Daumen und Zeigefinger ab, zieht ihn heraus und kontrolliert, wie weit man im Hohlraum vorgedrungen war. Danach führt man den Schlauch wieder ganz ein, sprüht kräftig ein und zieht dabei den Schlauch unter leichten Drehungen langsam zurück.

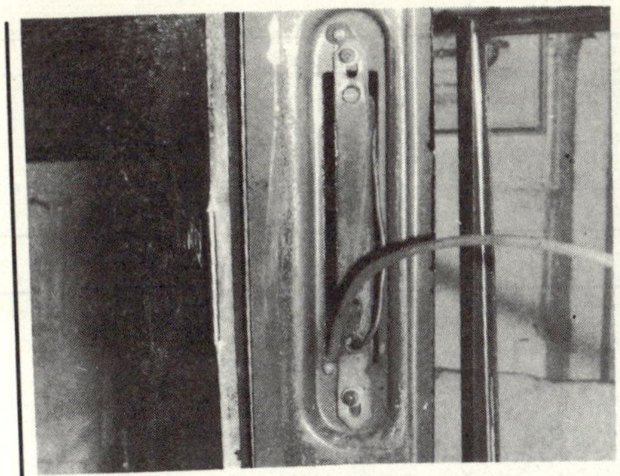

20. Hier wird ein älteres Modell durch den Winkerausschnitt behandelt. Auch Windschutzscheibenrahmen sollten (wenn sie Hohlräume bilden) von der Rückseite der Verkleidung aus behandelt werden.

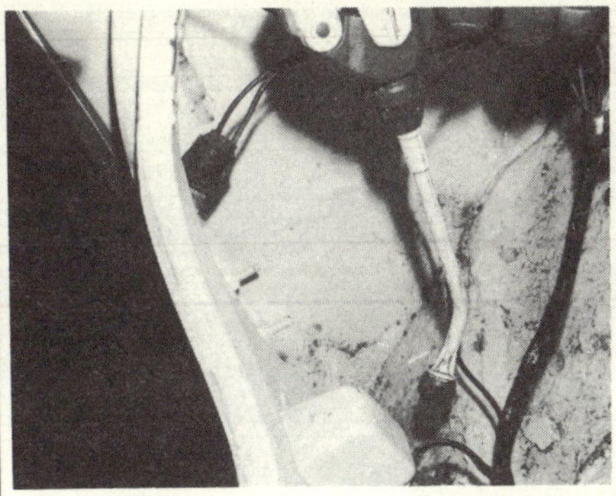

21. Diese Sprühpistole ergibt einen ähnlichen Effekt wie eine Handspritze. Sie wird benutzt, wenn die Flüssigkeit möglichst weit vorwärts eindringen soll, z.B. hier im Kofferraum unter dem Heckleuchtenträger.

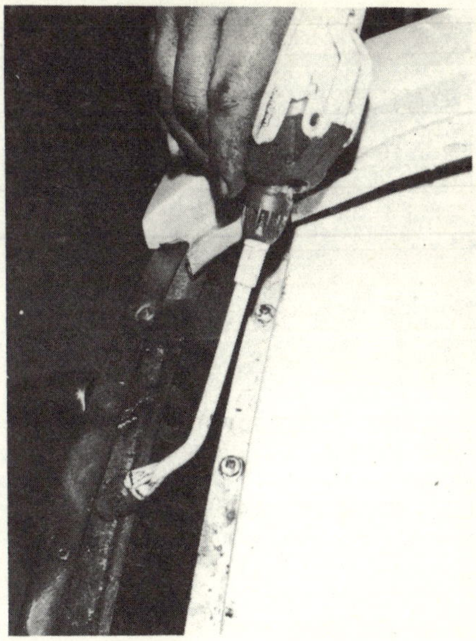

22. Auch die Innenseite der Kühlermaske verträgt diese Behandlung ganz gut. Wie anders kommt man hier auch heran?

23. Eine der notorischsten Roststellen ist der Ansatz des hinteren Radkastens am Innenblech des Heckkotflügels. Der Spalt zwischen beiden Blechen ist hier gerade groß genug, um Feuchtigkeit aufzunehmen und den erwähnten Elektrolyseprozeß in Gang zu setzen, so daß sich rasch Rost einnistet. Sprühen Sie diesen Bereich reichlich mit Konservierungsmittel ein und hoffen Sie, daß es in alle Ritzen kriecht.

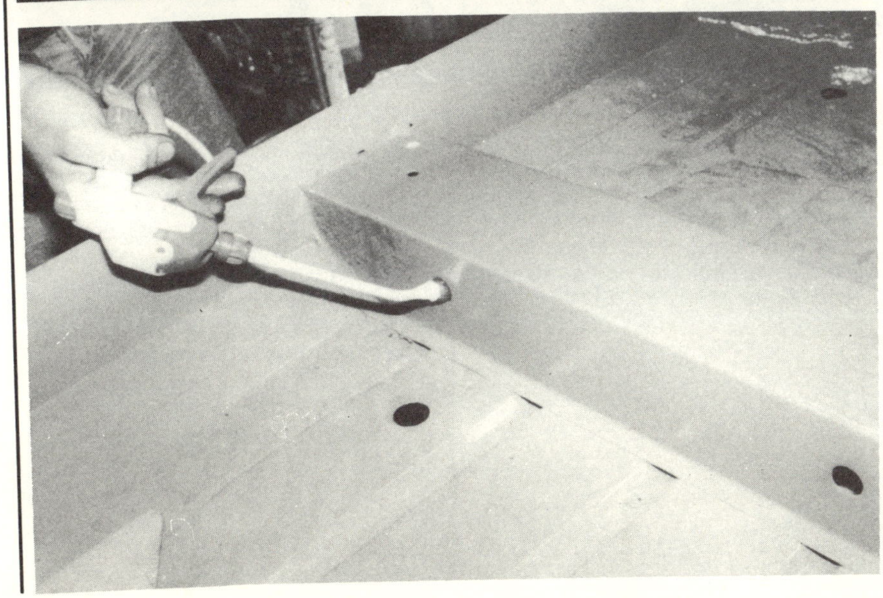

24. Bei großen, offenen Kastenprofilen mit ausreichend großen Öffnungen kommt man mit einer Handspritze auch weiter.

25. Hier wurde an der Spritzwand alles abgebaut; die besten Zugangslöcher zu den wichtigen Hohlräumen in diesem Bereich sind oft erst nach langem Suchen zu finden.

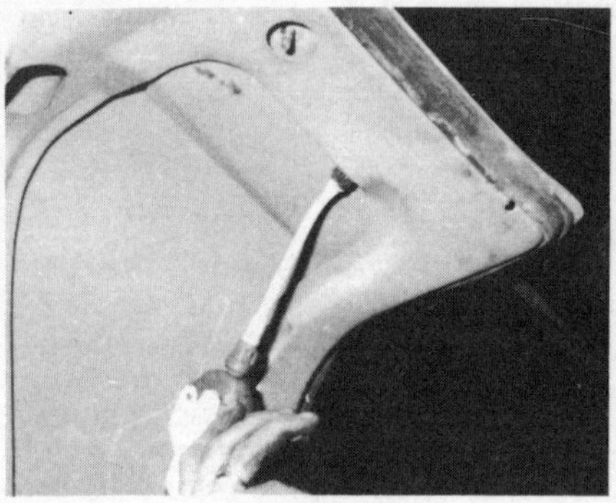

26. Versteifungsbleche am Kofferdeckel lassen oft relativ viel Platz zur Außenhaut, so daß man mit der Sprühpistole gut dazwischenkommt . . .

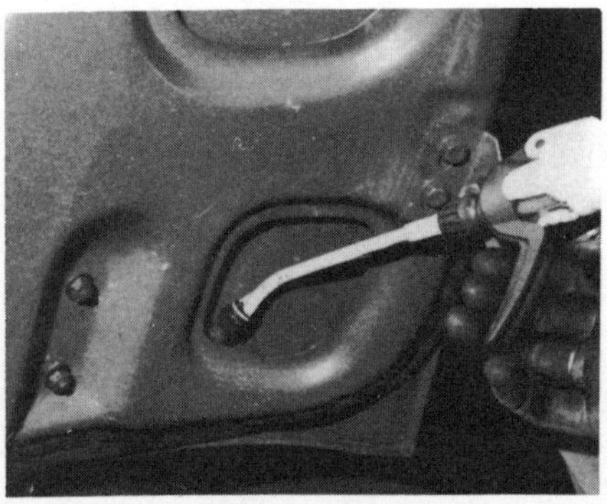

27. . . . Dasselbe gilt auch für die Motorhaube.

28. Dieses Kastenprofil auf dem Bodenblech, das auch die Handbremshalterung trägt, neigt zu Wassereinbrüchen und verlangt geradezu nach Korrosionsschutz. Auch dem Gestänge tut die Behandlung gut . . .

29. An vielen Stellen machen sich dünnflüssige Rostschutzmittel aus der Spraydose bezahlt. Hier werden gerade die Kennzeichenhalter eines MINI behandelt. Die Halter sind an der Frontschürze angepunktet, also bleibt dazwischen auf jeden Fall ein kleiner Spalt.

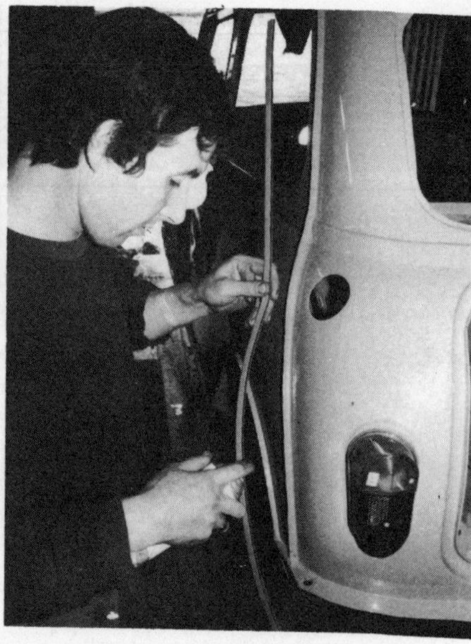

30. Auch die Zierleisten auf den Karosserienähten werden behandelt.

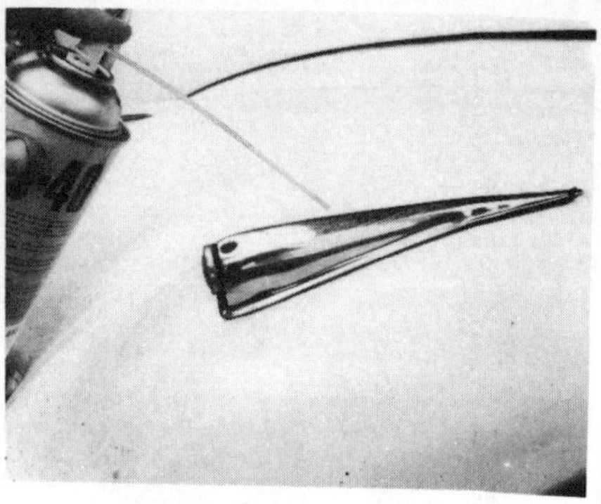

31. Chromteile freuen sich ebenfalls über die Behandlung, denn das Mittel verdrängt durch seine ausgezeichnete Kriechfestigkeit Feuchtigkeit und unterbricht den elektrolytischen Kontakt zwischen beiden Teilen. Die Reaktion zwischen zwei unterschiedlichen Metallen verläuft sonst meist heftig und extrem korrosiv zuungunsten des als „Opferanode“ wirkenden Metalls.

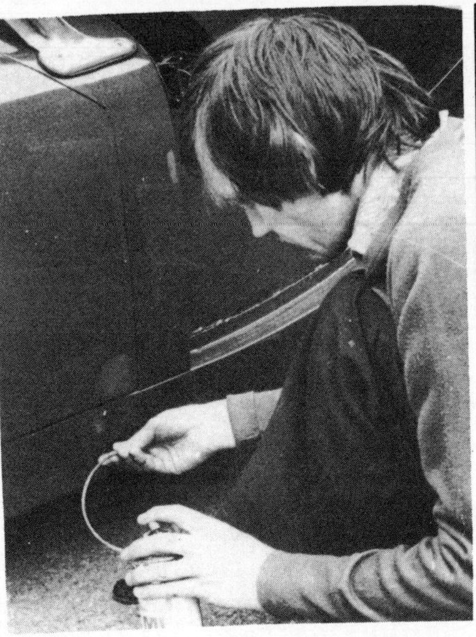

32. Auch die Wagenheberaufnahmen am Querträger (wie hier am Austin-Healey Sprite „Froschauge") sollten mit dem Korrosionsschutzmittel behandelt werden.

33. Offene Nähte an der Wagenunterseite werden beim Einsetzen neuer Bleche mit Fugendichtmittel überstrichen, damit kein Wasser eindringen kann.

34. Ein Tip für alle „Woodie"-Besitzer: nicht nur Stahlblech verrottet. Hier werden die Ablauflöcher unter den Heckfensterführungen wieder aufgebohrt, nachdem sie sich im Laufe der Jahre durch Dreck zugesetzt hatten. An den Fugen zwischen Holz und Metall, z.B. bei aufgenieteten Aluminium- oder Stahlblechen, dürfte eine Behandlung mit reichlich Korrosionsschutzmittel nicht schaden. In manchen Fällen kann es gar nicht genug sein . . .

Hinweis: Korrosionsschutzmittel ist an folgenden Stellen auf jeden Fall tabu: Motor, Getriebe, Hinterachse, Gelenk- und Antriebswellen, Radnaben, Bremstrommeln und -scheiben, Bremsseilen, Türlautsprechern.

Diese Teile mit Papier oder Kunststoffolie und Klebeband abkleben (bei Bremstrommeln ist auch eine Plastiktüte recht praktisch). Durch Kastenprofile verlaufende Automatikgurte sollten vor dem Einsprühen ebenfalls herausgezogen und beiseite gelegt werden. Nach dem Ende der Arbeiten kontrollieren, ob alle Ablauflöcher frei sind, damit eingeschlossene Wasserreste ablaufen können.

35. Eine Profi-Sprühpistole von DeVilbiss, bei der die Flüssigkeit am Düsenende zerstäubt wird und die eine sehr gute Deckung ergibt. Der Pistolensatz kostet etwa ein Drittel der Werkstattkosten für eine umfassende Hohlraum- und Unterbodenkonservierung, wer also einen Kompressor hat, kann seinen Wagen damit selbst konservieren.

5 Lackieren – Teil 1

Wissenswertes über Spritzpistolen – Bauformen ●

Die Geschichte der Spritzpistole reicht bis vor die Anfänge des Kraftfahrzeugs zurück. Ein gewisser Dr. DeVilbiss, der gegen Ende des vorigen Jahrhunderts in den Vereinigten Staaten praktizierte, war mit den Unzulänglichkeiten bei der Verabreichung von Hals- und Nasentropfen bei seinen Patienten unzufrieden. Er entwickelte daraufhin seine eigene Lösung, den DeVilbiss-Zerstäuber, der bald darauf in Fertigung ging, worauf auch die Praxistätigkeit des Dr. DeVilbiss rasch in den Hintergrund trat. Die Idee des Zerstäubers verbreitete sich schnell weit über den medizinischen Bereich hinaus. Heute gehört die Firma DeVilbiss zu den weltweit führenden Herstellern von Spritzgeräten.

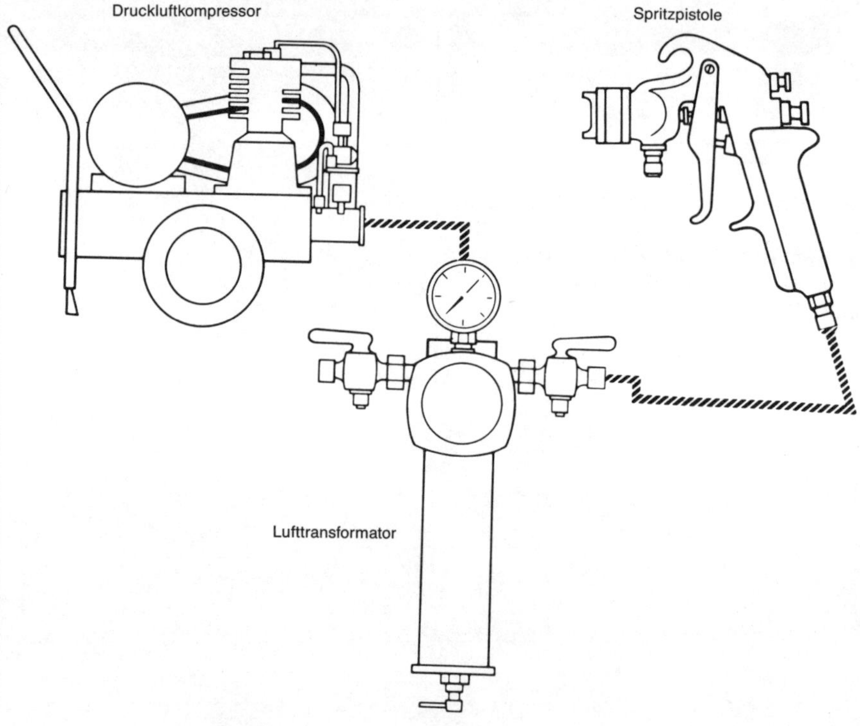

1. Eine einfache Spritzausrüstung. Spritzpistolen werden heute in unterschiedlichster Ausführung geliefert; manche arbeiten völlig ohne Druckluft. Für den Hobbybedarf sind jedoch nur einige wenige Ausführungen von Interesse.

Spritzpistolen sind Präzisionswerkzeuge. Autos „lackieren" kann man zwar mit fast allen Pistolen, grundsätzlich gilt aber: je mehr man bezahlt, desto besser das Endergebnis. Für Profis ist dies wichtig, denn je besser der Lackauftrag gelingt, desto weniger Nacharbeit ist erforderlich. Für Hobbyrestaurateure, vor allem für Anfänger, spielen die Unterschiede wahrscheinlich keine große Rolle, bis man mit wachsender Erfahrung anspruchsvoller wird.

Bei den Spritzpistolen unterscheidet man grundsätzlich Saugbecherpistolen (bei denen der Becher unter dem Pistolenkörper mit einem Bajonettverschluß befestigt wird, und die Farbe aus dem hängend montierten Becher angesaugt wird) und Fließbecherpistolen (bei denen der Becher oben auf dem Pistolenkörper aufgeschraubt ist, und die Farbe durch das Gefälle aus dem Becher in die Pistole fließt). Nennenswerte Qualitätsunterschiede bestehen zwischen beiden Bauformen nicht.

Genau genommen, werden die nach obigen Kriterien als Saugbecherpistolen bezeichneten Bauformen (hängend montierter Becher) je nachdem, wie die Farbe zur Pistolendüse gefördert wird, außerdem noch nach Saugbecher- und Druckbecherpistolen unterschieden.

Saugbecherpistolen

Bei dieser Bauart saugt der Luftstrom im Pistolenoberteil durch Unterdruck die Farbe aus dem Becher an (ähnlich wie im Vergaser). Bei Saugbecherpistolen sitzt am Farbbecher ein Luftloch (damit die Farbe mit Luftdruck nachfließen kann). Die Farbdüse (Düsenmittelteil) steht etwas über die Stirnseite der Luftdüse vor. Der Druckluftbedarf dieser Bauart liegt höher als bei anderen Bauarten, sie dominiert jedoch im Werkstattbereich.

Druckbecherpistolen

Bei dieser Pistolenbauart fließt die Farbe in den Becher nach und setzt den Becherinhalt unter Druck. Dieses Verfahren ist vorteilhaft beim Spritzen relativ hochviskoser Stoffe, z.B. Spritzfüller, mit geringerem Druckluftverbrauch als bei Pistolen mit Saugförderung. Der Deckel weist keine Entlüftungsbohrung auf; die Farbdüse steht nicht über die Stirnfläche der Luftdüse vor (Luftmischung durch Innenmischdüse).

Die Pistolen werden noch nach einem anderen Gesichtspunkt unterschieden.

Pistole mit Entlüftung

Diese Pistolen werden ständig über die Luftdüse entlüftet, solange der Kompressor eingeschaltet ist; allerdings tritt nur Farbe aus, wenn der Abzugsbügel betätigt wird. Sie sind für einfachere Anlagen mit Kompressor ohne Luftkessel vorgesehen, der bei voller Kesselfüllung ja nicht automatisch abgeschaltet wird. Da die Kompressorluft aber irgendwo austreten muß, wird eine Pistole mit Entlüftung verwendet.

Pistole ohne Entlüftung

Beim Loslassen des Abzugsbügels werden Luft- und Farbaustritt an der Pistole automatisch gesperrt.

Bei der Luftdüse existieren ebenfalls zwei Bauarten:

Innenmischdüse

Hier werden Luft und Farbe in der Luftdüse gemischt, bei schnelltrocknenden Materialien (wozu auch fast alle Autolacke zählen) verstopft diese Bauform der Luftdüse allerdings rasch. Druckbecherpistolen sind stets mit Luftdüsen mit Innenmischung ausgerüstet.

Außenmischdüse

Diese Düsenform dominiert an den Pistolen. Luft und Farbe werden im Zwischenraum außerhalb der Luftdüse gemischt.

Auswahlkriterien ●

Wer sich eine komplette Lackierausrüstung mit Kompressor und Pistole kauft, braucht sich die Qual der Wahl nicht mehr zu machen. Wer sich seine Ausrüstung aber Stück für Stück zusammenstellt oder nach und nach aufstockt, sollte jetzt aufpassen.

Der Hauptnachteil von Saugbecherpistolen ist im Heimwerkerbereich, daß der Druckluftbedarf relativ hoch ist und deshalb auch ein großer Kompressor benötigt wird. Heimwerker-Kompressoren sind für den Betrieb von Saugbecherpistolen meistens unterdimensioniert. Ist der Kompressor mit einem Luftkessel kombiniert (wie es bis auf die kleinsten Geräte fast immer der Fall ist), könnte der Kompressor bei vollem Kessel kurzzeitig mithalten, er fängt jedoch aus Luftmangel bald zu spucken an.

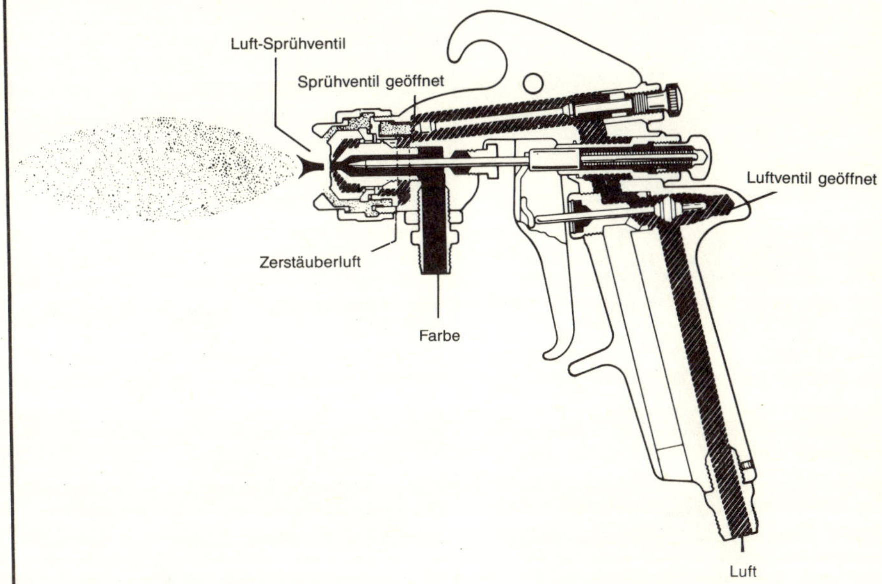

3. Die DeVilbiss JGA – eine Pistole für den Profi.

2. Einfache Luftdüsenbauformen

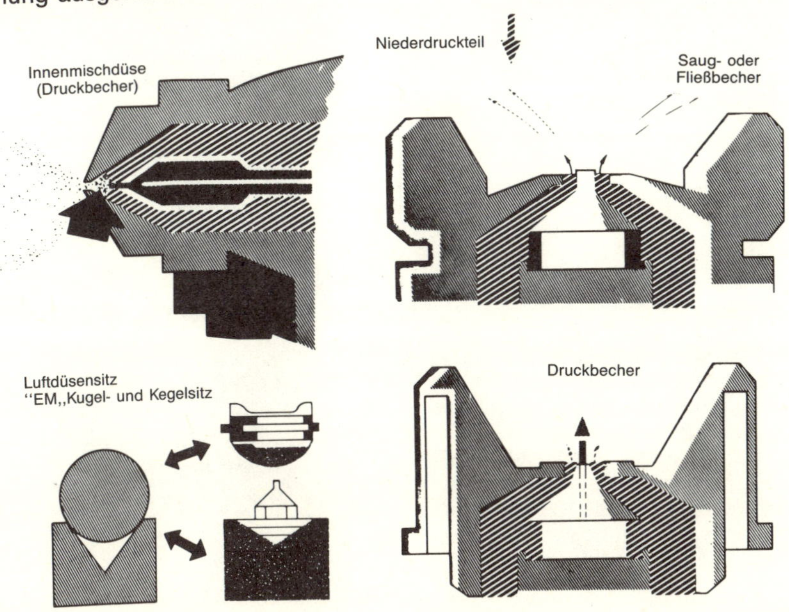

Im Hobbybereich besteht ein Hauptvorteil der Druckbecherpistolen dagegen im geringeren Druckluftbedarf. Ein Nachteil ist die schwächere Zerstäubungskraft, wodurch der Farbauftrag länger dauert. Für Hobbybedürfnisse ist dies jedoch meist unerheblich. Bei Druckbecherpistolen ist auch die Materialvergeudung geringer, da weniger Farbe durch schädliche Farbnebel verlorengeht. Außenmischdüsen sind für Kfz-Lackierungen ein Muß. Wer einen Kompressor ohne Druckluftkessel besitzt, muß dagegen eine Pistole mit Entlüftung benutzen. An Kompressoren mit Druckluftkessel funktioniert die Pistole mit Entlüftung zwar ebenfalls, aber es wird (a) mehr Farbe vergeudet, und (b) meist ist die Pistole nicht sonderlich leistungsfähig, da sie für billigere Geräte ausgelegt ist. Ausführungen dieser Bauart mit Entlüftung sind im Programm aller namhaften Hersteller zu finden.

Kurz – egal, welches Niveau man selbst erreicht hat, eine Pistole mit Außenmischdüse ist auf jeden Fall besser. Kaufen Sie eine Saugbecherpistole, wenn Ihr Kompressor dafür ausreicht (beim Lieferanten nachfragen) und Sie auf schnelle und professionelle Arbeit Wert legen. Eine Druckbecherpistole ist empfehlenswert, wenn Sie einen mittleren bis kleinen Kompressor besitzen. Eine Pistole mit Entlüftung ist wirklich nur ratsam, wenn Ihr Kompressor keinen Luftkessel aufweist.

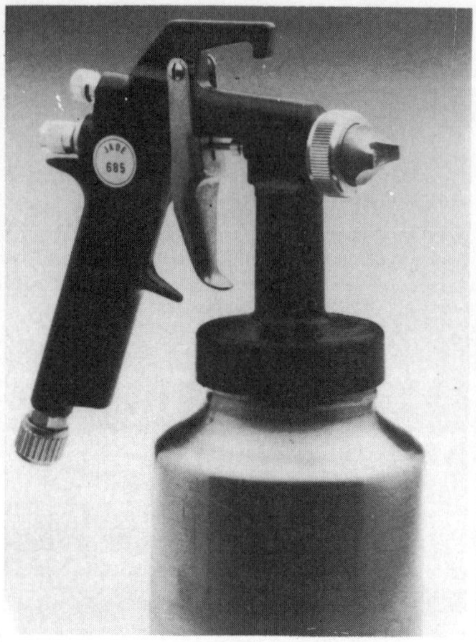

4. Die „Jade" von SIP kann z.B. mit Saug- wie auch mit Druckbecher sowie mit oder ohne Entlüftung oder speziell für Niederdruckbetrieb verwendet werden. Die Gebrauchsanweisung ist aber eine Strafe!

Ohne Sauberkeit geht nichts! ●

Soviel zur Wahl der Spritzpistole. Farbdüsen, Düsennadeln und Luftdüsen werden ebenfalls in unzähligen Varianten geliefert. Auswahl und Zusammenstellung dieser Teile ist aber nicht unkompliziert. Der Do-it-yourselfer hält sich also am besten an die Serienausführung und wendet sich bei Problemen an den Kundendienst des Herstellers. Wer sein eigenes Können verbessern will, eignet sich also beizeiten eine vernünftige Lackiertechnik an (siehe Hinweise im entsprechenden Abschnitt dieses Buches) und pflegt seine Pistole ordentlich, denn Sauberkeit und Funktionstüchtigkeit der Pistole sind absolut entscheidend für das Finish. Hier ist also das letzte Glied der Kette (die Pistole) das wichtigste. Kurz, die Lackqualität hängt zu einem Großteil von der Gründlichkeit ab, mit der die Pistole nach der letzten Benutzung gereinigt wurde. Lassen Sie die Pistole nach dem Reinigen gut abtrocknen. Die folgenden Bilder geben hierzu einige Ratschläge.

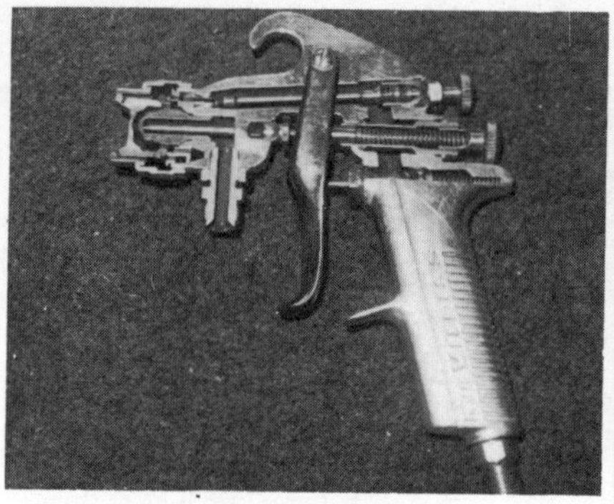

5. Dieses Schnittmodell zeigt die Vielzahl der Bohrungen und Hohlräume in einer modernen Spritzpistole. Sie müssen unbedingt alle sauber gehalten werden.

6. Nach dem Lackieren die restliche Farbe umfüllen (zum späteren Gebrauch aufbewahren – außer bei Zweikomponentenlack, den man entsorgt, da er bald aushärtet). Dann den Farbbecher mit Verdünner ausspülen. Dazu nur dieselbe Verdünnerart wie zum Spritzen verwenden, sonst können durch chemische Reaktionen die Pistoleninnereien verstopfen.

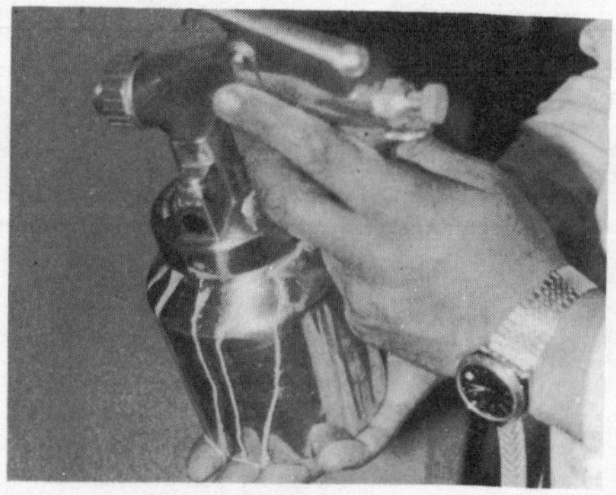

7. Den Becher wieder an der Pistole anschrauben und gründlich schütteln. Dann den Becher mitsamt den gröbsten Farbrückständen entleeren und Verdünner nachfüllen. Die Farbe nie eintrocknen lassen und NIE die ganze Pistole in Verdünner einlegen. Der Verdünner greift die Stopfbuchsen im Inneren an, wodurch Schmutz in die Luftkanäle eindringen könnte.

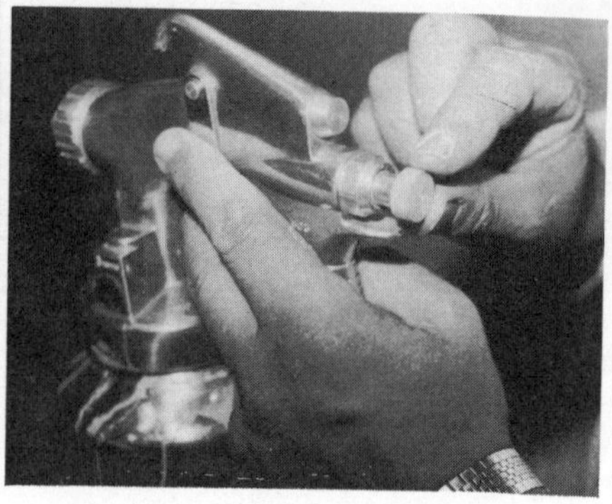

8. Jetzt das Luftventil durch Linksdrehen aufschrauben, so daß die Fördermenge beim Betätigen des Abzugsbügels zunimmt.

9. Den Verdünner mit der Pistole spritzen, so daß alle Farbkanäle durchgespült werden. Diesen Vorgang zwei- oder dreimal wiederholen, bis die Pistole gründlich gereinigt ist. Passen Sie beim Spritzen des Verdünners auf – er enthält noch Farbpigmente, die sich auf in der Nähe stehenden Fahrzeugen und Geräten niederschlagen könnten.

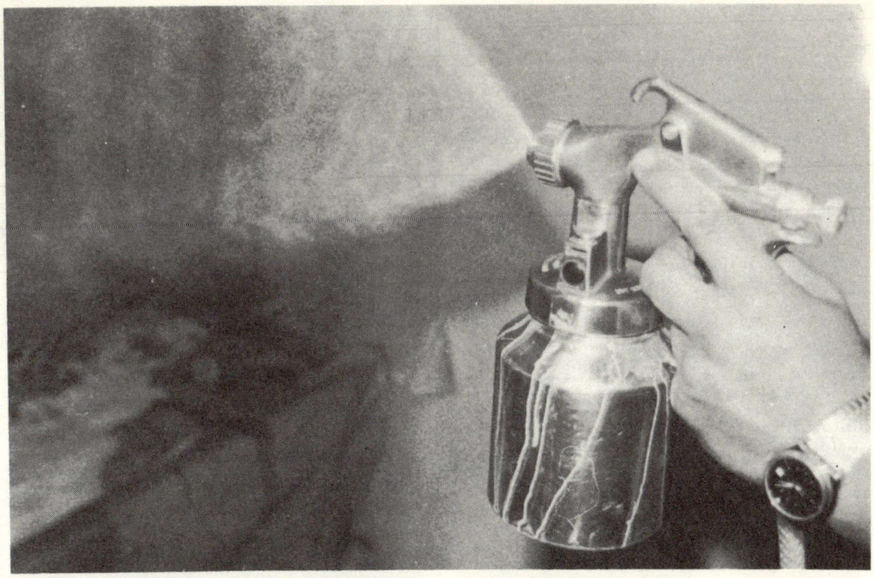

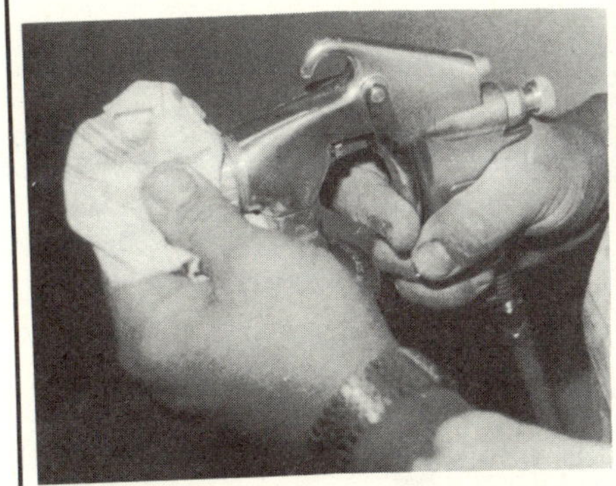

10. Den Farbbecher abschrauben, die Luftdüse mit einem Lappen abdecken und den Abzug betätigen. Dadurch wird der Verdünner wieder in den Behälter gedrückt und das Saugrohr getrocknet.

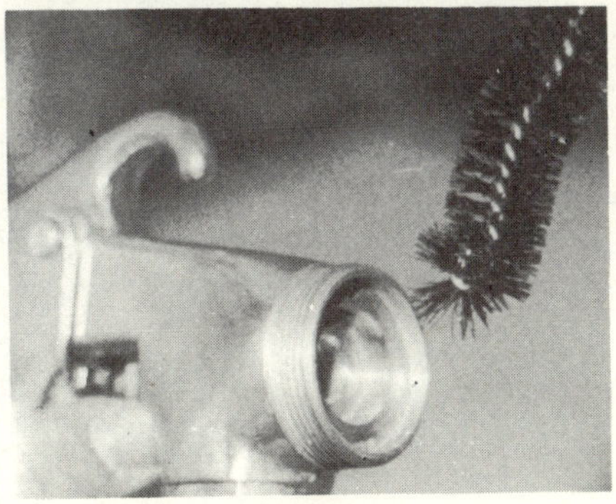

12. Diesen Bereich nicht nur mit einem Lappen reinigen, sondern mit einer Bürste alle Winkel und Ecken und die Gewindegänge säubern.

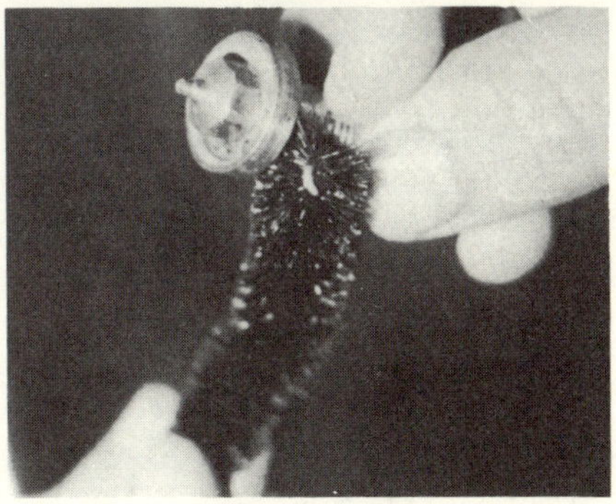

14. Die Farbdüse reinigen. Auch sie muß in Ordnung sein muß, damit das Spritzbild stimmt.

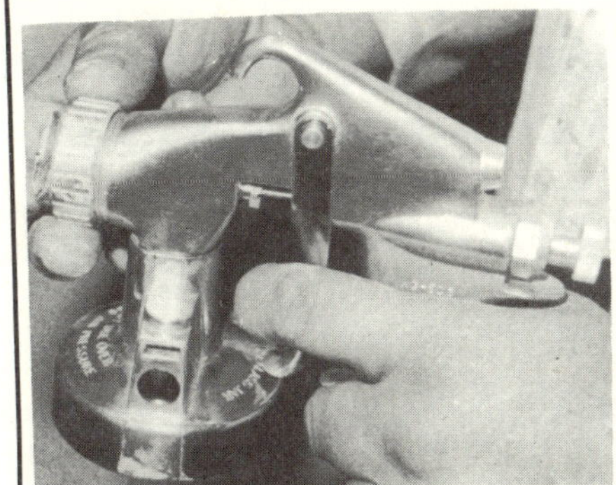

11. Dann den Haltering der Luftdüse lösen, die Luftdüse herausschrauben und die daruntersitzende Farbnadel reinigen.

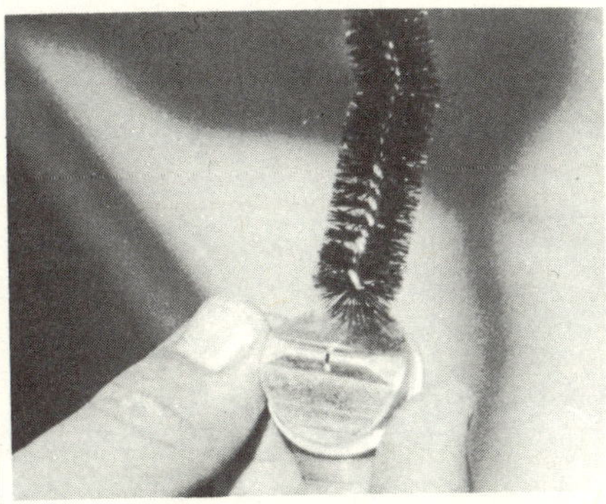

13. Vor allem die Luftdüse gut reinigen (in ihr setzt sich schnell ein Farbbelag ab), aber auf keinen Fall mit metallischen Gegenständen die Düsenbohrung durchstoßen. Die Düsen sind genau kalibriert und verformen sich schnell, wodurch das Spritzbild unweigerlich ruiniert würde.

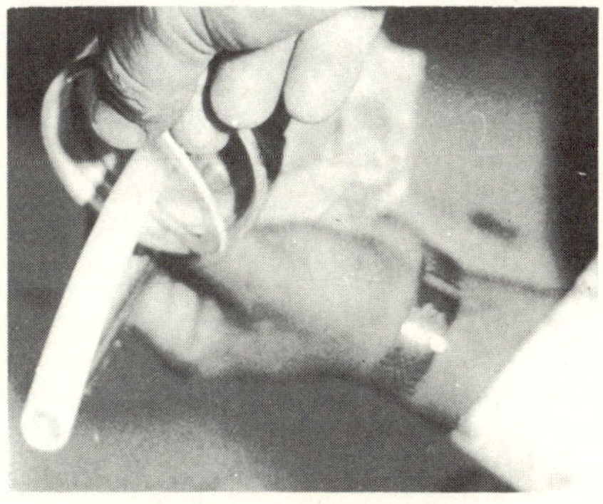

15. Am Stutzen des Spritzbechers sitzt immer ein Dichtring (Am besten besorgt man sich einen Ersatzring – bei gerissenem, porösem oder gequetschtem Dichtring läuft Farbe oben am Becher über). Den Dichtring herausnehmen und reinigen . . .

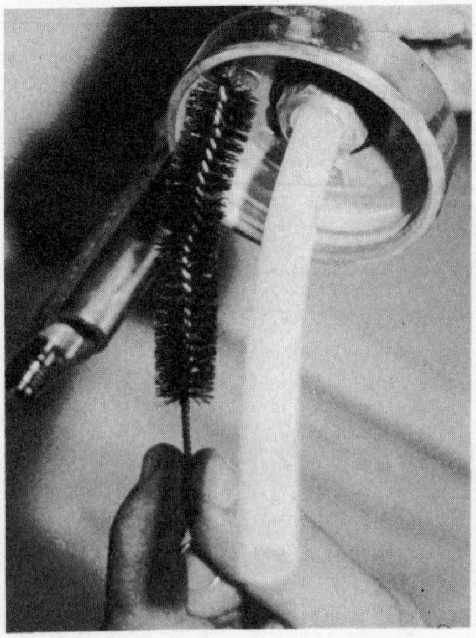

16. . . . außerdem auch die Unterseite des Stutzens, seine Gewindegänge und alle Luftkammern reinigen. Die Reinigungsbürste ebenso durch das Saugrohr drücken. Dann (zumindest hier) die Pistole nochmals mit Verdünner durchspritzen.

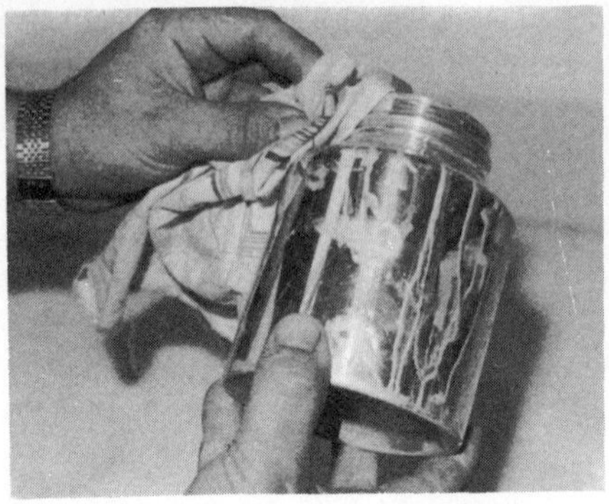

17. Den Becher jetzt abschrauben und seine Außenseite reinigen.

18. Die Farbnadel braucht eigentlich nicht bei jeder Benutzung ausgebaut und gereinigt zu werden, nach einigen Lackierungen ist es aber auf jeden Fall Zeit. Dabei das Luftventil ganz herausschrauben, aber die Feder der Farbnadel nicht herausfallen lassen (sonst verschwindet sie irgendwo auf Nimmerwiedersehen). Die Nadel wird nach hinten herausgezogen. Die Nadel nicht verbiegen und die Nadelspitze nicht verkratzen oder sonstwie beschädigen.

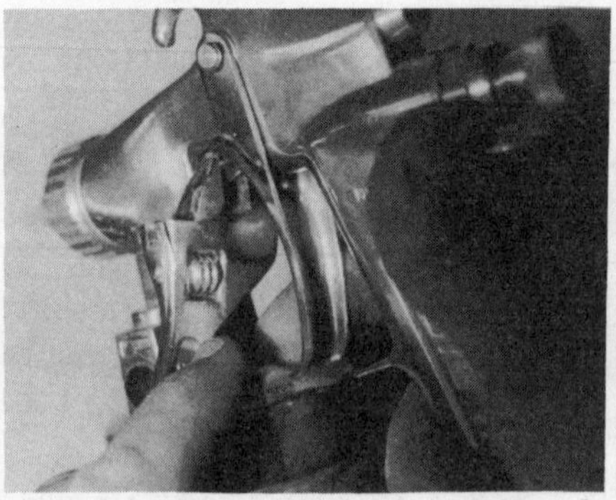

19. Die Stopfbuchsenmutter der Farbnadel zum Einstellen anziehen, bis der Abzugsbügel schwergängig wird, dann wieder langsam lösen, bis der Bügel wieder leicht anspricht. Die Stopfbuchse etwas einölen.

20. Der Abzugsbügel muß möglichst leicht ansprechen. Anfangs kommt er einem zwar immer leichtgängig vor, nach längerem Arbeiten spürt man die Spritzhand aber deutlich – und Ermüdung führt zu Fehlern.

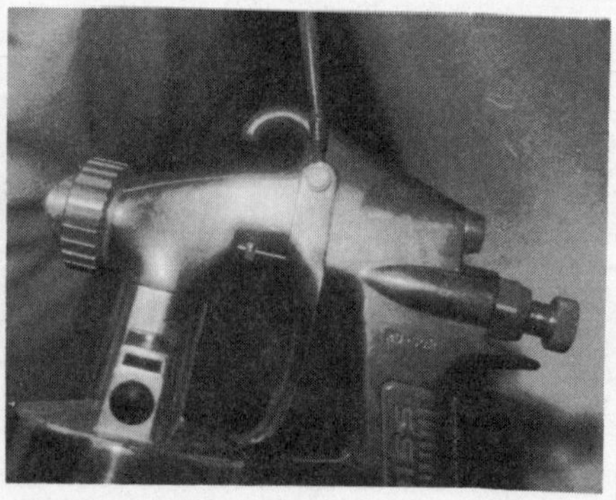

21. Auch den Lagerbolzen des Abzugsbügels am Pistolengehäuse einölen.

Die Hauptbauteile der Spritzpistole ●

Die wichtigsten Bestandteile der Spritzpistole sind:

Die Farbdüse zur Dosierung der Farbmenge.

Die Farbnadel zur Regelung des Spritzbeginns und -endes.

Die Luftdüse zur Zerstäubung der Farbe und zur Erzeugung des Spritzbildes.

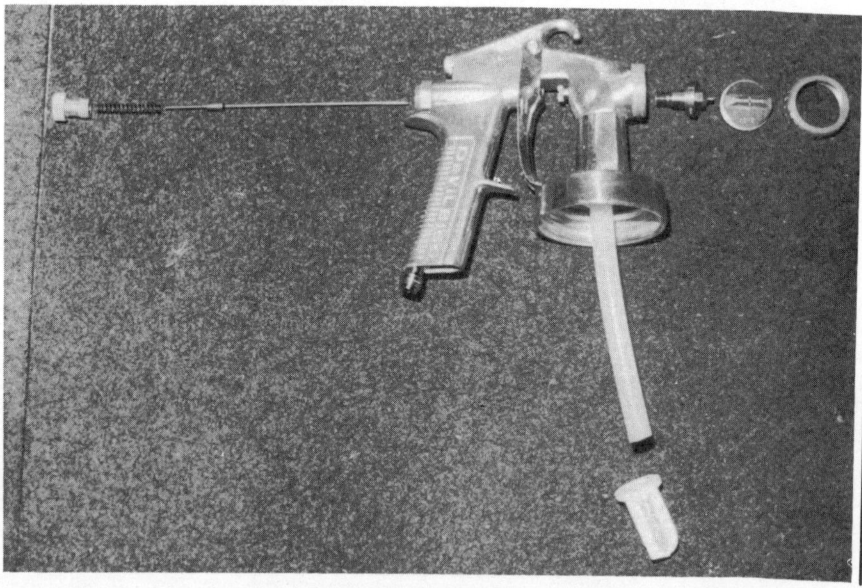

Diese Teile können nicht beliebig kombiniert werden; sie müssen richtig aufeinander und auf die verarbeitete Farbe, die Spritzfläche, den Arbeitsluftdruck und die zulässige Arbeitsgeschwindigkeit abgestimmt werden. Die serienmäßige Kombination der Pistole ist allerdings für normale Anwendungsfälle absolut ausreichend.

Die Pistole besteht außerdem aus Düsengehäuse und Haltegriff, dem Abzugsbügel, der die Farbnadel und das Luftventil betätigt, dem Spritzbreiteneinstellventil und der Materialmengenregulierschraube.

Das Luftventil, das mit dem Abzugsbügel betätigt wird, regelt den Druckluftdurchsatz durch die Pistole. Das Spritzbreiteneinstellventil (sofern vorhanden) regelt die Breite des Spritzbildes,und die Materialmengenregulierschraube drosselt den Hub der Farbnadel und baut damit einen bestimmten voreingestellten Farbdurchsatz auf.

Die Lackierung ●

Karosseriewerkstätten existieren vor allem deshalb, weil sie es schaffen, Wagen mit extrem glänzendem Lack zustandezubringen. Der Kunde erwartet immer ein einwandfreies Finish, egal ob sein Wagen eine Komplettlackierung oder nur ein paar Ausbesserungen erhält. In den Werkstätten wurden daher allerlei Tricks entwickelt, mit denen man den Lack noch viel glänzender als vor etlichen Jahren hinbekommt. Die neuen Lacke sind außerdem haltbarer und leichter zu verarbeiten. Einige der heutigen Lacksorten setzen jedoch hohe Investitionen der Werkstätten voraus; außerdem sind bestimmte Gesundheitsrisiken zu berücksichtigen.

Auch als Hobbyrestaurateur lassen sich durchaus professionelle Ergebnisse wie in den besten Lackiereien erzielen, allerdings mit anderen Verfahren – besonders in den folgenden Bereichen.

Die Ausrüstung

Es wäre unsinnig, wollte der Hobbyrestaurateur sich die gleiche Ausrüstung wie die bestausgerüsteten Profis zusammenkaufen. Eine Lackierkabine mit allem Zubehör kostet schnell soviel wie ein Jaguar-Spitzenmodell – kaum eine lohnende Perspektive für jemanden, der einen alten VW Käfer lackieren will.

Es gibt jedoch auch weniger komplexe Lackiergeräte, die bei Beachtung bestimmter Regeln durchaus Spitzenergebnisse ermöglichen.

Der Zeitfaktor

Hier ist der Do-it-yourselfer gegenüber dem Profi auf jeden Fall im Vorteil. In den Karosseriewerkstätten müssen die Arbeiten innerhalb einer bestimmten Frist erledigt werden, sonst wird die Sache unrentabel. Für den Do-it-yourselfer ist dies jedoch kein Thema. Nehmen wir an, Ihre Lackschicht gerät mangels Erfahrung zu dick und zeigt eine „Orangenhaut", ohne richtig zu glänzen. Mit einigen Stunden schweißtreibenden Polierens wird der Lack nicht nur glatt, sondern glänzt auch wie eine Speckschwarte! Der Lackierer hätte sich wegen der verlorenen Zeit verflucht und die Karosserie mit der Maschine poliert, womit er sicher vor Ihnen fertig gewesen wäre. Nur brauchen Sie nicht seinen Lohn zu zahlen! Aber der dritte Hauptunterschied beruht auf . . .

Erfahrung

Profis mit mehrjähriger Ausbildung und Praxis haben einen Kenntnisstand entwickelt, an den kein Amateur so schnell herankommt. Dieser muß sich stattdessen auf die für die anstehenden Arbeiten notwendigen Kenntnisse beschränken, alle verfügbaren Informationen in diesem Buch und in den Hersteller-Datenblättern (z.B. vom Lacklieferanten) in sich aufnehmen und diese Kenntnisse dann an einem alten Blech erproben, bevor es am eigenen Wagen zur Sache geht. Auch hier ist man gegenüber Profis oft im Vorteil: diese hängen so sehr an ihren Gewohnheiten, daß sie neue Entwicklungen glatt verschlafen, während Sie stets das neueste Know-how nutzen können.

Der Lack – seine Bestandteile ●

Wer etwas benutzt, ohne zu wissen, was er eigentlich benutzt, beschwört Ärger förmlich herauf. Es ist etwa so, als fährt man Auto, ohne zu wissen, wofür das Kühlwasser da ist. Solange alles glatt geht, stört dies nicht, aber wehe, die Schwierigkeiten fangen an, und man weiß nicht mehr ein noch aus . . . Daher zuerst etwas Theorie.

Seit den Zeiten der Höhlenmalerei hat sich in der Farbenentwicklung viel getan. Moderne Farben sind meist extrem komplexe chemische Mixturen. Alle Autolacke bestehen jedoch im wesentlichen aus drei Komponenten, die ihre Einsatzmöglichkeiten bestimmen: Pigment, Bindemittel („Trägermittel") und Lösungsmittel (bzw. Verdünner).

Pigment

Das Farbpigment ist ein fein gemahlenes Pulver, das den Farbton erzeugt und auch noch andere Funktionen erfüllt. Das Pigment in der Bleimennige-Grundierung verbessert z.B. die Korrosionsschutzeigenschaften, während das Pigment im Spritzfüller das Material in einer ausreichenden Tiefe aufbaut, die nach dem Trocknen überschliffen werden kann. In Metalliclackierungen ist die Funktion der Pigmente besonders wichtig – sie wird später noch behandelt.

Bindemittel

Das Bindemittel trägt das Pigment (daher auch als „Trägermittel" bezeichnet), bindet die Pigmente und sorgt für die Haftfähigkeit auf der darunterliegenden Oberfläche. Es bildet nach dem Trocknen der Farbe außerdem einen glänzenden Schutzfilm auf dem Pigment.

Lösungsmittel

Es hält die Farbe flüssig, so daß sie aufgetragen werden kann. Ohne

Lösungsmittel geht zwar eigentlich nichts, doch ist dies sein einziger Daseinszweck. Daher besteht es aus einer leicht flüchtigen Substanz (d.h. einem schnell verdunstenden Mittel). Das Lösungsmittel verdunstet während des Auftrags sowie vor allem nach dem Auftragen, so daß mit Pigment und Bindemittel die endgültige Lackschicht aufgebaut wird. Je nach Farbtyp werden unterschiedliche Lösungsmittel eingesetzt. Daher muß beim „Verdünnen" der Farbe zur Einstellung der richtigen Spritzviskosität das richtige Lösungsmittel verwendet werden.

Lacksorten für die Serienfertigung ●

Noch vor einigen Jahren war die Frage der Lacksorte nicht weiter verwirrend – es gab nur zwei: zum einen den Nitrozelluloselack (kurz als „Nitrolack" bezeichnet), zum anderen den Kunstharzlack, einen Abkömmling der alten Kutschenlacke und engen Verwandten normaler Pinsel-Hochglanzlacke. Diese Lacke werden heute nur noch in geringem Maße im Profibereich verwendet, nachdem bei den Kfz-Herstellern andere, für die Serienfertigung besser geeignete Lacke zur Verfügung stehen.

Kunstharzlacke

In der Fertigung sind zwei Kunstharzlacksorten zu unterscheiden, die beide durch Aushärten (statt nur durch Trocknen) eine stabile Deckschicht bilden. Der Unterschied ist etwa derselbe wie zwischen normalem Tapetenkleister und Zweikomponentenkleber. Beim Kleister verdunstet der Wasseranteil (das „Lösungsmittel"). Der Zweikomponentenkleber härtet dagegen durch chemische Reaktion aus. Er reagiert nicht auf die Luftfeuchtigkeit, der Härteprozeß wird dagegen durch Wärmeeinwirkung beeinflußt: Je höher die Temperaturen, desto rascher läuft die Aushärtung ab.

Die von Kfz-Herstellern verwendeten Kunstharzlacke reagieren auf dieselbe Weise. Sie enthalten jedoch auch einen gewissen „Verdünneranteil", mit dem der Lack auf die richtige Spritzviskosität verdünnt wird. Der Verdünner „lüftet" ab, bevor das Aushärten einsetzt.

Wer einen der vielen Kleinserienwagen wie z.B. Morgan, Bitter oder Jensen besitzt, sollte beachten, daß hier original praktisch alle Lacksorten verwendet worden sein können, meist jedoch einer der Reparaturlacke und nicht die von den großen Herstellern verwendeten Produkte. Bei Wagen mit Kunststoffkarosserien ist der Farbton oft in der äußeren Harzschicht verankert. Zum Lackieren von GFK-Karosserien siehe „Fiberglas-Karosserien".

Acryllacke

Meistens ist dieser Lack in Spraydosen zu finden, er kann jedoch auch mit normalen Spritzpistolen verarbeitet werden. Acryllacke bauen einen sehr tiefen Glanz auf und trocknen extrem rasch. Das Durchhärten nach dem Abtrocknen der Oberfläche dauert jedoch bis zu sechzehn Stunden. Normalerweise wird der aufgespritzte Lack auf optimalen Glanz nachpoliert. Normale Nitro-Grundierungen sollten in Verbindung mit Acryl-Deckschichten nicht verwendet werden, sondern nur die für die betreffende Lacksorte speziell empfohlenen Grundierungen und Verdünner. Da auch die Mischrezepturen der einzelnen Hersteller voneinander abweichen, mischt man möglichst nicht verschiedene Acryllackmarken, sonst können sich im Lack Risse bilden. Da Acryllacke eine relativ geringe Schichtdicke erreichen, sind außerdem mehrere Deckschichten erforderlich, bis die Lackdicke ausreicht.

Acryllacke trocknen und härten durch Verdunsten des Lösungsmittels. „Thermoplastische Acryllacke" (TPA) aus der Serienlackierung enthalten daneben Anteile auf Kunststoffbasis, die unter Wärmeeinwirkung weich werden. TPA-Lacke werden in der Fertigung daher nach dem Spritzen bei hohen Temperaturen eingebrannt. Dadurch trocknet der Lack, und der Kunststoffanteil wird erweicht und geglättet. TPA-Lackierungen können mit normalen Acryllacken, die an der Luft abtrocknen, ausgebessert werden.

Reparaturlacke ●

Für Reparaturen sind die in der Serienfertigung verwendeten Lacke nicht immer geeignet. Beim Einbrennen der TPA-Vollackierung würden z.B. am kompletten Fahrzeug auch Kunststoffteile, Sitze und Kabel schmelzen! Von den Lackherstellern wurden daher spezielle Reparaturlacke entwickelt.

Sie werden vom Farbenhandel unter den Markennamen der Hersteller geliefert; dabei sind jedoch folgende Lackarten zu unterscheiden: Nitrolacke, Öl- und Kunstharzlacke, Kunstharz-Einbrennlacke und Zweikomponenten-Acryllacke.

Nitrolacke (Nitrozelluloselacke)

Diese Lacke trocknen rasch ab, so daß sie für Ausbesserungslackierungen sehr gut geeignet sind, denn eines der größten Probleme bei Amateurlackierungen ist, den Staubniederschlag vom frischen Lack fernzuhalten. Je kürzer die Trocknungszeit, desto geringer die Gefahr von Staubniederschlag. Höchsten Glanz erreicht man bei Nitrolacken in der Regel nur durch Polieren des fertigen Lacks. Diese Lacksorte ist preisgünstiger als neuere Lacksorten und in der Verarbeitung ungefährlicher (aber nicht ganz risikolos!) sowie relativ haltbar. Der Hauptnachteil ist aber, daß sie sich mit dem Altlack oft nicht verträgt. Häufig können schädliche Reaktionen der Lackschichten durch Aufspritzen einer Trennschicht (Isolierung) vermieden werden. Nitrolacke sind für den Amateurlackierer also eine der interessantesten Alternativen. Auch bei ihnen ist die Schichtdicke relativ gering, die „Tiefenwirkung" muß also in mehreren Durchgängen aufgebaut werden.

Kunstharzlacke

Kunstharzlack ist der direkte Abkömmling der alten Kutschenlacke und findet heute vor allem in der Lkw-Reparatur Verwendung.

Wie Nitrolack ist er relativ haltbar und wohl die preisgünstigste Lacksorte. Er reagiert nicht mit darunterliegenden Lackschichten (egal welcher Art), weist aber auch einige handfeste Nachteile auf. Zum einen trocknet er relativ langsam und sammelt dabei reichlich Staub (und viel mehr Fliegen, als man je für möglich gehalten hätte) an. Zweitens dauert es oft Tage (oder gar Wochen), bis er voll durchgehärtet ist und feingeschliffen werden kann – was den Anfänger vor ziemliche Probleme stellt, denn wie bekommt man dann „Tränen" weg? (Kunstharzlacke trocknen übrigens zuerst und härten danach durch Oxidation aus – also durch Wirkung des Sauerstoffs auf die chemische Farbzusammensetzung). Ein weiterer Nachteil ist, daß fast alle anderen Lacke, die auf Kunstharz aufgespritzt werden, Runzeln oder Risse bekommen – vor allem, wenn die Kunstharzschicht noch nicht allzu alt ist. Auch läßt sich Kunstharz nicht gut nachpolieren, wenn die Spritzlackierung nicht richtig glänzt (allerdings erzielt man mit Kunstharz wohl am leichtesten einen satten Glanz). Kunstharz bietet sich also für die letzte Lackierung im Leben eines Autos oder immer dann an, wenn der Altlack ebenfalls Kunstharz ist. Ansonsten: Finger weg!

Zweikomponentenlacke

Dies sind die „Zauberlacke" aus der Alchimistenküche, die beim Spritzen den sagenhaften (wenn auch etwas „künstlichen") Glanz und ein extrem hartes, alterungsbeständiges Finish ergeben, bei dem auch die Pigmente weniger rasch stumpf werden als bei anderen Lacksorten, vor allem in den schnell ausbleichenden Rot- und Gelbtönen.

Der Hauptnachteil dieser Lacksorte liegt nicht am Lack selber (da er aber eigentlich als Einbrennlack gedacht ist, trocknet er bei normaler Spritzlackierung ziemlich langsam, sofern nicht mit speziellen Härtern (Beschleunigern) nachgeholfen wird), sondern an seinen gesundheitsschädlichen Auswirkungen. Im Klartext: Bei falscher Anwendung können die Folgen tödlich sein. Der Spritznebel der Zweikomponentenlacke mit Isocyanat kann beim Einatmen tödlich wirken. Manchmal traten schon beim ersten Einatmen zum Tod führende Lähmungsanfälle ein, bei längerer Verarbeitung ohne die vorgeschriebenen Atemmasken brachen in einigen Fällen Lackierer aus denselben Gründen plötzlich zusammen. Wer immer die vorgeschriebene Atemschutzmaske trägt, dürfte nach Angaben der Lackiergerätehersteller kaum in Gefahr sein. Etliche Hersteller liefern hochwertige Filter- und Atemgeräte, die kaum mehr als ein Satz Reifen kosten. Meistens folgert man daraus, daß das bessere Endergebnis die Risiken nicht wert ist – obwohl in Fachbetrieben weit über die Hälfte aller Reparaturlackierungen mit 2K-Acryllacken erfolgen. Isocynatfreie, lufttrocknende 2K-Lacke sind zur Zeit in Entwicklung, doch dürfte das Aushärten des Lacks in einer vertretbaren Zeitspanne noch Probleme bereiten. Aber man sollte dies im Auge behalten, denn isocynatfreie 2K-Lacke wären der Traum jedes Restaurators!

Einbrennlacke

Einbrennlacke werden bei ca. 80 °C eingebrannt. Karosseriewerkstätten, die sich die relativ aufwendigen Spritz- und Einbrennkabinen leisten können, bringen damit ein Top-Finish zustande.

Metalliclackierungen

Für die Verarbeitung der immer beliebteren Metalliclackierungen muß man zuerst ihren Aufbau kennen. Der Metallglanzeffekt wird durch feinste Aluminiumflitter im Lack erzielt. Die Aluminiumflitter erzeugen durch die Brechung des Lichtes den charakteristischen Metalliceffekt und die scheinbaren Licht- und Schattenwechsel in der Lackfarbe. Der Grund hierfür ist relativ einfach: bei direktem Blick von oben auf den Lack wird das Licht in den Aluminiumpartikeln direkt reflektiert, und die Lackfläche erscheint heller. Bei seitlichem Blick auf den Lack reflektieren die Alupartikel nur einen Bruchteil des Lichtes, die Oberfläche erscheint also dunkler.

Leider ist dies am Auto nicht überall in gleichem Maße der Fall. An Stellen, an denen der Lack dünner aufgetragen wurde, liegen die Alupartikel am Blech an, so daß die Helligkeitsunterschiede beim Blick von oben oder von der Seite auf den Lack wesentlich zunehmen. An anderen Stellen, an denen der Lack zu dick aufgetragen wurde, schweben die Aluminiumpartikel im relativ tiefen Lack und setzen sich beim Trocknen willkürlich in allen Richtungen ab. Es entstehen dann nur geringe Helligkeitsunterschiede. Versuchen Sie diese Erscheinungen selbst einmal festzustellen, wenn Sie das nächste Mal einen Wagen mit Metalliclack sehen. Bei der Ausbesserung einer Metalliclackierung kommt es also darauf an, die ursprüngliche Lackierweise möglichst genau nachzuahmen, so daß die Metallicschattierung den angrenzenden Flächen möglichst nahekommt. Metalliclacke gibt es in allen obigen Lackarten – der Metallicanteil bildet dabei lediglich ein Teil des Pigments.

Klarlack-Decklack ●

Dieses Verfahren verbreitet sich bei einigen Herstellern zunehmend. Der Farblack wird dann nicht als Hochglanz-Decklack, sondern als matter „Zwischenlack" aufgespritzt, über dem eine oder mehrere Klarlackschichten aufgetragen werden. Die Ausbesserung dieses Lacktyps wird im Abschnitt „Reparatur von Unfallschäden an Vorderkotflügeln" in Kapitel 6 behandelt.

Grundierungen ●

Es ist eine unbestrittene Binsenweisheit, daß die Lackierung nur so gut wie ihre Vorbereitung gelingt. Bei der Wahl der Grundierungen wird demzufolge der Unterschied zwischen Profi und Amateur besonders deutlich; bei richtiger Wahl der Grundierung läßt sich die Vorbereitungszeit drastisch verringern und Fehler verhindern, die durch den Decklack hindurch sichtbar bleiben oder gar den Lack ruinieren könnten.

Durch die Grundierungen soll die Haftfähigkeit des Lacks auf dem Blech verbessert und zusätzlicher Korrosionsschutz gewährleistet werden. Viele Grundierungen müssen daneben noch weitere Funktionen erfüllen. Man wählt sie daher immer im Hinblick auf den vorgesehenen Einsatzzweck aus. Grundsätzlich sind folgende Arten zu unterscheiden:

Haftprimer

Er enthält eine Säure, die sich mikroskopisch fein in das grundierte blanke Metall ,,verbeißt" und das Haftvermögen der Farbe auf dem Metall wesentlich steigert. Außerdem wirkt der Haftgrund dem Unterrosten der Lackschicht bei Lackschäden entgegen, da er durch seine Haftfähigkeit die Korrosion nicht so leicht ans Metall läßt.

Füllprimer und Reaktionsprimer

Diese Grundierungen sind wahrscheinlich mit am vielseitigsten einsetzbar und können direkt auf das blanke Metall aufgetragen werden, sofern mit wenigstens zwei Schichten die erforderliche Schichtdicke aufgebaut wird. Reaktionsprimer und Füllprimer ergeben einen gutem Kompromiß zwischen Haftvermögen und ordentlicher Schichtdicke – d.h., sie bauen einen dicken Film auf, der feinste Unebenheiten und Kratzer überdeckt und dann überschliffen werden kann.

Füller

Füller wirken alleine noch nicht als Grundierung, eignen sich also nicht für die Verarbeitung auf blankem Metall, doch können Kratzer und Unebenheiten damit hervorragend ausgeglichen werden. Sie erreichen eine größere Schichtdicke und können problemlos plan überschliffen werden. Bei der Verarbeitung von Spritzfüller darf man das ganze aber nicht übertreiben. Wenn Sie zuviele Schichten in einem Durchgang aufspritzen, sind die unteren Schichten noch nicht genügend durchgetrocknet, so daß es eine Ewigkeit dauert, bis der Lack durchgehärtet ist.

Polyester-Spritzfüller trocknen dagegen durch Zusatz eines vor dem Spritzen beigemischten Härters. Da sie nicht durchtrocknen müssen, können Polyester-Spritzfüller in beliebiger Stärke aufgetragen werden. Auch hier sind jedoch dieselben Gesundheitsrisiken wie bei der Verarbeitung von 2K-Lacken zu beachten.

Spritzspachtel

Seine Wirkung ist mit der des obigen Spritzfüllers vergleichbar, doch kann er noch dicker aufgetragen werden. Er basiert auf Nitrozellulose und ist daher gesundheitlich unproblematischer. Er muß vor dem Nachschleifen vollständig durchtrocknen, sonst sinkt er nach dem Schleifen wieder ein, wodurch die Kratzer und Mängelstellen, die er eigentlich kaschieren soll, noch deutlicher hervortreten. Spritzspachtel werden ohne Verdünnerzusatz aufgespritzt, also ist zum Ansaugen der relativ dicken Flüssigkeit aus dem Farbbecher ein recht leistungsfähiger Kompressor nötig.

Mit Spritzspachtel oder Spritzfüller läßt sich – so der eigene Kompressor genügend Druck liefert – die Vorbereitungszeit wesentlich verringern. Auch Profis arbeiten ja damit!

Trenngrund (Isolator)

Ein relativ teurer, aber sehr praktischer Primer, der als Trennschicht zwischen zwei miteinander unverträglichen Lackarten aufgespritzt wird. Dafür kommen Primer auf Wasser-, Holzalkohol- oder anderer Basis in Frage, die als nicht reagierendes Lösungsmittel zwischen den üblichen Lackarten wirken. Von der Tauglichkeit des Mittels überzeugt man sich durch eine Probelackierung der ersten nicht verträglichen Schicht auf einem Probeblech. Immer einen Füllprimer innerhalb des vorgesehenen Intervalls auf die Deckschicht aufspritzen und den Trenngrund nie anschleifen.

Versiegelungen

Sie werden heute kaum noch verwendet. Ihre Funktion bestand in der Bildung einer Trägerschicht für den Decklack. Bei den Pigmenten moderner Lacke ist dies unnötig. Die ,,Versiegelung" sollte übrigens die Farbe des Primers ,,einsiegeln", als Trenngrund eignet sie sich also nicht.

Steinschlagfeste Dickschichtgrundierungen

Steinschlagfeste Grundierungen sind speziell für den Schutz gegen Lackschäden in steinschlaggefährdeten Bereichen wie Schwellern und Frontschürzen vorgesehen. Sie empfehlen sich auch für die Spritzlackierung der Unterseiten größerer Bleche, z.B. Motorhauben, da damit auch Dröhngeräusche verringert und die Korrosionsschutzeigenschaften aufgewertet werden können.

Der Farbenmarkt ist besonders hart umkämpft – die Entwicklung bei internationalen Herstellern steht nie still. Man sollte sich also eine gewisse Aufgeschlossenheit bewahren – wer beim Farbenhandel etwas ganz bestimmtes verlangt, bekommt es meist kommentarlos, wer aber gezielt für sein Anliegen um Rat fragt, bekommt sicher eine Empfehlung für das dafür am besten geeignete Produkt.

Vorbereiten der Garage vor dem Lackieren ●

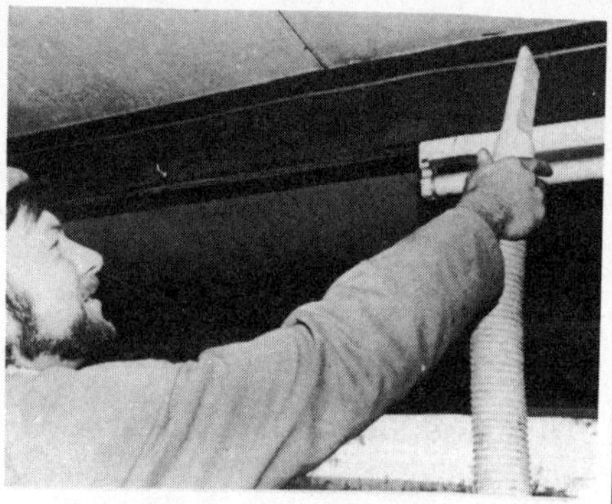

22. Das größte Problem für Hobbylackierer ist der Staub. Normalerweise fällt er nicht weiter auf, durch den Luftdruck der Spritzpistole und die Fußbewegungen rund um's Auto sieht die frisch lackierte Fläche aber schnell wie Schmirgelpapier aus, sofern man dem nicht gezielt vorbeugt. Zuerst mit dem Staubsauger die Dachpartie (vor allem an allen Trägern), Wände und alle Winkel und Ecken säubern, in denen sich Staub sammeln könnte.

23. Dann natürlich den Boden ausfegen und Rasenmäher, Fahrräder und sonstige „Staubfänger" aus der Garage ausquartieren – nicht nur, daß sie Staubnester sind, sie könnten durch Farbnebel beim Spritzen auch in Mitleidenschaft gezogen werden.

24. Beim Garagenputz kann man den Boden gleich dauerhaft renovieren. Hier wird gerade eine spezielle Garagenbodenfarbe aufgetragen, die einen glänzenden, rutschfesten und pflegeleichten Belag ergibt. Vor dem Aufpinseln ist der Boden mit reichlich Reinigungsmittel zu schrubben, bis alle Fett- und Ölflecken verschwunden sind, und dann zum Versiegeln mit normaler Emulsionsfarbe zu streichen.

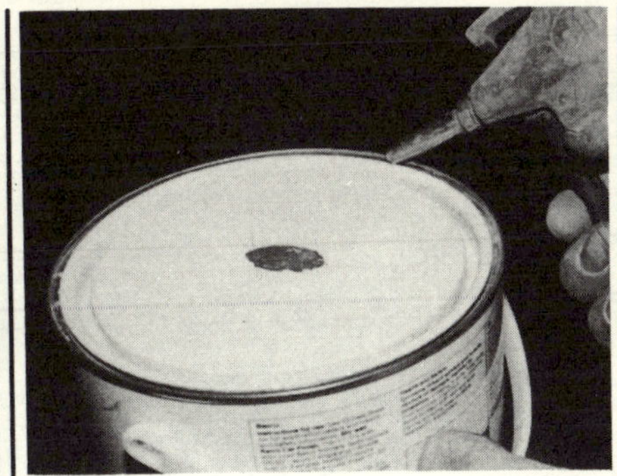

25. Beim Säubern der Garage auch den Staub auf den Farbkanistern, die Sie jetzt brauchen und die vielleicht beim großen Frühsjahrputz in der Garage verschwunden waren, entfernen (vor allem auf den Deckeln). Am besten geht es mit Druckluft (Augen schützen!).

Vorbereiten der Lackierung ●

Als erstes müssen Sie herausfinden, auf was für einen Lack der neue Lack eigentlich aufgetragen werden soll. Nicht alle Lacke vertragen sich miteinander – meist kommt es zu Runzeln oder Rißbildung. Also müssen wir auf Nummer Sicher gehen, daß die Lacke miteinander verträglich sind.

Ist Ihr Wagen noch nie nachlackiert worden, suchen Sie das Farbtypenschild (manchmal auf dem normalen Typenschild, manchmal separat – oder es fehlt ganz, vor allem bei älteren Baujahren).

Wurde der Wagen schon einmal nachlackiert, prüfen Sie den Lack nach nebenstehender Diagnosetabelle, oder bringen Sie ihn zur Untersuchung zum Farbenhändler. Erfahrene Leute erkennen die Lackart meist mit hoher Treffsicherheit auf den ersten Blick. Wer – wie im Hobbybereich häufig der Fall – Nitrolacke verarbeiten will, reibt eine weniger wichtige Stelle, z.B. die Radlaufinnenseite oder eine Türunterseite, mit Verdünner ab. Nitroverdünnung ist recht aggressiv und zeigt schnell, ob der alte Lack damit reagiert. Im Zweifelsfall kann man immer noch einen Trenngrund auftragen, reagiert die Lackschicht aber bis auf ältere Reparaturlackierungen, entfernt man den Lack – zumindest in den durch die Reaktion angegriffenen Bereichen – möglichst bis aufs blanke Metall. Der Altlack sollte auch dann entfernt werden, wenn der Wagen schon öfters überlackiert wurde. Die nächste Lackschicht könnte zuviel sein und zu Sprüngen im ganzen Lack führen – vor allem auf den waagerechten Flächen.

Die Kontrolle

Bei Zweifeln über die Qualität der vorherigen Lackierung sollte man sich jetzt Klarheit verschaffen. Der Ablauf sieht folgendermaßen aus:

a) Den Lack gründlich reinigen.
b) Lichtspiegelungen im Lack untersuchen und sorgfältig auf Unregelmäßigkeiten in der Lackschicht achten. Die ärgsten Mängel treten meist an waagerechten Flächen auf, z.B. Rißbildung, feinste Rißmuster, Bläschenbildung (hunderte feinster Bläschen im Lack durch Feuchtigkeit in Druckluftleitungen oder Grundierung), Kraterbildung.
c) Auf Unterschiede in der Glanztiefe achten. Bei stumpfem Lack wie unter B) prüfen, aber mit Vergrößerungsglas.
d) Haftung des Lacks auf seinem Untergrund prüfen. Bei billigen „Tankstellenlackierungen" wurde der Altlack oft nicht genug angeschliffen. Kontrollieren Sie daher, ob der Lack an Kanten und Sicken abgeplatzt ist und darunter glänzender Lack zum Vorschein kommt. Die abgeblätterten Lackstellen müssen bis auf die darunterliegende Lackschicht nachgeschliffen werden.
e) Bei allen unter b) aufgeführten Problemen müssen die betroffenen Bereiche bis auf das blanke Metall abgeschliffen werden. Kraterbildung rührt durch Silikonreste (vom Polieren) her, an denen die Farbe nicht verlaufen kann, sondern rund um diese „Silikoninseln" Bläschen bildet. Das Blech mit Silikonentferner vor und nach den Blecharbeiten reinigen und die Silikonspuren auch von allen Geräten und Werkzeugen fernhalten. Vor dem Lackieren sollte daher besser die ganze Karosserie mit Silikonentferner gründlich gereinigt werden. Auch Schmutz-, Wachs-, Öl- und Benzinspuren lassen sich damit vom Lack entfernen.

Falls Sie sich über die Art der Altlackierung nicht im Klaren sind, führen Sie folgende Versuche durch:

Versuch	**Ergebnis**	**Lackart**
1. Den Lack mit einem mit Nitroverdünnung getränkten Lappen abreiben.	A) Der Farbton färbt auf den Lappen ab oder der Lack wird angelöst oder weich; dann –	Nitrozelluloselack oder Acryllack
	B) Der Lack reagiert extrem deutlich; dann –	Alte Naturharzlackierung (Ölbasis) Lufttrocknende Kunstharzlackierung (nicht voll durchgehärtet)
	C) Der Lack wird vom Lösungsmittel nicht angegriffen; dann –	Kunstharz- oder Acryl-Einbrennlack. Lufttrocknender Kunstharzlack (voll durchgehärtet)
Bei Ergebnis wie unter B) den Versuch 2 durchführen.		
2. Mit Schleifpapier mittlerer Körnung anschleifen.	Der Lack verklebt das Schleifpapier, verklumpt, fühlt sich gummiartig an; dann –	„Frischer“ Kunstharzlack.

Zur Ermittlung der Art des Decklacks:

Versuch	**Ergebnis**	**Decklack**
3. Lack mit einem in Polierpaste getauchten Lappen abreiben.	A) Der Farbton färbt auf das Tuch ab; dann –	Normaler Decklack
	B) Das Poliertuch bleibt sauber; dann –	Grund-Decklack und Klarlacküberzug

Das Schleifen ●

Bei vielen Hobbylackierern hat das Anschleifen ungefähr denselben Stellenwert wie Geschirrspülen; ein notwendiges Übel, das man schnellstmöglich hinter sich bringt. Das Schleifen ist jedoch von entscheidender Bedeutung für das Endergebnis und muß in der richtigen Reihenfolge durchgeführt werden.

Als erstes muß der Spachtel auf der Karosserie – vor allem an Reparaturstellen – sauber in die richtige Form gebracht werden. Im zweiten Schritt müssen alle Flächen eben beigeschliffen und die bei Schritt 1 stehengebliebenen groben Schleifspuren beseitigt werden. Im dritten und vierten Schritt arbeitet man sich mit Schleifpapier mittlerer bis feiner Körnung soweit vor, bis alle Schleifpuren aus den vorhergehenden Schritten beseitigt sind.

In Karosseriewerkstätten wird vorwiegend mit elektrischen oder pneumatischen Schleifgeräten gearbeitet, wodurch man viel Zeit spart. Wer derartige Werkzeuge besitzt, sollte aber darauf achten, daß man nicht durch zu starken Druck Riefen oder Wellen in die Fläche schleift.

Zum Schleifen verwendet man Naßschleifpapier (d.h. mit viel Wasser) oder reines Trockenschleifpapier. Beim Schleifen mit Naßschleifpapier sollte man in den Wassereimer einen Tropfen Waschmittel geben. Dies wirkt als „Schmiermittel“ und hält das Wasser beim Schleifen auf dem Blech, so daß es nicht gleich abläuft. Das Schleifpapier verschlammt dann nicht so schnell.

Beim Naßschleifen ist reichlich sauberes Wasser zu verwenden. Also keinen Schmutz aus dem Eimer auf das Blech gelangen lassen und das Papier – falls es auf dem Boden lag – gründlich auswaschen, sonst verkratzt man die Schleiffläche. Beim Übergang zur nächstfeineren Körnung frisches Wasser nachfüllen, sonst bringt man gröbere Partikel aus dem vorherigen Schleifgang wieder auf das Papier.

Beim Trockenschleifen verwendet man Schleifpapier mit offener Streuung (manchmal mit Trockenpulverschmierschicht zwischen den Kornschichten). Schleifpapiere mit offener Streuung ergeben ein feineres Schliffbild als Naßschleifpapiere gleicher Körnung.

Schleifpapiere mit offener Streuung sind eigentlich besser als Naßschleifpapiere geeignet. Wasser ist nach dem Schleifen sowieso unerwünscht, bildet bei unzureichender Trocknung Feuchtigkeitsnester und setzt sich oft hinter abgeklebten Stellen fest, wo es beim Spritzen durch den Luftdruck wieder zum Vorschein kommt. Außerdem rosten blanke Bleche dann schneller an.

Bei beiden Verfahren müssen die Schleifflächen hinterher aber gründlichst gesäubert werden. Naßschleifpapier hinterläßt Farbrückstände, die nach dem Trocknen schwer zu entfernende alkalische Rückstände bilden (also alle fertig geschliffenen Bleche mit Schwamm und sauberem Wasser abwischen). Das Stearit-Schmierpulver in manchen Schleifpapieren mit offener Streuung beeinträchtigt oft das Haftvermögen der Decklacke.

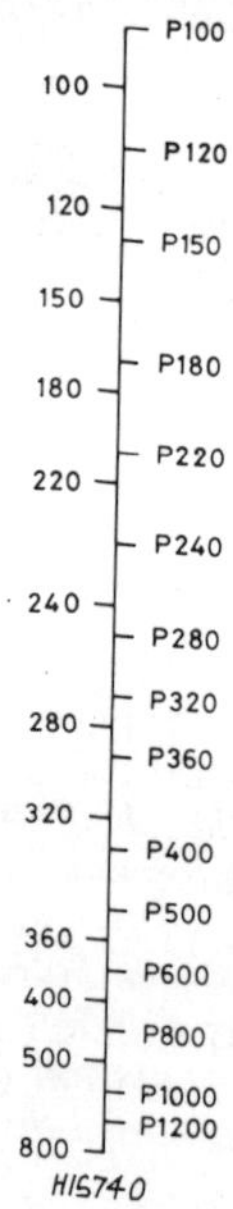

26. Schleifpapierkörnungen. Als Faustregel umfassen grobe, mittlere und feinere Papiere in etwa folgende Körnungen:

	Papiere mit offener Streuung	*Naßschleifpapiere*
Sehr grob	*bis P80*	
Grob	*P100 bis P180*	*P100 bis P220*
Mittel	*P180 bis P400*	*P220 bis P400*
Fein	*P400 bis P500*	*P500 bis P1200*

Die obigen Körnungen mit Buchstaben P wurden europaweit normiert. Die nebenstehende Übersicht enthält eine Gegenüberstellung der Körnungszahlen mit den älteren Werten.

Wie man richtig schleift ●

Neuaufgetragener Spachtel wird zuerst mit grober Körnung an allen Stellen überschliffen, an denen noch Spuren des Grobschliffs der Spachtelkonturen zu sehen sind. Nach Verschwinden aller tieferen Spuren geht man zu einer mittleren Körnung über. Alle durch die vorherige gröbere Körnung verursachten Schleifspuren müssen jetzt mit der feineren Körnung ausgeglichen werden. Es ist irrig, anzunehmen, daß sich mit extrem feiner Körnung gröbste Schleifspuren beseitigen lassen!

Zum Überschleifen gesunder, aber matter Lacke kann man auch mit einer mittleren Körnung anfangen und zuletzt eine feine Körnung einsetzen. Auch beim Zwischenschliff zwischen zwei Lackiergängen ist die feinste Körnung zu verwenden.

Beim Schleifen kleiner oder konkaver Flächen schleift man unter dem Druck der Fingerflächen, nicht der Fingerspitzen, so daß sich der Anpreßdruck gleichmäßig auf einer größeren Fläche verteilt. Die Finger stets im rechten Winkel zur Schleifrichtung halten. Dies wirkt zwar ungewohnt, verhindert jedoch ,,Rillenbildung'' durch den Druck der einzelnen Finger. Stets in geraden Linien schleifen. Beim kreisförmigen Schleifen bleiben fast immer Kratzer durch den Lack sichtbar, während sie beim geradlinigen Schleifen verschwinden.

Auf ebenen oder leicht konvexen Flächen legt man einen Schleifklotz unter, damit die Flächen glatter werden. Wie gesagt: beim Schleifen strebt man eine ebene, zur besseren Haftung des Lacks mit ganz feinen Riefen durchzogene Fläche, aber auch den Ausgleich gröberer Unebenheiten an, die durch den Lack hindurch sichtbar bleiben würden. Straßenteer, Politurreste und Schmutz werden durch Schleifen nicht entfernt, sondern nur noch tiefer in den Lack gedrückt. Also vor dem Schleifen die Flächen säuberlichst mit Silikonentferner abreiben.

Verschleifen der Übergänge

Wenn Rostblasen beseitigt wurden, der Lack nach einer Reparatur ausgebessert oder zu dünn geworden ist, müssen die Kanten der Lackierung so verschliffen werden, daß keine Konturen zur Reparaturfläche hin mehr sichtbar sind. Die Lackränder müssen flach auslaufen, damit sie an der Kante nicht abbröckeln, und über einen breiten Bereich langsam übergehen, damit auch unter dem neuen Lack nichts mehr zu sehen ist. Als Faustregel sollten die Übergänge auf ca. 5 cm Breite pro Farbschicht verschliffen werden.

Kontrastschichten

Füller, Grundierung und überschliffener Lack wirken stumpf und verdecken oft noch kleinere Unebenheiten. Auf dem Hochglanz-Decklack kommen diese Mängelstellen aber unweigerlich wieder zum Vorschein, also müssen sie zuerst lokalisiert werden. Spritzen Sie eine Schicht aus der Spraydose oder eine stark verdünnte Nitrolackschicht mit der Pistole auf das Blech auf. Der Lack erscheint damit fast transparent glänzend und zeigt etwaige Mängelstellen, die mit Feinspachtel ausgeglichen werden können. Größere erhabene oder zu tiefe Flächen lassen sich mit der Kontrastschicht ebenfalls feststellen, denn beim Nachschleifen verschwindet die Kontrastschicht zuerst, so daß die zu tiefen Stellen förmlich nach mehr Spachtel schreien.

Gelb- und Rottöne sind für die Kontrastschicht nicht empfehlenswert, da diese Töne meist stärker durch die nächsten Lackschichten ,,durchbluten''. Auf jeden Fall aber eine Kontrastfarbe zur Füller- bzw. Grundierschicht verwenden.

Abkleben ●

Der Hauptnachteil beim Spritzen im Vergleich zum Pinselanstrich ist, daß sich der Farbnebel überall niederschlägt. Alle nicht mitlackierten Flächen müssen daher abgedeckt werden.

Erfahrene Lackierer meiden Zeitungspapier, für Amateure reicht Zeitungspapier zum Abkleben aber vollkommen aus – es ist überall reichlich zum Nulltarif vorhanden. Beim Abkleben relativ frisch lackierter Flächen sollte man aber irgendein anderes sauberes Papier verwenden, damit die Druckfarbe nicht Flecken auf dem frischen Lack hinterläßt.

Vorsicht bei der Wahl des Klebebandes. Manche allzu steifen Bänder lassen sich nur schwer um Ecken führen. Rauhe ,,Kreppbänder'' sind viel besser geeignet, denn sie passen sich Rundungen sauber an. Wenn das Klebeband aber an Gummi nicht haftet, ist nicht das Band schuld – auf gealtertem Gummi haftet Klebeband nun einmal nicht. Schlimmstenfals pinseln Sie etwas Klarlack auf den Gummi auf und lassen ihn vor dem Abkleben antrocknen. An Übergängen von Zweifarbenlacken, die nicht durch Zierleisten abgesetzt sind, muß das Klebeband fest angedrückt werden, sonst sickert Farbe nach unten durch.

Der Kardinalfehler beim Abkleben (außer Farbnebel an unsauberen Klebestellen durchtreten zu lassen) ist, Falten und Knicke im Papier zu lassen. Alle Falten glattbügeln und überkleben.

Fabrizieren Sie mit dem Klebeband keine Bandagen à la ,,Der unsichtbare Mann''. Das Klebeband läßt sich dann hinterher nur noch schwer entfernen. Ziehen Sie nur an den abzuklebenden Rändern einen Streifen, und legen Sie die zweite Abklebebandschicht über das bereits aufgeklebte Band – damit gelingt das Abkleben am exaktesten.

Vorbereiten für die Lackierung – Zusammenfassung

1) Wagen waschen.
2) Die zu lackierende Fläche mit Silikonentferner gründlich reinigen.
3) Mit Reiniger nachwaschen und gut trocknen lassen.
4) Die ganze Lackierfläche nach folgender Faustregel anschleifen:
   Vor der Grundierung: Körnung P280 bis P400
   Vor dem Decklack: P500 bis P1000
5) Alle Übergänge der blanken Metallflächen zum umliegenden Lack sauber verschleifen.
6) Die Bleche nochmals mit Silikonentferner reinigen.
7) Abkleben.

Spritzen der Grundierung ●

Zu Anfang dieses Kapitels wurden die unterschiedlichen Grundierungen bereits vorgestellt. Dabei wurde vor allem auf Füllprimer abgehoben. Die besten Ergebnisse für eine 100%-Restaurierung oder beim Lackieren von Blechen an Neuwagen werden aber ganz einfach mit normalem Primer erzielt. Blankes Stahlblech wird mit phosphorsäurehaltigem Reiniger nach den Herstelleranweisungen (Sicherheitsvorschriften beachten!) gereinigt. Die Phosphorsäure wird anschließend gründlich abgewaschen, bevor sie antrocknet.

Haftprimer kann auf blankes Blech aufgespritzt werden, bei Alu- und speziell bei verzinkten Blechen ist aber zuerst eine Schicht Zinkchromatgrundierung nötig.
ACHTUNG: Primer für Stahlblech platzt auf Alu oder verzinkten Blechen meist ab, wenn er direkt aufgespritzt wird.

Handelt es sich nur um Gebrauchtwagen-Reparaturen, ist die Verarbeitungsgüte vielleicht weniger wichtig als der absolut richtige Farbton. In diesem Fall genügt ein normaler Primer/Füller auch.

Bei der Vollackierung eines älteren Wagens mit minimaler Vorbereitung trägt man die Grundierung nur auf den schadhaften und reparierten Stellen auf; die gesunden Lackbereiche werden normal überschliffen und als „Trägerschicht" für den Neulack verwendet.

Der Spritzdruck für Primer beträgt ca. 3,2 bar, der Abstand der Spritzpistole von der Blechoberfläche ca. 15 cm. Spritzprimer ist das ideale Arbeitsmittel für alle, die noch nie vorher eine Spritzpistole in der Hand hatten – aber denken Sie daran: der Decklack fließt (und verläuft) noch viel schneller.

Nach dem Spritzen der Grundschicht sollten Sie den Wagen nicht im Regen stehen lassen – Primer absorbiert Feuchtigkeit. Diese Feuchtigkeitseinschlüsse können noch Monate nach der Endlackierung den Lack ruinieren. Isoliergrund ist sogar regelrecht hygroskopisch (d.h. er zieht Feuchtigkeit an), spritzen Sie also spätestens nach ein paar Stunden die Grundierung auf.

Aufspritzen des Decklacks ●

Auch hier sollte man die Wahl der Lacksorte nach dem Fahrzeug, aber auch nach der eigenen Ausrüstung richten. Wer die richtige Atemschutzmaske und einen einigermaßen staubfreien Lackierbereich zur Verfügung hat, für den wären die 2K-Lacke wohl erste Wahl. Wer isocyanatfreie (also ungiftige) 2K-Lacke auftreibt, sollte diese unbedingt verwenden. Eine staubfreie Umgebung ist aber trotzdem oberstes Gebot. Um das Lufttrocknen zu beschleunigen, sind außerdem spezielle Verdünner im Handel.

Für fast alle anderen Fälle bleibt Nitrolack (vor allem für ältere Veteranen, bei denen der fast übertriebene Glanz der 2K-Lacke schon wieder unangebracht wirkt), der relativ rasch trocknet. Bestimmte Custom-Farbtöne gibt es nur als Acryllack, wer also eine Karosserie in Metallglimmer-Schockpink möchte, mache sich auf schweißtreibendes Polieren gefaßt!

Bei alten Fahrzeugen mit Lacken dubioser Herkunft, die man aber nicht bis auf's nackte Blech abbeizen möchte, nimmt man sicherheitshalber für die Neulackierung einen Kunstharzlack, dessen Verdünneranteil wohl kaum mit dem alten Lack reagiert.

Bei der Verwendung von 2K- oder Kunstharzlacken empfiehlt sich eine leichte Aufheizung der Spritzkabine (aber Vorsicht vor Bränden – nur Heizöfen, z.B. elektrische Umluftheizungen, ohne offene Flamme verwenden!), sofern man nicht sowieso im Hochsommer lackiert. Der Lack trocknet dann rascher, so daß auch Staubniederschlag weniger problematisch ist. Aber durch die Erwärmung könnte ja auch mehr Staub aufgewirbelt werden . . .

Jetzt wird lackiert . . .

Die Bildfolge auf den folgenden Seiten zeigt die Arbeitsfolge beim Lackieren, wie sie bei einem namhaften Spritzpistolenhersteller durchexerziert wurde. Zu Demonstrationszwecken wurden die Arbeiten in einer Lackierkabine mit separatem Abzug durchgeführt – daher der auf einigen Bildern sichtbare merkwürdige „Wasserfall".

27. Eine vollkommen serienmäßige Autotür, an der die richtige Lackierweise demonstriert wird. Als erstes wurde die Lacksorte ermittelt und ein halber Liter Decklack aus dem Farbenlager beschafft.

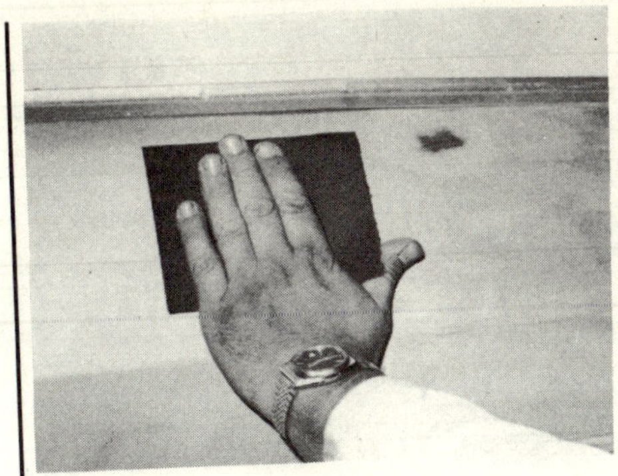

28. Vor den Arbeiten wurde die Tür gewaschen, getrocknet und mit Silikonentferner gesäubert. Dann wurde das ganze Blech mit feinem Naßschleifpapier angeschliffen (in geraden Zügen von links nach rechts). Die Finger liegen – wie man sieht – flach und im rechten Winkel zur Schleifrichtung auf, und das Handgelenk liegt fast am Blech an.

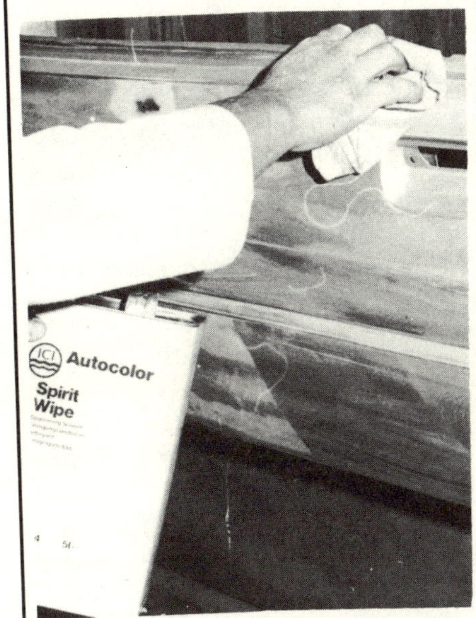

29. Der nächste Durchgang mit Silikonentferner! Zur Not genügt auch Verdünner, allerdings könnte dies bei Nitrospachtel oder relativ frischen Lacken zu Problemen führen.

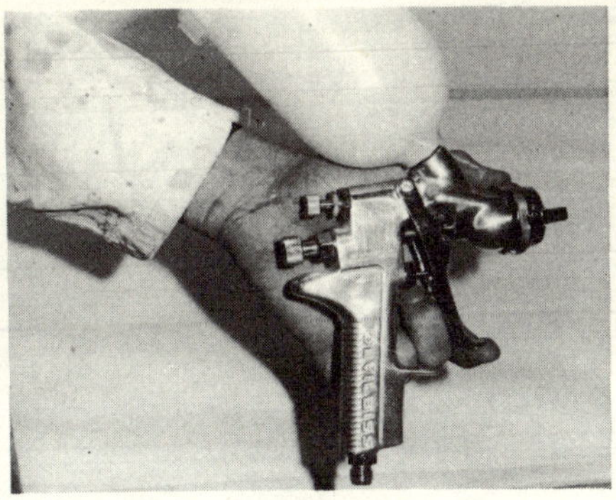

30. Fließbecherpistolen sind allgemein recht verbreitet – nennenswerte Unterschiede gegenüber Saugbecherpistolen bestehen nicht; letztendlich ist es nur eine Frage der Gewohnheit.

31. Die Sauberkeit der Druckluft, mit der die Pistole betrieben wird, wird oft vernachlässigt. Bei Kompressoren kommt häufig Wasser in die Luftschläuche und damit in die Farbe. Sitzt am Luftschlauch oder am Kompressor kein Wasserabscheider, muß unbedingt an der Pistole ein entsprechender Abscheider vorhanden sein. Der hier gezeigte Abscheider hat einen Hahn zum Ablassen des Wassers. Er wird auf den Griff aufgeschraubt und daran die Druckluftleitung angeflanscht.

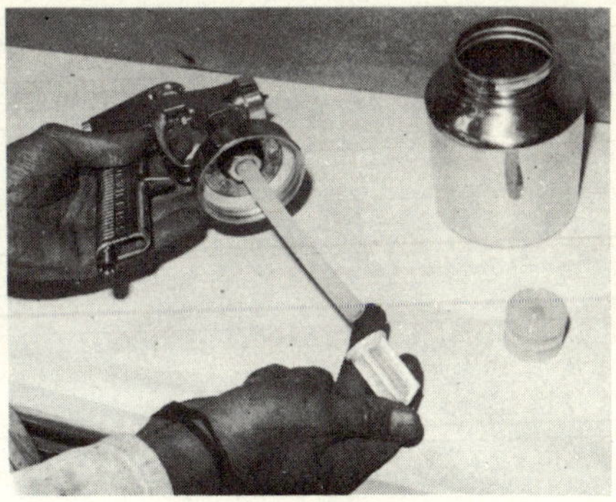

32. Nicht nur Wasser, auch Schmutzpartikel sind im Lack höchst unwillkommen. Am Leitungsende sollte daher bei allen Pistolen ein kleines Filtersieb sitzen.

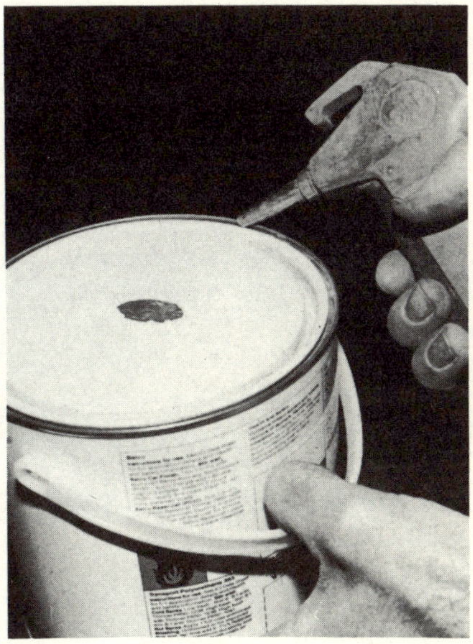

33. Blasen Sie mit der Druckluftpistole allen Schmutz vom Dosendeckel weg, bevor Sie die Lackdose öffnen. Es gibt nichts nervtötenderes, als wenn man beim Öffnen der Dose den gerade noch so schön sauberen Lack verdreckt.

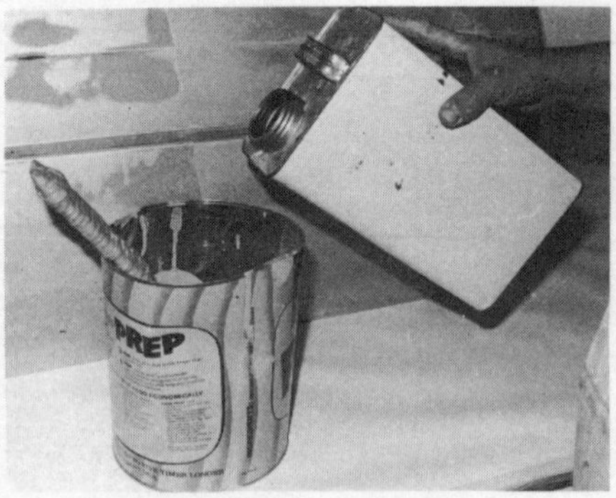

34. Füllen Sie nur soviel Lack, wie Sie brauchen, in eine saubere Einwegdose. Setzen Sie ein genaues Meßlineal (notfalls auch ein normales Stahllineal, wenn Sie sich die Markierungen merken können), und mischen Sie Farbe und Verdünner nach folgender Regel „halbe-halbe“: Halten Sie einen sauberen Stab senkrecht in die eingefüllte Farbe, ziehen Sie ihn hoch, bis die Spitze die Lackoberfläche gerade eben berührt, und füllen Sie bis zur Oberkante der Farbspur am Stab Verdünner nach.

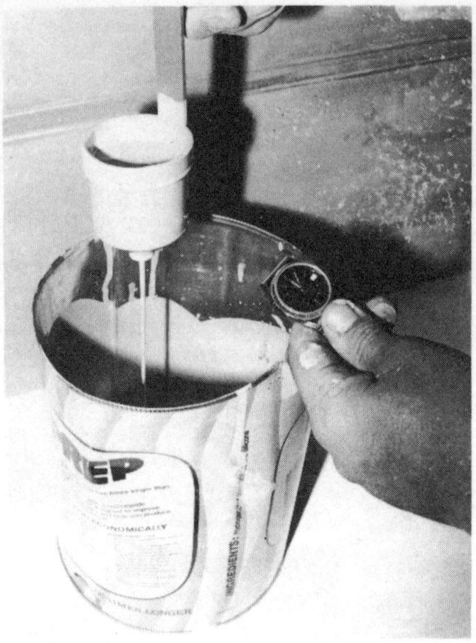

35. Jetzt muß noch die Viskosität der Farbe kontrolliert werden, d.h. ob sie zu dünn- oder zähflüssig ist. Besorgen Sie sich unbedingt einen Meßbecher – er kostet nicht viel, ist aber unentbehrlich! Rühren Sie Lack und Verdünner gut durch. Dann tauchen Sie den Meßbecher in die verdünnte Farbe, bis sie randvoll ist. Die Farbe darf gerade eben am oberen Rand stehen. Ab jetzt zählen sie am Sekundenzeiger der Uhr mit.

36. Hier wurde der Moment eingefangen, an dem man mit dem Zählen aufhört: genau in dem Augenblick, in dem die Farbe nicht mehr fließt, sondern tropfenweise abperlt. Nicht warten, bis die Tropfen auch aufhören! Meist bekommt man den Trick erst nach ein paar Versuchen raus. Die richtige Viskosität ist aus den Herstellerdatenblättern (zusammen mit der Farbe kostenlos erhältlich) zu entnehmen. Die Farbe muß auf derselben Temperatur wie der Lackierraum gehalten werden. Zu kalte Farbe „dickt ein“, zu warme Farbe wird zu dünnflüssig. Wenn sie dann in den Lackierraum kommt, stimmt die Viskosität hinten und vorne nicht mehr.

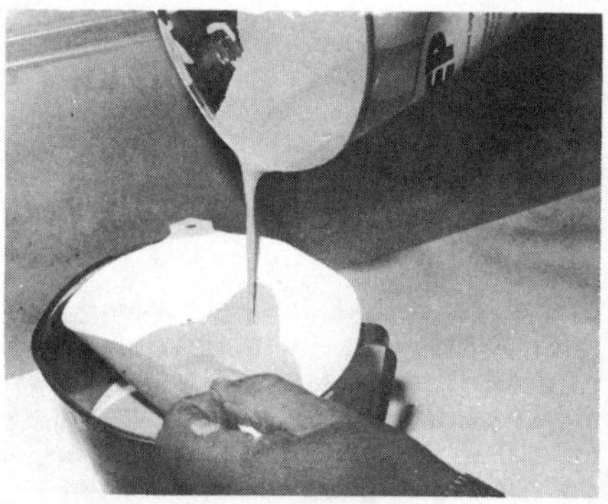

37. Kaufen Sie auch gleich ein paar Einwegfilter. Die Farbe dann in eine Dose oder in den Farbbecher filtern. Ist die Dosenöffnung zu klein für den Filter, falten Sie ihn zu einem engeren Kegel zusammen.

38. Die saubere, gefilterte Farbe läßt sich aus der Dose am besten nachfüllen, falls sie während des Lackierens ausgeht. Man braucht sie dann auch nicht erst zu filtern, wenn man eigentlich weiterarbeiten möchte.

39. Das Halsstück ist deutlich zu erkennen. Hier ist zu sehen, wie weit Sie den Becher überfüllt haben.

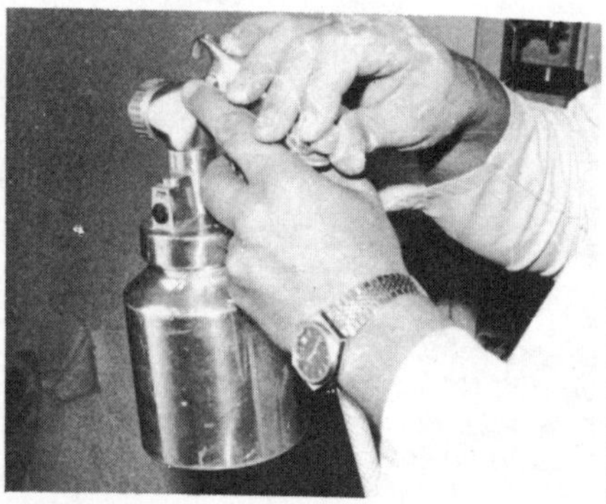

40. Jetzt müssen Düsengröße und Fördermenge mit den Regulierschrauben an der Rückseite des Pistolenkopfes (je nach Pistole sitzen sie etwas unterschiedlich) eingestellt werden.

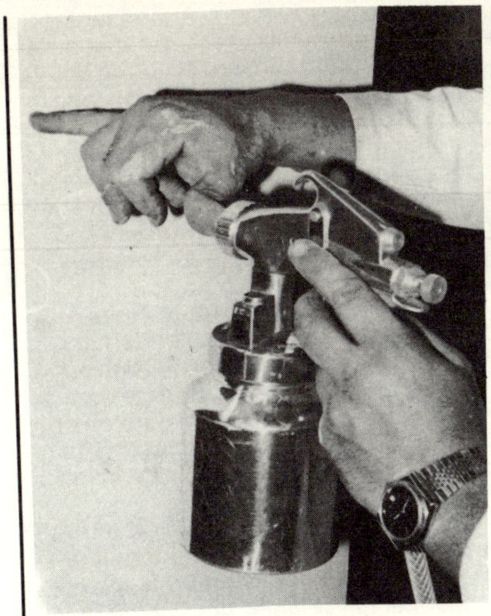

41. Die Pistole wird in ca. 15 bis 20 cm Abstand zur lackierten Fläche gehalten. Dies entspricht im allgemeinen der Handspanne mit gespreizten Fingern. Selbst Experten kontrollieren diesen Wert sicherheitshalber vorher nach. Halten Sie die Pistole nicht schräg. Ist der Abstand zu gering, bilden sich „Tränen", bei zu großem Abstand entsteht „Orangenhaut".

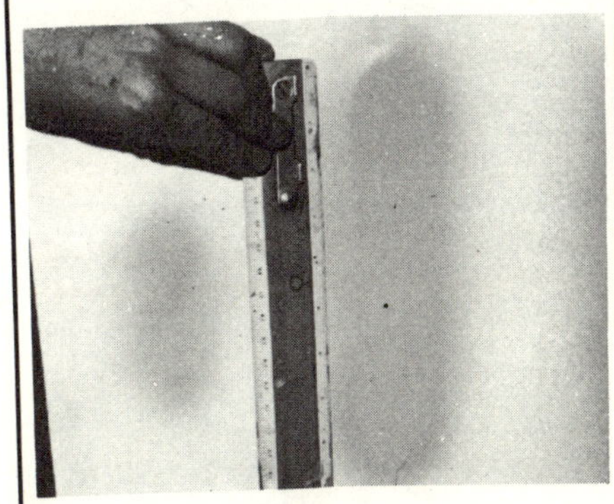

42. Probeweise spritzt man zuerst aus der richtigen Entfernung auf einen Papierbogen. Nach einigen Versuchen war die richtige Einstellung gefunden, die ein ca. 20 cm langes Spritzbild ergibt.

43. Vor dem Lackieren überlegt man sich die Reihenfolge. Unser Fachmann spritzt hier zuerst die Heckpartie senkrecht von unten nach oben. Die Pistole hält er leicht schräg, damit sich nicht durch das geballte senkrechte Spritzbild „Tränen" bilden.

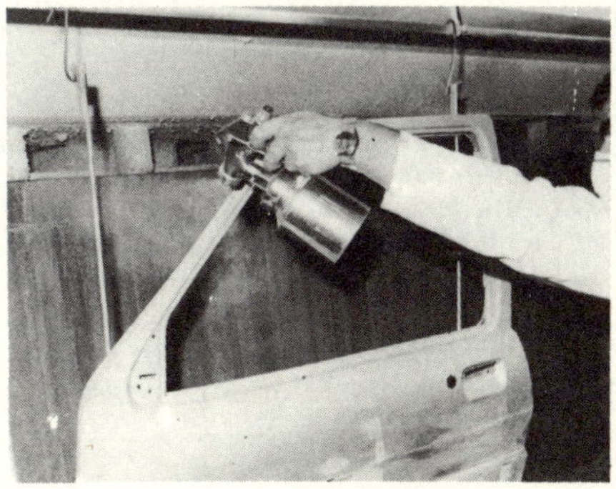

44. Dann arbeitet man sich nach vorne und am Fensterrahmen entlang nach unten vorwärts. Dabei immer auf den richtigen Abstand zur Lackierfläche achten.

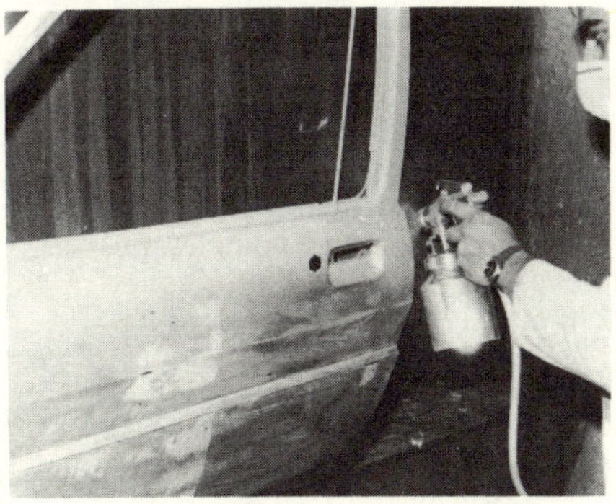

45. Als erstes geht der Lackierer entlang der Türoberkante von vorne nach hinten. Nachdem alle „Streifen" lackiert waren, wird die Pistole kurz abgeschaltet und unmittelbar, bevor die Farbe wieder auf das Blech kommt, wieder zugeschaltet. Am Anfang und Ende jedes Durchgangs zielt man also in die Luft.

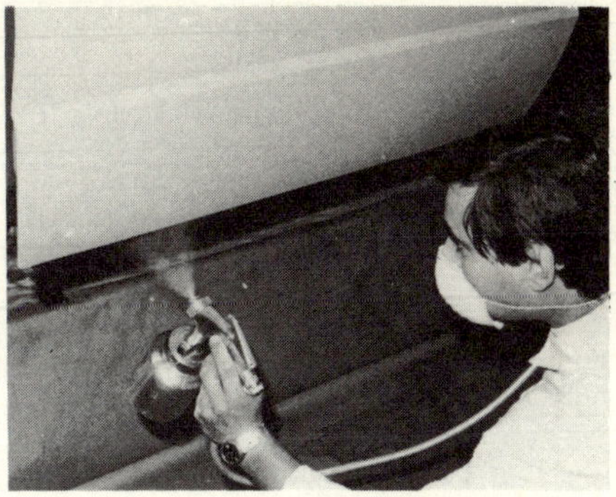

46. Das Blech wird in waagerechten Durchgängen so lackiert, daß die Oberkante jedes „Streifens" auf halber Höhe des vorherigen Streifens ansetzt, so daß also das ganze Blech zwei Schichten erhält. Unbedingt darauf achten, daß man mit dem Körper und Handgelenk den Blechkonturen folgt, so daß die Pistole immer im rechten Winkel zum Werkstück bleibt – dann erzielt man die besten Ergebnisse.

Flecken im Lack? Kein Grund zur Panik! ●

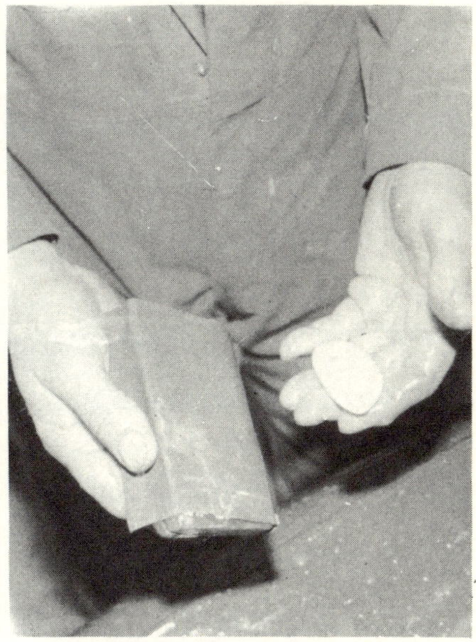

47. Wenn die Lackschicht viele feine Einsprengsel infolge schlechter Filterung oder Schmutz in der Luft enthält, besteht zumindest bei gut durchgehärtetem 2K- oder Nitrolack kein Grund zur Verzweiflung. Mit Naßschleifpapier (Körnung P1200), das man zur Milderung der Schleifwirkung mit Seife einreibt, kann der Lack normal überschliffen werden.

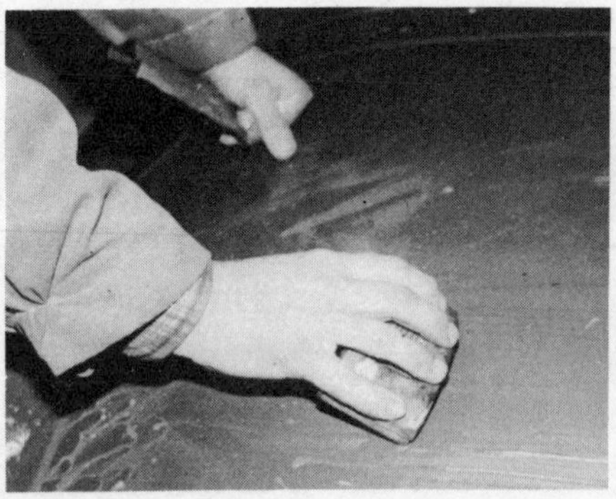

48. Mit einem Gummiklotz wischt man die Lackrückstände vom Blech ab und untersucht es auf Fehlerstellen. Das geht natürlich nur, wenn die Lackschicht dick genug ist, und mehr Lack als nötig schleift man auch nicht ab. (Die Kante eines Gummischleifklotzes eignet sich – nach Abnahme des Schleifpapiers – hervorragend zum Abwischen).

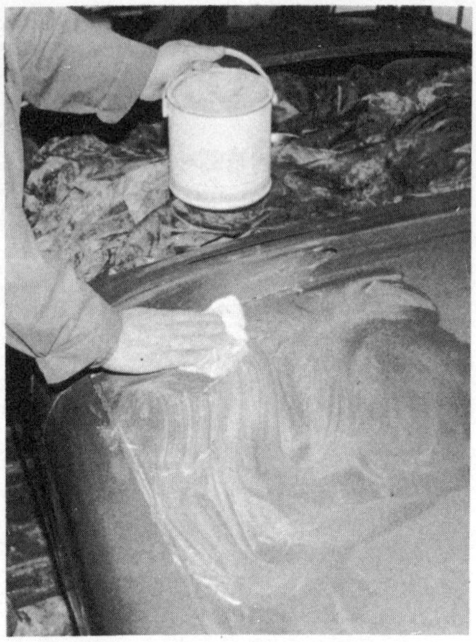

49. Nachdem alle Fehlerstellen verschwunden sind, muß der Glanz wieder aufpoliert werden. Eine überschaubare Fläche mit Poliermittel einreiben (Für 2K-Lacke sind spezielle ammoniakfreie Poliermittel erforderlich, sonst wird der Lack etwas trüb).

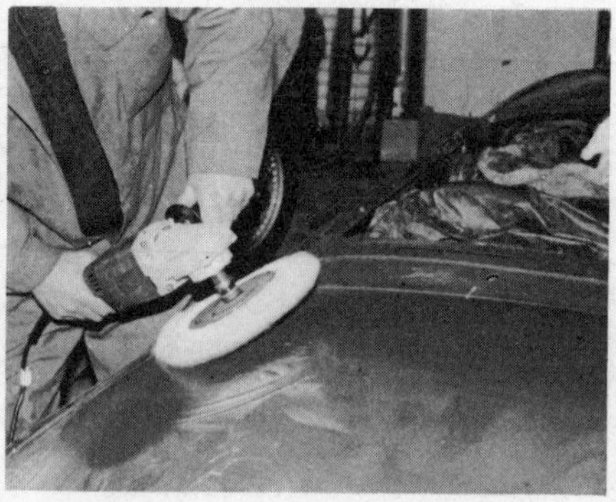

50. Poliermaschinen (z.B. von Black & Decker) ergeben in der Hand von Profis und erfahreneren Amateuren die besten Ergebnisse und bringen einen fast unglaublichen Glanz zustande. Durch den Elektroantrieb lassen sich auch die Leistungs- und Luftbedarfsprobleme von Druckluftgeräten umgehen. Die Poliermaschine bringt die besten Resultate, wenn man sie unter ihrem Gewicht laufen läßt (ohne Auflagedruck, der nur den Lack erhitzen und zerstören würde). Vor allem an konvexen Flächen oder Kanten nicht zu lange polieren, sonst ist der Lack durch! Optimalen Glanz erreicht man, wenn danach noch von Hand nachpoliert und der Mop ausgewaschen und nochmals mit feinster Polierpaste über das Blech geführt wird.

Hinweise zum Lackieren ●

Den Werkstattboden vor dem Lackieren anfeuchten. Damit wird der Staub gebunden, vor allem auf Betonboden. Aber nicht gleich Pfützen stehenlassen, sonst ruiniert man sich durch Spritzer den frischen Lack.

Staubige Werkstattdecken saugt man möglichst ab. Es wäre auch zweckmäßig, eine saubere Plastikfolie an der Decke aufzuhängen.

Wenn Sie nur eine kleine Lackfläche mit Nitrolack ausbessern wollen und den Farbton nicht genau treffen, versuchen Sie, den Farbton zu den Blechkanten hin „auszunebeln". Kleben Sie wesentlich großflächiger als nötig ab, und drehen Sie die Pistole bei jedem Durchgang zum Ende hin vom Blech ab. Der frische Farbton läuft dann in der alten Farbe aus; der trockene Sprühnebel kann wegpoliert werden.

Beim Spritzen von Außenkanten, z.B. am Türrahmen oder Innenkanten, z.B. Kofferraumboden oder Bodenbleche, orientieren Sie sich an Abb. 51 und 52.

Immer den Motorraum abkleben. Durch den Luftdruck kann aus diesem Bereich Schmutz auf die Blechaußenflächen gewirbelt werden und sich Farbnebel auf den Motorteilen absetzen.

Die Pistole nie ganz in Reinigungsmittel eintauchen, da dadurch das Schmiermittel in der Farbnadel und in den Luftventildichtungen zersetzt wird. Gewöhnen Sie sich an, die Pistole zu reinigen, solange die Farbe noch weich ist – direkt nach dem Spritzen.

Geht die Farbe zur Neige und müssen nur noch ein paar Zentimeter lackiert werden, drehen Sie die (Saugbecher-)Pistole um. Damit lassen sich die letzten Farbreste vielleicht noch aus der Pistole herausholen und die Lackierung glücklich zu Ende führen.

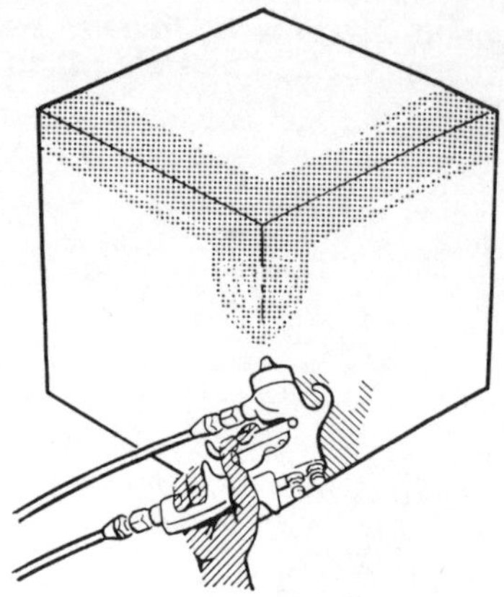

51. Spritzen von Außenkanten
(Werkbild DeVilbiss)

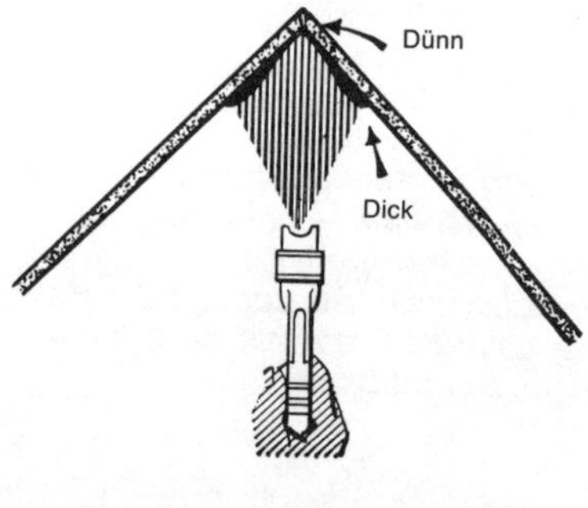

52. Spritzen von Innenkanten
(Werkbild DeVilbiss)

Beheben von Störungen an Spritzpistolen ●

Auch die beste Lackierausrüstung entwickelt früher oder später kleine Macken, die – wenn man nichts dagegen unternimmt – das Lackierergebnis beeinträchtigen. Wenn man aber weiß, worauf zu achten ist, lassen sich diese Störungen meist rasch beheben.

Die folgende Liste enthält eine Aufstellung der geläufigsten Störungen beim Lackieren sowie ihrer Abhilfemaßnahmen.

1. Das Strahlbild der Pistole zittert oder flattert. Ursachen (siehe Abb. 53):

a) Zu wenig Farbe im Becher oder Druckbehälter, so daß das Ende des Ansaugrohres freiliegt.
b) Bei Verwendung einer Saugbecherpistole wird die Pistole zu schräg gehalten, so daß das Ansaugrohr nicht in die Farbe eintaucht.
c) Farbdurchtrittsbohrung verstopft – Verstopfung beseitigen.
d) Ansaugrohr ist lose oder gebrochen oder steht auf dem Becherboden an.
e) Lose Farbdüse an der Pistole.
f) Farbkonsistenz für Saugbecherpistolen zu hoch.
g) Verstopfte Entlüftungsbohrung im Becherdeckel.
h) Befestigungsmutter zwischen Saugbecher bzw. Farbschlauch und Spritzpistole bzw. Druckbecher lose.
i) Stopfbuchsenmutter an der Farbnadel lose oder Stopfbuchse eingetrocknet.

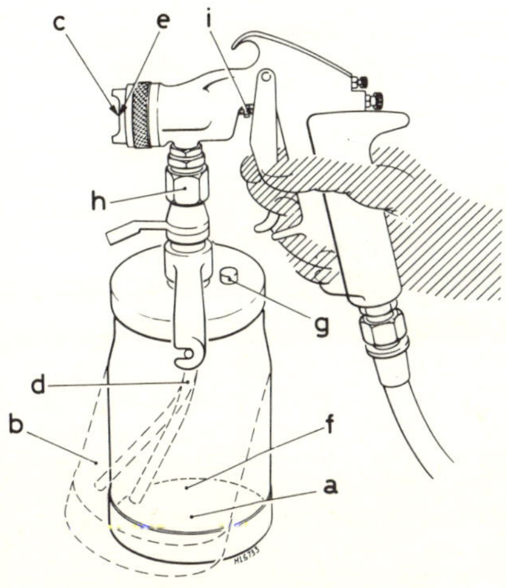

53. Einzelteile der Spritzpistole

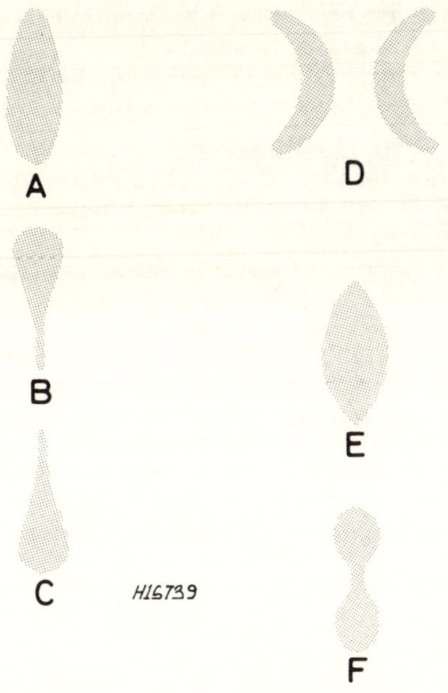

54. Störungen am Spritzbild

A Normal
B Materialauftrag oben zu stark
C Materialauftrag unten zu stark
D Spritzbild sichelförmig nach links/rechts
E Materialauftrag in der Mitte zu stark
F Strahlspaltung

2. Abb. 54 zeigt das bei richtiger Pistoleneinstellung erzeugte Spritzbild sowie die Spritzfehler, die auf folgende Ursachen zurückzuführen sein können:

a) Materialauftrag nach oben oder unten zu stark:
   (I) Hornbohrungen in der Luftdüse teilweise zugesetzt
   (II) Farbdüse im Ober- oder Unterteil verstopft
   (III) Schmutzflitter am Luftdüsensitz oder Farbdüsensitz
b) Nach links oder rechts sichelförmiges Spritzbild
   (I) Rechte oder linke Hornbohrung in der Luftdüse teilweise zugesetzt
   (II) Schmutz an der rechten oder linken Seite der Farbdüse
c) Zu starker Materialauftrag in der Mitte
   (I) Spritzbreiteneinstellventil an der Pistole zu niedrig eingestellt
   (II) Zu geringer Zerstäubungsdruck oder Farbe zu dick eingestellt
   (III) Bei Druckbecherpistolen Farbdruck zu hoch oder Farbdurchsatz höher als Nenndurchsatz der Luftdüse.
   (IV) Farbdüsengröße für die verarbeitete Lacksorte ungeeignet
d) Strahlspaltung; durch falsche Abstimmung von Zerstäubungsluftdruck und Farbdurchsatz verursacht.

Abhilfe bei Störungen des Spritzbildes

Bei Störung B, C oder D (Materialauftrag nach oben oder unten zu hoch oder nach rechts oder links sichelförmiges Spritzbild) spritzen Sie eine Testfläche, um festzustellen, ob die Verstopfung in der Luftdüse sitzt. Dann die Luftdüse eine halbe Umdrehung drehen und noch ein Testbild spritzen. Liegt die Störung jetzt entsprechend versetzt, sitzt die Verstopfung in der Luftdüse, die dann gereinigt werden muß (siehe oben).

Liegt die Störung immer noch an derselben Stelle, ist die Farbdüse verstopft. Beim Reinigen der Farbdüse auf feine Grate an der Düsenspitze achten; sie können mit 600er Naß- oder Trockenschleifpapier entfernt werden.

Zur Behebung der Störungen (E) und (F) (Materialauftrag in der Mitte zu groß, Strahlspaltung) müssen bei verstellter Pistoleneinstellung der Zerstäubungsluftdruck, Farbdruck und die Spritzbreiteneinstellung korrigiert werden, bis das Spritzbild stimmt.

3. Übermäßige Spritznebelbildung kann auf folgende Ursachen zurückzuführen sein:

a) Zu dünn eingestellte Farbe.
b) Zu starke Zerstäubung durch zu hohen Zerstäubungsluftdruck für die Farbdurchsatzmenge.
c) Unsachgemäße Handhabung der Pistole, z.B. falsche Pistolenführung oder zu großer Spritzabstand.

4. ,,Vorhänge'' oder ,,Läufer'' auf der Spritzfläche.

a) ,,Vorhänge'' entstehen bei zu sattem Farbauftrag, z.B. bei zu langsamer Bewegung der Pistole. ,,Läufer'' entstehen bei zu stark verdünnten Lacken.
b) Wird die Pistole schräg zur Spritzfläche gehalten, wird der Lackauftrag auf der näher an der Pistole gelegenen Stelle zu dick. Die Lackschichten überlagern sich und laufen ab.

5. ,,Orangenhaut'', wie sie bei Nitro- und Kunstharzlack ab und zu auftritt, wird verursacht durch:

a) Verwendung ungeeigneter Verdünner.
b) Zu hoher oder zu niedriger Zerstäubungsluftdruck.

c) Zu großer oder zu geringer Abstand der Pistole von der Spritzfläche.
d) Mangelhafte Durchmischung oder ungenügendes Umrühren der Farbe.
e) Luftzug an der Lackieroberfläche.
f) Unsachgemäße Lackiervorbereitung.

6. Lacktropfen an der Pistolenspitze werden durch falschen Sitz der Farbnadel hervorgerufen. Ursachen:
a) Verschlissene oder beschädigte Farbdüse oder Farbnadel.
b) Verklumpte eingetrocknete Farbe oder Schmutz in der Farbdüse.
c) Stopfbuchsenmutter der Farbnadel zu fest angezogen.
d) Gebrochene Farbnadelfeder.

7. Abtropfende Farbe an der Stopfbuchsenmutter der Farbnadel ist auf lose Stopfbuchsenmutter oder auf verschlissene Farbnadel-Stopfbuchse zurückzuführen. Die Stopfbuchse kann mit einigen Tropfen Haushaltsöl geschmiert werden, sie sollte jedoch möglichst erneuert werden.

Die Stopfbuchsenmutter mit den Fingern soweit festziehen, daß Undichtigkeiten vermieden werden, aber nicht so fest, daß die Nadel schwergängig wird.

8. Druckluftverluste an der Stirnseite einer Pistole ohne Entlüftung sind zurückzuführen auf (siehe Abb. 55):
a) Schmutz an Luftventil oder Luftventilsitz.
b) Luftventil oder Luftventilsitz verschlissen oder beschädigt.
c) Luftventilfeder gebrochen.
d) Ventilschaft durch mangelnde Schmierung hängengeblieben.
e) Ventilschaft verbogen.
f) Mangelhafte Schmierung der Stopfbuchse des Luftventils.
g) Dichtung des Luftventils beschädigt.

9. Pumpt der Kompressor Öl in die Druckluftleitung, kann dies an folgenden Ursachen liegen:
a) Sieb am Lufteintritt verstopft.
b) Ansaugventil verstopft.
c) Zuviel Öl im Kurbelgehäuse.
d) Verschlissene Kolbenringe.

10. Überhitzen des Druckluftkompressors ist zurückzuführen auf:
a) Ölmangel im Kurbelgehäuse.
b) Zu zähflüssiges Öl.
c) Hängengebliebene, verschmutzte oder mit Ölkohleablagerungen überzogene Ventile.
d) Unzureichende Luftzirkulation um luftgekühlten Kompressor, da Kompressor zu dicht an der Wand oder beengt aufgestellt ist.
e) Zylinderblock und -kopf mit dicker Farbschicht überzogen.
f) Filtersieb am Lufteinlaß verstopft.

Fehler im Lack ●

Wer bei seiner ersten Autolackierung hinterher nur auf wenige kleinere Mängel stößt, ist meist von der optischen Aufwertung des Wagens derart beeindruckt, daß die paar Mängel gar nicht auffallen. Mit wachsender Erfahrung wächst jedoch auch die Selbstkritik. Anhand der folgenden Fehlersuchtabelle dürften sich auch bei ungewöhnlichsten Fehlern Ursache und Abhilfe feststellen lassen.

1) Abblätternder Lack

Beschreibung

In schweren Fällen läßt sich der Decklack leicht von der Grundschicht bzw. vom alten Lack abziehen oder die gesamte Lackschicht hebt sich vom Metall ab. Diese Blätterneigung tritt meist nur an abrieb- oder schlagbeanspruchten Stellen auf, z.B. bei Steinschlagschäden. Blätternder Lack fällt meist schon in der Lackierwerkstatt beim Abziehen des Klebebandes auf.

Ursache

Schlecht haftender Lack ist auf mangelhafte Verbindung des Lackfilms mit dem Haftuntergrund zurückzuführen. Als erste Ursache kommen ungenügende Reinigung und Vorbereitung der Lackflächen in Frage; im Laufe der Zeit kann die Haftung des Lacks auch durch Feuchtigkeitseinschlüsse oder andere Schäden am Lackfilm zerstört werden.
a) Unzureichende Reinigung und Vorbereitung der zu lackierenden Flächen – Verunreinigungen (z.B. Wachs, Öl, Wasser, Rost, Schleifstaub usw.) auf den Oberflächen wurden nicht beseitigt. Die Folgeschichten können damit nicht richtig haften.
b) Auch bei mangelhaftem Anschleifen der Grundier-/Füllerschicht vor dem Auftragen des Decklacks nimmt das Risiko zu, daß der Lack nicht haftet.
c) Unzureichende Mischung der Bestandteile. Die Lackzusammensetzung ist so abgestimmt, daß alle Lackbestandteile unbedingt auf der Oberfläche anliegen müssen.
d) Verwendung einer für Metall oder Decklack ungeeigneten Grundierung und unsachgemäße Verarbeitung, z.B. zu trocken aufgespritzte Grundierung.
e) Verwendung ungeeigneter Haftvermittler; Haftvermittler vermindern Blätterneigung des Lacks auf ein Minimum.
f) Verwendung von falschem oder minderwertigem Verdünner bzw. von zu wenig Verdünnung.
g) Bei Zweifarblackierungen zu rasches Abkleben auf dem frisch aufgespritzten Farbton. Bei unvorsichtigem Abkleben kann es passieren, daß sich die Farbe beim Abziehen des Bandes mit abhebt.
h) Übermäßige Einbrenndauer oder -temperatur.

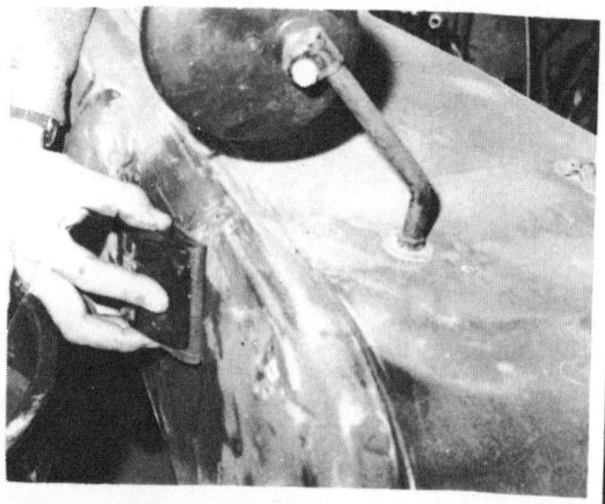

56. Bei Arbeiten mit Aluminium, z.B. hier am Land-Rover, sind unbedingt spezielle Haftprimer auf blankem Metall aufzutragen (auch nur für den Fall, daß beim Schleifen das blanke Blech zum Vorschein kommmt). Andernfalls blättert der Lack todsicher.

55. Bestandteile des Luftventils

Abhilfe
a) Lack auf deutlich größerer Fläche als dem betroffenen Bereich abschleifen, damit eine gesunde Grundschicht hergestellt wird (möglichst bis aufs blanke Metall).
b) Sind die Blätterstellen auf falsches Abkleben zurückzuführen, die Übergänge verschleifen und nachspritzen.

2) Streifenbildung

Beschreibung
Fleckenartiger, unregelmäßiger Metalliclack mit Schattenstellen. Kleine, unregelmäßige Flächen erscheinen dunkler, bzw. Festkörpereinschlüsse in der Grundfarbe.

Ursache
a) Spritzviskosität zu hoch, Farbauftrag damit zu naß.
b) Lösungsmittel verdunstet zu langsam (kommt relativ selten vor).
c) Zerstäubungsdruck zu hoch.
d) Spritzbreite an der Pistole zu gering.
e) Farbdurchsatz zu hoch.
f) Zu satter Farbauftrag beim letzten Spritzgang.
g) Zu geringer Spritzabstand der Pistole.

Abhilfe
In allen derartigen Fällen muß der Lack nachgeschliffen und eine neue Deckschicht gespritzt werden.

3) Ausbluten

Beschreibung
Ausbluten tritt auf, wenn Pigmente aus dem Altlack sich im Lösungsmittel des neuen Lacks lösen und ihn verfärben. Kommt meist bei roten oder rotbraunen Farbtönen vor.

Ursache
a) Altlack wurde vor der Neulackierung nicht auf Verträglichkeit getestet (volle Deckschicht des neuen Farbtons auf einer kleinen Fläche vorspritzen).
b) Es wurde kein Schutzprimer gegen Ausbluten bzw. Isolierung verwendet.
c) Sprühnebel der ausblutenden Lackschicht wurde vor dem Lackieren nicht vorschriftsgemäß entfernt.

Abhilfe
a) Ausbluten tritt manchmal erst nach Spritzen mehrerer Grundier- und Deckschichten auf. Der betroffene Lackbereich muß dann komplett bis auf das blanke Metall entfernt und eine neue Lackierung vorgenommen werden.
b) Tritt das Ausbluten nach einer ersten Grundier- oder Deckschicht auf, lassen sich die Mängelstellen mit Versiegelungsprimer oder Isolierung neutralisieren.

4) Bläschenbildung

Beschreibung
Bläschen können in unterschiedlichster Größe, Form und Dichte im Lackfilm auftreten – in neuen und alten Lacken gleichermaßen (meist bei relativ hoher Luftfeuchtigkeit im Anschluß an scharfen Frost).

Ursache
Feuchtigkeits- oder Lufteinschlüsse unter der Lackschicht führen zu Bläschenbildung. Wasserdampf unterwandert auch alte Lackschichten; bei abrupten Temperaturänderungen dehnt sich die eingeschlossene Feuchtigkeit aus und erzeugt einen Druck, der das Haftvermögen zwischen den einzelnen Lackschichten vermindert und Blasenbildung hervorruft.
a) Mangelhafte Reinigung und Vorbereitung der Lackierfläche – am häufigsten ist Blasenbildung durch Schmutzspuren zwischen Metall und Grundierung/Füller oder Decklack und Grundierung/Füller. Typische Schmutzquellen sind Öl aus Druckluftleitungen, Fett von Fingerspuren, Schleifstaub, Straßenschmutz und Salz. Die Lackfläche muß vor dem Lackieren also absolut sauber und trocken sein.
b) Falsche oder ungeeignete Verdünnung.
c) Durch zu große Schichtdicke und zu kurze Ablüftzeit zwischen den einzelnen Spritzgängen kann Lösungsmittel eingeschlossen werden, das später durch Blasenbildung „ausgast". Alle Schichten müssen also von selbst ausreichend lange ablüften (ohne Gebläse, da dadurch nur die Oberfläche ausgetrocknet wird).
d) Zu wenig Grundierung/Decklack – eine ausreichende Schichtdicke von Grundierung/Füller und Decklack ist äußerst wichtig.
e) Blasenbildung wird auch dadurch begünstigt, daß das Fahrzeug vor dem endgültigen Aushärten starkem Regen oder hoher Luftfeuchtigkeit oder auch später ständig feuchter Witterung ausgesetzt wird.

Abhilfe
a) Bei starker Blasenbildung den Decklack bis auf blankes Metall abschleifen. Dann Lackaufbau von Grund auf erneuern.
b) In weniger schweren Fällen die Bläschen überschleifen und ggf. nachpolieren bzw. nachlackieren.

5) Schleifspuren

Beschreibung
Ein stumpfer Lackfilm, in dem Fehlstellen in Grundierung und Metall durch den Decklack zu sehen sind. Normalerweise ist der Lack sauber ohne Orangenhaut oder Streifenbildung verlaufen.

Ursache
a) Zu geringe Schichtdicke.
b) Lackflächen schlecht vorbereitet oder mit zu grobem Schleifpapier angeschliffen.
c) Untergrund bzw. Grundierung schlecht ausgehärtet.
d) Mangelhafte Deckwirkung der Grundierung.

Abhilfe

a) Bei zu geringer Schichtdicke den Lösungsmittelgehalt der Deckschicht verringern, so daß ein höherer Festkörperanteil aufgetragen wird.
b) In fast allen anderen Fällen muß die Fläche angeschliffen und mit weiteren Grundschichten (soweit nötig) und einer Deckschicht mit der richtigen Viskosität sorgfältig neu aufgebaut werden.

6) Kochbläschen

Beschreibung

Winzige Blasen im Lackfilm mit kaum wahrnehmbaren Löchern. Tritt meist an Kanten oder Stellen auf, an denen die Schichtdicke am größten ist.

Ursache

Koch- bzw. Lösungsmittelbläschen treten bei zu sattem Farbauftrag auf. Ursachen:

a) Farbdurchsatz zu hoch.
b) Luftdruck zu hoch.
c) Farbviskosität zu hoch.
d) Schicht wird zu dick, wenn die Pistole zu langsam bewegt oder das Spritzmuster auf einer zu kleinen Fläche ausgeführt wird.
e) Schicht wird zu dick, wenn beim Spritzen die einzelnen Streifen zu stark überlappen.

Abhilfe

Oberfläche gut durchhärten lassen (Schichtdicke beeinflußt bei Kunstharzlacken die Trockenzeiten). Dann beischleifen und weitere Deckschicht spritzen.

7) Eintrübung

Beschreibung

Eintrübungen zeigen sich als milchig weißer Schleier auf Kunstharzlacken. Bei Vermattungen des Decklacks sind meist auch die darunterliegenden Schichten in Mitleidenschaft gezogen. Oft fällt dies nicht auf, da die Grundierschichten sowieso matt sind. Später kann es jedoch zu Blasenbildung oder Abblättern kommen.

Ursache

Eintrübung entsteht beim Lackieren bei kühlem, feuchtem Wetter durch Feuchtigkeitseinschlüsse im nassen Lack. Der beim Spritzen entstehende Luftstrom kühlt zusammen mit dem rasch verdunstenden Lösungsmittel die Lackierfläche stärker als die Lackierkabine ab. Dadurch kondensiert Feuchtigkeit aus der Umgebungsluft auf dem feuchten Lack und bildet einen milchig weißlichen Schleier.

a) Verwendung von minderwertigem Verdünner.
b) Verwendung von schnell ablüftendem Verdünner bei kalter oder feuchter Witterung. Zur Vermeidung von Eintrüben ist dann ein trübungsfester Verdünner zu verwenden – jedoch nur in minimalen Mengen, sonst verlangsamt sich die Trocknungszeit übermäßig.
c) Falsche Pistoleneinstellung und -handhabung oder übermäßiger Luftdruck.
d) Unzureichende Luftzirkulation und -erwärmung in der Lackierbox.
e) „Abblasen" der aufgespritzten Schicht mit der Pistole, um das Ablüften des Lösungsmittels zu beschleunigen.
f) Zugige Lackierbox.

Abhilfe

a) Geringfügiges Eintrüben/Anlaufen – Lack aushärten lassen und gründlich nachpolieren.
b) Die betroffenen Flächen mit Farbe mit Zusatz von reinem trübungsbeständigem Verdünner nachspritzen.
c) Die gesamten betroffenen Flächen mit reinem trübungsbeständigem Verdünner nachspritzen. Manchmal verschwindet der milchige Schleier damit.
d) Helfen die obigen Mittel nicht, ist die Temperatur in der Lackierbox um mindestens 5 Grad zu erhöhen. Direkter Zug ist unbedingt zu vermeiden.

8) Risse und Sprünge

Beschreibung

Sprünge zeigen sich als große Anzahl unzusammenhängender feinster Risse, die normalerweise nur unter der Lupe deutlich zu sehen sind. Der Lack wirkt bei Sprungbildung matt und stumpf. Risse verlaufen meist in beliebiger Richtung, oft als sternförmige Spinnen (wie die Risse in Schlammrändern eingetrockneter Wasserstellen). Die Risse sitzen meist ziemlich tief und durchdringen oft sowohl Decklack als auch Grundierung/Füller. Risse entstehen häufig, wenn Lackschäden (z.B. Blasen oder Sprünge) durch äußere Einflüsse noch verstärkt werden.

Ursache

Rißbildung ist meist die Folge anderer Lackmängel, die durch längeres Stehenlassen des Fahrzeugs im Freien verstärkt werden, kommt also bei hochwertigen modernen Lacken, die fachgerecht verarbeitet wurden, kaum noch vor.

a) Übermäßige Schichtdicke.
Zu dicke Deckschicht oder Grundierung/Füller verstärkt die in allen Lackschichten auftretenden Spannungen, so daß sich Risse selbst bei normalen Außeneinflüssen vorzeitig bilden.
b) Unzureichende Ablüftzeit.
Die Rißneigung nimmt zu, wenn dicke Schichten aufgetragen werden, ohne daß zwischen den einzelnen Schichten genug Ablüftzeit bleibt.
c) Farbe vor dem Spritzen ungenügend durchgerührt. Die Durchmischung der Lackbestandteile wird dann unregelmäßig. Dies ist vor allem bei Haftvermittlern wichtig, da ungenügendes Durchmischen deren Schichtstärke, Elastizität und Haftvermögen beeinträchtigen kann. Die fertigen Lackschichten werden dann oft schwach und rißanfällig.
d) Unsachgemäße Reinigung und Vorbereitung der Lackierflächen.

Abhilfe

Die betroffenen Flächen müssen auf glattes, gesundes Material abgeschliffen werden. Meist muß jedoch bis auf blankes Metall geschliffen und der Lackaufbau komplett erneuert werden.

9) Silikonkrater (Fischaugen)

Beschreibung
Hierbei bilden sich kleine, kraterartige Öffnungen (runde Vertiefungen) im Lack (entweder während des Spritzens oder unmittelbar nach dem Spritzen).

Ursache
Hauptursache für Kraterbildung sind Silikoneinschlüsse. Silikon (und andere Rückstände) wirken lackabweisend, so daß sich kein durchgehender Film bilden kann, und Krater oder Löcher im Film zurückbleiben. Zahlreiche moderne Polituren und Pflegewachse enthalten Silikone und bilden die Hauptursache für Silikonkrater in Neulackierungen. Silikone haften fest auf dem Lack und lassen sich nur durch gründliche Behandlung mit Silikonentferner beseitigen.

a) Mangelhafte Reinigung und Vorbereiten der Lackflächen. Rückstände von Verunreinigungen führen fast immer zu Problemen, z.B. eingetrocknete Seife, Reinigungsmittel oder Metallaufarbeitungsmittel. Daher alle Silikon- und sonstigen Rückstände mit Wachsentferner und Entfetter gründlich beseitigen.
b) Verunreinigung der für die Lackierung vorbereiteten Flächen durch Partikel aus der Luft. Schon winzigste Silikonanteile in Schleifstaub, schmutzigen Lappen oder sogar aus Autopolituren, die in einiger Entfernung aufgetragen wurde, können sich auf der Lackierfläche absetzen und Kraterbildung hervorrufen.
c) Öl in der Pistolen-Druckluftleitung.

Hinweis: Von der Verwendung von Silikonen mit Zusätzen gegen Kraterbildung wird abgeraten, da diese Zusätze sich im Lackierbereich und auf anderen Teilen niederschlagen und zu Problemen bei der Haftung des Lacks führen können.

Abhilfe
Die betroffenen Flächen beischleifen und eine weitere Decklackschicht aufspritzen.

10) Zu trockene Oberfläche durch Spritznebel

Beschreibung
Rauhe, ungleichmäßige Lackoberfläche.

Ursache
a) Lösungsmittel verdunstet infolge falscher Lösungsmittelsorte oder zu geringer Luftfeuchtigkeit und hoher Umgebungstemperaturen zu rasch.
b) Viskosität der Farbe zu niedrig.
c) Luftdruck zu hoch.
d) Filmaufbau zu dünn.
e) Abstand der Pistole zur Spritzfläche zu groß.
f) Grundierung schlecht vorbereitet.

11) Risse oder Abblättern an Reparaturübergängen

Beschreibung
Äußert sich in feinen Rissen oder abgeblätterten Stellen an den Übergängen von Ausbesserungsreparaturen. Tritt kurz nach Auftragen des Decklacks auf dem Primer/Füller auf.

Ursache
a) Filmschicht zu dick – bei dick aufgespritzer Grundierung/Füller ohne ausreichendes Ablüften zwischen den einzelnen Schichten bilden sich Lösungsmitteleinschlüsse, was oft zu Rissen an den Übergängen führt.
b) Mangelhaftes Umrühren und Aufspritzen schlecht durchmischter, verdünnter Grundierung/Füller ergibt einen Film mit losen Pigmenteinschlüssen und dazwischenliegenden Leerräumen (ähnlich einem Schwamm). Bei der Endlackierung wird diese Struktur durchbrochen, was zu Schrumpfen und Haarrissen und damit zu Rissen an den Übergängen führt.
c) Für Grundierung zu schnellflüchtige Verdünnung, so daß die Partikel der Grundierung nicht sauber verlaufen können.
d) Unsachgemäße Reinigung und Vorbereitung der Lackierflächen. Werden Übergänge an Ausbesserungen nicht sauber gereinigt, ziehen sich die Grundierschichten u.U. durch schlechten Verlauf und mangelnde Haftung an diesen Kanten zusammen.
e) Beim „Abblasen" der Grundierschicht mit der Spritzpistole trocknet die Oberfläche, bevor Luft oder Lösungsmittel im Film entweichen kann. Der Lack schrumpft dann und platzt beim Austrocknen ab.

Abhilfe
Betroffene Stellen blankschleifen und neu lackieren.

12) Stumpfer Decklack

Beschreibung
Gegenüber dem erwarteten Niveau mangelhafte Lichtreflexion. Bei manchen Lacksorten, z.B. 2K-Lacken, ist der erzielbare Glanz der Spritzlackierung wesentlich größer als bei anderen.

Ursache
a) Zu geringe Schichtdicke.
b) Schleifspuren. Siehe Pkt. 5.
c) Eintrübungen. Siehe Pkt. 2.
d) Lack minderwertig.

Abhilfe
Abschleifen und Decklack neu aufspritzen.

13) Orangenhaut

Beschreibung
Die „Orangenhaut" wirkt wie eine graupelige Oberfläche (ähnlich einer Apfelsinenschale).

Ursache
Bei Orangenhautbildung verlaufen die auf der Blechoberfläche auftreffenden Lacktröpfchen nicht sauber ineinander (Verlaufsstörungen). Die Tropfen bleiben dann so liegen, wie sie aus der Pistole austreten, und ergeben eine rauhe Oberfläche. Idealerweise müssen die Tröpfchen so naß sein, daß sie auf der Spritzfläche völlig ineinander verlaufen und eine glatte Fläche bilden.

a) Falsche Einstellung oder Handhabung der Pistole. Luftdruck zu hoch oder zu niedrig, Abstand zu groß, Farbdurchsatz zu gering oder Strahl zu breit eingestellt.
b) Temperatur in der Lackierbox zu hoch; in diesem Fall langsamer ablüftenden Verdünner verwenden.
c) Ungleichmäßige Materialdurchmischung. Viele Farben enthalten Fließverbesserer. Bei ungleichmäßiger Durchmischung ist Apfelsinenschaleneffekt die Folge.

d) Viel zu dicke oder zu dünne Lackschicht.
e) Falsche Viskosität oder ungenauer Verdünneranteil.
f) Bei falscher Ablüftzeit zwischen den Schichten und Abblasen mit der Pistole (zur Beschleunigung des Trocknungsvorganges) steigt das Risiko von Orangenhautbildung.

Abhilfe
a) Nach voller Durchhärtung des Decklacks die Orangenhaut mit Polierpaste oder Schleifpapier Körnung P1200 (je nach Stärke der Orangenhaut) nacharbeiten. Mit Politur auf Glanz polieren.
b) In schweren Fällen mit Schleifpapier Körnung P1000/P1200 nachschleifen und nachlackieren.

14) Haftvermögen der einzelnen Schichten beeinträchtigt

Beschreibung
Die Lackschicht blättert leicht von der darunterliegenden Lackschicht ab bzw. kann mit Abklebeband mühelos abgezogen werden. Tritt bei Nachlackierungen oder Originallacken gleichermaßen auf.

Ursachen
a) Verunreinigungen zwischen zwei Schichten (Öl, Schleifstaub, Wasser u.ä.).
b) Übermäßige Einbrennzeit bzw. -dauer von Grundierung oder Deckschicht.
c) Extrem dünne Grundschicht bzw. Deckschicht.
d) Anschliff zwischen den Lackschichten ungenügend, dadurch vermindertes Haftvermögen des Lacks.
e) Grundierung und Decklack nicht miteinander verträglich.

Abhilfe
Durch Abschleifen der Lackfläche bis auf die schadhafte Grundierschicht und gründliches Reinigen läßt sich der Schaden meist beheben. Nur in seltenen Fällen, in denen der Lack bereits früher ausgebessert wurde, muß der Lack bis auf das blanke Metall entfernt werden.

15) Läufer bzw. Nasen

Beschreibung
„Tränen" oder „Vorhänge" an senkrechten oder schrägen Karosserieflächen.

Ursache
a) Zu hoher Anteil langsam verdunstender Lösungsmittel im Lack.
b) Lack zu dick aufgetragen.
c) Lack zu rasch ohne ausreichende Ablüftzeit zwischen den einzelnen Schichten aufgetragen.
d) Abstand der Pistole zur lackierten Fläche zu gering.
e) Luftdruck zu gering.
f) Farbdurchsatz zu hoch.

Abhilfe
Die betroffenen Bereiche müssen vor dem Nachschleifen erst voll durchhärten. Denken Sie daran, daß Kunstharzlacke langsam durchhärten und evtl. starke „Läufer" entwickeln. Meist ist eine weitere Deckschicht aber nicht notwendig.

16) Überspritznebel

Beschreibung
Spritznebel schlägt sich als trockener oder halbtrockener Farbnebel aus der Spritzpistole nieder, so daß nicht absorbierte Lackpartikel auf der lackierten Fläche liegenbleiben.

Ursache
a) Bei mangelnder Kontinuität im Spritzen der einzelnen Durchgänge kommt es zu trockenen Überdeckungen, d.h. der Lack trocknet viel zu rasch.
b) Verwendung von minderwertigem oder falschem Verdünner, z.B. zu rasch ablüftender Verdünner bei warmem, trockenem Wetter.
c) Falsche Spritztechnik, z.B. nachlässiges Überspritzen auf angrenzende (lackierte oder unlackierte) Flächen.
d) Übermäßiger Rückstoß durch falschen Luftdruck, falsche Viskosität oder Pistoleneinstellung.

Abhilfe
a) Nitrolack-Überspritznebel ist normalerweise trocken. Er klebt nicht und kann daher durch Polieren des teilweise getrockneten Lacks wegpoliert werden.
b) Kunstharz-Überspritznebel ist meist feucht und haftet auf der Aufnahmefläche fest an. Frische Materialien dieser Art lassen sich nur schwer auspolieren; zur Nachbesserung nasser Überspritznebel muß daher naß nachgeschliffen und neu lackiert werden.

17) Luftbläschenbildung

Beschreibung
Luftbläschen zeigen sich als winzige Löcher – meist in Gruppen – im Decklack.

Ursache
Diese Erscheinung ist auf verschiedenste Ursachen zurückzuführen, z.B. Lösungsmittel, Feuchtigkeit und Luftblasen, die beim Trocknen „ausgasen". Oft liegt dies an unsachgemäßer Vorbereitung oder Verarbeitung; es kann in Grundierung, Spritzspachtel oder Decklack gleichermaßen auftreten.
a) Falsche Einstellung oder Handhabung der Pistole. Abstand der Pistole zur Oberfläche zu gering, Lack zu feucht oder Grundierung bzw. Decklack ungenügend zerstäubt. Die Luftbläschen bilden sich beim Freisetzen von Luft oder Lösungsmittelüberschuß beim Trocknen.
b) Beim Übersprühen einer frischen Lackierung kann Luft in die Lackoberfläche gedrückt werden oder die Außenhaut zu rasch trocknen.
c) Auftrag von Decklackschichten auf zu trocken aufgespritzten Grundier- oder Decklacken.
d) Verunreinigung. Feuchtigkeit oder Öl in der Druckluftleitung setzt sich beim Spritzen im Lack ab.
e) Zu satter Auftrag mit ungenügender Ablüftzeit zwischen den einzelnen Schichten.
f) Unsachgemäße Spachteltechnik. Beim Verstreichen von Spachtel an spitzen Winkeln wölbt sich das Material unter der Spachtelklinge auf, und es werden Luftblasen in den Spachtel gedrückt.
g) Schlechte Grundierung von gespachtelten Stellen an der Karosserie vor der Decklackierung.

Abhilfe
a) Bei nur geringer Luftblasenbildung im Decklack kann der Defekt durch Feinstpolieren oder Überschleifen mit Naßschleifpapier Körnung P1200 und anschließendem Nachpolieren beseitigt werden.

b) In anderen Fällen die schadhaften Lackstellen abschleifen, bis die Luftblasen verschwinden, und dann nachlackieren, bzw. den Lack bis zum blanken Metall entfernen und wieder neu aufbauen.
Auf keinen Fall versuchen, die Luftblasen mit mehreren trockenen Lackschichten oder mit Grundierung auszugleichen.
c) Nach dem Schleifen von Grundierung oder Spachtel werden freiliegende Luftblasen mit dünnem Fein- oder Messerspachtel ausgeglichen, der mit einem im 90-Winkel zur Oberfläche gehaltenen Spachtelmesser aufgetragen wird. Der Feinspachtel setzt sich dadurch richtig in den Poren ab und wird beim Weiterziehen des Messers auch nicht wieder hochgedrückt.

Hinweis: Kommt es in der Lackiererei häufig zu Luftblasenbildung, müssen alle Faktoren kontrolliert und ggf. korrigiert werden, die rasche Oberflächentrocknung begünstigen, z.B. Lackkonsistenz, Verdünner, Werkstattemperatur usw.

18) Schmutz

Beschreibung
Außer bei Pickeln im Lack (siehe unten) zeigt sich Schmutz im Lack als unregelmäßige Einschlüsse unterschiedlicher Größe, die eine rauhe Oberfläche ergeben.

Ursache
Schmutz kommt über den gespritzten Lack oder nach dem Lackauftrag auf die lackierte Fläche. In beiden Fällen liegt die Ursache meist an mangelnder Sauberkeit des Arbeitsplatzes oder an der Verwendung von Lacken, die empfindlich gegen nicht optimale Arbeitsbedingungen sind.
a) Verschmutzter Lack oder Lösungsmittel. Neue, noch nie geöffnete Farbdosen sind wohl kaum verschmutzt, beim Abnehmen verstaubter Deckel oder unsachgemäßer Lagerung angebrochener Farbdosen kann jedoch rasch Schmutz eindringen.
b) Nicht entfernter Grundierschleifstaub.
c) Staub aus der Luft (aus dem unmittelbaren Arbeitsbereich oder aus entlegeneren Quellen). Für langsam trocknende Lacke wie z.B. Kunstharzlacken ist aus zwei Gründen eine saubere, geschlossene Lackierbox nötig. Erstens setzt sich durch die längere Trockenzeit rasch Staub ab, zweitens läßt sich der Hochglanz – anders als bei Nitrolacken – nicht nachträglich durch Feinschleifen und Polieren wiederherstellen.
d) Schlecht gereinigte Geräte und Filter ergeben eine unsaubere Lackierung. Oft werden bei kurz vorher erfolgtem Farbwechsel durch den höheren Lösungsmittelanteil Rückstände aus der Pistole vor dem Endfilter gelöst.

Abhilfe
Damit die Schmutzpartikel, die oft Öl- und Lösungsmitteleinschlüsse aufweisen, entfernt werden können, muß die verschmutzte Lackschicht vorsichtig bis auf die gesunde Lackschicht abgeschliffen werden. Bei lokal begrenzten Defekten, die durch verhärtete Lackreste aus der Pistole hervorgerufen wurden, ist dies überflüssig. Hier genügt dann Feinschleifen und Polieren.

19) Stippen oder Pickelbildung

Beschreibung
Hierbei setzen sich Partikel einheitlicher Größe und Form in einer gleichmäßigen, körnigen Schicht im Lack ab.

Ursache
a) Extrem geringe Schichtdicke des Lacks.
b) Verunreinigung des Lackfilms und mangelhafte Filterung.

Abhilfe
Die betroffenen Bereiche nachschleifen und neuen Decklack auftragen.

20) Mangelnde Deckfähigkeit

Beschreibung
Die Deckkraft ist zu gering, wenn die ursprüngliche Farbe bzw. Grundierung durch den Decklack noch zu sehen ist.

Ursache
a) Bei ungenügendem Umrühren verteilen sich die Pigmente nicht gleichmäßig.
b) Zu starke Verdünnung.
c) Bei extrem langsam ablüftendem Verdünner läuft die Farbe ab, bevor sich eine ausreichende Schichtdicke stabilisieren konnte.
d) Verwendung von minderwertigem oder ungeeignetem Verdünner.
e) Zu wenig Schichten aufgetragen.

Abhilfe
Die Farbe ablüften lassen und nachlackieren bzw. komplett durchhärten lassen, naß nachschleifen und neu lackieren.

21) Einsinken

Beschreibung
Beim Trocknen geht der Glanz verloren, und es kommen alle Fehlstellen in den darunterliegenden Lackschichten, z.B. Spachtelumrisse, Riefen im Metall usw., wieder zum Vorschein.
a) Zu dicker Auftrag aller oder einiger der Materialien für Lackierung bzw. Vorbereitung.
b) Nicht ausreichende Ablüftzeit zwischen den einzelnen Schichten.
c) Poröse Oberflächen durch zu trockenes Aufspritzen der Grundierung.
d) Füllspachtel- und Feinspachtelstellen wurden nicht vorgrundiert.
e) Hochpigmentierte Grundierungen wurden vor der Verarbeitung nicht genügend umgerührt, bzw. Grundierungen sind nicht durchgehärtet.
f) Anschliff mit zu grober Schleifpapierkörnung.
g) Trocknung beeinträchtigt: Raum zu klein, zu kalt, feucht, bzw. ohne Belüftung.
h) Verdünneranteil im Lack zu gering.

57. Blasenbildung.
(Werkbild Austin-Rover)

58. Schleifspuren – hier z.B. die Schleifspuren einer Schleifscheibe.
(Werkbild Austin-Rover)

59. Kochbläschen.
(Werkbild Austin-Rover)

60. Rißbildung. Grobe Rißbildung, vermutlich infolge viel zu dicken Lackauftrags.
(Werkbild Austin-Rover)

61. Rißbildung. Derartige Risse können bei unverträglichen Alt- und Neulacken. Lösung: auf blankes Metall abschleifen oder die Risse bis auf glatten Untergrund abschleifen und Isolierung aufspritzen.
(Werkbild Austin-Rover)

62. Haarrisse. Manchmal bilden sich im Lack bei den unter „Rißbildung" erwähnten Problemen auch feinste Haarrisse.
(Werkbild Austin-Rover)

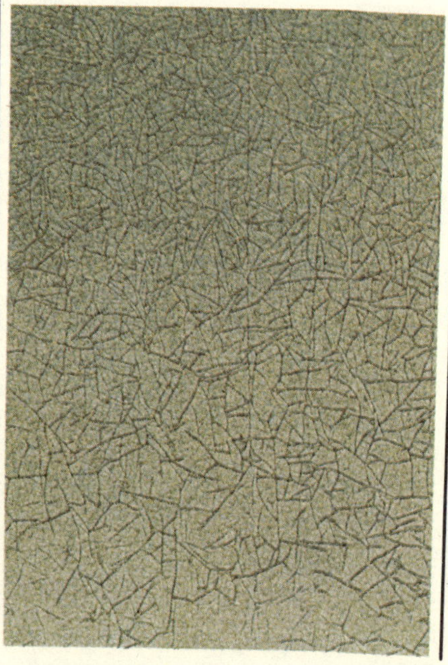

63. Silikonbläschen.
(Werkbild Austin-Rover)

64. Matter Lack.
(Werkbild Austin-Rover)

65. Orangenhaut.
(Werkbild Austin-Rover)

66. Abblättern der Lackschichten. Abblätternde Stellen können sich über größere oder kleinere Flächen erstrecken. Manchmal kommt dabei das blanke Metall zum Vorschein, meist blättert der Lack jedoch nur bis zu einem schlecht angeschliffenen Altlack ab.
(Werkbild Austin-Rover)

67. Luftbläschen.
(Werkbild Austin-Rover)

68. Schmutz. Ein krasser Fall von verschmutztem Lack.
(Werkbild Austin-Rover)

i) Verwendung von ungeeignetem Verdünner, vor allem in der Primer-/Füllerschicht.

Hinweis: Eine zu dünne Decklackschicht ergibt denselben Effekt wie eingesunkener Lack.

Abhilfe
a) Lack aushärten lassen. Je nach Stärke des Einsinkens mit Feinschleifpaste oder P1200er Schleifpapier nachschleifen und polieren.
h) In schweren Fällen mit Körnung P500 bis P1000 naß anschleifen und neu lackieren.

22) Zu langsames Durchtrocknen

Beschreibung
Die Trocknung und Durchhärtung des Lacks dauert viel zu lange.

Ursachen
a) Viel zu dicke Lackschicht, so daß Lösungsmittel unter der angetrockneten Außenhaut eingeschlossen werden.
b) Schlecht gereinigte und vorbereitete Lackoberfläche – Wachs-, Öl- und Abbeizerrückstände oder Fettspuren wurden überlackiert.
c) Trocknung beeinträchtigt: Raum zu klein, zu kalt, feucht, bzw. ohne Belüftung.
d) Ungünstige Bedingungen für Lackauftrag – zu wenig Luftbewegung, zu geringe Temperatur.
e) Trocknungszeit zwischen den Schichten zu gering.
f) Zuviel Aushärtverzögerer zugesetzt.
g) Verwendung von minderwertigem oder ungeeignetem Verdünner, z.B. zu langsam ablüftender Verdünner.

Abhilfe
a) Normalerweise läßt sich zu langsames Trocknen korrigieren, indem das Fahrzeug an einen besser belüfteten und wärmeren Ort gestellt wird oder etwas Wärme erzeugt wird. Liegt der Grund an der übermäßigen Schichtdicke, kann es zu Runzelbildung kommen, sofern die Wärme nicht genau dosiert und zu rasche oder zu direkte Einwirkung auf das Blech vermieden wird.
b) Wird die Trocknung durch Schmutzrückstände blockiert, z.B. bei nicht abgewaschenen Abbeizerrückständen, helfen Wärme und bessere Belüftung nicht, sondern nur Abschleifen bis auf blankes Metall und Neulackierung.

23) Verfärbung

Beschreibung
Die Farbe entspricht nicht dem vorgesehenen Farbton.

Ursache
a) Farbe im Haupttank vor der Abfüllung oder im Einzelbehälter schlecht durchmischt.
b) Zu geringe Schichtdicke; Lack wirkt „transparent", Grundierung ist noch wahrzunehmen. Oft durch Spritzfehler oder Fehler im Lack bedingt.
c) Spritzfehler beim Lackieren mit Metallicfarbtönen.
d) Unterschiede in der Verarbeitungsweise von Originallack und Reparaturlack.

Abhilfe
Vorhandenen Decklack anschleifen und neu lackieren.

24) Wasserränder bzw. Wasserflecken

Beschreibung
Wasserränder können mit Poliertüchern nicht entfernt werden; sie entstehen beim Verdunsten von Wassertropfen auf dem Lack, wobei der Umriß des Tropfens zurückbleibt. Oft bleibt auch ein Wasserrand als weißer Fleck auf dem Lack zurück.

Ursache
a) Lack wurde zu früh dem Regen ausgesetzt, bevor er voll durchgehärtet ist.
b) Extremer Wetterumschwung mit heftigen Schauern und anschließendem intensivem Sonnenschein.
c) Übermäßiges Wachsen der Karosserie.

Abhilfe
a) Kommt übermäßiges Wachsen der Karosserie als Ursache in Frage, ist das alte Wachs mit sauberen Lappen und Wachs- und Fettentferner gründlich zu entfernen. Je nach Tiefe des Wasserrandes bzw. -fleckens zuerst mit Flüssigpolitur, dann mit gröberer und feinerer Polierpaste nachpolieren.
b) Bringt mehrmaliges Polieren keine Abhilfe, muß die betroffene Fläche naß angeschliffen und nachlackiert werden.

Hinweis: In extremen Fällen kommen die Wasserränder bzw. -flecken einige Tage nach dem Polieren wieder zum Vorschein. Dies läßt sich durch ein- oder zweimaliges Nachpolieren beseitigen.

25) Runzeln

Beschreibung
Runzeln kommen eigentlich nur bei Kunstharzlacken vor, die durch Oxidation oder Warmhärten in der Einbrennkabine trocknen. Es zeigt sich als Faltenbildung, meist während des Trocknens, manchmal auch bereits beim Decklackauftrag.

Ursache
Runzeln entstehen durch ungleichmäßiges Trocknen des Lackfilms. Kunstharzlacke trocknen von der Oberfläche aus nach unten, d.h. die Oberfläche bildet durch Kontakt mit dem Luftsauerstoff eine Haut. Nach dem Lackauftrag kann das Lösungsmittel aus den unteren Lackschichten nicht mehr entweichen, sie härten also auch nicht mit derselben Geschwindigkeit wie die oberste Schicht aus. Dadurch verzieht sich der Farbfilm und bildet Runzeln.
a) Ungleichmäßige Trocknung.
b) Übermäßige Schichtdicke.
c) Verwendung von ungeeignetem oder minderwertigem Verdünner, der z.B. zu langsam ablüftet.
d) Ungleichmäßige Werkstatttemperatur; dadurch bildet sich die Haut an bestimmten Stellen ungleichmäßig.
e) Unkorrekte Trocknung. Wird ein frisch aufgetragener Decklack zu rasch eingebrannt oder mit Hilfsmitteln getrocknet, kann es zum Anweichen der darunterliegenden Schichten und damit zu Anschwellen und Runzelbildung kommen.
f) Ablüftzeit zwischen aufeinanderfolgenden Lackschichten nicht ausreichend.

Abhilfe

a) Bei nur leichten Runzeln den Film voll aushärten lassen. Dann beischleifen, bis alle Runzelspuren verschwunden sind, und nachlackieren.

b) Bei starken Runzeln Lack bis auf blankes Metall entfernen, gründlich reinigen und neu lackieren.

26) Farberweichung

Beschreibung

Die Lackfläche ist auch nach vollem Austrocknen noch druckempfindlich.

Ursache

a) Schichtdicke des Lacks zu hoch.

b) Bei 2K-Lacken Härterzusatz falsch dosiert.

Abhilfe

Lack abschleifen. Die meisten Lacke, auch Kunstharzlacke, sprechen allerdings auf längere Trockenzeit positiv an.

Lack abbeizen ●

Abbeizer wirkt extrem ätzend und ist mit Vorsicht zu verarbeiten. Beim Abbeizen stets Gummihandschuhe tragen, nackte Arme bedecken und eine Schutzbrille tragen. Beachten Sie außerdem die Herstelleranweisungen für den Fall, daß Abbeizer auf die Haut oder in die Augen gerät.

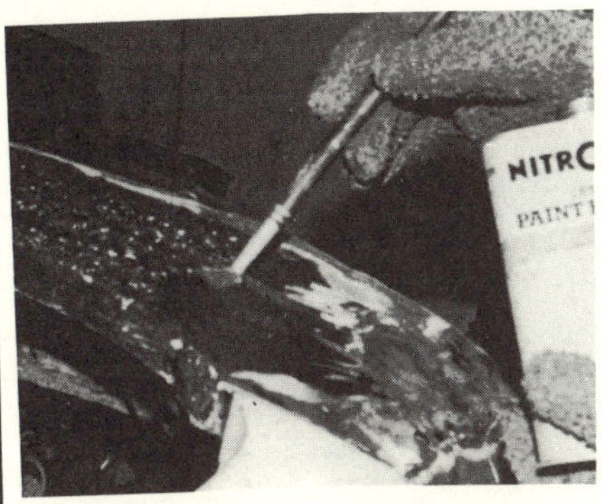

69. Als erstes die zu behandelnden Bereiche dick mit Abbeizer einstreichen. Dabei möglichst nicht mehr als etwa $^{1}/_{2}$ m^{2} auf einmal behandeln. Alle umliegenden Lackflächen mit mehreren Lagen Abdeckpapier abkleben.

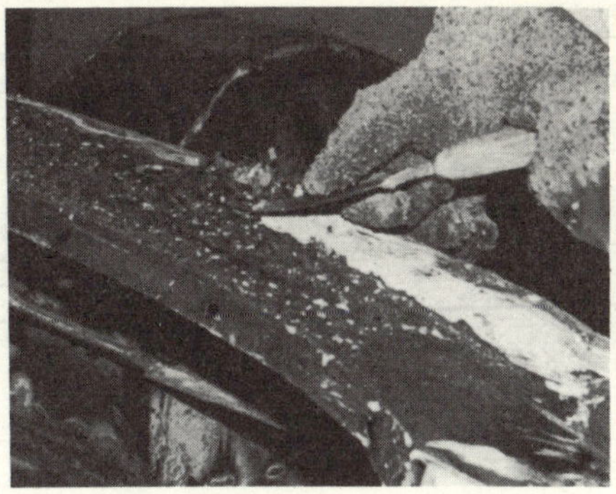

70. Den Abbeizer einige Zeit einwirken lassen und dann den Lack mit einem Spachtel abheben. Die äußerste Lackschicht, die noch vergleichsweise frisch ist, dürfte sich durch ihren hohen Lösungsmittelanteil leicht abkratzen lassen.

71. Die losen Lackreste wegbürsten, damit man sieht, wo Nacharbeit nötig ist. Der Lack ist voll Abbeizer, also gleich ordnungsgemäß entsorgen, bevor damit Schaden angerichtet wird. Kinder und Haustiere holen sich in ihrer Neugier daran allzuleicht Verätzungen.

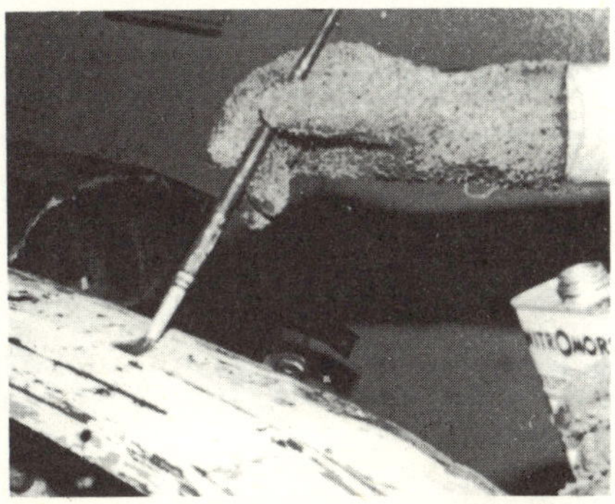

72. Die nächste Schicht wieder mit Abbeizer einstreichen. Die folgenden Schichten lassen sich immer schwerer entfernen, die untersten Schichten weichen vielleicht kaum noch an.

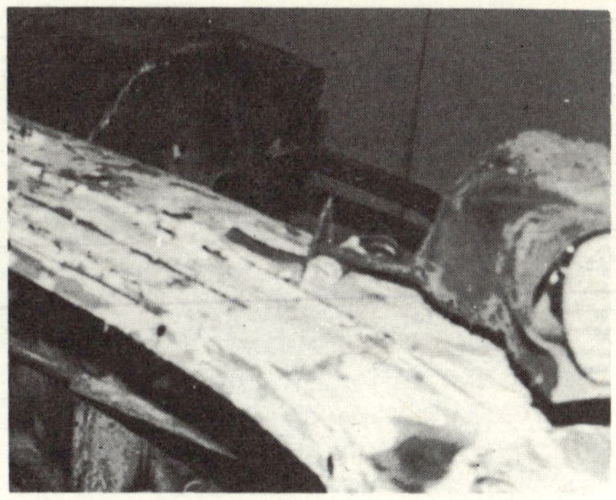

73. Mit mehr Nachdruck geht's mit einem Dreikantschaber, den man beim Abziehen zu sich her zieht. Auch Schaberklingen müssen (wie Schneidwerkzeuge) ordentlich geschärft sein, allerdings braucht die Schnittkante nicht gerade wie eine Rasierklinge „gewetzt" zu sein.

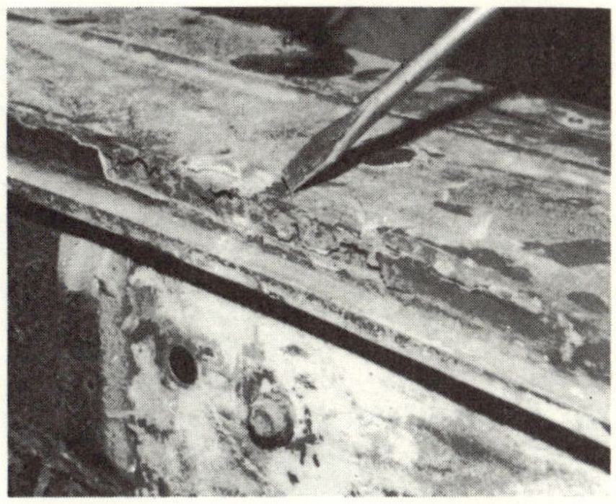

74. Bei derartigen Rostschäden beizt man am besten zuerst den umliegenden Bereich ab. Handelt es sich nur um kleinere Flächen, läßt sich der Lack vielleicht mit der Lötlampe entfernen (Vorsicht vor Wärmeverzug im Blech!). Meist kommen unter dem Lack weitere Schäden zum Vorschein, vor allem infolge der nachhaltigen Wirkung von Abbeizer auf Kunstharz (Kunststoffanteil von Glasfasermatten). Für GFK-Karosserien muß daher ein spezieller Abbeizer verwendet werden (bei Beschaffungsschwierigkeiten wende man sich an Händler von entsprechenden Sportwagen wie Corvette oder Lotus oder an Bootswerkstätten. Abbeizer für Glasfaserkarosserien wirkt wesentlich langsamer als Abbeizer für Metalle).

Lackieren von Kunststoffen ●

Kfz-Teile, die keinen Spannungen ausgesetzt sind, werden in steigendem Maße aus Kunststoff gefertigt. Beim Lackieren kann es dabei zu erheblichen Problemen kommen – manche Lacksorten reagieren auf Kunststoff extrem empfindlich, daher ist also unbedingt die richtige Arbeitsweise einzuhalten. Kunststoffe (von denen es viele Sorten gibt) lassen sich leider nicht durch bloßes Ansehen kontrollieren. Ohne die Kunststoffsorte zu kennen, kann man Problemen aber auch kaum vorbeugen. Das nachfolgende „Stando-Test System" von Berger ermöglicht eine zuverlässige Bestimmung des Kunststoffmaterials, so daß Risiken beim Lackieren von Kunststoffen ausgeschlossen sind.

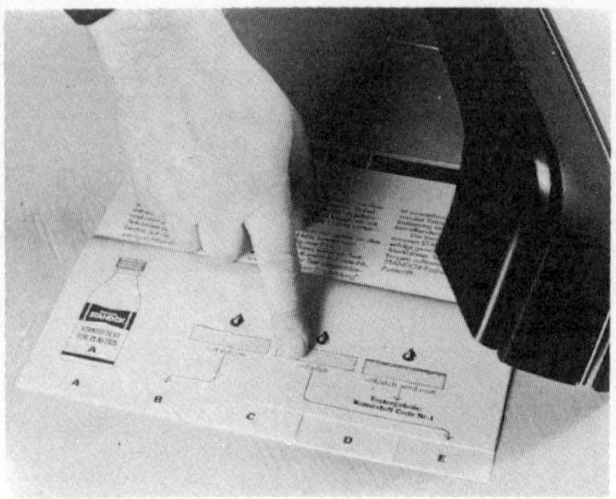

75. Das übersichtliche Flußdiagramm enthält alle Einzelheiten zum Gebrauch des Test-Set.

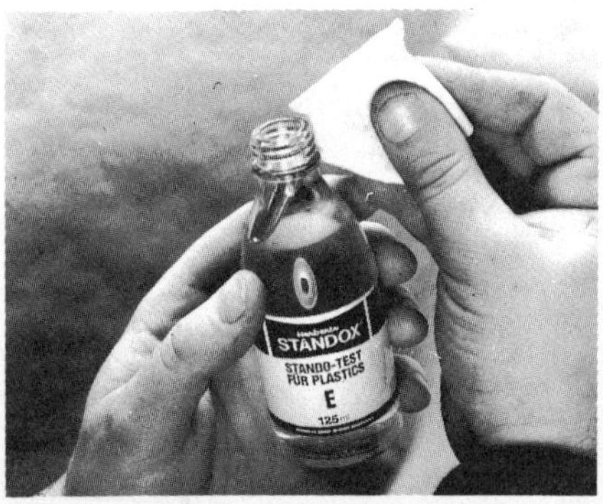

76. Das Stando-Test System enthält mehrere Flaschen mit verschiedenen Prüfflüssigkeiten. Man träufelt etwas davon auf einen Lappen . . .

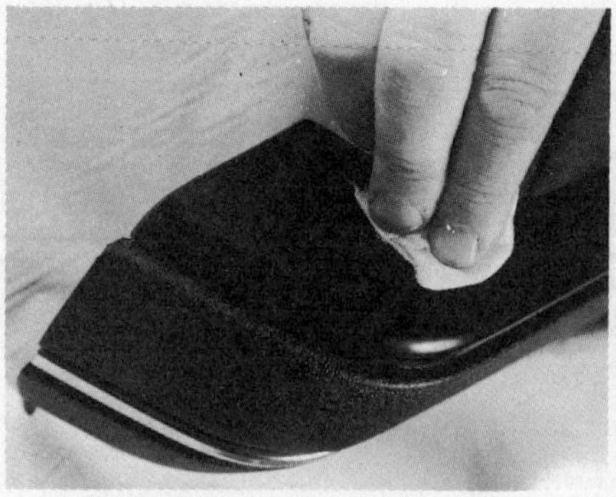

77. . . . und reibt das Teil damit ein. Bleibt die Reaktion aus, wiederholt man den Versuch mit der nächsten Flüssigkeit . . .

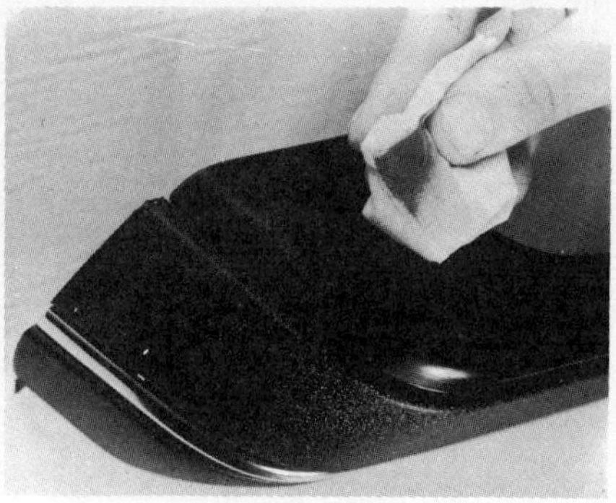

78. . . . bis der Lappen die Färbung des Kunststoffs annimmt.

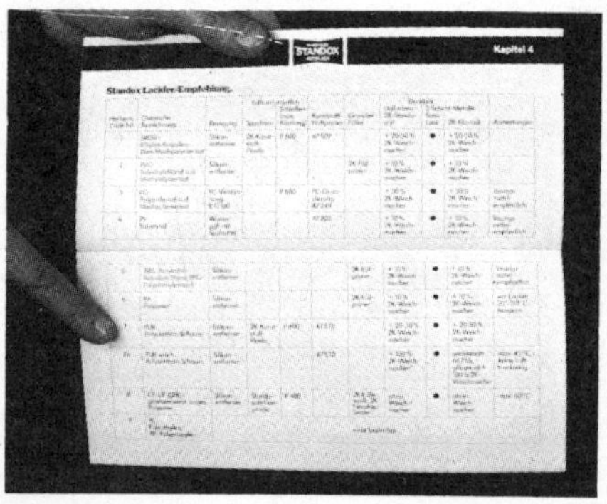

79. Damit wissen Sie auch, was Sie vor sich haben. Aus der Tabelle ist alles wesentliche über die Kunststoffsorte zu entnehmen, so daß Sie den Lackaufbau richtig vorbereiten können.

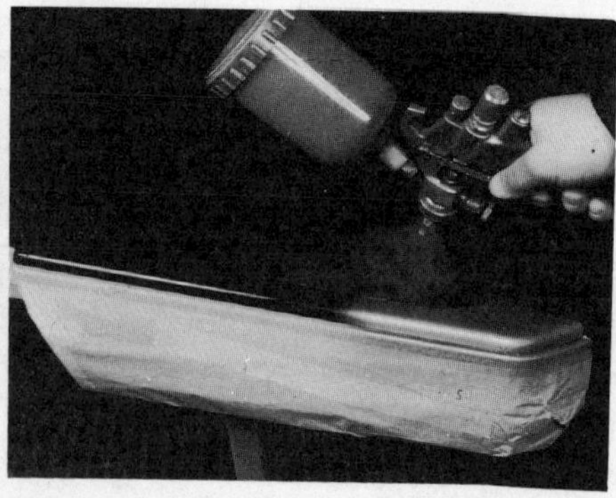

80. Der Rest ist Routine, da man jetzt die Gewißheit hat, daß keine unliebsamen Reaktionen mit unverträglichen Kunststoffen mehr vorkommen können.

Die Reparatur von Kunststoffen ist nicht komplizierter als von Blechteilen. Hierfür können Glasfaser und Spachtel verwendet werden, allerdings sind fast alle Kunststoffteile elastischer als GFK, so daß sie auch eher zur Rißbildung neigen. Hierfür gibt es im Fachhandel Feinspachtel, die auch im ausgehärteten Zustand relativ elastisch bleiben und ideal für die Reparatur leichterer Schäden an Kunststoffen sind. Außerdem sind zu den Kunststofflacken spezielle Weichmacher erhältlich, die dem Lack seine Sprödigkeit nehmen, so daß er alle Bewegungen des Kunststoffteils ohne Rißbildung mitmacht.

Kriterien für Kauf und Einsatz von Kompressoren ●

In Anzeigen für Kompressoren wird fast genausoviel versprochen wie bei HiFi-Anlagen. Kein Wunder, daß viele diese so vielseitigen Werkzeuge vor allem nach Preis und Optik auswählen. Ein Kompressor ist unentbehrlich für jede nur halbwegs ernstzunehmende Lackierung – obendrein können Sie damit auch Reifen aufblasen, Motorwäschen mit Kaltreiniger durchführen, kleinere Sandstrahlgeräte und sogar Druckluftwerkzeuge betreiben, z.B. Trennmeißel, mit denen man mal eben ein rostiges Blech heraustrennt, Winkelschleifer, Schwingschleifer und Poliergeräte. Überhaupt ist bei Karosserierestaurierungen der Kompressor die erste größere Anschaffung.

Ein Kompressor besteht aus einem Elektromotor (bzw. manchmal einem Benzin- oder Dieselmotor), der einen Kolben in einem Zylinder antreibt (ähnlich wie im Automotor). Der Kolben liefert hier jedoch die Antriebsenergie als Druckluft, mit der über die Zuleitungen die Druckluftwerkzeuge betrieben werden.

Bestimmte Punkte sind auf jeden Fall zu beachten – egal ob man neu oder gebraucht (z.B. aus einer Werkstattauflösung) kauft. Nach Festlegung der Preiskategorie prüft man zuerst das Fördervolumen – und hier lassen einen die Hersteller oft arg im unklaren.

Bei größeren Geräten ist auf jeden Fall ein Druckluftkessel nötig, der die durch die Pumpwirkung des Kolbens verursachten Schwankungen ausgleicht. Es gibt zwar auch sehr kleine Modelle ohne Druckluftkessel, mit ihnen arbeitet man jedoch ohnehin derart langsam, daß die Spritzimpulse an der Pistole nicht ins Gewicht fallen. Auch Kleinstkompressoren gibt es heute mit eigenem Druckluftbehälter, der den Druckluftstrom glättet. Kompressoren mit größerem Druckluftkessel können außerdem auch kurzzeitig als Antriebsquelle für Geräte mit hohem Druckluftbedarf eingesetzt werden, der vom Motor allein nicht aufgebracht werden kann. Druckluftmeißel verbrauchen bei Dauerbetrieb z.B. relativ viel Luft. Diese Meißel benutzt man in der Praxis ja kaum länger als einige Sekunden, so daß der Kompressor zwischendurch wieder seinen Kessel füllen kann. Es wäre jedoch am falschen Platz gespart, einen Kompressor anzuschaffen, der ständig mit voller Kraft laufen muß, damit die vorhandenen Geräte überhaupt betrieben werden können. Kalkulieren Sie also, wieviel der Kompressor leisten muß und ob es hinderlich wäre, wenn er zwischendurch immer wieder Zeit zum „Luftholen" braucht. Er muß also mindestens für die vorhandenen Lackierausrüstungen ausgelegt sein, bei denen z.B. bei Pistolen der Spitzenklasse rasch Durchsätze von 250 l/min erreicht werden (sparsamere Modelle gibt es natürlich auch).

Passen Sie bei den vom Hersteller angegebenen Durchsatzzahlen auf wie ein Luchs! Oft wird der theoretische Durchsatz angegeben, der mit dem in der Praxis erreichten Wert kaum etwas zu tun hat und eher mit dem Hubvolumen des Kolbens im Zylinder zusammenhängt. Die tatsächlich geförderte nutzbare Druckluftmenge liegt gerade knapp über der Hälfte des theoretischen Wertes. Für Sie wirklich von Interesse ist das Luftfördervolumen, das auf die verwendeten Druckluftwerkzeuge abgestimmt sein muß. Druckluft-Polierscheiben benötigen z.B. bis zu stolze 500 l/min – und zwar mehrere Minuten lang, so daß hierfür nur ein relativ teurer Kompressor in Frage käme. Die meisten Geräte laufen jedoch nur im Intervallbetrieb; da das Werkzeug also immer wieder stillsteht und sich währenddessen der Kessel füllen kann, sind hier Abstriche an die Kesselgröße möglich.

Auch die Betriebsdrehzahl des Kompressors ist von Interesse. Viele kleinere Markenkompressoren laufen mit 600 bis 900 U/min. In diesem Bereich dürften auch die einer langen Lebensdauer zuträglichen Drehzahlen liegen. Es gibt aber auch Geräte mit angeblich phänomenaler Leistung zu günstigsten Preisen, die mit bis 3000 U/min und im Durchschnitt immerhin mit ca. 1400 U/min laufen. Je höher die Drehzahl, desto größer aber auch der Verschleiß!

Andere Qualitätsmerkmale, die zu beachten sind: TÜV-Prüfsiegel, Antriebsmotor eines namhaften Herstellers, sowie ein großer Kessel, der neben obigen Vorteilen auch Kondensation verringert, wobei sich die beim Ausdehnen und Zusammenziehen der Luft anfallende Feuchtigkeit als Tropfen im Tank niederschlägt und nicht über die Leitungen in den Lack mitgerissen wird; ferner ein Druckmanometer, das Überdrücke bei Defekten am Überdruckventil anzeigt, sowie Platz für den Anbau eines Luftreglers (ein wichtiger Gesichtspunkt, da bei seitlicher Montage oft nicht genug Platz für das Reglergehäuse bleibt), sowie außerdem ein Filter an der Eintrittsseite. Druck ist grundsätzlich weniger wichtig als der Luftdurchsatz (Fördervolumen, nicht Hubvolumen). Auch sind riemengetriebene Kompressoren meist laufruhiger als Kompressoren mit Direktantrieb.

In der Praxis

Undichtigkeiten an Anschlüssen oder Leitungen reduzieren die Kompressorleistung erheblich. Bei einem Loch von nur 3 mm Durchmesser entweichen schon 11 Liter Luft pro Sekunde (in etwa das Vollastvolumen der kleinsten Kompressoren), also kontrolliert man alle Anschlüsse auf richtigen Sitz. Der Durchmesser der Druckluftleitungen darf auch nicht zu klein sein, sonst wird der Luftdurchsatz durch die Reibungsverluste in der Leitung übermäßig gedrosselt. Grundsätzlich wählt man den Leitungsdurchmesser so, daß er mit dem Durchmesser des Kompressorausgangs übereinstimmt.

Das Öl muß möglichst im, das Wasser aus dem Kompressor herausbleiben. Ersteres läßt sich erreichen, wenn der Ölstand immer bei „Max.", aber nicht darüber liegt, und die Kolbenringe bei Erreichen der Verschleißgrenze erneuert werden. Hierzu werden Kessel und Regler nach jeder Benutzung geleert und der Kompressor möglichst immer an einer kühlen, aber nicht zu feuchten Stelle betrieben. Kompressoren sollten bei regelmäßiger Benutzung am besten außerhalb der Werkstatt oder unter einer Abdeckung und mit Frischluftanschluß an der Saugseite in der Werkstatt aufgestellt werden, so daß das Gerät keine Schleif- und Schmutzpartikel aus der Werkstatt ansaugt. Die Ansaugfilter unbedingt regelmäßig erneuern. Oft vergißt man sie, bis sie völlig zugesetzt sind, und das Gerät sich bei der Arbeit hörbar plagen muß.

81. Englischer Sipair-Kompressor. Ein mittleres Gerät, mit dem man sehr gut arbeiten kann.

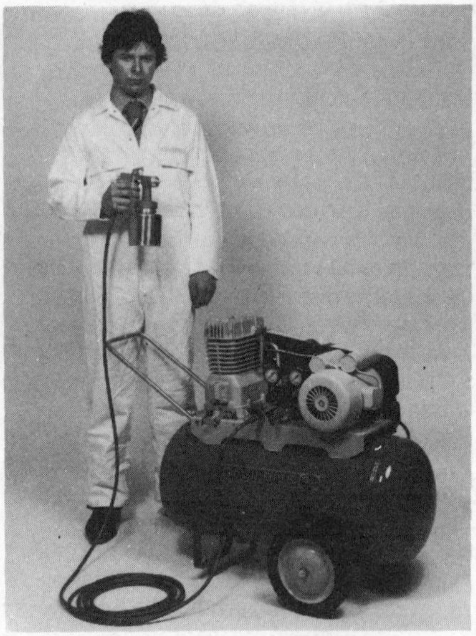

82. Eines der besseren Kompressor-Geräte kommt von DeVilbiss. Lackierungen mit diesem Verdichter haben Profi-Qualität, wenn auch alle anderen Voraussetzungen stimmen.

83. Der Einhell-Kompressor Typ 500/60 D ist zweifellos eines der Spitzengeräte auf dem deutschen Markt. Es ist ein Dreizylinder mit 500 Liter Ansaugleistung, wiegt aber auch 90 kg.

5 Lackieren – Teil 2

Lackierung eines Heckkotflügels ■

Sicher – ,,Käfer"-Kotflügel lackiert man so wie auch alle anderen Kotflügel. Im vorliegenden Fall wurde der Käfer vor allem deshalb als ,,Versuchskaninchen" gewählt, weil er gerade zur Hand war. Und schließlich ist der Käfer ja auch bei Restauratoren ein beliebtes und weitverbreitetes Objekt, also ist die Wahl durchaus ,,repräsentativ".

Die Wahl des richtigen Lacks

Vor allen anderen Arbeiten kontrolliert man zuerst, welche Lacksorte bisher auf dem Wagen verwendet wurde. Die Zusammensetzung der Werkslackierung ist dabei nur dann von Hilfe, wenn man das gesamte ,,Vorleben" des Wagens kennt. Selbst neuere Wagen haben oft schon Unfallreparaturen hinter sich, und die älteren Baujahre erhielten sicher irgendwann mal rasch eine ,,Tankstellenlackierung", damit sie schneller abzusetzen waren. Im wesentlichen sind vier Lacksorten zu unterscheiden. Bestimmte Lacksorten sind miteinander völlig unverträglich, z.B. Nitrozelluloselacke auf Kunstharzlacken, und führen zu fast so krassen Reaktionen wie beim Auftragen von Abbeizer.

Die Lacktests im 1. Teil dieses Kapitel lassen ja bereits Rückschlüsse auf die Art des Altlacks zu. Die nachstehende Tabelle zeigt, welche Lackkombinationen miteinander verträglich sind.

Nitrozelluloselack war in früheren Zeiten mit Abstand die verbreitetste Lacksorte für Erst- und Reparaturlackierungen. Er ist mit relativ einfachen Mitteln zu verarbeiten, trocknet rasch (also wenig Gefahr von Staubbefall) und ist relativ kostengünstig. Nitrolack läßt sich auf absoluten Hochglanz polieren (manchmal aber eine Arbeit von etlichen schweißtreibenden Stunden), kann also gut nachgebessert werden, falls die Amateurlackierung nicht ganz hundertprozentig ausfällt. Er ist auch kaum giftig (kein Grund, bei Kontakt mit dem Lack gleich tot umzufallen!) und bietet sich für den Do-it-yourselfer also idealerweise an.

Für Ausbesserungen ist 1-Komponenten-Acryllack, wie man ihn meist in Spraydosen bekommt, besonders interessant und auch außerordentlich billig. Siehe Abschnitt ,,Karosseriereparaturen aus der Dose".

2K-Acryllacke halten aufgrund ihrer vielen Vorteile zunehmend Einzug in der Branche. Kleinere Kratzer verschwinden darunter völlig, Acryl kann auf allen anderen Lacksorten gespritzt werden und ergibt eine harte, strapazierfähige Oberfläche, die ihren Glanz auch nach Jahren noch behält und mit Wäsche wieder aufgefrischt werden kann. Die Kehrseite der Medaille ist allerdings, daß damit auch ein Riesennachteil erkauft werden muß – **Einatmen des Farbspritznebels kann tödlich wirken.** Isocyanat und Cyanid klingen nicht umsonst ähnlich – beide wirken tödlich! 2K-Isocyanat-Lacke müssen unbedingt in geschlossenen Lackierkabinen gespritzt werden und dürfen nur mit Vollgesichtsmaske mit Luftanschluß verarbeitet werden, so daß der Lackierer stets frische Atemluft von außerhalb der Kabine erhält.

Gerüchten zufolge sollen zur Zeit isocyanatfreie lufttrocknende 2K-Lacke in der Entwicklung sein. Falls dieses Produkt wirklich einmal käme, wäre Nitrolack praktisch über Nacht uninteressant. Einstweilen sind 2K-Lacke für die Verarbeitung im Hobbybereich aber einfach zu gefährlich.

Als vierte Lacksorte ist der Einkomponenten-Kunstharzlack zu nennen, ein enger Verwandter der alten Öl- bzw. Naturharz-Kutschenlacke,

Originallack	Nitrolack	1K-Acryl	2K-Acryl	1K-Kunstharzlack
Reparaturlack Nitrolack	0	X	0	X
1K-Acryl (z.B. Spraydosen)	0	0	0	X
2K-Acryl (Hydroxy-Acryl mit Isocyanathärter)	0	0	0	0 (gealterte Lacke)
1K-Kunstharzlack (Ölbasis)	0	0	0	0

Hinweis: 0 = verträgliche Lacksorten

wie sie bis in die zwanziger Jahre im Kfz-Bau verwendet wurden. Kunstharzlacke erfreuen sich vor allem in der Nutzfahrzeugreparatur großer Beliebtheit, da sie am preisgünstigsten sind, was sich bei den Riesenflächen an Lkw-Karosserien deutlich bezahlt macht. Auch für preisbewußte Pkw-Lackierer werden sie damit interessant, allerdings sind einige ernsthafte Nachteile zu beachten: sie trocknen sehr langsam, sind also entsprechend anfälliger gegen Staubeinschlüsse. Noch schlimmer ist aber, daß bei „Läufern" im Lack oft erst nach Wochen eine ausreichende Durchhärtung erzielt ist, so daß der Lack nachgeschliffen werden kann. Außer mit Kunstharzlacken sind sie außerdem nur mit 2K-Acryllacken risikolos überlackierbar – und auch dann nur bei Jahre alten, „voll durchgehärteten" Lacken.

Es stimmt nicht ganz, daß Kunstharzlacke nicht mit anderen Lacken überlackiert werden können. Mit speziellen Trennlacken (Isolatoren) können reaktionsverdächtige Bereiche überspritzt und damit versiegelt werden. Isolatoren wirken bei unsachgemäßer Verarbeitung hygroskopisch (d.h. sie nehmen Luftfeuchtigkeit auf); läßt man den Wagen also mit „nackter" Isolatorlackierung stehen, wirkt diese wie ein Schwamm. Nach der Decklackierung kommt dann beim ersten kräftigen Frosteinbruch das böse Erwachen, wenn die im Lack eingeschlossenen Wassertröpfchen gefrieren und sich ausdehnen und unzählige „Mikrobläschen" die Karosserie fast in einen Streuselkuchen verwandeln! Spritzen Sie also innerhalb etwa einer Stunde nach Auftrag des Isolators die erste Primerschicht (auch Primer zieht bei längerer Witterungseinwirkung ohne Decklack allerdings Feuchtigkeit an – lassen Sie die grundierte Karosserie also nie im Regen stehen!).

1. Unser Versuchskaninchen – ein recht passabel erhaltener VW Käfer mit einigen Kampfspuren am rechten Hinterkotflügel. Der Wagen war früher bereits mit 2K-Acryllack nachlackiert worden. Bei Zweifeln an der Beschaffenheit des Altlacks trägt man etwas Farbe bzw. Verdünner an einer unauffälligen Stelle (Radlauf o.ä.) auf und wartet etwaige Reaktionen ab.

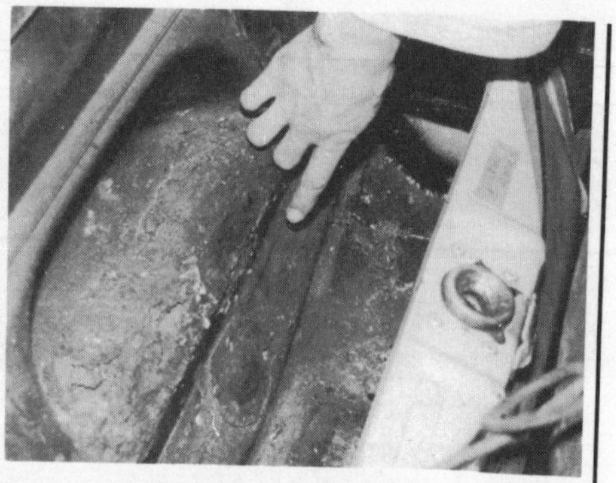

2. Anschließend bestimmt man den genauen Farbton. Natürlich kann man nach der Originalbezeichnung gehen, z.B.: „panamasand" oder „nilgrün". Nur ist die Bezeichnung nicht immer feststellbar. Beim Farbenhändler oder in Markenclubs findet man meist aber einen Experten mit den originalen Farbtonkarten – noch besser ist die Farbton-Codenummer des Herstellers. Prüfen Sie aber, ob der Wagen überhaupt den Originallack trägt, z.B. im Motorraum oder unter den Bodenteppichen. Taucht auch hier der Originalfarbton auf, ist die Farbton-Codenummer von unschätzbarer Bedeutung, denn oft gab es selbst bei demselben Farbton kleine Variationen, die dann aus der Codenummer hervorgehen müßten. Codenummern sitzen in der Regel auf einem kleinen Blech an den verschiedensten Stellen, z.B. am vorderen Stehblech, wo auch die Typenschilder sitzen, oder in der Reserveradmulde.

3. Auch an der Spritzwand wird man oft fündig.

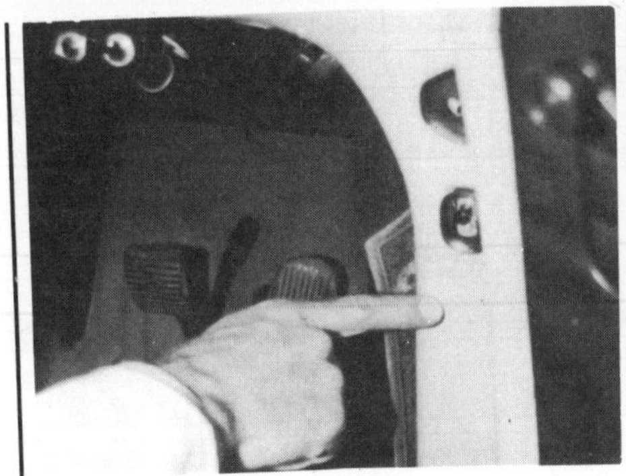

4. Mitunter sitzt das Codenummernschild auch an der Scharniersäule . . .

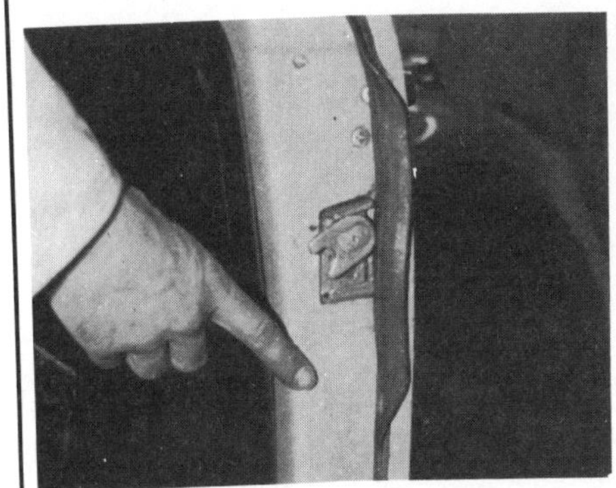

5. . . . an der Türaußenkante selbst . . .

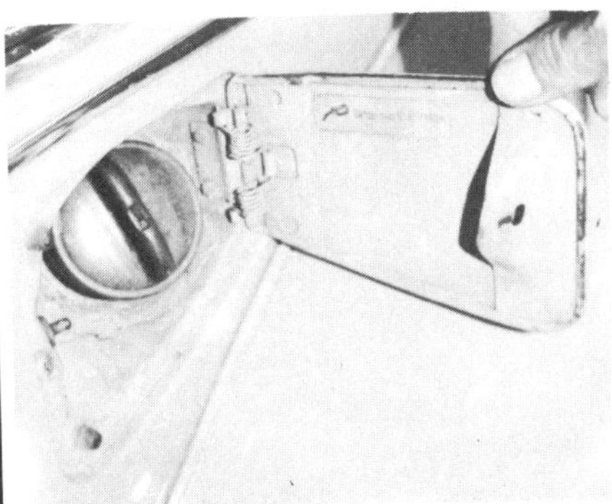

6. . . . oder auf der Innenseite des Tankdeckels . . .

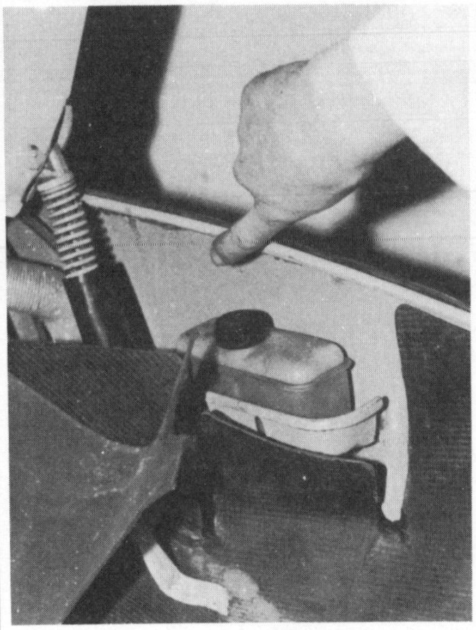

7 . . . oder aber an den Stehblechen im Motorraum (hier im Käfer natürlich im Kofferraum).

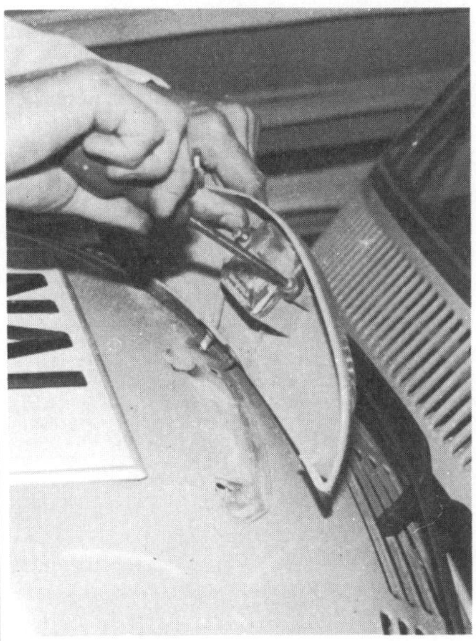

8. Wenn man nicht den ganzen Wagen zum Farbenhändler mitnehmen kann, findet sich bestimmt ein Kleinteil, das man demontieren und als Muster vorlegen kann (hier z.B. der Griff mit der Kennzeichenbeleuchtung).

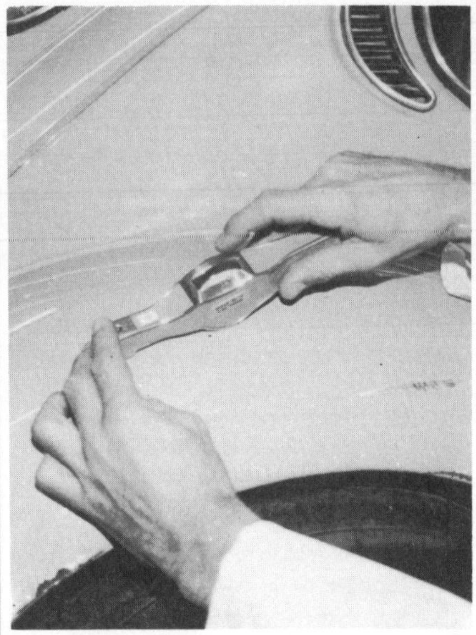

9. Dieses Gerät mißt die Schichtdicke des Altlacks auf dem Blech. Bei älteren Baujahren sitzen oft unzählige Farbschichten übereinander, was bei abermaligem Lackieren Probleme schafft. Die neue Schicht wäre vielleicht gerade die eine Schicht zuviel, bei der es zu Reaktionen kommt und man dann den Lack bis auf das blanke Blech entfernen müßte.

10. Vor der Neulackierung müssen natürlich alle Blechschäden behoben werden. Hier blätterte der Lack über dem Oberflächenrost, der den Lack wahrscheinlich noch ein Stück weiter unterwandert hatte.

11. Der Kotflügel war erfreulicherweise bis auf eine leichte Beule im vorderen Bereich noch gesund.

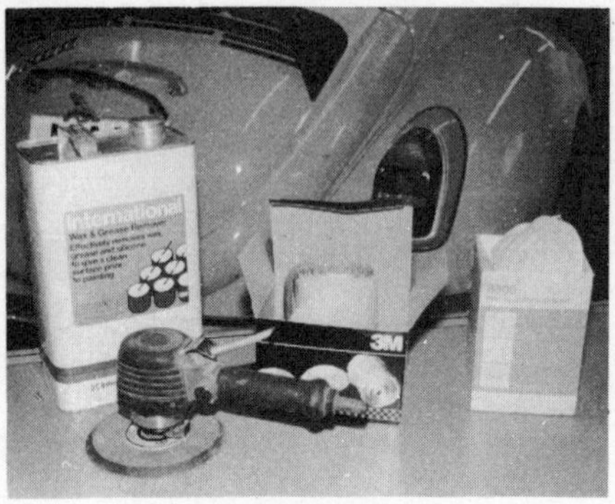

12. Hier sehen wir die für die erste Phase der Kotflügelreparatur nötigen Werkzeuge: Flächenschleifer (wahlweise durch „Muskelkraft" zu ersetzen) sowie (von links nach rechts), Wachs- und Silikonentferner, eine Packung Schleifpapier und Staubmasken zum Schutz gegen Schleifstaub.

13. Vor dem Schleifen wird das Blech mit Wachs- und Silikonentferner gereinigt. Polituren (vor allem solche auf Silikonbasis) führen beim Lackieren zu heftigen Reaktionen und bilden „Fischaugen" an Silikonflecken, auf denen der Lack nicht verlaufen kann. Beim Überschleifen wird das Silikon nur noch tiefer in das Blech gedrückt und läßt sich dann praktisch überhaupt nicht mehr entfernen.

14. Vor dem Ausbeulen wird der ganze Bereich bis aufs blanke Metall abgeschliffen. Nur so sieht man, was sich unter dem Lack verbirgt.

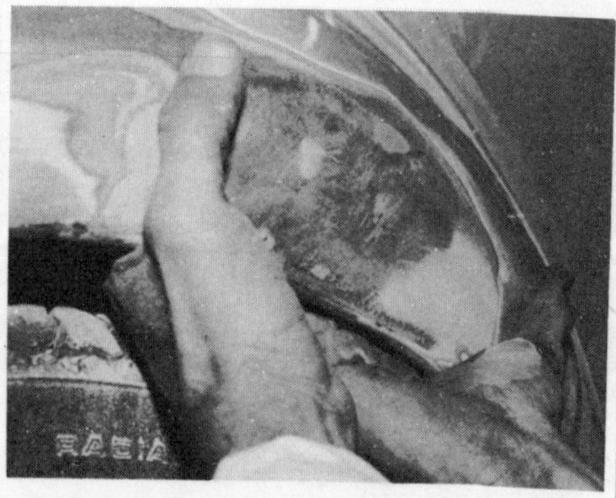

15. Den Großteil der Beule kann man oft von hinten durch kräftigen Druck ausgleichen. Die Form ist damit noch nicht endgültig, aber gut genug für den nächsten Schritt (Perfektionisten greifen jetzt zum Karosseriehammer – siehe Abschnitt über Blechbearbeitung).

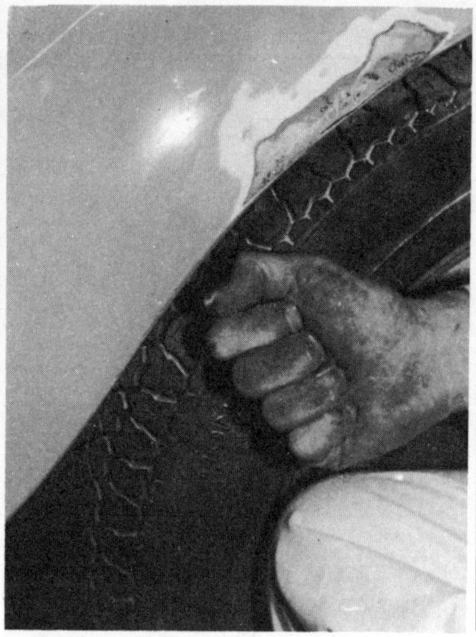

16. Die Delle am hinteren Kotflügelbereich ließ sich nicht herausdrücken, aber ein kräftiger Schlag mit der Faust half nach. Als Alternative bietet sich auch ein Gummi- oder Kunststoffhammer an. Stahlhämmer schaden dagegen oft mehr als sie nutzen, da man damit allzuleicht Dellen von der anderen Seite in das Blech schlägt.

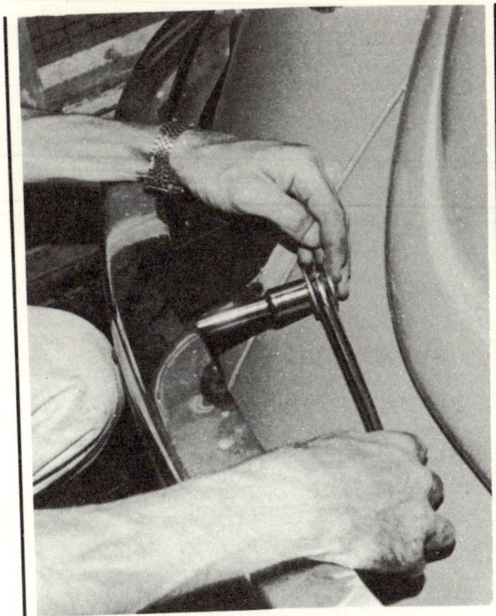

17. Jetzt wurde die Heckstoßstange abgebaut, da sie beim weiteren Schleifen und Lackieren hinderlich wäre. Die Stoßstangen-Halteschrauben sitzen oft extrem fest. Tricks zum „Nachhelfen“: Fußdruck auf den Schraubenschlüssel; Schrauben lange im voraus mit Rostlöser einsprühen; Schrauben mit Schweißgerät oder Lötlampe anwärmen (sofern ringsum nichts Brennbares sitzt).

18. Nachdem alle schadhaften Stellen sauber vorgeschliffen sind, wurde Polyesterspachtel (der durch einen speziellen Härterzusatz aushärtet) sowie eine Dose Nitrofeinspachtel (wie ihn vor allem Werkstätten verwenden) beschafft, der nicht aushärtet, sondern an der Luft trocknet.

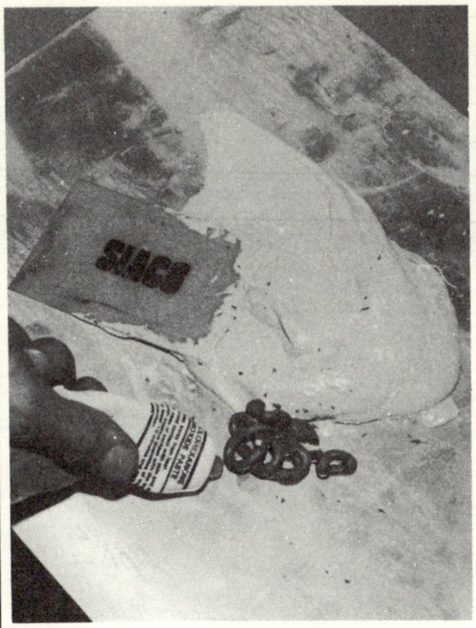

19. Spachtelmasse und Härter werden auf einem sauberen Karton ausgestrichen und mit dem mitgelieferten Spatel gemischt. Der Härteranteil muß nicht peinlich genau, aber doch in etwa eingehalten werden. Meist liefern die Hersteller soviel Härter mit, wie für die gesamte Dose Spachtel benötigt wird, also dosieren Sie entsprechend. Bei warmen Wetter „zieht“ der Spachtel jedoch viel schneller an (d.h. er härtet aus) als im Winter. Einige Versuche sind bis zur richtigen Dosierung schon nötig.

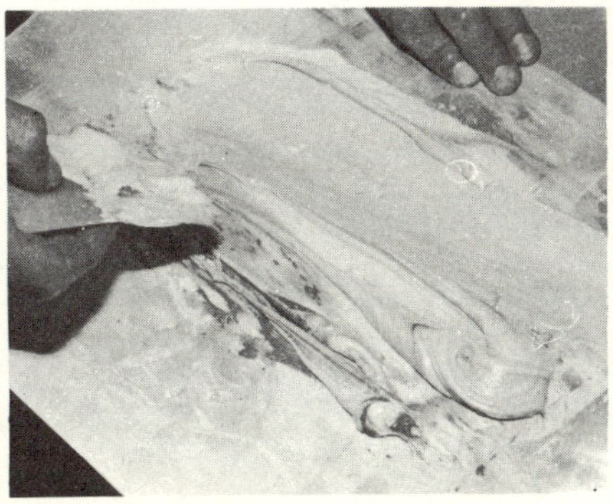

20. Härter und Spachtelmasse müssen vollständig vermischt werden (an den Kontrastfarben beider Teile sieht man, ob eine gleichmäßige Mischung erzielt wurde).

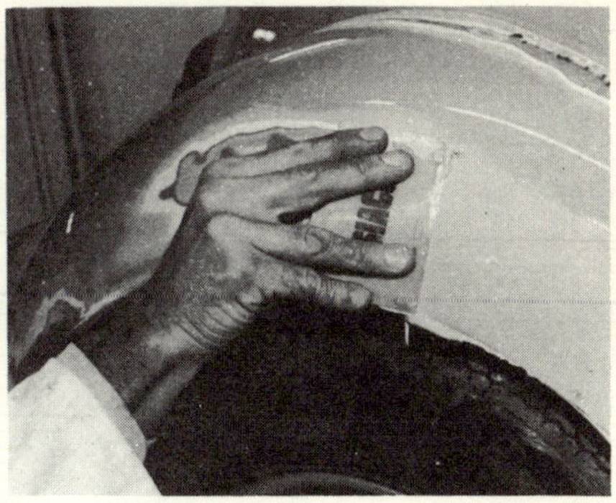

21. Der Spatel wird möglichst flach über das Blech gezogen und folgt der Form des Kotflügels. Die Spachtelmasse darf ruhig etwas zu dick aufgetragen werden, je näher man aber der Idealform kommt, desto weniger Ausschuß produziert man und desto besser wird das Endergebnis.

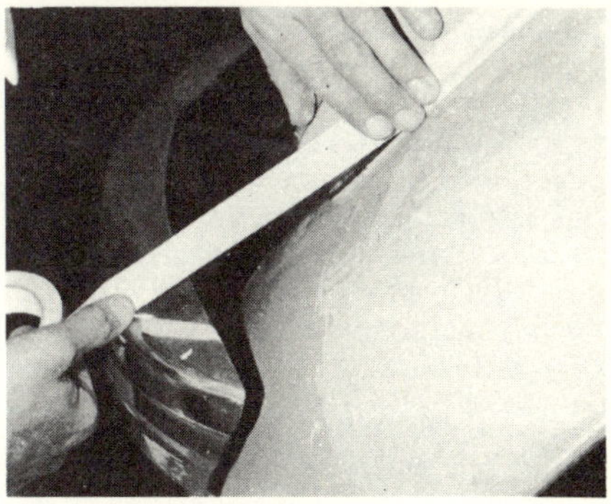

22. Zum Abkleben zieht man am besten zwei Bahnen mit Klebestreifen. Der erste Streifen wird genau entlang der gewünschten Klebekante gezogen . . .

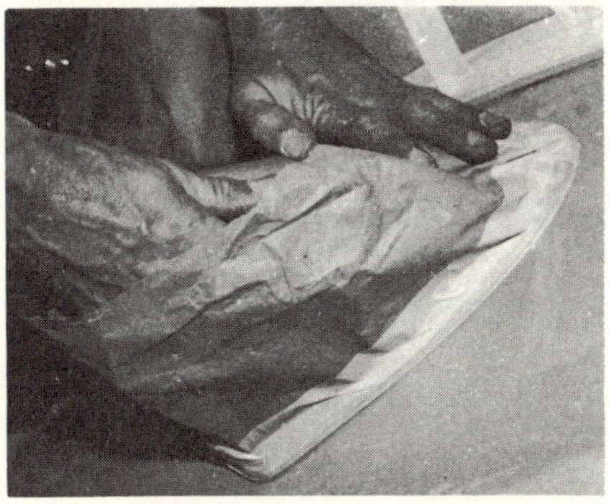

23. . . . der zweite über die Kante des Abdeckpapiers, bevor es auf dem ersten Band angedrückt wird. Das Papier wird dann sauber nach innen weggefaltet.

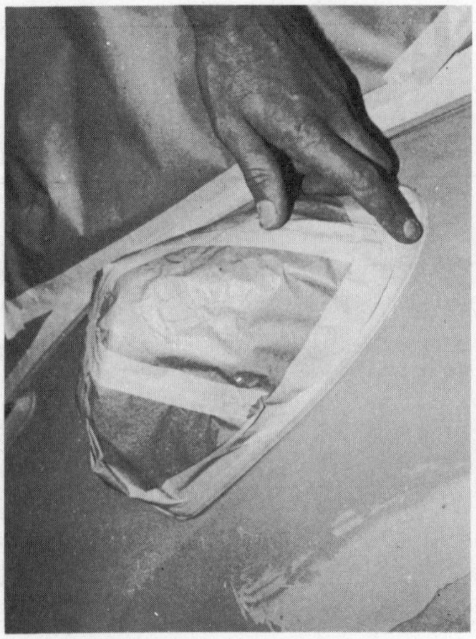

24. Alle Kanten werden mit Klebeband sauber verklebt, damit sich hier keine Staubnester bilden können. Der durch die Spritzpistole aufgewirbelte Staub ist Feind Nr. 1 jedes Lackierers – um Staub vom frischen Lack fernzuhalten, sind auf jeden Fall erhebliche Mühen notwendig.

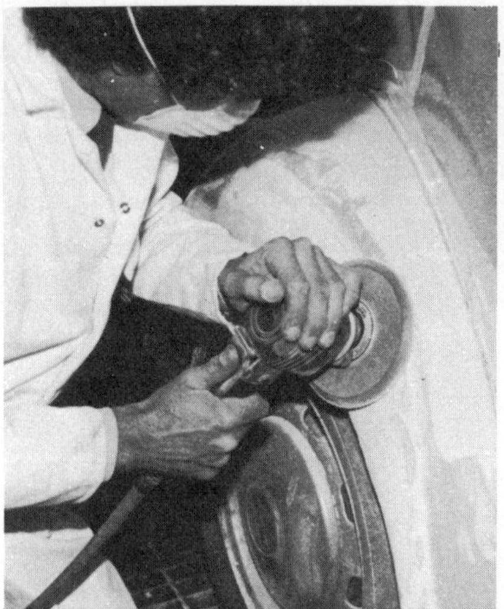

25. Der Spachtel wird mit dem Flächenschleifer verschliffen. Eine Schleifscheibe im Bohrmaschinenvorsatz ist nicht halb so gut; die Schleifbewegung des Flächenschleifers ist so ausgelegt, daß Schleifriefen im Spachtel vermieden werden. Weitere Tips zum Handschleifen siehe Abschnitt „Karosseriearbeiten aus der Dose“ sowie „Werkzeuge und Ausrüstung“.

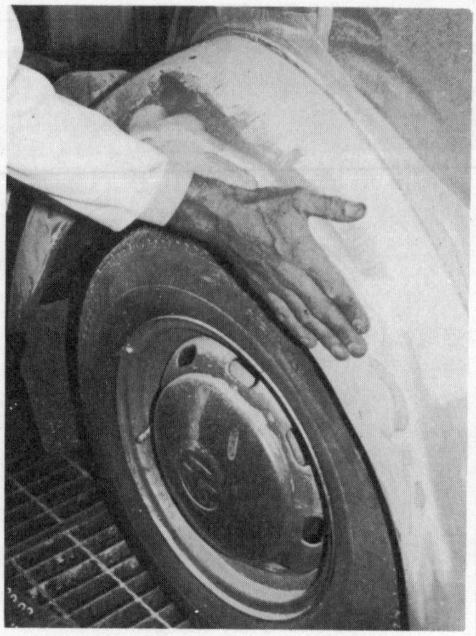

26. Am besten lassen sich Wellen und Druckstellen im Blech feststellen, indem man mit der Handfläche über das Blech fährt. Auch wenn das Blech zunächst völlig glatt wirkt, so fallen alle verbliebenen Wellen unter dem Decklack umso stärker hervor.

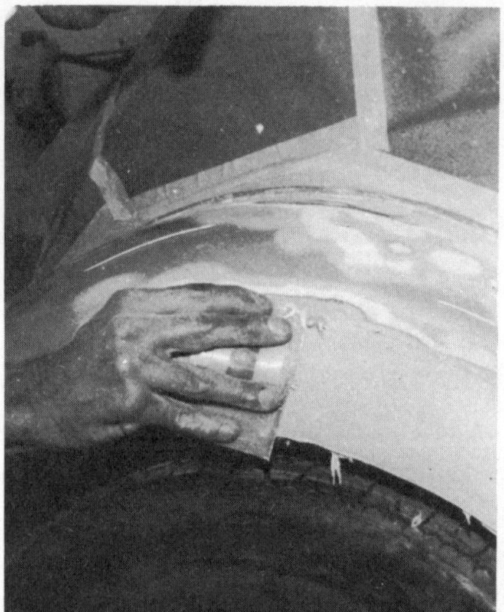

27. Wie üblich, war auch hier eine zweite Spachtelschicht nötig, jedoch genügte eine sehr dünne Schicht.

28. Jetzt fiel uns auch ein, daß man auch das Rad vorher hätte abkleben sollen, damit sich hier kein Schleifstaub ansammeln kann. Daher wurde der ganze Bereich mit Druckluft ausgeblasen.

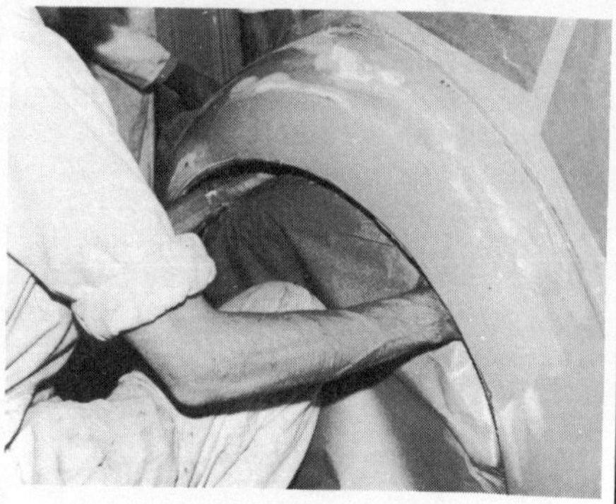

29. Dann wird auch das Rad mit Packpapier abgeklebt. Papier ist besser als Stofflaken geeignet, da Stoff als Staubfänger wirkt.

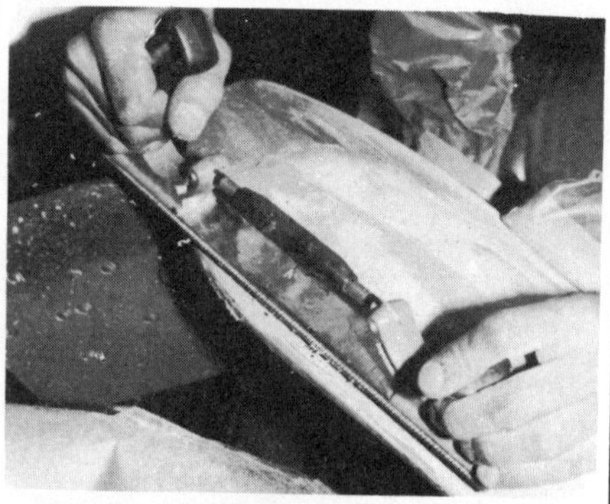

30. Mit einer Karosseriefeile läßt sich Spachtel rasch zurechtschleifen. Der einfache Hieb der Feile ist unempfindlich gegen Zusetzen und kann auf flache, konvexe oder konkave Form eingestellt werden.

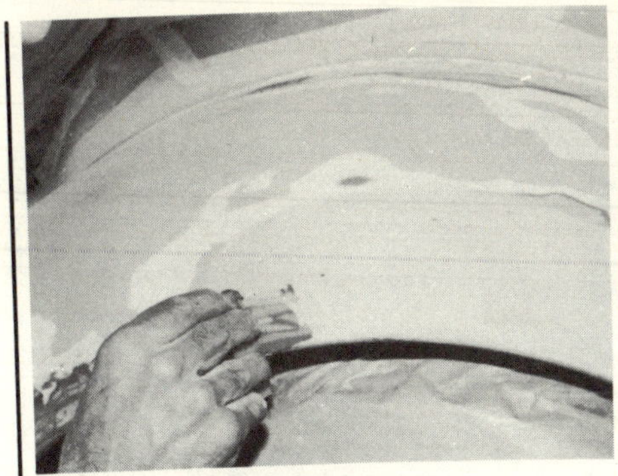

31. Nach dem nächsten Schleifdurchgang verblieben noch winzige Poren und minimale Kratzer. Sie werden mit Nitrofeinspachtel ausgeglichen. Nitrospachtel ist extrem fein aufgebaut und trocknet an der Luft rasch ab. Er darf nur in dünnsten Schichten aufgetragen werden, da er sonst schrumpft und zu langsam trocknet. Fast besser wäre Zweikomponenten-Feinspachtel, da er geringere Schrumpfneigung als Nitrospachtel zeigt.

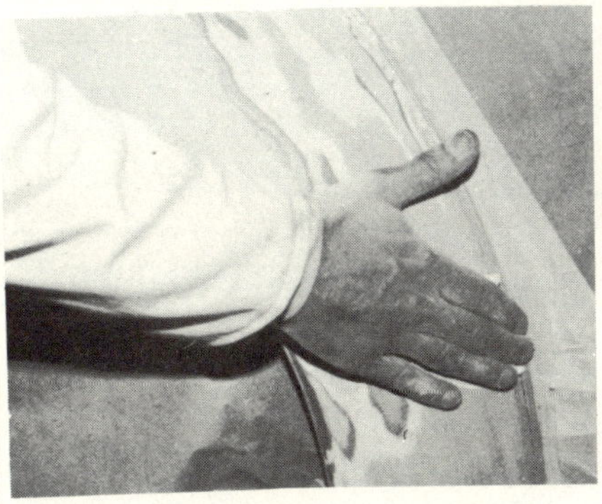

32. Feinspachtel schleift man mühelos von Hand – mit der offenen Handfläche, die immer quer zur Schleifrichtung gehalten wird, damit man durch den Fingerdruck möglichst keine Rillen einschleift.

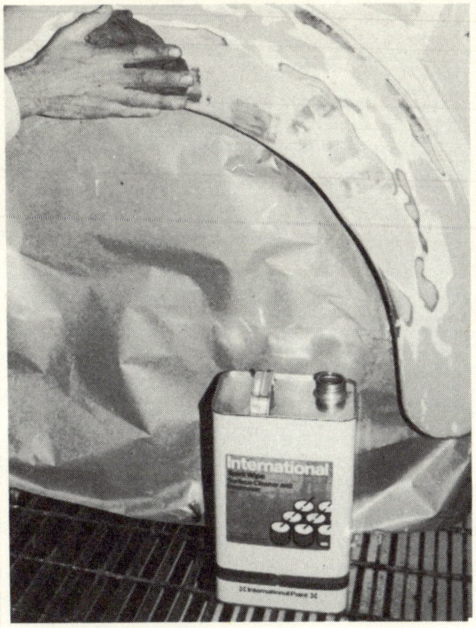

33. Dann wird das ganze Blech mit einem sauberen Lappen mit Silikonentferner gereinigt. Alle Fettspuren müssen peinlich genau entfernt werden. Viele verwenden hierfür den auch zum Lackieren verwendeten Verdünner; dies ist jedoch nicht unbedingt ratsam, da dies das „Aufquellen" des Lacks begünstigen oder den Nitrospachtel wieder völlig ablösen könnte.

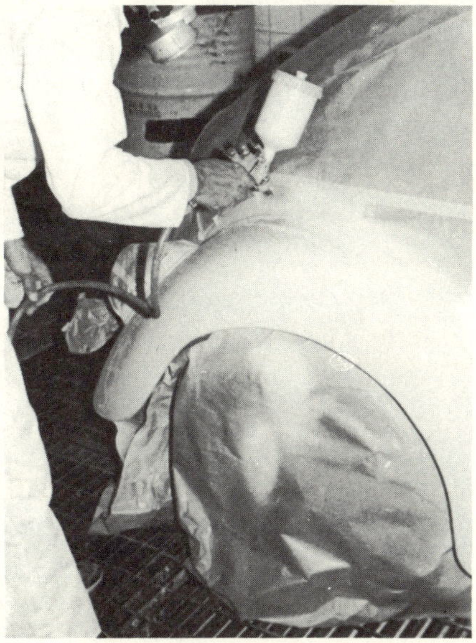

34. Jetzt werden 1–2 Füllprimerschichten aufgespritzt . . .

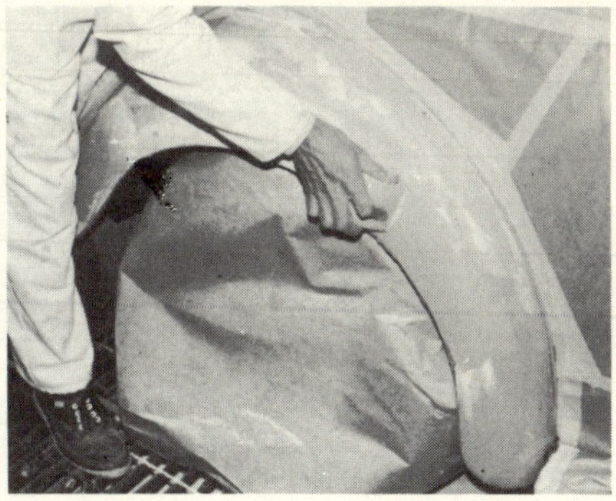

35. . . . und mit feinkörnigem Schleifpapier auf dem Schleifklotz wieder abgeschliffen. Alle zuvor übersehenen Mängel werden dabei deutlich. Kleinere Unebenheiten werden mit Feinspachtel ausgeglichen. Bei größeren Unebenheiten wäre noch eine Spachtelschicht aufgetragen worden. Profis müssen nach dem Grundieren zwar kaum jemals wieder mit dem Spachteln anfangen, Amateuren kann dies jedoch durchaus bevorstehen, wenn sie Wert auf eine wirklich erstklassige Lackierung legen.

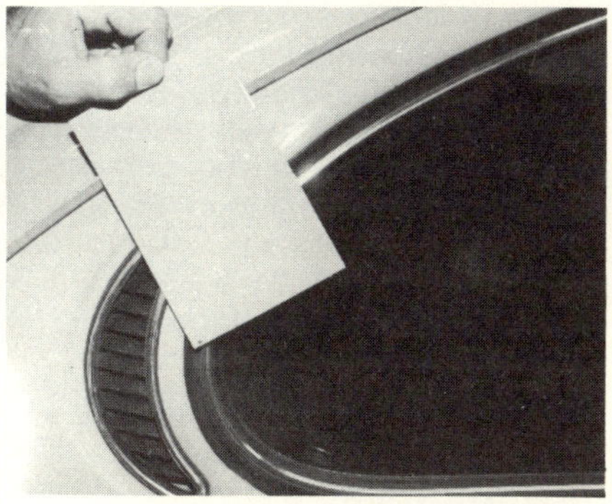

36. Dann spritzt man den Farbton des Decklacks probeweise auf einen Karton und vergleicht ihn mit dem Farbton des Wagens. Bei Farbtonabweichungen trägt man die Farbe besser gleich zum Farbenhändler zurück – Nachmischen ist meist noch möglich; Lacke können im Lauf der Zeit ja ausbleichen. Mit Farbtonkarten trifft man den genauen Farbton dann niemals. Vor allem bei Rot- und Gelbtönen ist auf Ausbleichen zu achten.

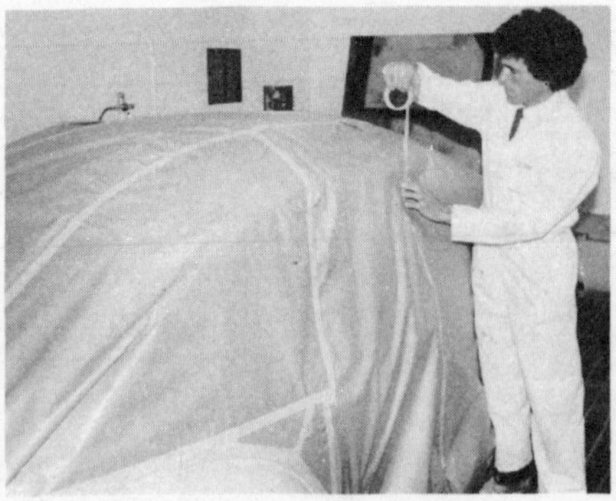

37. Das Abdeckpapier, mit dem der Rest des Wagens gegen Beschädigung und Grundiernebel geschützt worden war, wurde entfernt, da damit zu rechnen war, daß irgendwo bestimmt Staubnester saßen. Das Abkleben vor der Decklackierung muß besonders sorgfältig erfolgen, damit die Farbe garantiert nirgends hinkommt, wo sie nicht hin soll.

40. 2K-Lacke eignen sich auch für Einbrennlackierungen (die Lackierkabine dient dann auch als Einbrennkabine), so daß die Farbe rascher staubtrocken wird. Soll der Lack an der Luft trocknen und ablüften, muß ein spezieller 2K-Verdünner für Lufttrocknung verwendet werden, damit der Prozeß nicht zu lange dauert. Ein wichtiger Unterschied zwischen Nitro- und 2K-Lacken ist, daß Nitrolacke vorwiegend durch Trocknung härten, also zum Schrumpfen neigen, während 2K-Lacke durch chemische Reaktion aushärten (ähnlich wie Spachtel) und daher kaum schrumpfen. Nach dem Antrocknen können Klebeband und Papier entfernt werden. Das Klebeband sollte spätestens nach einigen Tagen entfernt werden, sonst läßt es sich kaum mehr abziehen. →

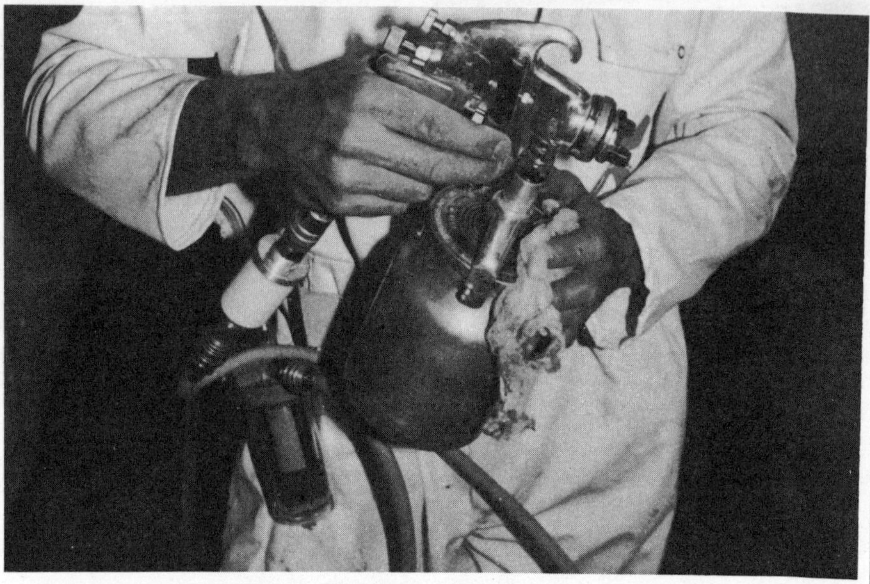

38. Vor dem Lackieren wischt man Druckluftleitungen und Pistole gründlich ab. Dies wird leider oft übersehen, ist aber wichtig, da durch den Vorwärtsluftstrom, der an der Pistolenvorderseite austritt, Luft – und damit auch etwaige Partikelablagerungen – hinter der Düse mit eingesaugt werden.

39. Diese Marsmenschenmontur ist kein Gag, sondern bei 2K-Lacken aus Sicherheitsgründen unbedingt nötig. In die geschlossene Gesichtsmaske wird nur frische Luft angesaugt und giftige Spritznebel ferngehalten. Die trockene, durchgehärtete Farbe ist ungefährlich. Eine komplette Gesichtsmaske mit unabhängiger Luftversorgung ist auf jeden Fall eine lebenswichtige Investition für 2K-Lackierungen.

41. Der neu lackierte Kotflügel wirkt äußerst professionell. Interessant, daß die einige Jahre zuvor mit demselben 2K-Lack lackierten Nachbarteile noch fast genauso neu aussahen.

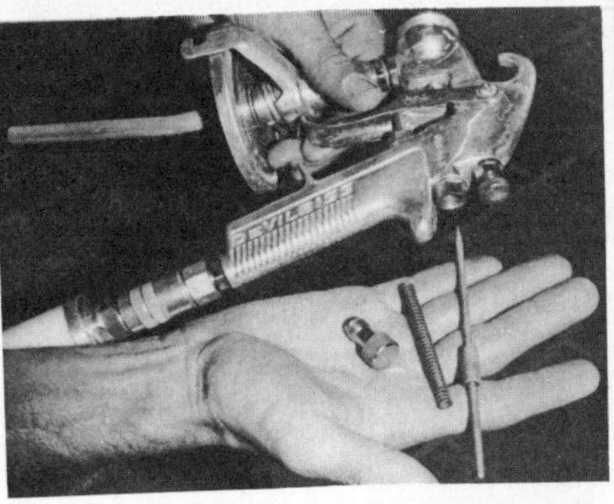

42. Danach wird die Pistole zerlegt und gründlich gereinigt (Einzelheiten siehe Abschnitt ,,Ohne Sauberkeit geht nichts").

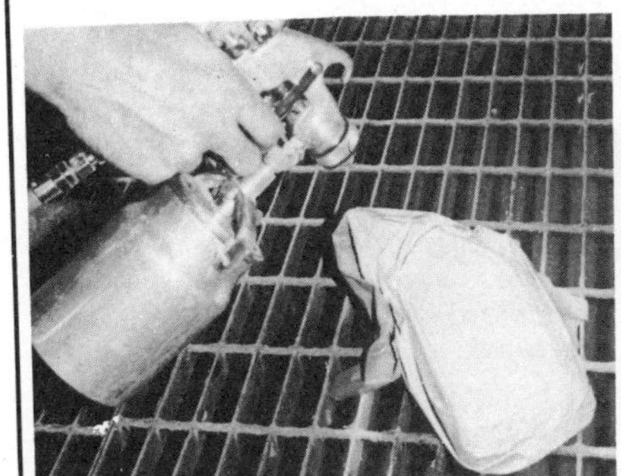

43. Parallel zu den Arbeiten am Käfer wurden versuchshalber auch einige Kunststoffteile gespritzt (hier z.B. ein Außenspiegel vom Ford Sierra). Einzelheiten siehe ,,Lackieren von Kunststoffen".

Pinsellackierungen und wie man damit fertig wird . . . ■

44. Aus gewisser Entfernung sah dieser Mazda-Pickup ganz passabel aus, er war auch bis auf ein oder zwei Roststellen sehr gesund – nur hatte ihm jemand den optischen Todesstoß versetzt und eine Pinsellackierung verpaßt! Die folgenden Bilder zeigen, wie wir dies behoben.

45. Bei Pinsellackierungen sind meist zwei Probleme zu beachten: die Pinselstriche sind auch durch alle weiteren Lackschichten noch deutlich sichtbar und die entsprechenden Lacke sind nur mit Kunstharzlacken verträglich.

Als erstes wurde die Windschutzscheibe ausgebaut, um Korrosion am Windschutzscheibenrahmen zu beseitigen.

→

46. Die Roststellen am hinteren Innenkotflügel wurden mit einem Winkelschleifer mit Trennscheibe herausgetrennt.

47. Das Reparaturblech wird auf der Abkantbank gefalzt, damit es mit dem umliegenden Blech bündig abschließt.

48. . . . und dann mit Schutzgas eingeschweißt.

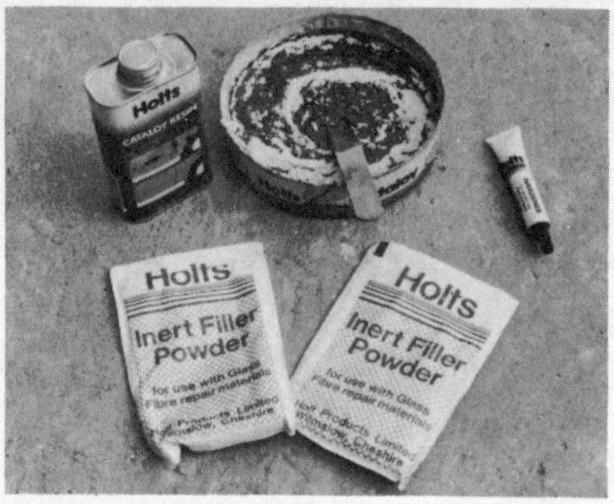

49. Diesmal wurde nach dem Verschleifen der Schweißnähte zum Spachteln Füllpulver mit Kunstharz zu einer Spachtelpaste angemischt.

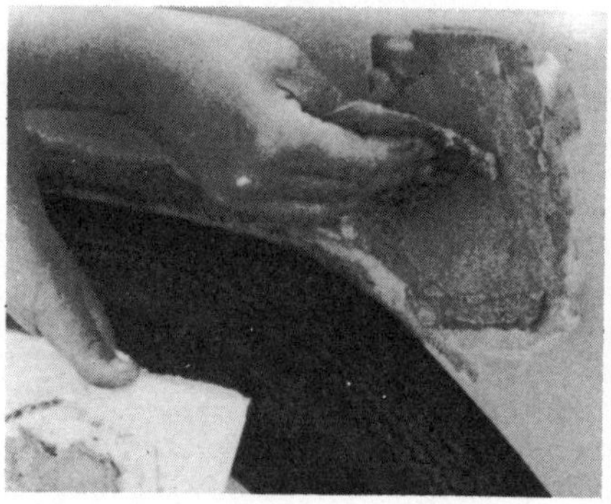

50. Die Paste wird in üblicher Weise auf die Reparaturstelle aufgetragen, so daß sie hinterher in die richtige Form geschliffen werden kann. Die Innenkanten des Reparaturblechs wurden mit Fugendichtmasse versiegelt und dann mit Waxoyl Rostschutzwachs eingespritzt.

51. Die gespachtelte Reparaturstelle wird jetzt mit dem Exzenterschleifer mit dem umliegenden Blech verschliffen. Die verschwommenden Konturen der Schleifscheibe in der Abbildung sind darauf zurückzuführen, daß die Scheibe exzentrisch rotiert, so daß – wie durch Zauberhand – keine Schleifmarken zurückbleiben und eine flache Schleiffläche bleibt. Es werden selbstklebende Schleifscheiben verwendet, die man zum Erneuern einfach abzieht.

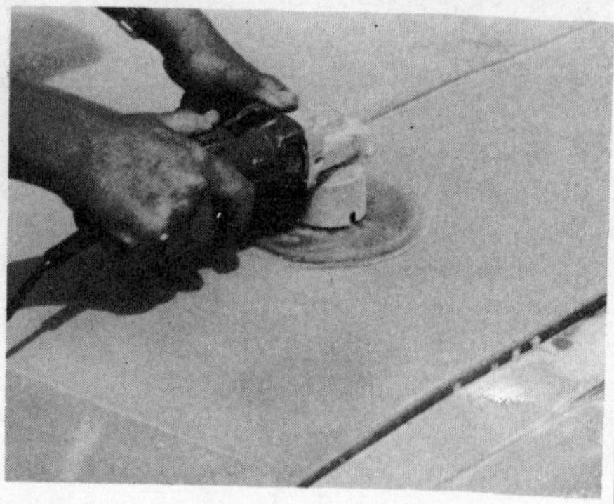

52. Mit dem Exzenterschleifer ließen sich auch 90% der Pinselspuren entfernen (an unzugänglichen Stellen ist Handschleifen unumgänglich). Von Hand hätte dies Wochen gedauert oder man hätte den ganzen Altlack abbeizen müssen. Bei Druckluft-Exzenter- oder Flächenschleifern für Industriearbeiten ist der Luftbedarf im allgemeinen für Heimwerkerkompressoren zu hoch. Der hier verwendete Exzenterschleifer arbeitet elektrisch.

53. Die Ladefläche wird mit Schaber und Drahtbürste entrostet und dann mit Rostumwandler behandelt.

54. Viele Rostumwandler müssen mit Wasser nachgespült werden. Die ganze Fläche wird mit einer Handbürste gesäubert.

55. Ein winziges Loch in der Ladefläche (oberhalb der Benzintanks) wurde mit Glasfasermatten repariert, da dies risikoloser als Schweißen in Tanknähe und einfacher als der Ausbau der Tanks ist.

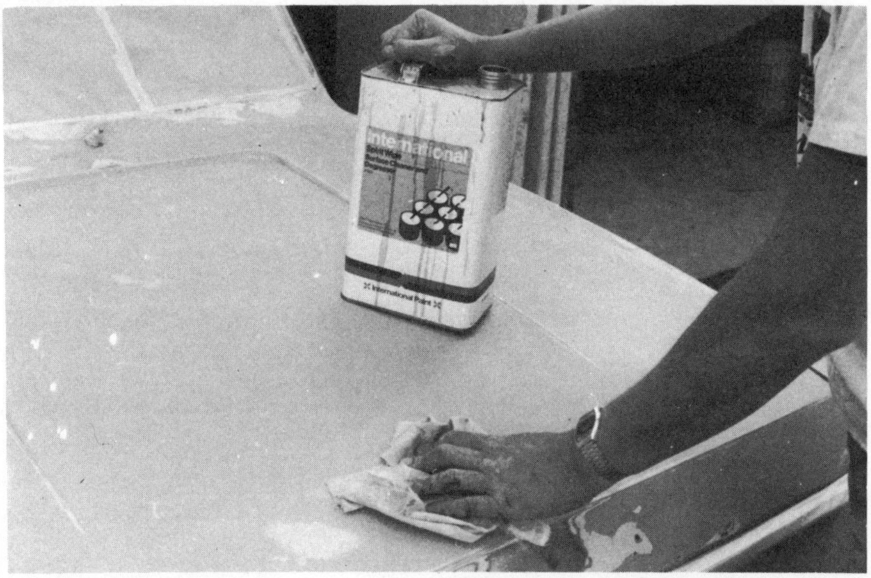

56. Vor dem Lackieren werden alle Blechteile mit Silikonentferner gründlich gereinigt.

57. Die Pinselspuren waren ja mit dem Flächenschleifer beseitigt worden. Um Verträglichkeitsproblemen vorzubeugen, wurden zuerst ein Isolator, dann ein 2K-Primer (mit Gesichtsmaske – siehe „Die Lackierung") aufgespritzt. Der Isolator bleibt gegenüber herkömmlichen Lacken neutral, ist jedoch auch nicht ohne Probleme. Er darf keinesfalls durchgeschliffen werden (sonst wäre er ja wirkungslos!) und muß innerhalb weniger Stunden grundiert werden, sonst nimmt er Feuchtigkeit aus der Luft auf.

58. Der Decklack wurde mit einem kleinen Do-it-yourself-Kompressor aufgespritzt (funktioniert hervorragend, dauert aber lange). Die Innenseite der Ladefläche wurde zuerst lackiert, um etwaige Staubrückstände in diesem Bereich zu binden.

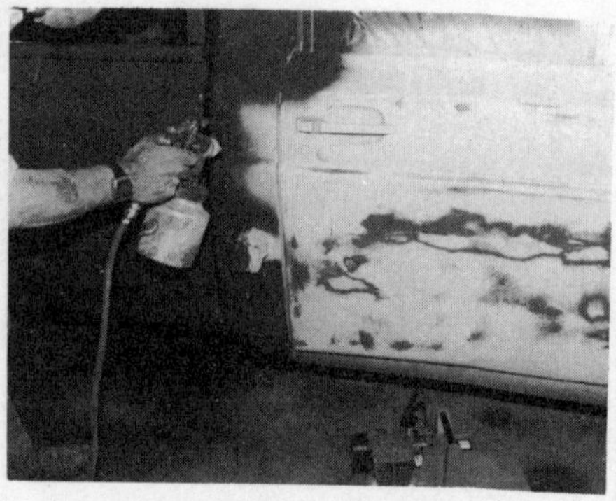

59. Dann wurden die Außenteile des Pickup lackiert. Wir kamen mit 1 Liter 2K-Lack aus. Dieser Lack ist teuer und gesundheitsgefährlich (richtige Maske verwenden!), bietet aber überragende Deckkraft, hohe Verschleißfestigkeit und erzeugt einen tiefen Glanz, den man ggf. sogar noch nachpolieren kann.

←

60. Die Türinnenseiten wurden mit der Apollo-Spritzpistole lackiert, die mit einem Gebläse (einem Staubsauger nicht unähnlich) betrieben wird. Der hohe Luftdurchsatz wird mit Niederdruck erzeugt, Spritznebel hält sich in Grenzen, und der Farbverbrauch ist gering. Diese Pistole ergibt einen hervorragenden Glanz, arbeitet aber recht langsam und muß öfters abgeschaltet werden, ehe sie überhitzt, was bei einer Komplettlackierung schnell der Fall ist.

61. Das Endergebnis. Mit neuer Plane, Seitenstreifen (Montage siehe entsprechenden Abschnitt), polierten Chrom- und Glasteilen und mit Reifenfarbe aufgefrischten Reifen wirkt das alte Lastentier gleich ganz anders.

6 Die Karosserieinstandsetzung

Lohnt sich die Reparatur? – Beurteilen von Unfallschäden ●

Auf den Abstellplätzen vieler Karosseriefachbetriebe, von denen sich manche gerade auf die Reparatur von Unfallfahrzeugen spezialisiert haben, sind sie ein geläufiger Anblick – die mehr oder minder stark verknautschten Karossen. Früher, als die Autos noch ein separates Chassis hatten, war die Unfallreparatur relativ einfach und die Karosserie wurde auf dem neuen oder gerichteten Fahrgestell instandgesetzt. Im Zeitalter der selbsttragenden Karosserien sieht die Sache schon deshalb anders aus, weil heute „Knautschzonen" in die Karosserie hineinkonstruiert werden, die bei einem Unfall als erstes nachgeben, so daß Front- bzw. Heckpartie die Wucht des Unfalls großenteils auffangen und die Fahrgastzelle (und damit die Fahrgäste) unversehrt bleibt.

1. Dieser Wagen war bei hoher Geschwindigkeit ins Schleudern geraten und seitwärts am Baum gelandet. Derartige Wracks sind nicht einmal mit besten Geräten mehr instandzusetzen, aber es ist trotzdem erstaunlich, was sich alles reparieren läßt . . .

2. So werden Rahmenschäden an heutigen Fahrzeugen behoben. Das Fahrzeug wird auf einer Richtbank aufgebaut, wie sie von verschiedenen Herstellern geliefert werden. An der Richtbank sitzen Spezialaufnahmen für das betreffende Modell. Mit hydraulischen Zug- oder Druckbalken wird die Karosserie dann in die richtige Form gebracht. Sobald die Hauptbaugruppen wieder in Ordnung sind, können die verbleibenden Schäden in gewohnter Weise repariert werden. Auch das Einschweißen größerer Baugruppen sollte auf einer Richtbank bzw. an einer Rahmenlehre erfolgen, damit Fluchtung und Passung stimmen. Selbst fortgeschrittene Amateure, die einen stark verunfallten Wagen instandsetzen wollen, sollten derartige Arbeiten von entsprechend ausgerüsteten Werkstätten durchführen lassen.

3. Ein typischer Unfallschaden. Das Heck dieses Volvo-Kombi wurde nach innen und unten weggedrückt, während die Fahrgastzelle praktisch intakt blieb.

4. Die Hecksäule ist stark verzogen – auch sonst sind Rahmenschäden zu erwarten. Eine lohnende Reparatur? – Nicht einmal die Türen passen noch.

5. Vorne sieht es weniger schlimm aus, aber dennoch . . . Derartige Fälle sind das täglich' Brot der Karosseriebetriebe. Der Zeitwert dieses Modells lag z.B. bei rund 36 000 DM, der Restwert noch bei ca. 9 000 DM. Die Reparaturkosten dürften sich auf nochmals 9 000 DM belaufen, womit die Gesamtkosten bei ca. 18 000 DM liegen dürften. Im Vergleich zum Volvo-Neupreis wird auf diese Weise aber eine Reparatur sinnvoll, selbst wenn fast alle Arbeiten in Werkstätten ausgeführt werden.

6. Geübte Hobbybastler werden sich derartige Schäden wohl eher zutrauen. Großenteils scheinen nur neue Bleche nötig zu sein. Aber das Vorderrad . . .? Es scheint einen ordentlichen Schlag abbekommen zu haben und sitzt viel weiter hinten als normal. Der Rahmenverzug sollte also von Fachleuten mit den richtigen Geräten repariert werden, wer die übrigen Arbeiten selbst erledigt, kann aber immer noch viel Geld sparen.

7. Auch ein solider Wagen ist durchaus ein lohnendes Restaurierungs-Objekt: ein Citroën Pickup aus den dreißiger Jahren, wie man ihn noch in Frankreich finden kann.

8. Bei geöffneter Motorhaube wurde deutlich, wie weit an diesem Wagen die Frontschürze zurückgedrückt worden war. Der Kühler saß am Motor an. Guterhaltene Teile wie Motorhaube, Kühlergrill, Stoßstange und Scheinwerfer besorgt man sich vom Schrottplatz. Frontschürze, Innenkotflügel und Kühlerstehblech sollte man aber am besten durch Neuteile ersetzen, da sie sich leichter montieren lassen, und man außerdem die Gewißheit hat, daß sie – vor allem bei Verwendung der Originalteile – exakt passen.

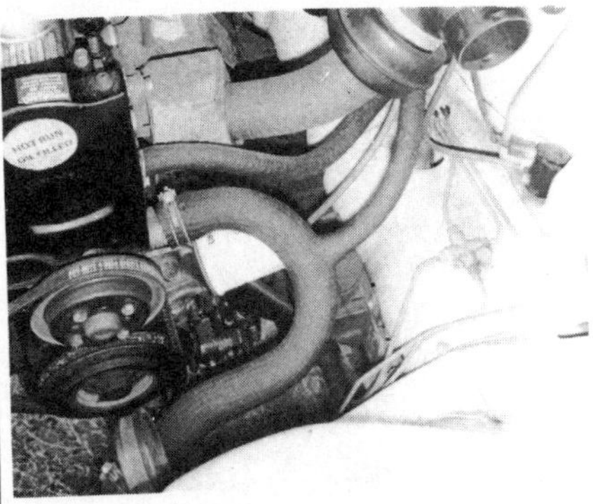

9. Die Spritzwand hinter dem Motor (der Austin Princess hat Quermotor!) war absolut unbeschädigt. Die Motoraufhängungen waren intakt und durch den Aufprall kaum unter Spannung geraten. Der ganze Bereich war also soweit in Ordnung.

10. Auch die Knotenbleche, Innenkotflügel und Längsträger auf der einen Seite schienen unbeschädigt zu sein.

11. Am gegenüberliegenden Radlauf waren dagegen zwei starke Schadensbereiche festzustellen. Pfeil 1 zeigt einen Knick im Innenkotflügel, Pfeil 2 leichte Verformungen an einer der Bohrungen im Längsträger. Diese Teile gehören zur Knautschzone des Wagens und müssen bei derartigen Schäden stets untersucht werden. Bei genauer Untersuchung waren ähnliche Schäden auf der anderen Seite festzustellen.

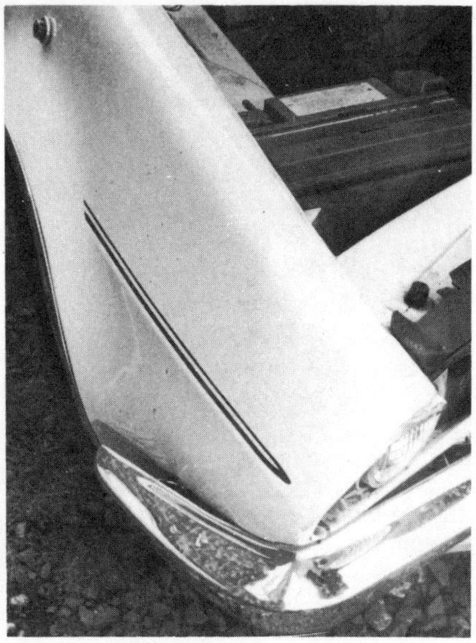

12. Die Vorderkotflügel waren eindeutig noch zu retten und konnten durch Ausziehen wieder an die Form der Innenkotflügel angepaßt werden. Innenkotflügel und Längsträgerabschnitte mußen dagegen herausgetrennt und erneuert werden.

***Fazit:** Eine lohnende Reparatur, die jede Karosseriewerkstatt mit Handkuß ausführt. Erfahrene Hobbyrestaurateure können die neuen Bleche auch selbst einpunkten und den Wagen dann zur Kontrolle und zum endgültigen Verschweißen auf der Richtbank in die Werkstatt schleppen. Wer will, trennt nur die Altteile heraus, läßt die tragenden Teile in der Werkstatt einpassen und baut die übrigen Neu- oder Gebrauchtteile selbst ein.*

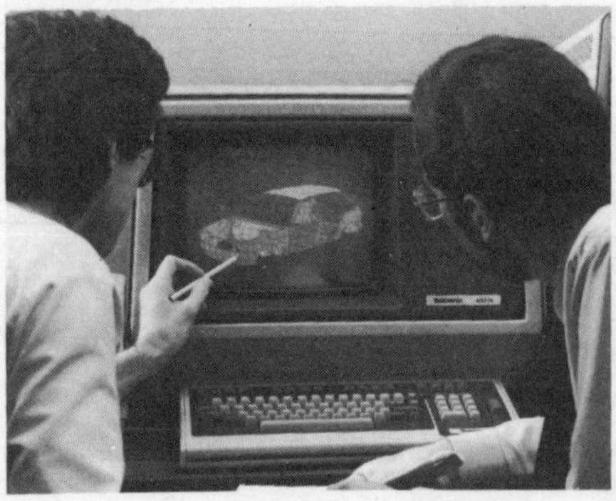

13. Die Knautschzonen und die Punkte, an denen die Karosserie zuerst nachgibt, werden mittels Computergraphik im Werk in das Fahrzeug „einkonstruiert".
(Werkbild Austin-Rover)

14. Dieser Blechschaden am Buick wäre ein typisches Beispiel für eine Do-it-yourself-Reparatur, bei der nur geschraubte Bleche erneuert werden müssen.

15. Vor der Reparatur des Unfallschadens wird die Achsgeometrie kontrolliert. Do-it-yourselfer sollten dies – sowie die Rahmengeometrie auf einer Richtbank – in einer Fachwerkstatt kontrollieren lassen.

16. Das geschweißte Türscharnier eines Chevrolet Citation. Zum Ausbau der Tür muß der Scharnierbolzen herausgetrieben werden – entweder mit einem Dorn oder – manchmal – mit Spezialwerkzeugen, die man im Werkzeughandel bekommt.

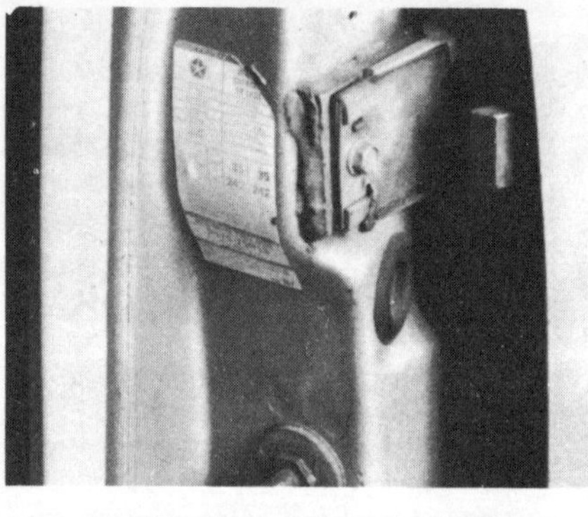

17. Eine andere geschweißte Scharnierkonstruktion, hier an neueren Chrysler-Modellen, z.B. am 1981er Dodge Aries. Nach innen gedrückte Scharniere können meist durch Anwärmen mit dem Schweißbrenner und Biegen mit einem Hebelwerkzeug, das man sich aus stabilem Stahl selbst anfertigt, wieder in Form gebracht werden. Nach hinten (oder vorne) verbogene Scharniere sind schwieriger zu reparieren, da meist auch die Scharniersäule verzogen ist und in der Werkstatt mit Ziehwerkzeugen gerichtet werden muß.

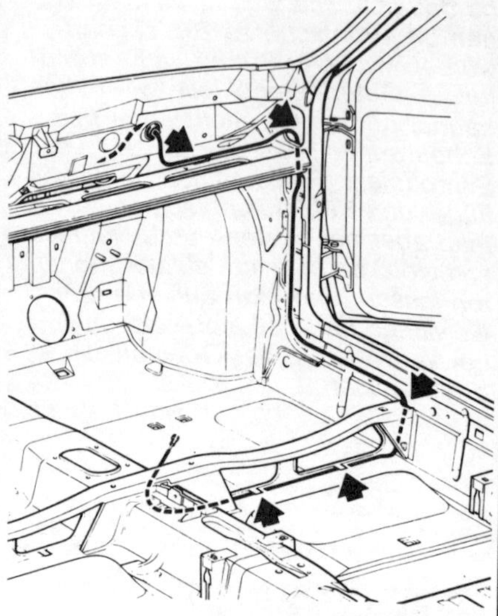

18. Die mit Pfeilen markierten Bereiche sind bei der Schadensaufnahme auf jeden Fall zu kontrollieren. Beim Schweißen an tragenden Teilen die evtl. darin verlegten Kabelbäume und Heckscheibenwascher-Zuleitungen abbauen.

Arbeiten mit Karosserie-Richtbänken

Richtbänke sind für Hobbyrestaurateuere zwar unerschwinglich, doch ist es sicher möglich, sein Unfallreparaturobjekt in einer Fachwerkstatt auf der Richtbank auf Passung bzw. Verzug zu kontrollieren und die verzogenen tragenden Teile wieder in die richtige Form bringen zu lassen. Die Außenbleche montiert man danr selbst.

In der Richtbank wird untersucht, ob und wie stark die Bodengruppe des Fahrzeugs verzogen ist. Im Interesse der Fahrsicherheit müssen die Aufnahmepunkte wichtiger Baugrupppen wie Radaufhängung, Motor, Getriebe und Lenkung unbedingt wieder in die richtige Lage gebracht werden. Auch der Rest der Bodengruppe muß mit Richtbalken gerichtet werden, damit die Passung der Einschweiß- und Karosserieteile erhalten bleibt.

Richtbänke und ihre Verankerungselemente orientieren sich in der Regel an der Fertigung selbsttragender Karosserien, bei der die Einzelteile zum Einschweißen mit speziellen Metallträgern in ihrer Lage festgespannt werden. Da aber keine zwei Modelle gleich sind, ist in der Regel für jedes Fahrzeugmodell ein spezieller Verankerungsklemmensatz erforderlich.

Manche Richtsysteme sind als ,,Meßsysteme" ausgelegt. Anhand der Sollwerte für Höhe, Breite und Länge aus den Datenblättern läßt sich feststellen, ob und wie stark die Bodengruppe verzogen ist. Bei Systemen mit Verankerungselementen sind die Reparaturen größerer Schäden zeit- und kostenintensiver, da die Verankerungsklemmen eine progressive Befestigung ergeben. Die beschädigten Bleche werden in ihre richtige Lage gezogen und dann an den Klemmen verankert, so daß sie bei weiteren Ziehoperationen ihre Lage nicht mehr verändern. Die Verankerungsklemmen dienen gleichzeitig als Schweißhalter, mit denen die Neuteile zum Einschweißen in genau der richtigen Lage befestigt werden können.

Mit Meßsystem sind diese progressiven Halte- und Stützfunktionen nicht möglich. Bei größeren Schäden werden, die Bleche daher nicht gerichtet, sondern müssen herausgetrennt werden und die Fixierung muß durch andere Maßnahmen erfolgen. Die Reparatur dauert dann meist wesentlich länger.

Meßsysteme ermöglichen dagegen bei relativ leichten Schäden meist eine rasche Reparatur und eignen sich ideal für die Kontrolle des Fahrzeugs auf Verziehen der Bodengruppe. Ohne Ausbau der Mechanik (Motor, Radaufhängung usw.) lassen sich damit umfassende Kontrollen ausführen. Bei Verankerungselementen ist dagegen vor der Kontrolle weitergehendes Zerlegen notwendig. Meßsysteme sind im Reparaturbetrieb in der Regel ohnehin vorhanden, während das Richtgerät mit Verankerungen meist gemietet wird, da es aufgrund der Typenvielfalt nicht wirtschaftlich ist, umfassende Reparaturen für alle Marken mit werkstatteigenen Verankerungselementen anbieten zu wollen.

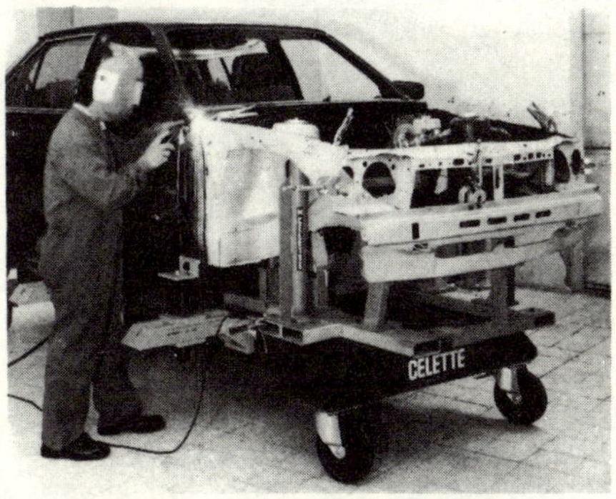

19. Die Celette-Verankerung an der Richtbank MUF7. Mit den Verankerungen werden die Neuteile beim Einschweißen exakt eingespannt.

Reparaturen mit Karosseriespachtelmasse ●

Karosseriespachtel ist eines der vielseitigsten Hilfsmittel für die Karosseriereparatur. Gerade aufgrund seiner Vielseitigkeit und leichten Verarbeitung haftet ihm jedoch ein ziemlich schlechter Ruf als ,,Roßtäuschermaterial" an, da sich damit problemlos Pfusch überdecken läßt. Spachtel läßt sich auf alle Flächen auftragen, auf denen er bis zum Aushärten haftet – auch auf Rost oder mit Papier zugestopften Löchern! Bei richtiger Verarbeitung ist er jedoch ein wahrer Segen.

Vorab jedoch der Hinweis, daß ein paar Stellen aufgrund der Sprödigkeit der Spachtelmasse keinen Spachtel vertragen. Spachtel an Türkanten, Türpfosten und allen anderen Stellen, die leicht verschrammt werden und abplatzen können, ist riskant. Auch Löcher lassen sich ohne zusätzlichen Halt damit nicht verschließen. Rost läßt sich im Winter damit gerade ein paar Wochen im Zaum halten, da das Material recht porös ist.

Spachtel hält aber mehr aus als viele vermuten und haftet sehr fest auf seinem Untergrund, so daß er z.B. erst bei Kollisionsschäden abplatzen würde. Auf einwandfrei vorbereiteten Flächen wird Spachtel weder hochgedrückt noch blättert er ab.

Bei Spachtelmaterialien unterscheidet man normale Füllspachtelpaste sowie Faserspachtel, d.h. Spachtelmasse mit Zusatz von Glasfaserschnitzeln, die die Festigkeit des Spachtels wesentlich erhöhen. Tragen Sie beim Schleifen von Spachtel – vor allem beim maschinellen Schleifen – eine Staubmaske (beim Schleifen von Faserspachtel UNBEDINGT NOTWENDIG!).

Vorbereitung

Zuerst wird der Schadensbereich mit Silikonentferner oder Lackverdünner gereinigt. Dadurch werden alle verbliebenen Schmutzreste beseitigt, die beim Schleifen nicht entfernt, sondern nur verteilt wurden und später den Lack ruinieren könnten. Mit einem Flach- oder Winkelschleifer wird die Farbe dann im gesamten Spachtelbereich entfernt (Beim Spachteln von Roststellen sollten Sie sich klar darüber sein, daß diese Reparatur nicht ewig hält. Weiteres liest man in den Abschnitten ,,Schnellreparaturen" und ,,Reparaturen aus der Dose" nach).

Verarbeitung von Spachtel

Spachteldose öffnen und etwaige Flüssigkeitsansätze auf dem Spachtel gut verrühren.

Mit einem sauberen Kunststoffspatel mit glatter Kante tragen Sie einen Batzen Spachtelmasse auf einer sauberen, glatten Anrührfläche auf und drücken daneben einen Strang Härter im entsprechenden Mischungsverhältnis auf (siehe Herstelleranweisungen). Bei zuviel Härter leidet die Güte der Spachtelmasse. Spachtel und Härter unterschiedlicher Hersteller vertragen sich u.U. nicht, so daß die Masse vielleicht nicht richtig härtet und man alles wieder abkratzen muß!

Spachtel und Härter gut durchmischen und die Masse auf der Reparaturstelle auftragen. Wenn Sie noch nicht so recht beurteilen können, ob die Spachtelfläche zu hoch oder zu tief ist, prüfen Sie sie mit einem „Einweg-Reißlineal" (z.B. dem Rücken eines alten Sägeblattes) nach. Am Anfang klappt es fast nie, und es ist zwecklos, gleich eine ebene Fläche hinbekommen zu wollen. Die erste Schicht ist also eine Art „Grundlage", deren Spitzen etwa auf Höhe der endgültigen Fläche liegen.

Spachtelmasse härtet durch chemische Reaktion und nicht durch Ablüften und Trocknen aus, die Härtung läuft also relativ rasch ab. Die „Topfzeit" ("Anziehen") des Spachtels beträgt ca. 20 Minuten, d.h. er ist dann gegen Fingerabdrücke unempfindlich. Nach vollem Aushärten werden die zu hohen Stellen abgeschliffen und die gesamte Fläche mit einem Reißlineal kontrolliert. An den „Tälern" wird jetzt nachgespachtelt.

ACHTUNG: Den Spatel vor dem Nachspachteln gründlich reinigen und den Spachtel nicht an derselben Stelle wie beim letzten Mal anmischen. Man nimmt dort unweigerlich ausgehärtete Spachtelreste auf, die Riefen in der Fläche verursachen! Entnehmen Sie die Spachtelmassen nie mit einem schmutzigen Spatel. Die noch nicht ausgehärteten Spachtelreste am Spatel könnten sonst den ganzen Doseninhalt oder einzelne Stellen innerhalb einiger Tage zum Aushärten bringen!

Den Erstschliff des Spachtels führt man mit einer Karosseriefeile oder 40er Schleifpapier durch. Schleifen Sie so lange nach, bis die gewünschte Oberflächengüte erreicht ist, und denken Sie an die Ratschläge zum Schleifen planer Flächen aus den beiden Projektkapiteln. Die letzten Kratzer werden mit Nitro- oder 2K-Feinspachtel ausgeglichen. Feinspachtel wird wie normaler Füllspachtel, aber viel dünner aufgetragen. Nitrolack trocknet durch Ablüften, also sehr langsam, 2K-Spachtel (eine Art verdünnter normaler Spachtel) härtet dagegen schneller. Beide Feinspachtelsorten weisen etwa dieselbe Konsistenz wie Hautcreme oder Margarine auf.

Zwei häufige Anfängerfehler: Versuchen Sie nie, erhabene Stellen durch Spachtelauftrag rund um die Schadstelle auszugleichen. Das Ergebnis sieht niemals brauchbar aus – klopfen Sie die Ausbeulungen also zuerst etwas ein. Schleifen Sie den Spachtel stets über die gesamte Länge. Die Übergänge lassen sich relativ leicht verschleifen, oft läßt man aber zur Mitte hin eine Druckstelle, die unter dem Decklack nur noch mehr hervorsticht.

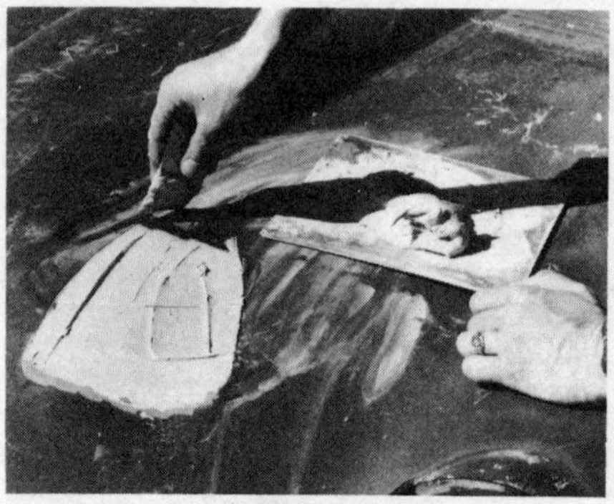

19. Spachtelmasse und Härter müssen gut durchgemischt werden. Die bei jeder Temperatur richtige Härterdosierung lernt man nur aus Erfahrung. Anfangs also lieber nur kleine Mengen anmischen. Bei sorgfältigem Spachtelauftrag erspart man sich viel Materialvergeudung, Schleifstaub, Zeit und Mühen.

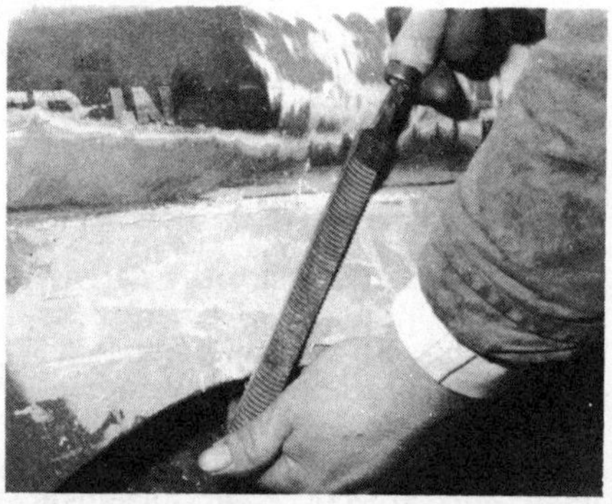

20. Mit einer einhiebigen Feile läßt sich Spachtel rasch und ohne die bei Schleifgeräten bestehenden Gesundheitsrisiken durch Schleifstaub zurechtschleifen. Sie setzt sich auch nicht so schnell wie normale Metallfeilen zu.

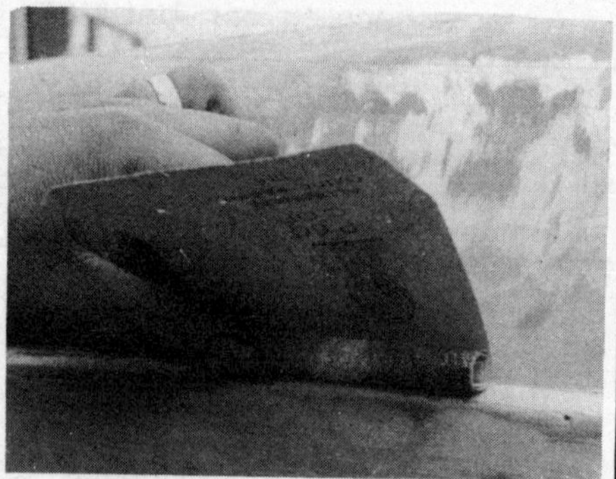

21. Spachtelstellen an Sicken schleift man am besten mit einem eingerollten Schleifpapier auf die richtigen Konturen bei.

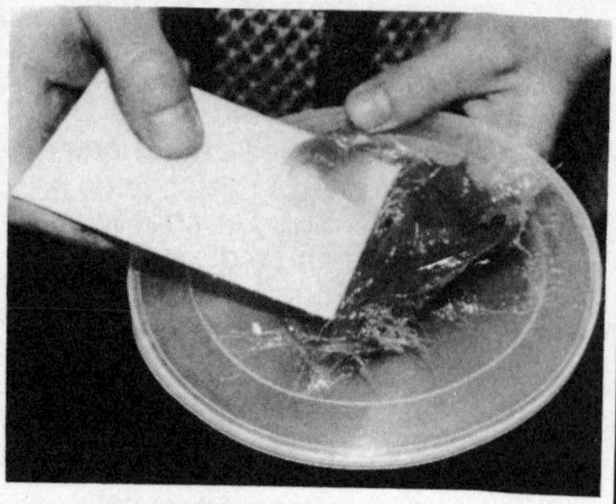

22. Glasfaserarmierter Füllspachtel, der besondere Festigkeit bietet. Der Spachtel kann auf sauberen Dosendeckeln, Glasplatten oder Pappkartons angerührt werden.

Der Umgang mit Karosseriezinn ●

Haben Sie sich auch schon mal gefragt, wie die Karosserieleute vor der Erfindung von „Presto" zurechtkamen? Wellen und Beulen im Blech wurden damals natürlich auch schon ausgespachtelt – und dieser Füllspachtel war wesentlich fester als die heutigen Mittel. Man verwendete hierfür „Schmierzinn", das aus einer Legierung von Blei und Zinn besteht und die Reparaturstellen zusätzlich verstärkt (anders als Plastikspachtel, der sie einfach überdeckt).

Wer schon einmal Elektro-Lötzinn gesehen hat, weiß, daß es wie Wasser abfließt, und wird sich wundern, wie Karosserielot an senkrechten Flächen haftet und nicht einfach davonläuft. Die Antwort ist in den Eigenschaften der Zinn-Blei-Legierung des Karosserielotes zu finden. Der Schmelzpunkt von Zinn liegt bei 232 °C, der von Blei bei 377 °C. Der Schmelzpunkt der Zinn-Blei-Legierung liegt noch deutlich unter dem von Blei. Karosseriezinn, das aus 30% Zinn und 70% Blei besteht (also geläufigerweise als 30/70er Lot bezeichnet wird), geht bei ca. 180 °C in einen plastischen, spachtelmassenähnlichen Zustand über und wird erst ab ca. 260 °C flüssig.

Innerhalb dieses Temperaturbereiches läßt sich Karosseriezinn also wie Butter auftragen, nur sind damit noch nicht alle Probleme aus der Welt geschafft . . .

Wo arbeitet man am besten mit Karosseriezinn?

Karosseriezinn ist Füllspachtel zweifellos in vielen Bereichen überlegen, auch wenn es mit Sicherheit kein Wundermittel ist. Kunststoffspachtel verdankt paradoxerweise einen Gutteil seines schlechten Rufes seinen hervorragenden Verarbeitungseigenschaften. Es kann auf allen Oberflächen verarbeitet werden, auch auf Rostlöchern, wo es natürlich irgendwann wieder abplatzt. Zinn hält hier überhaupt nicht. Kunststoffspachtel ergibt auf einwandfrei vorbereiteten Flächen erstklassige Resultate. Nur wer durch und durch traditionell eingestellt ist, wird Karosseriezinn nicht nur dort einsetzen, wo es besondere Vorteile bietet. Zweckmäßig ist das Verzinnen z.B. an Schweißnähten, da das in die Naht fließende Zinn nicht nur die Naht verstärkt, sondern sie vor allem gegen Rostschäden schützt. Auch Blechflächen, die durch Rostnarben „dünn" geworden, aber noch nicht durchgerostet sind, können nach dem Sandstrahlen wieder geglättet werden. Selbst weggerostete Motorhaubenkanten oder andere Blechstellen lassen sich mit Zinn wieder aufbauen, allerdings nur nach peinlich sauberer Reinigung und mit reichlich Zinn, damit eine einwandfreie Oberfläche erzielt wird.

Wie gesagt, die Stahlflächen müssen vor dem Verzinnen absolut blank sein. Auf chemisch und physikalisch nicht völlig sauberen Flächen haftet Karosseriezinn nicht. Einer der Vorteile des Zinnlotes ist, daß es sich *chemisch* mit der Stahloberfläche verankert, wogegen Kunststoffspachtel einfach auf dem Blech sitzt. Schmutzreste wirken also als Trennschicht zwischen Zinn und Blech und verhindern eine einwandfreie Haftung.

Wie wird verzinnt?

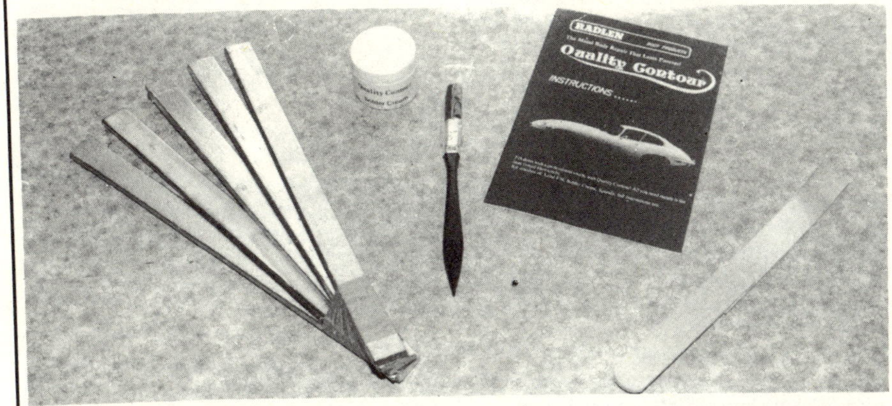

23. Links sind einige Stangen 30/70er Zinn, eine Dose Verzinnungspaste und eine Bürste zu sehen. Der Spatel aus rostfreiem Stahl (ganz rechts) dient zum Auftragen, in der Broschüre steht alles Wissenswerte zum Verzinnen. Diese Materialien können als Set von Händlern für Restaurierungsbedarf oder einzeln im Farbenhandel bezogen werden. Den Spatel kann man sich aus glattem Holz auch selbst anfertigen. Stangenzinn ist aber nicht billig, da Zinn heute fast schon ein Edelmetall ist.

24. Eine ideale Stelle zum Verzinnen. Dieser Kotflügel wurde mit separaten Reparaturblechen (dem Radlaufblech und den vorderen und hinteren Kotflügelabschlüssen) instandgesetzt. Die Bleche wurden an der Paßfuge abgesetzt, so daß sie etwas überlappen, aber genau bündig eingepaßt werden konnten. Die Bleche lassen sich damit problemlos glatt verschleifen, die Nähte sind aber ohne entsprechende Vorsorge recht korrosionsanfällig.

25. Als Vorsorge verschwemmen wir die Nähte mit Zinn. Zuvor wird aber die Schutzfarbe mit einem Sandstrahlgebläse (das über einen normalen Kompressor betrieben wird) aus dem gesamten Nahtbereich entfernt, bis alle Farbreste sowie etwaige Roststellen verschwunden sind. Steht kein Sandstrahlgerät zur Verfügung, muß der Nahtbereich von Hand mit Schaber und Schleifpapier gesäubert werden, sonst hält das Stangenzinn nicht.

26. Auch 2 – 3 cm links und rechts der Naht wurde der Lack mit einer Schleifscheibe mittlerer Körnung restlos entfernt. Der Lack kann auch erwärmt und in warmem Zustand mit einem Schaber abgehoben werden. Zum Anwärmen nimmt man den Autogenbrenner mit weich eingestellter Flamme oder die Lötlampe (mit Einwegkartusche).

Oft läßt sich an welligen oder verbeulten Blechen der Lack nur schwer aus allen Vertiefungen entfernen. Leichter geht es mit einer quadratisch oder achteckig zugeschliffenen Schleifscheibe, die mit ihren „Spitzen“ besser in die Vertiefungen hineinreicht.

27. Alte Hasen verzinnen das blanke Blech, bevor das Stangenzinn aufgebracht wird. Das Zinn kann dann auf dieser dünnen Zinn-Trägerschicht aufgetragen werden. Auf Stahl haftet das Zinn nicht ganz so gut wie z.B. auf Kupfer, also ist gründliches Arbeiten nötig. Nach alter Praxis bestreicht man zuerst die gesamte Stahlfläche mit Flußmittel, so daß der Stahl beim Oxidieren (Reaktion mit der Luft) nicht schwarz anläuft; das Flußmittel schmilzt bei niedrigeren Temperaturen als das Zinn, fließt über die gesamte Fläche und verhindert Luftzutritt, bis das Lot auf dem Stahl verlaufen ist und fest haftet. Das Bild zeigt eine Alternative zum Auftrag von Flußmittel und Stangenzinn. Die Fläche wird mit Verzinnungspaste (Flußmittel mit darin in Schwebe gehaltenem Zinnstaub) bestrichen. Die Paste wird gründlich umgerührt, da sich die Zinnpartikel auf dem Gefäßboden absetzen, und relativ dick aufgetragen.

28. Anschließend wird die Verzinnungspaste vorsichtig beheizt, bis das Zinn schön flüssig glänzt und etwas verlaufen kann, aber noch nicht abtropft. Der Übergang von mattgrauer in silbrig glänzende Farbe, bei der dieser Zustand erreicht ist, dürfte leicht festzustellen sein. Anfängerfehler, vor allem bei Leuten mit Schweißerfahrung, sind, daß die Fläche zu rasch und zu stark erwärmt wird. Dies kann vor allem bei der starken Wärmeentwicklung mit dem Schweißbrenner passieren. Das Flußmittel brennt dann weg, und das Blech läuft schwarz an, bevor das Zinn verfließen kann. Zum Erwärmen mit dem Schweißbrenner verwendet man eine mittlere Düsengröße mit „weicher Flamme“ (Sauerstoff etwas zurückgedreht) und „spielt“ mit der Flamme mit gewissem Abstand (größer als beim Schweißen) über die Verzinnungsstelle.

29. Auch nach gründlichster Entrostung bleiben bestimmt ein paar Schmutzstellen zurück. Nur gut, daß Flußmittel neben seiner abschirmenden Wirkung gegen Sauerstoff auch leicht reinigend wirkt. Das Flußmittel drückt dabei schwarze Spuren hoch. Sie werden vor dem Verzinnen sauber entfernt. Das Flußmittel ist wasserlöslich, kann also zusammen mit den Schmutzresten mit einem feuchten Lappen entfernt werden.

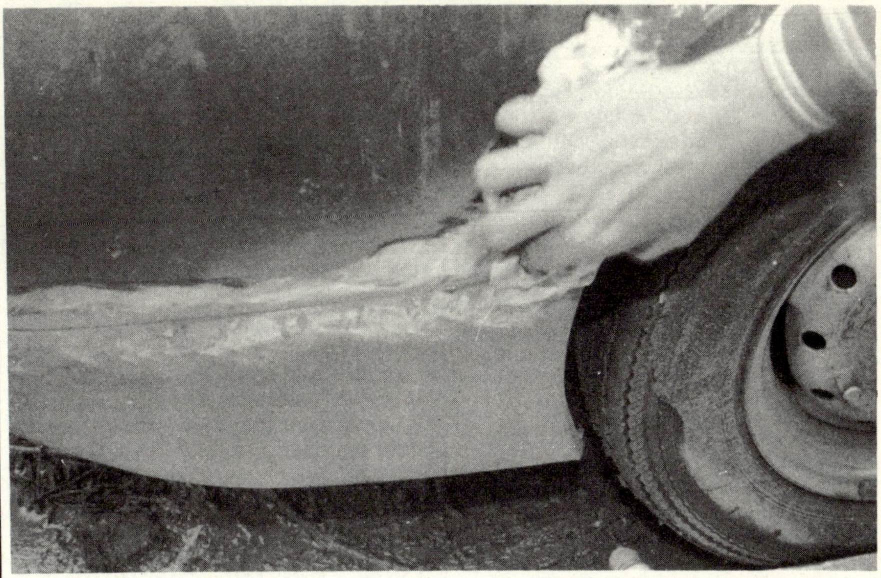

30. Der nächste Schritt ist etwas schwieriger – hier sind zwei Arbeitsschritte auf einmal zu beachten und auszuführen (Nach einiger Zeit geht dies ganz automatisch – wie nach den ersten Fahrstunden, als man noch alle Hände voll zu tun hatte). Das Blech wird mit dem Brenner etwa auf der Fläche einer Spielkarte erwärmt. Das Zinn wird am Flammenrand angesetzt, so daß es warm wird, aber nicht schmilzt. Ist das Blech nach 1-2 Minuten heiß genug, drücken Sie die Zinnstange an die Naht. Stimmt die Temperatur, wird das Zinn wachsartig weich und haftet auf der verzinnten Fläche. Versuchen Sie jetzt, in regelmäßigen Abständen „Zinnbatzen" entlang der Naht bzw. auf der Blechfläche zu verteilen. Dies soll keine glatte Oberfläche ergeben, sondern nur das Zinn plastisch erwärmen (auf 180 bis 260 °C) und auf dem Blech verteilen.

31. Jetzt wird das Zinn geglättet. Legen Sie unter der Zinnstelle ein sauberes Blech auf den Boden, da vor allem bei Anfängern viel Material abtropft. Es ist zu teuer, um es einfach zu verschwenden. Sammeln Sie alle abtropfenden Reste. Wenn genug zusammengekommen ist, biegen Sie aus Winkelblech eine längliche Form, deren Enden mit normalem Kitt verschlossen werden. Die Zinnreste füllt man in eine saubere Dose, hält die Dose mit der Gripzange fest und erwärmt den Dosenboden vorsichtig (Flamme kreiseln lassen, damit man den Boden nicht durchbrennt) mit sehr weicher Autogenflamme. Das geschmolzene Zinn gießen Sie in die Form – voilà, eine Gratis-Stange Zinn! Auf diese Weise spart man viel Material.

Zum Verstreichen des Karosseriezinns verwendet man einen Spatel aus rostfreiem Stahl (alte Hasen schwören auf Hartholz-Spatel aus Buche oder Buchsbaum, der mit Öl oder Rindertalg eingestrichen wird). Anfänger sind mit rostfreiem Stahl vielleicht besser dran, da man oft mit dem Spatel an die Flamme kommt. Der Temperaturbereich, in dem das weiche Zinn noch nicht davonläuft, erscheint recht breit, ist in der Praxis beim Erwärmen jedoch ziemlich schmal. Wärmen Sie ein „Zinnhäufchen" an und halten Sie den Spatel bereit. Ziehen Sie die Flamme immer wieder zurück, und drücken Sie das Zinn mit dem Spatel glatt. Anfangs klumpt das Zinn sicher noch, bei weiterem Erwärmen verfließt es aber wie Butter in der Sonne. Wenn Sie jetzt die Flamme nicht wegnehmen, rinnt es in silbrigem Strom auf den Fußboden – frustrierend! Versuchen Sie möglichst, eine gleichmäßige Fläche etwas über den endgültigen Konturen hinzubekommen.

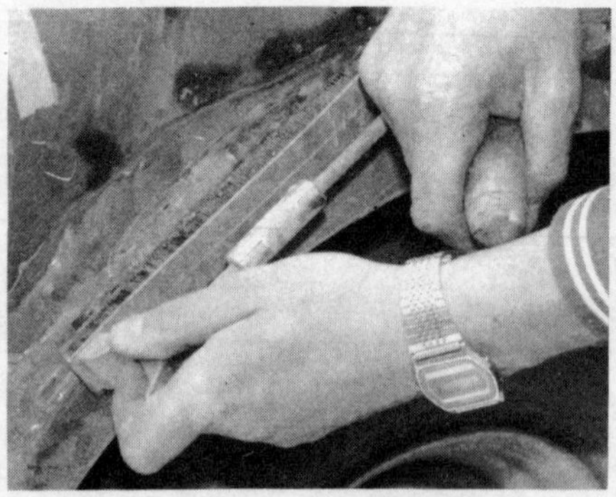

32. Das Zinn kann mit einer Karosseriefeile nachgeschliffen werden, die sich durch ihren einfachen Hieb nicht so schnell zusetzt. Vor allem bei neuer Feile trägt man schnell zuviel Zinn ab, da das Zinn im Vergleich zum benachbarten Blech relativ weich ist. Profi-Karosseriebauer verwenden speziell für Zinnstellen eine halb stumpfe Feile, um derartige „Täler" zu vermeiden. Schleifen Sie Karosseriezinn nie mit Schleifmaschinen. Das dabei als Staub freigesetzte Blei wäre beim Einatmen EXTREM GESUNDHEITSSCHÄDLICH! Feilen Sie aus allen Richtungen von den Außenkanten der Verzinnungsstelle (bei großflächigen Reparaturen) nach innen. Soweit der Platz ausreicht, schleift man in langen, glatten Zügen und nur mit soviel Druck, daß die Feile nicht über das Blech rutscht, ohne anzuliegen. Danach wird mit 80er oder 100er Schleifpapier nachgeschliffen.

Bei „Tälern" in der zinnverschwemmten Fläche gibt es drei Möglichkeiten. Perfektionisten wählen den riskanten Weg, weiteres Zinn aufzutragen; genauso zulässig ist aber, auf die schon stabile Verzinnungsstelle eine dünne Schicht Kunststoffspachtel aufzutragen. Minimale Unebenheiten lassen sich (wie es seit jeher praktiziert wurde) mit Nitro-Feinspachtel ausgleichen, er bringt aber gegenüber Kunststoffspachtel nichts.

Zuletzt noch ein Tip zur Frage der Wärmeentwicklung. Beim Erwärmen vor dem Zinnauftrag auf allzu großen, glatten Flächen, z.B. an Türen, können sich rasch Wärmebeulen bilden. Damit das nicht passiert, stellen Sie einen Lappen und einen Eimer Wasser bereit und verzinnen immer nur einen kleinen Bereich, der hinterher gekühlt wird. Die Wärmeabfuhr durch das Blech wird damit verringert, und der eng begrenzte Bereich schrumpft wieder zurecht – vorausgesetzt, die Dehnung war nicht zu stark!

Verzinnen von Aluminium

Aluminium kann ebenfalls mit normalem 30/70er Zinn verzinnt werden, muß aber anders vorbereitet werden. Man kann ein spezielles Stangenzinn besorgen, mit dem das Aluminium zuerst verzinnt wird. Dieses spezielle Stangenzinn wird auf dem gründlich gereinigten Alublech abgeschmolzen. Der nächste Schritt mag manchem merkwürdig vorkommen. Das Zinn wird fließfähig gehalten und der gesamte verzinnte Bereich mit einem scharfen Werkzeug, z.B. mit einer Reißnadel, kreuz und quer durch Zinn und Blech abgekratzt. Damit wird die äußerste Aluminiumschicht angeritzt und die Oxidbildung verhindert. Gleichzeitig kann sich das Verzinnungsmittel besser im Metall „festbeißen". Das Karosseriezinn wird dann in derselben Weise wie bei Stahl aufgetragen und verarbeitet.

Karosseriebeschläge ●

Beschläge, Zierteile und Innenausstattung werden vom Hersteller verständlicherweise oft so befestigt, daß ihre Befestigung nicht allzu offensichtlich ist. Da diese Teile aber nur geklebt, geklammert oder geschraubt werden können, kommt man mit etwas Nachdenken eigentlich immer dahinter. In den nachstehenden Abschnitten wird die Befestigung einiger typischer Einbauten beschrieben.

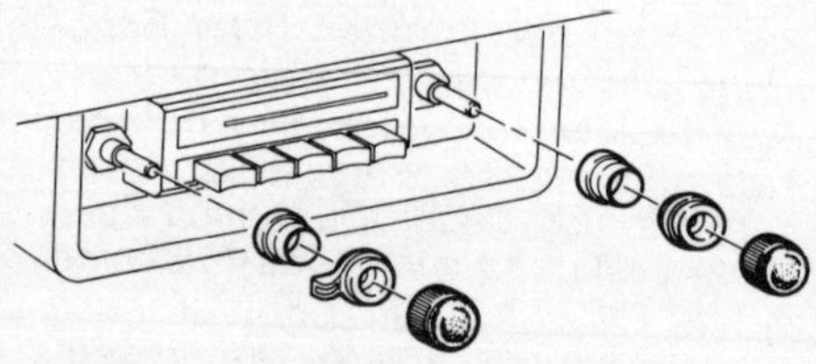

33. Zum Ausbau von Radio und Kassettenteil müssen meist Drehknöpfe und Blenden bzw. sonstige Bedienelemente abgezogen und die Mutter hinter den Knöpfen etc. gelöst werden.
(Werkbild Austin-Rover)

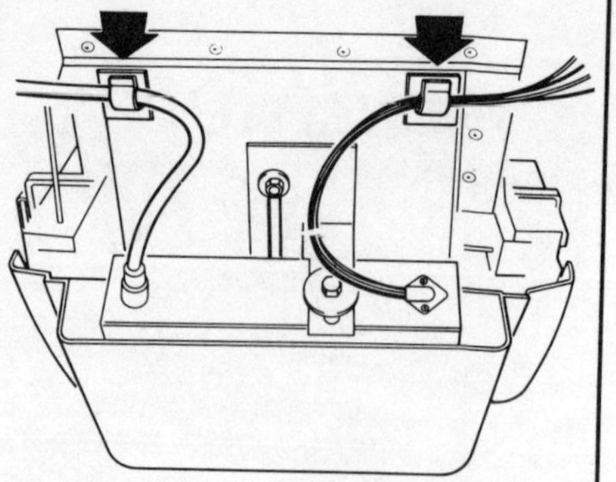

34. Hinter dem Armaturenbrett sitzt meist noch ein Haltebügel. Die Antenne wird am Gerät eingesteckt, Strom- und Lautsprecherkabel müssen jedoch am Gerät oder am ersten Abzweig abgezogen werden.
(Werkbild Austin-Rover)

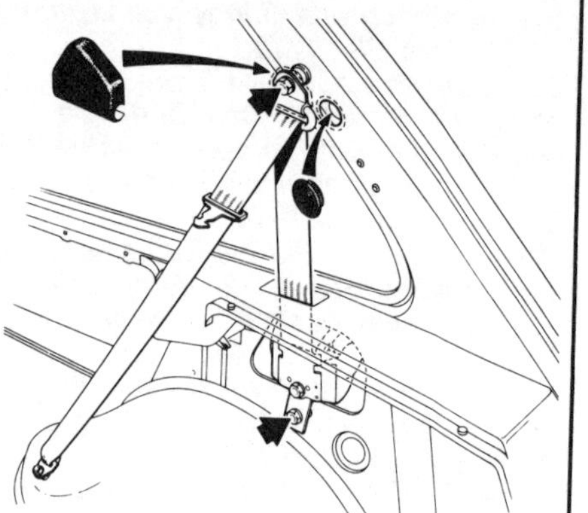

35. Automatikgurte werden an stabilen Verankerungspunkten angeschraubt (meist hinter einer Seitenverkleidung). Die oberen Verankerungspunkte liegen oft hinter einer Abdeckblende. Beim Ausbau auf die Reihenfolge der Distanzscheiben achten, sonst läßt sich hinterher vielleicht der Halter nicht mehr drehen.
(Werkbild Austin-Rover)

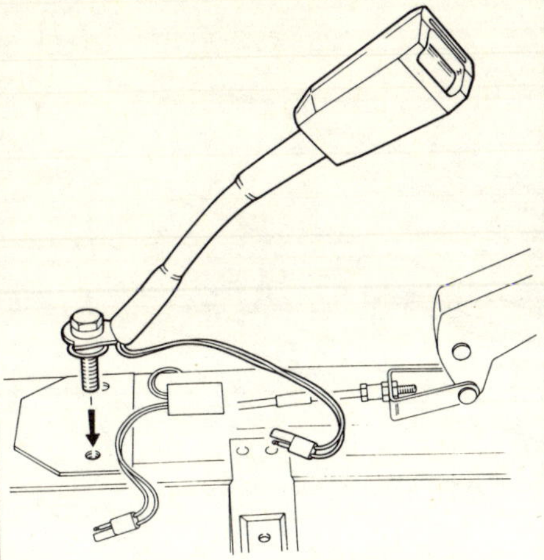

36. *Die Verankerungspunkte am Bodenblech bieten keine Besonderheiten, oft muß jedoch auch das Kabel für den Gurtwarner abgeklemmt werden.*
(Werkbild Austin-Rover)

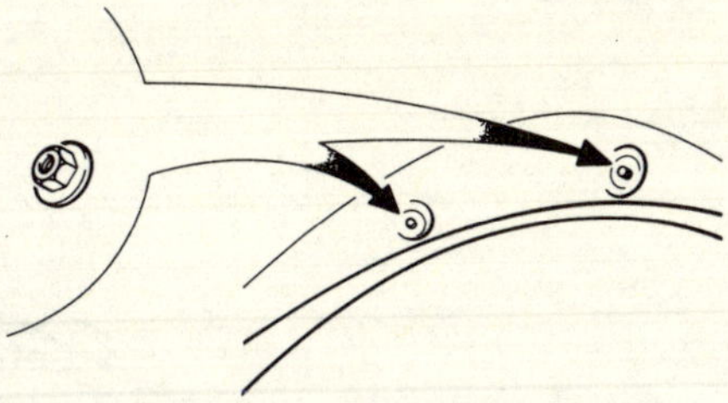

39. *Manchmal sitzen an den Anbauteilen bereits Maschinenschrauben (mit nicht demontierbaren Unterlegscheiben), die in Kunststoffmuttern an den Gegenteilen eingeschraubt werden.*
(Werkbild Austin-Rover)

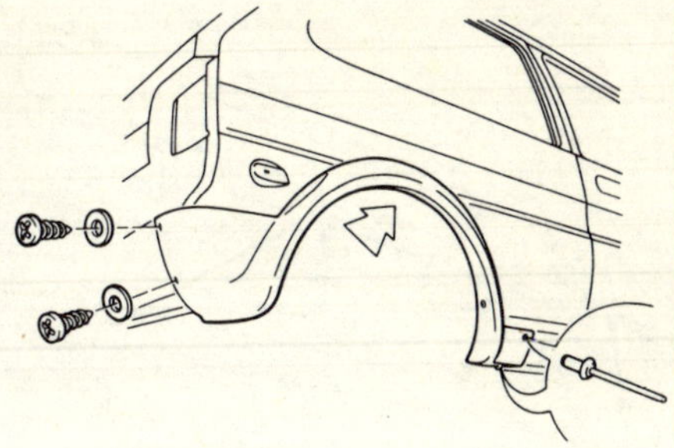

41. *Schrauben mit selbstschneidendem Gewinde halten hier die Einfassung der Radausschnitte. vorn gibt es ein Popniete. Um dieses Teil zu lösen, muß die Niete vorsichtig ausgebohrt werden. Später kommt hier eine neue Niete hin.*

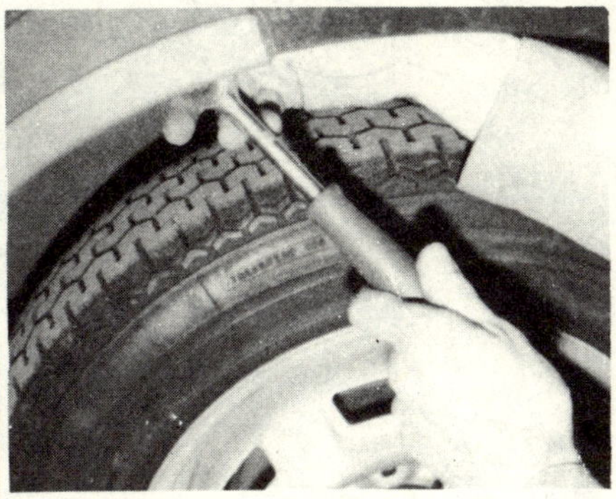

40. *Die Radlaufverkleidung ist am VW Golf festgeschraubt. Zum Ausbau werden die Muttern in gewohnter Weise gelöst.*

37. *Außenanbauteile werden auf die unterschiedlichste Weise befestigt, an diesem Chevrolet-Kühlergrill z.B. teils mit Sechskant-, teils mit Kreuzschlitzschrauben.*

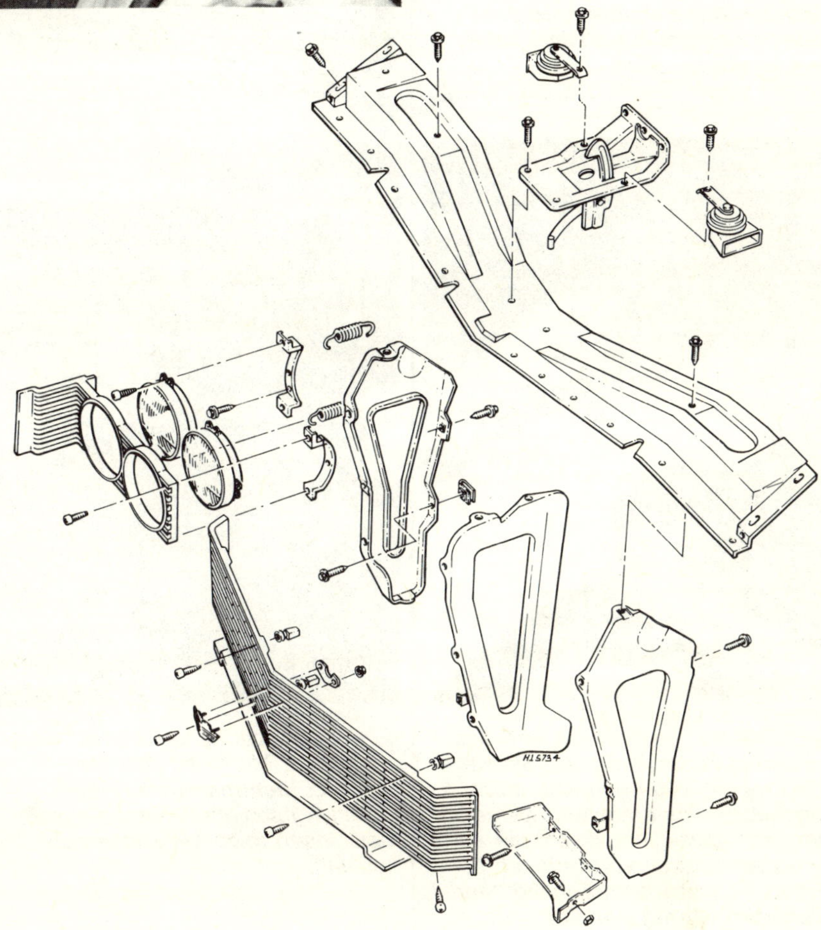

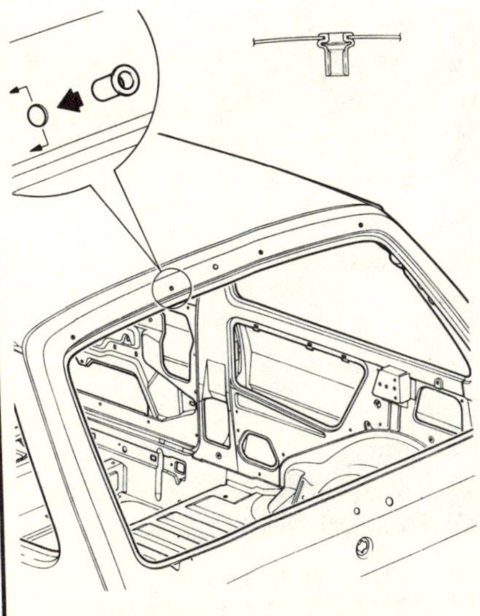

38. *Der Spoiler an der Heckklappe des Metro wird mit Schrauben in Kunststoff-Kastenmuttern eingeschraubt, die in vorgestanzten Öffnungen sitzen.*
(Werkbild Austin-Rover)

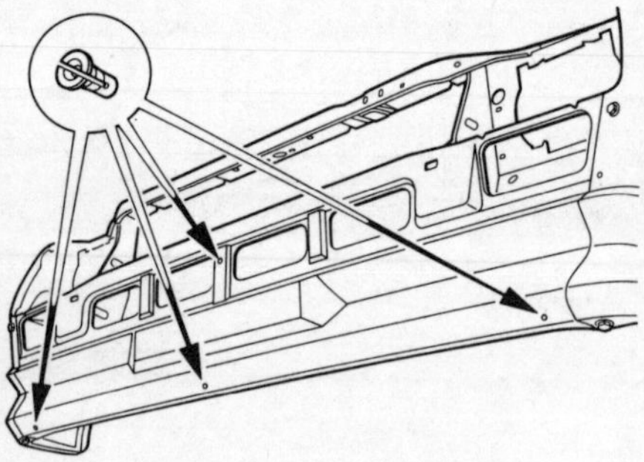

42. Bei Befestigung mit Blechschrauben werden Spreizmuttern oder Federmuttern in entsprechende Ausschnitte des „Gegenblechs" eingedrückt.
(Werkbild Austin-Rover)

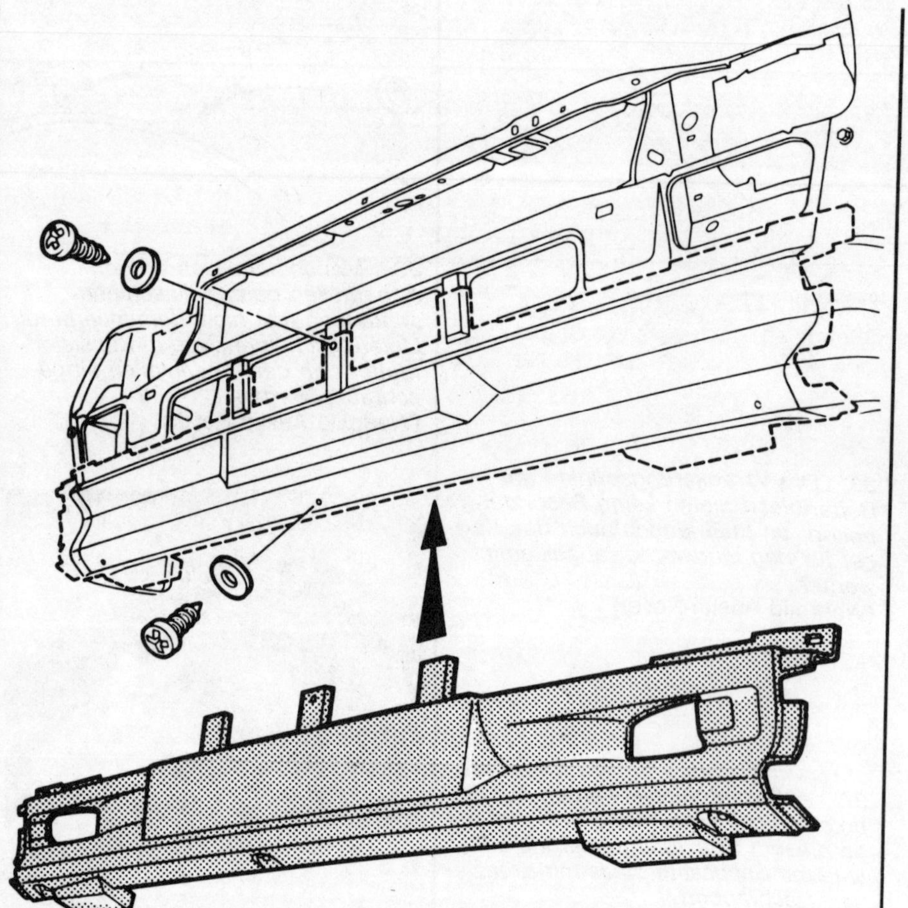

43. Dieser Frontspoiler kann mit Spreizmuttern angeschraubt werden, ohne daß Blechschrauben in das Karosserieblech eingedreht werden müssen und damit vielleicht neue Rostpunkte schaffen.

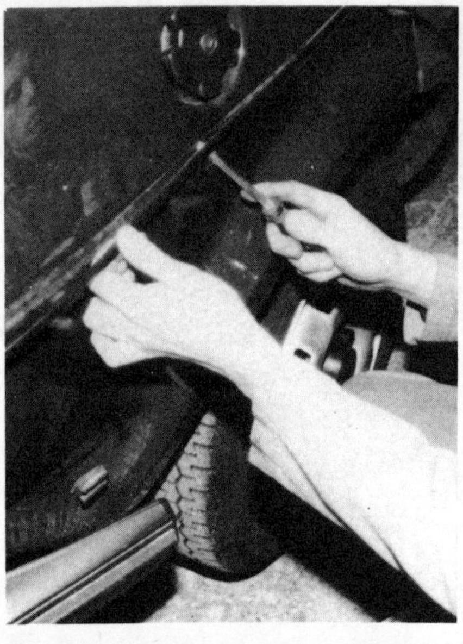

44. Zierleisten sitzen fast immer auf speziellen Federklammern. Sie werden vorsichtig von den Klammern abgehebelt. Die Klammern werden meist mit speziellen Nieten, die auf den Klammern sitzen, im Blech befestigt. Es gibt sie im Zubehörhandel oder beim Vertragshändler.

45. Viele Schriftzüge werden heute aufgeklebt. Mit einem flachen Spachtel, den man hinter den Schriftzug schiebt, lassen sie sich meist lösen (nicht gewaltsam abhebeln!).

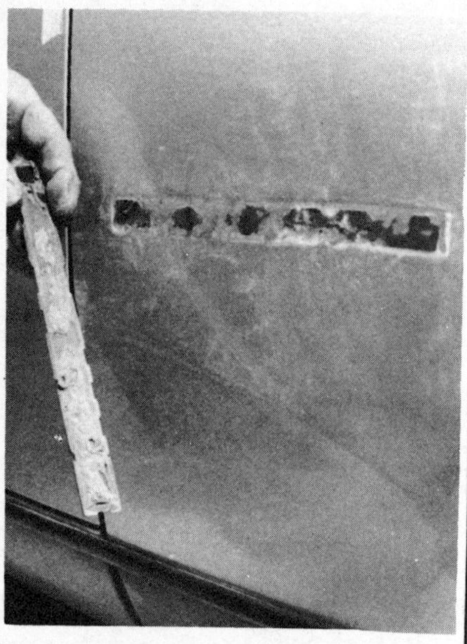

46. Die Schriftzüge werden mit doppelseitigem Klebeband gehalten. Statt eine ganze Rolle kaufen zu müssen, bekommt man vielleicht bei einer Karosseriewerkstatt kürzere Streifen.

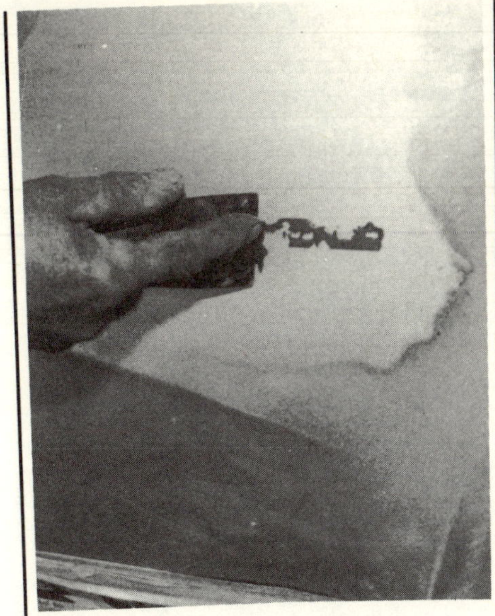

47. Die alten Klebebandreste werden abgeschabt . . .

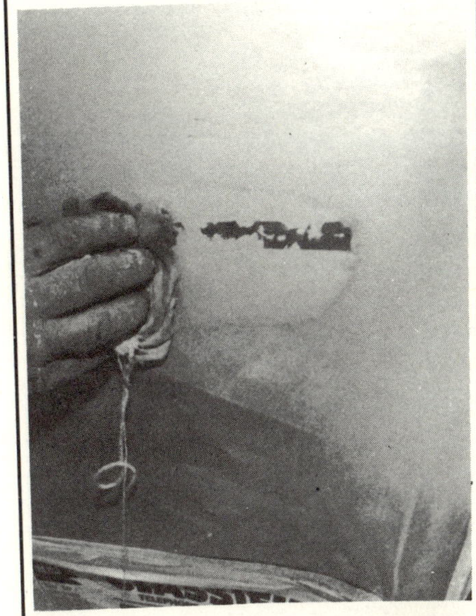

48. . . . und die klebrigen Reste mit Silikonentferner oder Alkohol entfernt.

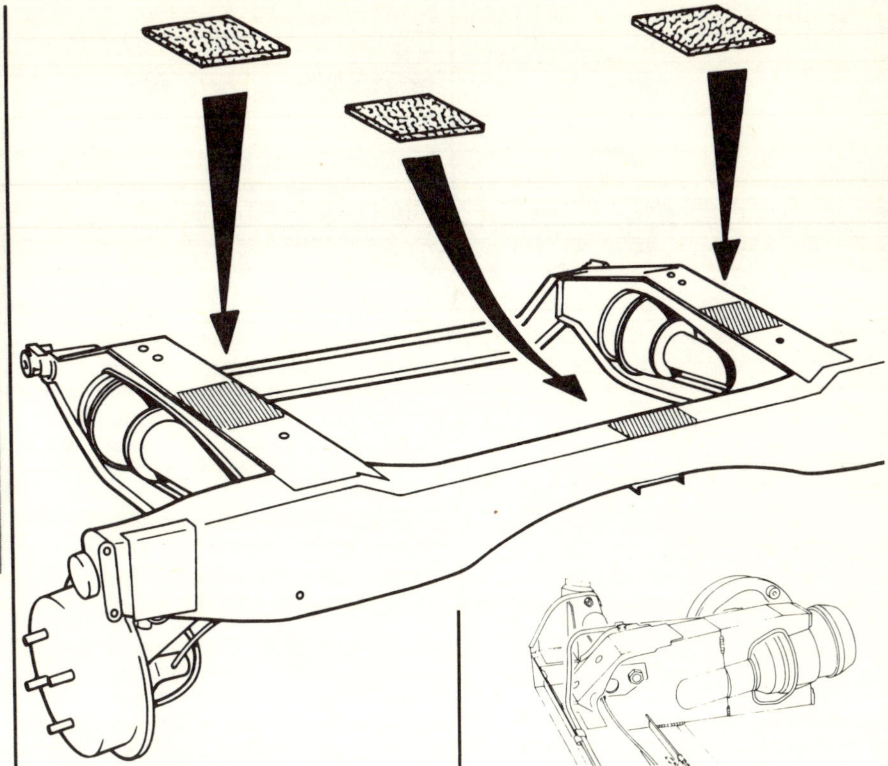

49. Bei verschraubten größeren Baugruppen, wie dieser Hilfsrahmen des Metro, oder bei Benzintanks, die direkt an der Karosserie angeschraubt werden, legt man selbstklebende Gummistreifen dazwischen, um Quietsch- und Scheuergeräusche an der Karosserie zu verhindern. (Werkbild Austin-Rover)

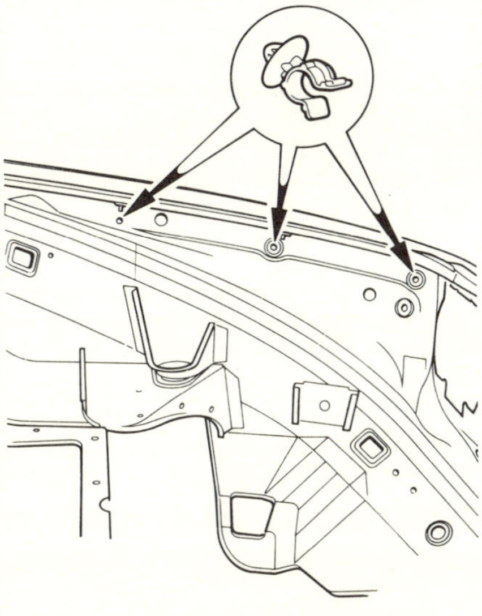

50. Aus Gründen der Optik und Sicherheit sollte man Kabelbäume, Benzin- und Bremsleitungen immer mit den passenden Klammern befestigen. Diese Kunststoffklammern werden in vorgebohrte Löcher gedrückt.

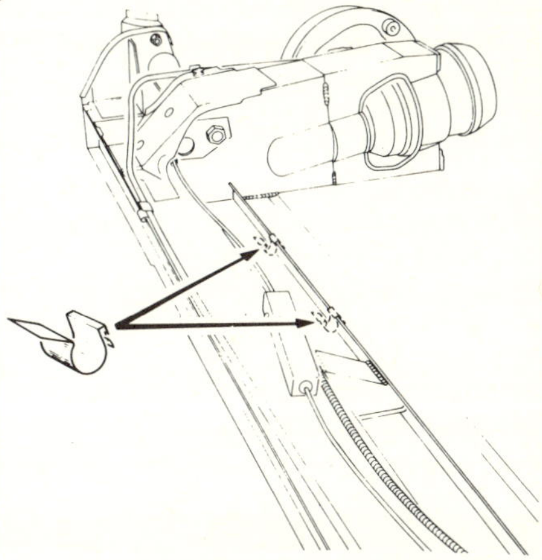

51. Diese Klammern schiebt man direkt auf die Blechkante auf. (Werkbild Austin-Rover).

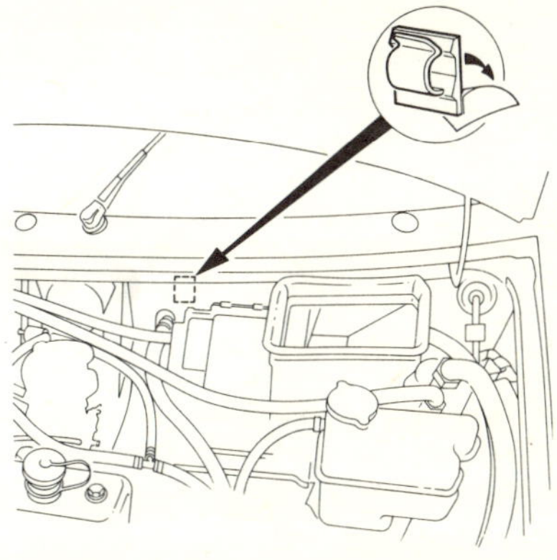

52. Andere Klammern sind selbstklebend. Sie eignen sich vor allem für den Einbau von Zusatzteilen oder falls die alten Klammern fehlen. Den Befestigungspunkt unbedingt mit Silikonentferner oder anderen Mitteln gründlich reinigen. (Werkbild Austin-Rover)

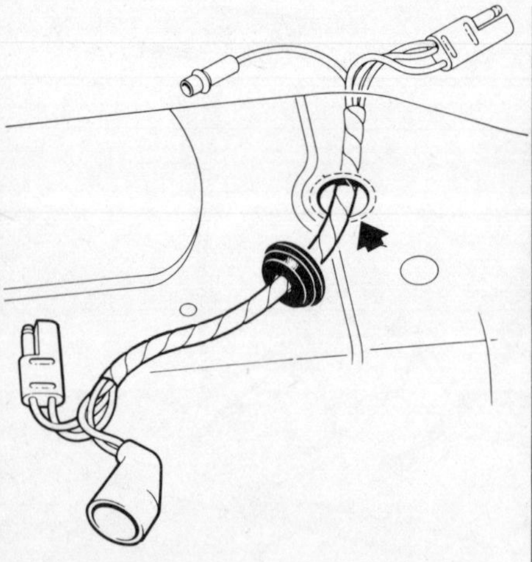

53. Kabelbäume montiert man stets mit den passenden Kabeldurchführungstüllen, vor allem an der Spritzwand. Sie halten bei richtiger Montage erstaunlich viel Mief und Geräusche vom Innenraum fern.
(Werkbild Austin-Rover)

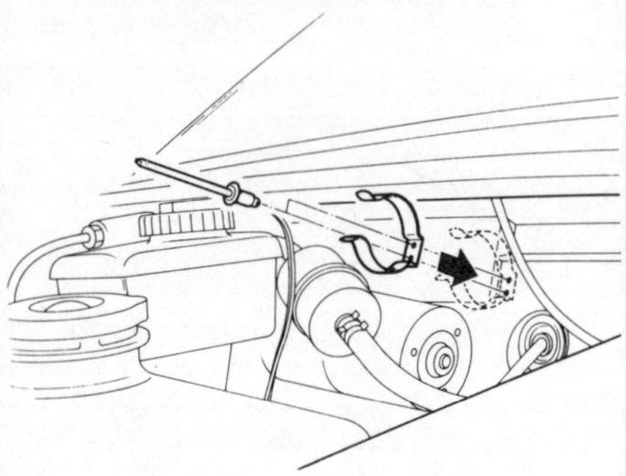

54. Dieser Benzinfilterhalter wird direkt an der Karosserie angenietet.
(Werkbild Austin-Rover)

Lösen von festgerosteten Schrauben ●

Eine der Grundregeln beim Zerlegen ist, sich vorab einen „Schlachtplan" zurechtzulegen. Damit spart man nicht nur unnötige Arbeit – wer wüßte kein Lied von der Zeit zu singen, die man mit dem Lösen hoffnungslos festgerosteter Teile vertrödelt hat, die hinterher gar nicht hätten ausgebaut werden müssen? Außerdem kann man dann alle Teile, die wahrscheinlich festgerostet sind (an älteren Autos in Hülle und Fülle vorhanden!), beizeiten mit Rostlöser einsprühen.

Wärme ist beim Umgang mit festgerosteten Schrauben immer noch eines der wirksamsten Hilfsmittel. Hier wünscht sich jeder ab und zu ein Autogengerät, auch mit dem Hartlötvorsatz am Elektroschweißer oder mit einer einfachen Butanlötlampe kommt man jedoch recht weit. Dabei passiert dann in etwa folgendes: Die beiden dicht beieinandersitzenden Teile, die im Laufe der Zeit vom Rost fast zusammengeschweißt wurden, werden durch die Wärmedehnung des Metalls gegeneinander verschoben, so daß die Bindung zwischen ihnen aufgebrochen wird. Die Mutter dehnt sich durch die Wärmeeinwirkung aus, so daß sie loser sitzt – also lösen Sie die Mutter am besten vollends, solange sie noch erwärmt ist.

Bei starker Erwärmung sind natürlich auch einige Sicherheitsregeln zu beachten. Daß man keine Stellen in Nähe des Benzintanks anwärmt, dürfte klarsein. Weniger bekannt ist dagegen, daß bei neueren Fahrzeugen auch die Kraftstoffleitung aus Kunststoff besteht. Sie kann bei Erwärmen natürlich ebenfalls gefährliche Brände verursachen. Auch Gummibuchsen können Feuer fangen, so daß man hinterher schlimmer als zuvor dasteht. Entfernen Sie außerdem alle brennbaren Materialien im Fahrzeuginneren aus dem Bereich, der erwärmt werden soll. Für Notfälle sollte ein Helfer mit Wasser bereitstehen, falls z.B. Unterbodenschutz oder andere Stellen, die man übersehen hat, zu brennen anfangen. Auch einen richtigen Feuerlöscher sollte man immer griffbereit halten.

Manche hartnäckige Muttern lösen sich auch bei schärfster Erwärmung nicht. Meistens läßt sie sich sowieso nicht mehr retten, und kann ruhig durch rabiatere Mittel gelöst werden. Absägen ist besser als Abmeißeln, um Schäden durch die Meißelschläge zu vermeiden. Bild 55 zeigt, wie die Mutter an ihrer dünnsten Stelle abgesägt wird (parallel zum Gewinde). Damit kann man meist noch die Schraube retten und kommt schneller zum Ziel, als wenn man die ganze Schraube absägen will. Beim Versuch, die Schraube unter der Mutter abzusägen, landet man sowieso meist auf der Beilagscheibe, die aus gehärtetem Federstahl besteht und sich mit einem Sägeblatt kaum zersägen läßt. Falls unter der Mutter jedoch genug Platz bleibt, kann man man das Sägeblatt in eine Bügelsäge einspannen und kommt damit besser als mit einer normalen Handsäge an die Mutter heran. Oft reicht der Platz zum Ansetzen einer Säge jedoch nicht aus – hier hilft nur Abmeißeln der Mutter. Bohren Sie zuerst die Mutter (möglichst parallel zum Gewinde) zur besseren Führung an, und meißeln Sie die bereits geschwächte Mutter dann längs (nicht quer) ab. Halten Sie die Meißel für diese Arbeiten immer geschärft, und geben Sie mit einem schweren Hammer (ca. 1 Kilo) leichte Schläge auf den Meißel, statt mit einem leichten Hammer drauflos-zuhämmern (damit rutscht man nur allzuleicht ab).

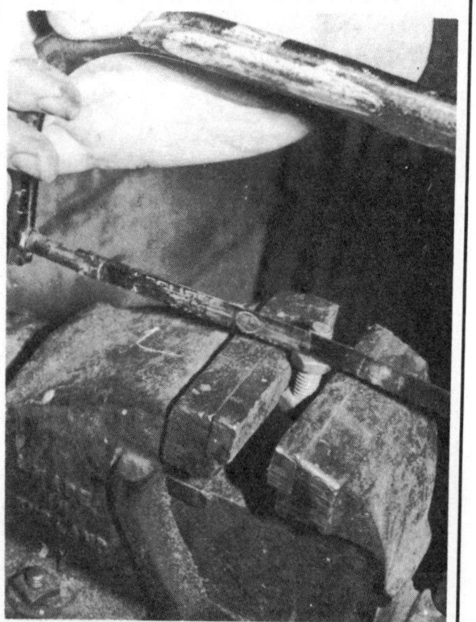

55. Muttern sägt man an ihrer dünnsten Stelle ab.

Manchmal kommt man gar nicht an die Mutter heran bzw. (z.B. bei Stoßstangenschrauben) es ist fast sicher, daß man Schraube und Mutter nicht lösen kann. Stoßstangenschrauben werden ja mit dem Vierkant unter dem Kopf in einem entsprechenden Vierkantloch in der Stoßstange fixiert. Anfangs hält dies noch recht gut, über kurz oder lang dreht die Schraube ,,leer", wenn man versucht, die festgerostete Mutter zu lösen. Körnen Sie den Schraubenkopf (mit kräftigen Schlägen, damit die Chromschicht abplatzt) an, und bohren Sie den Kopf dann vom Gewindeteil ab, so daß die Stoßstange abgenommen werden kann.

Flachrund-Schloßschrauben, wie sie an Holzaufbauten der Karosserie verwendet werden, sehen ähnlich wie Kotflügelschrauben aus. Sie gehen noch auf die Kutschenzeit zurück, waren aber z.B. noch bis 1971 am Morris Minor Traveller zu finden. Sie entwickeln (genau wie Stoßstangenschrauben) die häßliche Angewohnheit, sich beim Lösen einfach im Holz mitzudrehen, statt vom Vierkant gehalten zu werden. Steht der Schraubenkopf noch über das Holz über, kann durch Einsägen eines Schraubendreherschlitzes nachgeholfen werden. Meist sind sie jedoch in das Holz eingesunken und müssen dann nach einem der obigen Verfahren ausgebaut werden.

Genauso problematisch sind oft verschraubte Bleche, die mit Kastenmuttern gehalten werden. Beim Lösen der meist festgerosteten Schraube drehen die Muttern oft mit und biegen den Käfig auf, in dem sie sitzen. Am besten meißelt man den Käfig dann mit einigen scharfen Schlägen vollends ab (sofern man an die Blechrückseite kommt) und setzt einen Gabelschlüssel am Vierkant an. Beim Zusammenbau dreht man die Schraube in eine normale Sechskantmutter ein, die man mit einem Gabelschlüssel gegenhält.

Manchmal versagen alle bekannten Ausbautricks. Hier kommen dann die diversen Spezialwerkzeuge zum Zuge, z.B. der in vielen Fällen unentbehrliche Schlagschrauber. Das Schraubergehäuse trägt in seinem Inneren einen Ratschenmechanismus, der durch kräftige Hammerschläge in Drehung versetzt wird. Die Ratsche kann auf Links- oder Rechtsdrehung zum Lösen bzw. Anziehen eingestellt werden. Vor Ansetzen des Schlagschraubers säubert man auf jeden Fall den Schraubenkopf, sonst sitzt die Schraubendreherklinge nicht richtig und vermurkst den Schraubenkopf. Bei vielen Modellen kann man statt der Klinge auch einen 1/2''-Steckschlüsselvierkant einsetzen und hat damit noch mehr Möglichkeiten im Kampf gegen störrische Muttern.

Einen Schlagschrauber kann man auch improvisieren, indem man an einem Schraubendreher mit durchgehendem Schaft (der also auch einen Hammerschlag verträgt) einen Gabelschlüssel oder eine Gripzange am Sechskant am Schaft ansetzt. Dann dreht man an diesem Hebel und verabreicht dem Schraubendreher gleichzeitig ein paar kräftige Hammerschläge.

Oft sind die Mutternköpfe durch Ansetzen falscher Schlüsselweiten oder durch Rost abgerundet. Mit einer Gripzange bekommt man sie manchmal noch los. Da die Mutter sowieso schon unbrauchbar ist, spielen weitere Schäden auch keine Rolle mehr. Mit einer Schwedenzange, die bei richtiger Einstellung beim Lösen immer fester auf der Mutter sitzt, bekommt man die Mutter noch fester zu fassen.

Wenn Mutter und Schraube sowieso schon Ausschuß sind, können Sie den Mutternkopf ja auch kurzerhand mit dem Winkelschleifer abschleifen.

Nicht zu verachten ist auch der gute alte Mutternsprenger. Er besteht aus einer Meißelspitze, die durch Anziehen der Schraube am Sprenger immer fester in die Mutter getrieben wird. Die Mutter läßt sich damit sehr sauber lösen, meist ist jedoch nicht genug Platz zum Ansetzen des Sprengers vorhanden bzw. kleine Muttern können mit dem Sprenger nicht fest genug gefaßt werden. Sofern er sich richtig ansetzen läßt, funktioniert er jedoch dermaßen gut, daß er die Anschaffung auf jeden Fall lohnt.

Was aber dann, wenn dies alles nichts gefruchtet hat, und die Mutter beim Lösen einfach abschert? ,,Endlich" – denkt man, wenn der Widerstand plötzlich aufhört und die Schraube bzw. Mutter zu Boden fällt. Nur müssen die Reste der Schraube im Sackloch meist auch noch entfernt werden. Hier leistet ein Stehbolzenausdreher nützliche Dienste. Er trägt an seinem Konus eine Spiralnut mit Linksgewinde, mit der er ,,linksherum" (also in Richtung ,,Lösen") in das vorgebohrte Führungsloch im Stehbolzen- bzw. Schraubenrest eingedreht wird. Wird der bis zum Anschlag eingedrehte Ausdreher dann weitergedreht, müßte sich (hoffentlich!) der Stehbolzen selbst lösen.

Soviel also zu geschraubten Bauteilen. Nicht so offensichtlich ist die Befestigung von Türverkleidungen oder Zierleisten auf verdeckten Halteklammern. Beim Abhebeln verkratzt man oft den Lack oder verbiegt die Teile. Viele Hersteller liefern spezielle Werkzeuge zum Ausbau von Zierteilen, z.B. einen gegabelten Hebel (ähnlich den Klauen am Tischlerhammer) mit Griff.

Auch mit den besten und teuersten Werkzeugen lassen sich nicht immer alle Befestigungselemente lösen. Die obigen Ratschläge, besonnenes Arbeiten und etwas Einfallsreichtum dürften aber fast immer zum Ziel führen.

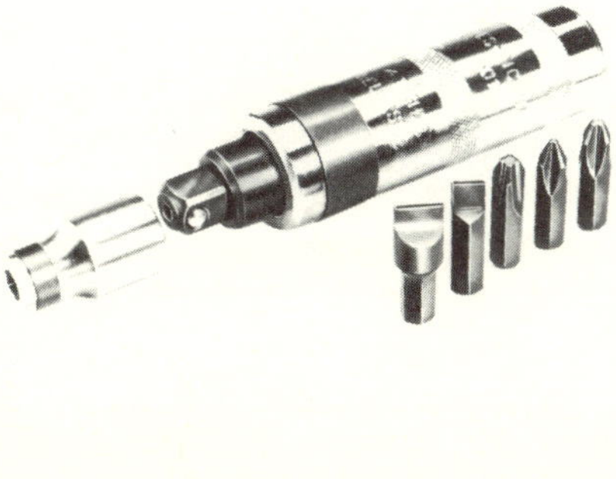

56. Unentbehrlich für Do-it-yourselfer: der Schlagschrauber.
(Werkbild Sykes-Pickavant)

Instandsetzen leichter Unfallschäden – Frontschäden ■

Viele werden es selbst erlebt haben – man dachte, die Parklücke wäre groß genug, oder der Zaunpfosten sei doch noch ein ganzes Stück entfernt. Wenn's gekracht hat, ist die Bescherung aber da. In unserem Beispiel war der Schaden gottseidank nicht allzu groß. Jeder halbwegs begabte Hobbybastler könnte derartige Schäden in Ordnung bringen, auch wenn man die Endlackierung vielleicht für die Werkstatt aufspart.

57. Dieser Talbot Samba hatte beim Ausflug in den Straßengraben einen Schlag vorne links abbekommen. Als erstes bauen wir den kaputten Scheinwerfer aus, der aber noch aufbewahrt wird. Viele Hersteller verwenden serienmäßig Teile verschiedener Zulieferer. Mit einem Muster zur Hand sind alle Zweifel, daß der Händler einem ein falsches Teil verkauft, aber ausgeschlossen.

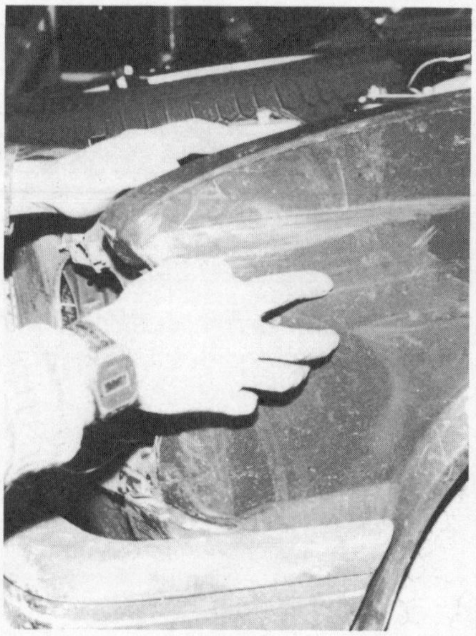

58. Der Kotflügel war stark beschädigt und mußte ausgewechselt werden. Glücklicherweise waren die Bleche dahinter jedoch unbeschädigt. Heutige Autos sind oft reparaturfreundlicher als ältere Modelle, wie hier die verschraubten Kotflügeln des Talbot Samba.

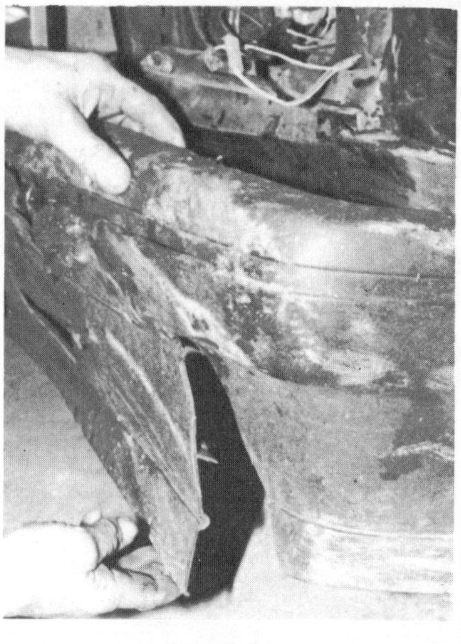

59. Die Vorderstoßstange mit integriertem Spoiler soll Stöße elastisch auffangen; in diesem Fall war sie aber durch die Wucht des Aufpralls derart zersplittert, daß eine Reparatur nicht in Frage kam.

60. Die Vorderstoßstange kann nach Lösen von vier Schrauben (zwei mit Pfeil markiert) abgenommen werden. Die Schrauben sind von unten hinter dem Frontblech zugänglich.

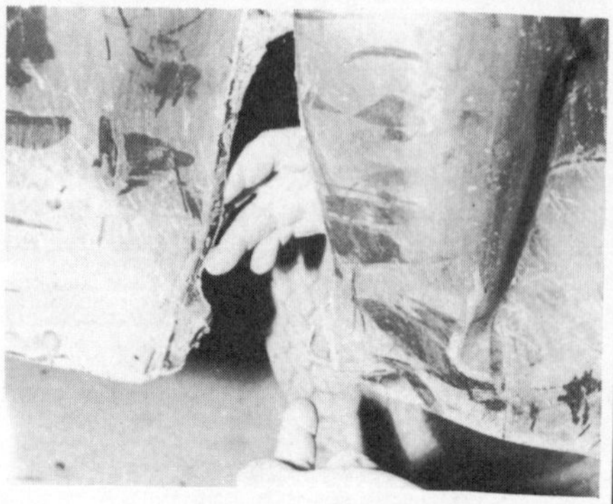

61. Das tief heruntergezogene Frontblech (links) hatte sich von der Kotflügelunterkante losgerissen. Da Frontblech und Kotflügel aber nur verschraubt sind, können auch die Neuteile problemlos montiert werden.

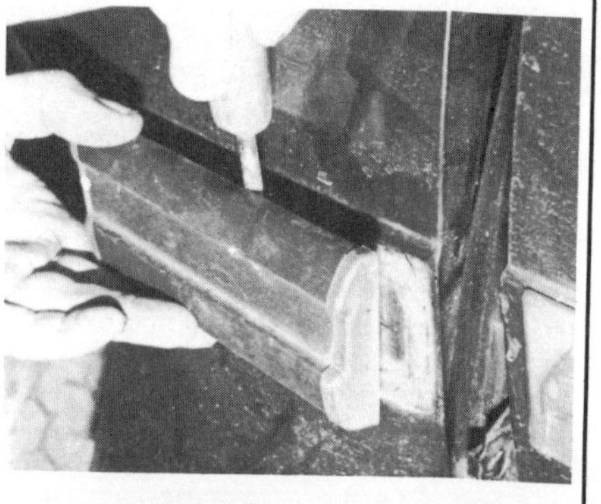

62. Die Kotflügelzierleiste wird wiederverwendet. Sie wird vorsichtig mit einem Schlitzschraubendreher abgehebelt.

63. Hier sieht man die Zierleistenbefestigung. Die beiden Federklammern sitzen in entsprechenden Löchern im Kotflügel. In der Regel kann man die Zierleisten auf diese Weise lösen, manche Leisten sind jedoch auch mit Schrauben und Muttern (Kunststoffmuttern) befestigt. Prüfen Sie die Befestigung also sorgfältig, und passen Sie bei dünnen oder empfindlichen Zierteilen auf, daß Sie sie nicht verbiegen.

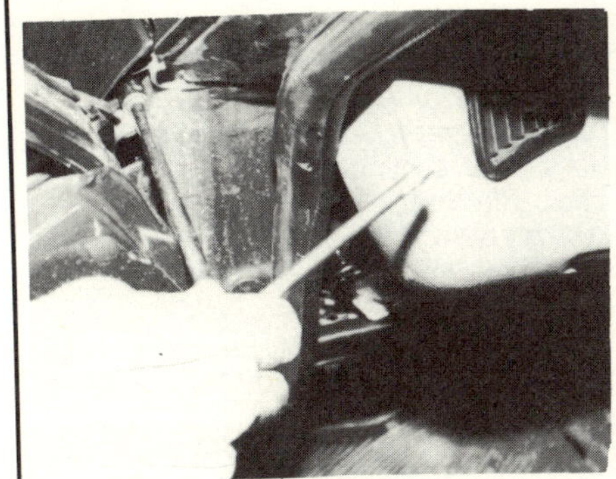

64. Die Kotflügelschrauben an der Türsäule sind bei geöffneter Tür zugänglich. Zum Lösen setzen wir einen langen Kreuzschlitzschrauber mit Hebelunterstützung an.

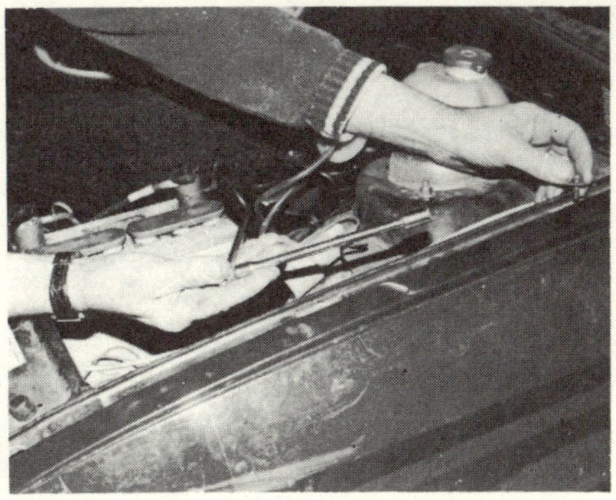

66. Die problemlosesten Schrauben entlang der Regenrinne an der Kotflügeloberkante werden zuletzt gelöst, da sie den Kotflügel beim Abbauen der unteren Schrauben noch halten müssen.

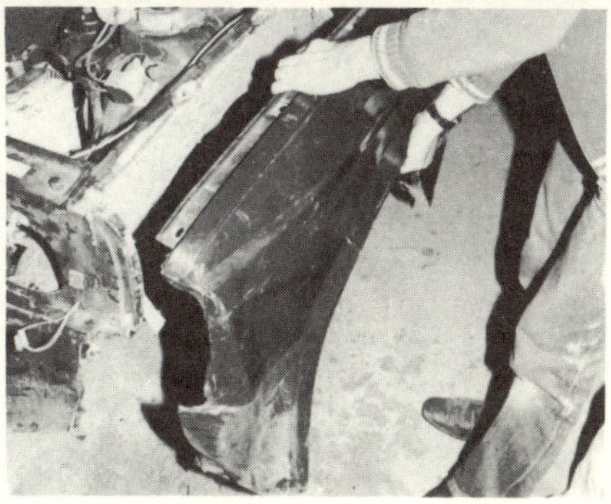

67. Nun wird der beschädigte Kotflügel abgehoben. Er wandert gleich auf den Schrott.

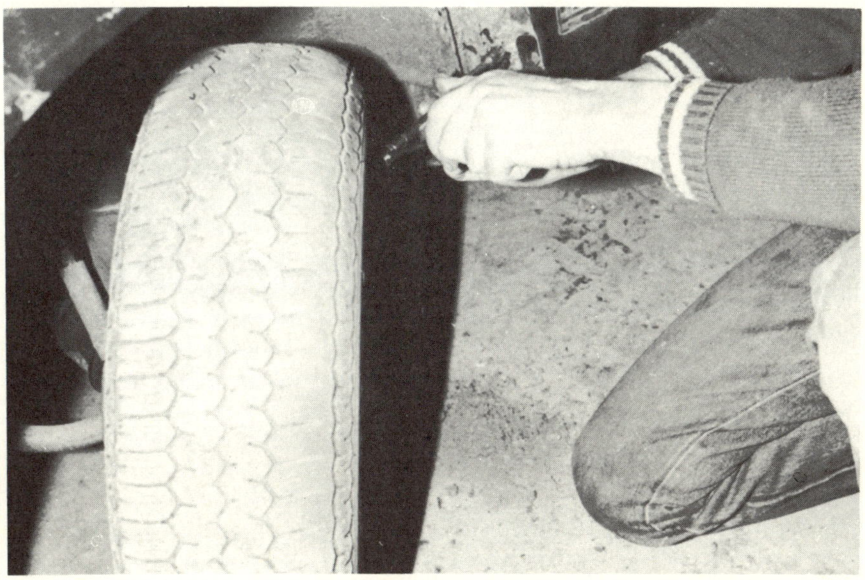

65. In den Radkästen ist der Kotflügel mit Sechskantschrauben an der Spritzwand angeschraubt. Außer bei Neuwagen muß dieser Bereich erst gründlich gereinigt werden, bis die Schrauben zum Vorschein kommen. Meist muß auch mit Rostlöser oder Wärme (nach Entfernen der Verkleidung auf der Innenseite) nachgeholfen werden, damit die Schraube sich aus ihrem „Rostnest“ löst.

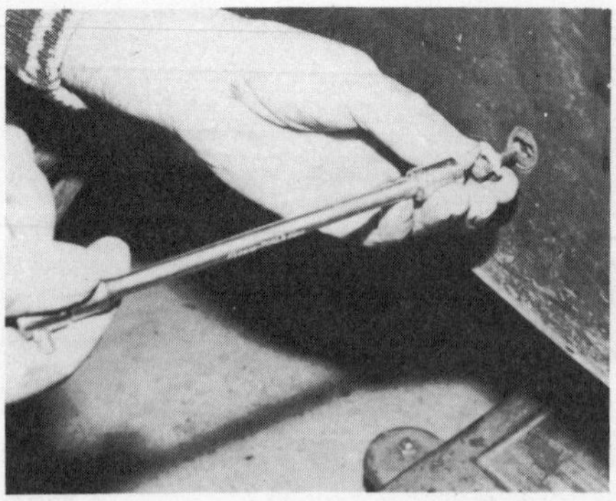

68. Außer den vier Schrauben zwischen Frontblech und Vorderkotflügeln lagen bei abgebauter Stoßstange und Spoiler jetzt alle Schraubstellen offen. Auch das Frontblech wandert auf den Schrott. Für Hobbyrestaurateure käme eine Reparatur durch zusätzliche Verstärkung zwar in Betracht, für Werkstätten wäre der Zeit- und Arbeitskostenaufwand jedoch höher als der Preis des Neuteils.

69. Die Neuteile (Kotflügel und Frontblech) werden vor dem Anbau vorbereitet. Hier sind geschraubte Bleche gegenüber geschweißten Blechen eindeutig im Vorteil. Geschweißte Bleche können erst nach dem Einbau lackiert werden, da beim Schweißen sonst die Farbe wieder abbrennt.

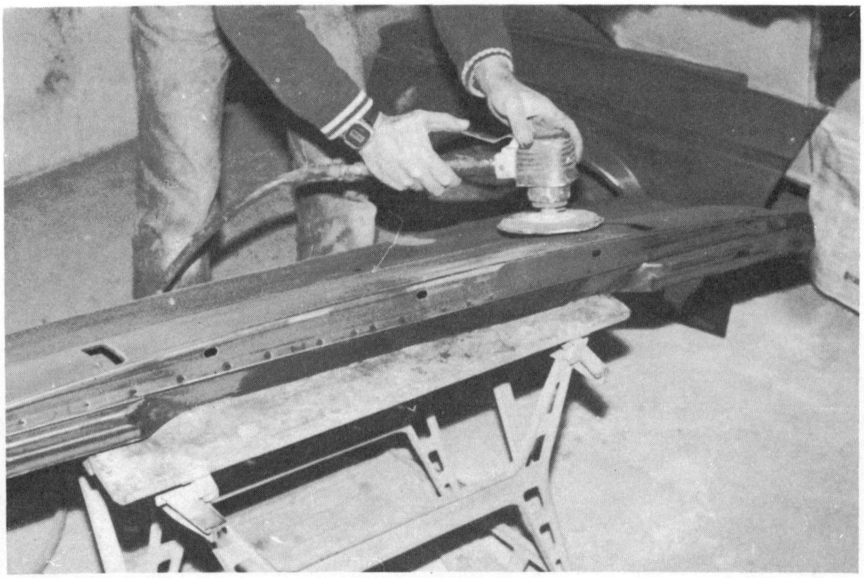

70. An geschraubten Blechen ist nicht nur die Vorbereitung bequemer, sondern es lassen sich auch alle versteckten Flächen besser lackieren und konservieren, damit sich der Rost an blanken Kontaktflächen zweier Bleche nicht gleich wieder einnistet.

71. Ein weiterer Vorteil ist, daß die Innenseite gleich richtig mit Unterbodenschutz eingesprüht werden kann, ohne daß man schmutzig wird. Auch die Nähte zwischen den neuen und alten Blechen müssen sauber versiegelt werden. Wo dies nötig ist, sieht man bei eingebautem Blech am besten, also wiederholen Sie den Unterbodenschutzauftrag an allen Nähten und Falzen nach dem Einbau.

72. Nun wird das neue Frontblech montiert (in umgekehrter Reihenfolge wie beim Ausbau) . . .

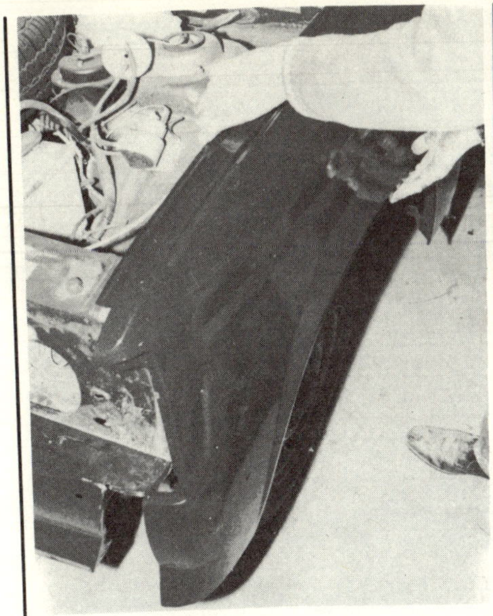

73. . . . und der neue Kotflügel angepaßt. Man dreht alle Schrauben ein, zieht sie aber noch nicht fest an, damit die Passung noch korrigiert werden kann.

74. Leider befand man es bei Talbot nicht für nötig, die Zierleistenlöcher vorzubohren (vielleicht war das Blech ja auch für eine Standardausführung ohne Zierleisten gedacht). Die Lage der Löcher wurde daher am alten Blech abgenommen . . .

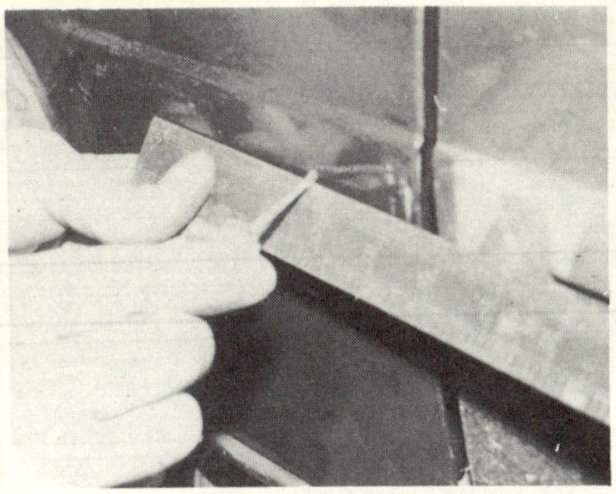

75. . . . und mit einem Anreißstift auf das neue Blech übertragen.

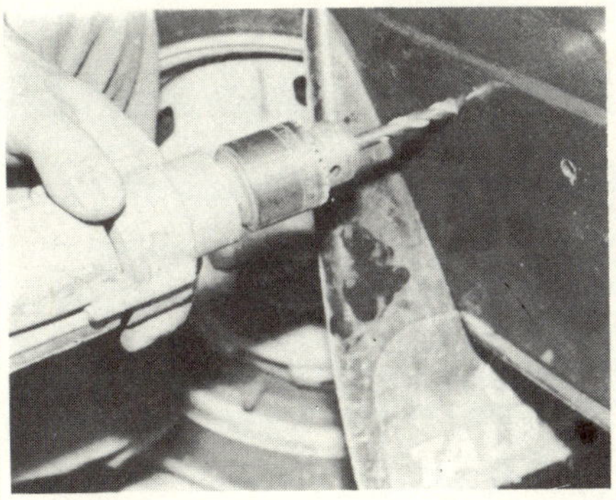

76. Die neuen Löcher können jetzt gebohrt und gegen Rost konserviert werden. Damit der Bohrer nicht so leicht verläuft, ziehen Sie einen Klebebandstreifen über die Bohrstellen und drehen das Futter mit dem Bohrer einige Male von Hand durch, damit der Bohrer eine bessere Führung bekommt.

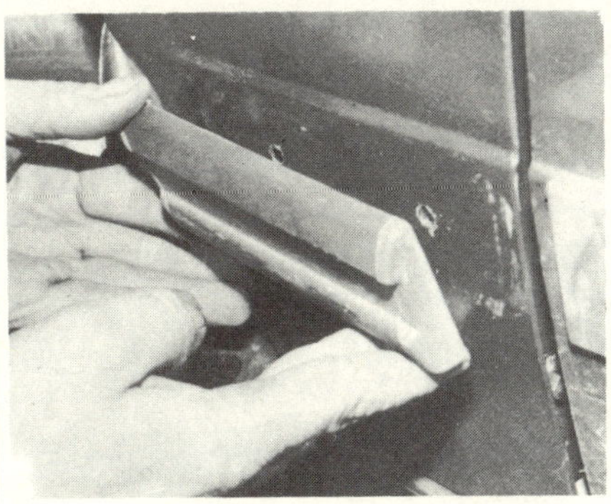

77. Die Zierleiste wird angesetzt und die Klammern mit dem flachen Handballen in ihre Bohrungen gedrückt.

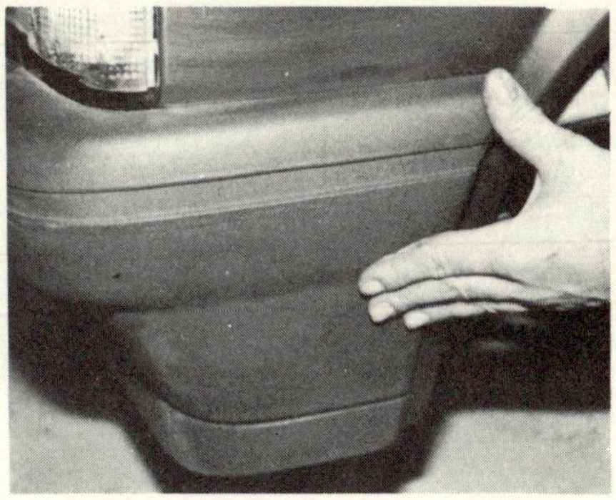

78. Nach dem Anbau der Vorderstoßstange schließt man Motorhaube und Tür und prüft alle Passungen. Optimale Paßgenauigkeit ist manchmal ohne Nacharbeiten des Blechs nicht möglich. Kompromisse, bei denen man die Paßungenauigkeit gleichmäßig auf alle Bleche verteilt, sind aber durchaus zulässig. Passen z.B. rechter Kotflügel und Motorhaube optimal zusammen, und ist der Spalt zum neuen linken Kotflügel aber zu groß (was hier nicht der Fall war), löst man die Motorhauben-Halteschrauben etwas und stellt einen gleichmäßigen Spalt links und rechts ein. Manchmal müssen die Haubenscharniere sogar nachgebogen werden, wenn anders keine Einstellung möglich ist.

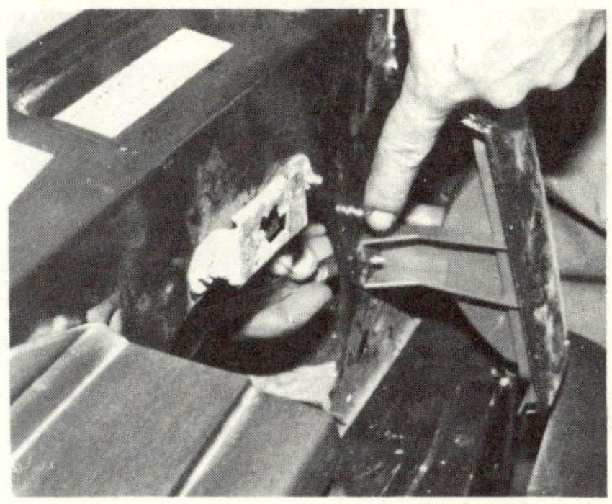

79. Die neue Blinkleuchte sitzt in einem Halter, der mit einer Blechschraube von hinten am Frontblech angeschraubt wird.

80. Der Einbau der neuen Blinkerfassung und des Glases war problemlos. Die Kabel brauchen jetzt nur noch an die Anschlüsse mit der richtigen Farbmarkierung an der Fassung angeschlossen zu werden.

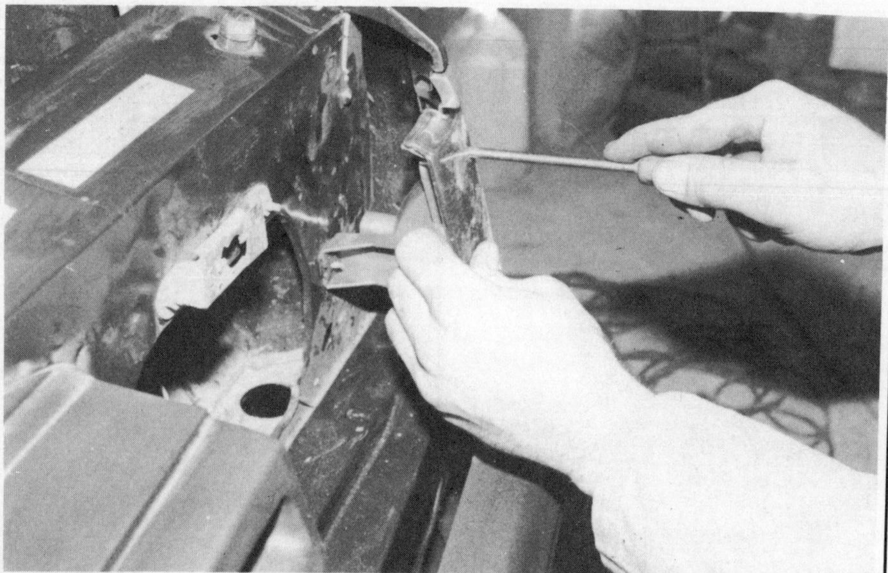

81. Bei dieser Gelegenheit wurde gleich noch eine andere kleine Delle ausgebessert. Die eine Delle saß hinter der Zierleiste. Da die Blechrückseite nicht zugänglich war, wurde aus einem dicken, abgewinkelten Nagel und einer Gripzange ein Ausziehwerkzeug improvisiert.

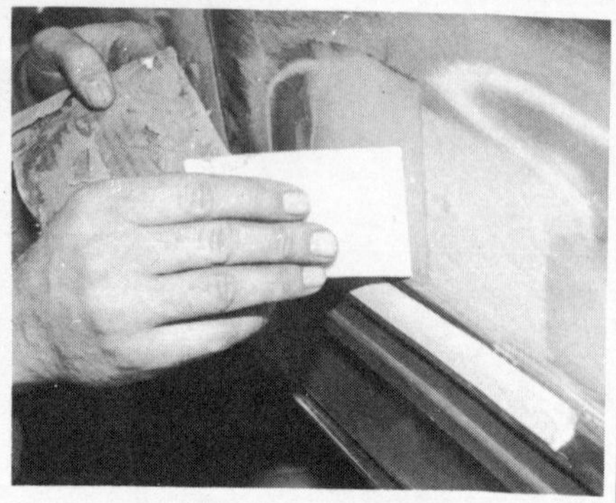

84. Eine andere Schadenstelle wurde normal verspachtelt. Die Zierleiste braucht nicht abgebaut zu werden, wird aber mit Abklebeband geschützt.

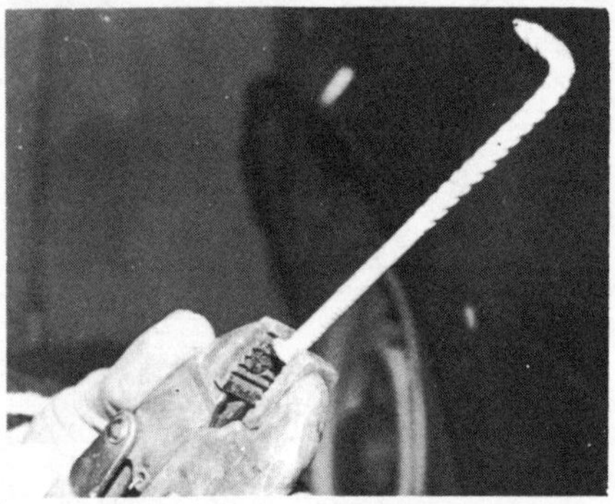

82. Der Nagel wird zum Ausziehen in die Zierleistenlöcher eingehängt.

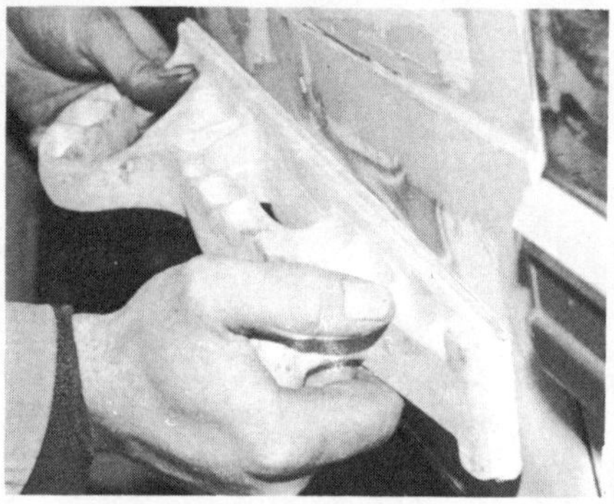

83. Die letzten Wellen werden verspachtelt und beigeschliffen (siehe Spachtel-Abschnitt in diesem Buch).

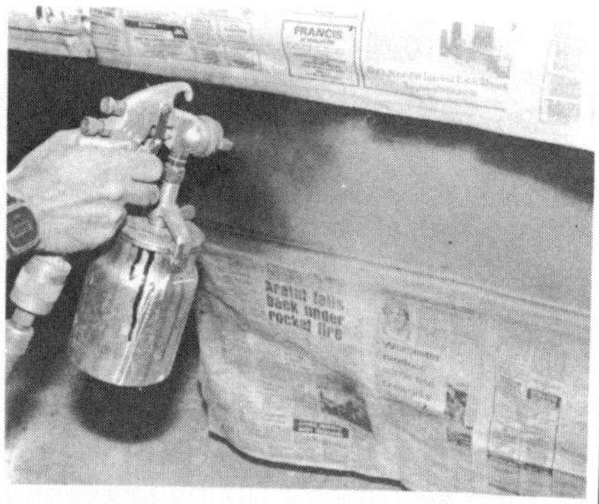

85. Der ganze Bereich wird dann mit Füllprimer vorgespritzt . . .

86. . . . und sorgfältig beigeschliffen. Die Übergänge der Grundierung und des benachbarten Blechbereiches wurden mit feinster Polierpaste bearbeitet, um Nebelreste aus den angrenzenden Bereichen zu entfernen und die Farbabstimmung zu erleichtern. Außerdem läßt sich damit ein sauberer Übergang der Primerränder erreichen.

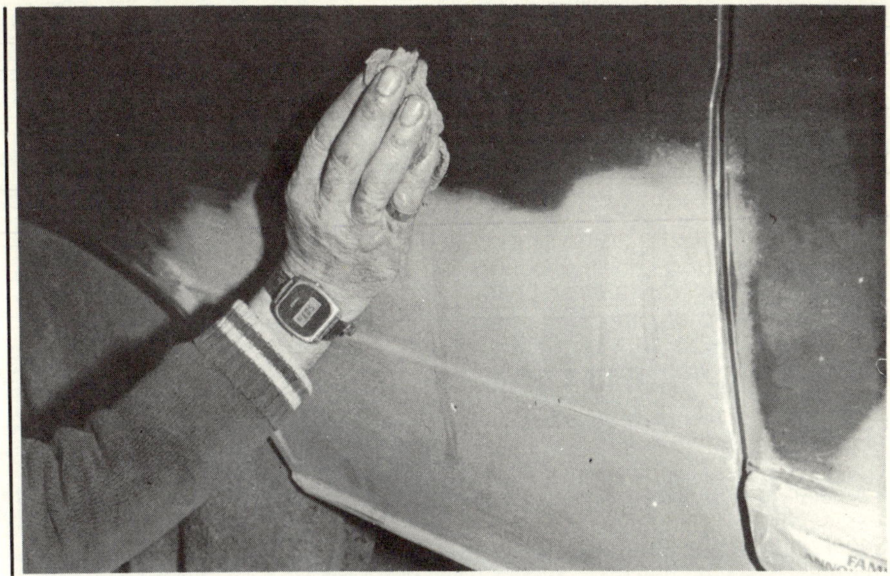

87. Versuchen Sie stets, den Rand eines nachlackierten Bereichs zu einer natürlichen Karosserielinie hin auslaufen zu lassen. Da hier keine Zierleistenlinie, sondern nur eine leichte Sicke im Blech zur Verfügung stand, an der der neue Farbauftrag aber trotzdem sichtbar gewesen wäre, wurde dem Farbverlauf an der Kante etwas nachgeholfen: Die Sicke wurde wie gewohnt abgeklebt und darauf ein zweiter Bandstreifen an der Oberkante angeklebt, so daß der Großteil des Bandes wie ein welliger Papierstreifen abstand. Beim Lackieren werden die Luft- und Lackpartikel an diesem Überhang vom Klebeband weg auf das Blech abgelenkt, so daß die Randlinie weicher verläuft (Also mit der Pistole nicht genau auf die Kante zielen). Nach Entfernen des Klebebandes und Nachpolieren war der Übergang nicht mehr zu sehen.

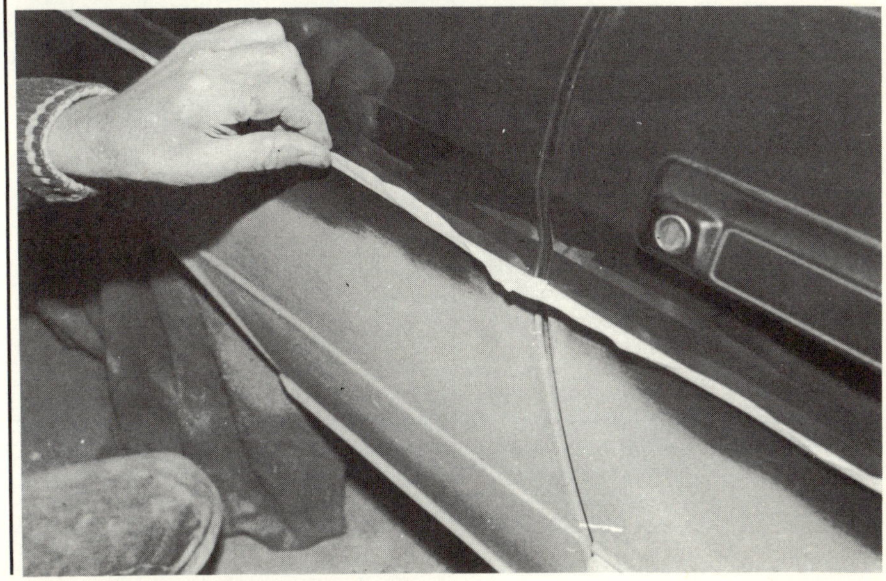

88. Das Endergebnis – keiner würde dem Wagen seinen Unfall je ansehen (was ja auch Sinn der Sache war).

Instandsetzen leichter Unfallschäden – Seitenschaden ■

Um die Karosseriebleche arg einzudrücken, ist gar kein starker Aufprall nötig. Einige kräftige Schrammen entlang der Wagenseite tun dem eigenen Ego mehr weh als dem Wagen, trotzdem wird die Reparatur nicht billig. Auswechseln einer Türhaut und eines Schwellerbleches sind bei vorsichtigem Arbeiten durchaus mit Do-it-yourselfer-Mitteln zu bewältigen.

Im Prinzip geht dies sowohl mit Elektroschweißgeräten mit Hartlötvorsatz als auch mit Autogen- oder Schutzgasgeräten.

89. Die Vorder- und Heckkotflügel hatten einige üble Schrammen und Dellen abbekommen, und auch das Türblech war verzogen. Der hier nicht sichtbare Schweller war ebenfalls leicht eingedrückt. Dabei waren auch Rostschäden zum Vorschein gekommen.

Karosserieschäden werden nach direkten oder indirekten Schäden unterschieden. Direkte Schäden kommen durch direkte Einwirkung des Aufpralls zustande, indirekte Schäden entstehen, wenn die Aufprallkräfte in die angrenzenden Bereiche weiter übertragen werden. Das Metall wird dabei über die Elastizitätsgrenze hinaus zu einer Folge von Tälern und Beulen verformt. Die Reparatur sollte in der Regel in umgekehrter Reihenfolge der Schlageinwirkung ausgeführt werden, d.h. zuerst die indirekten, dann die direkten Schäden. Die Richtkraft muß einwärts auf die Stelle des unmittelbarsten direkten Schadens bzw. auf die Stelle, an der der erste Aufprall erfolgte, ausgerichtet sein. Zur einwandfreien Reparatur sollte auch die Blechrückseite von Geräuschdämmmatten, Unterbodenschutz, Straßenschmutz u.ä. gesäubert werden, damit mit den Richtwerkzeugen auf sauberem Material gearbeitet werden kann.

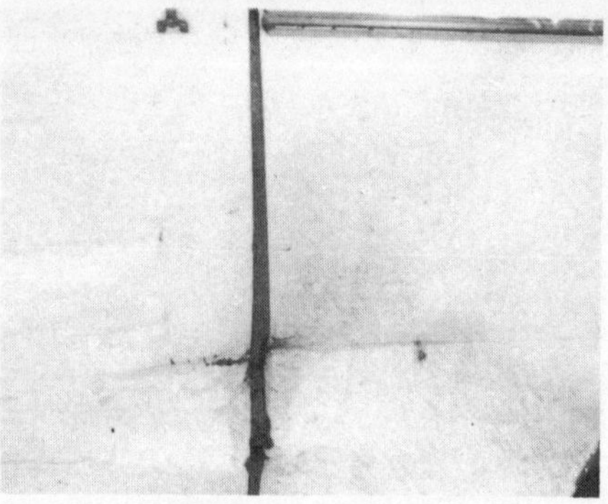

90. Durch den Aufprall am Vorderkotflügel entstand hier eine V-förmige Welle, die bis in die Türhaut verläuft. Dadurch verschob sich auch die Passung des Kotflügels, da das Blech über die Elastizitätsgrenze hinaus eingedrückt wurde.

91. Im hinteren Bereich wurde vor allem das Türblech durch zahlreiche Wellen und Schrammen in Mitleidenschaft gezogen. Auch die Anlagefläche des Heckkotflügels zum Schweller war eingedrückt.

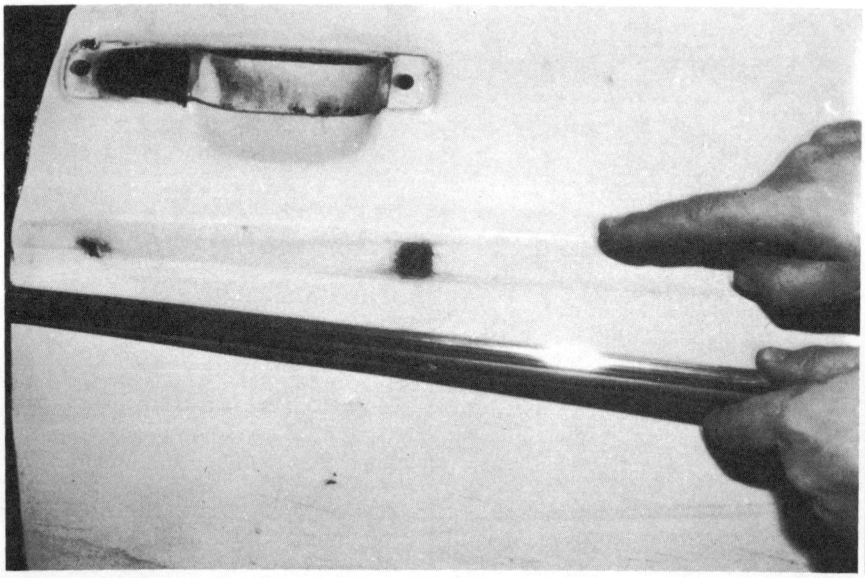

92. Vor den Reparaturen werden alle störenden Anbauteile, z.B. Zierleisten und Stoßstangen, abgebaut. Hier war die Seitenzierleiste beim Unfall bereits abgerissen worden, normalerweise muß sie jedoch mit einem Schlitzschraubendreher vorsichtig von den Halteklammern abgehebelt werden, so daß die Leiste nicht verbogen wird.

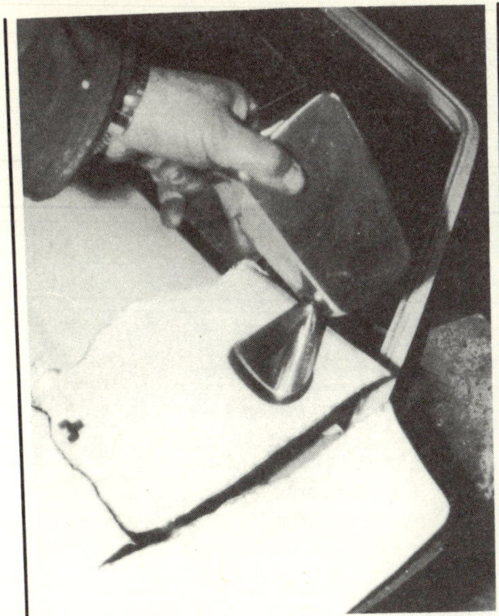

93. Neue Türhäute sind nicht allzu teuer und können relativ rasch ausgewechselt werden. Daher beschlossen wir, die Türhaut komplett zu erneuern. Der Außenspiegel soll wiederverwendet werden; wird also nach dem Ausbau der Tür aus dem Altblech herausgetrennt.

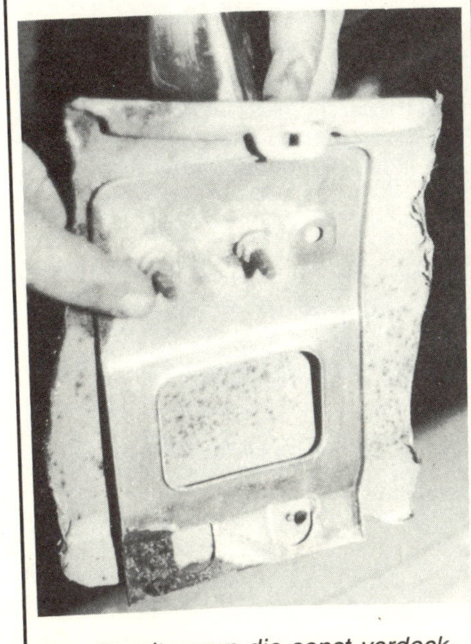

94. Damit waren die sonst verdeckten Haltemuttern bequem zugänglich. Außerdem kann man etwas Rostlöser auftragen und die Muttern erwärmen, so daß die Gewindestifte auf keinen Fall abscheren.

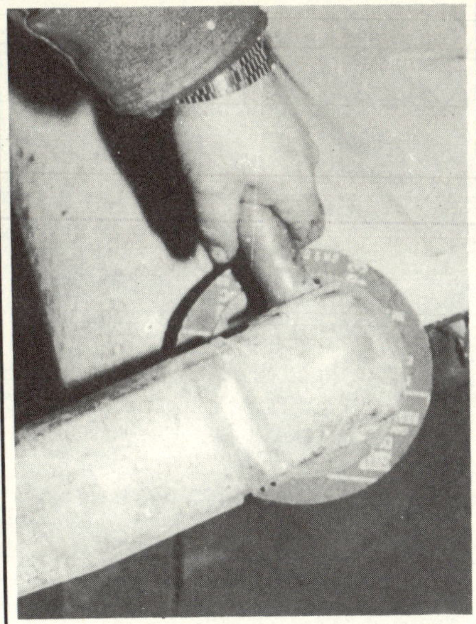

95. Die Türaußenhaut wird an der gesamten Türkante im 45-Winkel abgeschliffen bzw. entlang der Schweißnaht an der Oberkante abgesägt.

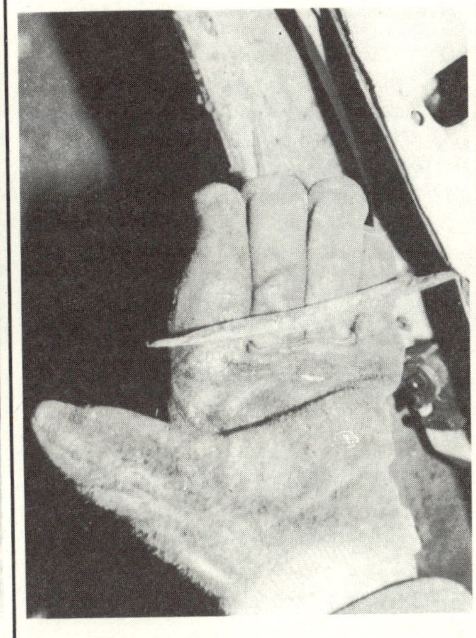

96. Nach dem Abschleifen der Kante „schält" sich der um den Türrahmen umgebördelte Falz fast von selbst ab. Tragen Sie dabei dicke Arbeitshandschuhe, denn die Blechreste sind messerscharf.

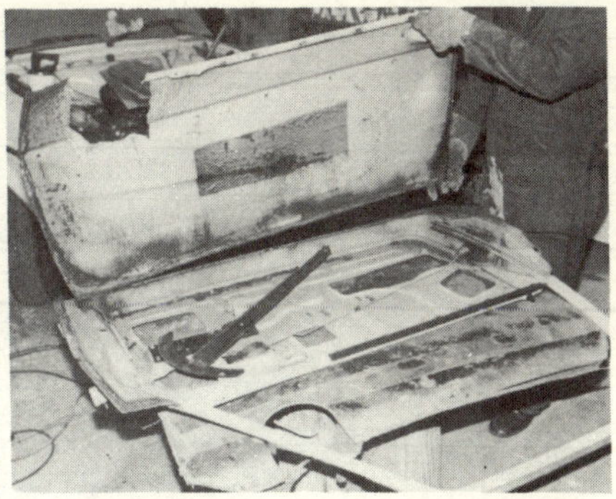

97. Die alte Türhaut kann jetzt komplett abgehoben werden. Die Oberkante der Türhaut war nur dünn angepunktet und der Flansch am entsprechenden Rahmenteil eingehängt.

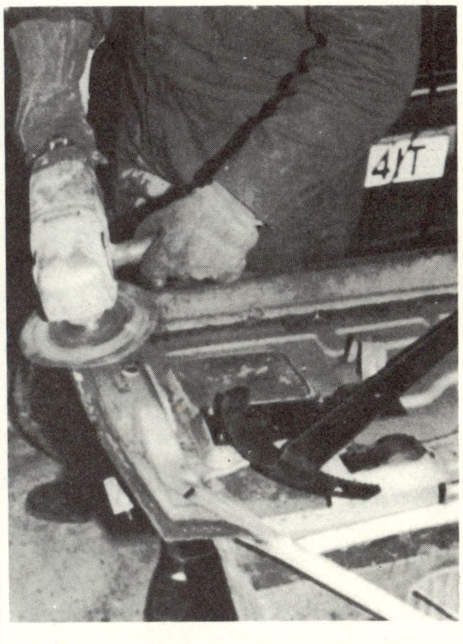

98. Im Falz der Türhaut saß reichlich Oberflächenrost. Bei gefalzten Blechen, zwischen denen sich Feuchtigkeit festsetzt, ist Rostfraß nichts ungewöhnliches. Der ganze Bereich muß blank geschliffen werden (Schutzbrille, Schutzhandschuhe und Staubmaske tragen!).

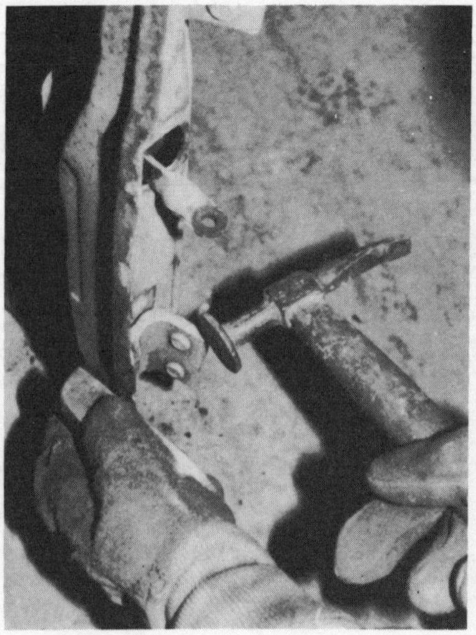

99. Der Türrahmen hatte sich durch den Aufprall ebenfalls verzogen und wird mit Hammer und Gegenhalter nachgerichtet.

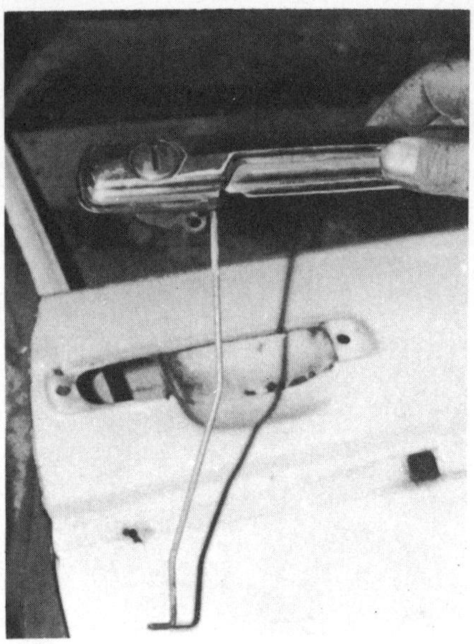

100. Türgriff und Türschloß werden erst nach dem Abnehmen der Türhaut ausgebaut. Darauf achten, daß das Schließgestänge beim Abheben der Türhaut richtig gelöst wird. Dann wird der Türgriff vor der Montage an die neue Türhaut angebaut.

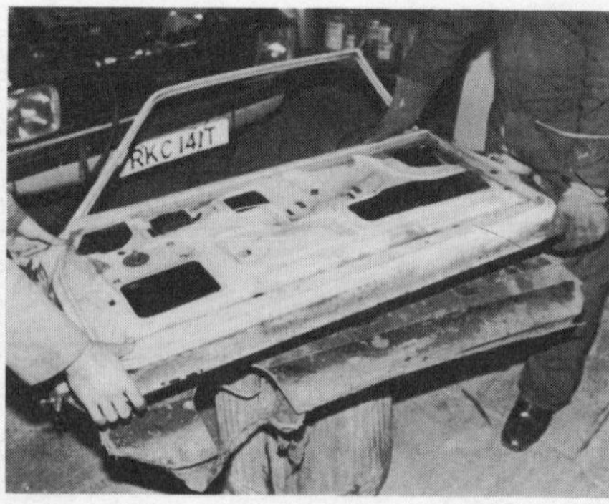

101. Die neue Türhaut wird mit der Außenseite nach unten auf eine erhabene, gepolsterte Unterlage aufgelegt und der Türrahmen aufgesetzt.

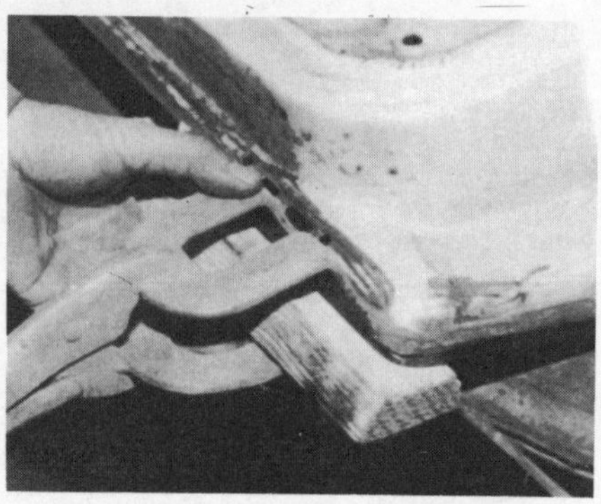

102. Türrahmen und Türhaut werden vorsichtig zusammengespannt. Die Außenseite der Türhaut schützt man dabei mit einem Hartholzklotz gegen die Abdrücke der Spannzange.

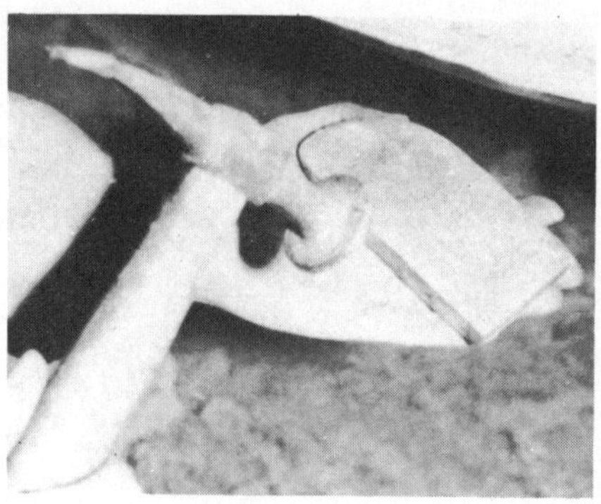

103. Mit einem Schlichthammer und einem flachen Handklotz wird der abstehende Falz der Türhaut umgebördelt.

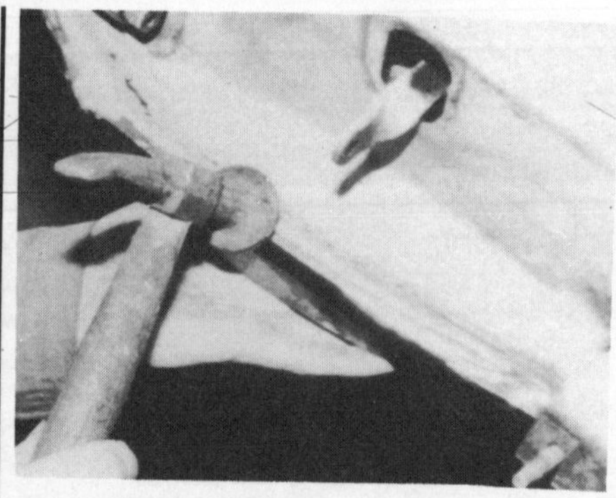

104. Den Handklotz hält man flach unter das Blech und klopft den Falz mit leichten Schlägen ringsum zurecht. Im zweiten Durchgang wird der Falz dann fast flach geklopft.

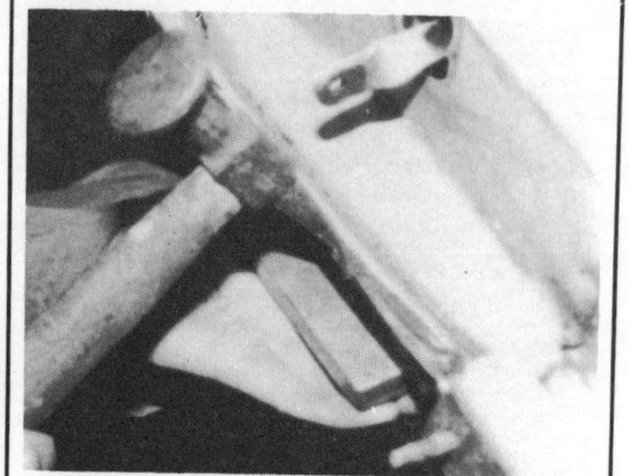

105. Mit der Vorschlagpinne des Hammers wird der Falz danach endgültig zusammengetrieben. Vorsicht bei zu starken Schlägen oder schräger Hammerhaltung, sonst hinterläßt man Schlagspuren im Blech.

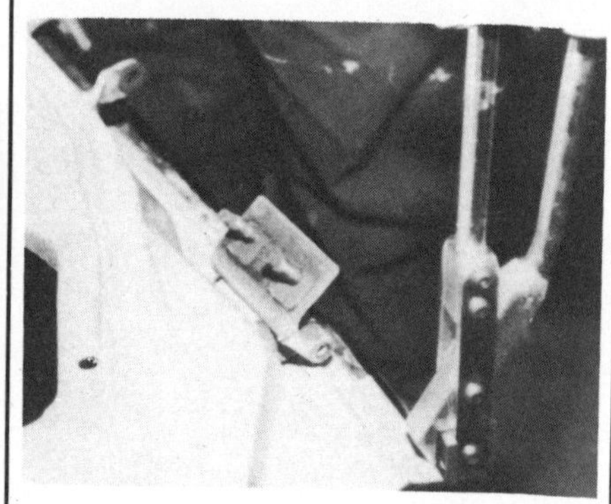

106. Der Türfalz kann auch mit speziellen Werkzeugen, wie es sie z.B. von Sykes-Pickavant gibt, umgebördelt werden. Das Werkzeug faßt den Falz in seinen Backen . . .

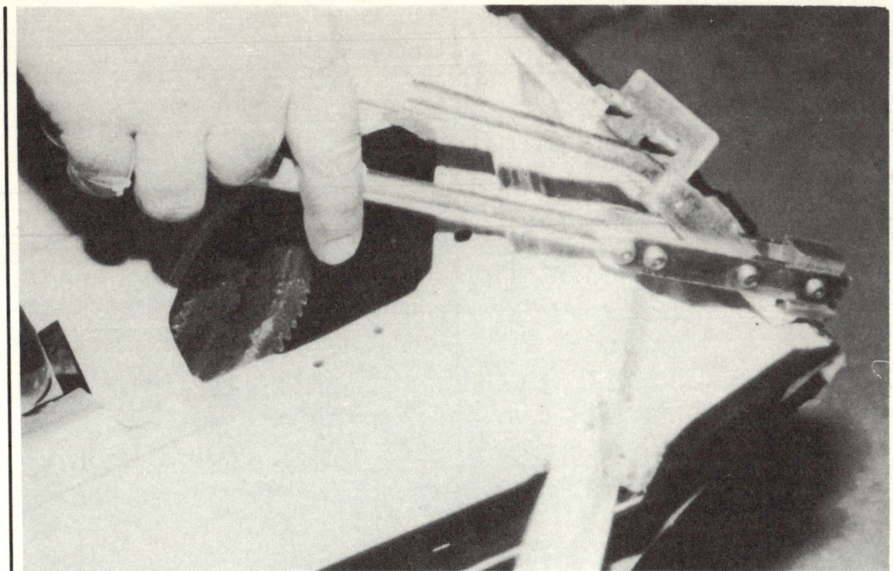

107. . . . und falzt es soweit wie möglich um. Dann dreht man das Werkzeug herum und bördelt den Falz fest zusammen. Praktiker stehen zwar neuen Werkzeugen oft skeptisch gegenüber (kein Wunder, wenn man es mit den bewährten Verfahren zu einwandfreien Ergebnissen bringt), dieses Werkzeug ist jedoch für Amateure besonders praktisch. Die eine Backenseite ist zwar mit einer Nylonauflage versehen, achten Sie aber trotzdem darauf, daß das Außenblech keine Druckstellen abbekommt. Falls dies doch passiert, lassen sie sich mit Ziehspachtel problemlos beseitigen.

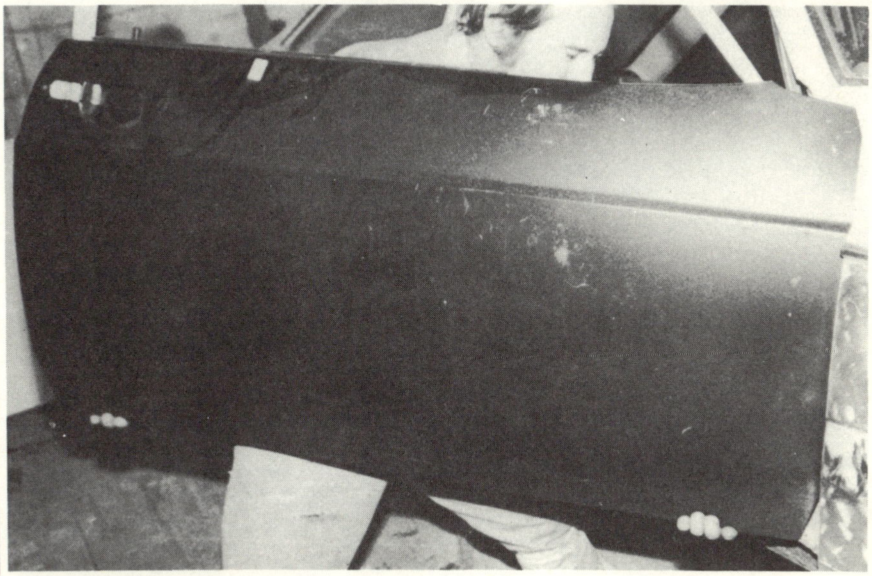

108. Nun baut man die Tür ein. Anhand der Türumrisse können die angrenzenden Konturen nachgearbeitet werden. Schweißpunkte setzt man auf jeden Fall erst an der eingebauten Tür. Beim Einbau der Türhaut verzieht sich die Tür manchmal. Mit roher Gewalt kann man sie vor dem Zusammenschweißen problemlos wieder richten.

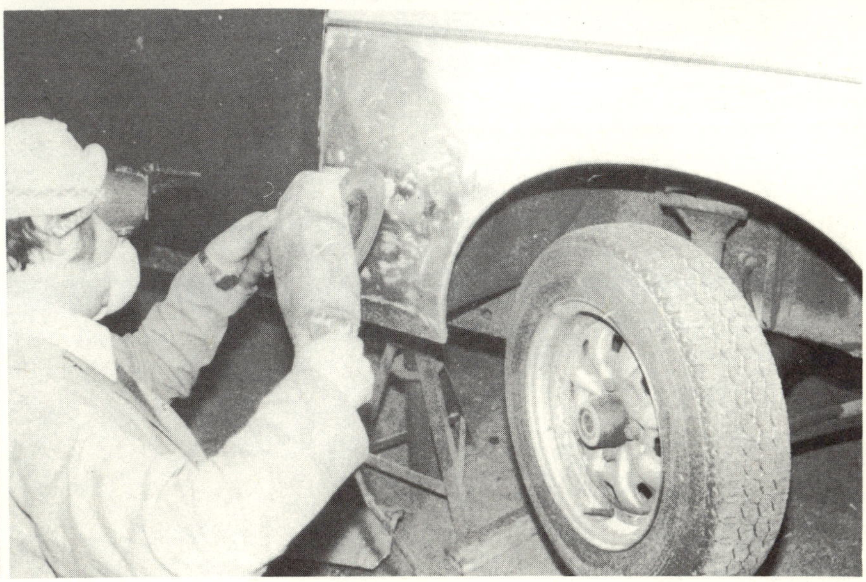

109. Der Kotflügel muß vor dem Ausbeulen mit dem Schleifer (oder viel Muskelschmalz) zuerst blank geschliffen werden.

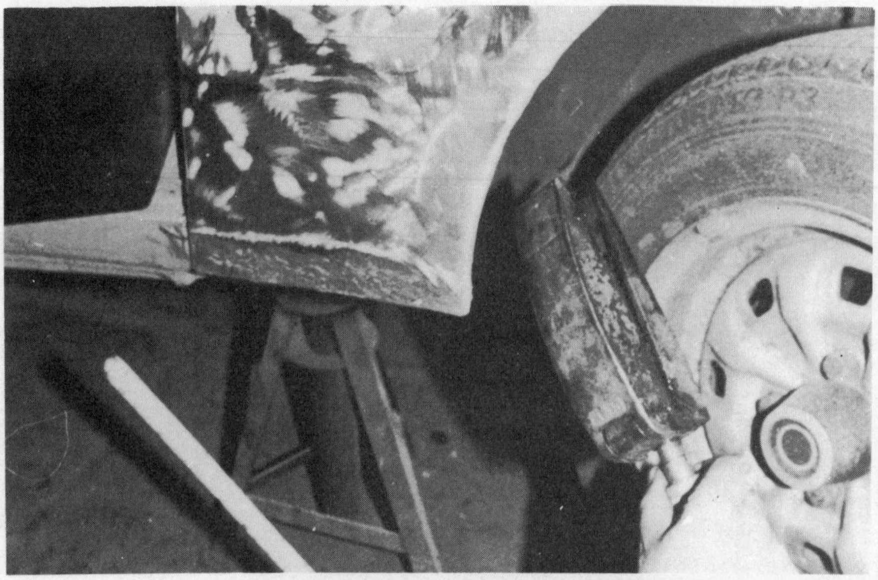

110. Diese „Hummerzange“ wird als hydraulisches Spreizwerkzeug zum Auseinanderstemmen von Blechen (hier z.B. zwischen Kotflügel und Radlauf) verwendet und wie ein hydraulischer Wagenheber betätigt. Als Hobbyrestaurateur behilft man sich mit einem genau senkrecht angesetzten Hammer und einem strategisch geschickt angesetzten Hebelwerkzeug (z.B. Montiereisen), das man auf einer Holzunterlage abstützt (damit man damit nichts beschädigt). Arbeiten Sie sich immer vom Rand zum Mittelpunkt der Schadenstelle vor.

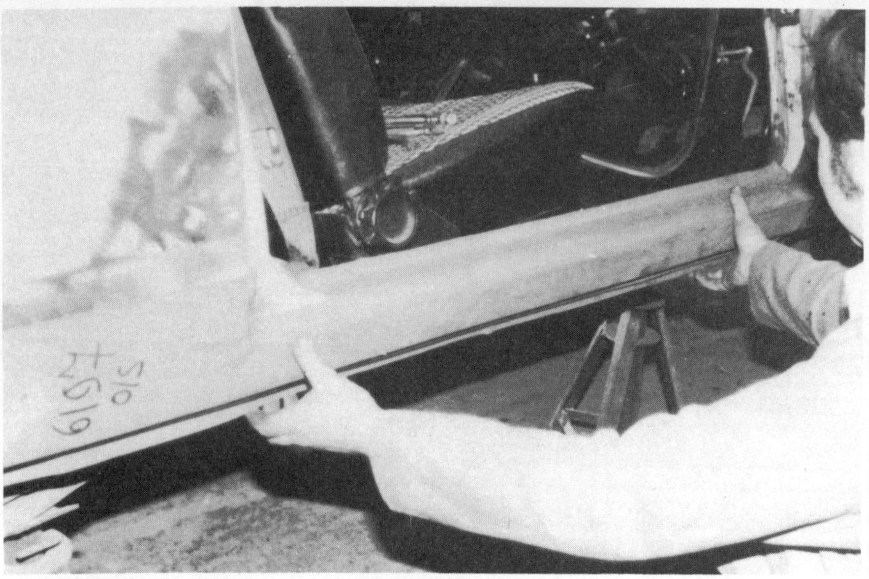

111. Jetzt setzen wir den neuen Schweller am Altteil auf und prüfen, wo der alte Kotflügel herausgetrennt werden soll. Der Wagen steht dabei so auf den Unterstellböcken, daß er sich beim Heraustrennen des Schwellers – eines wichtigen tragenden Teils – nicht verwindet. Schließen Sie immer wieder die Tür und prüfen Sie den Schwellerbereich auf Verwindungen.

112. Der alte Schweller wird herausgemeißelt. Der Innenschweller war bereits durchgerostet – wieder ein Beweis, wie sehr Winterbetrieb und Streusalz auch relativ neuen Wagen zusetzen. Der schadhafte Bereich muß vor Einbau des neuen Schwellers geschweißt und lackiert werden.

113. Der neue Schweller wird an seiner Oberkante am Innenschweller „angegrippt". Den alten Schweller-flansch läßt man bei derartigen Reparaturen in der Regel stehen und setzt den neuen Schweller darüber. Die Naht wird dann entlang der Oberkante durchgeschweißt, oder es werden die Blechlagen zusammengepunktet (vorausgesetzt, die Oberflächen sind sauber, so daß einwandfreier Stromfluß möglich ist).

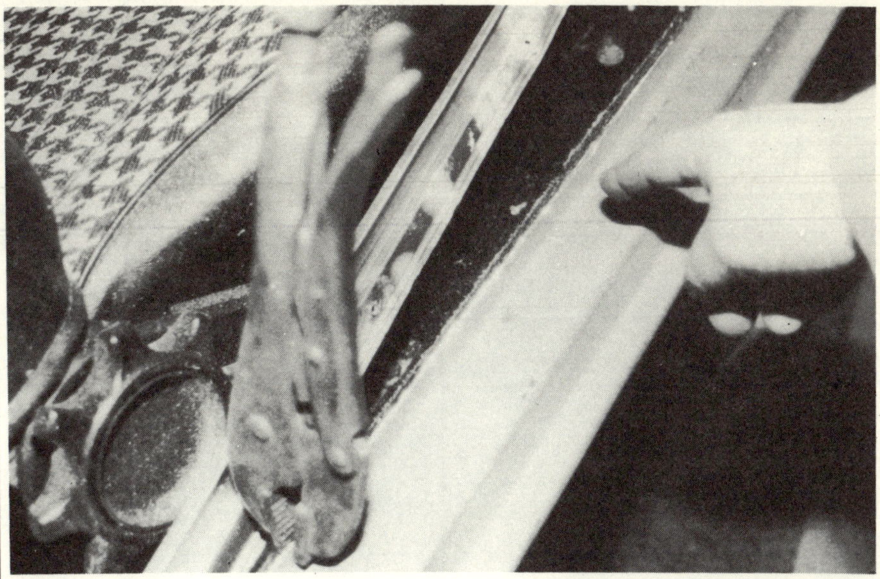

114. Das Licht des Schutzgasgerätes verdeckt hier die Pistolendüse beim Anheften des Schwellers am Heckkotflügel. Der Schweller darf nur geheftet werden, bevor die Tür geschlossen und die Passung kontrolliert wird. Einer der Hauptvorteile von Schutzgas ist die geringe Wärmeentwicklung im Vergleich zu Autogengeräten, so daß weniger Innenteile demontiert werden müssen und der Wärmeverzug sich in Grenzen hält. Mit Schutzgas arbeitet man auch schneller.

115. Der neue Schweller verdeckt fast alle Dellen im alten Heckkotflügel. Die restlichen Spuren wurden mit Ziehspachtel ausgeglichen. Das Endergebnis: ein recht präsentabler Ford Escort.

Montage eines geschraubten Kotflügels ■

116. Verschraubte Kotflügel sind sehr leicht auszuwechseln. Nicht zuletzt deshalb sind sie in den letzten Jahren bei immer mehr Modellen anzutreffen. Der Grund ist ganz einfach: Senkung der Reparaturkosten. Geschraubte Kotflügel sind auch von Hobbybastlern leicht auszuwechseln, allerdings mit einer Einschränkung. Sind die Kotflügel so verrostet, daß sie erneuert werden müssen, sind auch die dahinterliegenden Bleche meist stark rostgeschädigt, so daß Schweißarbeiten unumgänglich sind. Wer jedoch einen Karosseriebetrieb oder geübten Schweißer an der Hand hat, kann derartige Arbeiten auch ohne Schweißkenntnisse ohne weiteres durchführen.

117. Hält der Scheinwerfer nur noch mit Klebeband im Kotflügel, ist es höchste Zeit! Auch neue Lampentöpfe dürften dann fällig sein. Tasten Sie sich hinter dem Kotflügel vor, drücken Sie die Schlammreste beiseite und prüfen Sie, ob die Lampentöpfe noch solide sind.

118. Sitzen die Halteschrauben des verrosteten Kotflügels unter dem Kotflügel im Radkasten, meißelt man ihn einfach ab. Instinktiv turnt man ja lieber im Radkasten herum und sucht nach den Schrauben, aber wozu die Mühe, wenn er sowieso in die Schrottkiste wandert? Oft sind die Schrauben hier sowieso völlig festgerostet (Siehe Abschnitt ,,Lösen von festgerosteten Schrauben'').

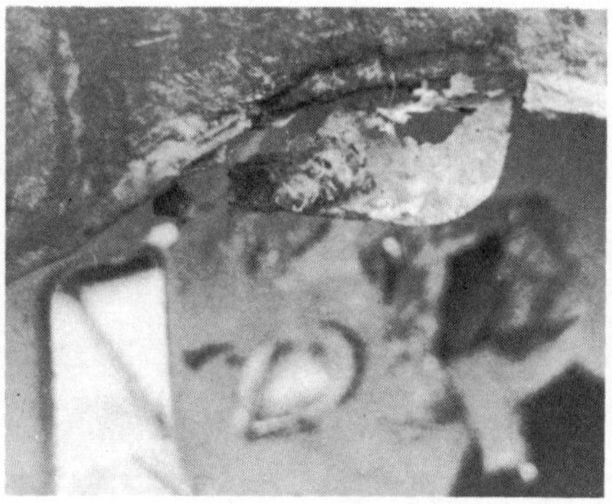

119. Der Innenkotflügel dieses Wagens war weitgehend gesund, der Federungsanschlag mußte jedoch geschweißt werden; bei älteren Wagen mit verschlissener Federung ist dies eine häufige Schwachstelle.

120. Die Türsäulen bekommen erhebliche Schmutz- und Wassermengen ab und sind deshalb besonders rostanfällig. Beim Morris Minor rostet meist das Türsäulenunterteil weg. Es muß vor dem Anbau des neuen Kotflügels erneuert werden; Lösen der Kastenmuttern siehe Abschnitt ,,Lösen von festgerosteten Schrauben".

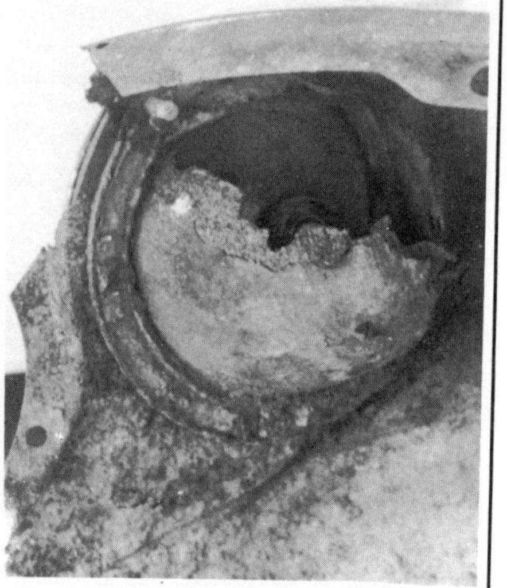

121. Der nur noch fragmentarisch vorhandene Scheinwerfertopf zeigt, wie weit der Rost sein Werk verrichtet hat. Neue Töpfe gibt es aus Kunststoff oder aus Stahl. Meist werden sie ohne Montageteile geliefert, also bewahren Sie die alten Schrauben und Klammern auf, sonst müssen Sie eben extra bezahlen.

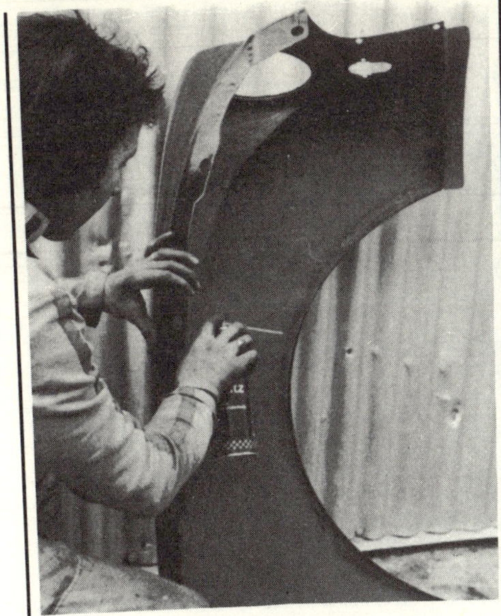

122. Nachdem man für den Rost bereits teuer genug bezahlen mußte, sollte man entsprechende Vorsorge treffen, so daß die neuen Kotflügel länger als die alten halten. Hier werden die Kotflügelfalze (wie zuvor auch bereits das hintere Kotflügelende) aus der Dose eingesprüht.

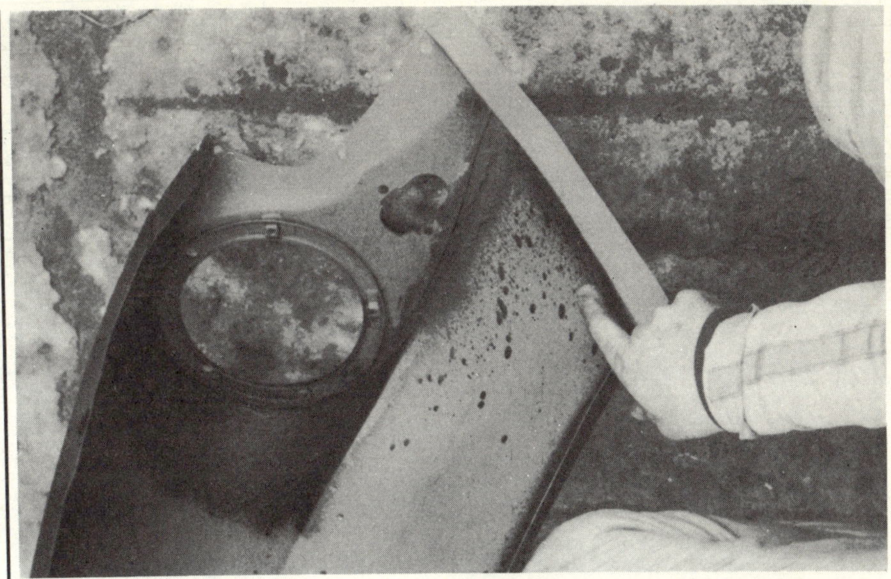

123. Generell gilt, daß die rostgefährdetsten Stellen besonders gründlich behandelt werden sollten. Achten Sie auf Schweißnähte, in denen sich Feuchtigkeit einnistet, oder „Straßendreckfänger" wie hier hinter den Scheinwerfertöpfen. Diese und andere Stellen unter Dauerbeschuß durch Steinschlag, Schmutz und Spritzwasser erhalten einen dickeren Unterbodenschutzanstrich. Aber weder Unterbodenschutz noch Rostumwandler halten ewig. Mindestens einmal pro Jahr ist eine Unterbodenwäsche und gründliche Nachbehandlung als Rostvorsorge fällig.

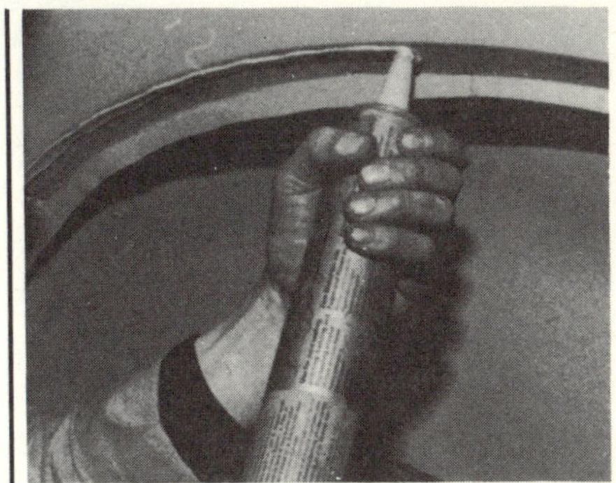

124. Dieser Wagen erhielt auch neue Heckkotflügel (die ebenfalls geschraubt waren). Die Nähte werden mit Fugendichtmasse ausgestrichen. Auch in die Kotflügelfalze wird Dichtmasse gedrückt und danach die Keder montiert. Setzen Sie die Keder vor dem Verschrauben ein – es ist ärgerlich, wenn man den sauber angepaßten Kotflügel aus lauter Vergeßlichkeit wieder demontieren muß.

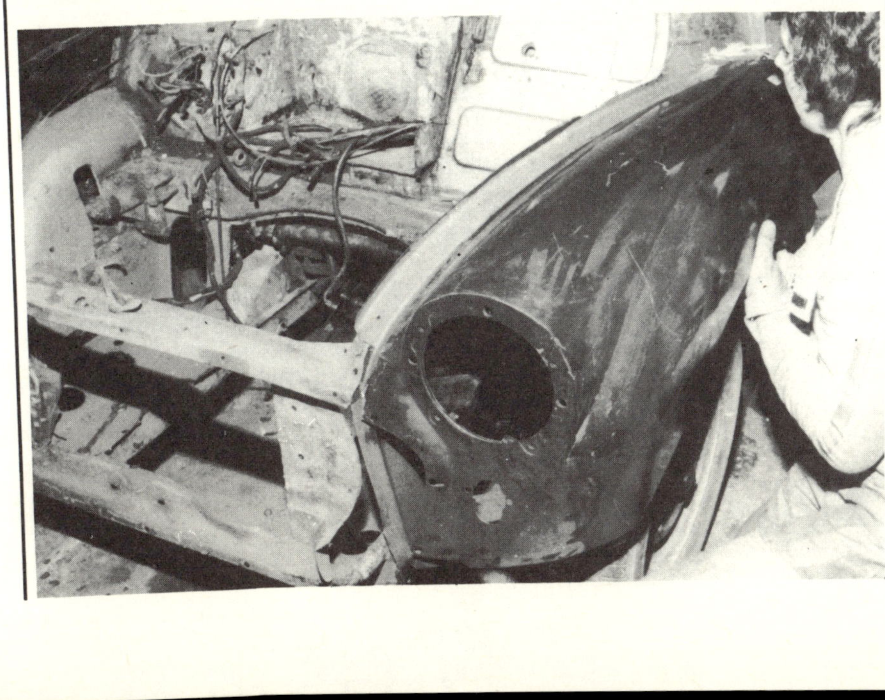

125. Vor dem Festschrauben wird der Kotflügel zuerst probeweise angepaßt. Manche von Veteranenteilehändlern oder Zubehörläden angebotenen Kotflügel sind nicht sehr paßgenau und erfordern Nacharbeiten. Auch Originalteile passen nicht immer exakt. Oft müssen die Schraubenlöcher versetzt oder zu Langlöchern ausgeweitet werden. Dies kann vor allem bei langer Produktionszeit der Modelle vorkommen, wo sich die Formen beim Auswechseln der Preßwerkzeuge geringfügig geändert haben.

126. Die Anbauteile sollte man erst am fertig montierten Kotflügel anbauen. Die versteckten Muttern sind dann umso besser zugänglich. Säubern und ölen Sie alle Kastenmutterngewinde vor der Montage der Kotflügel. Die Schrauben „laufen" dann viel besser. Ziehen Sie die Schrauben erst dann fest, wenn alle Schrauben sitzen, damit das Blech bis zum letzten Moment noch besser angepaßt werden kann.

127. An dieser Stelle werden die Teile beim Minor mit Schrauben in den Chromleisten verschraubt. Zur Ausrichtung werden einige normale Schrauben durchgesteckt.

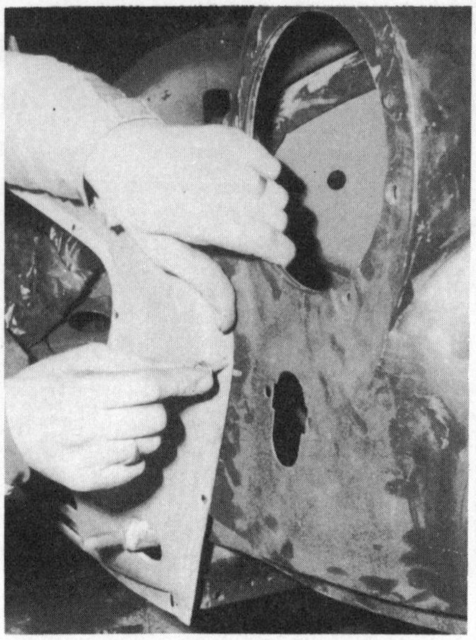

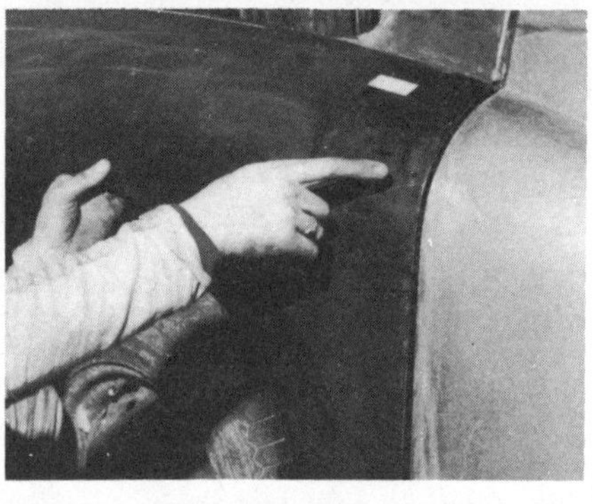

128. Ein gleichmäßiger Spalt zwischen Kotflügel und Tür ist wünschenswert – vor allem muß sich die Tür öffnen und schließen lassen, ohne zu streifen, und der Türspalt muß so groß sein, daß der Lack nicht scheuert oder abplatzt.

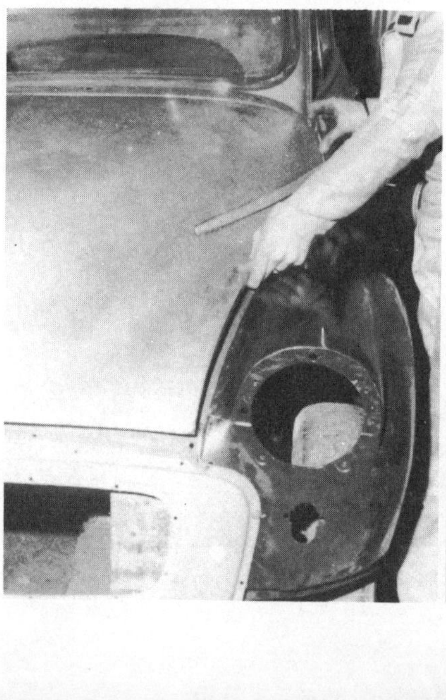

129. Soweit sich die Türscharniere nachstellen lassen, können auch die Türen angepaßt werden.

130. Zu guter Letzt wird auch die Motorhaube justiert, bis der optimale Kompromiß zwischen Montage und Passung aller Blechspalte erreicht ist. Leicht ungleichmäßige Spalte sehen jetzt meist schlimmer als nach der Lackierung in einem einheitlichen Farbton aus. Wenn Sie mit der Passung zufrieden sind, können Sie alle Schrauben festziehen und die Anbauteile montieren.

Demontage und Montage eines geschweißten Kotflügels ■

Unser Versuchskaninchen, ein 1960er Austin-Healey Sprite Mk. I („Froschauge"), zeigte starke Rostschäden an einem der Heckkotflügel. Demontage und Montage erfolgen im wesentlichen wie bei einem moderneren Fahrzeug, auf einige Besonderheiten sei aber dennoch hingewiesen. Vor allem sind für Veteranen kaum noch Originalbleche des Herstellers aufzutreiben. (Ausnahmen bestätigen die Regel: Modelle wie der VW-Käfer, Mini oder MGB wurden bzw. werden schon so lange produziert, daß ältere Fahrzeuge schon Klassiker sind, Bleche von neueren Baujahren aber ohne große Schwierigkeiten verwendet werden können). Manchmal tauchen zwar noch alte Originalbleche auf Teilemärkten oder bei Werkstatträumungen auf, aber man sollte nicht allzusehr darauf hoffen. Bei sehr seltenen und wertvollen Fahrzeugen bleibt noch der sündhaft teure Weg einer Einzelanfertigung, derart aufwendige Arbeiten würden den Rahmen dieses Buches sprengen. Erfreulicherweise werden heute aber von Spezialfirmen zunehmend Bleche in Kleinserie nachgefertigt bzw. Reparaturbleche speziell für den Bedarf von Karosseriewerkstätten aufgelegt.

Bei den nachgefertigten Kotflügeln müssen meistens noch Details wie Blinker- und Zierleistenbohrungen angebracht oder andere Details angepaßt werden. Die Reparaturbleche sind in anderer Hinsicht eher „Rohbleche". Sie sind in der Regel als Überziehbleche (z.B. über die alten Schweller und Längsträger oder Kotflügelkanten) gedacht und reichen nicht bis zur Paßnaht des Originalteils. Sie werden meist für möglichst preisgünstige Reparaturen an Fahrzeugen verwendet, für die die Originalteile zu teuer und damit unwirtschaftlich wären, und eignen sich somit als mittelfristige Notlösung bei Unfall- oder Rostreparaturen. Gründliche Rostbeseitigung ist damit kaum möglich.

Das Hauptproblem bei der Verwendung nicht originaler Bleche ist aber, daß sie meist erst passend gemacht werden – daher die folgenden Ausführungen.

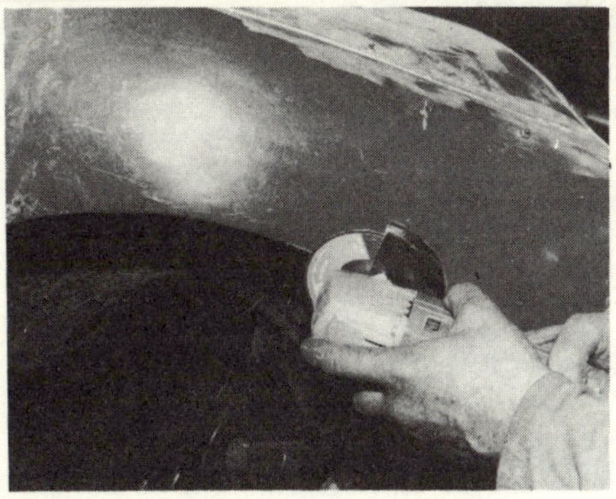

131. Die Stahlkotflügel liegen mit dem Radkastenausschnitt am Innenkotflügel an. Zum Ausbau muß die Falzaußenkante abgeschliffen werden, so daß sich die beiden Bleche voneinander lösen lassen. Am Außenkotflügel kann der Falz hinterher als separater Blechstreifen abgezogen werden.

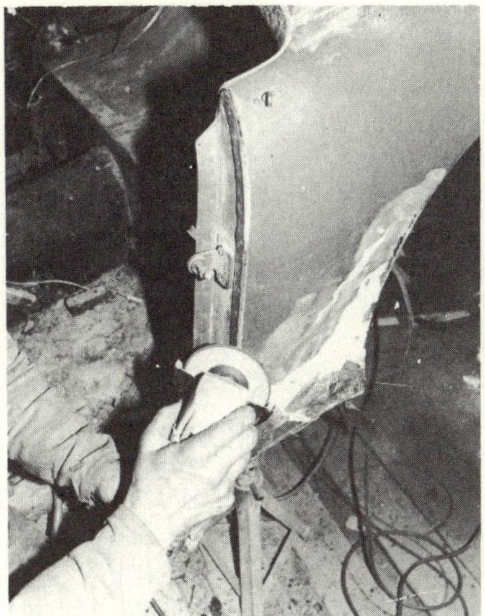

132. Die Türsäule läuft in einem Falz aus, der auf dieselbe Weise weggeschliffen werden muß. Beim Anbau eines Heckkotflügels an einer Limousine läßt sich der Kotflügel oft nur durch einen sauberen Schnitt vom Türpfosten trennen. Messen Sie anhand des Ersatzkotflügels die Lage der Trennaht aus, und lassen Sie eine ausreichende Überlappung stehen – Austrennen ist leichter als Einfügen von Blechstreifen.

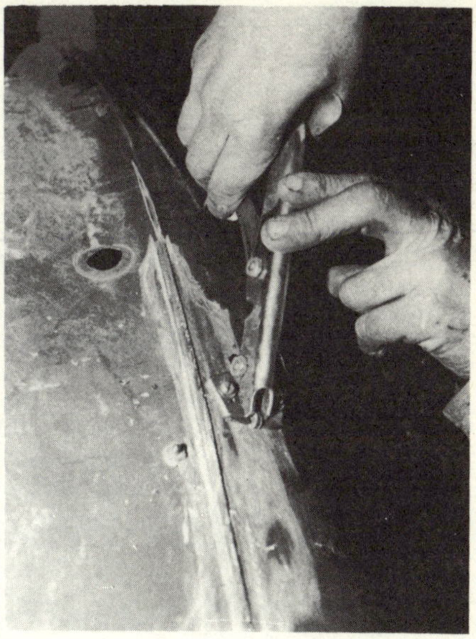

133. Bleche kann man auf unterschiedliche Weise austrennen. Die Blechschere ist sozusagen die „Schnecke" unter den Trennwerkzeugen, aber auf jeden Fall kommt man damit ans Ziel. Bei aller Langsamkeit hat sie den Vorteil, daß sie praktisch verziehungsfrei eine schmale Bahn durchs Blech schneidet.

134. Dieser Kotflügel wird mit einem schmalen Meißel in ca. 1 cm Abstand zum stehengebliebenen Blech abgetrennt. Den Meißel regelmäßig nachschärfen, da nur scharfe Werkzeuge sicheres Arbeiten ermöglichen und auch den Kraftaufwand verringern, so daß der Meißel exakter geführt werden kann und angrenzende Bereiche weniger stark beschädigt werden.

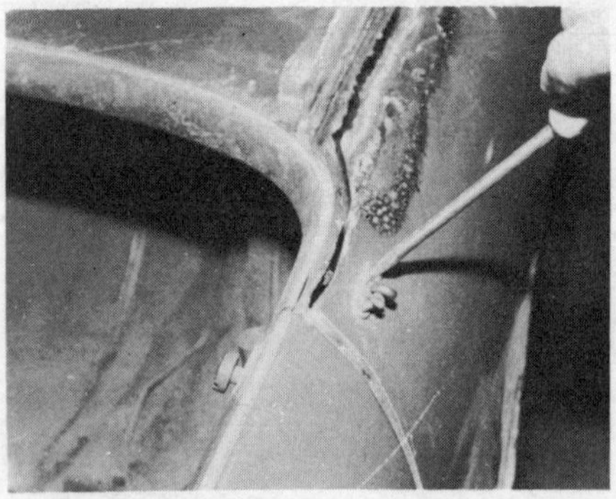

135. Man übersieht leicht kleine Anbauteile, die dann mit dem Altteil auf den Schrott wandern und hinterher kaum noch zu ersetzen sind. Verstauen Sie die ausgebauten Teile mit einem entsprechenden Etikett in einer Plastiktüte, oder lassen Sie sie am Altteil, das bis nach der Reparatur aufbewahrt wird.

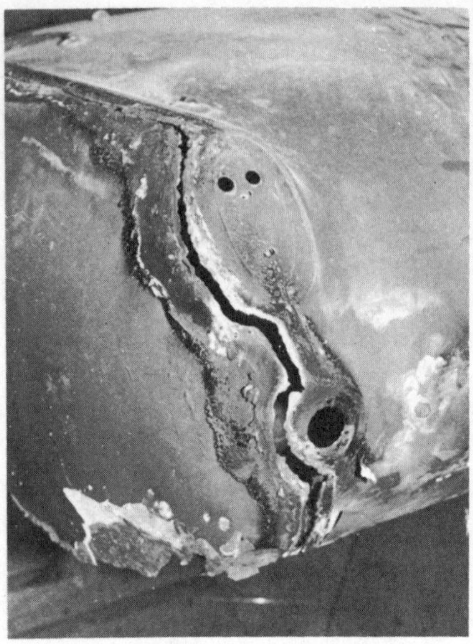

136. Der Heckbereich des Kotflügels hätte leicht verbeult werden können, also wurde der Schneidbrenner zu Hilfe genommen. Die Kotflügelunterkante war bereits weggerostet, brauchte also nicht ausgetrennt zu werden.

137. Der Schneidbrenner wird wie ein normaler Schweißbrenner angesetzt. Sobald der Stahl schmilzt, stellt man den Brenner steil an (siehe Foto), drückt den Sauerstoffgriff und trennt das Metall mit einem scharfen reinen Sauerstoffstrahl ab. Das Metall wird dadurch sauber „geschnitten", statt zu schmelzen.

138. Hinter dem alten Kotflügel kam die ganze Bescherung zum Vorschein. Die Kanten des Altteils sind messerscharf (vor allem an den Schleifstellen), also tragen Sie beim Ausbau am besten Lederhandschuhe. Wer darauf verzichtet, handelt auf eigenes Risiko!

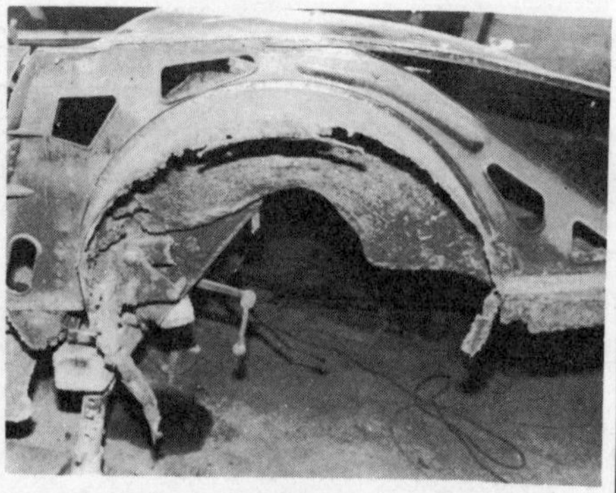

139. Vom Innenkotflügel waren nicht viel mehr als Fragmente übrig. Bei Veteranen sind derartige Schäden kein Einzelfall. Da es sich um ein interessantes Modell handelt, wurden die Außenbleche von Vorbesitzern wahrscheinlich immer wieder „zurechtgeflickt", damit er einen optisch guten Eindruck macht. Unter der Oberfläche nagte der Rost im Laufe der Jahre aber fleißig weiter. Vor der Reparatur der Innenkotflügel entfernt man auch noch die Reste des Außenkotflügels.

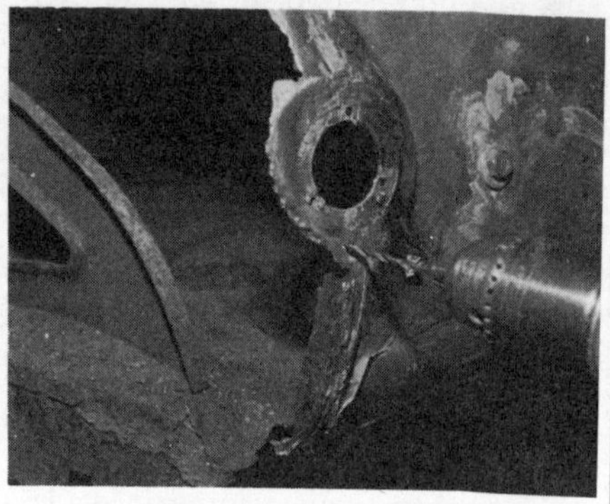

140. Der Kotflügel war in der Serie entlang der Heckleuchtengrundplatten angepunktet worden. Die Lage der Schweißpunkte kann durch gründliches Anschleifen als kleine Krater sichtbar gemacht werden. Die Schweißpunkte werden dann mit einem kleinen Bohrer mittig vorgebohrt. Manchmal löst sich das alte Blech damit bereits, oft muß aber mit Hammer und Meißel nachgeholfen werden. Sind allzuheftige Schläge nötig, haben Sie wahrscheinlich einen Schweißpunkt übersehen.

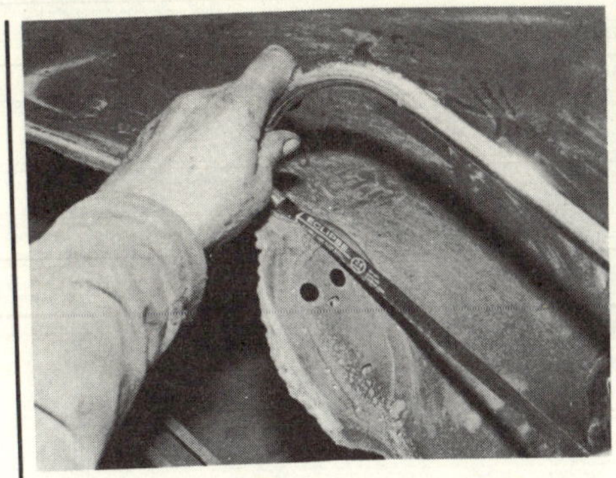

141. Der Flansch wird über der oberen Leuchtenfassung eingesägt. Derartige Arbeiten sind natürlich bei keinen zwei Modellen gleich, etwas Ideenreichtum ist also durchaus nötig. Aber dies ist ja auch einer der interessantesten Aspekte der Autorestaurierung.

142. Die Kotflügeloberkante schließt mit dem Innenblech an einem verdeckten, nach unten abgewinkelten Falz ab, der bei angebautem Kotflügel fast unmöglich abgebohrt werden kann. Zwischen beiden Flanschen sitzt eine Deckleiste, die zusammen mit der Elektroschweißnaht ebenfalls durchbohrt wird.

143. Auch der Falz an der Außenkante der Türsäule kann nach Abbohren der Schweißpunkte abgenommen werden.

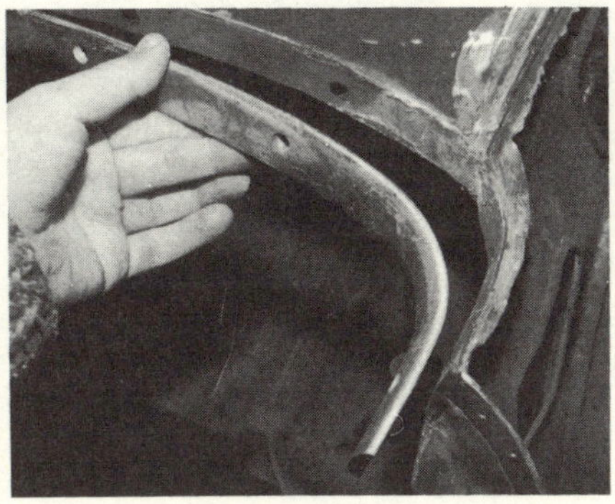

144. Diese Zierleiste war mit etlichen Schrauben befestigt, von denen eine bei angebautem Kotflügel praktisch nicht zu erreichen war. Bei abgebautem Kotflügel war der Ausbau natürlich kein Problem. Zierleisten, Spiegel u.ä. lassen sich nach Abnehmen des alten Kotflügels meist leichter demontieren.

145. Das konische Kastenprofil am Kofferraumboden war bereits völlig zerfallen. Seine recht komplizierte Form mußte den Konturen des Außenkotflügels genau angepaßt werden. Zuerst zeichnen wir die Ober- und Außenflächen auf Karton an und übertragen sie dann auf das Stahlblech. Die Kastenunterseite wird von innen nach dem Einbau des Außenkotflügels montiert.

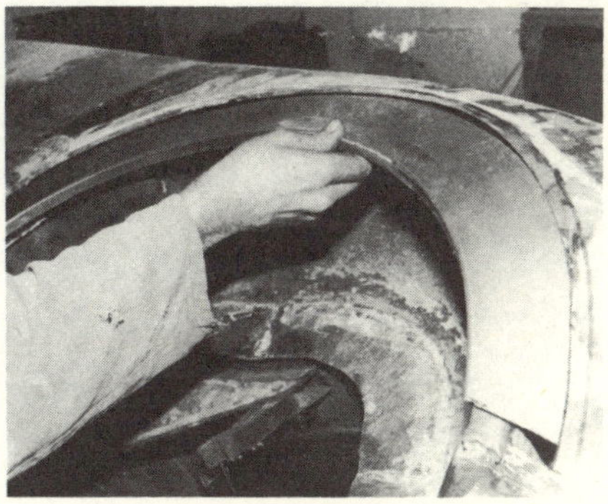

146. Eine Bemerkung am Rande: weniger rostgeschädigte Kotflügel könnten mit Reparaturblechen wie diesen instandgesetzt werden. Für viele Klassiker (und solche, die es erst noch werden) sind längst nicht mehr alle Bleche erhältlich, oft aber noch einzelne Reparatur-Teilbleche. Bei neueren Baujahren erkundigen Sie sich beim Autoteilehändler, bei Veteranen bei den einschlägigen Teilelieferanten oder Markenklubs.

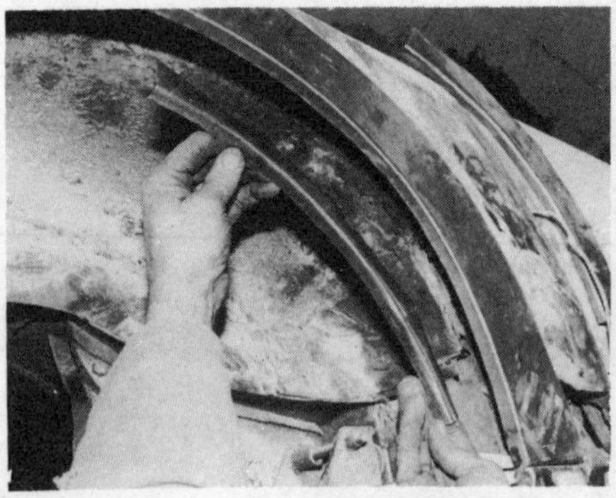

147. Egal ob komplettes Bauteil oder Teilblech, die Reparatur des Innenkotflügels bleibt die gleiche. Sind Reparaturbleche nicht aufzutreiben, sägt man sich ein ca. 1 mm starkes Sperrholz auf dieselbe Rundung wie den Radlauf zurecht. Über dem Sperrholz wird dann die Radlaufrundung geformt. Spannen Sie den Stahl mit mehreren Gripzangen auf dem Sperrholz fest. Bauen Sie die Bleche aus mehreren kurzen Stücken auf. Die Rundung läßt sich dann leichter und blechsparender formen und einbauen.

148. Nach den Vorarbeiten kann der Kotflügel angepaßt werden. Bei Nachbauteilen sind meist noch Anpaßarbeiten nötig.

149. Die Grundplatten für die Heckleuchten saßen bereits am Kotflügel. Da die Altteile aber noch in Ordnung waren, wurden die Schweißpunkte der neuen Bleche abgebohrt. An den alten Platten waren die Bohrungen für die Leuchten bereits vorhanden, die neuen Bleche müßten dagegen erst vorgebohrt und ausgefeilt werden.

150. Das Anpassen des neuen Kotflügels ist oft nur mit Tricks möglich. Hier müssen eine Schraubzwinge und eine Schweißerzange dafür herhalten. Auch Blechschrauben sind recht nützlich, vor allem, wenn der Kotflügel beim Verschweißen noch nachjustiert werden muß.

151. Der Falz an der Unterkante wurde mit normalen Gripzangen befestigt (die Lampe gehört nicht zum Auto!). Dieser Falz muß noch verschweißt werden, ist aber nicht leicht zu erreichen.

152. Beim endgültigen Einpassen wurde der Kotflügel mit einigen Hartlötpunkten befestigt, so daß er vor dem Schweißen richtig sitzt. Hartlot kann mit dem Schweißbrenner hinterher wieder erwärmt und der Sitz ggf. korrigiert werden.

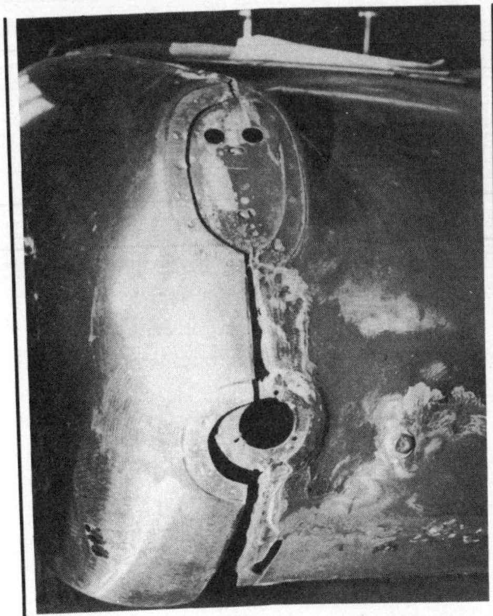

153. Ein typisches Problem bei Repro-Teilen: Die untere Leuchtenöffnung sitzt zu tief. Dies war nur mit allerlei Kompromissen zu beheben. Die Lötstellen hinten oben wurden angeweicht, der Kotflügel etwas nach oben geschoben und wieder fixiert. Dann wurde er mit dem Rangierwagenheber weiter hochgedrückt, wodurch die Rundung im oberen Bereich zunahm. Alle Unebenheiten wurden anschließend durch Verzinnen ausgeglichen (siehe Abschnitt „Der Umgang mit Karosseriezinn").

154. Auch die Anpassung des Kotflügels an den Schweller war problematisch. Die Vorderkante paßte, die Hinterkante war an der Anlagestelle am Schwellerende jedoch zu lang.

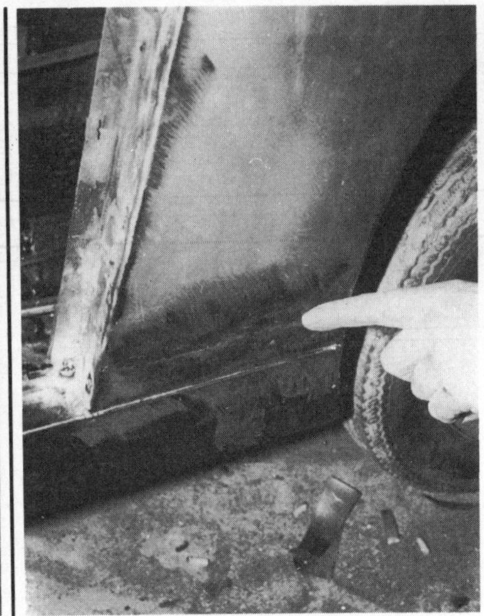

155. Der Kotflügel wird V-förmig eingesägt und nachgebogen, bis er paßt, und dann mit Schutzgas verschweißt und sauber verschliffen.

Erneuern einer Türhaut ■

Das Erneuern einer Türhaut ist ein Fall für alle, die tiefer in die hohe Kunst des Ausbeulens einsteigen wollen, aber bisher noch wenig damit zu tun hatten. Es sind dazu einige Spezialwerkzeuge nötig, das Endergebnis hebt sich aber oft drastisch vom Ausgangszustand ab.

Im Werkstätten erneuert man lieber die Türhaut, statt leichtere Rost- oder Unfallschäden erst zu reparieren. Der Hauptgrund ist, daß die großen, glatten Türflächen nur schwer wieder völlig eben hinzubekommen sind, der Austausch der Türhaut dagegen relativ unproblematisch ist.

Die Tür besteht im Prinzip aus zwei Hälften. Das Innenteil (Türrahmen) ist eine große Tiefziehblechwanne mit einem Falz an drei Seiten. Das Außenteil (die Türhaut) wird als mehr oder weniger flaches Blech auf den Rahmen aufgelegt und an den Falzen umgebördelt.

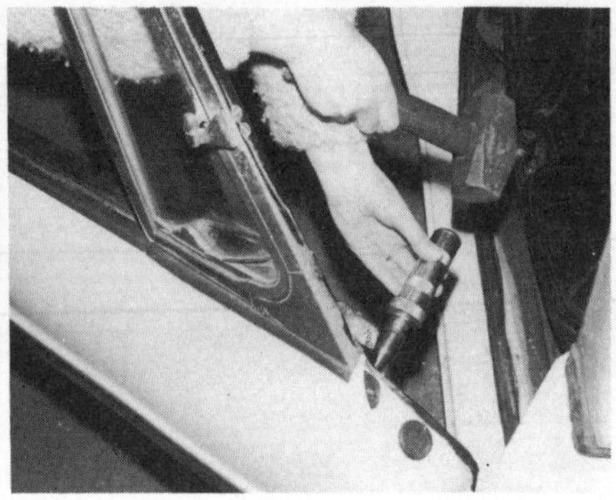

156. Türen älterer Fahrzeuge, z.B. hier am MGB, sind meist mit drei oder vier Schrauben an den Scharnieren angeschraubt. Bei modernen Fahrzeugen sind die Scharniere meist an Tür und Scharniersäule angeschweißt. Zum Ausbau müssen dann die Scharnierbolzen herausgetrieben werden, die die beiden Scharnierhälften zusammenhalten. Der Bolzen kann mit einem passenden Dorn teilweise herausgeschlagen und dann mit einer Gripzange herausgezogen werden. Spezielle Ausbauwerkzeuge gibt es bei besseren Kfz-Teilehändlern.

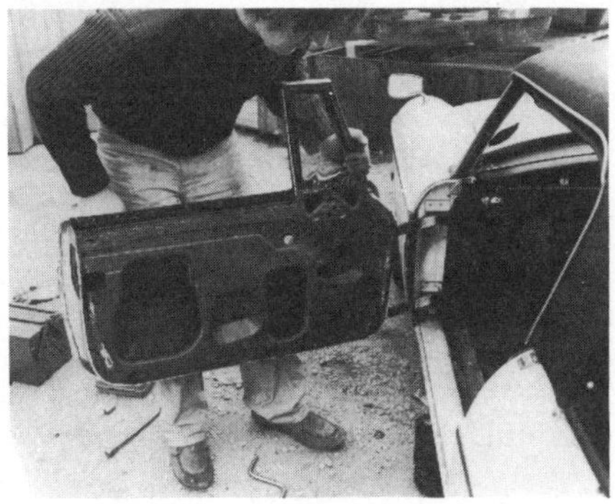

157. Beim Abbauen der Türen daran denken, daß sie einiges wiegen! Bei dieser Sportwagentür ohne „Innenleben" war es halb so schlimm, normale Türen von Mittelklasse-Zweitürern wiegen jedoch einiges. Die Tür muß zum Aufziehen der Blechhaut nicht immer ganz zerlegt werden, auf jeden Fall sollten aber neue Dichtleisten und die Klammern besorgt werden, die direkt an den Türhaut angesetzt werden.

158. Drehen Sie die Tür um, und lösen Sie die Türhaut. Aufbiegen der Bördelkante lohnt nicht, besser wäre Abschleifen (wie beim Öffnen eines Briefumschlages) mit einer groben Schleifscheibe im Winkelschleifer (Schutzbrille aufsetzen!).

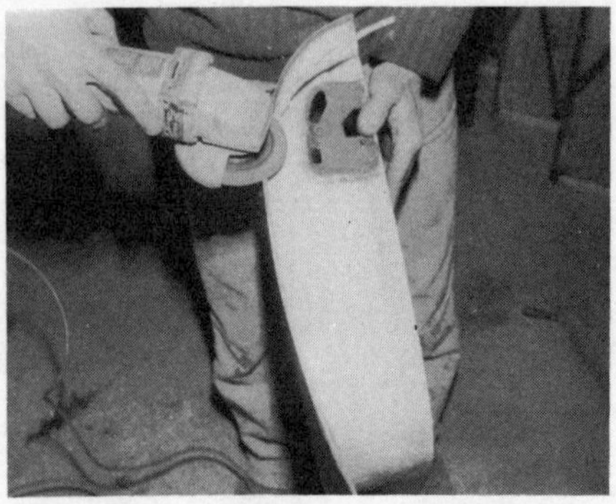

159. Schleifen Sie rund um die Tür weiter. Der lose Falz pellt dann von selbst ab. Tragen Sie dabei immer Arbeitshandschuhe, damit Sie sich nicht an den messerscharfen Kanten verletzen. An einigen Stellen muß man wahrscheinlich mit einem schlanken Meißel nachhelfen.

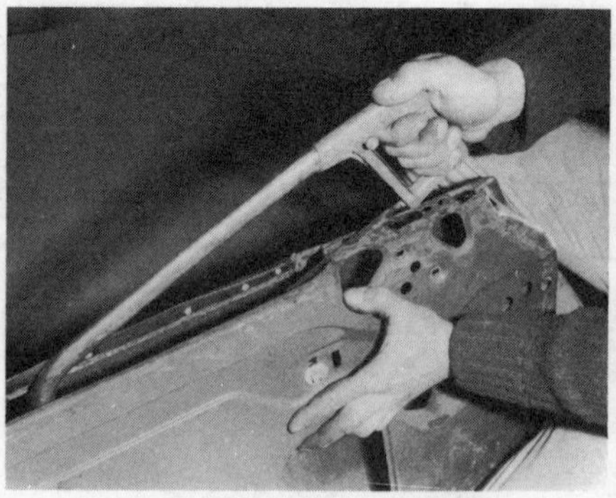

160. Am MGB ist die Türhaut nur im Ausstellfensterbereich angeschweißt. Sägen Sie sie in der Mitte ein bzw. bohren Sie die Schweißpunkte ab. Bei manchen Modellen ist die Türhaut auf besondere Weise befestigt, etwas Nachdenken ist also angebracht.

161. An neueren Modellen sind Schäden an den Türunterkanten rar. Oft sind jedoch Rostpickel vorhanden, die blankgeschliffen werden müssen. Bei durchgerosteten Türkästen markiert man die gesunden Bereiche mit Blechkreide . . .

162. . . . und trennt die Roststellen heraus.

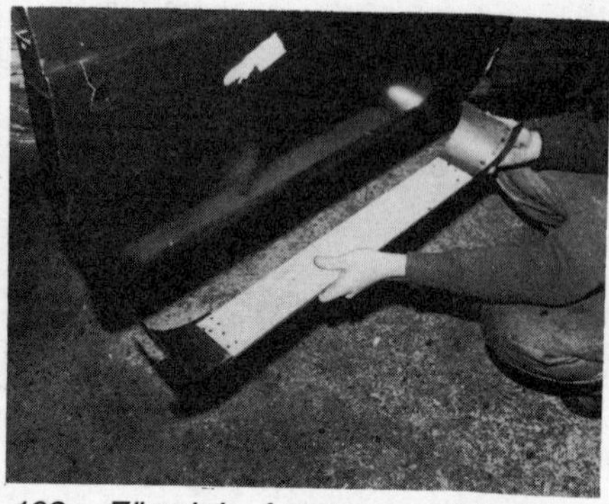

163. Für viele Autotypen sind Türkasten-Reparatursätze lieferbar. Notfalls muß man sich die Bleche eben selbst anfertigen. Dabei sollte man den Türrahmen nicht zu arg zersägen, sonst verwindet sich die Tür zu stark. Kontrollieren Sie die Form vor dem Einschweißen der Reparaturteile sorgfältigst, und heften Sie den neuen Türkasten erst an, nachdem die Türhaut lose montiert und die ganze Tür probeweise eingebaut wurde. Erst wenn feststeht, daß der Türrahmen nicht verzogen ist, wird durchgeschweißt.

164. Die Türhaut- und Türrahmenunterkanten-Reparaturbleche für den MGB. Das Rahmenblech enthält auch beide Unterkanten, die selbst nur schwer anzufertigen wären. Ist Ihr Türrahmen erheblich durchgerostet und sind keine Reparaturteile zu bekommen, suchen Sie sich lieber eine neue Tür – ggf. auch eine reparaturfähige Gebrauchttür.

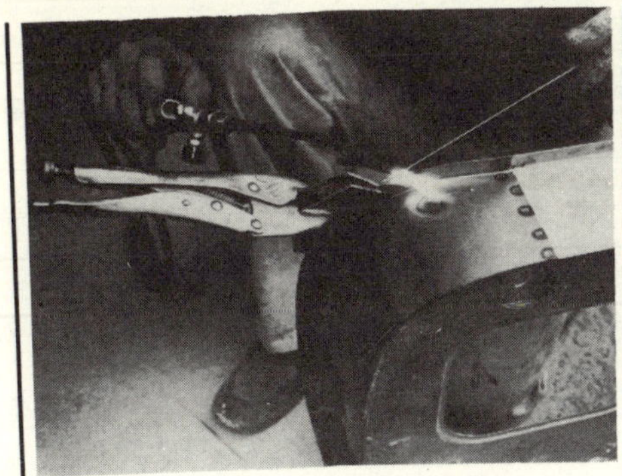

165. Spannen Sie das Reparaturblech fest ein (notfalls mit Stahlnieten oder Blechschrauben fixieren), heften Sie es an und schweißen es nach der Kontrolle endgültig ein.

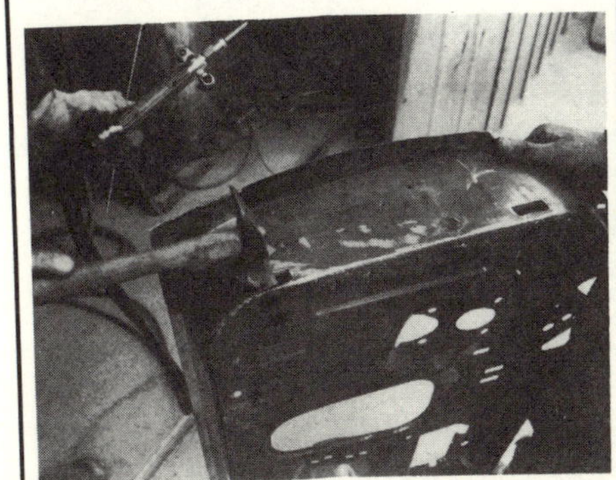

166. An dem reparierten oder noch brauchbaren Türrahmen müssen die Flansche jetzt sauber gerichtet werden.

167. Die Innenseiten von Türrahmen und Türhaut werden nun sauber lackiert. Wer will, kann auch Geräuschdämmatten in die Türhaut einkleben, solange sie noch so bequem zugänglich ist.

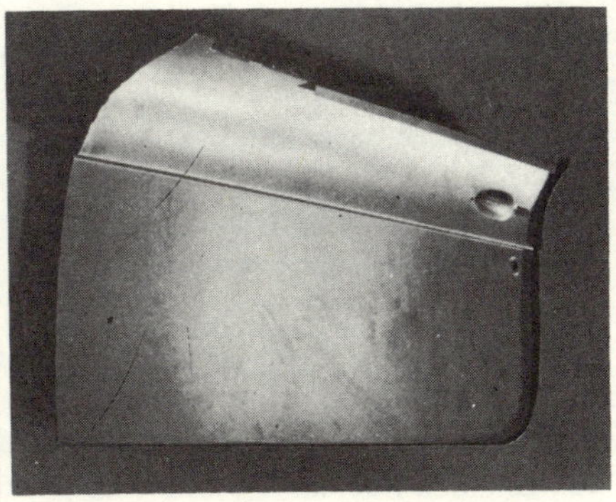

168. Legen Sie die Türhaut mit den Falzen nach oben auf den Boden. (Bei neuen Türhäuten sind die Falze um 90° angewinkelt und brauchen nur noch umgebogen zu werden). Ggf. wird die Türhaut mit der Oberkante in die entsprechende Aussparung am Türrahmen eingehängt.

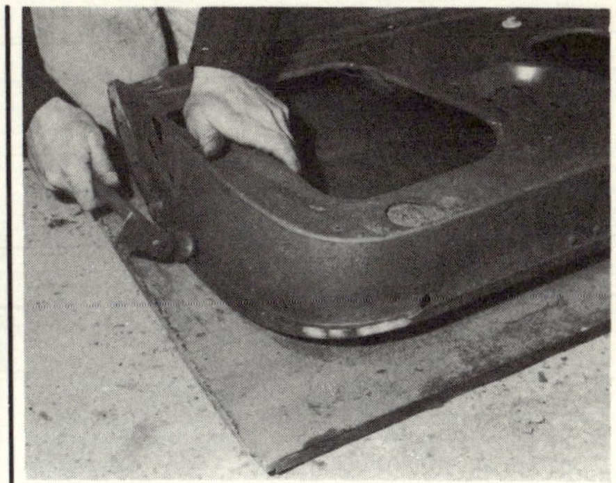

169. Der Türrahmen wird oben befestigt und die komplette Tür auf einem Holzbrett abgelegt. Jetzt klopft man den senkrechten Falz ringsum ein paar Grad nach innen, so daß der Türrahmen sauber an der Falzstelle in der Türhaut liegt.

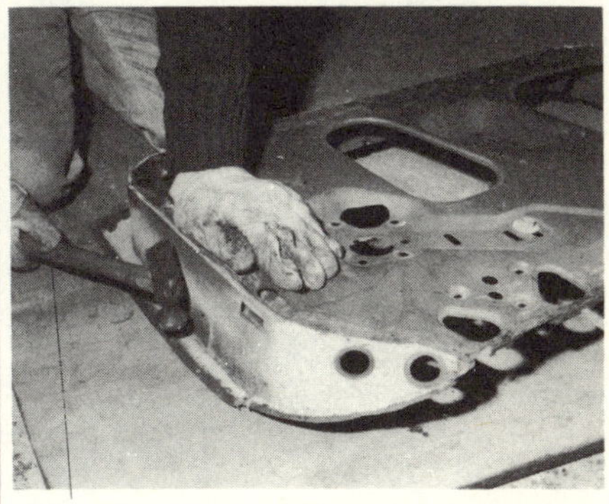

170. Der Falz wird nach und nach in mehreren Durchgängen umgebördelt, bis die Bleche ringsum anliegen.

171. Zum endgültigen Schließen des Falzes verwenden Profis einen Hammer mit Gegenhalter. Für Anfänger empfiehlt sich ein Holzklotz, damit man das Blech nicht verbeult. Die Tür wird dabei schräggestellt, so daß der angehämmerte Bereich immer auf der Brettunterlage aufliegt.

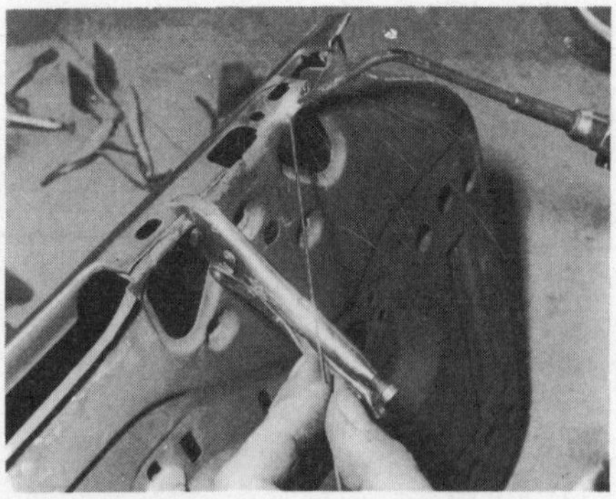

172. Meist werden die Türhäute nur an wenigen Stellen angeheftet. Bauen Sie die Tür zur Kontrolle vor dem Schweißen an den Scharnieren an. Hat sich die Tür verzogen, ziehen Sie sie in entgegengesetzter Richtung zurecht, bis die Fluchtung stimmt.

173. Jetzt kann die reparierte Tür am Wagen eingepaßt werden. Bauen Sie alle demontierten Innereien wieder ein, bevor Sie sie an den Scharnieren ausrichten. Das Gewicht der Tür kann die Passung nachhaltig verändern.

174. Viele Türhäute werden ohne Löcher für Türgriffe und Schlösser geliefert. Hier wird die Lage der Bohrungen anhand des Ausschnittes aus der alten Türhaut auf der neuen Haut angezeichnet.

Besorgen Sie sich möglichst eine Original-Türhaut vom Hersteller und nicht etwa ein Reparaturblech anderer Lieferanten. Bei vielen dieser Bleche ist die Passung eher mäßig und mit dem Original kaum zu vergleichen! Geübte Blechner bringen sie zwar (mit einigem Zeitaufwand) in die richtige Form, Anfänger sollten aber die Finger davon lassen, solange sie nicht nachweislich einwandfrei passen oder gar keine Alternative bleibt.

Reparaturen mit selbst angefertigten „Blechflicken“ ■

Heckschürze/Kofferraumboden

Viele modernen Fahrzeuge lassen sich mit dem Reparaturblechprogramm der Vertrags- oder Zubehörhändler instandsetzen. Reparaturbleche für ältere Modelle sind jedoch oft kaum noch lieferbar oder – vor allem bei exotischeren Typen – horrend teuer.

Die folgende Bildreihe zeigt die Reparatur der Heckschürze und des hinteren Kofferraumbereiches am Beispiel einiger Austin-Healey Sprite Mk. I („Froschauge“). Dieses Verfahren ist natürlich nur bei relativ einfachen Rundungen möglich. An älteren Fahrzeugen sind diese einfacheren Profile aber sowieso die Regel.

175. Am Heck dieses „Froschauges“ waren bereits die unteren Zentimeter der Heckschürze dem Rost zum Opfer gefallen. Derartige Schäden sind keine Seltenheit, sind aber oft hinter Spachtel versteckt. Der Bereich unter dem Kennzeichen ist wegen seiner Wölbungen nicht leicht wiederherzustellen. Er wurde mit mehreren selbstgefertigten Blechen zuerst repariert.

176. Sinnvolles Arbeiten ist nur mit ausreichendem Spielraum möglich. Der „Froschauge“ wurde auf stabilen Unterstellböcken aufgebockt, die zusätzlich quer mit einem Holzbalken unterlegt wurden, um die Last besser zu verteilen. Der Benzintank wurde ausgebaut. Wenn hier geschweißt werden muß, ist dies unerläßlich, ja fast lebensrettend.

177. Wie immer wird zuerst bis auf das blanke Blech abgeschliffen und alle Spachtelreste entfernt. Tragen Sie dabei immer eine Schutzbrille und eine Staubmaske. Die Schleifscheibe wird so angesetzt, daß sie durch den Drehsinn (von der Welle aus gesehen rechtsläufig) nach unten über das Blech wandert. Beim Blankschleifen in Aufwärtsrichtung bleibt sie allzuleicht an den Kanten hängen und reißt ein.

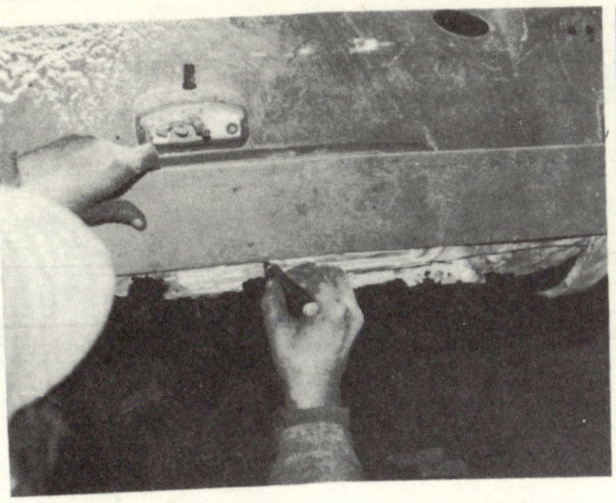

178. Die verrosteten Bereiche werden mit Filzschreiber und Lineal angezeichnet.

179. Dann schneidet man diesen Bereich mit einer Blechschere ab. Reparaturen entlang einer geraden, rostfreien Linie sind viel einfacher.

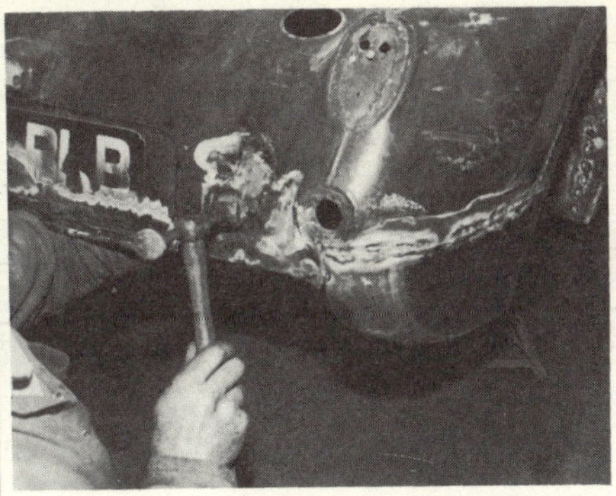

180. Die unvermeidlichen Beulen am Heck, die unter den Spachtelschichten zum Vorschein kamen, werden mit Hammer und bündig von hinten angesetzter Handfaust gerichtet. Normalerweise kommt man hier nicht von hinten heran, nutzen Sie also jetzt, da ein Großteil der Heckschürze herausgetrennt ist, Ihre Chance.

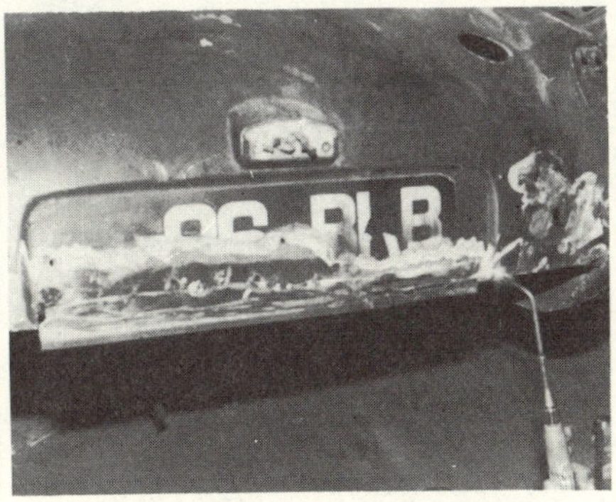

181. Die komplexeren Reparaturflicken im Kennzeichenbereich werden autogen eingeschweißt, damit die Naht möglichst glatt wird.

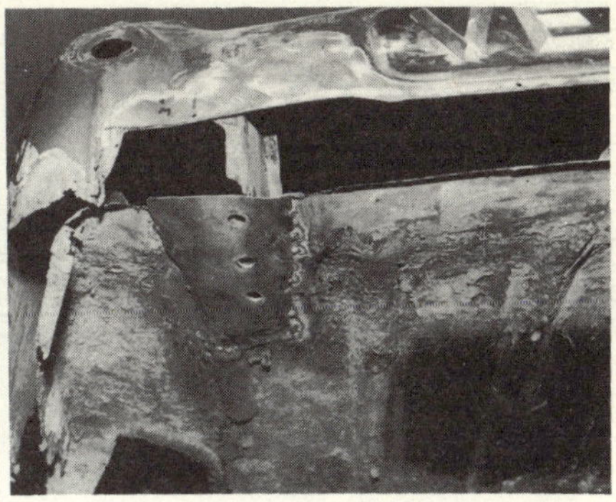

182. Der hintere Kofferraumbereich wurde hier in ähnlicher Weise herausgetrennt und alle notwendigen Bleche eingeschweißt.

183. Das Heckabschlußblech an diesem Wagen war wesentlich weniger verrostet. Nach dem Austrennen aller Roststellen wurde ein flaches Blech angefertigt und eingepaßt. Am Reparaturstück und am stehengebliebenen Heckblech wurden Bezugsmarken angezeichnet, anhand derer die Reparaturkante beim Einpassen richtig angesetzt und nachgeschnitten werden kann.

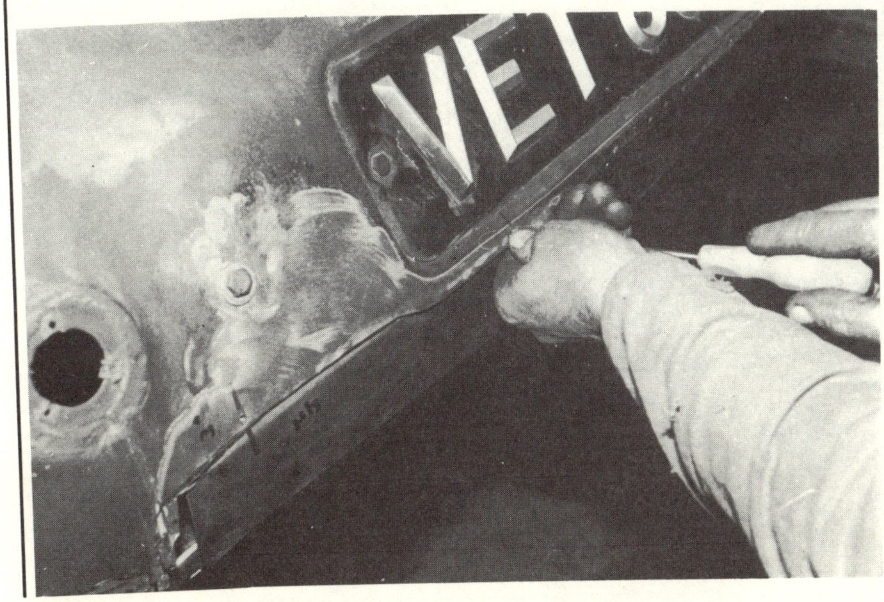

184. Das Reparaturblech wird hier mit einigen Blechschrauben fixiert. Wer kein Schweißgerät hat oder seinen Schweißkünsten nicht allzusehr traut, kommt damit auch zum Ziel. Die Reparatur kann somit vorbereitet und von einem Schweißer fertiggeschweißt werden.

185. Hier wurde das oben gezeigte Reparaturblech bereits an die Rundung des Hauptblechs angepaßt. Dann wird ein zweites Blech angehalten und darauf die Rundung der Heckschürze angezeichnet.

186. Mit Ideen und umsichtigem Arbeiten kommt man als Hobbyrestaurator auch mit einfachen Mitteln zum Ziel. Die Krümmung des Kofferraumbodens wird hier im Schraubstock Stück für Stück von Hand in das Blech gebogen.

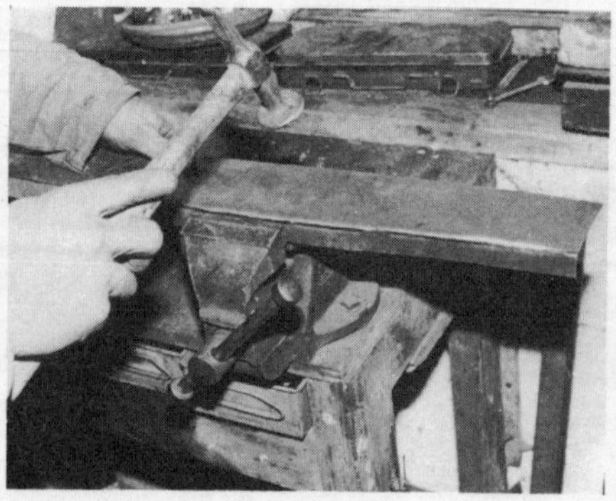

187. Mit einem Hammer wird das Blech dann auf der gesamten Länge vollends abgekantet.

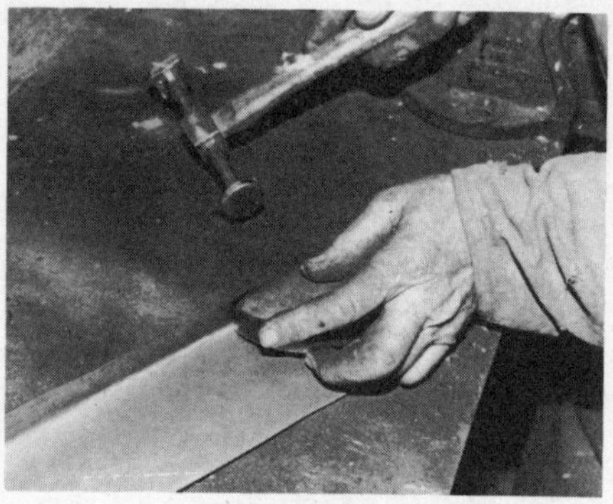

188. Eine gleichmäßige Kante erreicht man, wenn man die Handfaust von innen gegenhält. Vorsicht: Bei zu starkem Hämmern, vor allem bei unterlegter Handfaust, streckt sich das Blech.

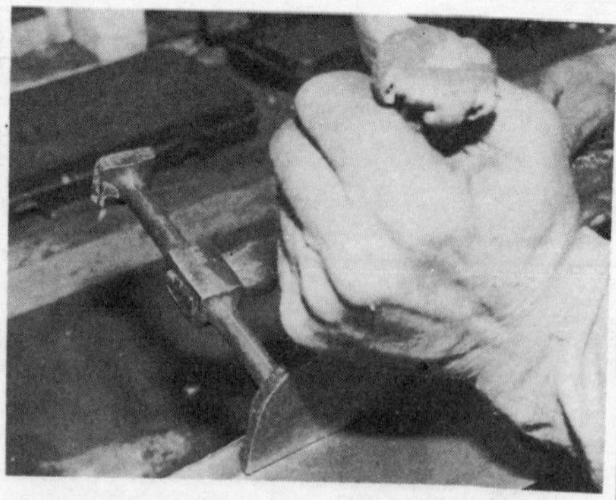

189. Um die Kante noch schärfer zu biegen, wird ein breiter Meißel an der Abkantung als Gegenhalter angesetzt. Der Meißel erhält genau im Abkantwinkel zusätzlich einige leichte Schläge.

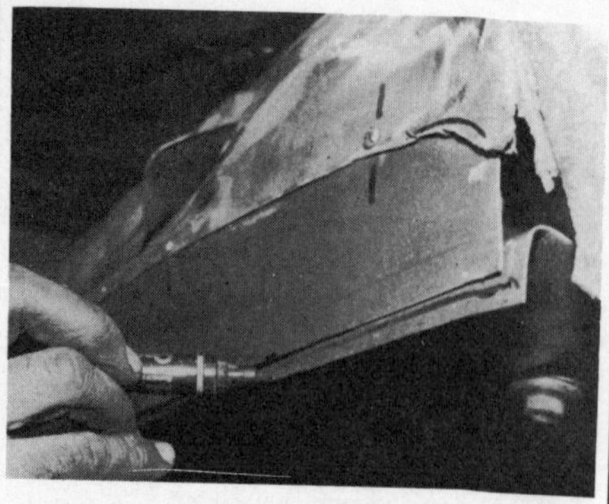

190. Die Tiefe des Falzes läßt sich mit Augenmaß schlecht beurteilen, also zeichnet man sie anhand des neuen Heckabschlußblechs (das noch nicht fest eingeschweißt ist) an. Gute Blechner sind hier eher übervorsichtig und schweißen erst, wenn sie sicher sind, daß alles hundertprozentig paßt.

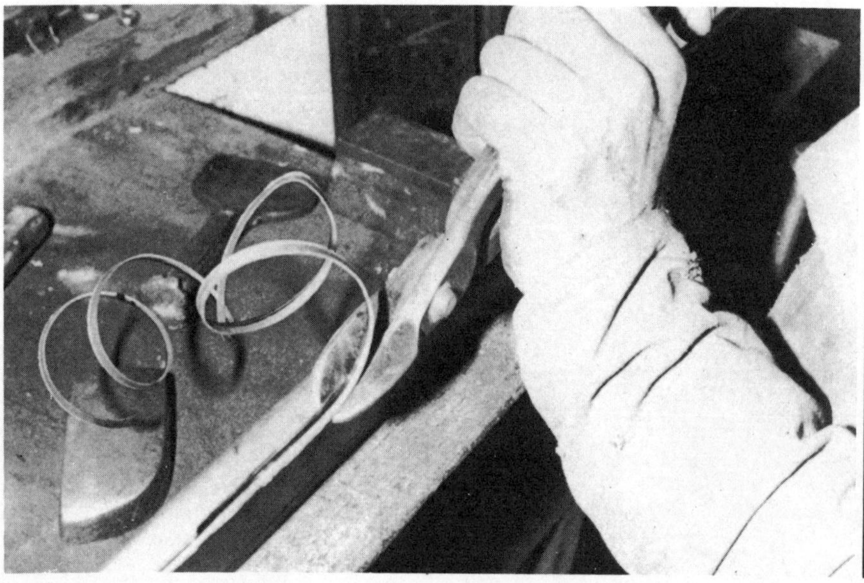

191. Am sichersten läßt sich Metall zuschneiden, wenn man es richtig einspannt. Dieses Blech wurde zwischen zwei Winkeleisen in den Schraubstock eingespannt. Das vordere Ende wurde mit einer Schraubzwinge zusammengehalten.

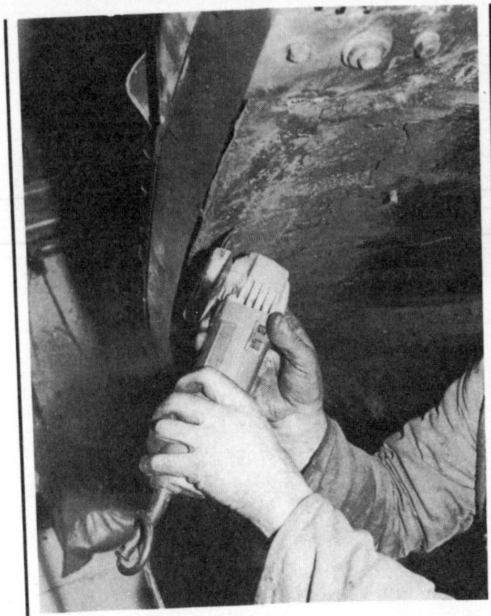

192. Hier wird deutlich, warum gute Zugänglichkeit so wichtig ist. Das Kofferbodenblech wurde absolut blank abgeschliffen.

193. Die Flansche werden jetzt mit mehreren Schweißzangen zusammengepaßt (auch normale Gripzangen oder zusätzliche Blechschrauben wären geeignet).

194. Das festgespannte Kofferraum-Bodenblech wird jetzt mit ein paar Autogen-Punkten angeheftet. Auch Schutzgas wäre möglich, mit Autogengeräten verläuft die Naht jedoch sauberer und leicht angerostete Bleche müssen nicht ganz so sauber verschliffen werden.

195. In aller Vorsicht wird die Heckschürze mit Schutzgas angepunktet. Die Unterkante des Kofferraumbodens sitzt jetzt etwas tiefer als beabsichtigt. Beim endgültigen Einpassen sind häufig derartige Passungskorrekturen nötig. Dies entspricht zwar nicht dem „Lehrbuch", aber dafür der rauhen Wirklichkeit! Der Überstand wird hinterher abgeschnitten oder eine Naht entlang der Außenkante durchgezogen und das Blech danach zurechtgeschnitten. Die Außenkanten des Heckschürzenblechs wurden hinterher mit kleineren Reparaturblechen geschlossen, die an die geänderte Rundung angepaßt wurden, und danach mit dem Hauptblech verschweißt.

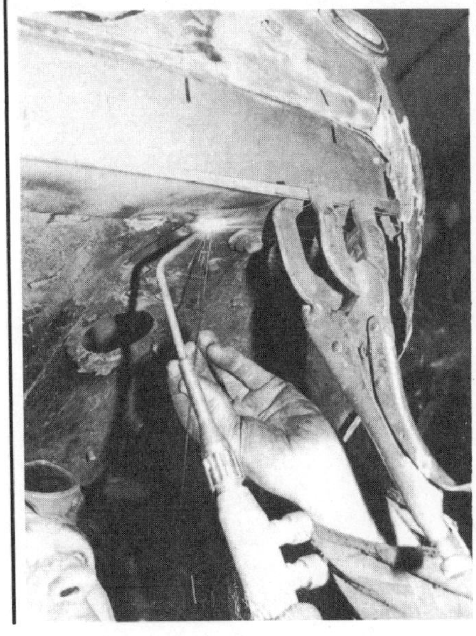

Vorderkotflügel

Die Kotflügelunterkanten sind beliebte Roststellen und lassen sich schon bald mit Spachtel nicht mehr auf Dauer kaschieren. Wer Zugang zu einem Schweißgerät hat, kann hier jedoch mit einigen Reparaturblechen aus eigener Fertigung sowohl an gerundeten als auch an geraden Blechen leicht Abhilfe schaffen.

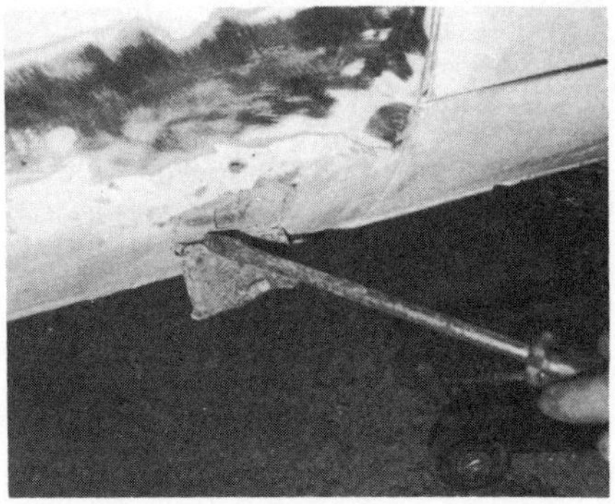

196. Diese Kotflügelunterkante war stark rostgeschwächt, so daß man mit einem Schraubendreher sofort „durchbrach". Spachtel hätte nur vorübergehenden Erfolg und mit Sicherheit nicht dieselbe Festigkeit gebracht.

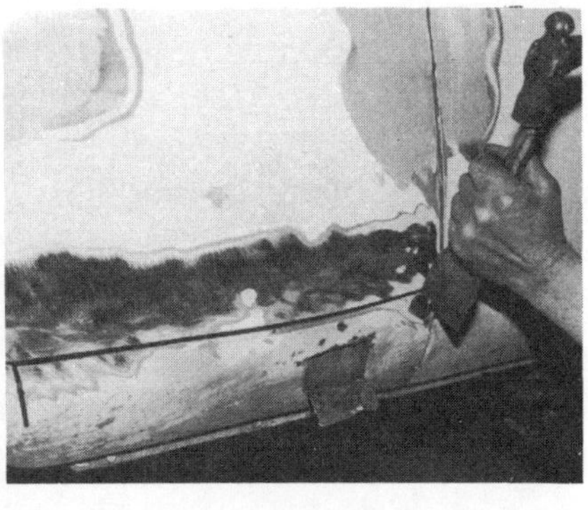

197. Die Unterkante des alten Kotflügels wurde mit einem schlanken Meißel abgetrennt. Den kleinen Ausschnitt darunter brachten wir an, um den Zustand des dahinterliegenden Bleches zu prüfen (es war noch gesund).

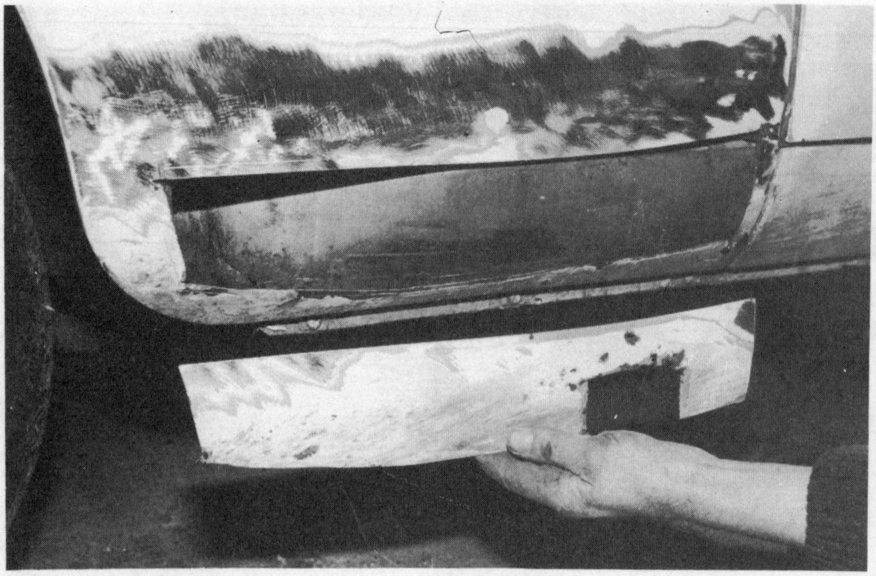

198. Der gesamte verrostete Bereich wird jetzt herausgetrennt (Aufschweißen auf verrostetem Trägermaterial bringt nur kurzzeitigen Erfolg) und aller Schmutz und Schlamm hinter der Reparaturstelle entfernt. Etwaige Roststellen am Innenkotflügel wären anschließend geschweißt worden.

199. Optimalen Korrosionsschutz bietet die Rostversiegelung BOB Spezial der Firma Weyer-Chemie. Es gibt natürlich auch etliche andere Mittel im Angebot des Fachhandels. In jedem Fall: Anwendungsvorschriften exakt befolgen!

200. Nun schneiden wir ein Rechteckblech in Größe der Reparaturstelle samt dem Flansch zurecht, mit dem es mit dem Flansch an der Kotflügelunterkante abschließt.

201. Der Flansch wird geschlitzt, so daß die Schrauben an der Kotflügelunterkante ausgespart werden und der Flansch „angegrippt" werden kann.

202. Dann wird das Blech nach oben gebogen, so daß es sich der Rundung der Kotflügelunterkante anpaßt. Die obigen Bilder zeigen ja bereits, daß der alte Kotflügel noch gesund war und die ursprüngliche Form recht gut hielt. Die Farbe war am Kotflügel bereits an der Nahtstelle des Einschweißbleches abgeschliffen worden.

203. Jetzt heftet man das Blech an der Oberkante mit einigen Schutzgaspunkten fest und zieht hinterher, wenn der Kotflügel richtig sitzt, eine Naht durch. Das überstehende Blech an der Kotflügelvorderkante wurde sorgfältig bis zur Kotflügelkontur abgetrennt und verschweißt. Die Nähte müssen jetzt nur noch sauber verspachtelt werden.

Ein Kotflügel kann mit Hobbymitteln also problemlos so repariert werden, daß das Endergebnis wesentlich besser als nur mit Überspachteln hält. Puristen werden über die Arbeitsweise vielleicht die Nase rümpfen, doch ist das Endergebnis sicher genauso haltbar wie Profireparaturen von Karosseriespenglern.

Reparatur von Motorhauben- und Frontschäden ■

204. Die Motorhaubenvorderkante ist besonders unfallgefährdet. Bei größeren Kollisionen bleibt meistens nur das Auswechseln der Motorhaube. Die üblichen Großstadt-Rempeleien gehen aber meistens glimpflicher ab. An diesem MGB konnten die Stoßstangenhörner durch Lösen der Halteschrauben und Zurechtschieben der Hörner leicht gerichtet werden, und auch der Kühlergrill ließ sich problemlos zurechtziehen. Dann mußte nur noch ein neues Emblem besorgt werden.

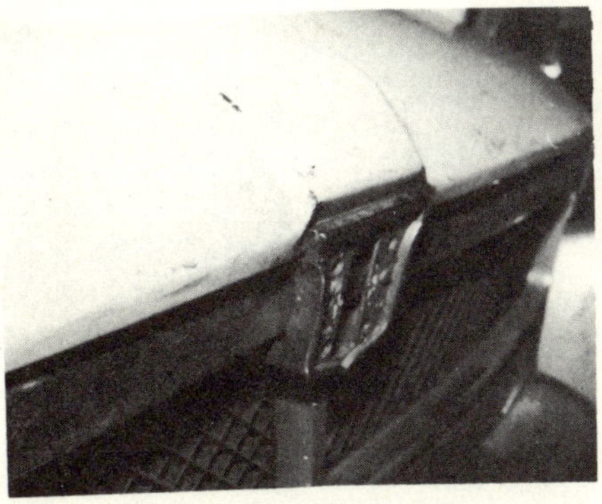

205. Die Motorhaube war direkt auf Höhe des MG-Emblems gestaucht worden.

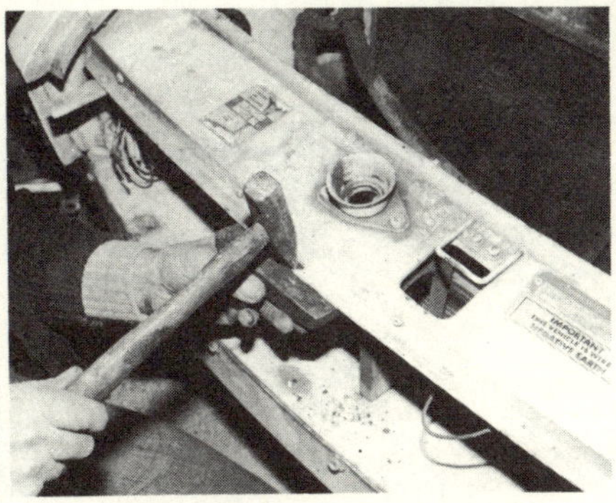

206. Nach Öffnen der Motorhaube und Ausbauen des Kühlergrills sieht man, daß das Querblech minimal nach hinten gedrückt worden war. Seine Vorderkante war etwas eingedrückt, konnte aber mit flachem Gegenhalter von unten und Hammer mit Vorschlagpinne von oben gerichtet werden.

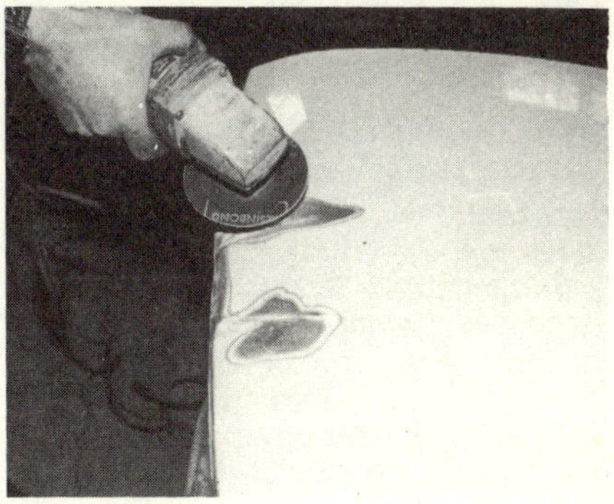

207. Es ist am sinnvollsten, die Unterbauten zuerst zu richten. Anschließend kann die Motorhaube repariert werden. Da man nur auf gesundem Material arbeiten sollte, wird der gesamte Reparaturbereich blankgeschliffen. Hier war dann auch tatsächlich kein Spachtel darunter verborgen.

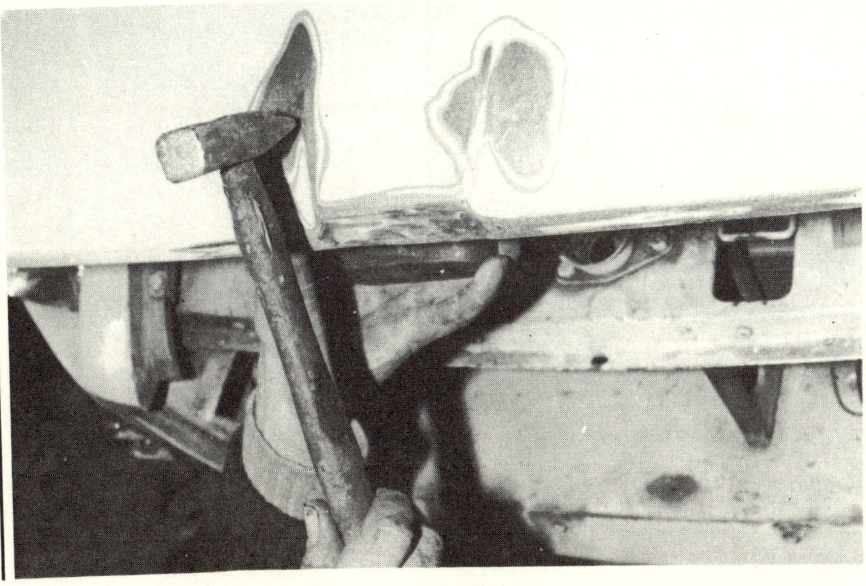

208. Die Motorhaube war durch den Aufprall etwas zu stark gerundet, zum Richten wird also eine Handfaust mit einer etwas schwächeren Rundung darunter angesetzt. Auch hier wird der Druckrand der Stauchung mit der Vorschlagpinne des Hammers mit raschen, trockenen Schlägen bearbeitet. Damit verringert sich die Stauchung und zugleich wandert die Haubenvorderkante nach vorne. Die Stauchung darf nicht erhitzt werden. Sie würde sich damit zwar leichter ausgleichen lassen, doch zieht sich das weiche Metall dann zusammen und die Haubenvorderkante kommt nicht mehr ganz nach vorne.

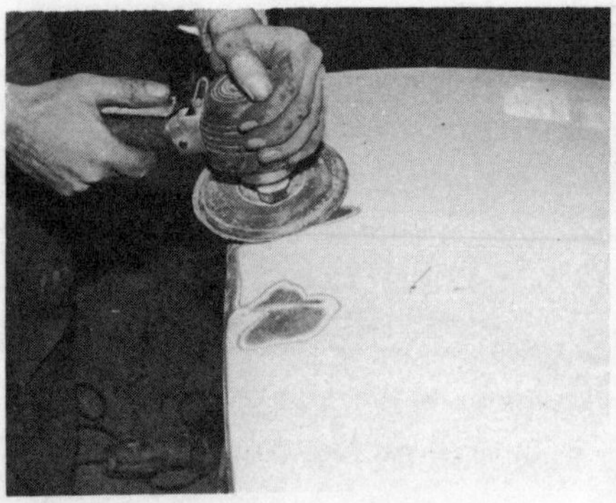

209. Leichte Wellen im Blech können ausgefeilt oder mit Spachtel egalisiert werden. Die Reparaturfläche muß dann nur noch – wie an anderer Stelle bereits beschrieben – beigeschliffen und lackiert werden.

Reparatur von Unfallschäden an Vorderkotflügeln ■

Fahrzeuge wie dieser Triumph TR 7 können wegen ihrer exotischen Formen besondere Probleme bereiten. Bei mehr als nur leichten Schäden ist der Einbau von Neuteilen meist sinnvoller. An unserem Fahrzeug kam erschwerend dazu, daß er – wie heute viele Wagen – mit einer Klarlackschicht über dem matten Basislack gespritzt worden war. Schleifen Sie in diesen Fällen zur Kontrolle ganz leicht mit feinkörnigem Naßschleifpapier an. Hat der Schleifstaub die Wagenfarbe, ist kein Klarlack über dem Basis-Decklack. Bei farblosen oder leicht milchigen Schleifrückständen handelt es sich um einen Klarlacküberzug.

210. Die erhabenen Dellen und Drucklinien im Blech fühlt man mit der flachen Hand am besten. Streichen Sie in langen Zügen mit der flachen Hand über das Blech und versuchen Sie, „Berge und Täler" mit der Handfläche und nicht mit den Fingerspitzen abzutasten.

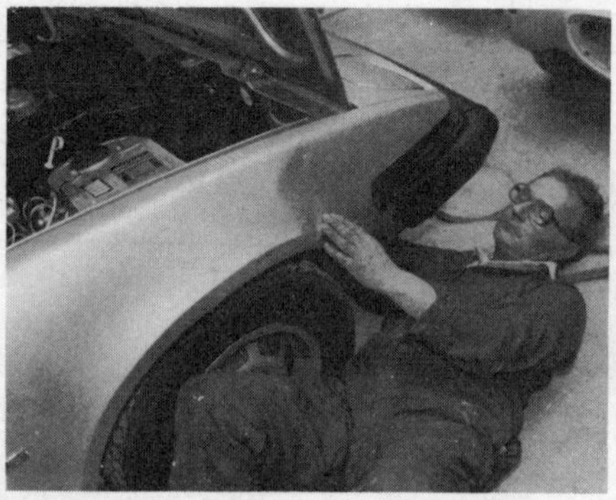

211. Entscheidend ist, ob man von hinten an das Blech kommt. Den Zugang von hinten muß man sich manchmal regelrecht „ertasten".

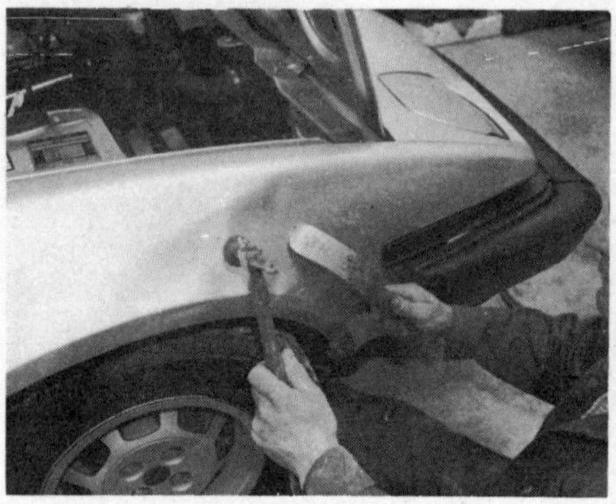

212. Zum Richten verwenden wir hier einen Schlichthammer mit schwerem Richtlöffel als Gegenhalter (siehe auch Abschnitt „Blechbearbeitung").

213. Die erhabene Fläche wird von der am weitesten von der Aufprallstelle entfernten Stelle aus mit leichten Schlägen bearbeitet und der Richtlöffel von hinten gegengehalten. An den Stellen, an denen das Blech eingedrückt ist, hält man den Hammer von außen an und schlägt von innen mit dem Richtlöffel dagegen.

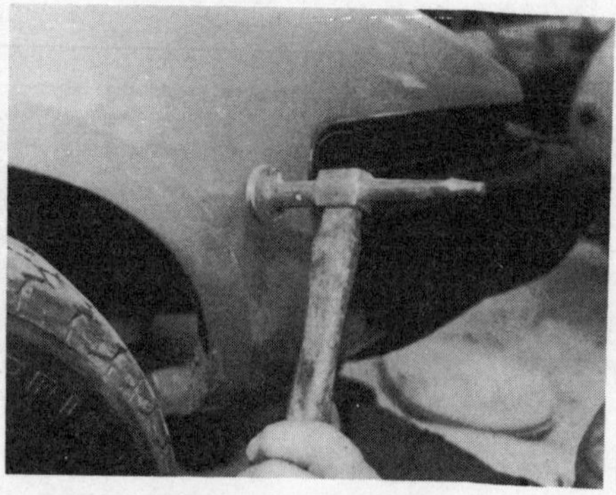

214. Nach und nach arbeitet man sich gleichmäßig an die Aufprallstelle heran. Hämmern Sie nicht zu stark, sonst strecken Sie das Metall und verschlimmern die Sache nur noch. Leichte Streckungen gleicht man mit einer dünnen Spachtelschicht aus – dies ist besser als zu hohe Stellen im Blech.

215. Zum Nacharbeiten der Kanten wird eine Handfaust mit der passenden Gegenform zu den Radlaufkonturen angesetzt.

216. Dann kann die Kante vorsichtig auf der unterlegten Handfaust zurechtgeklopft werden.

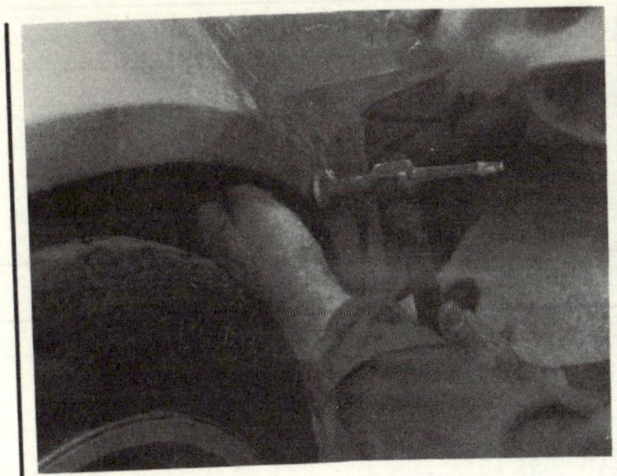

217. Auch hier arbeitet man sich von den äußeren „Schockwellen" bis zur Aufprallstelle vor.

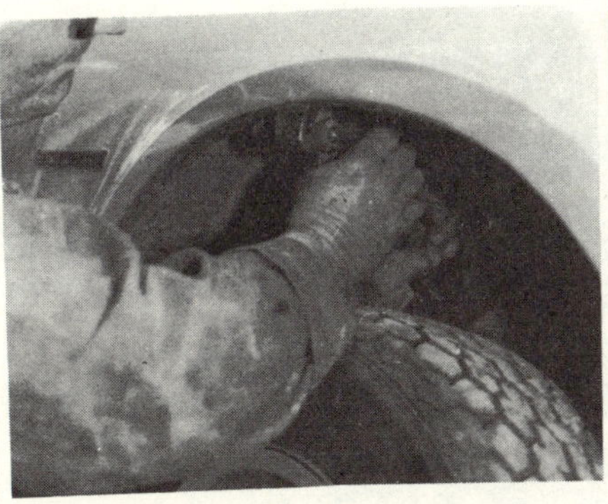

218. Mit unkonventionellen Mitteln kommt man manchmal noch besser ans Ziel. Ein leichter Knick im Falz läßt sich mit einer Zange oft tadellos herausbiegen.

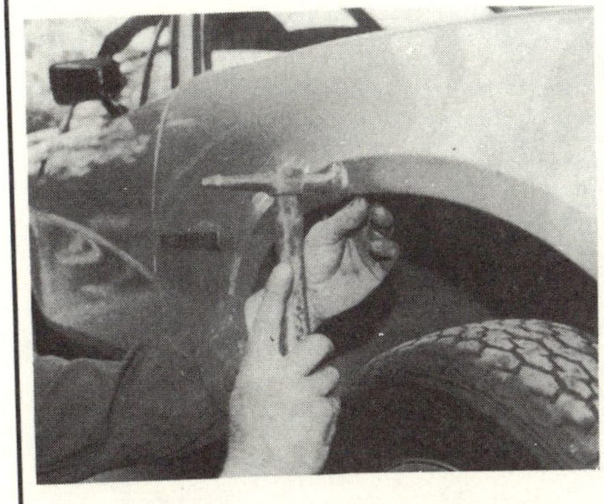

219. Der minimale Verzug, der dabei entstehen kann, läßt sich mit leichten Schlägen ausgleichen.

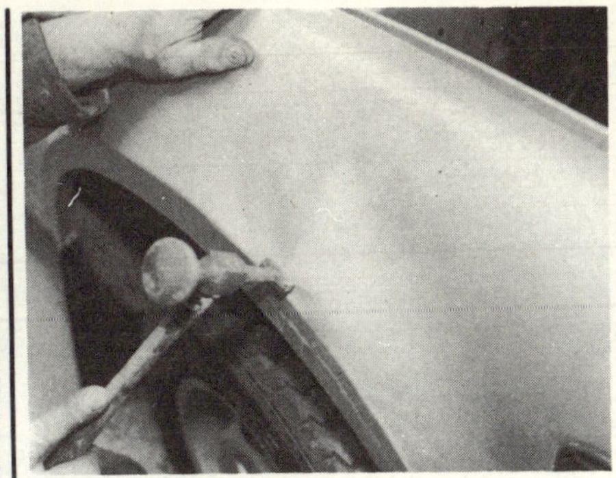

220. Die Konturen stimmen nun schon wieder annähernd. Jetzt können Sie noch ein oder zwei minimale Schadstellen mit dem Hammer mit Vorschlagpinne herausarbeiten.

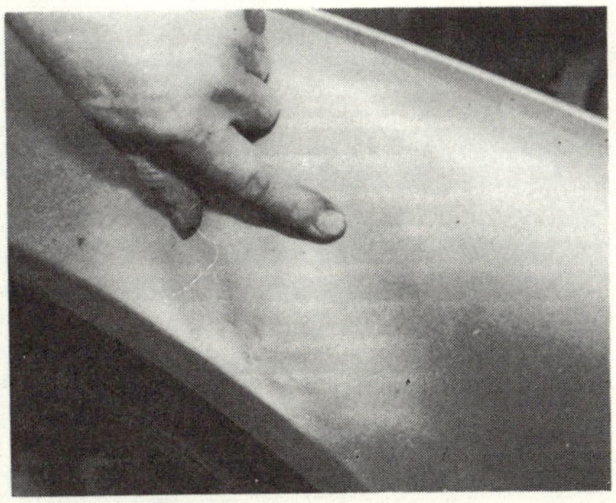

221. Bei weiterem Hämmern streckt man allzuleicht das Metall, was nur schwer zu korrigieren wäre (und die Fähigkeiten der Do-it-yourselfer wahrscheinlich übersteigt). Stattdessen klopfen Sie lieber die letzten paar Erhöhungen zurück.

222. Dann deckt man die angrenzenden Flächen ab – vor allem alle Glasflächen.

223. Auch die Zierleisten und Anbauteile müssen sauber abgeklebt werden.

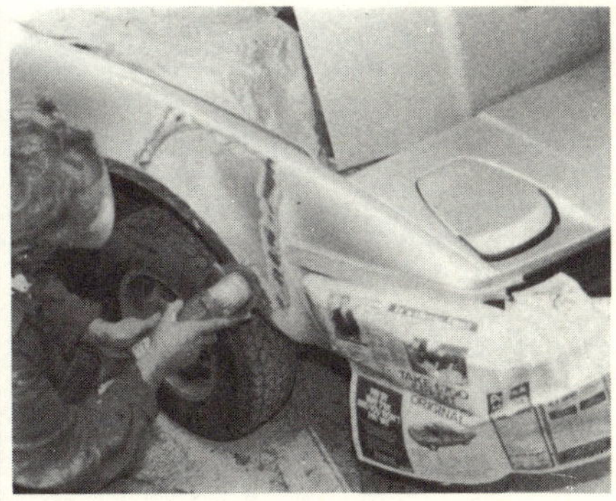

224. Die Farbe wird mit 40er Schleifpapier auf dem Winkelschleifer auf der ganzen Reparaturfläche entfernt. Schleiffunken in Glasteilen bekommt man nie wieder heraus, daher müssen die Glasflächen säuberlich abgeklebt werden. Auch den Motorraum sollte man möglichst sauber halten.

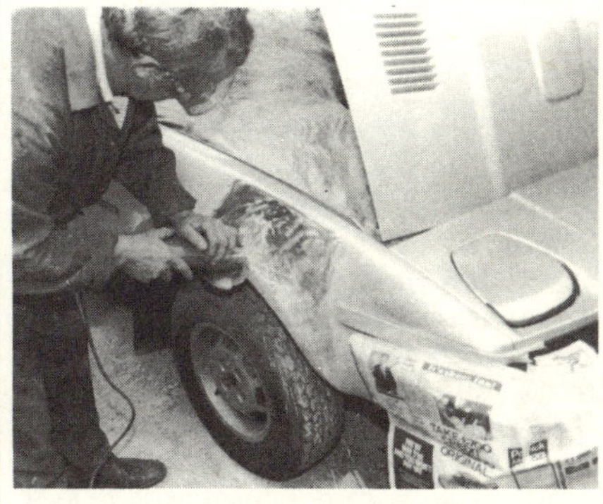

225. Der gesamte Reparaturbereich muß zum Schluß metallisch blank sein.

226. Dann kommen auch alle etwa noch verbliebenen Erhöhungen oder Vertiefungen zum Vorschein, die noch nachgearbeitet werden müssen.

227. Kunststoffspachtel hat einen zweifelhaften Ruf, da er allzuoft nur Rost kaschiert. Zum Glätten metallisch blanker Flächen ohne stundenlange Vorarbeiten ist seine Verwendung jedoch durchaus legitim. Anfänger richten bei zu hartnäckigem „Blecheklopfen" oft mehr Schaden als Nutzen an, so daß Spachteln allein schon deshalb sinnvoll ist.

→

228. Überschüssigen Füller tragen wir hier mit einer Halbrundraspel ab, bevor mit immer feiner Schleifpapierkörnung nachgeschliffen wird (wie an anderer Stelle beschrieben).

229. Die sauber verschliffene Fläche (bei Trockenschleifpapieren bis etwa Körnung 120, bei Naßschleifpapieren bis Körnung 400) erhält jetzt die erste satte Füllprimerschicht. Hochwertige Füllprimer machen sich immer bezahlt; billigere Füller erreichen nicht die Deckkraft zum Ausgleichen all der kleinen Kratzer und Poren. Finger weg von Billigverdünner – spätestens im Decklack kämen die Mängel wieder zum Vorschein.

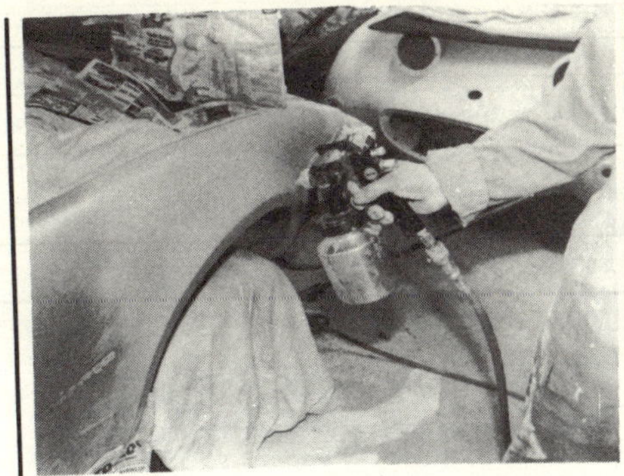

230. Die Schichtdicke des Füllprimers ist größer als bei normalem Decklack, die Trocknung von Läufern und ,,Tränen" dauert allerdings ziemlich lange. Der reparierte Bereich und ein mehrere cm breiter Streifen des (angeschliffenen) alten Lacks werden ,,angenebelt".

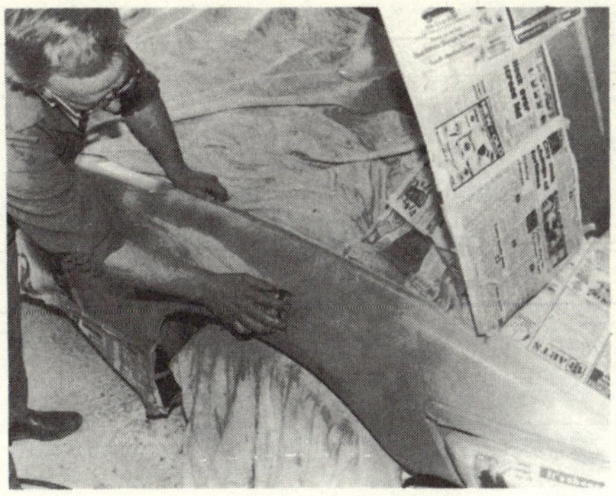

231. Nach dem Trocknen wird die Grundierung dünn mit Decklack überspritzt und abgeschliffen. Durch die Kontrastfarben kommen alle Unebenheiten zum Vorschein.

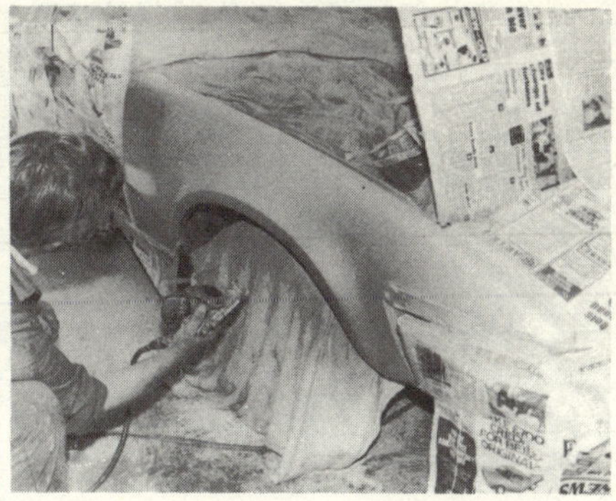

232. Anschließend wird der Basislack von der Radlaufinnenkante aus aufgetragen . . .

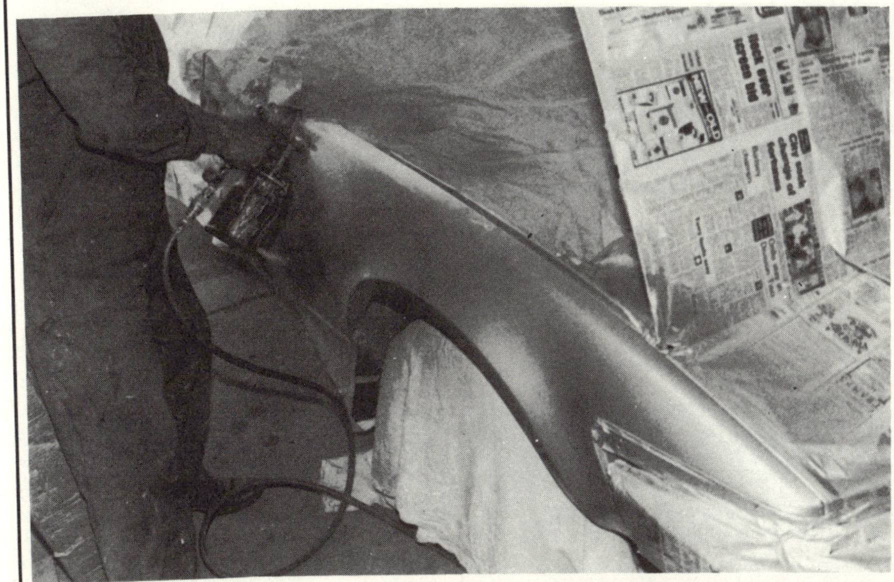

233. . . . und von hier aus das ganze Blech in gewohnter Weise gespritzt. Vorsicht bei Kratzern oder Wellen im Blech – sie kommen im Decklack sofort zum Vorschein.

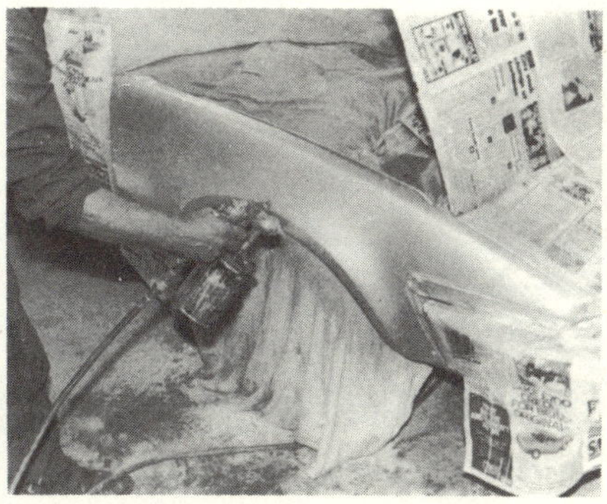

234. Der Klarlacküberzug erzeugt einen sagenhaften Glanz auf dem an sich matten Basislack und ermöglicht außerdem eine gewisse Schutzwirkung. Verwenden Sie möglichst Nitrolacke für beide Schichten – für die Verarbeitung der vielfach angebotenen 2K-Überzugslacke auf Klarlackbasis wären unbedingt spezielle Atemschutzmasken nötig.

235. Der fertig lackierte Wagen sieht wieder ,,fast wie neu" aus. Sogar der Rostschutz auf den Blechinnenseiten ist unbeschädigt.

(An- und Abbau des ,,2-Litre"-Schriftzuges siehe Abschnitt ,,Karosseriebeschläge").

Karosseriereparaturen an Oldtimern ■

236. Die Swallow-Spezialkarosserie dieses Austin Seven der frühen 30er Jahre hatte im Laufe der Jahre arg gelitten. U.a. war der Heckkotflügel im vorderen Bereich am Trittbrettansatz großflächig durchgerostet.

237. Hier wurde ein Reparaturblech nach den Originalkonturen angefertigt und die Roststelle herausgetrennt. Da dickerer Stahl als bei neueren Baujahren verwendet werden kann, ist auch das Einschweißen einfacher.

←

238. Komplexe Formen wie diese müssen auf einer speziellen Blechformwalze herausgearbeitet werden. Als Hobbyrestaurateur hat man wohl kaum eine solche Maschine zuhause . . .

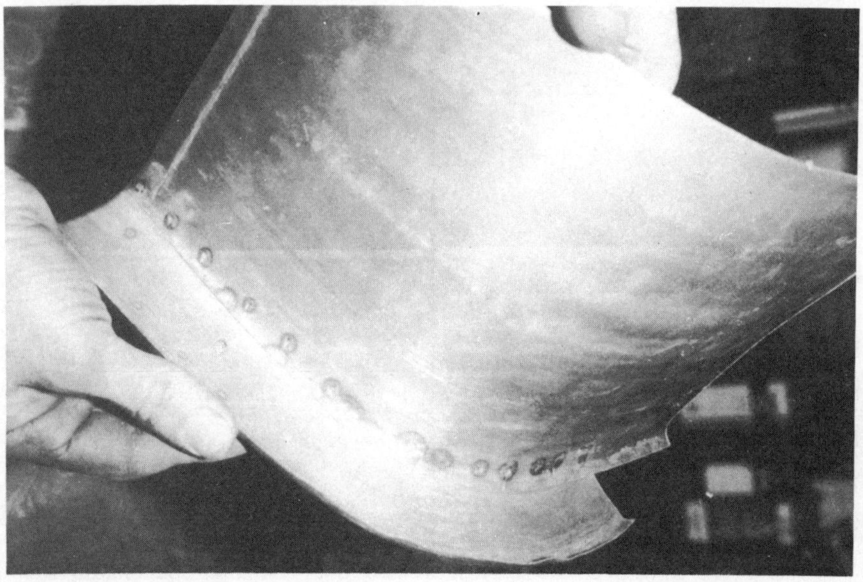

239. . . . findet aber sicher einen Spezialisten, der einem die Einzelteile anfertigt, die man dann selbst zusammensetzt. In unserem Fall wurden die beiden Hälften des Reparaturblechs zusammengepunktet. Mit modernen Geräten gehen Spenglerarbeiten im alten Stil doch oft einfacher . . .

240. Einer der Vorderkotflügel war durch den bei vollem Lenkanschlag schleifenden Reifen durchgescheuert worden. Mit dem Schneidbrenner wurde ein Blechstück herausgetrennt und ein neues Blech gebogen und stumpf eingeschweißt.

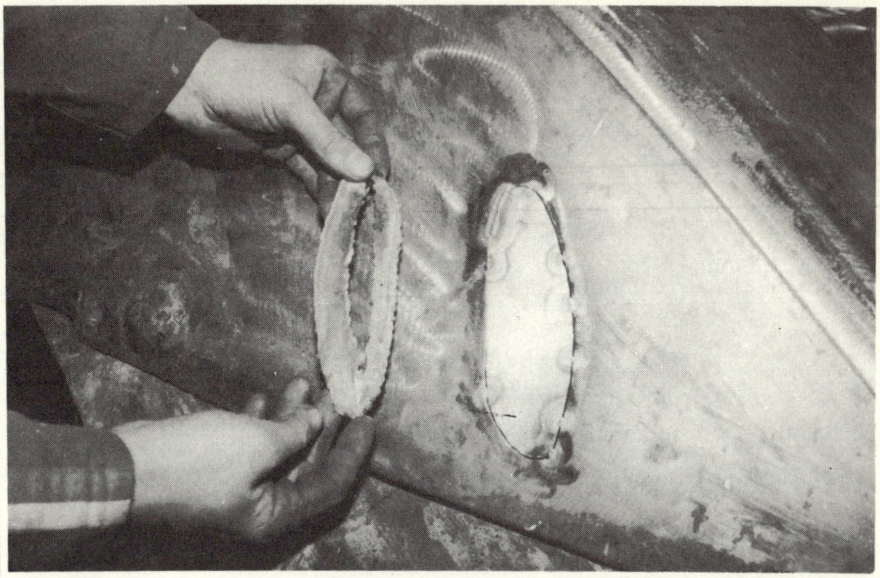

Passungskorrekturen – Tips zum Einbau von Hauben und Türen ●

Motorhaube

241. Bereits hier muß bei größeren Reparaturen auf richtige Passung geachtet werden. Bei selbsttragenden Karosserien passiert es nur allzu leicht, daß beim Verschweißen tragender Teile, z.B. hier am Schweller des MGB, Verzug „miteingeschweißt" wird. Bestenfalls passen die Teile dann nicht mehr zusammen, schlimmstenfalls wird das Fahrzeug verkehrsunsicher.

242. Karosserieteile wechselt man daher möglichst immer anhand eindeutiger Bezugspunkte, z.B. Türen, aus und unterbaut die Bodengruppe so, daß sie sich beim Austrennen der alten Träger nicht verwinden kann.

243. Einer der wichtigsten Spalte ist der zwischen Motorhaube und Kotflügel. Das Haubenschloß vorne läßt sich meist sowohl auf- und abwärts als auch (manchmal) seitlich verstellen. Die Motorhaube muß zur seitlichen Verstellung allerdings an den Scharnieren gelöst werden.

244. Die Motorhaube paßt man am besten zu zweit ein. Lösen Sie die Scharnierschrauben an beiden Seiten, so daß die Haube gerade eben an den Scharnieren verschoben werden kann. Lassen Sie die Haube ab, und ziehen Sie sie nach links oder rechts, bis ringsum ein gleichmäßiger Spalt zwischen Haube und Kotflügel erreicht ist. Darauf achten, daß die Haube beim Öffnen nicht an Spritzwand bzw. Windlauf scheuert.

245. Sitzt die Haube hinten zu tief, heben Sie sie an beiden Ecken an, bis die geschlossene Haube hinten zu hoch sitzt. Dann drücken Sie beide Seiten vorsichtig nach unten, bis die Höhe stimmt, öffnen die Haube und ziehen die Schrauben fest. Fehlende Anschlaggummis an der Kotflügelregenrinne sollten ersetzt werden, da sie ebenfalls für die Haubeneinstellung wichtig sind.

Kotflügel

Bei vielen US-Modellen kann der Sitz der Kotflügel an ihren Einstellwinkeln korrigiert werden. Die geschweißten Kotflügel vieler anderer US- und europäischen Typen müssen natürlich vor dem Verschweißen richtig mit den angrenzenden Blechen (wie Türen und Hauben) zusammengepaßt werden. Geschraubte Kotflügel ohne spezielle Einstellmöglichkeiten können durch Ausfeilen der Befestigungslöcher zu Langlöchern nachjustiert werden. Das Blech muß also oft mehrfach an- und abgebaut werden, bis es einwandfrei sitzt.

Türen

Die Türen können meistens an ihren Scharnieren an der Scharniersäule und an der Tür selbst nachjustiert werden (außer natürlich bei angeschweißten Scharnieren). Die Lage der Türschließplatte bestimmt die Passung der Tür entscheidend, sowohl bei der Höheneinstellung als auch beim Überstand. Ein genauer Einbau der Tür ist erst nach Montage der Türdichtgummis möglich, da sie die Passung oft entscheidend verändern. Dasselbe gilt natürlich auch für die Heckklappe.

Eine verzogene Tür, die z.B. an der oberen Hinterkante richtig schließt, aber unten zu weit übersteht oder zu tief sitzt, kann relativ einfach in Form gebracht werden – auch wenn's brachial wirkt: Setzen Sie einen Holzklotz in dem Bereich, in dem sie zu tief sitzt, zwischen Tür und Türrahmen an und schließen Sie die Tür, so daß der überstehende Bereich weiter hineingedrückt und der Verzug ausgeglichen wird.

Beim Einbau von eingeschweißten Türen bzw. Türen ohne Tiefeneinstellmöglichkeit, die an der Vorderkante zu weit hinter der Kotflügelebene stehen, kann die Passung in ähnlicher Weise korrigiert werden. Setzen Sie den Holzklotz zwischen Türvorderkante und Türsäule an, und drücken Sie die Tür zu (nicht zu fest!). Durch die Hebelwirkung wird die Tür vorne nach außen gedrückt. Drücken Sie nicht zu fest, da die Tür sonst schnell zu weit vorsteht.

Anbauteile

246. Stoßstangen, Kühlergrills u.ä. Teile poliert man vor dem Einbau auf, da man dann noch leichter in alle Ecken kommt. Oft müssen die Haltebohrungen aufgeweitet oder Stoßstangenträger nachgerichtet werden, damit die Teile gerade und bündig sitzen.

Gebrauchtteile ●

Heraustrennen brauchbarer Altteile

Ab und zu möchte man verwertbare Bleche aus einem Teileträger heraustrennen, z.B. bei Blechen, die vom Hersteller nicht mehr oder nur als sperrige und teure Baugruppe geliefert werden, von der man selbst nur einen kleinen Bereich benötigt.

Besitzer seltener oder älterer Fahrzeuge entwickeln meist rasch einige Routine im Ausschlachten von Ersatzteilwagen bis zur letzten Schraube. In der folgenden Bildfolge wird das Heraustrennen mit einem handlichen kleinen Gasschmelzschweißgerät beschrieben.

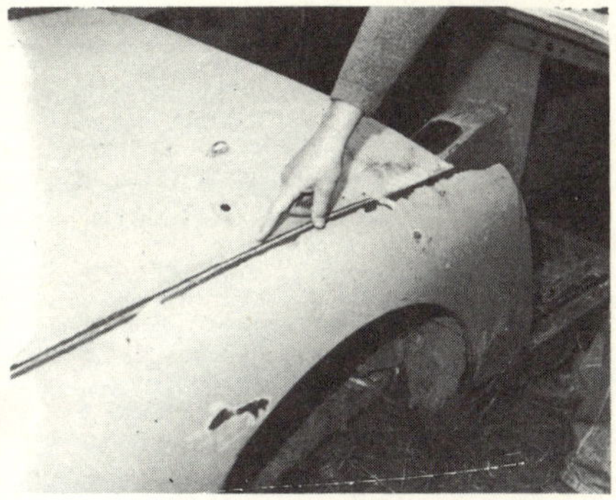

247. Bei diesen Resten einer Austin Healey „Froschaugen"-Karosserie war nur noch das Heckblech verwertbar (dort, wo bei den meisten anderen Wagen der Kofferraum sitzt). Wer das Blech nicht speziell braucht, wird sich die Mühe des Heraustrennens kaum machen, in unserem Fall wurde es jedoch dringend benötigt – und wo anders als an Schrottfahrzeugen ließe sich ein derartiges Blech überhaupt noch auftreiben? Vor dem Heraustrennen des Blechs sieht man sich die Passung an den benachbarten Teilen genau an. Sicherheitshalber trennt man besser zuviel als zu wenig Blech ab.

←

248. Mit dem kompakten Gasschweißgerät kommt man auch an schwer zugängliche Stellen. Benzintanks oder andere Feuerquellen sollten vor dem Austrennen ausgebaut werden. Hier wird das Blech mit einem Schweißbrenner ausgetrennt – es geht, wenn auch langsam. Schmelzen Sie zuerst ein Loch in das Blech und drehen Sie den Sauerstoff auf. Dann können Sie die Trennlinie ziehen.

249. Statt des Schweißbrenners nimmt man normalerweise den meist ebenfalls als Zubehör lieferbaren Schneidbrenner. Einzelheiten siehe Abschnitt zum Trennen von Blechen.

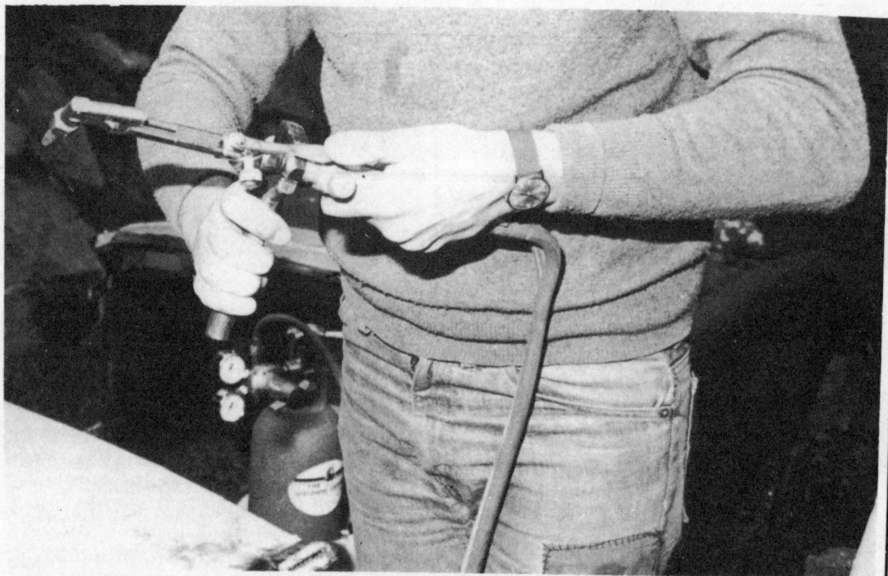

250. Beim Trennen von Dünnblechen wird die Flamme etwas in Schneidrichtung geneigt. Der Schnitt wird etwa 2 cm außerhalb des Falzes des Heckblechs geführt, der Kotflügel wird also „zersägt“. Die Rücklichtgrundplatten werden komplett mit entfernt und hinterher ggf. zugeschnitten.

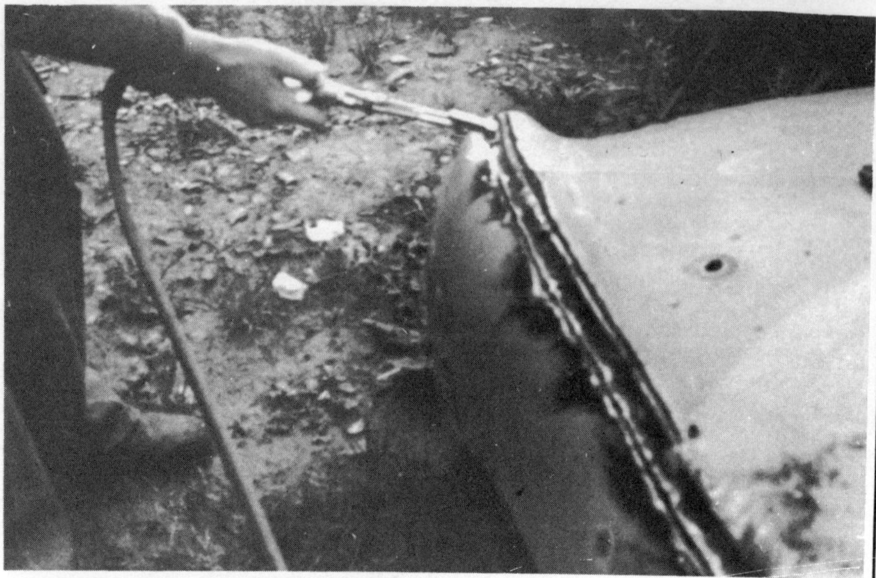

251. Jetzt kann das ganze Heckblech komplett abgehoben werden. Trotz aller Durchrostungen an diesem Wagen war das Heckblech an der Unterkante, die besonders oft wegrostet, noch alsolut solide. Fazit: nicht alle Schrottwagen sind an derselben Stelle durchgerostet. Oft findet man sogar bei Exemplaren aus ein und demselben Baujahr deutliche Unterschiede.

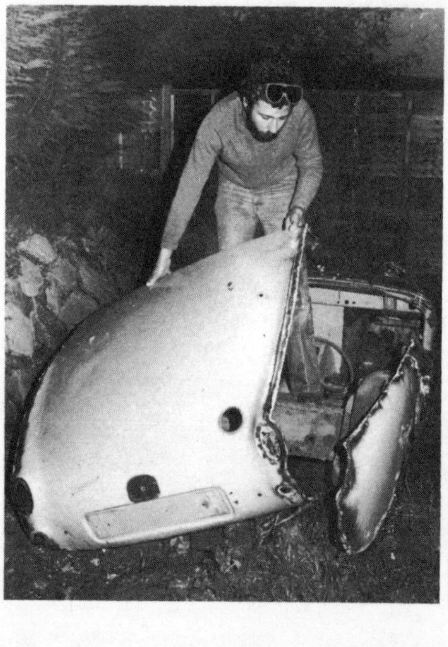

Einbau eines ausgetrennten Altblechs

Manche Autos rosten an den unglaublichsten Stellen! Unser Citroën Dyane war noch weitgehend in Ordnung, nur war der Windschutzscheibenrahmen völlig durchgerostet, so daß der Innenraum bei jedem Regen unter Wasser stand. Man könnte zwar die komplette Spritzwand samt Windlauf von Citroën besorgen, doch wäre dies übermäßig teuer und aufwendig. Außerdem braucht man dann zusätzlich das (bei uns ebenfalls verrostete) Windlaufoberteil. Einfacher war es, auf dem Schrottplatz nach einer Dyane zu suchen, die an dieser Stelle noch rostfrei war.

Mit dem Reparaturblech aus dem Schrottwagen spart man also nicht nur viel Geld, sondern hat dann auch sicher alle Teile zur Hand, die man selbst benötigt, und nicht nur die Teile, die der Hersteller im Werk benötigte.

252. Die Unterkante des Scheibenausschnitts war großflächig weggerostet. Erst nach dem Ausbau der Scheibe wurde das Ausmaß des Schadens deutlich. Mit selbst angefertigten Reparaturblechen wäre man gar nicht mehr oder nur mit übertriebenem Aufwand zum Ziel gekommen.

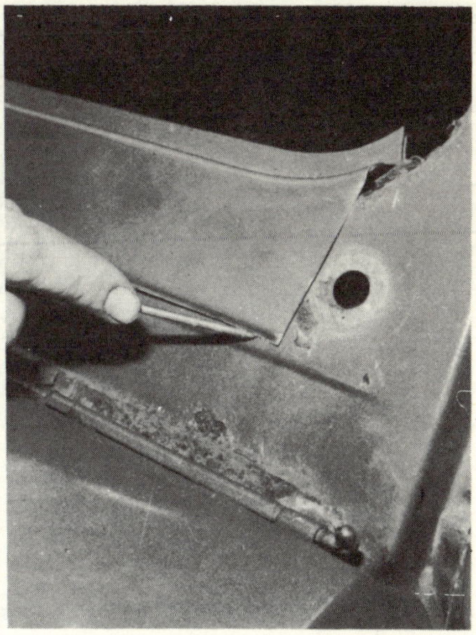

254. Das Reparaturblech wird exakt auf dem alten Blech aufgesetzt und die Außenränder sorgfältig angezeichnet. Das Blech reichte nicht ganz bis an die Karosseriesicke, was jedoch keine Rolle spielt, da das darunterliegende Altteil sowieso noch herausgetrennt wird.

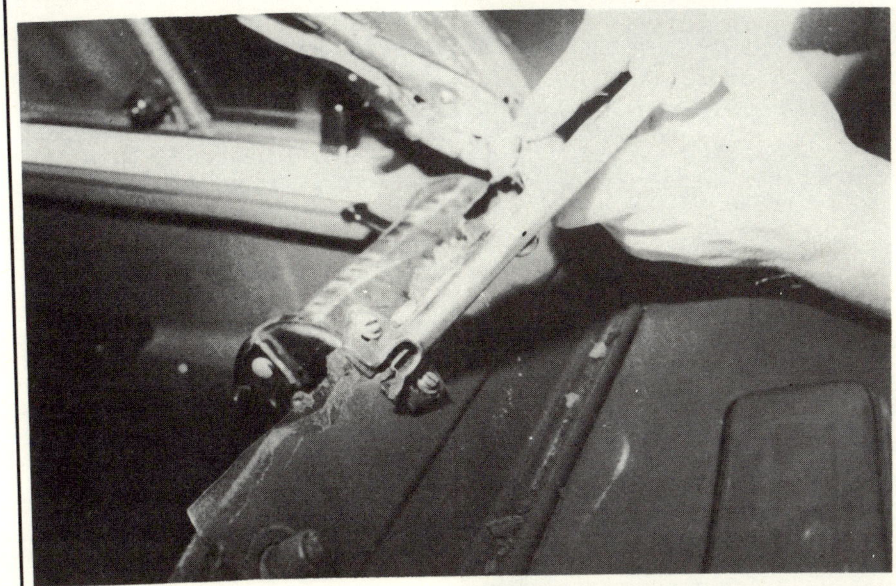

255. Mit der Knabberschere wird das alte Metall etwa 1 cm oberhalb der angezeichneten Linie (zur Überlappung mit dem neuen Blech) herausgetrennt. Die Knabberschere arbeitet zwar langsam, dafür aber mit minimalem Materialverzug. Die senkrechten Einschnitte sägt man einfach ein.

253. Das Reparaturblech aus dem Schrottwagen sägt man bewußt großflächiger als nötig aus (siehe Abschnitt zum Heraustrennen brauchbarer Altteile) und schneidet es dann entlang einer natürlichen Karosserielinie (um die Schweißnaht zu kaschieren) und auf die Breite ab, mit der sich alle Rostschäden überdecken lassen.

256. Zuerst befestigen wir das Blech mit ca. 15 Blindnieten und mit den Wischerachsen. Dadurch kann sich das Blech nicht mehr bewegen oder verziehen. Das Blech wird dann mit kurzen Hartlötpunkten fixiert. Bei den geringen Belastungen an dieser Stelle genügt dies vollauf.

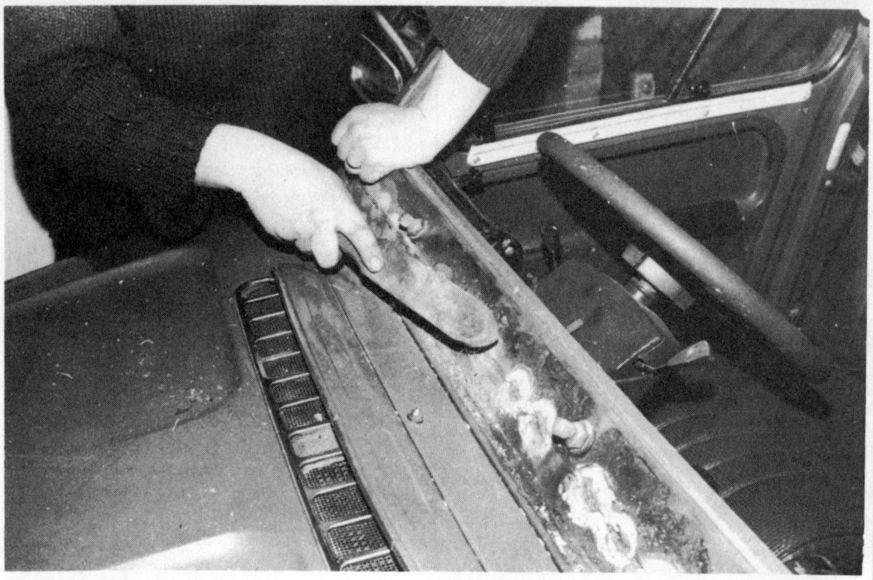

257. Der Lack im angrenzenden Bereich brennt dabei natürlich weg. Den gesamten Bereich reinigt man mit der Drahtbürste gründlichst. Legen Sie auch den Kabelbaum beiseite, damit er nicht Feuer fängt.

258. Die Naht wird zur Abdichtung und als Vorbeugung gegen Rißbildung der Spachtelschichten mit Glasfasermatten überdeckt. Zuerst streicht man eine Schicht Kunstharz auf.

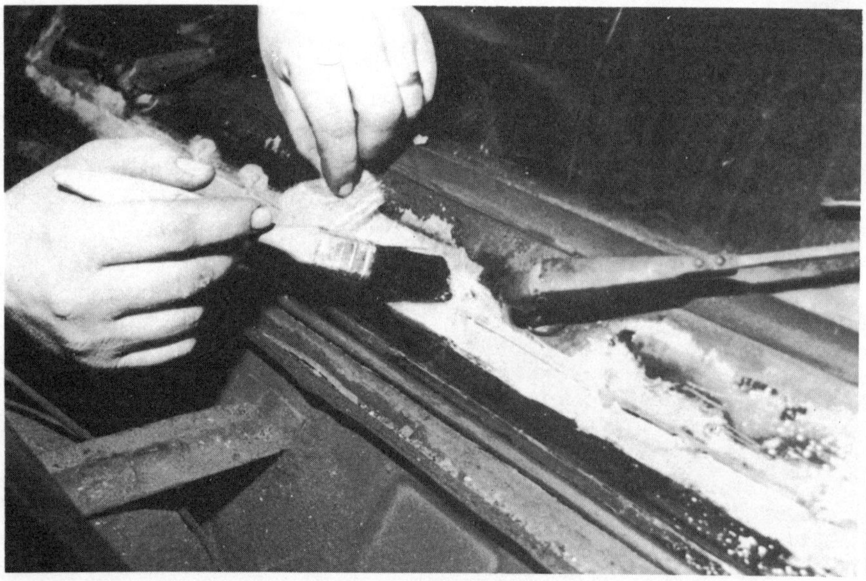

259. Dann werden zwei Lagen Glasfaservlies aufgelegt. Normale Glasfasermatten wären zu grob und lassen sich nur schlecht eben verschleifen. Anschließend wird der gesamte Bereich gespachtelt, beigeschliffen und lackiert (wie an anderer Stelle beschrieben).

Gebraucht-Blechteile

Neue Karosserieteile sind meist alles andere als billig, vor allem bei Importmodellen. Selbst Kleinteile wie Schriftzüge, Klammern u.ä. sind erstaunlich teuer, oft gibt es aber eine billigere Möglichkeit. Autoverwertungen betreiben einen schwungvollen Handel mit guterhaltenen Gebraucht-Blechteilen. Ein Anruf oder Besuch bei einigen Verwertungen lohnt sich meist. Nicht alle sind so gut sortiert wie die auf den folgenden Bildern gezeigten Plätze, aber oft wird man schnell fündig.

261. Die Windschutzscheiben werden mit Angabe der genauen Modelle und Baujahre stapelweise gelagert.

262. Frontschnauzen als Komplettbaugruppe sind eine Spezialität von US-Fahrzeugen. Kontrollieren Sie, ob an den gesuchten Teilen auch alle Zier- und sonstigen schwer zu beschaffenden Kleinteile vorhanden sind.

260. Hier wird fast nichts weggeworfen. Alte Motoren und andere schlecht gängige Stahlteile wandern oft schon bald zum Alteisenhändler; alteingesessene Autoverwerter, die sich von nichts trennen können, sind aber nicht selten eine wahre Goldgrube. Wie man sieht, findet man hier z.B. Kühlergrills in Hülle und Fülle.

263. Stoßstangen, soweit das Auge reicht! Oft sind sie leicht verbeult oder verbogen. Kontrollieren Sie sie also genau. Achten Sie auch auf Rostpickel im Chrom oder auf der Innenseite. Im Schmutz der Schrottplätze übersieht man derartige Dellen nur allzuleicht.

264. Kotflügel und Türen werden bei leichteren Karambolagen oft in Mitleidenschaft gezogen. Neuteile sind teuer und obendrein völlig „nackt", so daß umfangreiche Montagearbeiten vor dem Einbau nötig sind. Gebrauchttüren sind meist komplett, sollten aber genau auf Rostschäden an den üblichen Stellen kontrolliert werden.

265. Manche Bleche sind wie durch ein Wunder völlig rostfrei, andere Wagen hatten kurz vor dem Weg zum Schrottplatz noch neue Bleche erhalten, und wieder andere Teile lassen sich mit minimalen Schweißarbeiten viel besser als die Teile am eigenen Wagen instandsetzen. Aber machen Sie sich auf hartnäckiges Feilschen mit dem Schrottplatzbesitzer gefaßt.

266. Schrottplätze, bei denen die Wagen bis zur Verwertung der letzten Schraube stehenbleiben, sind für Besitzer älterer Typen, bei denen sogar einfachere Teile schwer zu beschaffen sind, eine wahre Fundgrube. Besonders leicht ist es, wenn die Autoverwertungen eine gewisse Ordnung unter den verschiedenen Typen halten.

Für die Optik: Kotflügeldeckleisten ■

267. An zahlreichen Sportwagen von BMC bzw. British Leyland wurden die Kotflügelnähte mit fest eingesetzten Metalldeckleisten verkleidet, die am Neuwagen hinreißend hübsch aussahen, aber leider sehr rostanfällig und schwer zu reparieren sind. Im folgenden wird eine einfache, vom Verfasser selbst entwickelte Methode zum Aufarbeiten der Kotflügelleisten beschrieben.

Die Zahl der Austin-Healey-,,Froschaugen'' mit verspachtelten Kotflügelnähten ist ein sicheres Indiz für die Schwierigkeiten, vor denen die Fahrzeugbesitzer bei rostigen Kotflügeldeckleisten stehen. Das Problem liegt in Beschaffenheit und Befestigung der Leisten. Die Leisten weisen ein T-Profil auf, dessen oberes Querprofil auf der Kotflügelnaht am MGB/GT, Sprite und Midget sichtbar ist. Der senkrechte Teil ist zwischen Kotflügelflansch und Innenblech eingeklemmt (siehe Abb. 268 unten). Ausbauen nach der Lehrbuchmethode (Abbohren der Schweißpunkte, Öffnen des Falzes, Herausziehen der alten Leiste und Verschweißen) geht also nicht, da man mit dem Bohrer nicht herankommt. Diese gewalzte Leiste ist außerdem ein 1a Feuchtigkeitsnest, vor allem im oberen Hohlprofil, und begünstigt Rostansatz an den Kotflügelkanten.

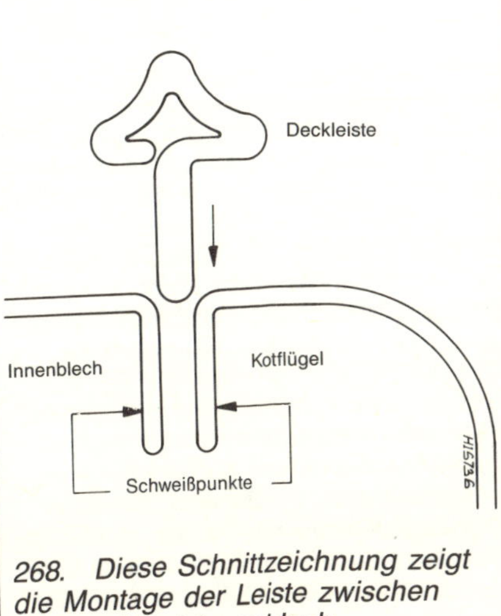

268. Diese Schnittzeichnung zeigt die Montage der Leiste zwischen Kotflügel und Innenblech.

269. Wird der Kotflügel bei der Restaurierung ausgewechselt, kann man die Deckleiste gleich mit erneuern (An den Originalblechen ist die Leiste am Kotflügel fertig angesetzt). Da normalerweise nur die Oberseite der Leiste rostet, kann sie auch ausgewechselt werden, ohne daß man den Kotflügel abbauen muß.

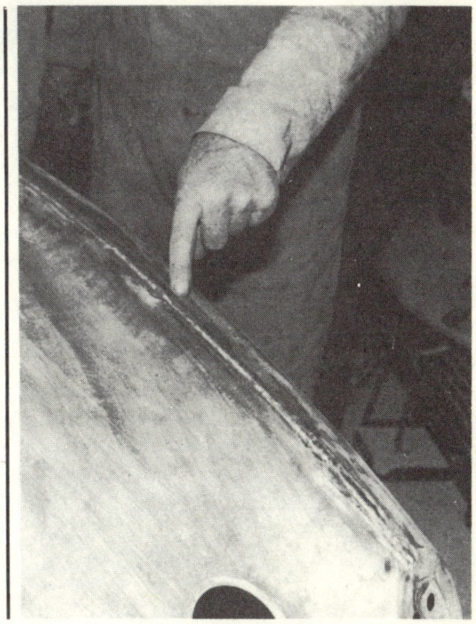

270. Die alte Leiste wird mit einem scharfen Meißel mit dünner Klinge abgetrennt, so daß nur noch der senkrechte Teil des ,,T'' stehenbleibt.

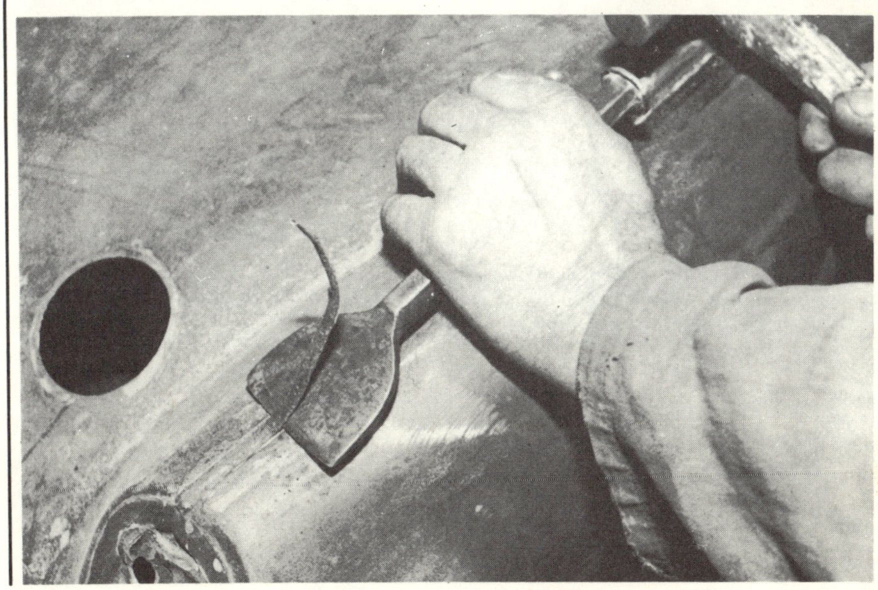

271. Überspachtelte Nähte müssen zuerst von allen Spachtelresten befreit werden. Auch die angrenzenden Bleche werden auf einem etwa 2½ cm breiten Streifen beidseits der Naht metallisch blank geschliffen.

272. Unsaubere Nähte können mit einer speziell hierfür zugerichteten Schleifscheibe nachgeschliffen werden. Passen Sie auf, daß Sie die Scheibe nicht verkeilen, sonst könnte sie splittern und böse Verletzungen verursachen.

273. Auch mit einem kleinen Spiralbohrer im Handbohrer läßt sich die Naht reinigen. Meist gehen dabei einige Bohrer zu Bruch, aber man fördert erstaunliche Rostmengen zutage. Wurde die Naht zwischen Kotflügel und Innenblech vom Rost aufgeweitet, entfernen Sie möglichst allen Rost und drücken die Naht vor der weiteren Arbeit mit einer Schweißerzange von unten wieder zusammen. Läßt sich der Kotflügel auf diese Weise vom Innenblech lösen, können Sie die neue Leiste natürlich direkt einsetzen und von unten hartlöten. Meist ist dies jedoch unmöglich.

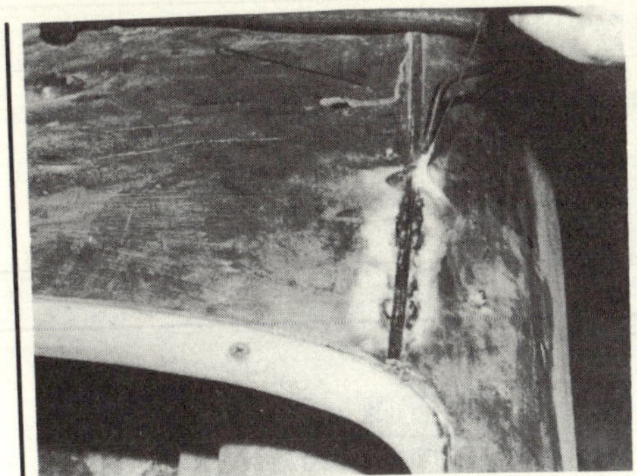

274. Fehlt das innere Leistenteil bereits weitgehend, sollte man die Naht mit Hartlot verfüllen. Damit erhält die Naht ihre ursprüngliche Festigkeit und kann für die nächsten Schritte eben vorbereitet werden.

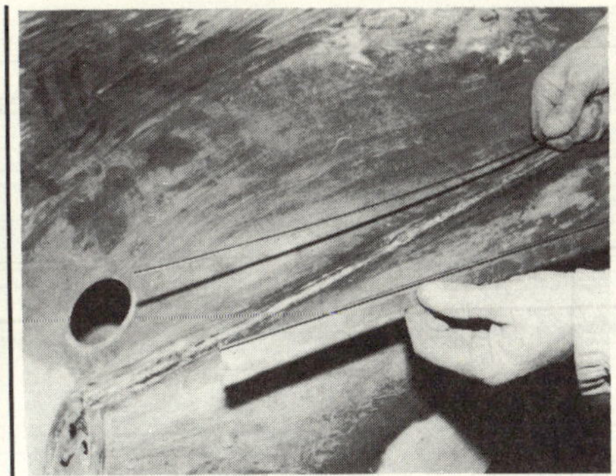

275. Die untere Leiste ist die Original-Deckleiste, wie sie von Veteranenteilehändlern für „Engländer" geliefert wird, bei der oberen Leiste wurde das senkrechte Unterteil, das für unsere Zwecke entbehrlich ist, abgesägt.

276. Die Leiste wird mit dem senkrechten Teil in den Schraubstock eingespannt und das obere Profil mit einer um 90° versetzten Metallsäge abgesägt (Flügelmutter der Säge lösen, Sägeblatthalter um 90° drehen, Sägeblatt wieder auflegen und Mutter festziehen).

277. Die „gekürzte" Leiste wird mit Karosserielot befestigt. Das Lot haftet auf Stahl zwar recht gut, jedoch nicht so gut wie z.B. auf Kupfer. Daher wird der Aufzinnbereich zuerst mit Verzinnungspaste (einem Gemisch aus Flußmittel und Zinnstaub) eingestrichen. Die Paste gut umrühren!

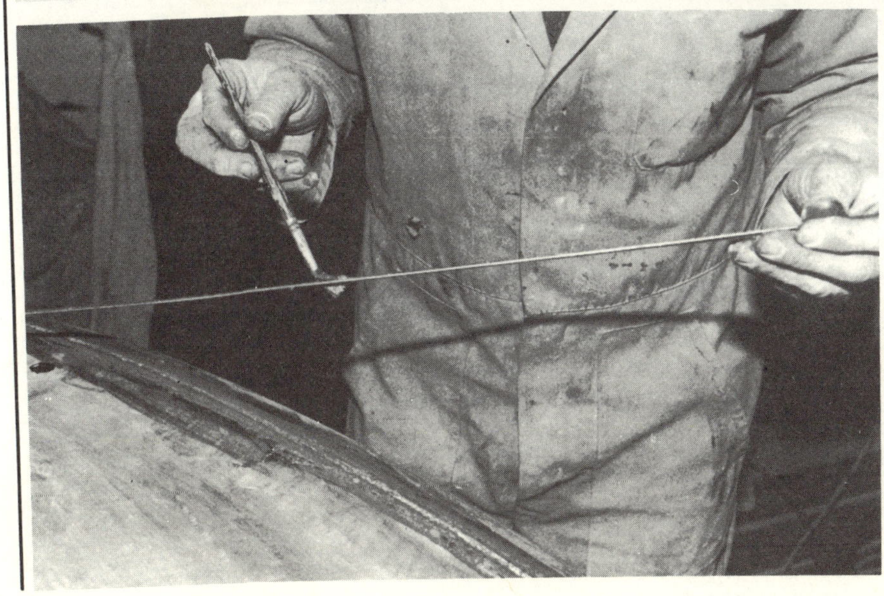

278. Die Unterseite der Leiste wird sorgfältig gereinigt und ebenfalls mit Verzinnungspaste eingestrichen. Sauberkeit ist äußerst wichtig, da das Zinn chemisch auf der Stahlfläche haftet und nicht einfach aufgeklebt wird. Bei störenden Trennschichten kommt die Molekularbindung also nicht zustande.

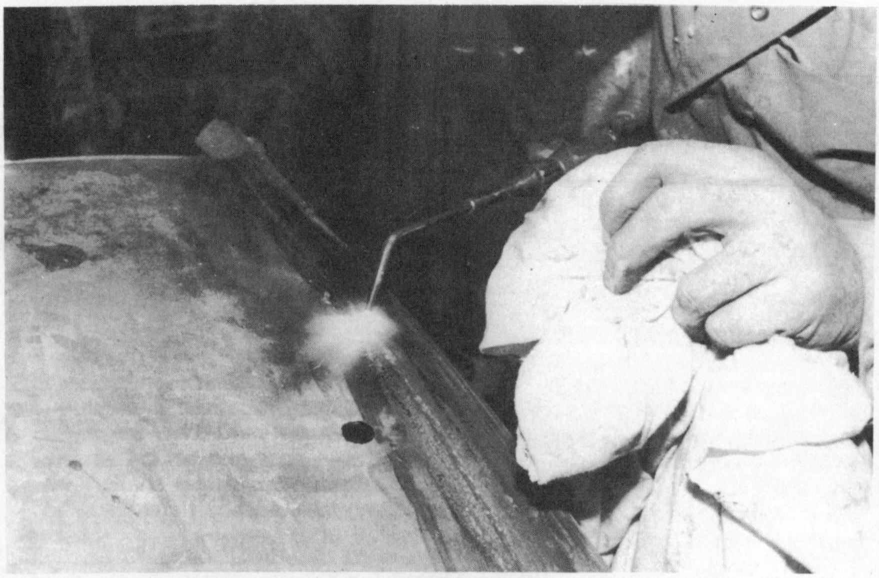

279. Mit einer weichen (aufkohlenden) Flamme am Schweißbrenner oder einer normalen Butan-Lötlampe wird die Verzinnungspaste erhitzt, bis sie silbrig-weiß im bräunlichen Flußmittel verläuft. Den Schneidbrenner leicht über die Verzinnungsstelle kreiseln und (anders als beim Schweißen) nicht zu lange auf eine Stelle richten.

280. Nachdem die Verzinnungspaste auf der Leiste verlaufen ist, löten Sie die Leiste an. Entweder eine dicke Zinnschicht auf und in der Naht auftragen, die Leiste auflegen und erwärmen, bis das Zinn schmilzt und verläuft, oder das Blech vom einen Ende aus erwärmen und den Lötdraht daran abschmelzen. Dabei ist verschiedenes zu beachten: 1) bei zu starker Erwärmung brennen Lot und Flußmittel weg und das Metall läuft schwarz an (oxidiert), so daß das Zinn nicht mehr haftet; 2) Karosseriezinn schmilzt rascher als Hartlot (es wird bei 180 °C weich und bei 260° fließfähig), also vorsichtig mit der Flamme erwärmen; 3) die erwärmten Bleche halten die Flamme lang genug, so daß das Lot fließfähig bleibt, schmelzen Sie das Lot also am Blech, nicht an der Flamme ab, und lassen Sie die Leiste von einem Helfer mit einigen Holzauflagen andrücken, bis das Lot „anzieht".

281. Mit Sicherheit sind hinterher entlang der Leiste ein paar Spalte festzustellen. Wer Mut hat, gibt weiteres Karosseriezinn zu (und löst die Leiste damit vielleicht wieder ab). Andernfalls drückt man mit dem Finger etwas Spachtelmasse in die Fugen.

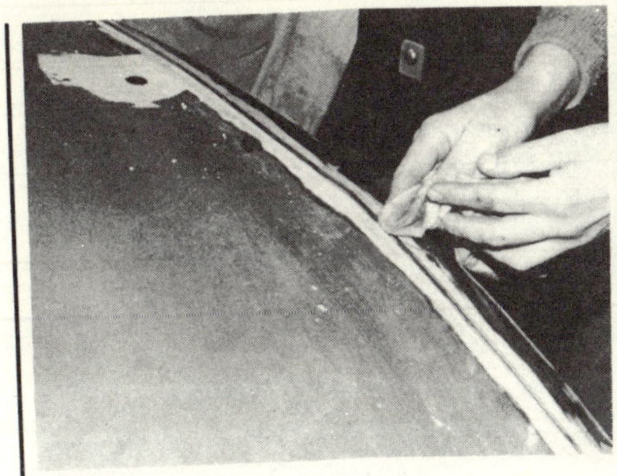

282. Eine saubere Sicke an der Leiste ist unbedingt ein Zeichen für Originalität. Wischen Sie überschüssigen Spachtel vor dem Aushärten mit einem mit Verdünner angefeuchteten Lappen ab.

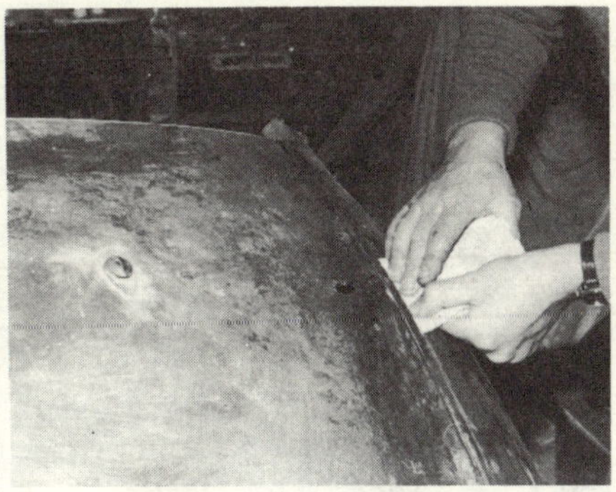

283. Saubere Kanten können durch Schleifen mit einem gefalteten Schleifpapierstreifen wiederhergestellt werden. Schleifen Sie nicht mit der Maschine – Bleistaub ist gefährlich.

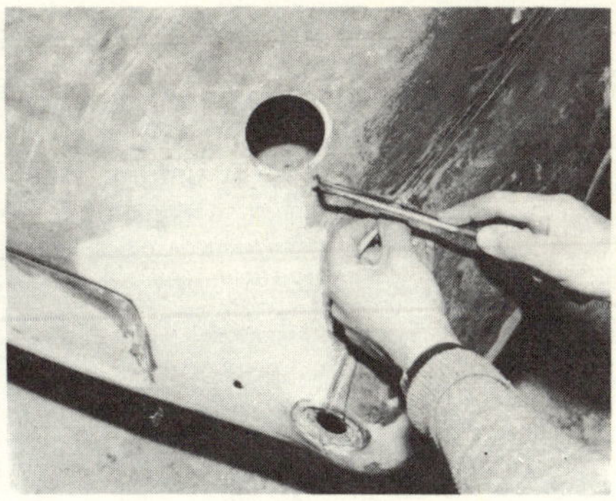

284. Jetzt braucht die Leiste nur noch mit der Säge abgelängt zu werden. Die Säge setzt man schräg an, damit der Schnitt sauberer wird.

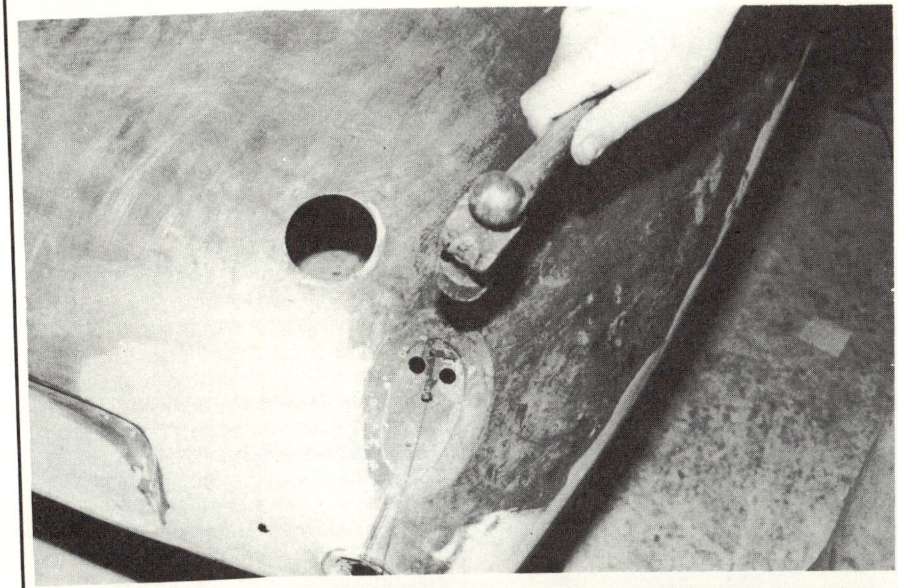

285. Den beim schrägen Absägen entstandenen „Falz" kann man flach aushämmern und dann hoffen, daß sich hier auch keine rostfördernde Feuchtigkeit einnistet.

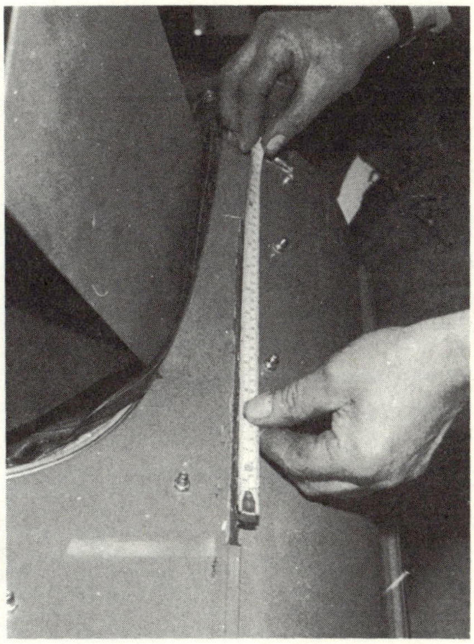

286. Manchmal rostet die Deckleiste nur in bestimmten Bereichen, z.B. unter der Verdeckauflage am MGB. Messen Sie den beschädigten Bereich aus und längen Sie eine Leiste auf das entsprechende Maß ab.

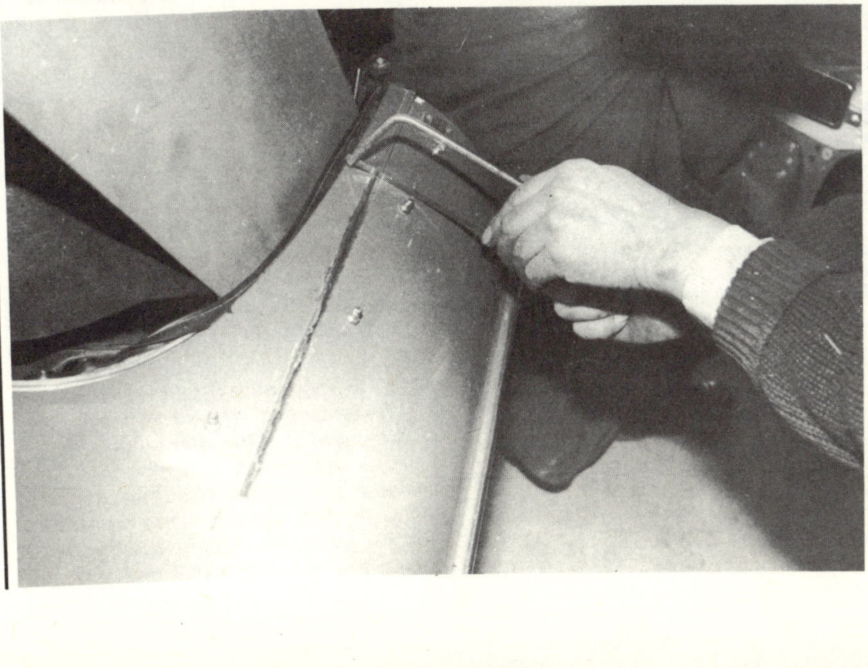

287. Sägen Sie die Enden der alten Leiste mit einer Bügelsäge scharfkantig ab. Dann wird der ganze Bereich in gewohnter Weise gesäubert und blankgeschliffen.

288. Setzen Sie das neue Teilstück ein. Unbedingt auf richtige Ausrichtung mit dem stehengebliebenen Teil achten. Karosserielot wird bei 180 °C weich und bei 260 °C fließfähig. Weichen Sie das Zinn also an, ohne daß es verläuft, und drücken Sie die Leiste an, bis sie richtig sitzt.

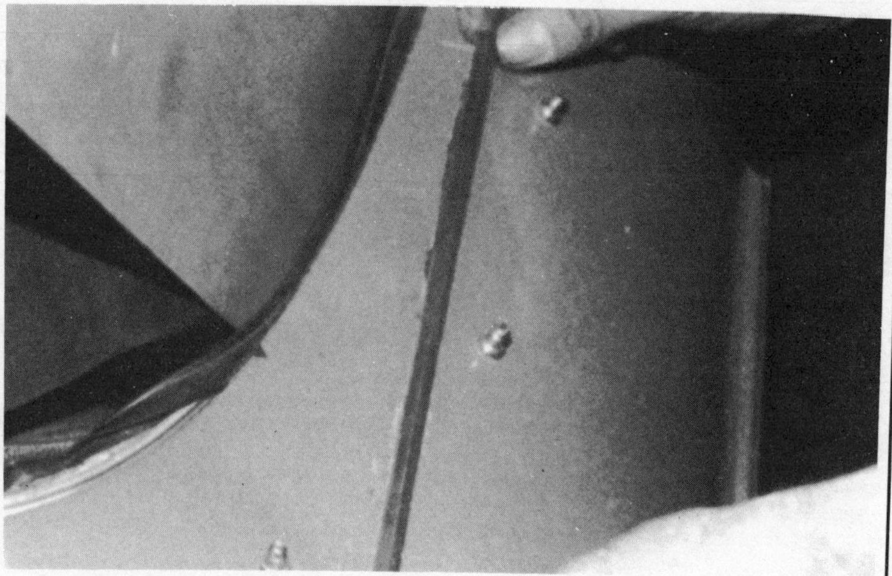

Sandstrahlen ●

Wer schon einmal stundenlang Rost aus den unmöglichsten Stellen abkratzte, bis er den Rücken kaum noch spürte, ist für jede Möglichkeit dankbar, Blechflächen mühelos metallisch blank zu bekommen. Diese Möglichkeit existiert – und sie bringt selbst in versteckten Winkeln und tiefen Rostnarben blankes Blech zutage: Sandstrahlen heißt die Antwort. Dabei werden die Karosserie- bzw. Fahrgestellteile unter Druckluft mit dem Strahlgut abgeblasen und dabei alle Rost- und Lackschichten abgetragen. Man hat fast den Eindruck, dabei eine blanke Fläche auf das Metall aufzuspritzen, statt den Dreck wegzublasen.

Nicht alle der fünf geläufigen Strahlverfahren sind für Kfz-Karosserien geeignet.

Kugelstrahlen

Kugelstrahlen ist aufgrund der Größe und der damit bedingten Abtragkraft der runden Stahlkugeln nur für große Industriebehälter, auf keinen Fall jedoch für Kfz-Karosserien geeignet.

Trocken-Sandstrahlen (Druckstrahl)

Bei diesem Verfahren wird ein großer Strahlmittelbehälter mit einem großvolumigen Kompressor druckbeaufschlagt. Dieses Prinzip wird bei allen „mobilen" Strahlanlagen eingesetzt. Hier wird grobes Sandkorn in unterschiedlicher Körnung anstelle der Stahlkugeln verwendet. Für Fahrgestelle ist dies das ideale Verfahren, für Karosserien ist es allerdings oft zu grob. Durch den Druck können (sogar wenn man nicht ganz durchbricht) Wellen im Blech entstehen, sofern man sich nicht auf ein feines Korn bei niedrigem Druck beschränkt. Die Erfahrung des Bedieners spielt dabei eine wesentliche Rolle.

Entfernen Sie alle Unterbodenschutz- und Fettreste, da diese die Energie des Strahlmittels absorbieren. Sie lassen sich nur mit erheblichem Zeitaufwand – und entsprechenden Kosten – abstrahlen. Möglicherweise entstehen in den nachbarten Bereichen bereits Löcher, bevor der Unterbodenschutz ganz abgetragen ist. Bauen Sie auch die Mechanik- und alle Elektrik- und Bremsteile ab und strahlen Sie nur in sicherer Entfernung zu Wohnung und Werkstatt – der Strahlstaub setzt sich überall fest, und man will ja nicht unbedingt irgendwelche Mechanikteile durch den Sandstaub verschmutzen. Falls Einzelteile nicht ausgebaut werden können, die nicht mitgestrahlt werden sollen, kleben Sie sie sauber mit mehreren Lagen PVC-Klebeband ab und weisen Sie den Mann an der Strahlpistole darauf hin.

Trocken-Sandstrahlen (Saugstrahl)

Dieses Verfahren ist für den Do-it-yourself-Bereich gut geeignet, auch hier gilt aber das oben gesagte für Staub und Schäden an bestimmten Bauteilen. Glas bekommt beim Sandstrahlen sofort Riefen.

289. Eine kleine Strahlpistole kostet ungefähr soviel wie ein neuer Reifen, doch ist für Dauerbetrieb ein relativ großer Kompressor nötig. Wenn Sie alle paar Minuten auf den Druckaufbau warten können, dürften auch Geräte mit einem geringeren Volumen genügen.

Trocken-Glasstrahlen

Bei diesem Verfahren werden Lack- und Schmutzschichten durch Glasstrahlen abgetragen; die kritischen Toleranzen der abgestrahlten Teile bleiben unverändert. Dieses Verfahren arbeitet wesentlich langsamer als Sandstrahlen, kostet also mehr Arbeitszeit und Geld. Glasgestrahlte Flächen sind oft auch ziemlich „wollig" und somit schlecht zu reinigen.

Naß-Glasstrahlen

Naß-Glasstrahlen ist zwar teurer als Trockenstrahlen, aber dafür besser geeignet, denn nur damit läßt sich z.B. auf Aluteilen wie Zylinderköpfen und Getriebegehäusen wieder der ursprüngliche Glanz erzielen. Die Glasfasern werden unter Wasserdruck aufgestrahlt; dadurch wird die Oberfläche des Aluminium feinkörniger abgestrahlt, so daß die Fläche noch glatter wirkt.

Sandstrahlen erleichtert die Reinigung alter Bleche und Bauteile ganz erheblich, vertreibt aber vor allem die Korrosionsansätze radikal aus allen Winkeln. Lassen Sie die Arbeiten aber von einer renommierten Firma durchführen. Durch Sandstrahlen ruinierte Teile sind unwiederbringlich verloren.

(Einige Beispiele eines Trockensandstrahlgerätes in Aktion sind in den folgenden Bildern zu sehen).

Reparaturen an Fahrgestellen und Hilfsrahmen ■

Separate Fahrgestelle und Hilfsrahmen

Im folgenden Abschnitt wird die Instandsetzung eines MGA-Fahrgestells beschrieben. Bei vielen älteren Fahrzeugtypen wurden Karosserie und Mechanik an einem separaten Fahrgestell befestigt. Zur einwandfreien Reparatur müssen die Fahrgestelle also völlig „nackt" zerlegt werden – kein ganz geringes Unterfangen! Demontierbare Hilfsrahmen, z.B. am Mini oder Morris 1100/1300, können in ähnlicher Weise behandelt werden, zum Zerlegen ist allerdings wesentlich weniger Aufwand notwendig.

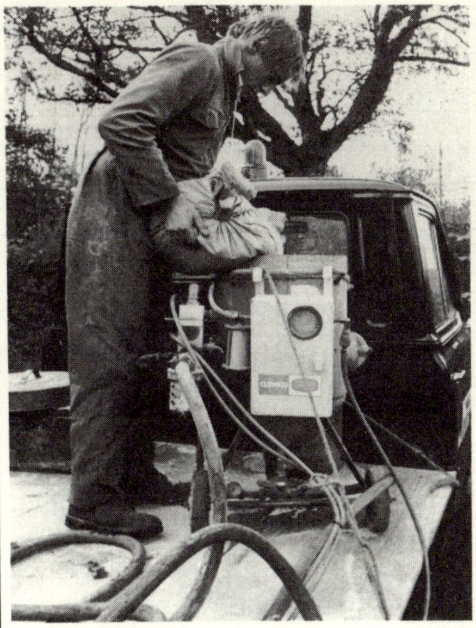

290. Nach dem Zerlegen bekämpft man den Rost mit Sandstrahlen am wirkungsvollsten. Dazu wurde ein „mobiles" Sandstrahlunternehmen herbeigerufen, das mit Sandstrahlgerät, Kompressor und Sand auf dem Lkw anrückte.

291. Der Mann an der Strahlpistole sieht fast wie ein Marsmensch aus – wie man sieht, setzt das Strahlgerät allerhand Energie und Staub frei. Führen Sie diese Arbeiten also in sicherem Abstand von Haus, Werkstatt und Maschinen aus.

292. Rost läßt sich durch Sandstrahlen spielend entfernen, nicht aber alter Unterbodenschutz. Entfernen Sie Unterbodenschutz und alle anderen weichen Rückstände also vorher säuberlichst – es spart die Zeit des Strahlbetriebes und damit Ihr Geld!

293. In der Werkstatt wurde das Fahrgestell jetzt mit stabilen Unterstellböcken und Ketten, die an Widerhaken im Boden eingehängt wurden, befestigt. Dann wird das Fahrgestell mit der Wasserwaage in allen Richtungen genau ausgerichtet.

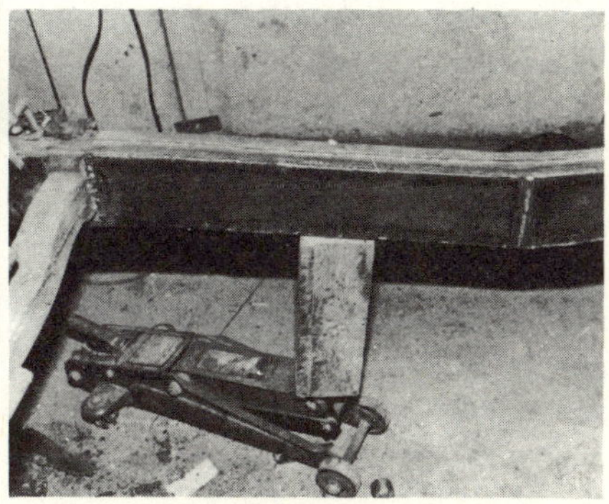

294. Die völlig durchgerostete Längsträgerwand wurde herausgetrennt und komplett neu eingeschweißt. Der Träger wurde mit dem Rangierwagenheber unterbaut, so daß er nicht nachgibt.

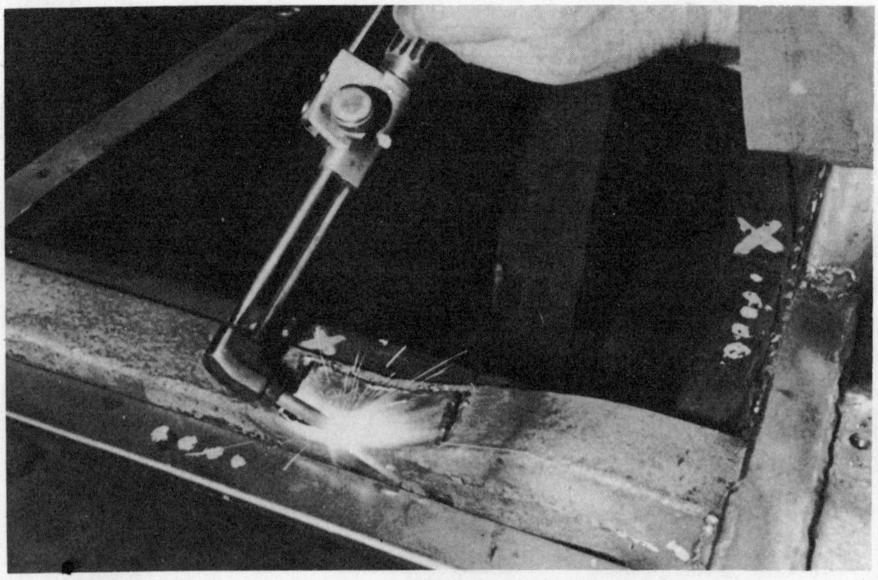

295. Eine kleinere Roststelle wurde mit dem Autogenbrenner herausgetrennt.

296. Dann wurde ein Blech am einen Ende angepunktet, mit dem Hammer flach angeklopft . . .

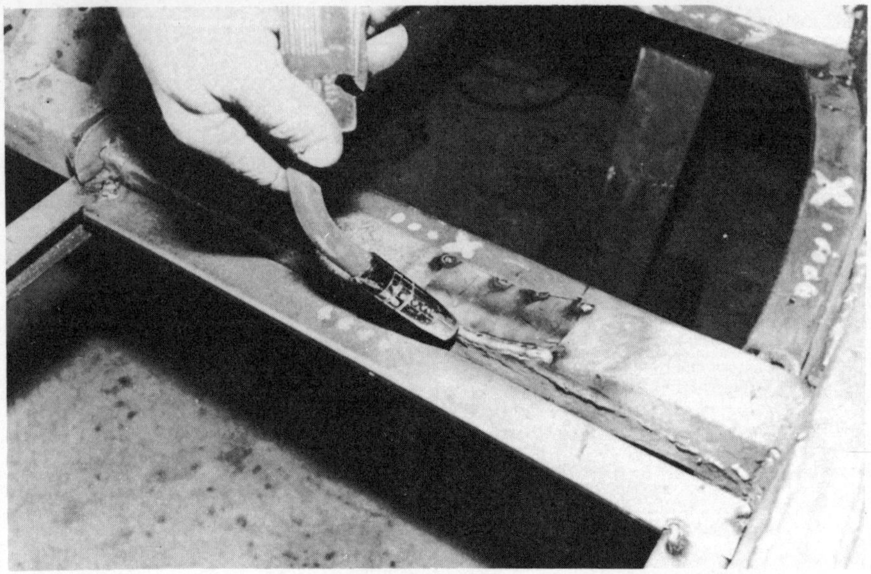

297. . . . und zuerst angepunktet und danach mit Schutzgas durchgeschweißt.

298. Die Bodenblechaufnahmen waren – ebenso wie einige weitere kleinere Halter – weitgehend weggerostet. Sie wurden daher (aus etwas dünnerem Stahl als am Fahrgestell) angefertigt und eingeschweißt. Absolute Maßhaltigkeit ist hier oberstes Gebot, da das Fahrgestell das Rückgrat des Fahrzeugs bildet. Können die Maße nicht anhand eines symmetrischen Teils auf der gegenüberliegenden Seite kontrolliert werden (geschwächte Baugrupppen sollte man daher vor dem Sandstrahlen vermessen), besorgen Sie sich möglichst entsprechende Originalzeichnungen vom Markenklub oder nehmen Sie die Maße an einem anderen, identischen Exemplar des Modells ab. Genauigkeit ist wirklich das A und O bei Arbeiten an Wagen mit separatem Fahrgestell. Möglichst sollte man den ganzen Unterbau vorab und hinterher auf einer Rahmenrichtbank vermessen lassen, um sicherzugehen, daß beim Schweißen keine Verwindungen entstanden sind.

Selbsttragende Karosserien

Schweißen an selbsttragenden Karosserien, bei denen die Rahmenträger fest mit der Karosserie, die einen Großteil der Steifigkeit des Wagens erzeugt, verschweißt sind, ist eine noch anspruchsvollere Aufgabe. Der folgende Abschnitt zeigt, wie dies gemacht wird, Amateurrestaurateure sollten jedoch die Finger von allzu schweren Rahmenschäden lassen. Die folgenden Aussagen gelten nur bei leichteren Rahmenschäden.

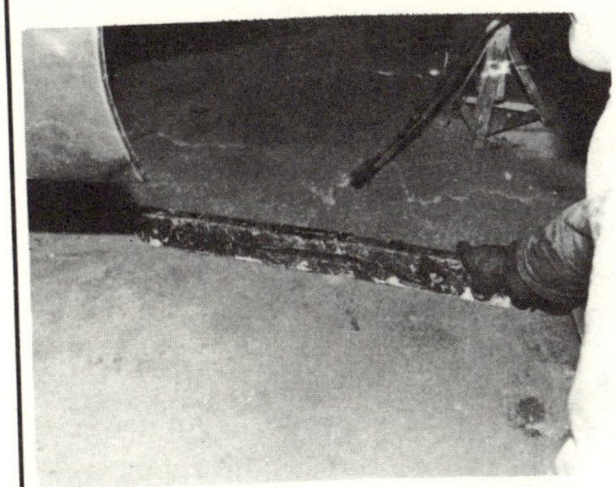

299. Zuerst stützt man den Wagen bzw. die Karosserie auf einem absolut ebenen Untergrund auf Unterstellböcken ab. Kontrollieren Sie die Ebenheit mit einer langen Wasserwaage in mehreren Richtungen nach.

300. Kontrollieren Sie anhand eindeutiger Bezugspunkte, ob die Karosserie waagerecht steht. Messen Sie alle Punkte mehrmals nach. Dann setzen Sie ein Senkblei, wie man es im Baugewerbe verwendet, an zwei symmetrischen Bezugspunkten am Heck, z.B. an zwei Federbefestigungsschrauben, und an zwei entsprechenden Stellen an der Front an, z.B. an der Vorderradaufhängung. Die Aufstandspunkte des Senkbleis auf dem Boden zeichnen Sie mit Kreide oder Zeichenstift genau an. Dann messen Sie die Diagonalen aus und sehen jetzt, ob der Rahmen verzogen ist. Höhenmessungen geben noch genaueren Aufschluß. Bei Verdacht auf Verwindungen wenden Sie sich sicherheitshalber an einen Fachbetrieb mit Richtbank. →

301. Lokal begrenzte Schäden können mit einem Hydraulikwagenheber oft in die richtige Form gebracht werden. (Verteilen Sie die Last auf beiden Seiten durch Unterlage von Holzklötzen.) Manche Wagenheber funktionieren übrigens in waagerechter Lage nicht.

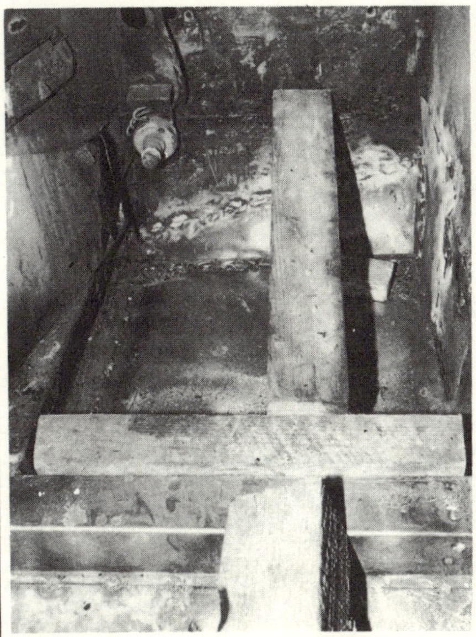

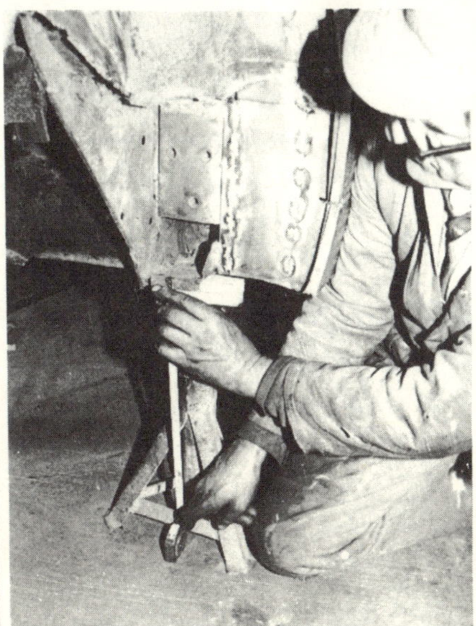

302. Falls man eine hydraulische Druckpresse mieten kann, läßt sich damit die erforderliche Kraft leicht aufbringen. Drücken Sie die Träger langsam in kleinen Schritten in die richtige Lage.

←

303. Die Verteilung der Drucklasten auf einen einzigen Träger, der vielleicht gar nicht nachgeben soll, kann durch Abstützen mit kräftigen Holzbohlen von hinten, die an anderen Rahmenteilen anliegen, vermieden werden.

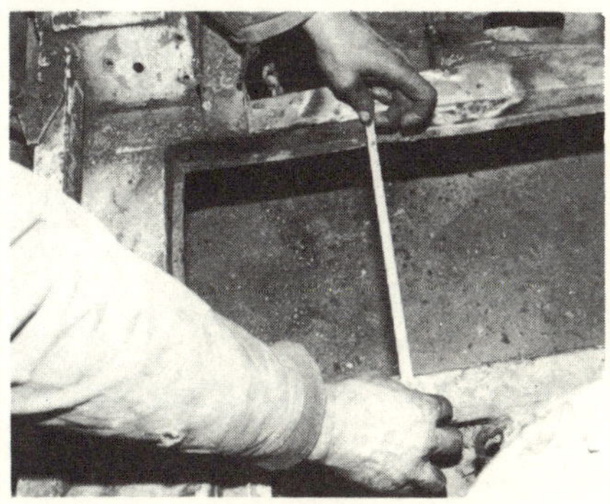

304. Auch hier muß genau vermessen werden. Der Abstand zwischen parallelen Trägern ist noch relativ einfach zu messen.

305. Die Gesamtform mißt man am besten entlang der Diagonalen. Hier wird die Lage der Federungsaufnahme zur Motoraufhängung vermessen.

306. Hier wird dasselbe Maß auf der gegenüberliegenden Seite ermittelt. Messen Sie stets von der Bohrungs- bzw. Mutternkante aus, sonst raten Sie nur willkürlich den Mittelpunkt – und messen Sie von der ersten Zahl des Maßbandes, nicht vom Bandende aus, das oft ungenau ist.

Sicherheitshinweise:

Fahrgestellreparaturen müssen unbedingt immer von Spezialbetrieben mit Präzisionsmeßgeräten nachkontrolliert werden. Mehr als nur kleinere Reparaturen sollte man immer von Fachbetrieben ausführen lassen. Wellige Türhäute sehen vielleicht nicht schön aus, verzogene Fahrgestelle gefährden dagegen die Fahrsicherheit des Wagens und die Sicherheit der Insassen!

7 Schnellreparaturen

Austrennen von Roststellen – provisorische Blech- und Lackreparaturen ■

Unser „Opfer" für dieses Kapitel ist ein Ford Anglia 105E – ein typischer Vetreter jener relativ großen Anzahl von mittlerweile schon deutlich über 20 Jahre alten Fahrzeuge, die nach wie vor tapfer im Alltagsbetrieb laufen und – auch wenn sie nicht toprestauriert sind – ihren Besitzern doch sehr ans Herz gewachsen sind. So auch in diesem Fall, wo dringende Reparaturen anstanden, mit denen die Lebenserwartung des Wagens nochmals verlängert werden sollte, denn technisch war der Wagen tiptop in Ordnung, sprang immer aufs erste Mal an und hatte dank seines soliden Unterbodens auch gerade die TÜV-Hürde hinter sich gebracht. Also wurde beschlossen, vor allem die Löcher in den Vorderkotflügeln in Angriff zu nehmen.

1. Die Vorderkotflügel waren der schwächste Punkt. Ihre Hinterkante war vor allem im Bereich der Scharniersäule durchgerostet und auch die Zierleistenanlagestellen waren vom Rost unterwandert. Die Radläufe waren zwar nirgends durchgerostet; generell ist dies aber ein neuralgischer Punkt, auf den unbedingt geachtet werden sollte. Der Fleck mitten auf der Tür deutet auf Korrosionsdurchbrüche von hinten hin; die Filzauflage, an der der Fensterkurbelapparat hier gegen die Türhaut drückt, hatte sich infolge der verschlissenen Fensterschachtdichtung voll Wasser gesogen. Der Rest der Tür war intakt (schauen Sie sich diesen Bereich aber vor allem von unten genau an!), eine Reparatur der Tür lohnte also noch.

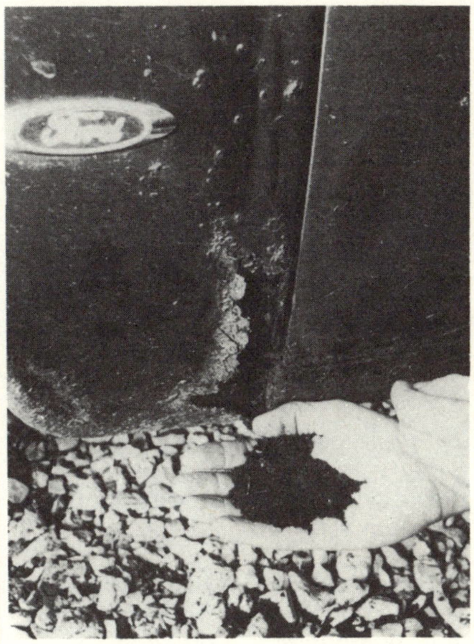

2. Leichtes Stochern mit dem Schraubendreher an der Kotflügelunterkante brachte sofort größere Schmutzmengen aus dem Loch zum Vorschein. Innenschweller, Schwellerabschlußbleche und die übrigen Radlaufbereiche müssen also unbedingt gesund und gegen Eindringen von Wasser und Schmutz geschützt sein. Der hier angesammelte, salzwasserhaltige Dreck verursacht genauso böse Folgen wie der obige „Filzschwamm" an der Türinnenseite.

3. Auch bei provisorischen Reparaturen sollte das schadhafte Metall herausgetrennt werden. Wir verwenden hierfür eine Knabberschere, mit der man zwar langsam, dafür fast ohne Verzug schneidet. Die Schere knabbert sich mit ihrem beweglichen „Mittelzahn" durch's Blech. Beim Zusammendrücken der Scherenarme schält die Zange einen dünnen Streifen aus dem Blech heraus.

6. Anschließend prüfen wir, ob die Scharniersäule, die die ganze Konstruktion zusammenhält, noch gesund ist. Zur Kontrolle hebt und senkt man die Tür und achtet auf Bewegungen an der Säule. Da offensichtlich alles in Ordnung war, begnügten wir uns mit rein kosmetischen Reparaturen. Bei Schwächung der Scharniersäule kommt man um größere Reparaturen nicht herum. Diese wären wahrscheinlich nicht mehr lohnend gewesen, so daß kein Weg am Schrottplatz vorbeigeführt hätte.

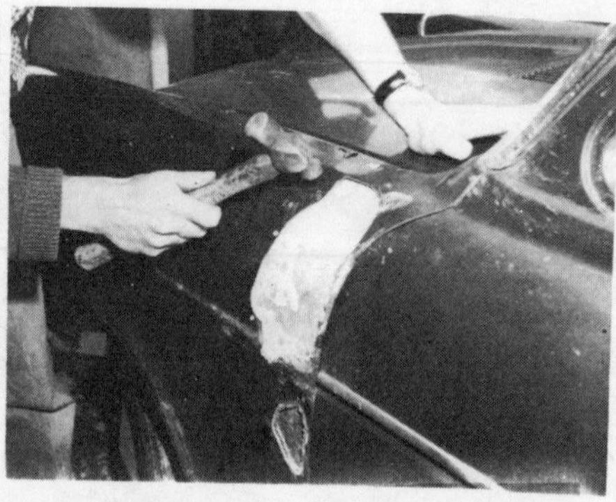

7. Auch Spachtelmasse und Glasfasermatten brauchen eine vernünftige Auflage, vor dem Schließen des Lochs muß also eine Unterlage eingesetzt werden. Notfalls genügt sogar ein Stück Pappe zum Abstützen der Glasfasermatten, bis das Harz anzieht; auch perforiertes Alu (das an sich keine größere Festigkeit vermittelt) wird oft verwendet. Hier wurde ein Alublech zugeschnitten und mit Blindnieten fixiert. Mit der Kugelpinne des Hammers wird die Fläche etwas eingeklopft . . .

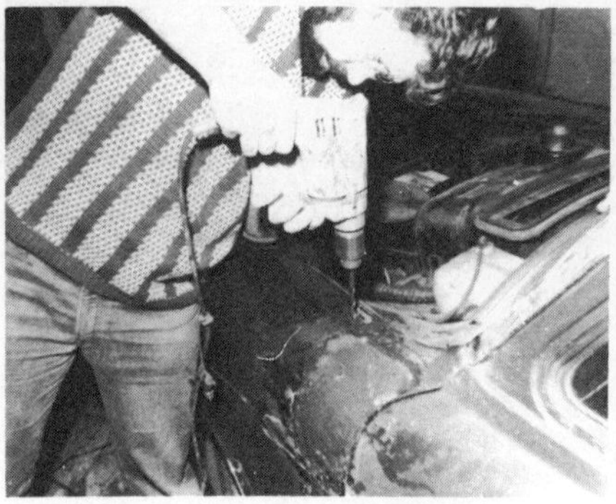

4. Vor Ansetzen der Knabberschere muß ein ausreichend großes Loch vorgebohrt werden, an dem die Schneidenklingen angesetzt werden können. Schneidet man von einer Roststelle aus los, blockiert das brüchige, dünne Altblech die Schneiden. Außerdem sollte man die Schadstelle immer so heraustrennen, daß nur gesundes Blech stehenbleibt.

5. Auch ein alter Metallmeißel oder Stechbeitel leistet gute Dienste. Die hierfür gedachten speziellen Meißel sind oft zu schwer und sperrig, ein Stechbeitel mit dünner Klinge eignet sich jedoch sehr gut.

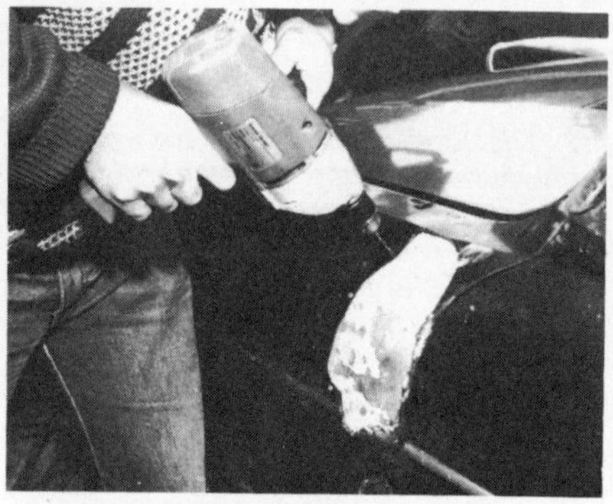

8. . . . und die Löcher für die Blindniete vorgebohrt.

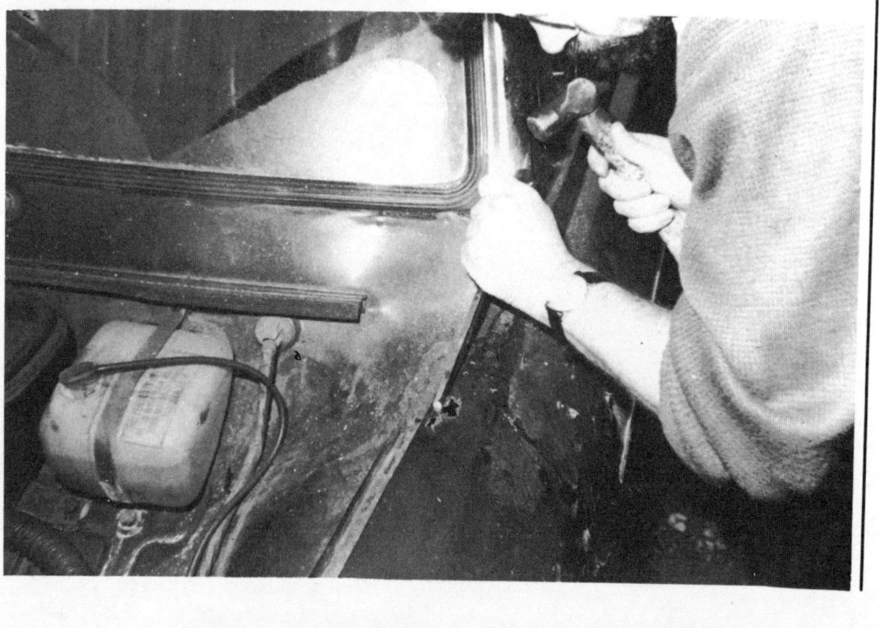

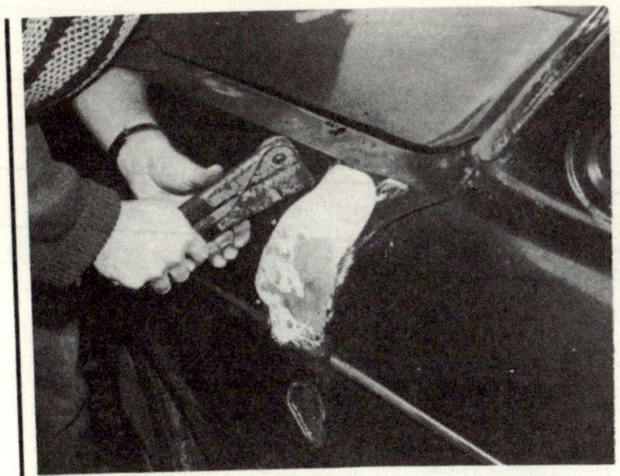

9. Dann setzen wir die Niete ein. Beide Bleche müssen ohne Spalt aneinander anliegen, bevor die Zangenhebel zusammengedrückt werden, sonst sitzen die Niete niemals fest.

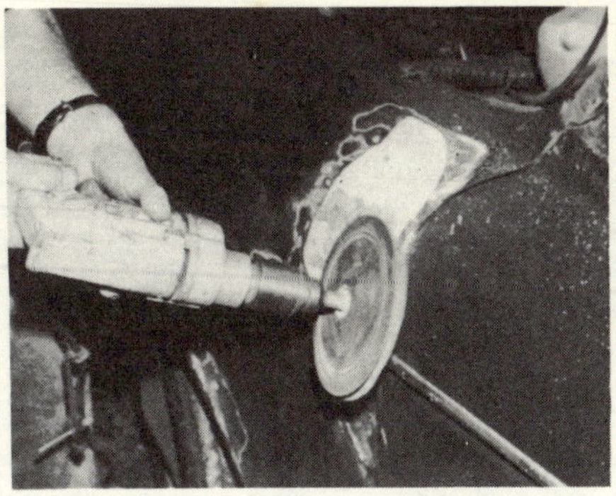

10. Die Alu- und umliegenden Stahlflächen werden mit einer groben Schleifscheibe im Bohrvorsatz angeschliffen. Dies bewirkt zum einen eine bessere Verankerung des Spachtels, zum anderen wird damit der restliche Oberflächenrost vollständig abgetragen.

11. Kein Rostumwandler schafft 100%ige Abhilfe – zumindest kein mir bekanntes Mittel. Trotzdem muß ein Rostumwandler aufgetragen werden, damit die beim Schleifen nicht entfernten tieferen Rostpickel und -poren neutralisiert werden.

12. Anschließend wird etwas Faserspachtel (Spachtelmasse mit Glasfaserschnitzeln) angerührt. Dieser Spachtel ist wesentlich fester als der in ausgehärtetem Zustand eher poröse normale Polyesterspachtel. Faserspachtel läßt sich mit dem Härter nicht so leicht vermischen, also ist mehr Ausdauer nötig. Beim Verarbeiten möglichst immer Handschuhe tragen.

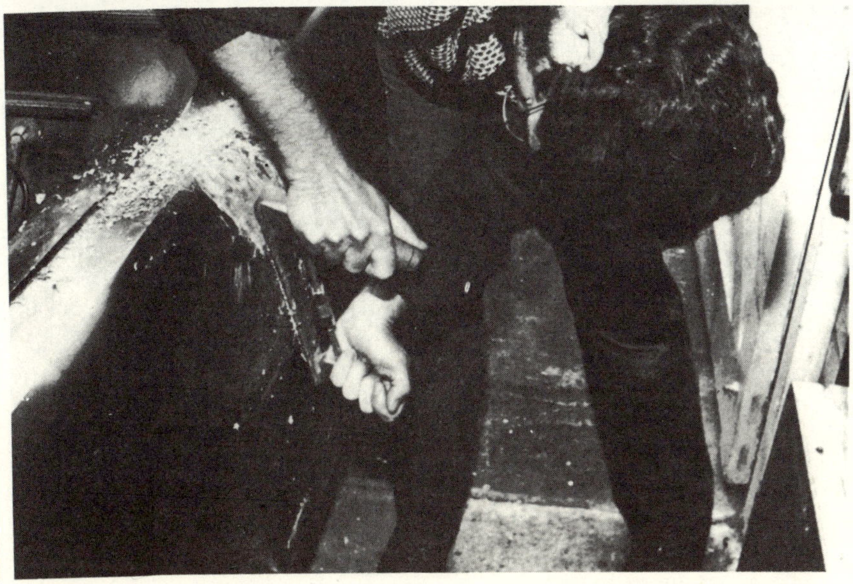

13. Der ausgehärtete Spachtel kann dann auf die richtigen Konturen geschliffen werden. Mit Schleifmaschinen setzt man zuviel Spachtelstaub und Glasfaserpartikel frei, die beim Einatmen nicht ungefährlich sind. Tragen Sie daher immer eine Atemmaske und eine Schutzbrille bzw. schleifen Sie Spachtel mit einer Karosseriefeile. Die Schleifrückstände müssen natürlich auch ordnungsgemäß beseitigt und aller Schleifstaub von der Kleidung abgeklopft werden.

14. Die Rostblasen an der Kotflügelvorderkante sind unübersehbar. Zierleisten werden oft auf diese Weise vom Rost unterwandert – vor allem, wenn die Bohrungen für die Zierleistenklammern nicht richtig gegen Rostansatz behandelt wurden, und die Rostneigung durch Elektrolyse der unterschiedlichen Metalle noch verstärkt wird.

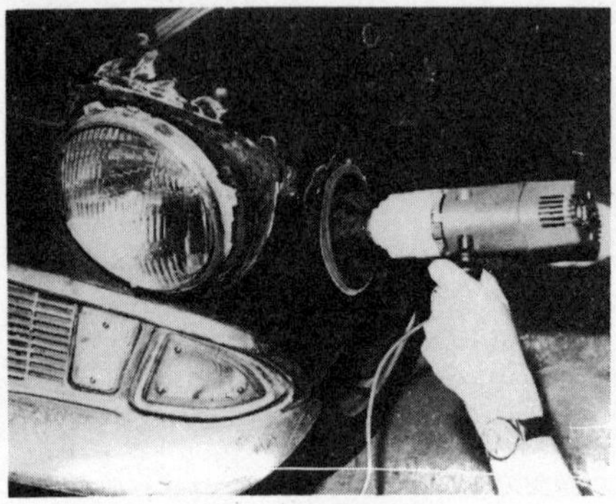

15. Alle Roststellen werden bis auf das blanke Metall abgeschliffen und vorbeugend mit Rostumwandler behandelt.

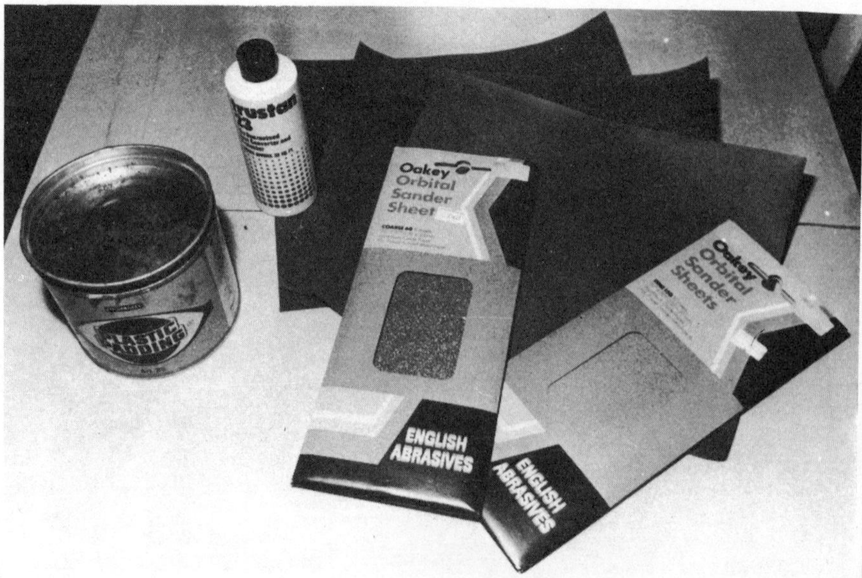

16. Hier sind die wichtigsten Zutaten für die Entrostung zu sehen. Die Dose links enthält den Füllspachtel (oft zwei Dosen – eine mit normalem Polyesterspachtel, eine mit Faserspachtel), die Flasche daneben den Rostumwandler. Dahinter liegen Naßschleifbögen grober, mittlerer und feiner Körnung und vorne grobes Schleifpapier für den Formschliff des Spachtels. Derartige Schleifpapiere für Maschinen sind recht nützlich, da sie unanfällig gegen Zusetzen sind; normales Glaspapier ist hierfür praktisch ungeeignet.

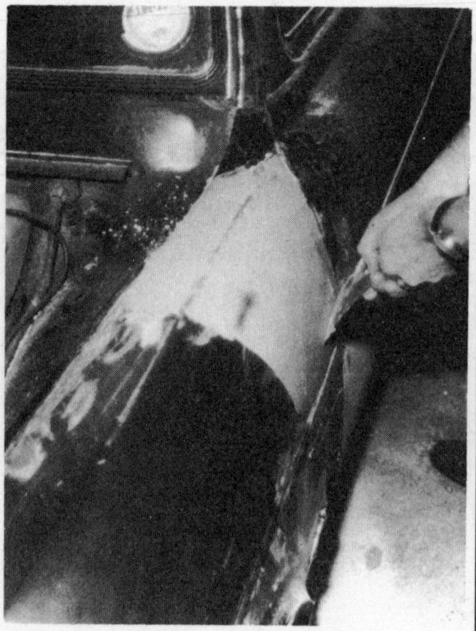

17. Nun wird eine dünne Schicht normaler Spachtel über die Reparaturstelle gezogen. Halten Sie den Spatel immer flach am Blech an, und versuchen Sie, die Fläche gleich richtig (eher etwas zu hoch) zu „modellieren". Dicker Spachtelauftrag mit irrsinnigem Nachschleifen führt natürlich auch zum Ziel, doch ist der Staub gefährlich, die Schleiferei dauert endlos lang und die Form läßt sich nur schwer treffen.

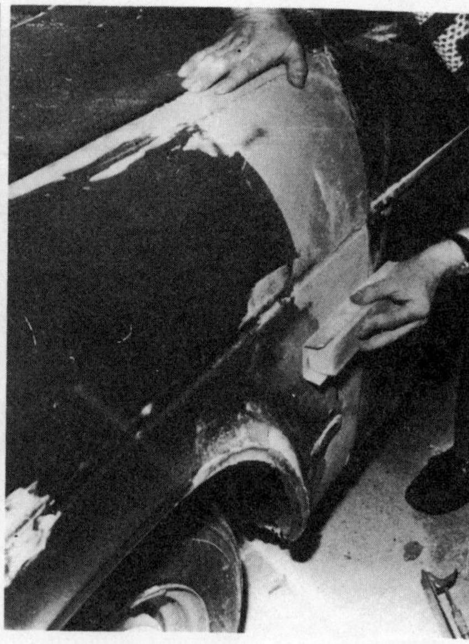

18. Beim Abschleifen auf die endgültigen Konturen dürfen keine Wellen im Blech zurückbleiben, da diese unter dem Decklack deutlich zutagetreten (auch wenn man sie unter dem Füller nicht sieht). Flache oder konvexe Flächen immer mit einem flachen Schleifklotz mit Schleifpapierunterlage schleifen.

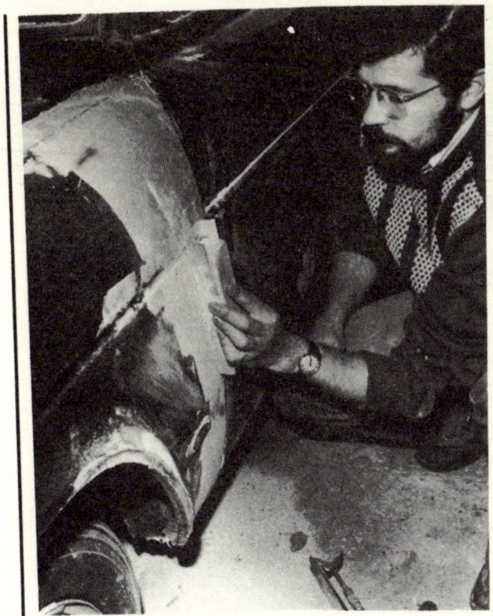

19. Durch Schliff in beiden Richtungen lassen sich Wellen noch besser vermeiden. Nach dem Erstschliff mit grober Körnung werden die Kratzer mit zunehmend feinerem Schleifpapier in den nächsten Durchgängen allmählich herausgearbeitet.

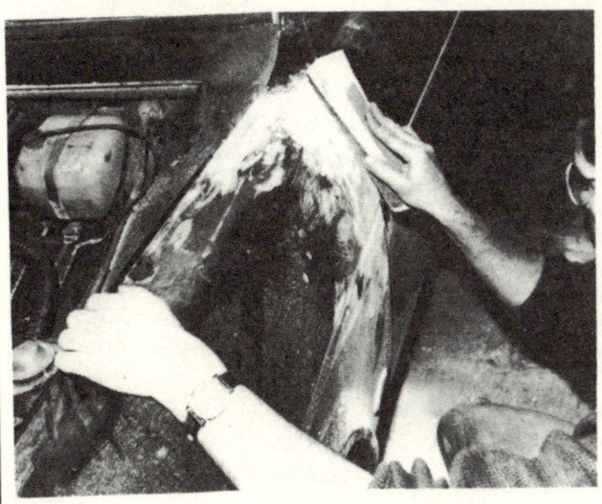

20. Die konvexe Kotflügelrundung wird senkrecht oder – besser noch – diagonal beigeschliffen, so daß der Schleifklotz gleichzeitig auf- und ab- und seitwärts bewegt wird. Beim Schleifen in Längsrichtung (waagerecht) wären sicher Wellen und Rillen im Blech entstanden.

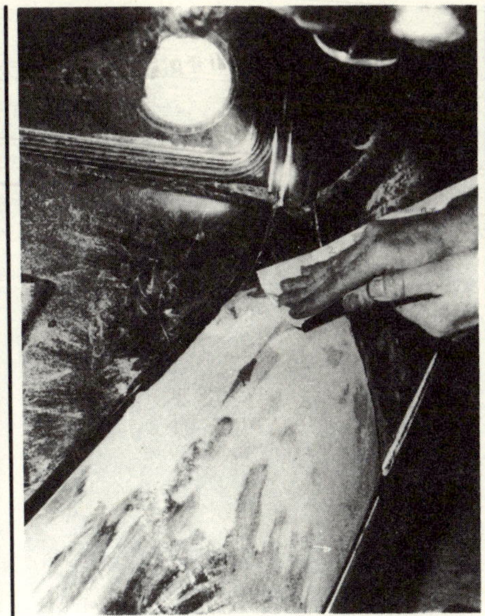

21. Den Motorraum hätte man besser vor dem Schleifen abkleben sollen – hinterher ist man ja oft schlauer. Zum Ausschleifen des engen konkaven Bereiches an der Kotflügeloberkante wird das Schleifpapier mit den Fingerspitzen durchgezogen. Beim Schleifen längerer Flächen halten Sie die Finger im rechten Winkel zur Schleifrichtung (die Hand liegt also quer), damit man keine Rillen in die Fläche schleift.

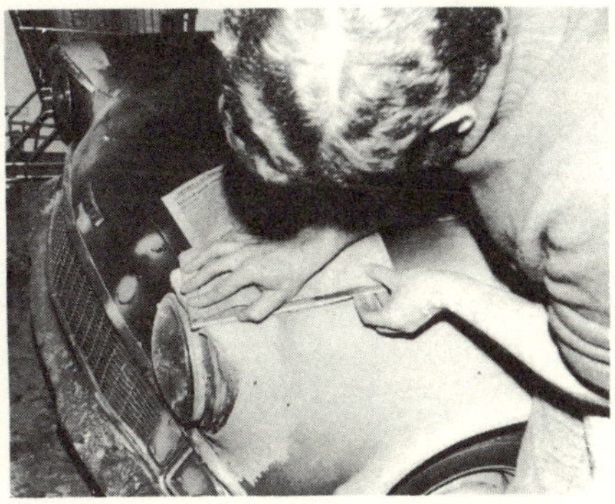

22. Hier versuchten wir es auf andere Weise. Mit dem um ein Holzstück gewickelten Schleifband kann man doppelseitig schleifen. Das Papier hält extrem lange und setzt sich kaum zu. Derartige Schleifbänder werden in Bandschleifmaschinen verwendet und sind in größeren Werkzeugläden erhältlich.

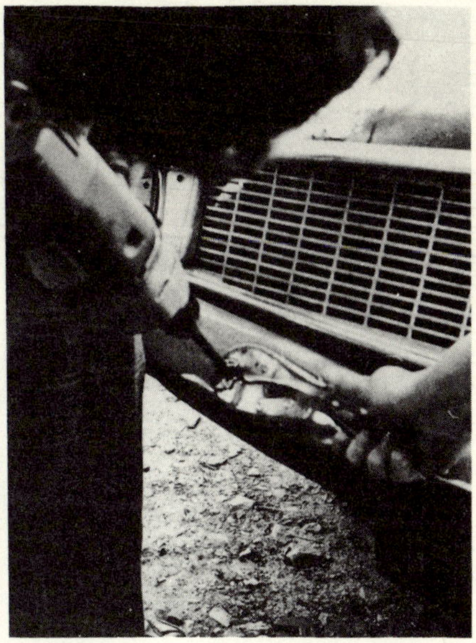

23. Die Chromteile baut man besser auch noch ab. Nur eine der Stoßstangenschrauben ließ sich von hinten lösen, die anderen drehten in der Stoßstange rund. Wenn man den Schraubenkopf mit einer Gripzange zu fassen bekommt, könnte man den Kopf ankörnen, so daß die Chromschicht abplatzt und ihn dann abbohren.

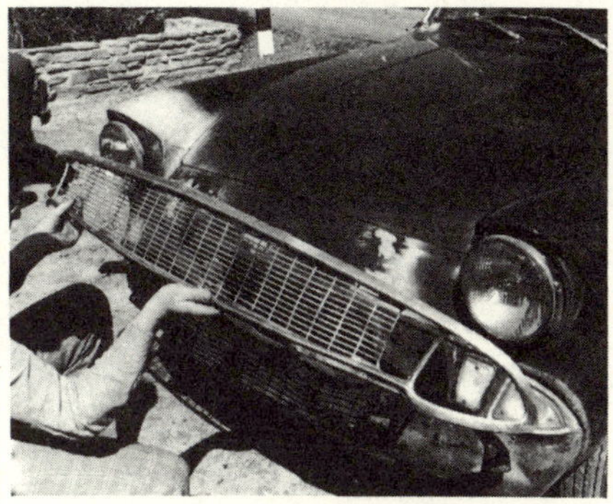

24. Der Alu-Kühlergrill wird von Blechschrauben gehalten. Die Lampenfassungen waren nicht allzu rostig, also wurden sie – da der Wagen ja nicht mehr ewig halten würde – nur abgeklebt. Aus- und Einbau der Scheinwerfer kann erhebliche Zeit verschlingen und allzusehr verrostete Töpfe zerfallen dabei möglicherweise vollständig.

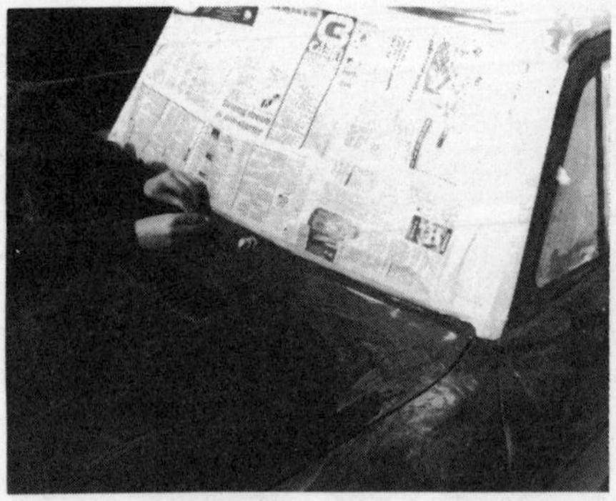

25. Nun folgt das Abkleben. Beim Abkleben größerer Flächen, z.B. der Windschutzscheibe, zieht man zuerst einen Streifen Abklebeband entlang der einen Seite des Papierbogens und legt ihn mit diesem Streifen dann sauber an der Kante der abzuklebenden Fläche an.

26. Zierleisten u.ä. werden mit einem breiteren Streifen Klebeband abgeklebt. Auch zum Abkleben von Leuchten ist breiteres Klebeband nützlich, so daß man auf Papier verzichten kann.

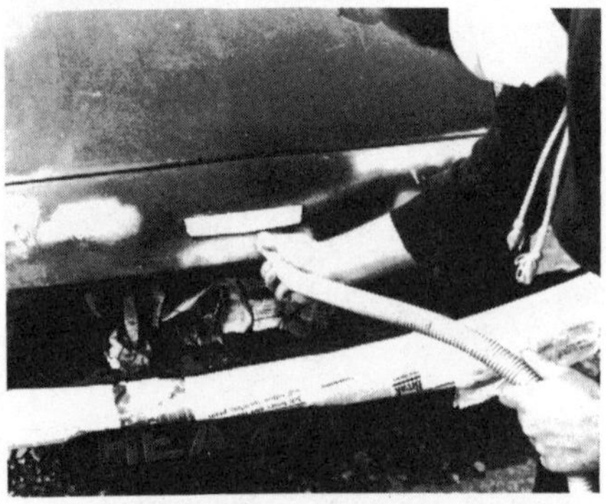

27. Mit der Druckluftpistole wurden jetzt im Freien alle Staubnester an Zierleisten, hinter Aussparungen usw. ausgeblasen. Es wäre verheerend, wenn sich der Staub beim Lackieren auf den Außenflächen niederschlagen würde.

28. Beim Lackieren (tragen Sie wenigstens – wie hier – eine „Eigenbau"-Atemschutzmaske) fangen wir mit dem Dach an. Im Freien sind Lackierarbeiten wesentlich ungefährlicher als in geschlossenen Räumen; Wetter, Tageszeit und Jahreszeit spielen aber eine wesentliche Rolle; Regentropfen, Fliegen, Staub usw. können den Lack ruinieren – vor allem den Decklack.

29. Auf das Dach sollte man sich beim Lackieren nicht gerade lehnen, sonst verfließt der Lack an den Fettspuren der Finger nicht richtig – aber das Lackieren derart hoher Flächen ist ja auch kein Kinderspiel. Durchmesser und Länge der Spritzpistole sind für Niederdruckbetrieb bei hohem Fördervolumen ausgelegt; dies ergibt ein Top-Finish bei besserer Materialausnutzung als bei vielen anderen Spritzanlagen.

30. Kleinere Schadensstellen werden nach dem Spachteln mit Primer einzeln vorgespritzt. Diese Zusatzschicht verdeckt nach dem Überschleifen kleinere Kratzer. Auch die Räder werden zum Spritzen abgeklebt.

31. Bei kleineren Spritzanlagen ist die Spritzbreite relativ gering; die Führung der Pistole geht also ganz schön in die Armmuskeln. Achten Sie darauf, daß die Druckluftleitung nicht über den frischen Lack schleift.

32. Der Decklack kann auch im Freien gespritzt werden (zuerst das Dach, dann ringsum nacheinander die ganzen Seitenteile).

33. Die erste Deckschicht wurde beigeschliffen und der Wagen für den zweiten Durchgang in die Garage gestellt. Der Boden wird etwas angefeuchtet, um den bei den Bewegungen um das Fahrzeug aufgewirbelten Staub zu binden.

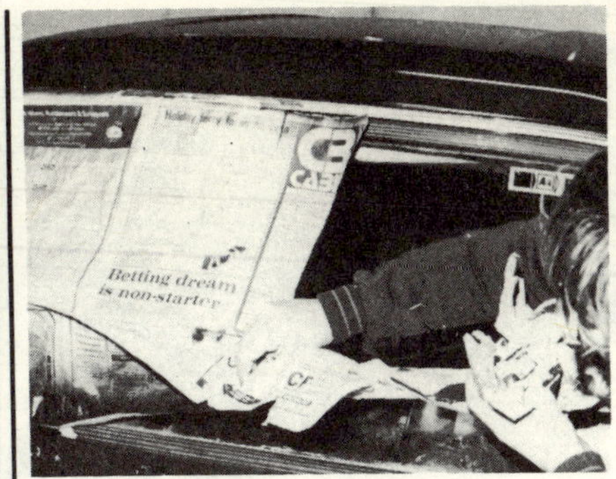

34. Der große Augenblick – das Abklebepapier wird entfernt! Ziehen Sie die Klebestreifen aber erst ab, wenn der Lack hart und trocken ist! Beim Trocknen darf der Wagen auf keinen Fall Zug (vor allem feuchter Zugluft) ausgesetzt sein. Also auf undichte Türfugen achten, sonst können sich Eintrübungen im Lack bilden.

35. Vor dem Anbau von Chrom und Zierleisten werden alle Teile gereinigt. Ausgebaute Zierteile sind viel leichter zu reinigen und sauberer Chrom wertet die Optik des Wagens ungemein auf – wie jeder Gebrauchtwagenverkäufer zu berichten weiß!

36. Das Endergebnis – der Stolz seiner Besitzerin in neuem Glanz! Falls man den Lack nicht optimal glänzend hinbekommt, kann man mit feiner Lackpoliturpaste nachhelfen. Dem weiteren Leben des Wagens dürfte nun also optisch kaum etwas entgegenstehen.

Abschließend werden alle Rückseiten der Reparaturstellen mit reichlich Unterbodenschutz eingestrichen. Bekanntlich bildet sich Rost bei Einwirkung von Sauerstoff (aus der Luft) und Wasser. Je besser sich Luft- und Wasserzutritt verhindern lassen, desto länger hält die Reparatur. Hundertprozentige Rostbeseitigung ist allerdings illusorisch; die Rostbildung läßt sich nur verzögern.

Reparaturen und Ausbesserungsarbeiten aus der Dose ■

Schämen Sie sich auch schon, Ihren Wagen überhaupt noch zu zeigen? Oder wollen Sie ein billiges „Winterauto" rasch aufmöbeln? Im folgenden Abschnitt werden einige Tricks beschrieben, wie man allzu unansehnlichen Autos wieder zu neuem Glanz verhilft. Diese Reparaturen bringen selbstverständlich nur vorübergehende Abhilfe; besseres Fahr- oder Bremsverhalten oder Betriebssicherheit lassen sich damit nicht herbeizaubern. Derartige Reparaturen lohnen sich also nur, wenn Unterboden und Mechanik des Objekts noch in gutem Zustand sind.

Davon müssen Sie sich – notfalls mit Hilfe eines Fachmanns – schon selbst überzeugen. Auch ein an sich gesundes Fahrzeug kann aber dermaßen heruntergekommen sein, daß es kaum noch zu retten scheint. Wer also nicht unbedingt schiefe Blicke der Nachbarn ernten oder von der Polizei dauernd wegen vermeintlicher Verkehrsunsicherheit „rechts raus" gewinkt werden möchte, darf sich den folgenden Abschnitt ruhig zu Herzen nehmen.

37. Unser Versuchskaninchen: Ein Auto ohne TÜV und mit einer Kupplung, die vom langen Stehen festgerostet war. Demnächst wäre der Wagen auf den Schrott gewandert und die Hinterachse für einen Schlepperanhänger zweckentfremdet worden. Für einen Spottpreis bekamen wir also einen Wagen mit recht gesunder Bodengruppe, der obendrein einwandfrei ansprang und tadellos blinkte, hupte, Licht spendete. Auch die Kupplung ließ sich im Handumdrehen wieder gangbar machen.

40. Dieser Kratzer, wie ihn liebenswerte Zeitgenossen bei typischen Parkplatzrempeleien oft (leider ohne Absenderangabe!) hinterlassen, war schlimmer als er hier aussieht. Das Blech war auf der ganzen Länge der Schramme leicht eingedrückt.

41. Räder ohne Radkappe sehen unschön aus. Beheben läßt sich dies aber schnell – schwieriger wird's da mit dem morschen Radlauf, der schon fortgeschrittenen Zerfallszustand erreicht hatte.

Die Bestandsaufnahme

38. An etlichen Stellen war der Rost bereits durchgebrochen. Daß bei genauerem Stochern dahinter beachtliche Löcher zum Vorschein kamen, war zu erwarten.

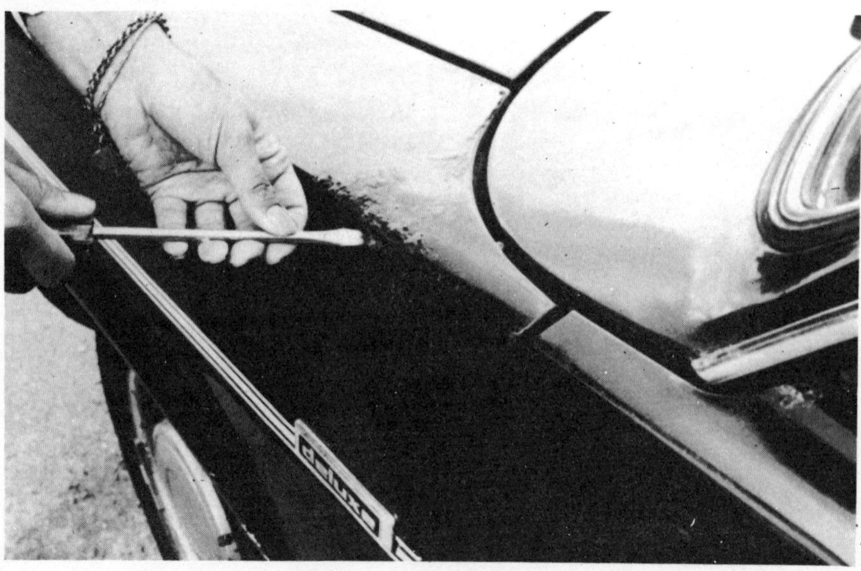

39. Am hinteren Ende des Kotflügels brachen wir sofort durch. Hier mußte ein relativ großer Reparaturflicken eingesetzt werden.

42. Auch der Ersatz der fehlenden Radkappe kann nicht vom Zustand des Radlaufs ablenken, der fast schon beim bloßen Hinsehen abbröckelt! Ältere Spachtelschichten platzen unter dem Druck des Rostfraßes gleich schichtenweise ab – schlagender Beweis, daß Schnellreparaturen nicht ewig halten!

43. Am Vorderkotflügel war das Blech unter den Rostblasen dagegen noch gesund. Der erste Eindruck täuscht also oft, wie man sieht . . .

44. Kein gestelltes Photo: es zeigt, wie man sich aus lauter Sorglosigkeit im Umgang mit einem heruntergewirtschafteten Auto doch in den Abmessungen des Wagens täuschen kann!

45. Am nächsten Tag handelten wir uns auch noch auf der anderen Seite eine Delle ein. Glücklicherweise passiert so etwas nicht jeden Tag. Aber mit Autos in gutem Zustand geht man anscheinend vorsichtiger um . . .

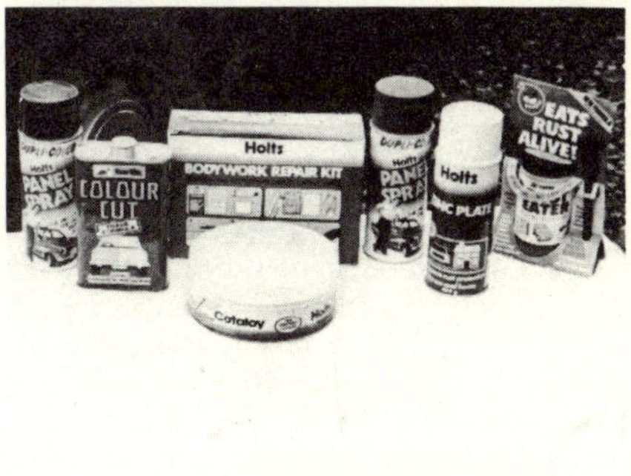

46. Der Fahrersitz war an mehreren Stellen eingerissen und durchgesessen – also offensichtlich nicht mehr reparabel. Ersatz besorgten wir uns vom Schrottplatz (ebenso die fehlende Radkappe).

47. Viele Hersteller liefern ein ganzes Programm an Reparaturmitteln „aus der Dose", von Rostumwandlern, Polyesterspachtel über Grundierung, Lack und Unterbodenschutz bis hin zu verschiedensten Polituren zur Wagenpflege. Hier die Arbeitsmittel für unsere Bastelei.

Lackschäden – aber gesundes Blech

48. Alle Rostblasen werden zuerst mit einem scharfen alten Stechbeitel abgehoben. Darunter fanden wir zwar Rostnarben, aber keine Durchrostungen. Der Lack wird über die Roststelle hinaus bis auf das blanke Blech entfernt. Auf diese Weise hat man die Gewißheit, auch alle Rostunterwanderungen unter dem noch nicht hochgedrückten Lack beseitigt zu haben.

49. Dann trägt man den Rostumwandler nach Gebrauchsanweisung auf. Auch bei nicht hundertprozentiger Wirkung läßt sich die weitere Ausbreitung des Rostfraßes damit zumindest verlangsamen.

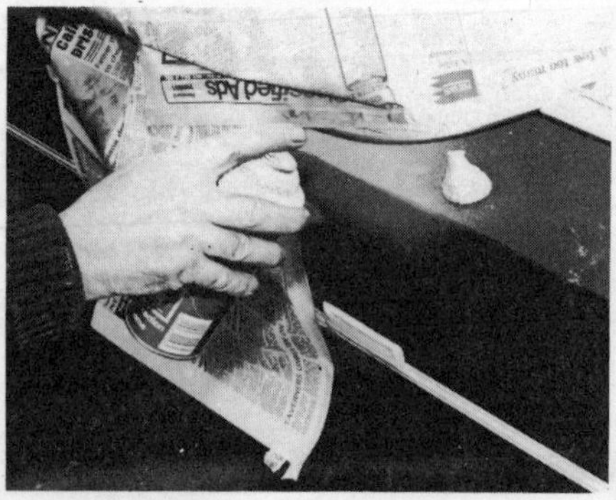

50. Spachteln und Abkleben wurden ja bereits an anderer Stelle behandelt. Direkt nach dem Schleifen wird die Reparaturstelle mit Grundierung und danach mit dem Decklack gespritzt. Man möchte ja vermeiden, daß der Spachtel Feuchtigkeit aufnimmt, während der Rest des Wagens noch behandelt wird. Nach Auftrag des Rostumwandlers und vor dem Spachteln wurde das Blech mit mehreren Schichten Holts Zinkspray gespritzt. Wie ich inzwischen weiß, läßt sich Rost damit wirklich im Zaum halten.

Rostschäden am Heckkotflügel

51. Ein Kotflügel ohne Dellen – hatten wir etwas vergessen? Die rostigen Bleche und abplatzenden Spachtelstellen wurden herausgetrennt und die Konturen mit Polyesterspachtel nachmodelliert. Dabei sind mehrere Feil- und Schleifgänge nötig, bis die richtigen Konturen herausgearbeitet sind. Außer mit viel Glück kommen Sie sicher nicht mit nur ein oder zwei Spachtelschichten aus.

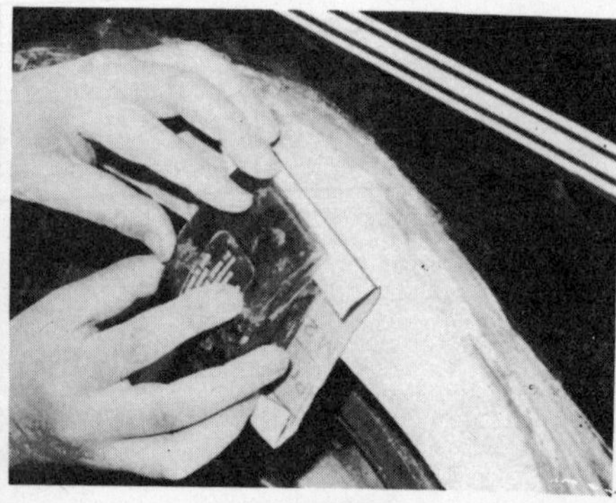

52. Sehr nützlich beim Schleifen ist ein Schleifklotz, auf dessen flacher Seite ein Streifen Trockenschleifpapier mittlerer Körnung aufgelegt wird. Als erstes schleifen wir die glatte Außenkante des Heckkotflügel-Radkastenausschnitts.

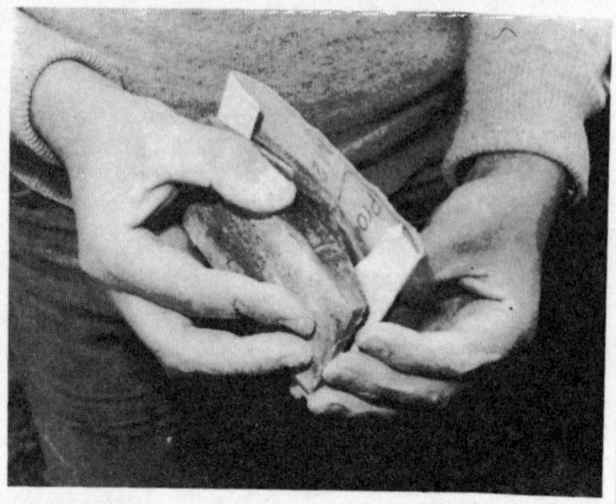

53. Die konvexe Rückseite des Schleifklotzes eignet sich sehr gut zum Ausschleifen konkaver Flächen.

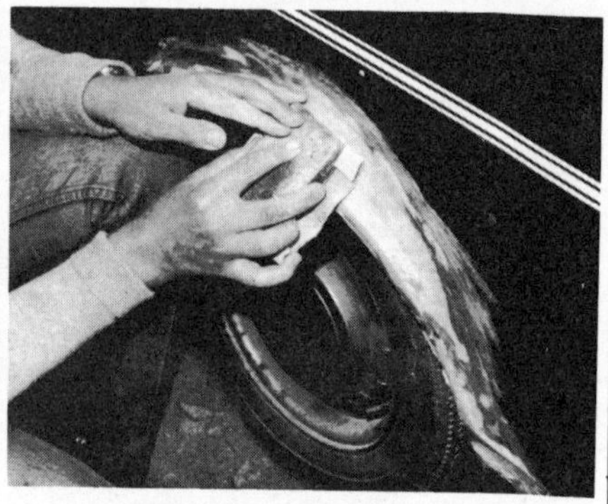

54. Die relativ starke Rundung des Radkastenausschnitts wird in Links-Rechts-Zügen mit Schleifpapier und Schleifklotz herausgearbeitet. Maschinenschleifen ist hier nicht empfehlenswert, da man beim Handschleifen mehr Gefühl behält und sich genauer an die gewünschte Form „herantasten“ kann. Mit Schleifmaschinen trägt man rasch mehr Material als nötig ab.

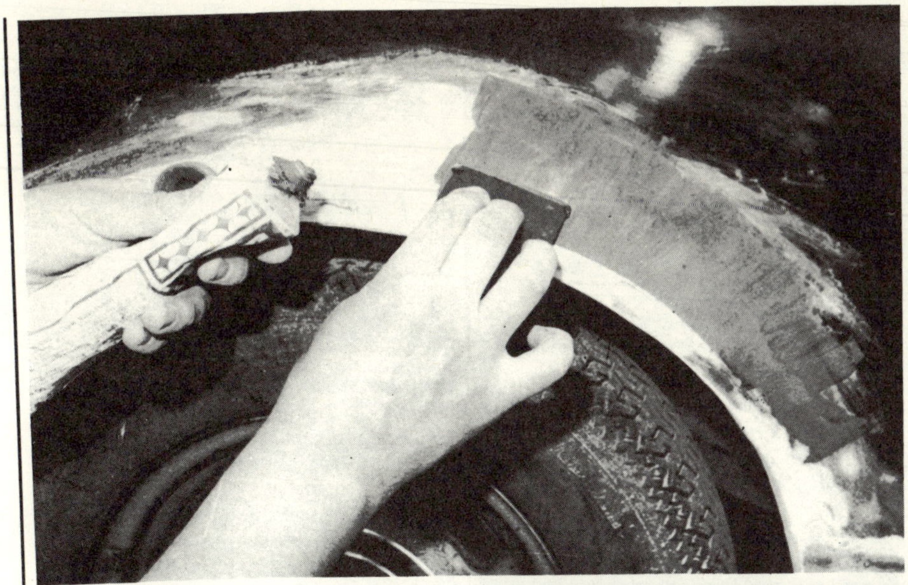

55. Nachdem die Konturen stimmten, mußten die vielen Riefen und Kratzer im Spachtel ausgeglichen werden. Eine dünne Schicht Nitrospachtel (lufttrocknend) wirkt hier Wunder. Er ist allerdings nicht so stabil wie Polyesterspachtel und schrumpft bei zu dickem Auftrag an den Rändern, so daß noch mehr Nacharbeit nötig wird. Mit einer hauchdünnen Schicht normalem Polyesterspachtel kommt man ebenfalls zum Ziel, er läßt sich jedoch nicht so leicht wie Feinspachtel überschleifen.

Ausgleichen von Dellen, Teil I

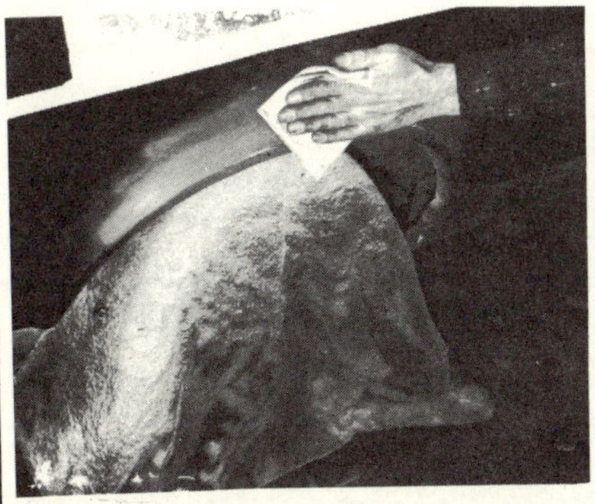

56. Da der Feinspachtel nur minimal überschliffen werden muß, genügt Handschleifen mit normalem Feinschleifpapier. Anschließend kann die Grundierung gespritzt werden.

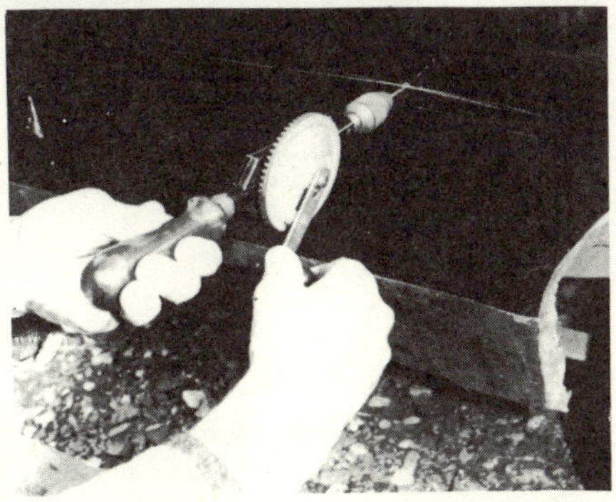

57. Entlang der langen Schramme im linken Seitenteil war das Blech auch eingedrückt worden. Da das Blech ohne zeitraubende Demontage der Innenverkleidung nicht zugänglich war, wurde die Druckstelle im mittleren Bereich angebohrt.

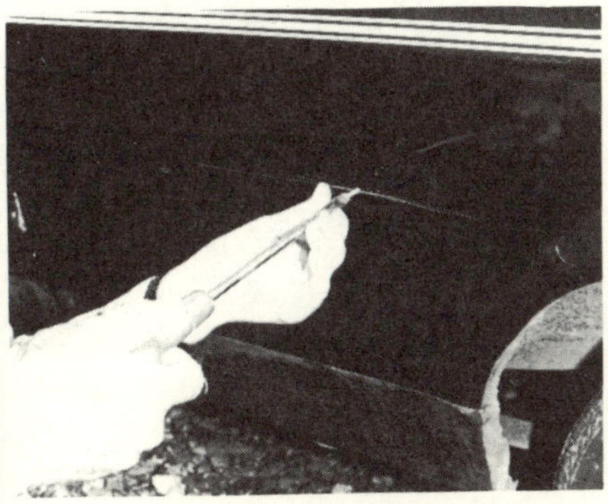

58. Dann wurde eine Flachkopf-Blechschraube soweit eingeschraubt, daß sie fest sitzt, aber keine dahinterliegenden Einbauten beschädigen kann.

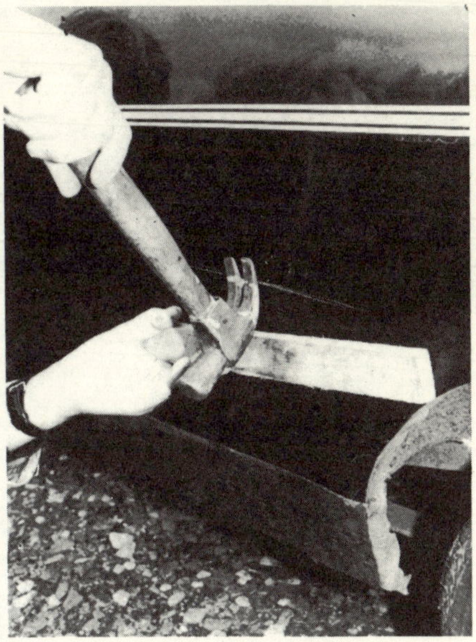

59. Wohl dem, der zu improvisieren weiß . . . Mit einem Tischler-Klauenhammer wird der Schraubenkopf gefaßt und ein Brett als Hebelpunkt und zum Schutz vor Druckstellen untergelegt. Die Welle im Blech läßt sich damit mühelos herausziehen; nur übertreiben darf man's nicht.

60. Die Delle wurde entlang ihres Verlaufs herausgezogen (sie sollte allerdings eher noch etwas zu tief anstatt zu hoch liegen). Der Lack wird nun mit Schleifpapier mittlerer Körnung zum Spachteln angeschliffen. Spachtel hält auf glänzendem Lack kaum und sollte möglichst nur auf blankem Blech aufgetragen werden, damit er nicht abplatzt und die Übergänge sauber verschliffen werden können.

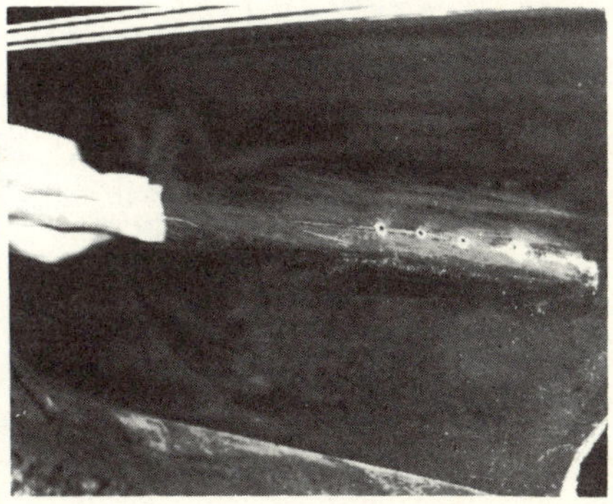

61. Spachtelmasse wird auch in größeren Gebinden (für Werkstätten) geliefert; wer viel spachtelt, kommt damit billiger weg. Rühren Sie Spachtel und Härter nie zweimal auf derselben Stelle an, sonst bringen Sie gehärtete Reste des vorherigen Spachtelgangs auf die Spachtelstelle. Beim Glattstreichen des Spachtels entstehen dann böse Riefen, die nur schwer zu beseitigen sind.

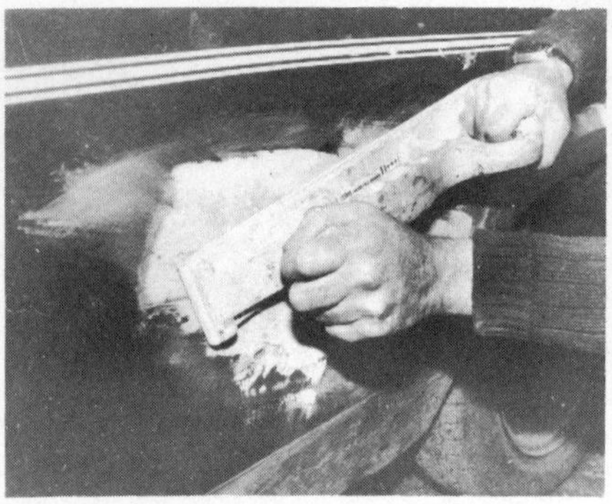

62. Auf diesem ,,Profi-Schleifklotz'' werden Schleifpapierstreifen mit selbstklebender Rückseite (im Farbenhandel erhältlich) aufgelegt. Damit läßt sich eine plane, wellenfreie Fläche herstellen. Flache Flächen erreicht man durch Schleifen in mehreren Richtungen leichter. Für den Erstschliff verwendet man eine grobe Körnung.

63. Mit dem Schwingschleifer schleift man natürlich schneller und leichter, sollte aber auf Schleifstaub achten. Daher arbeitet man besser mit Schutzmaske und Kopfbedeckung. Außerdem ist es mit Schwingschleifern schwierig, auch größere Flächen einwandfrei glatt und eben zu schleifen.

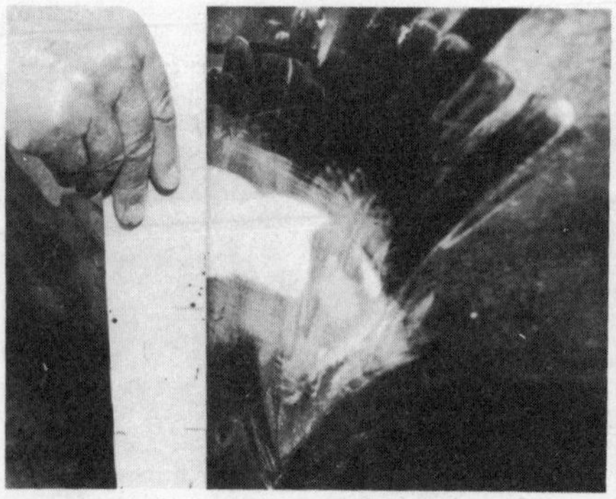

64. Mit einem Reißlineal (notfalls auch mit einem Plexiglasstreifen, den man sich für Pfennigbeträge als Schnittrest vom Händler holt) kann man die Ebenheit des Anschliffs gut kontrollieren. Die absolut gerade Kante wird in unterschiedlichen Richtungen am Blech angehalten und das Blech auf Wellen kontrolliert, die sich als Lichtspalte zwischen Lineal und Blech zeigen. Auch entlang von Rundungen im Blech kann es zur Kontrolle angehalten werden. Gute Werkzeuge sind also nicht immer teuer.

65. Nach dem Fertigschliff spritzt man Decklack aus der Dose als dünne ,,Kontrastschicht'' auf der Spachtelfläche auf. Die Dose wird relativ weit vom Blech weggehalten, so daß ein nahezu trockener, staubiger Farbniederschlag entsteht.

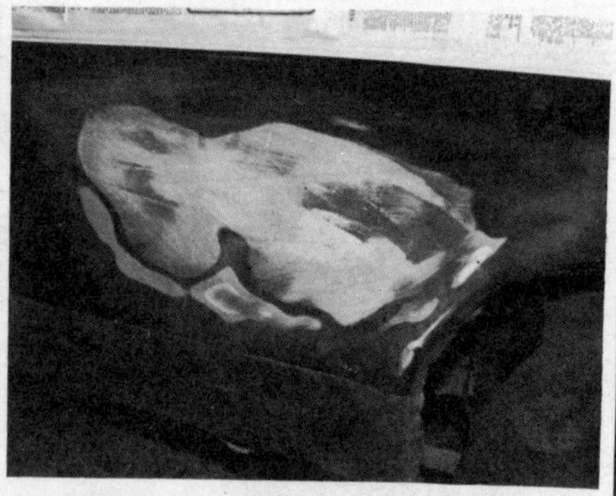

66. Nach dem Schleifen mit Schleifklotz und feinkörnigem Schleifpapier ist zu sehen, wie die Farbe an den zu hohen Stellen abgetragen wurde und nur noch die tiefen Stellen stehenbleiben. Je nach Grad der Vertiefung können sie mit normalem oder Feinspachtel nachgearbeitet werden. Spritzen Sie als Kontrastschicht immer eine zu den angrenzenden Farbtönen kontrastierende Farbe.

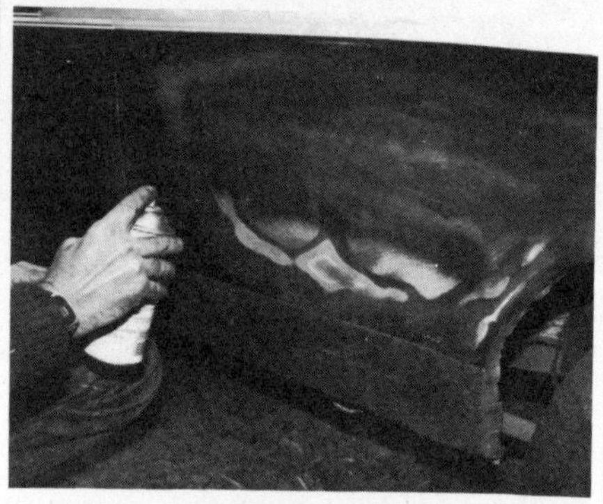

Ausgleichen von Dellen, Teil II

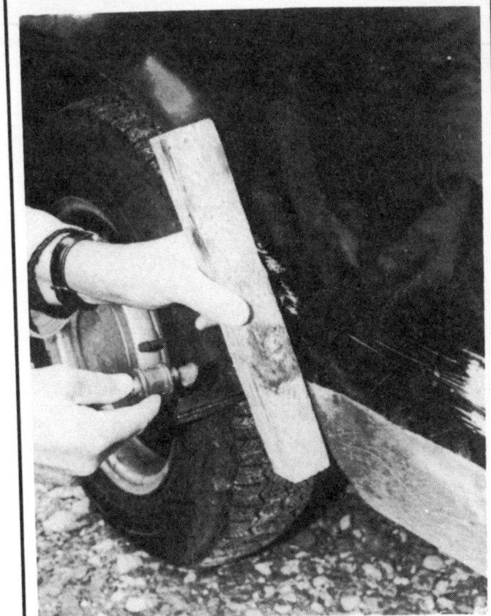

67. Die Delle im Vorderkotflügel war relativ schwer zu beseitigen, da sie genau am komplex geformten Übergang des Kotflügels in den Radlauf saß. Wir behelfen uns hier mit einer normalen Tischler-Schraubzwinge und einem Holzstück.

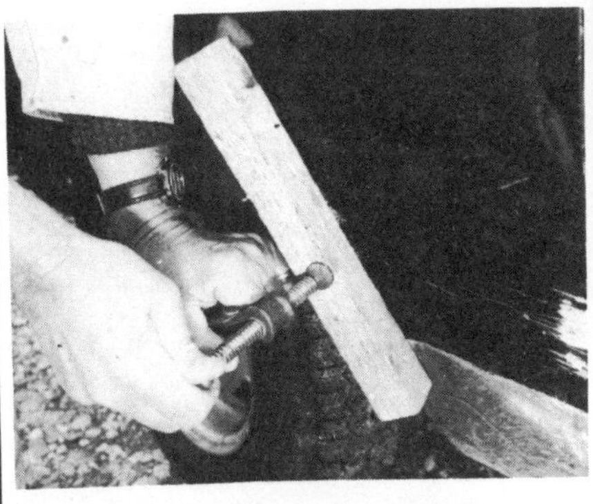

68. Die Schraubzwinge wird hinter der tiefsten Druckstelle der Delle und dann zu beiden Seiten der „ersten Zugstelle" angesetzt und gegen den Holzklotz gedrückt, dessen Form sich den ursprünglichen Radlaufkonturen anpaßt. Falls der Kopf der Schraubzwinge nicht genau in den Radlauf paßt, kann das Blech mit einem kleineren (evtl. etwas nachgearbeiteten) Holzstück in die richtige Form gedrückt werden.

69. Diese kleine Falte im Radlauf kann mit einem Schlichthammer problemlos gerichtet werden.

70. Hier war durch die Schraubzwinge eine leichte Druckstelle entstanden, durch die der konkave Rand der Krümmung etwas verdrückt worden war. Mit der Vorschlagpinne des Schlichthammers läßt sich diese Druckstelle aber wieder ausgleichen.

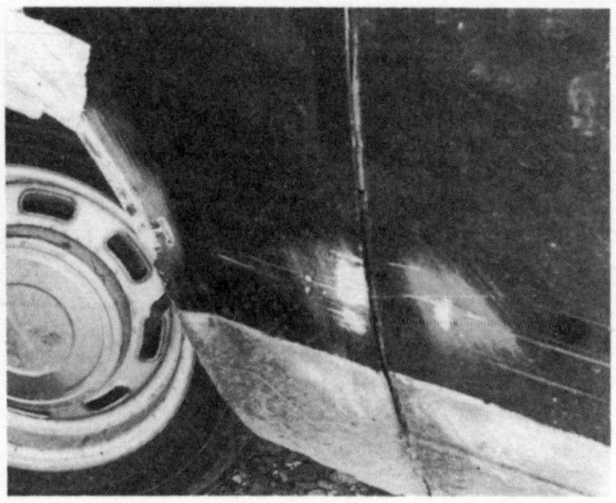

71. Die Reparaturstelle und die Kratzer an der Kotflügelhinterkante und der Türvorderkante werden mit mittelfeinem Schleifpapier verschliffen.

72. Die Flächen werden nun – wie oben beschrieben – gespachtelt.

73. Die konkave Kontur wird diesmal etwas anders beigeschliffen: das Papier wird entsprechend der Radlaufkontur zusammengerollt.

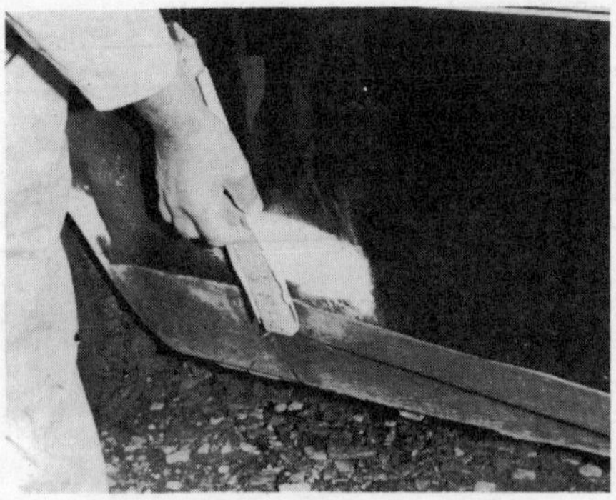

74. Zum Schleifen der flachen Bereiche wird das Schleifpapier auf eine Holzunterlage aufgelegt. Auch hier schleift man in mehreren Richtungen, damit die Oberfläche absolut glatt wird.

75. Als Wetterschutz wird der Spachtel anschließend gleich grundiert.

Heraustrennen von Roststellen

76. Rost nistet sich besonders gern an Stellen ein, an denen sich Straßenschmutz ansammelt, z.B. an der hinteren Kotflügeloberkante. Hier stießen wir schon bei leichtem Stochern auf größere Rostlöcher.

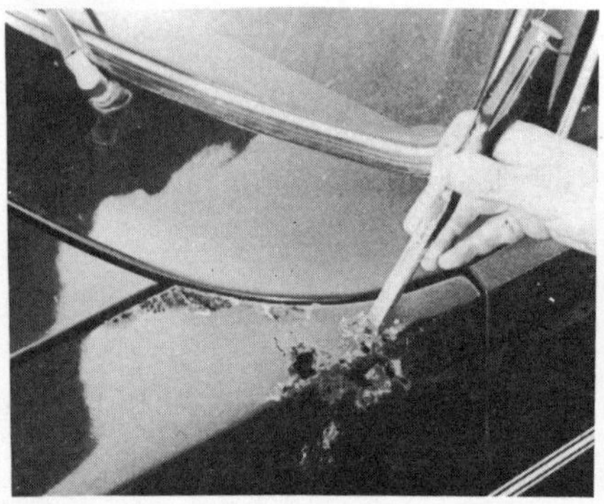

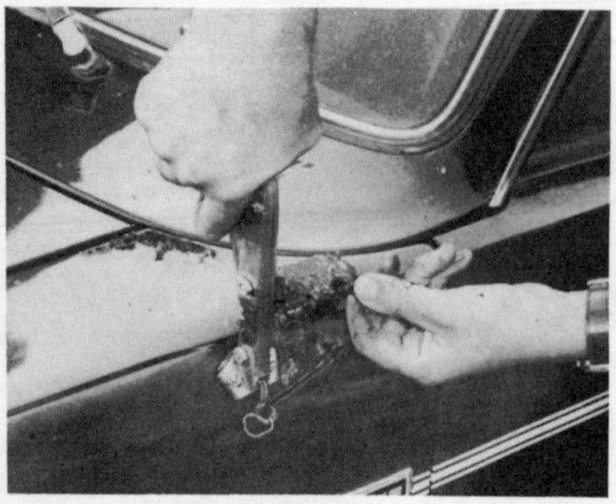

77. Zuerst trennt man das rostige Blech mit der Knabberschere heraus, so daß nur noch gesundes Material stehenbleibt. Einige Stellen ließen sich mit der Schere nicht fassen, sie wurden daher mit Hammer und Stechbeitel entfernt.

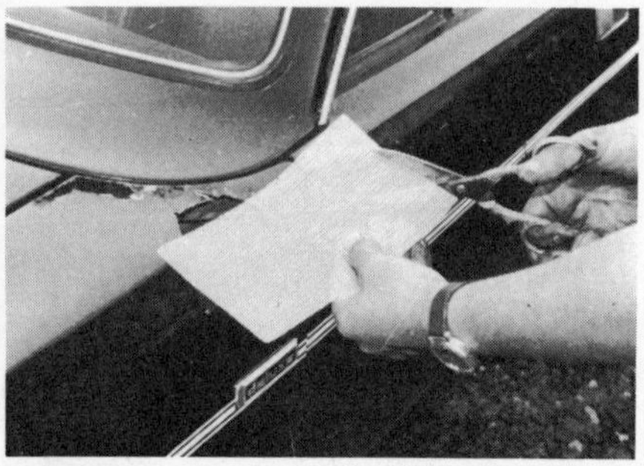

78. Im Holts-Karosseriereparatursatz wird ein Aluminiumgeflecht mitgeliefert, das sich noch leichter als Pappe biegen läßt und sogar mit einer Schere geschnitten werden kann. Es soll keine Festigkeit vermitteln, sondern nur als Unterlage für das Aushärten von Glasfasermatten und Spachtel dienen. Größere Löcher können ohne Unterlage nicht geschlossen werden; Alu ist ideal, da es Weiterrosten des Stahls nicht begünstigt.

79. Das Alugeflecht wird so zugeschnitten, daß es den Lochbereich ganz überdeckt, und dann ein Klecks Spachtelmasse auf die vier Ecken des Gitters aufgetragen.

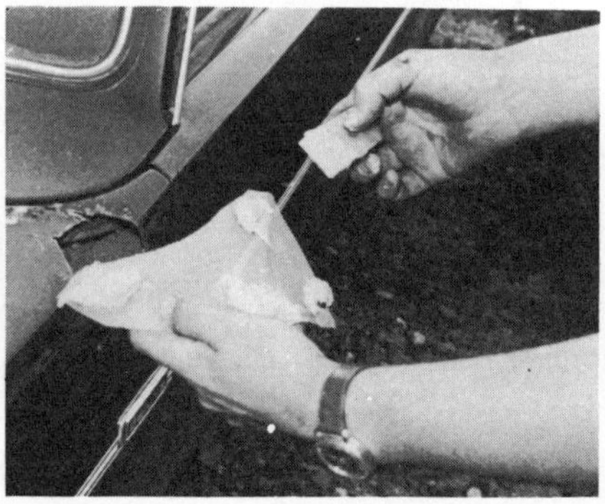

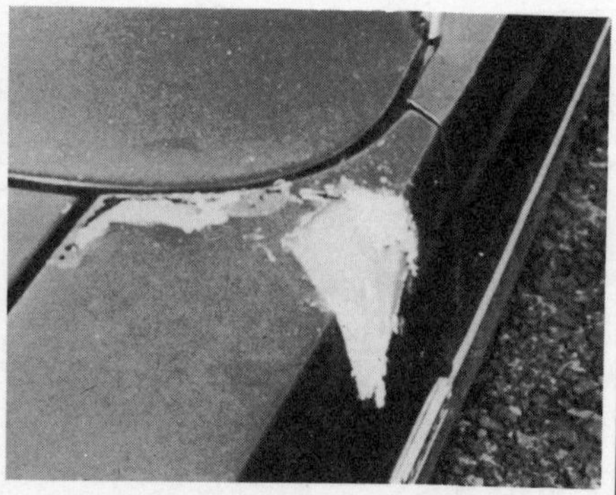

80. Ohne Röntgenbrille sieht man nicht, was hier abläuft. Das Geflecht wird von der Rückseite auf den Kotflügel aufgedrückt und mit den Spachtelflecken „festgeklebt“. Aluminiumgeflecht ist so weich, daß es mühelos mit leichtem Fingerdruck an die Kotflügelkonturen angepaßt werden kann.

81. Das Reparatur-Set enthält Kunstharz (zähflüssig), Härter und Rührspatel sowie Glasfasermatten. Härter und Kunstharz werden im vorgeschriebenen Verhältnis gemischt und das Harz auf Geflecht und Stahlkanten aufgetragen (mit einer kleinen Bürste aus Rostumwandlerdosen geht dies sehr gut). Dann schneidet man passende Stücke aus der Glasfasermatte aus und streicht sie mit Kunstharz ein, bis die Matte fast transparent wird. (Weitere Einzelheiten siehe Kapitel „Umgang mit GFK“)

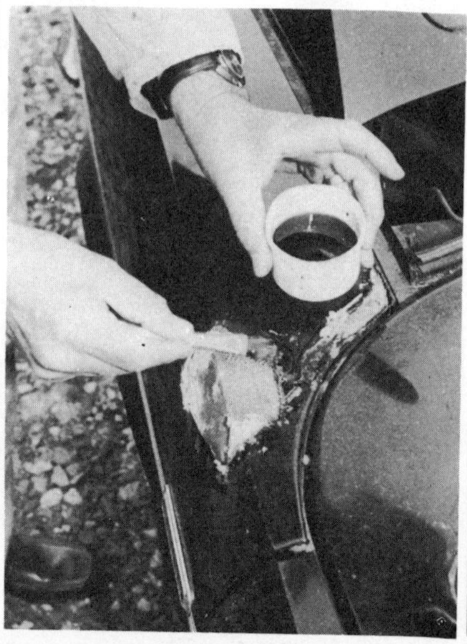

82. Nach dem Aushärten des Kunstharzes mischt man etwas Spachtel mit dem vorgeschriebenen Härterzusatz an.

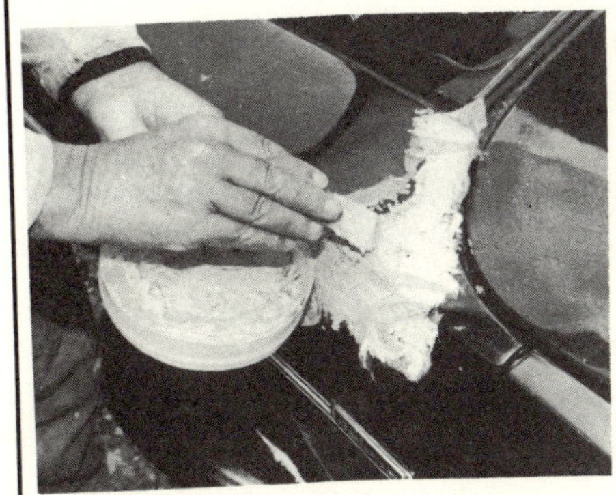

83. Nach den obigen gründlichen Vorarbeiten wird der vertiefte Bereich der Reparaturstelle mit Spachtelmasse überstrichen. Auf die Räder der überstehenden Glasfasermatten brauchen Sie jetzt noch nicht zu achten.

84. Mit dem Winkelschleifer und mittlerer Schleifpapierkörnung wird die gesamte Fläche überschliffen. Mit Gummischeibe und Schleifscheibe im Handbohrer geht es genausogut. Da neben Polyesterspachtelstaub auch Glasfaserpartikel freigesetzt werden, die beim Einatmen äußerst gesundheitsschädlich wirken, tragen Sie stets eine Staubmaske beim Schleifen.

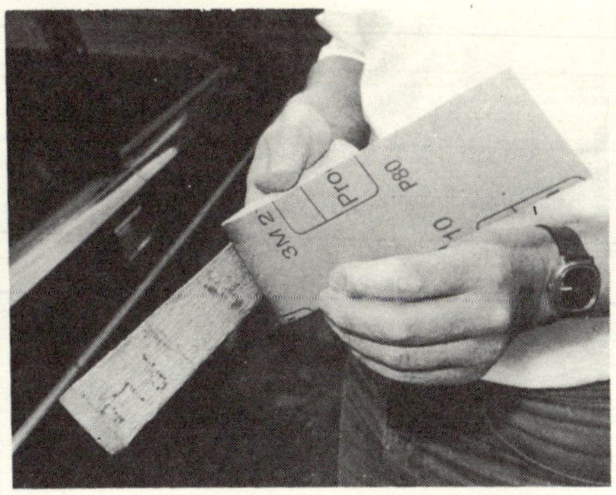

85. Statt dem Profi-Schleifklotz können Sie auch P80er Schleifpapier mit selbstklebender Rückseite auf den schon oben verwendeten Holzklotz auflegen.

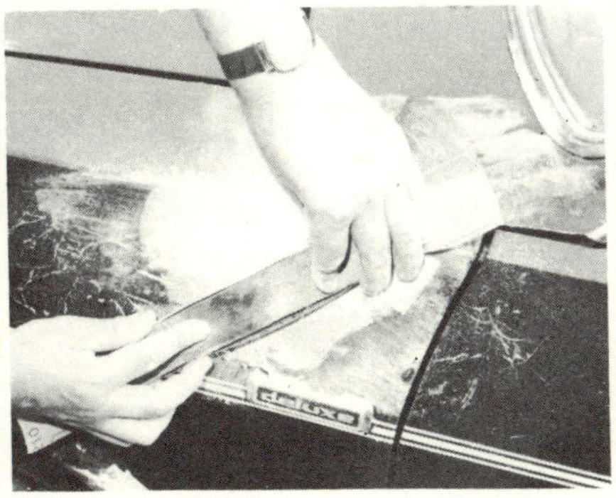

86. Schleifen sie zuerst in der einen Richtung . . .

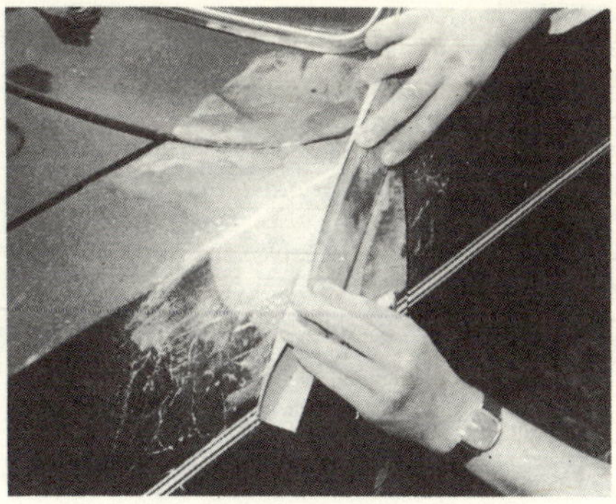

87. . . . und danach in der anderen Richtung. Dabei wechseln Sie die Drehrichtung alle 6 bis 10 Züge, damit Sie keine Wellen in die Fläche schleifen.

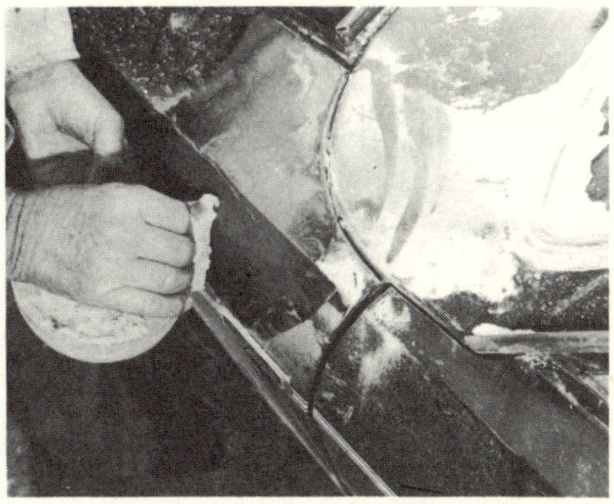

88. Als Feinspachtel wird normaler Spachtel dünn aufgetragen. Die Fläche wird dann allerdings zu hart, um sich mühelos überschleifen zu lassen. Genauso fein wie Nitrospachtel läßt er sich jedenfalls nicht verstreichen.

Lackieren der Reparaturstellen

89. Schriftzüge und Zierleisten baut man bei derartigen Ausbesserungen wohl kaum ab; kleben Sie sie also ab – aber möglichst sauber, denn Lackspuren sehen auf den Chromteilen fast so traurig wie die Roststellen aus, die Sie gerade erst beseitigt haben.

90. Der Druck in Spraydosen ist nicht sonderlich kräftig; Überspritznebel ist also kein Problem, weshalb man auch nicht so großflächig abkleben muß. Beim Lackieren im Freien wird der leichte Sprühnebel bei Wind allerdings sofort weggeblasen. Bei windigem Wetter machen Sie also lieber in der Garage weiter oder verschieben die Sache auf einen ruhigeren Tag. Hier wird die Grundierung in Streifen in Querrichtung aufgespritzt.

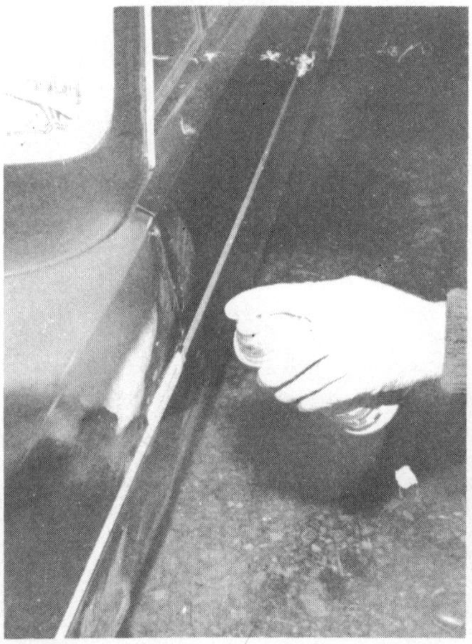

91. Nachdem die Grundierung durchgehärtet ist, polieren Sie die Grundierungsränder und den angrenzenden Bereich mit scharfer Polierpaste. Dies ergibt gleichmäßigere Übergänge und trägt die Oxide und Ablagerungen auf dem benachbarten Decklack ab, so daß er wieder im ursprünglichen Glanz erscheint und besser mit dem neu gespritzten Farbton der Reparaturstelle harmoniert.

92. Wie oben erwähnt, wird durch schärfere Polituren die äußerste Pigmentschicht der Farbe abgetragen. Beim Polieren muß sich der Polierlappen daher im Karosseriefarbton einfärben.

93. Schütteln Sie die Dose vor dem Spritzen des Decklacks gründlich. Die Farbanteile in Sprühdosen separieren sich im Laufe der Zeit, daher muß die Dose unbedingt ausgiebig geschüttelt werden, bis die Farbe im richtigen Ton an der Dose austritt. Zielen Sie zuerst in die Luft, um die Düse freizuspritzen; es wäre ärgerlich, wenn die mühsam vorbereitete Fläche gleich durch einen dicken Farbklecks verunstaltet würde.

94. Die erste Schicht wird dünn aufgespritzt; die darunterliegenden Schichten sollen noch nicht gleich verdeckt werden, sondern dürfen ruhig sichtbar bleiben. Die Farbe müßte innerhalb weniger Minuten trocknen; dann kann eine zweite oder dritte Schicht aufgespritzt werden.

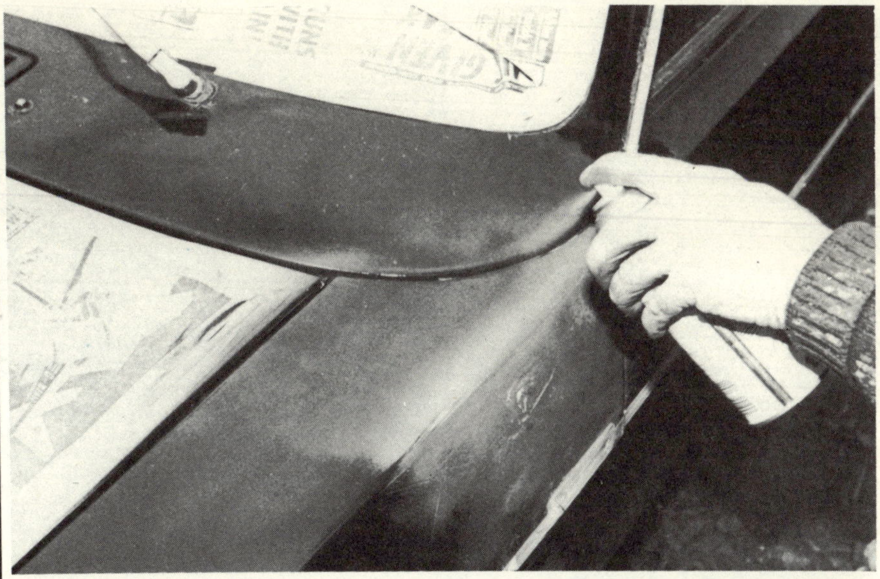

95. Jede Schicht wird in waagerechten oder senkrechten Streifen gespritzt, die sich jeweils zur Hälfte überlagern (Tränen bilden sich, wenn Sie zu langsam oder aus zu geringem Abstand am Blech entlangfahren). Bei trockenem, mattem Lack sind Sie aus zu großem Abstand oder zu schnell am Blech entlanggefahren. Die richtige Spritztechnik lernt man nur aus Erfahrung. Vorsicht vor Windstößen, die den Spritzstrahl ablenken, und vor zu hoher Luftfeuchtigkeit, die milchige Eintrübungen im Lack verursacht (Leichtere Eintrübungen können manchmal durch Polieren beseitigt werden).

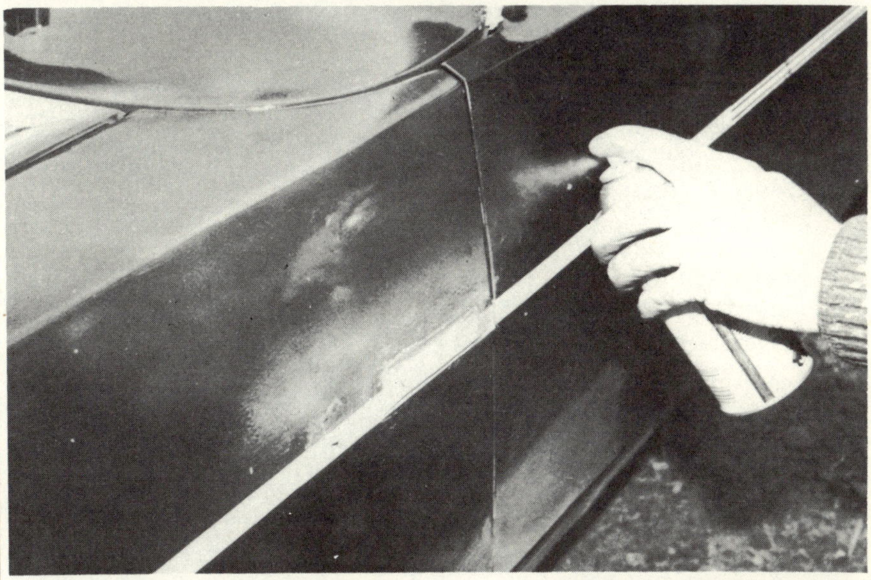

96. Noch ein Tip zum Abkleben: Ziehen Sie einen Klebebandstreifen entlang des Randes, der abgeklebt werden soll, und dann einen zweiten Streifen am Klebepapier. Das Papier legen Sie dann mit dem Klebestreifen halb überlappend am ersten Streifen (am Blech) an – sauberes Anlegen des mit Klebeband versehenen Papiers wäre nicht ganz einfach.

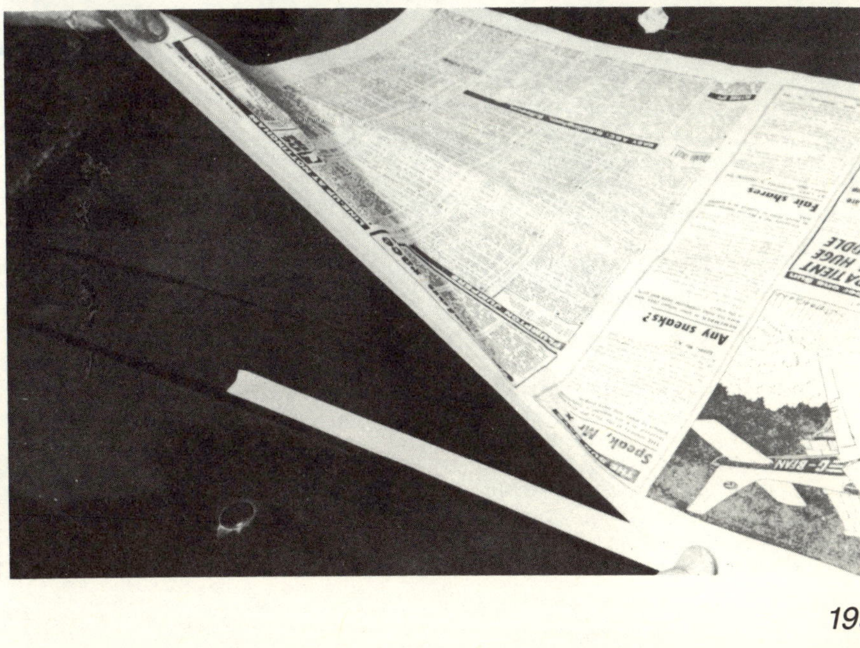

Der letzte Schliff

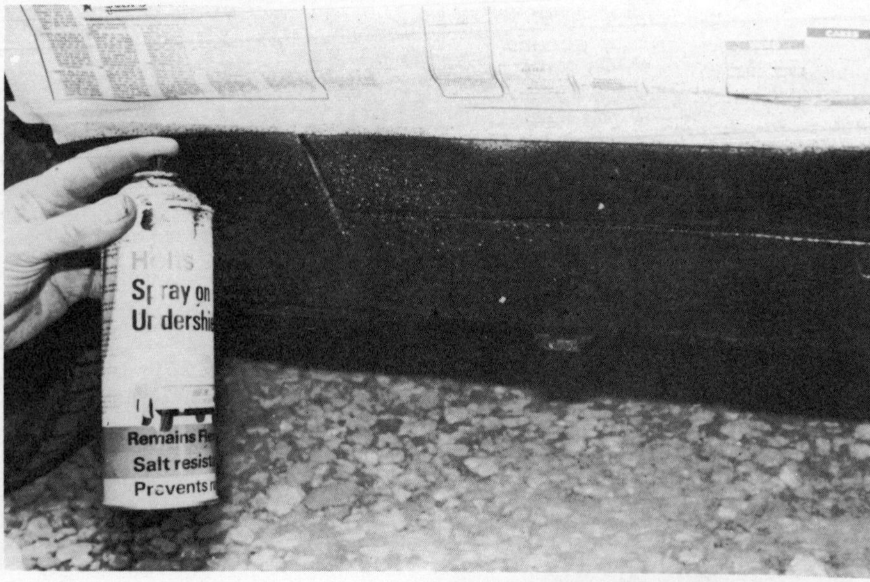

97. Schweller und Türunterkanten waren an diesem Wagen bereits mit Unterbodenschutz gespritzt worden (vielleicht um frühere Reparaturen zu kaschieren). Außerdem wird damit Steinschlagschäden in diesen Bereichen vorgebeugt. Aufspritzen von Unterbodenschutz sieht auf jeden Fall sauberer als Pinselauftrag aus.

98. Der feierliche Augenblick – das Klebeband wird entfernt! Ziehen Sie das Band aber erst ab, wenn der Lack durchgehärtet ist – es wäre dumm, die Lackierung im letzten Moment noch zu ruinieren.

99. Die Rückseiten aller Reparaturstellen werden zum Schutz gegen Feuchtigkeit und Straßenschmutz – vor allem in besonders gefährdeten Bereichen – mit Unterbodenschutz eingestrichen. Ohne Schutzanstrich kommt der Rost fast im Handumdrehen wieder zum Vorschein.

100. Diverse kleinere Kratzer und Pickel, für die Nachspritzen nicht angebracht wäre, werden ebenfalls behandelt, bevor sie sich verschlimmern. Man spritzt etwas Decklack in den Dosendeckel und tupft die Schadstellen mit einem kleinen Modellbaupinsel nach. Da Spritzlacke zu dünn für Pinselauftrag sind, lassen Sie den Becher vor dem Pinseln eine Zeitlang stehen, bis das Lösungsmittel einigermaßen abgelüftet ist.

101. Polieren Sie auch alle Chromteile – die Optik des Fahrzeugs wird damit entscheidend aufgewertet – und reinigen Sie alle Scheiben, so daß der Wagen wie frisch aus dem Frühjahrsputz wirkt.

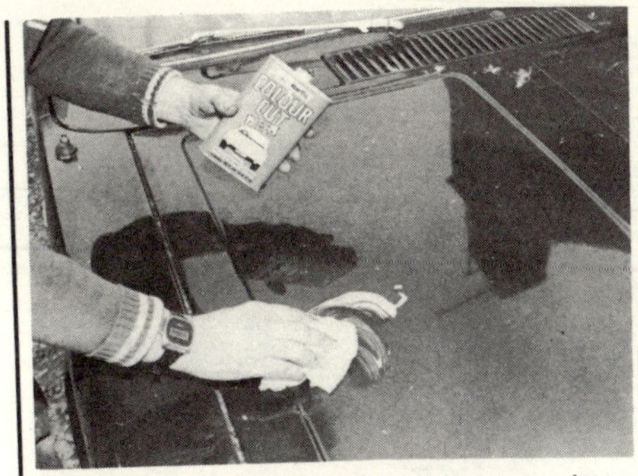

102. Nach der Nachlackierung einzelner Schadstellen wirkt der restliche Lack umso stumpfer. Mit leicht schleifender Politur wird der Wagen in kleineren Abschnitten nach und nach poliert, bis der Lack überall genau wie der neue Lack glänzt. Anschließend wird das ganze Fahrzeug (auch die Chromteile) gründlich eingewachst, damit der Glanz möglichst lang erhalten bleibt.

103. Die kleinen Tricks: – auch im Verkaufsraum verdanken viele Fahrzeuge ihre tiefschwarz glänzenden Reifen einem Anstrich mit Reifenfarbe. Unser Morris Marina freute sich auch über diese Behandlung.

104. Anschließend wird der Motorraum gereinigt. Der ganze Motorraum wird mit Kaltreiniger eingesprüht, nach einer gewissen Einwirkzeit mit einer Bürste verteilt und mit Wasser abgespritzt. An Losfahren direkt nach dieser Behandlung ist oft nicht zu denken, denn häufig kommt Wasser an die Elektrik.

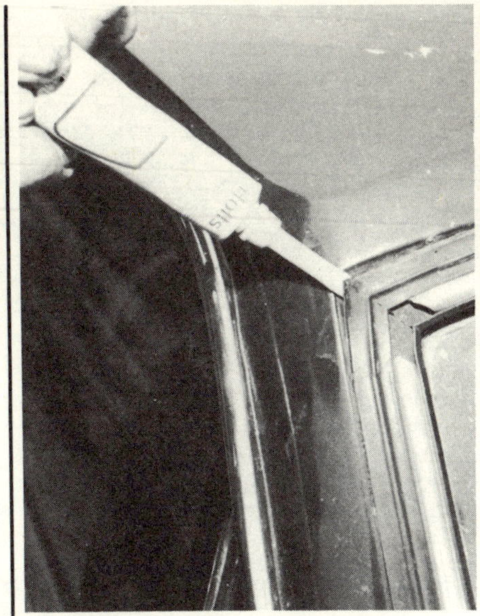

105. An diesem Wagen war die Windschutzscheibe im oberen Bereich undicht. Dauerhafte Abhilfe ist nur durch Ausbau der Scheibe und Erneuern der Dichtung möglich, mittelfristig hilft jedoch auch Fugendichtmasse, die man mit der Kartusche hinter die Dichtlippe des Gummiprofils drückt. Ziehen Sie den Dichtmassenstrang ruhig ziemlich weit durch – Wasser kriecht oft erschreckend weit, bevor es nach innen durchsickert!

106. Der Morris Marina glänzt nun wieder wie schon lange nicht mehr! Wie ein „Letzte-Hand-Auto" wirkt er jedenfalls nicht. Wie bereits gesagt, war nur die Optik aufgefrischt worden, da aber schließlich ein Auto auch immer etwas von der eigenen Persönlichkeit verrät, will ja wohl niemand in einem Auto herumfahren, das mehr nach rollender Müllkippe aussieht. Und allzu schwierig sind diese kosmetischen Verjüngungskuren ja wirklich nicht, oder?

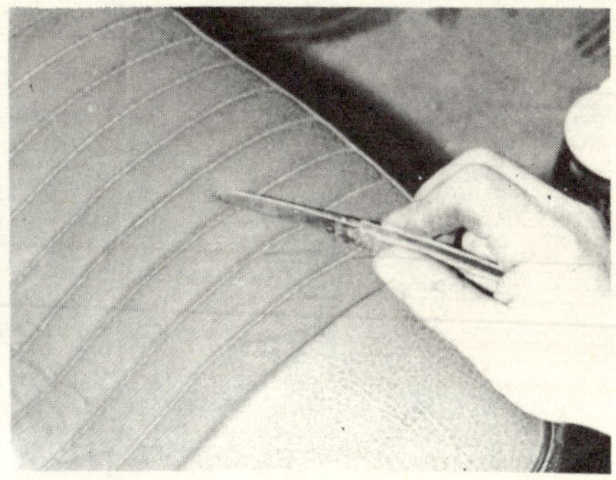

107. Bei verschmutzten Stoffbezügen versuchen Sie zuerst, festsitzende Rückstände mit einem stumpfen Messer abzutragen.

108. Dann tragen Sie etwas Stoffreinigungsschaum auf den Bezug oder auf einen Lappen auf und reiben den Bezug damit sauber (ohne ihn völlig zu durchnässen).

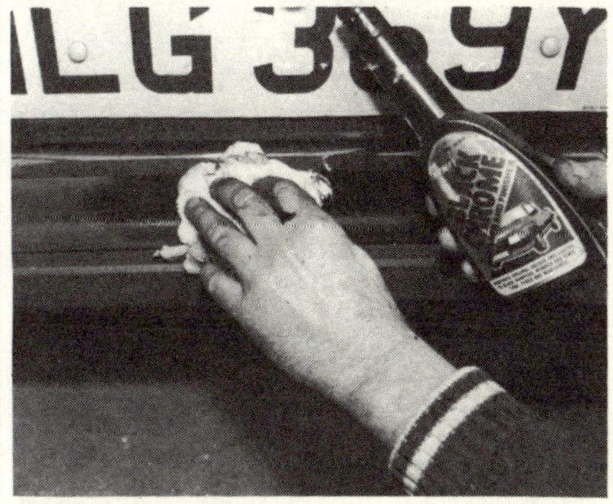

109. Schwarze Stoßfänger verlieren ihren Glanz besonders schnell, können aber mit Reinigungsmittel mühelos aufgefrischt werden – ebenso schwarze Schiebedachhimmel, Vinyldachbezüge und Vinylverdecke von Sportwagen. Für alle diese Produkte gibt es im Handel eine Vielzahl passender Pflegemittel.

110. Diese Bildfolge zeigt die Instandsetzung eines typischen Blech- und Lackschadens. Die Reparatur von Durchrostungen erfolgt im Prinzip genauso. Diese Beschreibung soll natürlich nur als „Schnellkurs" dienen, ausführlichere Anleitungen sind im Text nachzulesen.

111. Nach dem Abbau der Anbau- und Zierteile muß die Delle zuerst durch Hämmern möglichst exakt in die ursprüngliche Form gebracht werden, damit die Spachtelschicht möglichst dünn bleibt. Nach Ausbeulen der größeren Delle wird die Fläche jetzt ganz leicht konkav eingehämmert.

112. Der Schadensbereich wird nun mit grobem Schleifpapier metallisch blank geschliffen. Auch mit Drahtbürste oder Schleiftopf im Handbohrfutter lassen sich alte Lackschichten abtragen. Die Übergänge der Reparaturstelle in den unbeschädigten Lack müssen mit feinerer Körnung sauber verschliffen werden.

113. Bei Durchrostungen muß der durchgerostete bzw. geschwächte Bereich zuerst herausgetrennt werden. Der Schadensbereich wird hier vor dem Spachteln mit Rostumwandler behandelt.

114. Mischen Sie Spachtelmasse und Härter nach den Herstellerangaben an. Bei Rostschäden müssen größere Löcher vor dem Spachteln mit Zinkgeflecht oder Alublech hinterlegt werden. Die gesamte Metallfläche muß vor dem Spachtelauftrag metallisch blank sein.

115. Den Spachtel trägt man mit einem biegsamen Spatel auf (der Holzspatel ist für das Füllen enger Stellen gedacht). Tragen Sie dünne Spachtelschichten in Abständen von ca. 20 Minuten auf, bis der Spachtel etwas höher als die angrenzenden Flächen liegt.

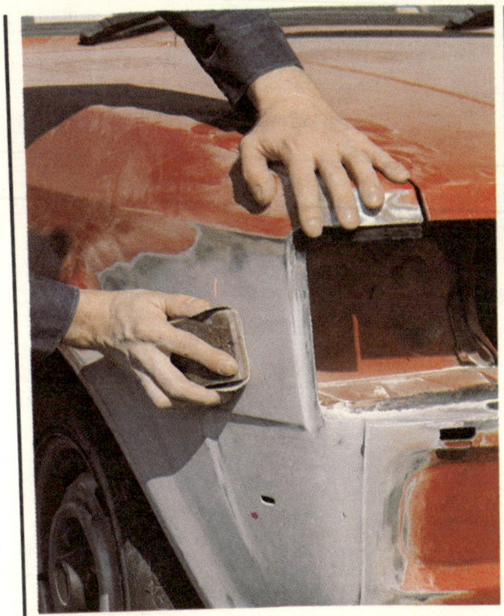

116. Der Grobschliff erfolgt mit Karosseriefeile oder Schleifhobel. Mit immer feineren Körnungen auf dem Schleifklotz und reichlich Wasser arbeitet man sich dann an die endgültige, glatte und ebene Oberfläche heran. Auch hier ist auf sauberen Schliff der Übergänge zu den benachbarten Lackbereichen zu achten.

117. Jetzt kann der gesamte Reparaturbereich mit Sprühdose oder Pinsel grundiert werden. Beim Spritzen die angrenzenden Bereiche gegen Farbnebel schützen. Ein mindestens 2 bis 3 cm breiter Streifen der angrenzenden Lackfläche muß mit grundiert werden. Grundierung ist relativ „dick", kann also auch kleinere Unebenheiten ausgleichen.

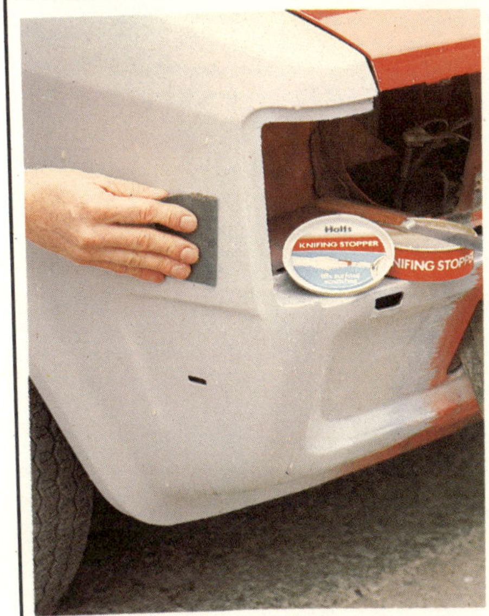

118. Mit viel Wasser schleift man jetzt die Grundierung mit feinkörnigem Naßschleifpapier nach, bis sie einwandfrei glatt in den angrenzenden Lack übergeht. Verbleibende Mängelstellen können mit einer dünnen Messerspachtelschicht ausgeglichen werden.

119. Der ausgehärtete Messerspachtel wird vor der zweiten Grundierschicht nochmals beigeschliffen und genau auf etwaige Kratzer oder Riefen kontrolliert (ggf. mit Messerspachtel nachspachteln). Mit feiner Politurpaste kann die Grundierfläche ggf. weiter geglättet werden.

120. Jetzt kann der Decklack gespritzt werden. Im Freien sollten Sie nur an einem trockenen, warmen und windstillen Tag lackieren. Die angrenzenden Flächen sind gegen Überspritznebel zu schützen. Schütteln Sie die Spraydose gründlich und spritzen Sie in mehreren dünnen Schichten von der Mitte der Reparaturstelle kreisförmig nach außen.

121. Nach etwa zwei Wochen, die zum vollständigen Durchhärten nötig sind, kann die Reparaturfläche mit feinster Polierpaste nachpoliert und anschließend gewachst werden. Denken Sie bei Karosseriearbeiten immer daran, daß das Endergebnis nur so gut wie der von Ihnen investierte Zeit- und Arbeitsaufwand wird.

8 Kunststoff-Karosserien

Instandsetzung von GFK-Karosserien ●

Fiberglas, Glasfaser oder glasfaserverstärkte Kunststoffe (GFK) – darunter versteht man ein und dasselbe Material, das einmal nahe daran war, dem Stahl seine (rostgeschwächte) Vormachtstellung unter den Kfz-Werkstoffen streitig zu machen. An Sportwagen wie der Corvette in den USA, Lotus und TVR in Großbritannien, Renault-Alpine und Matra-Simca Bagheera in Frankreich sind GFK-Vollkarosserien zu finden, insgesamt ist der GFK-Anteil im Karosseriebau jedoch auf relativ geringe Stückzahlen beschränkt. GFK splittert zwar bei Spannungseinwirkung, bietet dagegen den unübertroffenen Vorteil absoluter Korrosionsfreiheit und ist mit Do-it-yourself-Mitteln im Karosseriebereich besonders vielseitig zu verarbeiten.

1. Neben den normalen Werkzeugen brauchen Sie zur Verarbeitung von GFK: einen 4-cm-Malerpinsel, Gummi- oder Kunststoffhandschuhe (aus Material, das von Kunstharzen nicht angelöst wird), ein Gefäß zum Anrühren des Harzes (nicht alle Kunststoffe sind dafür geeignet), einen Rührstab und Zeitungen als Arbeitsunterlage. Auch eine Rolle zum satten Auftragen des Harzes auf die Glasfasermatten ist nützlich. Material: 25-g-Matten (dies bezieht sich auf das Gewicht pro Flächeneinheit – je höher das Gewicht, desto dicker die Matte). Voraktiviertes Kunstharz für Handlaminieren (wird nach Gewicht und fast immer mit der entsprechenden Härtermenge verkauft). Hautschutzcreme – unbedingt ratsam. Harzabbeizer – zum Entfernen eingetrockneter Harzreste aus Bürsten u.ä., für Anfänger ebenfalls empfehlenswert. Normales Waschpulver, das man dick anrührt und mit heißem Wasser gründlich einwirken läßt, bevor das Harz härtet, genügt sonst zum Reinigen der Bürsten. Aceton ist als Reiniger weit verbreitet, aber nicht ungefährlich (Beratung erteilt der Fachhändler).

Sicherheit – folgende Punkte sind unbedingt zu beachten:

a) Schutzbrille aufsetzen; b) Hände mit Hautcreme einmassieren und bei der Arbeit mit Harzen Handschuhe tragen; c) bei Arbeiten mit „Rohmatten" (Schneiden oder Verarbeiten) Handschuhe tragen; d) beim Schleifen oder Sägen ausgehärteter Laminate immer eine Atemmaske tragen, sofern man die Flächen nicht in weichem, ungehärtetem Zustand mit dem Messer schneidet. GFK keinesfalls in Nähe von Kindern oder Haustieren und möglichst im Freien bearbeiten. Die winzigen GFK-Partikel wirken in der Lunge fast so, als ob man Glaspulver einatmet!

GFK – Ein paar Grundlagen

„Fiberglas" ist eigentlich der Markenname eines amerikanischen Herstellers, der die Silikonfasern bzw. „Glasfasern" vermarktet, die in loser Verknüpfung die bekannte weißliche „Matte" bilden, mit der wir uns hier befassen. Eigentlich heißen diese Werkstoffe „glasfaserverstärkte Kunststoffe" und gehören zu den Duroplasten (lassen sich also im Gegensatz zu „plastischen" Kunststoffen nicht durch Erwärmen wieder erweichen). Durch die Glasfaserverstärkung werden sie (bei gleichem Gewicht) fester als Stahl.

Die in der Glasfasermatte sichtbaren dickeren Stränge bestehen aus Tausenden mikroskopisch dünner Fasern. Die weiße Färbung der Matte rührt von dem Bindemittel her, das die Stränge in der Matte wie eine Art „Glasfaserblatt" zusammenhält. Dieses Bindemittel spielt bei der Tränkung der Matte mit dem Kunstharz – wie noch zu sehen sein wird – eine wichtige Rolle.

Das Harz, technisch als Polyesterharz bezeichnet, ist als langkettiges Monomer aufgebaut, d.h. alle Moleküle hängen in langen Ketten (wie an einer Ankerkette) aneinander. Im flüssigen Harz können die Ketten beliebig übereinanderliegen, durch Zugabe eines Härters wird jedoch eine chemische Reaktion ausgelöst (was man daran sieht, daß sich das Harz beim Härten erwärmt), durch die die Molekülketten ein extrem komplexes Gitter bilden.

Bei zuviel Härterzusatz härtet das Harz schneller aus und entwickelt mehr Wärme. Umgekehrt gilt das gleiche. Je größer die Wärmezufuhr, desto rascher erstarrt das Harz. Bei warmem Wetter muß der Härterzusatz also verringert werden, um zu vermeiden, daß das kostbare Harz mitten bei der Verarbeitung noch am Pinsel geliert und steinhart wird. Bei kühlerem Wetter wird dagegen mehr Härter zugesetzt oder Wärme zugeführt (aber nur großflächig ringsum, nicht direkt auf die Arbeitsfläche). Zuviel Wärmeentwicklung oder Härterzusatz schwächt das Laminat. Wem dies verwirrend erscheint, der lese weiter . . .

Das Harz ist an sich sehr hart und spröde. In Verbindung mit der Glasfasermatte wird es jedoch wesentlich fester als die Summe beider Bestandteile alleine. Dieses Phänomen tritt nicht nur an GFK auf – auch Stahlbeton gewinnt seine Festigkeit auf ähnliche Weise.

Mit dem Härter allein würde das Kunstharz jedoch viel zu langsam aushärten. Daher muß noch eine Substanz namens Kobaltnaphthenat als „Beschleuniger" zugesetzt werden. Im Handel sind meist fertig vorgemischte Harze erhältlich, denen der Beschleuniger bereits fabrikseitig zugesetzt wurde. Beschleuniger ist jedoch auch separat erhältlich – je mehr man zusetzt, desto rascher läuft der Aushärtvorgang ab. Lassen Sie aber lieber die Finger von nicht vorgemischten Harzen. Bei vorgemischten Harzen wissen Sie zumindest, daß bereits der optimale Beschleunigeranteil für eine einwandfreie, feste Aushärtung des Harzes zugesetzt wurde. Achten Sie beim Kauf des Harzes (in Spezialgeschäften oder im Bootshandel erhältlich) also auf den Beschleunigerzusatz. Notfalls kaufen Sie den Beschleuniger separat. Vorsicht! Nie reinen Beschleuniger und reinen Härter mischen – Explosionsgefahr!

Damit wäre schon das wesentliche zu Kunstharz für GFK-Reparaturen gesagt. Es gibt chemisch und in der Praxis unterschiedliche Harze, z.B. Gelierharze, flammhemmende Harze und Gießharze usw., sowie allerlei Zusatzstoffe für spezielle Arbeiten. Aber das wäre ein Thema für ein eigenes Buch . . .

Die ersten Versuche

Als Grundregel für die Reparatur lokaler Schäden gilt: Nehmen Sie sich nicht zuviel auf einmal vor. Glasfaser ist unangenehm in der Handhabung – und klebrige Fasermattenschnipsel und Harzflecken über das halbe Auto zu verteilen, ist auch nicht sehr erbauend! Gehen Sie also immer nur kleine Flächen an – je kleiner, desto besser – bis Sie genügend Erfahrung im Umgang mit den Werkstoffen gesammelt haben.

Auf jeden Fall muß der Lack auf der bearbeiteten Fläche entfernt werden. Darunter sind alle Spannungsschäden sichtbar, die unter dem Lack vielleicht erst Monate später zum Vorschein kommen. Auch bei perfekten Übergängen zwischen Reparaturstelle, Bauteil und altem Lack könnte der Lack durch den Verdünner im neuen Lack hochgedrückt werden und sich Monate später als Hohlstelle bemerkbar machen.

Der Lack kann mit beliebigen Abbeizern abgetragen werden; viele dieser Mittel lösen leider auch die Gel-Schicht der Karosserie an. Sie härtet zwar wieder nach, erfordert jedoch oft unnötige Nacharbeit, wenn man mit dem Schaber Riefen hineinkratzt. Verwenden Sie daher lieber spezielle Abbeizer für GFK – sie wirken zwar langsamer, dafür aber sicherer.

Nach dem Entfernen des Lacks wird die Reparatur je nach Ausmaß und Art des Schadens auf unterschiedliche Weise durchgeführt. Als erstes behandeln wir ein Reparaturverfahren, das bei allen mehr als nur oberflächlichen GFK-Schäden angewandt wird.

Handlaminierverfahren

1) Schneiden Sie die Matte durch Abtrennen am Reißlineal oder mit der Schere auf die richtige Größe zurecht.
2) Gießen Sie die benötigte Kunstharzmenge in einen Behälter (nicht in ein Glas) und rühren Sie die entsprechende Menge Härter bei.

   Die Dosierung ist in den Begleitzetteln der Hersteller enthalten; Härterzusatz aber bei kühlem Wetter erhöhen, bei warmem Wetter verringern.
3) Die Reparaturstelle reichlich mit Kunstharz einstreichen.
4) Die Matte auf die Reparaturstelle auflegen und noch mehr Harz aufstreichen, bis die Matte nicht mehr weiß, sondern transparent wirkt. Feuchten Sie die Fläche nicht Stück für Stück an, sondern streichen Sie mehrmals die ganze Fläche ein, bis die Matte gleichmäßig getränkt ist.
5) Streichen Sie das Harz mit gleichmäßigen Walzenstrichen in allen Richtungen fest in die Matte ein. Härtet das Harz an der Rolle, kann es abgebrannt werden – aber nur im Freien, da es dichten, gefährlichen Rauch freisetzt. Auch von Händen und Bürste sollte das Harz sofort mit Handreiniger bzw. Waschmittel entfernt werden.

Sternförmige Rißbildung

Sternförmige Risse und ähnliche Haarrisse gehören zu den häufigsten Schäden an GFK. Oft passieren sie „fast von selbst"; Steinschlag oder Druck auf die Oberfläche bewirken jedoch dasselbe. Die Fläche rund um die Risse muß – möglichst mit einer Schleifscheibe im Handbohrer und mit Schutzbrille und Atemmaske – abgeschliffen werden, bis die Risse nicht mehr zu sehen sind. Dann kann eine Verstärkungsschicht Kunstharz und nach dem Aushärten normaler Polyesterspachtel aufgetragen werden.

Schwere Risse, die sich durch Biegebeanspruchung des Karosserieteils noch verstärken, werden ebenso behandelt. Die Oberfläche muß jedoch noch tiefer abgeschliffen und vor dem Spachteln eine oder zwei Lagen Glasfasergewebe aufgelegt werden. Bei tieferen Rissen verstärkt man die Reparaturstelle möglichst auch von hinten mit mehreren Lagen Glasfasergewebe.

Fehlende Teile

Alle Schäden an GFK-Teilen – außer sternförmigen Rissen – werden von der Rückseite her repariert, so daß die Reparaturstelle optisch unsichtbar verstärkt wird. Bei doppelwandigem GFK muß ein Teil der Innenwand herausgetrennt werden, damit man an die äußere Reparaturstelle kommt. Das ausgetrennte Teil kann mit geringen Abweichungen nach dem für größere Reparaturen beschriebenen Verfahren wieder eingesetzt werden.

Bei kleineren Reparaturstellen können Sie die Außenseite des Loches abkleben, den Schadensbereich von innen mit einer Schleifscheibe ca. 150 mm ringsum säubern und dann fünf oder sechs harzgetränkte Glasfasermatten am Loch und ca. 150 mm ringsum auflegen.

Nach dem Aushärten schleifen Sie auf der Außenseite die hinter dem Klebeband hervorgequollenen Harzreste und eine 5 bis 10 cm breite Fläche rings um die Reparaturstelle ab, damit der Spachtel richtig haftet.

Dann erhält die gesamte Fläche eine Schicht feinen Füllspachtel. Minimale Mängelstellen in der fertigen Fläche sollte man nicht abschleifen. Nichts sieht so unprofessionell wie eine zu tiefe Reparaturstelle aus. Auf mattem Füller lasen sich minimale Flächenunterschiede kaum feststellen, auf dem Hochglanz-Decklack springen sie aber förmlich ins Auge. Winzige Krater, die durch offene Luftblasen beim Anrühren des Spachtels entstanden sind, ignoriert man einstweilen. Nach dem Feinschliff und der Grundierung kann man sie mit feinstem Nitrospachtel ausgleichen und den Lackanschliff vornehmen.

Größere Reparaturstellen

Größere Reparaturstellen sind zwar großflächiger, aber nicht schwieriger. Wie bei Stahlblechen, muß auch hier oft ein Reparaturstück eingesetzt werden, es muß allerdings nicht ganz so genau wie bei Stahlteilen eingepaßt werden. Für manche Marken wie Reliant, TVR u.a. sind Reparaturteile erhältlich, aus denen man das benötigte Teil sauber heraustrennt und nach Austrennen des beschädigten Bereichs einsetzen kann.

GFK-Karosserien brechen bei Schlageinwirkung ähnlich wie eine Eierschale, d.h. die Einzelteile halten ihre ursprüngliche Form und können sogar unter Umständen Stück für Stück zusammengeklebt werden. Die Reparatur ist also oft viel einfacher, wenn Sie daran denken, die Splitter am Unfallort einzusammeln.

Besitzer seltener Fahrzeuge mit GFK-Karosserie (vor allem in Großbritannien lieferten zahlreiche Hersteller Kleinserien) müssen ihre eigenen Formen anhand eines unbeschädigten Fahrzeugs anfertigen oder den beschädigten Bereich durch provisorisches Spachteln exakt zurechtmodellieren und davon die Form für das neue Teil abnehmen.

Die Reparaturflicken fixiert man mit Aluminiumstreifen, die auf der Außenseite über dem Loch angeschraubt werden. Bohren Sie die Abstandslöcher im Alu, bevor Sie die Streifen schneiden (es läßt sich dann leichter einspannen), und bohren Sie im GFK Führungslöcher, in denen das Alu dann auf der Außenseite mit Blechschrauben befestigt wird.

Niete, die man später wieder abbohren will, sollten keinesfalls Stahlschäfte aufweisen. Der stehengebliebene Teil in der Reparaturstelle rostet irgendwann und bringt ein seltenes Schauspiel an GFK-Teilen zutage – Rostblasen!

Entlang der gesamten Fügestelle legt man jetzt ca. 150 mm breite Glasfasermattenstreifen in fünf oder sechs Lagen auf; zuvor muß die Innenseite wie bei kleineren Reparaturen (siehe oben) gereinigt werden. Entfernen Sie die Klammern erst, wenn das GFK gut ausgehärtet ist – ein Tag genügt meistens; nur bei kaltem Wetter wartet man länger. Jetzt sehen Sie auch, warum die Klammern außen sitzen müssen. Auf der Innenseite wären sie durch mehrere knochenharte Glasfaserlagen verdeckt! Mit Ziehspachtel kann die Oberfläche jedoch geglättet werden. Die Reparaturstelle wird noch fester, wenn Reparaturstelle und stehengebliebenes Material am Rand schräg (V-förmig) ineinander übergehen. Die Abschrägung der Paßflächen wird so ausgeführt, daß das Karosserieteil praktisch ganz in der rückseitigen Stützmatte ausläuft.

Die Oberfläche kann dann durch mehrere harzgetränkte Glasfasergewebelagen wiederhergestellt werden, bis die Oberfläche etwas zu hoch liegt. Die gehärtete Matte kann dann nachgeschliffen und mit Spachtel geglättet werden.

Beim Umgang mit Glasfasern immer Sicherheitshandschuhe tragen (auch wenn auf den Fotos oft ohne Handschuhe gearbeitet wird). Siehe auch „Sicherheit" auf Seite 205.

Größere Karosseriereparaturen

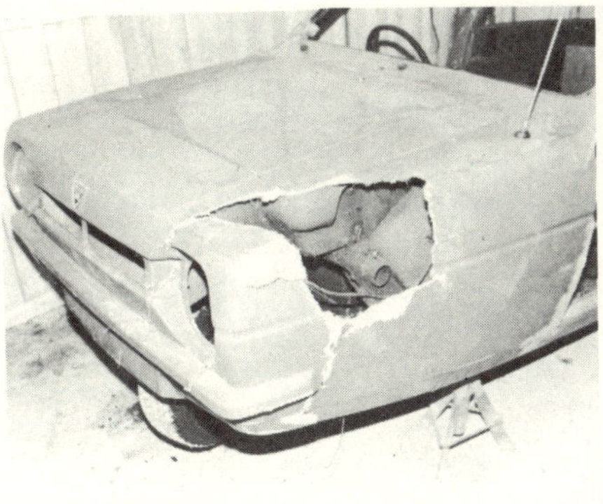

2. Dieser Reliant hatte einen bösen Schlag erhalten. Das GFK war – wie zu erwarten – unter der Wucht des Aufpralls zersprungen.

3. Dies ist keine Blitzreparatur, sondern es wurde nur der Ersatzkotflügel von einem Teilewagen aufgelegt. Neuteile sind jedoch auch lieferbar. Gebrauchte GFK-Teile sind natürlich – sofern sie rißfrei sind – immer neuwertig.

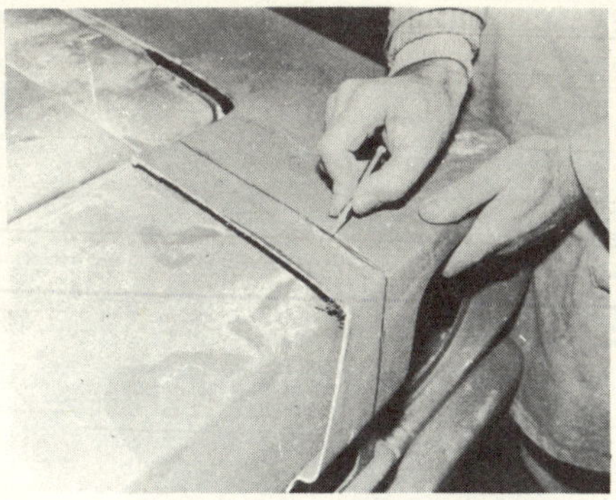

4. Der Reparaturbereich wird am neuen Kotflügel angezeichnet und so zugeschnitten, daß das gesunde Material stehenbleibt. Der beschädigte Kotflügel wird entsprechend markiert.

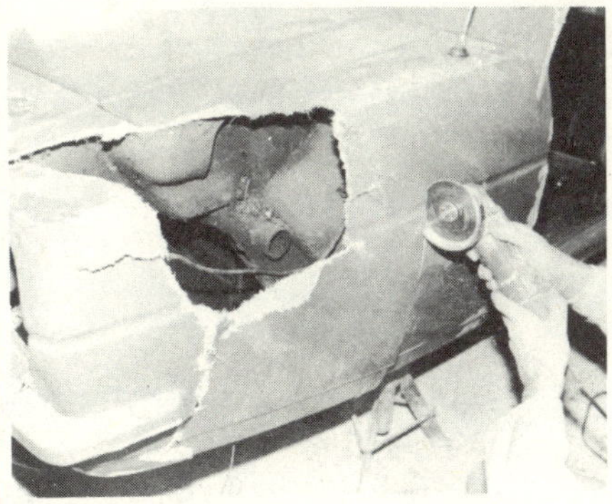

5. Hier wird das alte Blech mit einer speziellen GFK-Trennscheibe im Winkelschleifer herausgetrennt.

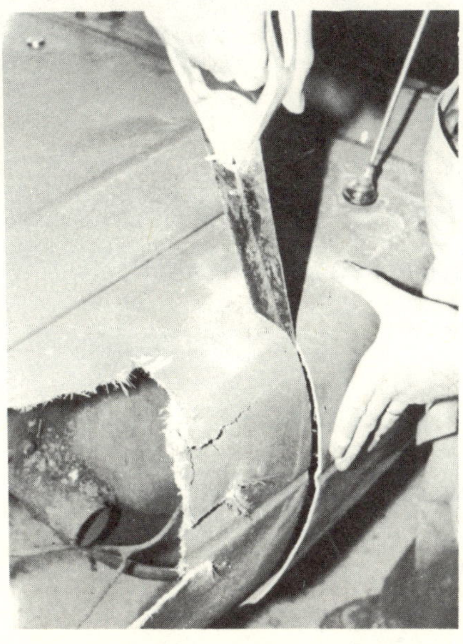

6. Fast genausoleicht – und mit weniger Staub – geht es mit einer Stichsäge (sie wird an GFK allerdings rasch stumpf). Da GFK-Staub gesundheitsgefährlich ist, MÜSSEN Sie dabei eine Staubmaske tragen.

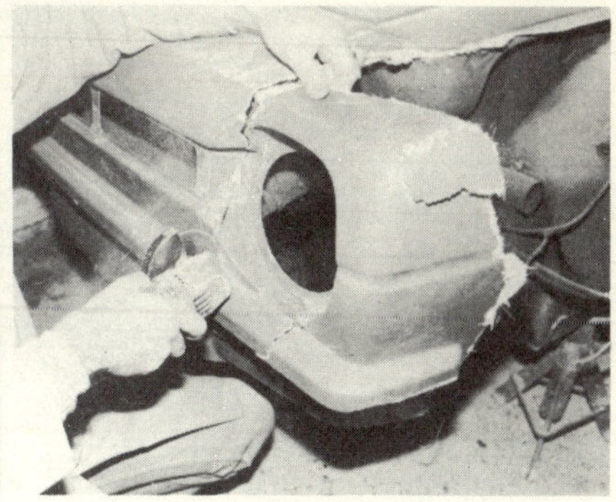

7. Auch der Rest des alten Kotflügels wird herausgetrennt.

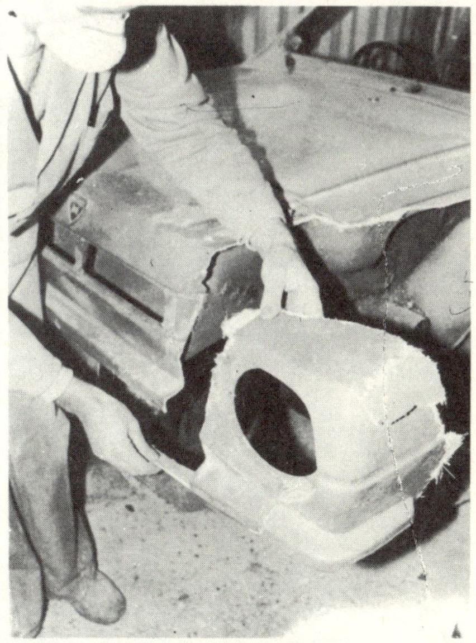

8. Zum Schluß bleibt nur noch das unbeschädigte Material stehen.

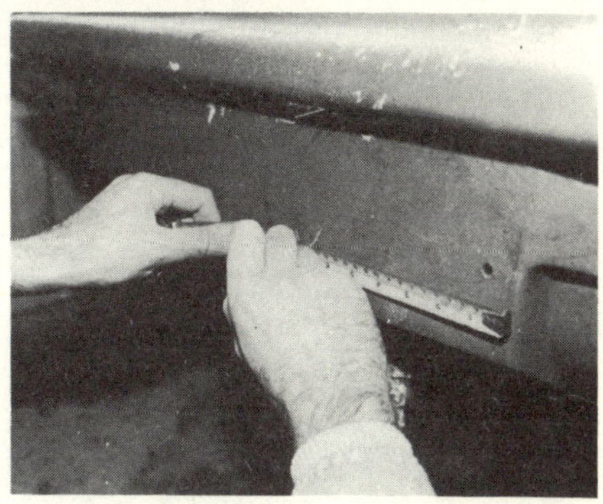

9. Das Reparaturteil muß unbedingt exakt fixiert werden. GFK läßt sich problemlos montieren, so daß man die Teile im Übereifer nur allzuleicht ungenau einpaßt. Kontrollieren Sie alle Maße anhand der unbeschädigten Seite mit Lineal und wiederholten Messungen aus allen Richtungen.

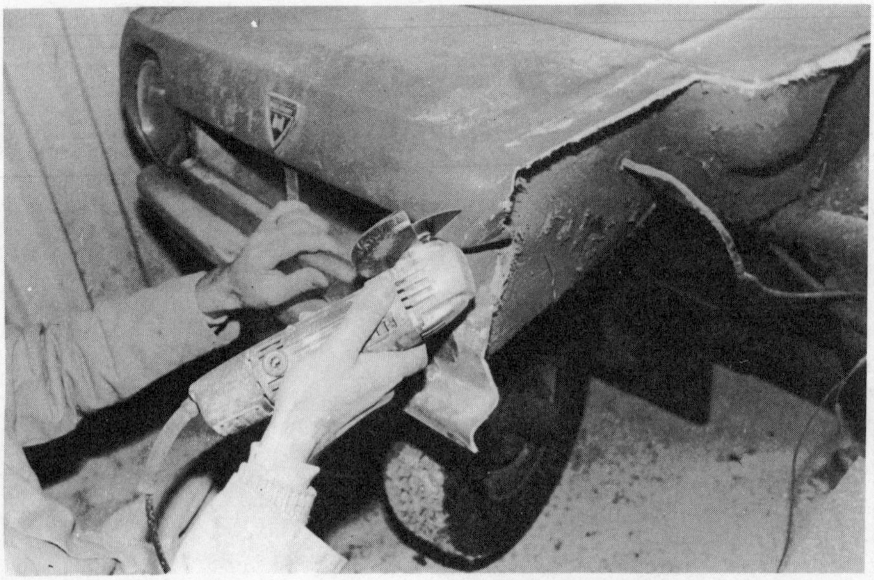

10. In Werkstatthandbüchern steht meist nur, die Schadensstelle herauszutrennen und das Reparaturteil einzupassen. Ganz so einfach geht's nicht! Trennen Sie den Schaden Schritt für Schritt heraus, bis Sie a) auf gesundes GFK stoßen und b) das Neuteil richtig einpassen können.

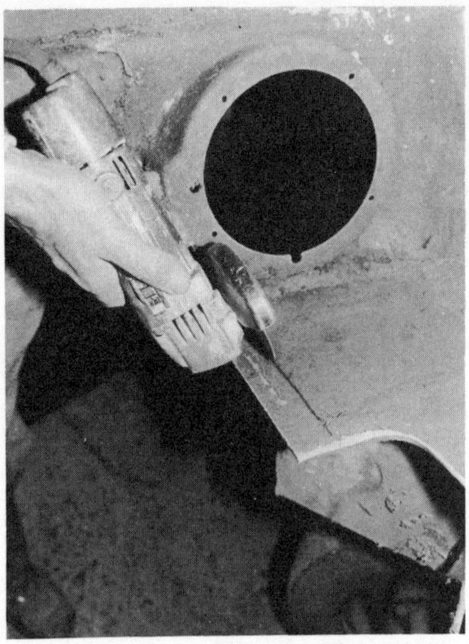

11. Schneiden Sie das Reparaturteil auf handliche Maße zurecht, trennen Sie es aber erst nach dem exakten Austrennen des Altteils auf die endgültigen Maße ab.

12. Hier wird ein Teil der Kühlerverkleidung zur Kontrolle angehalten, ob das Neuteil richtig sitzt.

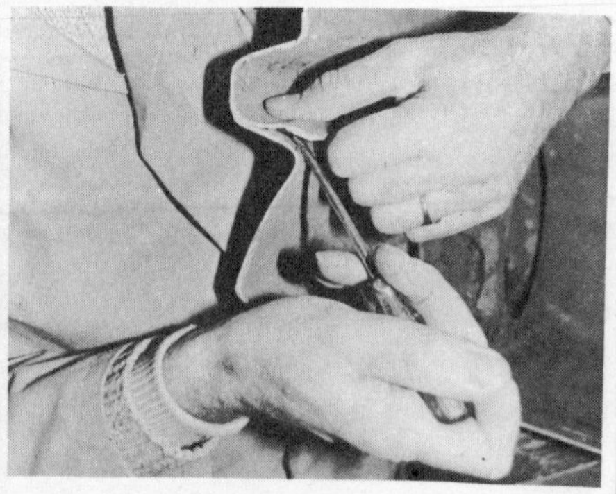

13. Kontrollieren Sie die Innenseite auf lose Verbindungen, Versteifungen, alte Reparaturstellen und auf richtigen Halt aller Verbindungen. Ggf. schleifen Sie die Paßflächen an und verkleben sie mit einer weiteren GFK-Lage.

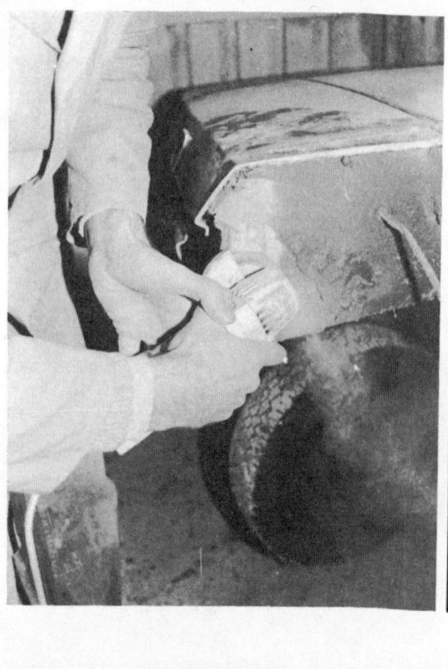

14. Die Paßflächen werden mit dem Winkelschleifer angerauht . . .

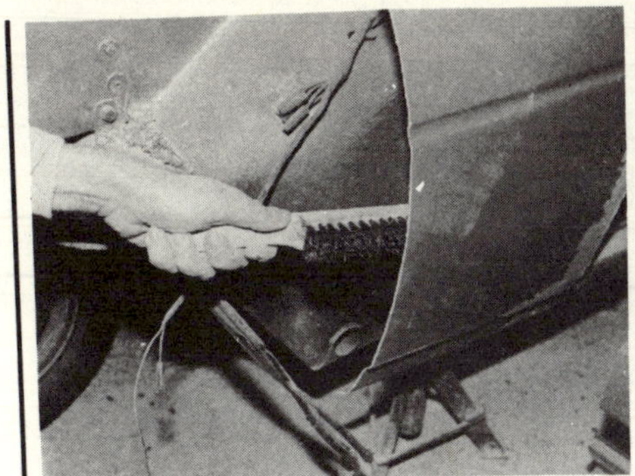

15. . . . die Innenseiten des Neu- und Altteils gereinigt und mit Silikonentferner ausgewischt – auch GFK haftet auf Fett nicht.

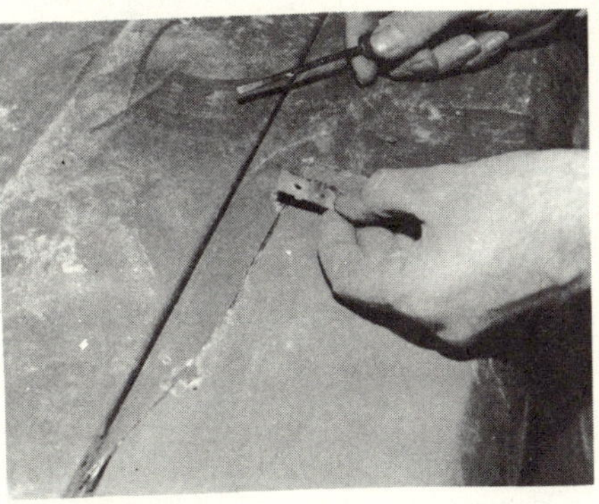

16. Nachdem man die Nähte so zugeschnitten hat, daß nur noch ein winziger Spalt zwischen Alt- und Reparaturteil bleibt, schneiden Sie einige Alu- oder Stahlstreifen zu.

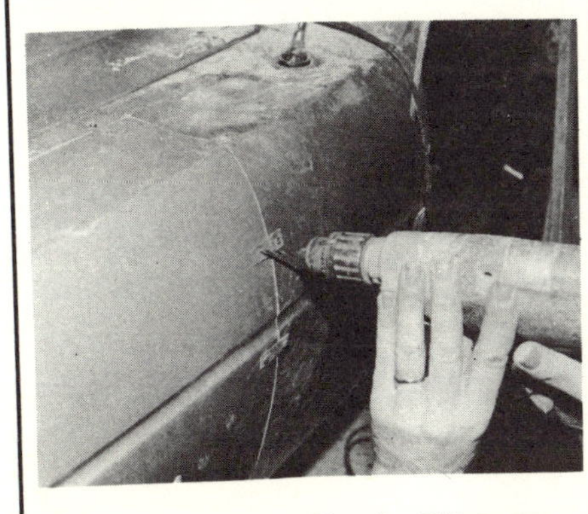

17. Dann bohren Sie die Führungslöcher.

18. Die Blechstreifen werden verschraubt, so daß sie die beiden Bleche genau richtig zusammenhalten.

19. Dann ziehen Sie einen Streifen Abklebeband über die Naht und drücken ihn ringsum sorgfältig an.

20. Jetzt werden Kunstharz und Härter nach Herstellerangaben gemischt.

21. Legen Sie drei Mattenstreifen auf einem Karton aus. (Schneiden Sie sie vorher zu; hinterher geht dies wegen des klebrigen Harzes kaum noch).

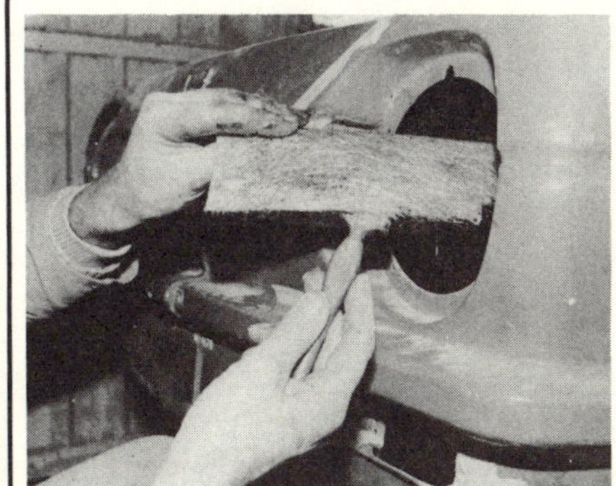

22. Jetzt sollte man Handschuhe anziehen oder zumindest Hautschutzcreme auftragen. Legen Sie die Matte mit Hand und Pinsel an der Reparaturnaht auf.

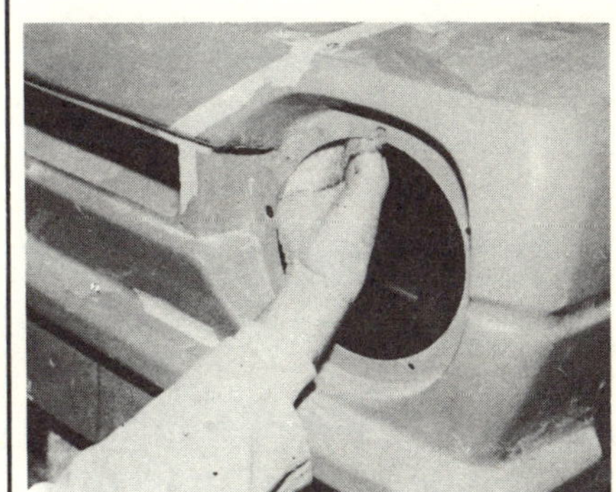

23. Drücken Sie die Matte fest an. Vorsicht, daß sie sich beim Zurückziehen der Hand nicht wieder ablöst.

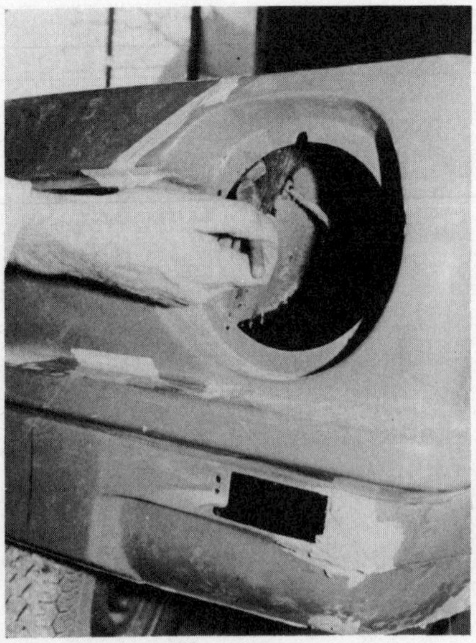

24. Dann tränken Sie mit dem Pinsel die Matte möglichst satt mit Kunstharz. Dieses Spiel wiederholen Sie mit dem nächsten Reparaturabschnitt, der den ersten Teil ein Stück weit überlagert, damit er einwandfrei haftet.

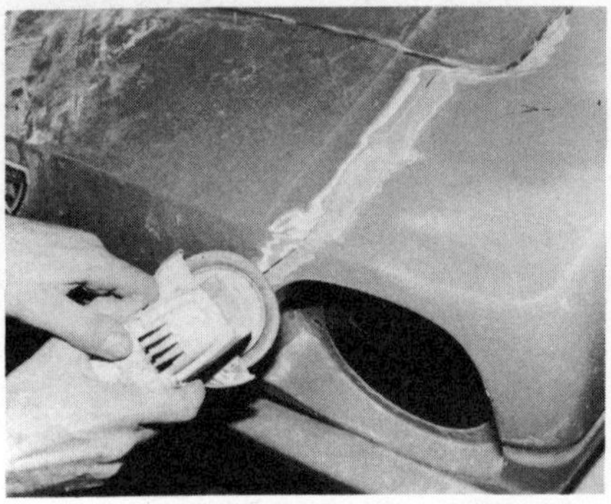

25. Die Übergänge der Reparaturstellen werden nun mit Winkelschleifer und grober Schleifscheibe etwas nach innen verschliffen.

26. Die dadurch entstandene Mulde erhält eine dünne Spachtelschicht . . .

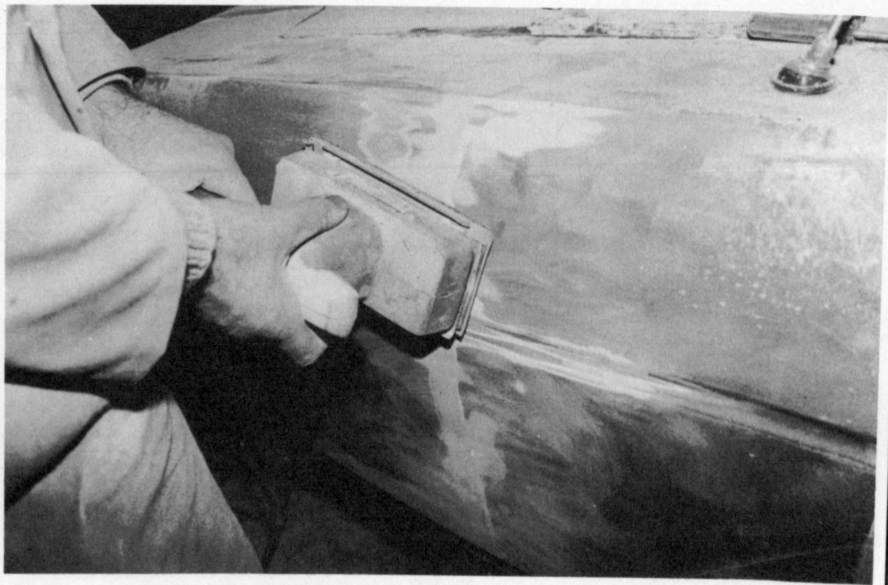

27. . . . und kann nun in gewohnter Weise beigeschliffen werden.

Reparatur kleiner Löcher

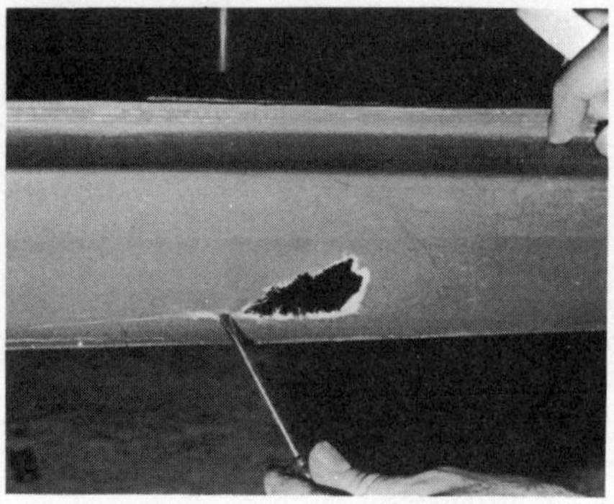

28. Beim gleichen Unfall war ein kleines Loch in den unteren Karosseriebereich gerissen worden. Die Schadensstelle wird auch auf etwaige Risse geprüft, die dann ebenfalls ausgebessert werden.

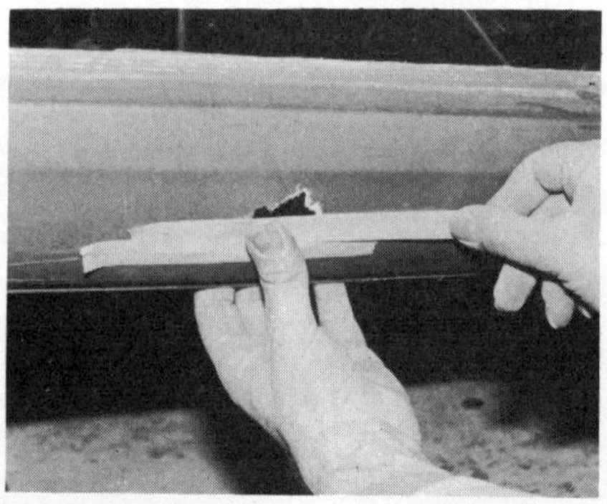

29. Mit Klebeband verschließen wir das Loch provisorisch . . .

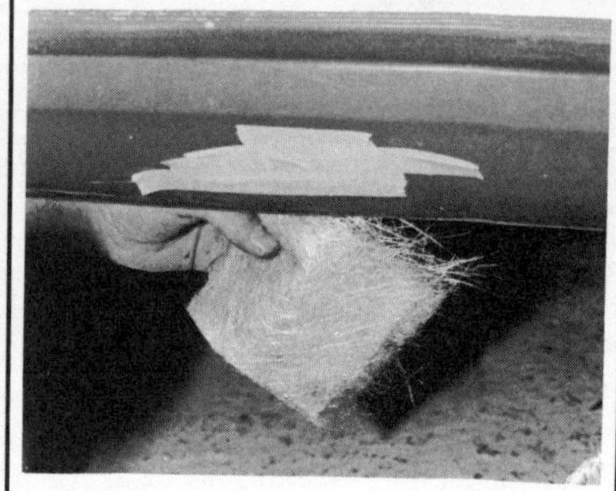

30. . . . und legen von hinten die harzgetränkte Glasfasermatte auf (wie bereits oben).

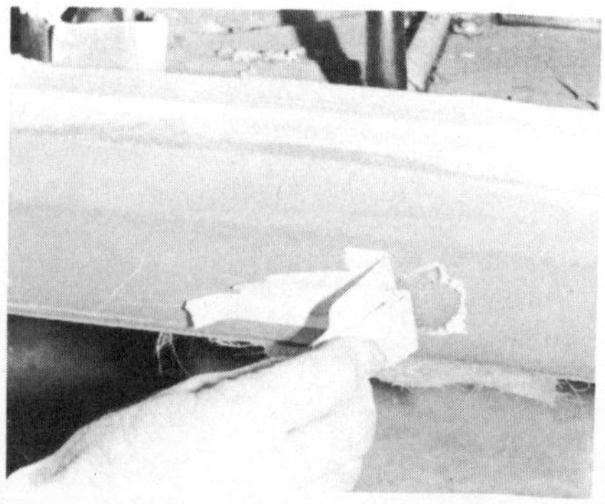

31. Sobald die Matte ausgehärtet ist, ziehen wir das Klebeband ab . . .

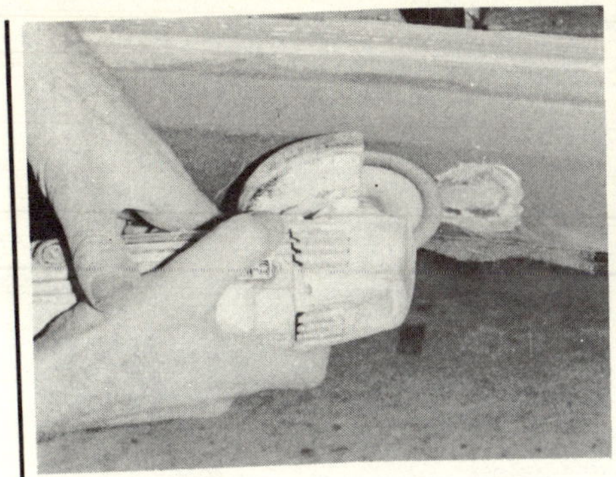

32. . . . und schleifen die erhabenen GFK-Stellen zurück.

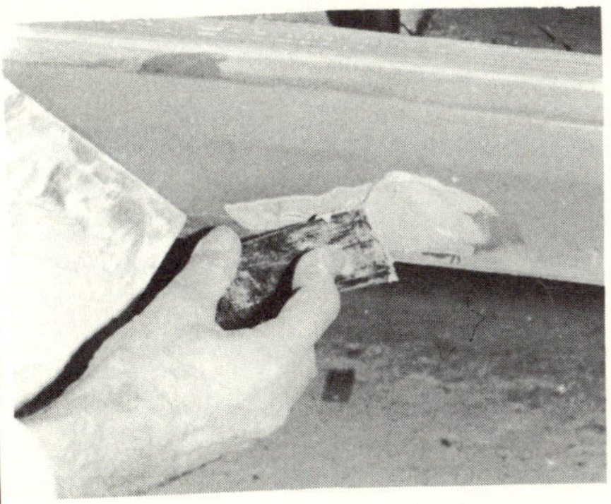

33. Die Reparaturfläche kann jetzt in gewohnter Weise verspachtelt und beigeschliffen werden.

34. Größere Spachtelstellen lassen sich mit einer großen einhiebigen Feile (die sich nicht so rasch zusetzt) relativ einfach wellenfrei schleifen. Ziehen Sie die Feile einige Male in der einen, dann in der anderen Richtung über die Spachtelfläche (sonst entstehen Wellen, die unter dem Decklack sehr unschön aussehen).

Reparatur von Rissen

35. GFK-Teile reißen oft an den Kanten ein (Zusätzliche Glasmattenauflagen auf der Rückseite bringen Abhilfe).

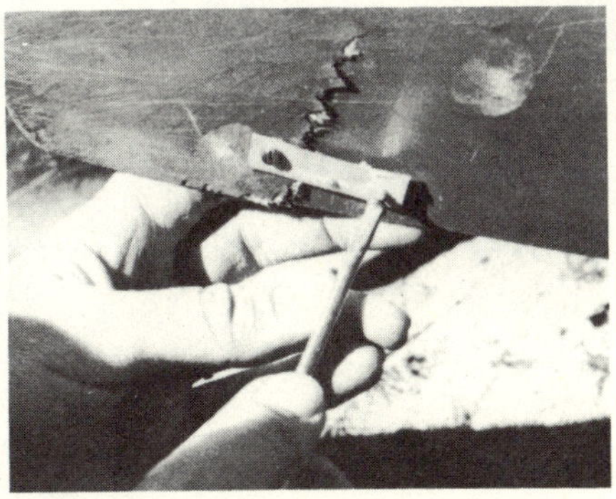

36. Fixieren Sie den Riß zuerst mit einem oder mehreren Blechstreifen (wie oben).

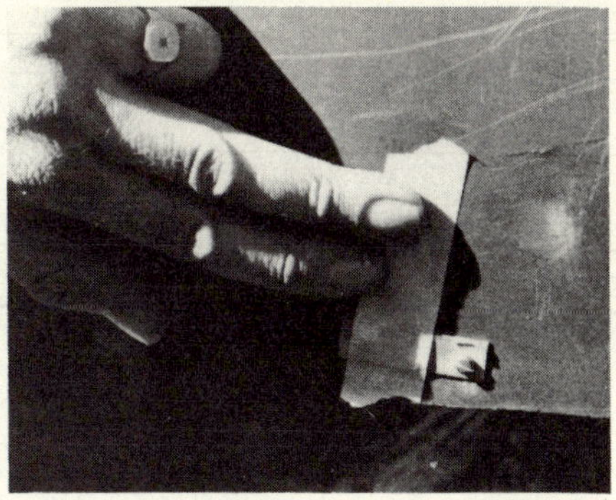

37. Dann kleben Sie die Nahtstelle ab, legen von hinten GFK-Schichten zur Verstärkung auf und schleifen und feilen die Außenseite in gewohnter Weise. Lösen sich die GFK-Schichten an der Rißstelle ab (wie es manchmal vorkommt), muß der schadhafte Bereich nach Aufbringen der inneren Verstärkungen abgeschliffen und mit neuen Matten- und Kunstharzlagen verstärkt werden.

38. Diese Verfahren eignen sich auch für die Reparatur von Kunststoff-Stoßstangen mit GFK. An einigen Kunststoffsorten hält GFK allerdings nicht so recht, so daß nur eine provisorische Reparatur möglich ist. Ist der Kunststoff auch nur geringfügig elastisch, sollte dem Lack vor dem Spritzen ein Weichmacher zugesetzt werden.

Lackieren

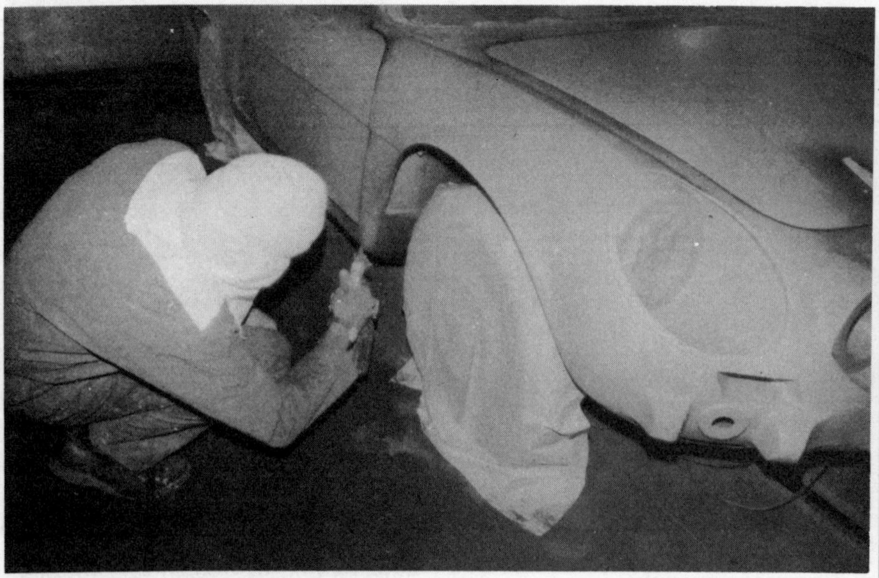

39. GFK ist problemlos überlackierbar. Es ist allerdings zwecklos, Risse durch Lackieren kaschieren zu wollen (siehe „Sternförmige Rißbildung" oben). Die Risse kämen binnen kurzem wieder im Lack zum Vorschein.

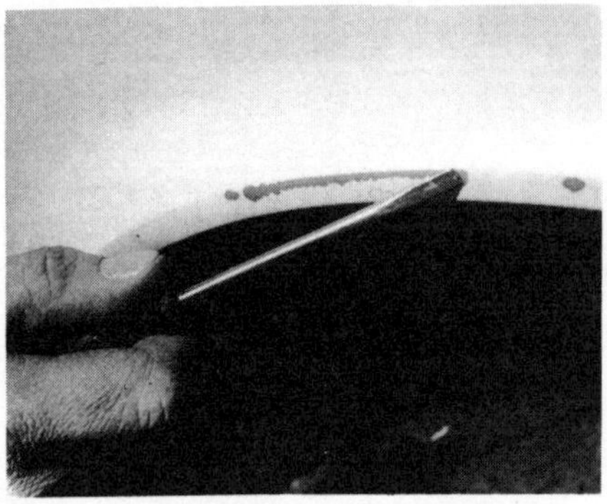

40. GFK-Flächen müssen sauber angeschliffen und mit Entfetter gereinigt werden. Dann werden sie mit Haftprimer vorgrundiert, damit der Decklack besser haftet – andernfalls könnte er wie hier abblättern.

Kopieren eines GFK-Teils ■

41. Mustang-Frontspoiler sind zwar lieferbar, kosten aber ein Heidengeld. Dies gilt auch für viele andere Importteile. Da dieses Teil keine Lasten übernehmen muß, wäre es ideal für eine Einzelanfertigung (sofern sich eine gute „Vorlage" auftreiben läßt). Als erstes wird ein „Negativ" des Teils benötigt.

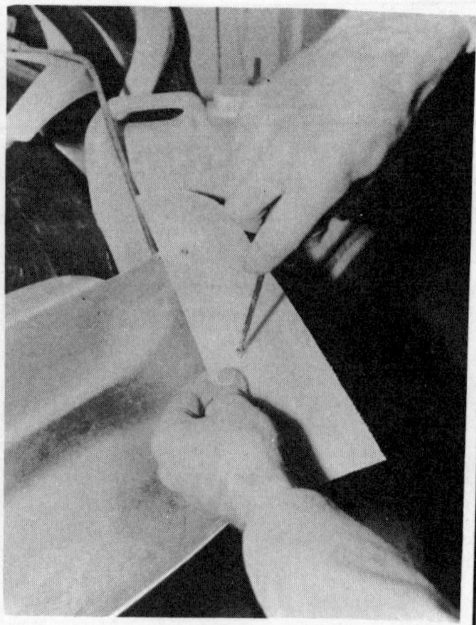

42. Im Spoiler befindet sich ein kleiner Falz. Legt man beim Formenbau die Glasfaser über diesen Falz, bekäme man das Originalteil nicht mehr aus der Form! Also schraubt man eine Abdeckung in den Falz, . . .

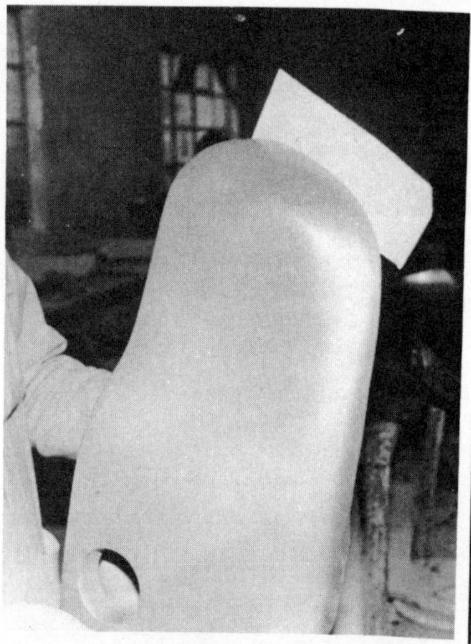

43. . . . so daß sie über den Rand hervorsteht. Die Funktion dieser (unbedingt nötigen) Abdeckung wird aus den folgenden Bildern deutlich.

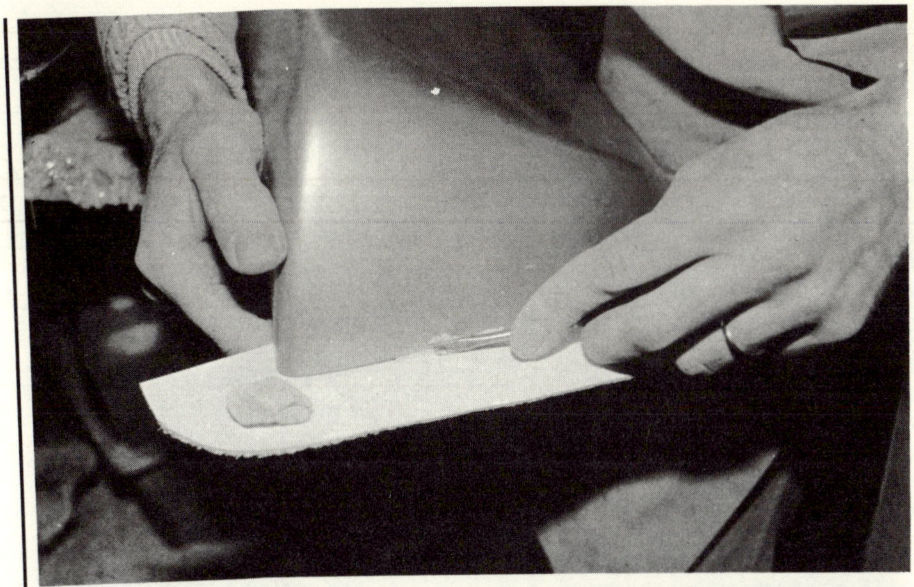

44. Die Naht zwischen Spoiler und Ansatzleiste wird mit Modellbaukitt verschlossen, so daß kein Kunstharz eindringen kann.

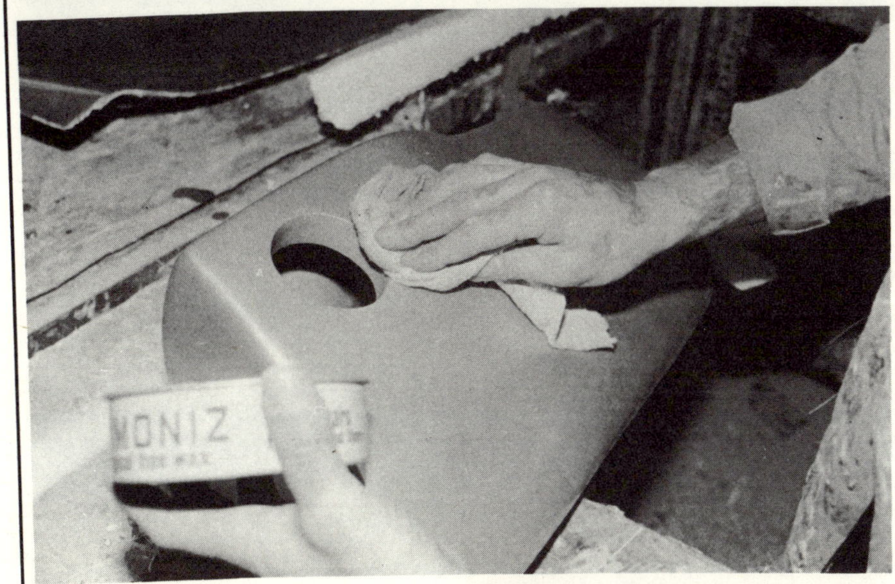

45. Dann wird Trennlack auf dem Blech aufgetragen, sonst klebt es mit dem GFK zusammen und wäre ruiniert.

Hinweis:

1) Die gesamte Oberfläche muß mit dem Trennlack eingestrichen werden.
2) Polieren Sie nur mit einer silikonfreien Wachspolitur. Sie ist zwar selten, aber dort, wo man das GFK bezieht, sicher zu bekommen.
3) Doppelt genäht hält besser: Tragen Sie Wachsentferner und PVA-Entferner auf. Der Zeit- und Geldverlust wäre immens, wenn man Bauteil oder Form ruiniert.

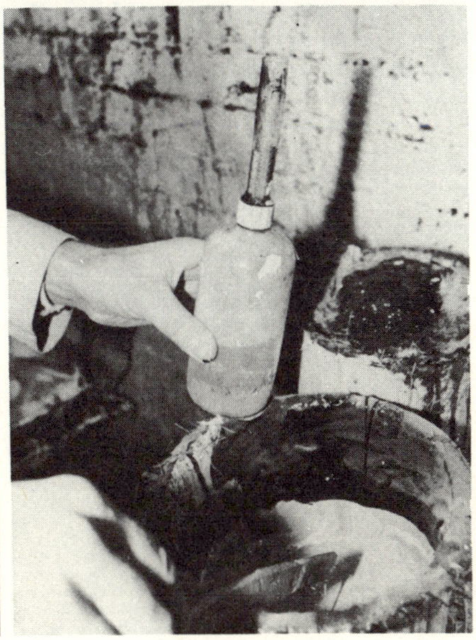

46. Rühren Sie etwas Gelierharz mit der empfohlenen Härtermenge an.

47. Streichen Sie die Gel-Schicht auf dem Originalteil auf (also auf dem Spoiler). Die Schicht sollte bis zu den Kanten einigermaßen gleichmäßig dick sein. Es dürfen keine Lücken bleiben, sonst drückt sich die Matte durch. Normales Kunstharz ist ungeeignet; Gelierharz bleibt auch nach dem Härten klebrig, so daß die weiteren Schichten noch aufgeklebt werden können.

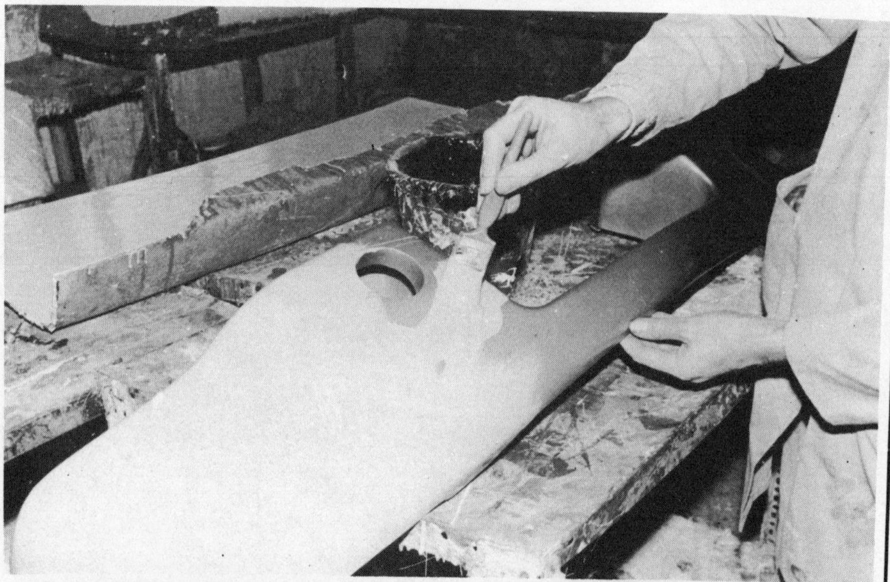

48. Legen Sie nach dem Gelieren des Gelierharzes eine durchgehende Lage Glasfasermatten auf. Arbeiten Sie aber – anders als hier zu sehen – mit Handschuhen oder reiben Sie die Hände mit Hautcreme ein.

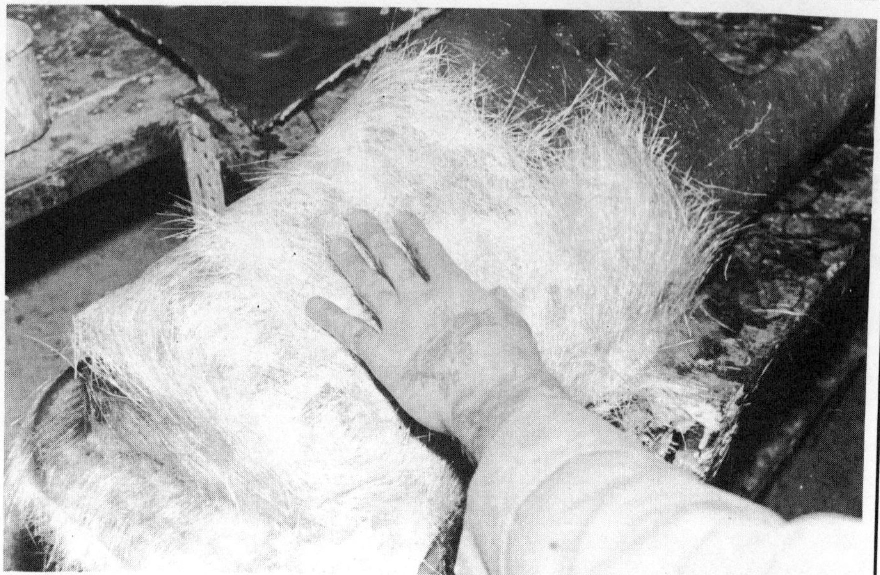

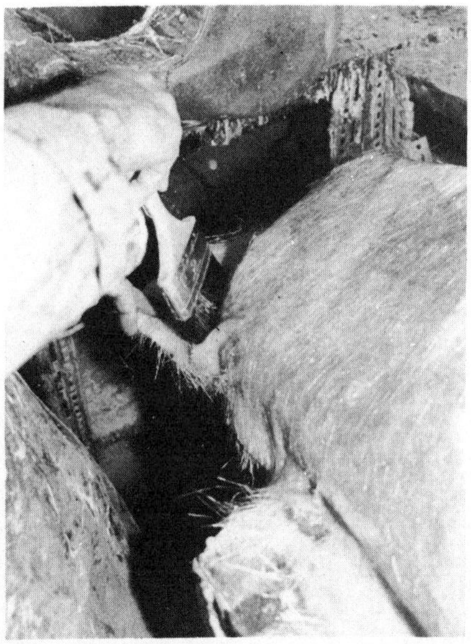

49. Dann tränken Sie die Matte mit Harz und Härterzusatz gründlich, bis sie nicht mehr weiß wirkt, sondern gelblich und weich wird.

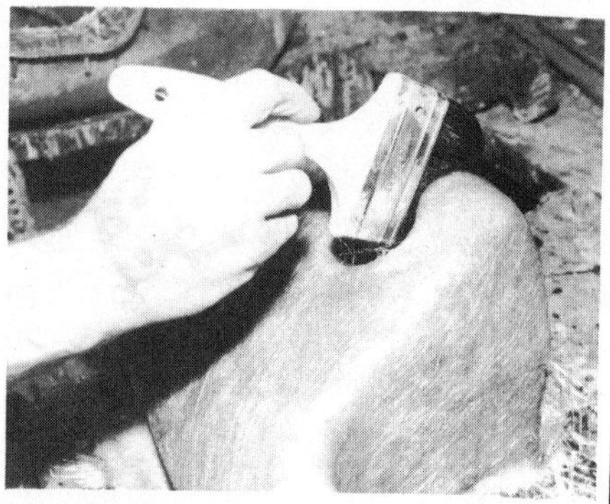

50. Die Matte muß überall dicht anliegen; Fugen oder Lufteinschlüsse schwächen die Auflage erheblich.

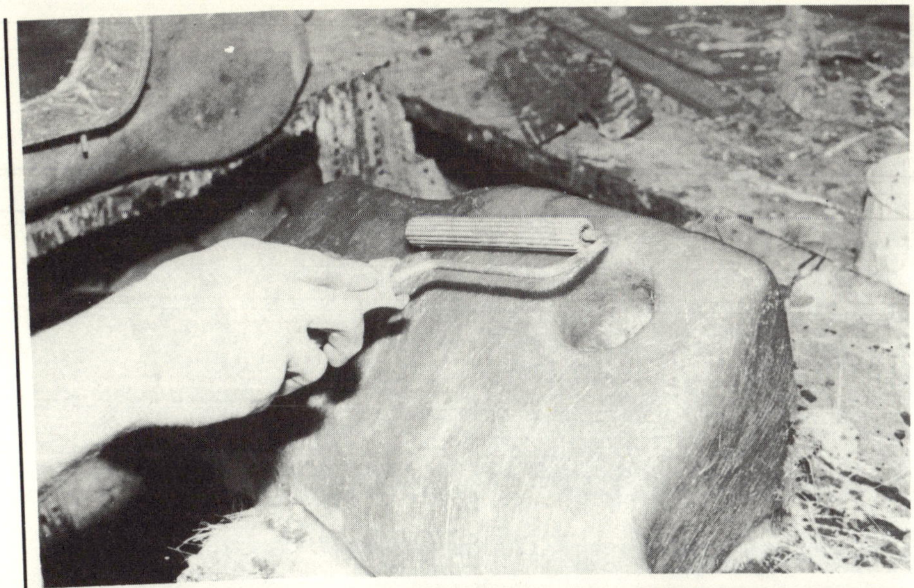

51. Mit einer speziellen Metallwalze, wie sie im GFK-Handel erhältlich ist, lassen sich Luftblasen mühelos herausdrücken.

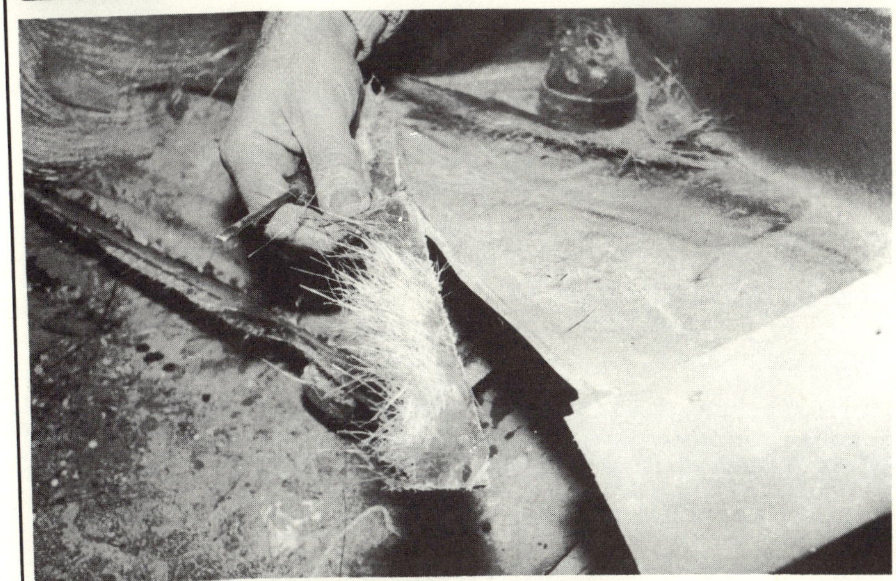

52. Die Matte muß bis zur Kante gezogen werden, damit auch die Kante dick genug wird. In geliertem, aber noch nicht ausgehärtetem Zustand läßt sie sich mit einem scharfen Messer gut schneiden. Andernfalls sägt man die Kante ab (ohne das Original zu beschädigen).

53. Oben hatten wir ja eine Abdeckung über den Falz gelegt. Sie wird jetzt umgebogen und nach Lösen der Schrauben abgenommen. Die im frischen GFK ausgebildete Fläche des Originalfalzes und des Ansatzstücks wird gründlich mit Trennlack eingestrichen.

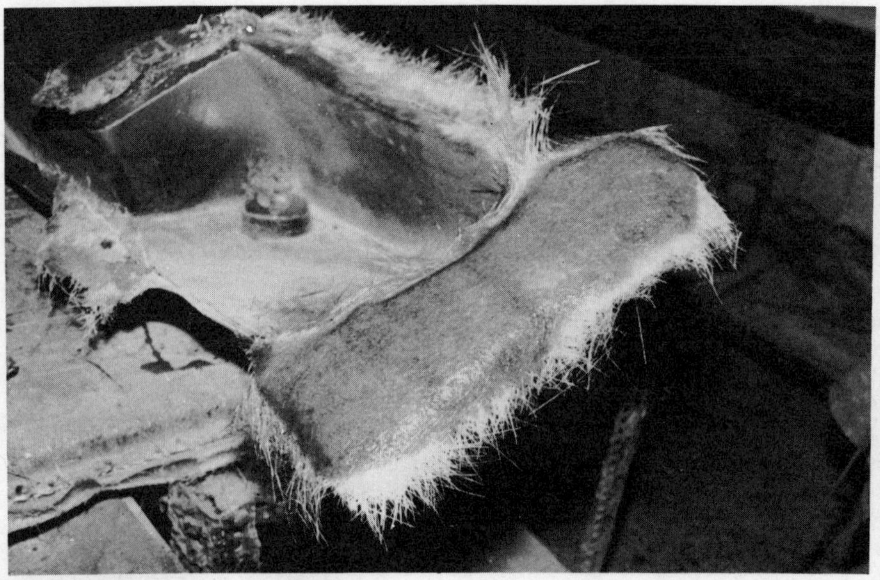

54. Der Originalspoiler sitzt noch in der Form. Ein Streifen GFK wird jetzt als Auflage über alle flachen Bereiche (auch den Falz) gelegt – aber nicht vergessen: Originalteil vor dem Auflegen der Matten mit Trennlack einstreichen.

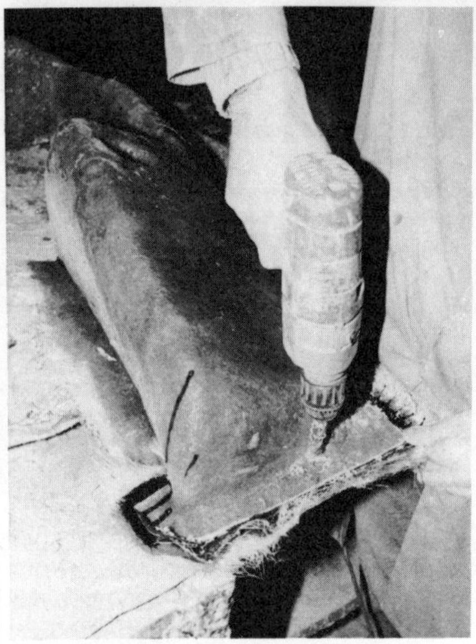

55. Nach dem Aushärten, aber vor Entnahme der Auflage werden Auflage und Form an zwei Stellen durchgebohrt, so daß die Auflage mit Schrauben hier an genau derselben Stelle wieder an der Form fixiert werden kan.

56. Jetzt kann die Auflage aus der Form entnommen und zugeschnitten werden.

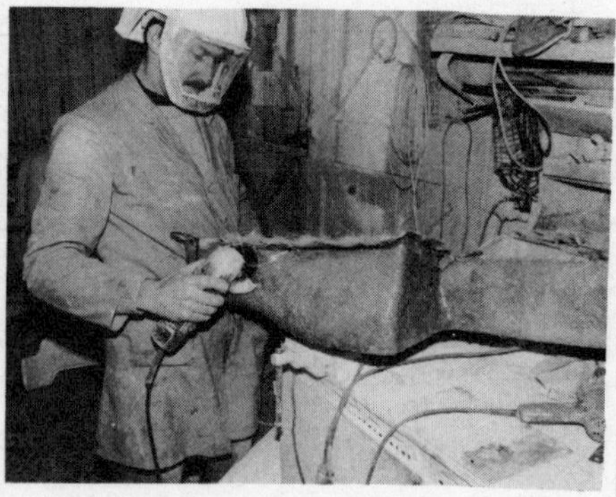

57. Die ganze Form wird jetzt entsprechend dem Originalteil zugeschnitten. Dabei arbeitet man immer mit Atemschutz (entweder – wie hier – mit Vollmaske oder mit Mund- und Nasenschutz), um sich gegen den Glasfaserstaub zu schützen.

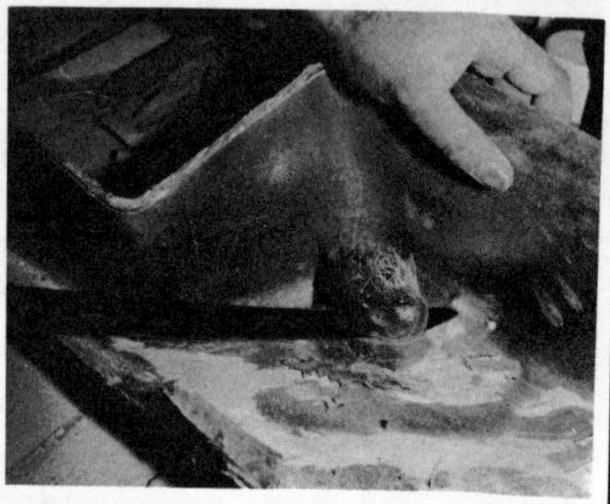

58. Überschüssige Mattenreste an der Luftbohrung werden ebenfalls abgetrennt.

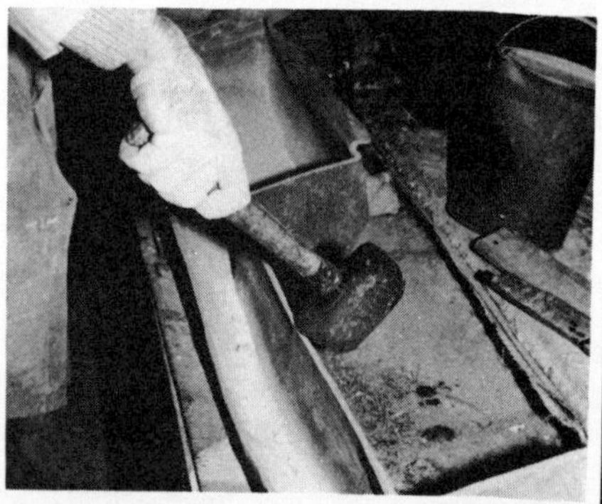

59. Trotz Behandlung mit Trennlack lassen sich die beiden Hälften nicht ohne weiteres trennen. Unter kräftigen Schlägen mit dem Gummihammer lösen sich die Kanten eher.

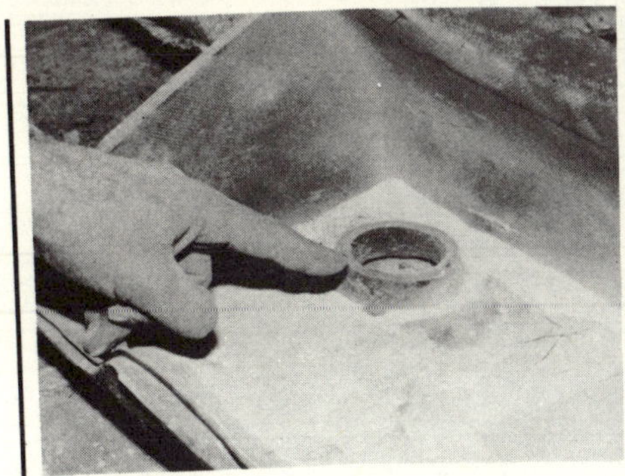

60. Überstände wie hier haften besonders gut und brauchen einige trockene Hammerschläge, bis sie nachgeben.

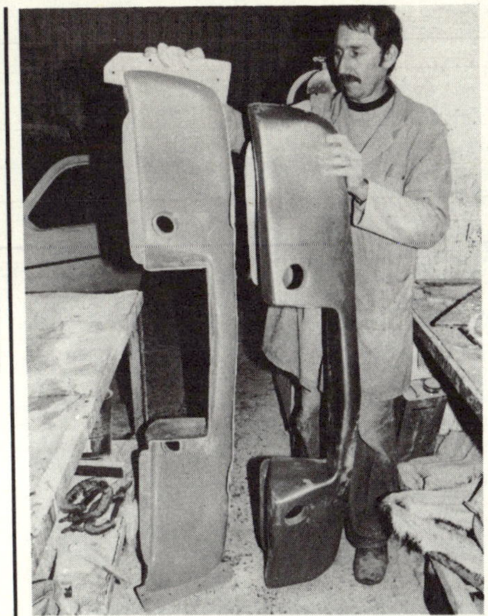

63. Links das „Negativ“ (die Form), rechts das Original. Zur Herstellung einer exakten Kopie müssen die GFK-„Auflagen“ nur noch verschraubt und die Innenseiten der Form ausgelegt werden (auch die mit den beiden Auflagen gebildeten „Ecken“, die die beiden Falze bilden.). Zum Entnehmen schrauben Sie die beiden Auflagen ab – fertig! Damit haben wir ein exaktes und vielleicht sogar stabileres Duplikat!

61. Versuchen Sie, die Anlagestellen mit einem glatten, flach zulaufenden Werkzeug auseinanderzustemmen ...

62. ... und dabei mit gezielten Hammerschlägen nachzuhelfen.

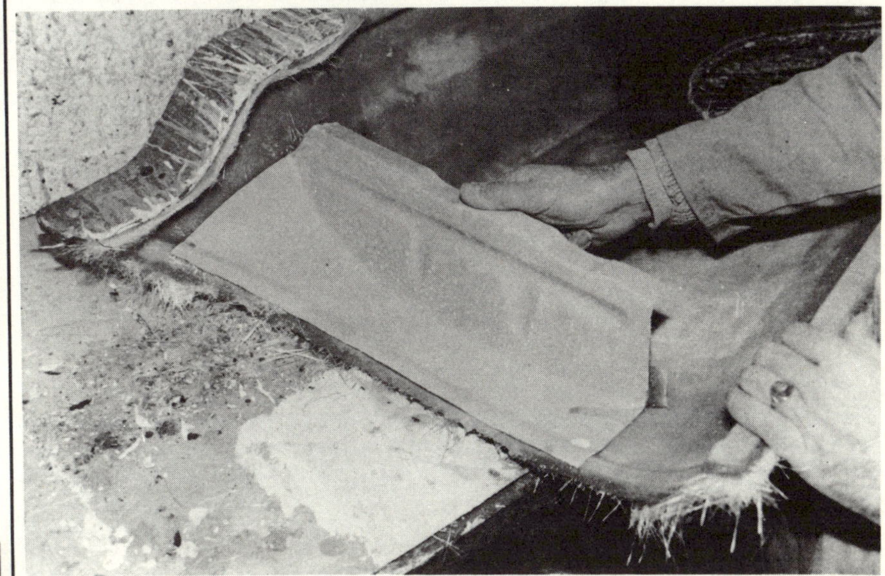

64. Manche Teile lassen sich ohne demontierbare Einsätze nicht gießen. Hier z.B. die Stütze innen im Kotflügel des MGB. Sie wird separat angefertigt und nach Einlegen von mindestens zwei Lagen Matten in die Form eingesetzt und weitere Lagen über alle Kanten gelegt, so daß der Einsatz einwandfrei fixiert wird.

Soll die Form lange halten und mehrmals verwendet werden, legen Sie mindestens vier Lagen Glasfasermatte ein (aber maximal vier Lagen auf einmal, da die Wärmeentwicklung sonst Probleme schafft). Lassen Sie das Teil einige Tage in der Form – verzogene GFK-Teile sind oft die Folge zu rascher Entnahme aus der Form.

Bei GFK sind der Phantasie fast keine Grenzen gesetzt, nur den eigenen Fähigkeiten im Formenbau. Für die Form eignen sich fast alle Werkstoffe. In GFK-Teilen kopiert man aber alles – auch Kratzer und Riefen, also investieren Sie die nötige Zeit, bis Ihre Form wirklich perfekt ist.

Austausch von Blechteilen gegen GFK-Teile ■

65. Im vorigen Kapitel hatte man diesem Ford Anglia bereits etliche Kosmetikreparaturen für den Rest seines Lebens angedeihen lassen – er sollte ja auch nur noch ein weiteres Jahr halten. Zwei Jahre später lief er jedoch immer noch, zeigte aber schon wieder ein paar Runzeln – als eines Tages ein anderer Zeitgenosse ihm die Vorfahrt nahm und ihm das eine ,,Auge" ausstach! An sich wäre damit Schluß gewesen, auch die Versicherung hatte ihn als Totalschaden abgeschrieben. Die Besitzerin wollte ihn jedoch weiter am Leben erhalten und die Vorderkotflügel durch GFK-Teile ersetzen lassen.

An Fahrzeugen, an denen die Kotflügel tragende Teile sind, ist der Anbau von GFK-Kotflügeln ohne umfangreiche zusätzliche Karosserieversteifungen nicht zulässig. Beim Anglia waren die Kotflügel jedoch ohnehin mürbe und hatten sicher keine tragende Funktion. Sie sind jedoch Teil der Typzulassung; beim Umbau auf GFK-Kotflügel ohne Mustergutachten erlischt meist die Betriebserlaubnis (manche TÜV-Stellen sind da unbarmherzig) – also achten Sie auf entsprechenden ,,Gütenachweis" des Kotflügelherstellers.

66. Die Kollision war nicht allzu gravierend. Das Scheinwerferglas war heil geblieben, doch war der umliegende Bereich derart marode, daß der ganze Scheinwerfer nach hinten gedrückt wurde. Außerdem waren der Kühlergrill (aus Alu, also schwierig zu richten) und die Stoßstange verzogen und das Blinkerglas eingeschlagen. Ein kompletter Blinker wurde vom Schrottplatz besorgt.

67. Zuerst prüft man, ob sich neue Kotflügel überhaupt noch lohnen. Entscheidend ist der Zustand der oberen Innenkotflügelsäume und des tragenden Bereichs um den Federbeindom.

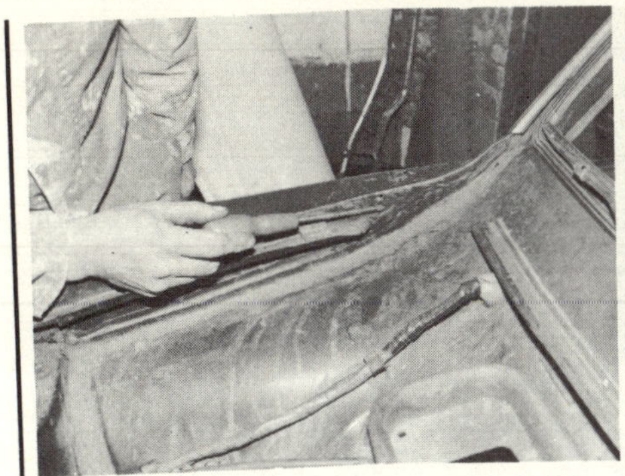

68. Hier war der Rost infolge der Dreckablagerungen unter den Kotflügeloberkanten durchgebrochen, also mußte dieser Bereich instandgesetzt werden. Diese Roststelle verhieß nichts gutes, denn die Türsäulen lagen dicht daneben.

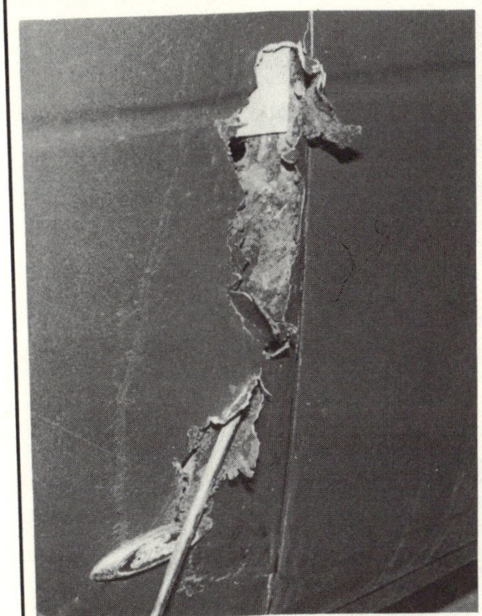

69. Beim Entfernen der zwei Jahre zuvor aufgetragenen Spachtelschichten kam Interessantes zutage. Die Spachtelschicht über dem "rostbehandelten" Stahl war durch den fortschreitenden Rostfraß unbarmherzig hochgedrückt worden. Die darüberliegende Stelle, an der man das rostige Metall herausgetrennt und ein Alublech eingesetzt hatte, war kaum angerostet – jedenfalls viel weniger, als zu befürchten war.

70. Vor der Demontage bauen wir die Batterie aus, um besser an die Innenbleche zu kommen. Bleibt bei Arbeiten an der Elektrik die Batterie angeschlossen, kann es vor allem bei alten, nicht ganz einwandfreien Kabelbäumen leicht zu Kabelbränden kommen.

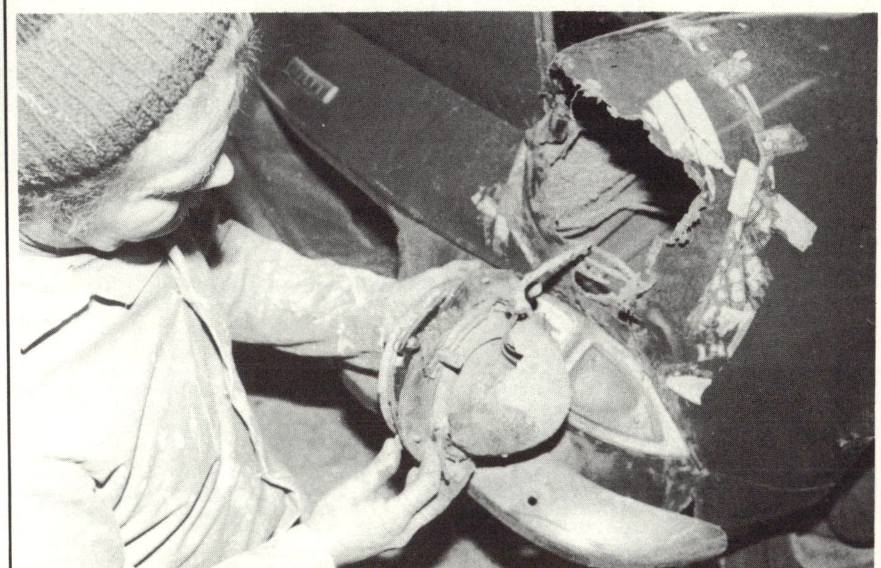

71. Der linke Scheinwerfer fiel uns schon fast entgegen. Auch der Scheinwerfertopf war durchgerostet, also unbrauchbar. Die Dichtung wird beiseitegelegt und wiederverwendet und die Kabel vorsichtig abgezogen.

72. Der Kühlergrill ist mit zahlreichen Blechschrauben befestigt. Oft ist der genaue Sitz aller Teile nur mit etwas Detektivarbeit festzustellen. Schließlich will man als Hersteller ja nicht, daß überall offenliegende Schrauben und Muttern die Optik stören!

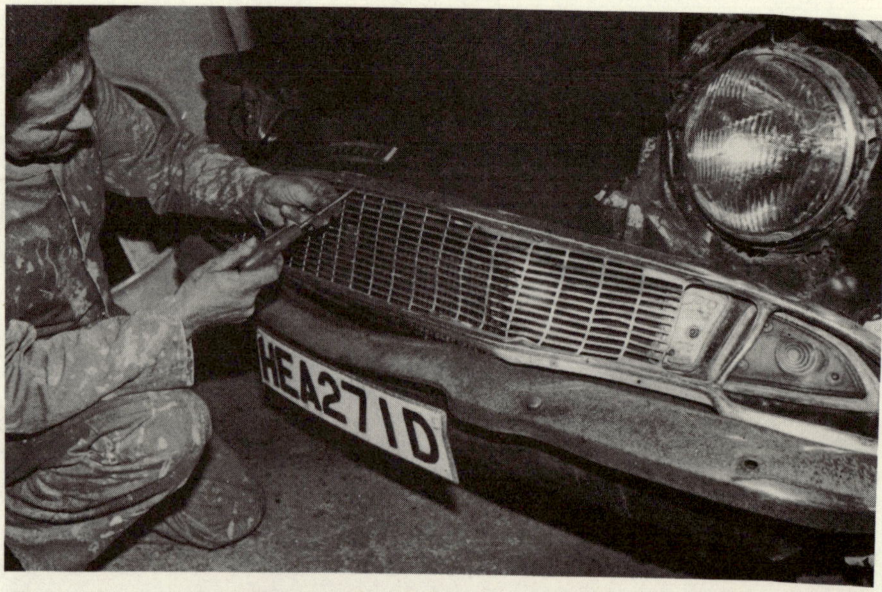

73. Das Richten des Grills wäre mit erheblichem Aufwand verbunden gewesen, da sich das Alu gestreckt hatte. Er hätte sich zwar näherungsweise zurechtbiegen lassen, aber glücklicherwise trieben wir bei einem Händler für wenig Geld noch einen originalverpackten Kühlergrill auf. Es lohnt sich, bei den Vertragshändlern nach Restposten an Teilen für ältere Modelle zu fahnden. Noch ergiebiger sind manchmal ehemalige Händler, die inzwischen die Marke gewechselt haben und oft froh sind, die Ladenhüter für einen symbolischen Betrag loszuwerden.

74. Der rechte Scheinwerfer wurde auf normale Weise ausgebaut. Die drei langen Blechschrauben (halb versteckt) des Zierrings werden zuerst gelöst.

75. Dann schraubt man den Scheinwerfer vom Kotflügel ab. Der Scheinwerfer braucht nicht weiter zerlegt zu werden; Glas und Reflektor bleiben zusammen.

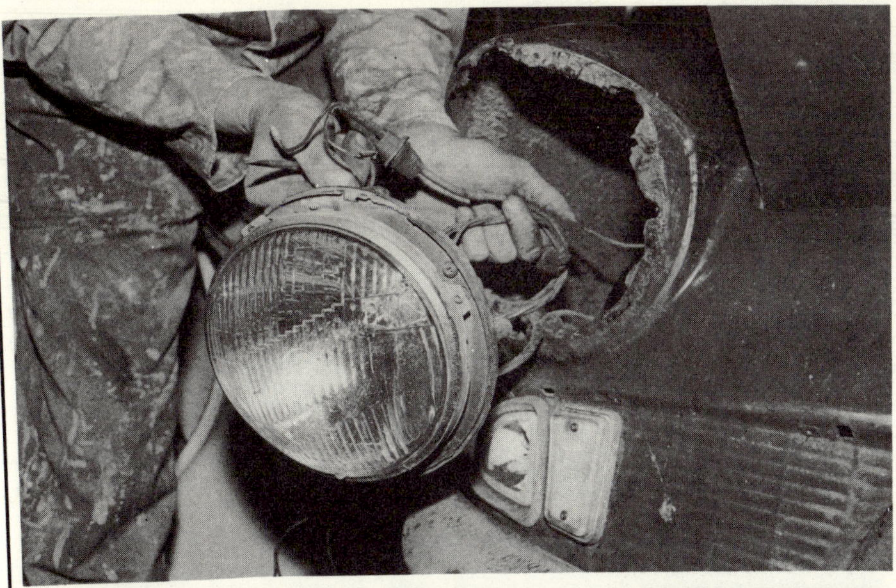

76. Die Kabeltülle wird vorsichtig aus dem Innenkotflügel gelöst, da sie wiederverwendet werden soll. Um besser an die Kabelstecker zu kommen, zieht man die Kabel möglichst weit aus Richtung Motorraum heraus und zieht die Stecker dann ab. Bei Zweifeln am Anschluß der Kabel markiert man die Stecker mit Klebeband. An manchen Kabelenden werden Sie neue Steckverbinde anlöten müssen; die alten Kabel rutschen oft glatt aus den Steckern heraus, die auf ihrem Gegenstück sitzen bleiben.

77. Die Blinkergläser werden ebe falls abgebaut.

78. Der Dichtgummi hinter dem Glas ist bei vielen Modellen kaum noch zu beschaffen; ohne Dichtung rostet das Lampeninnere aber im Handumdrehen zusammen und entwickelt fette „Kupferwürmer". Beschädigen Sie die Dichtungen beim Ausbau also möglichst nicht.

79. In dieser Leuchte sitzt eine zweite Streuscheibe. Auch diese bewahren Sie sorgfältig auf – Ersatz für derartige Kleinteile ist oft nicht zu bekommen.

80. Jetzt bauen wir die Motorhaube ab. Die Haubenstütze ist mit Kontermuttern verschraubt.

81. Die Stütze wird mitsamt der Feder von der Anschweißschraube abgedrückt. Zerlegen Sie nur das nötigste. Die Stütze lassen wir hier an der Motorhaube.

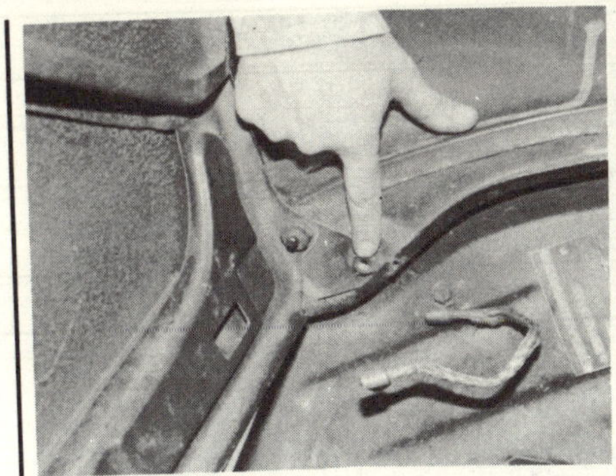

82. Die Haube wird außerdem noch von Gelenkbügeln an der Vorderkante der Innenkotflügel gehalten.

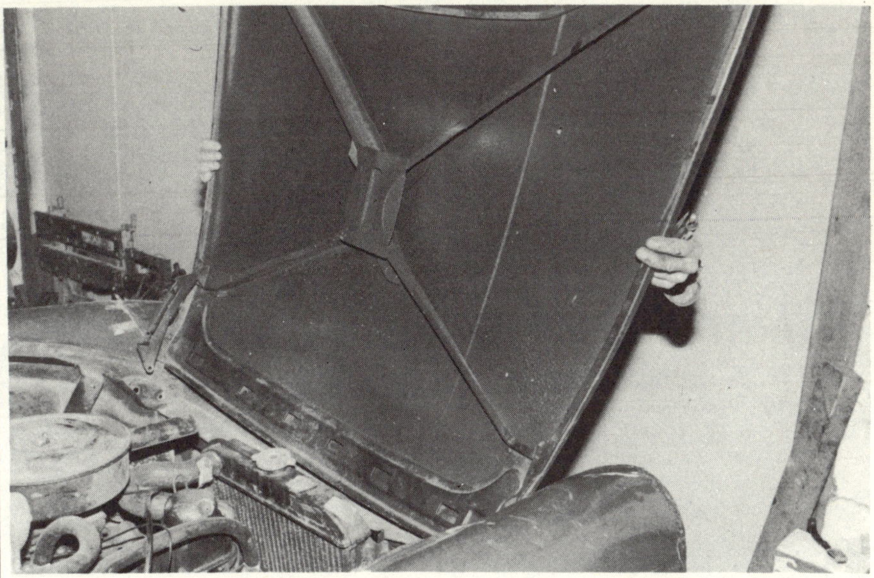

84. Die Motorhaube kann von einer Person ohne Mühe abgehoben werden. Legen Sie immer eine Unterlage auf dem Boden aus, damit die Haubenkanten nicht beschädigt werden, und decken Sie die Haube ab – sie bekommt nur allzuleicht Kratzer, wenn sie in der Werkstatt herumsteht.

83. Bei eingebauten Scheinwerfern kommt man kaum an die Schrauben, nach Ausbau der Scheinwerfer ist dies dagegen kein Problem. Schrottbleche meißelt man am besten kurzerhand ab, damit man leichter an versteckt liegende Befestigungsteile kommt.

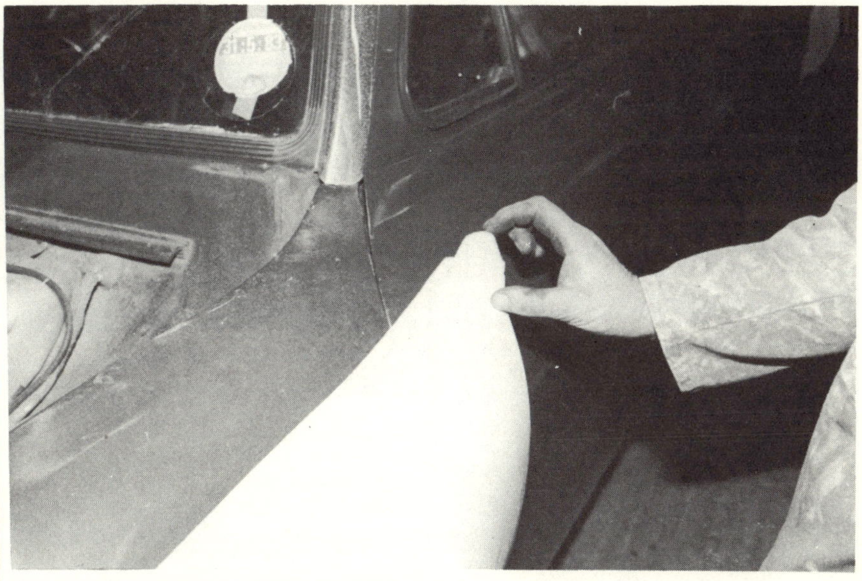

85. Vor dem Abbau der alten Kotflügel setzen Sie den neuen Kotflügel an und prüfen, wie weit das Altteil entfernt werden muß bzw. was stehenbleiben muß. An den Oberkanten unserer neuen Kotflügel stimmte die Form nicht, sie wurden also abgetrennt.

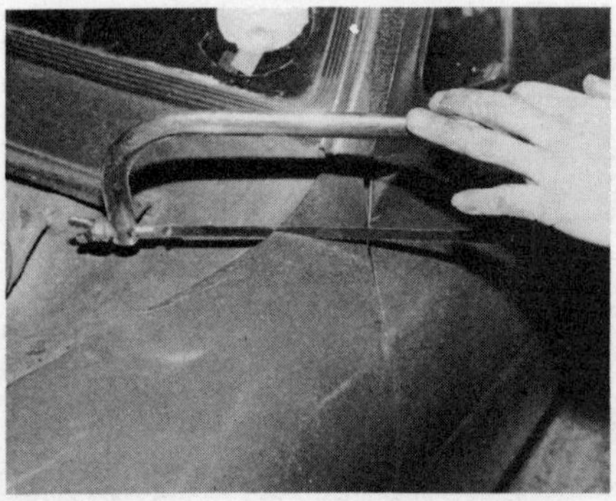

86. Der alte Kotflügel wird genau vermessen und entlang der neuen Nahtstelle exakt durchgesägt.

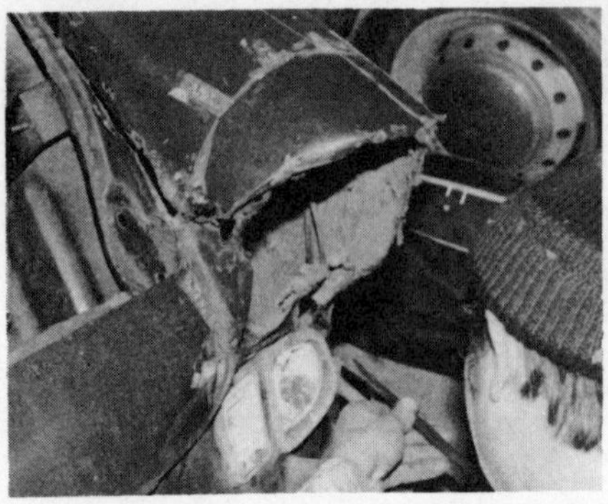

87. Mit einem scharfen Karosseriemeißel trennen wir den alten Kotflügel ab.

88. Er wandert dann gleich in den Schrott.

89. Hinter dem Kotflügel kam weniger Rost als erwartet zum Vorschein – ein seltener Fall! An der Durchrostung wird ein Blech aufgesetzt. Die Meißelkanten wurden ebenfalls entfernt (mit dem Winkelschleifer oder einer kleinen Karosserieschere).

90. Die Türsäule sah dagegen schlimmer aus! Der Sockel war gesund, doch war der obere Bereich, wo sich offenbar Dreck gesammelt hatte, erheblich korrodiert. Vielleicht wäre auch bald die Tür abgefallen. Soviel zu dem Irrglauben, daß bei der Montage von GFK-Kotflügeln keine Schweißarbeiten nötig sind! Bei rettungslos verrosteten Kotflügeln sind meist auch dahinterliegende Bleche „hinüber“.

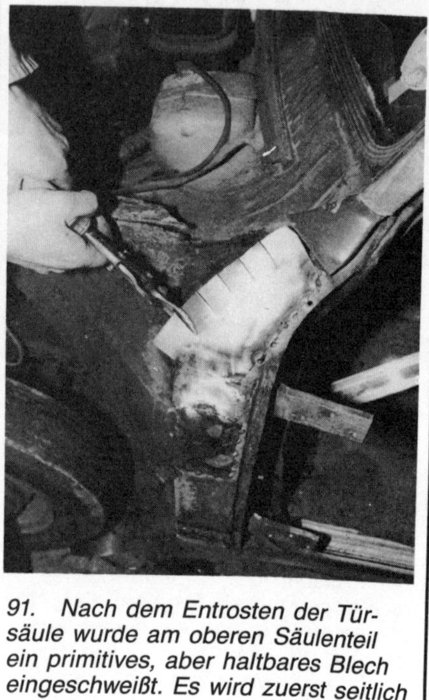

91. Nach dem Entrosten der Türsäule wurde am oberen Säulenteil ein primitives, aber haltbares Blech eingeschweißt. Es wird zuerst seitlich an der Säule angeschweißt und dann am Rand eingeschnitten. Die Schnittlinie wurde zuvor angezeichnet.

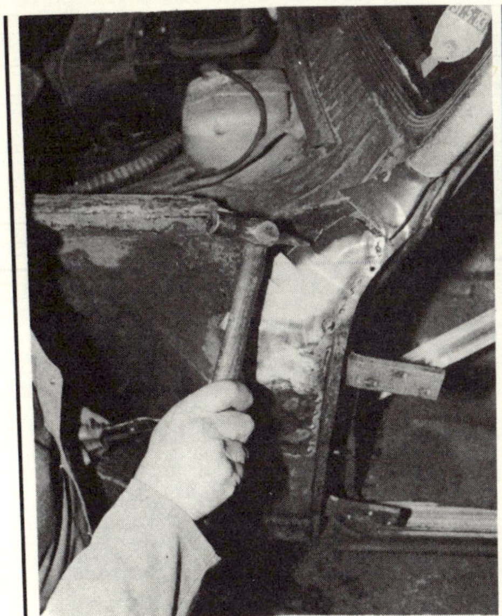

92. Die Falze werden jetzt einzeln umgehämmert. Für ein Fahrzeug mit begrenzter Lebenserwartung wäre die Anfertigung eines sauberen, gerundeten Blechteils mit Abkantung zu zeitaufwendig gewesen. Unser Schnellverfahren sieht zwar nicht so schön aus, hält aber auch.

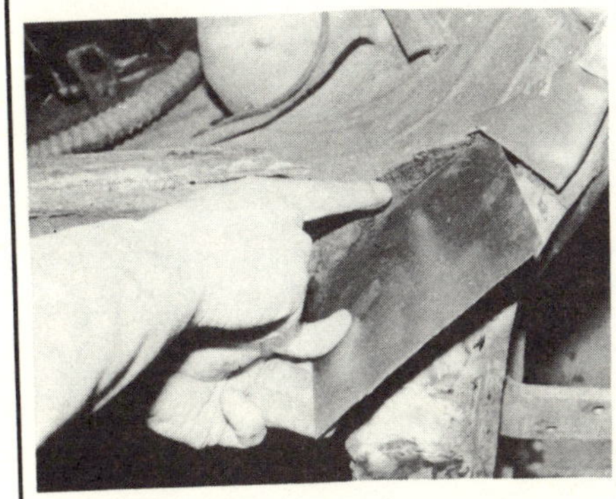

93. Auch für das obere Ende wurde ein Übermaßblech angefertigt.

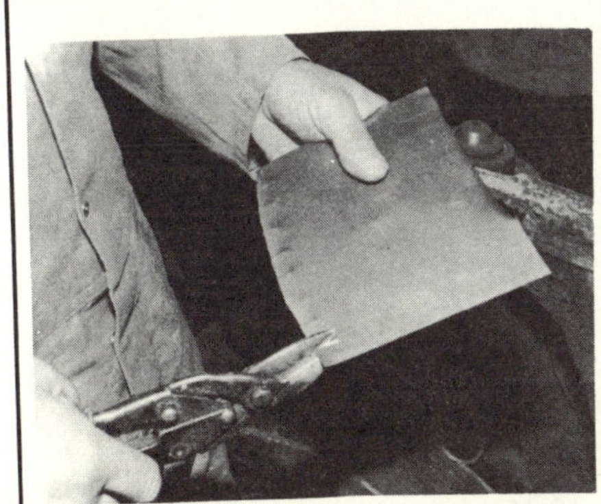

94. Die Anlagefläche am Innenkotflügel wird zu einer Rundung eingeschnitten.

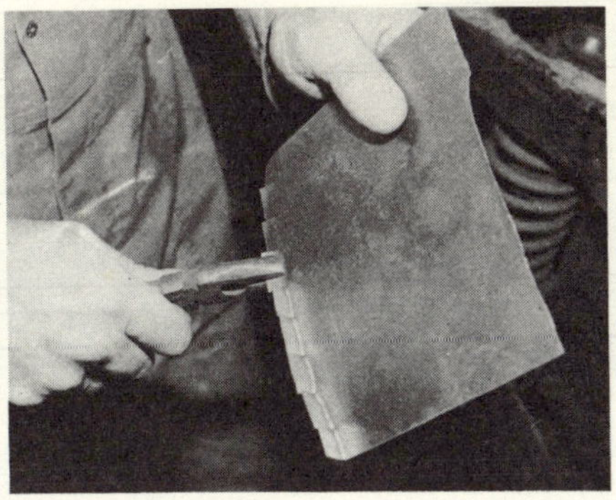

95. Die Einschnitte werden dann mit einer Zange eingebogen.

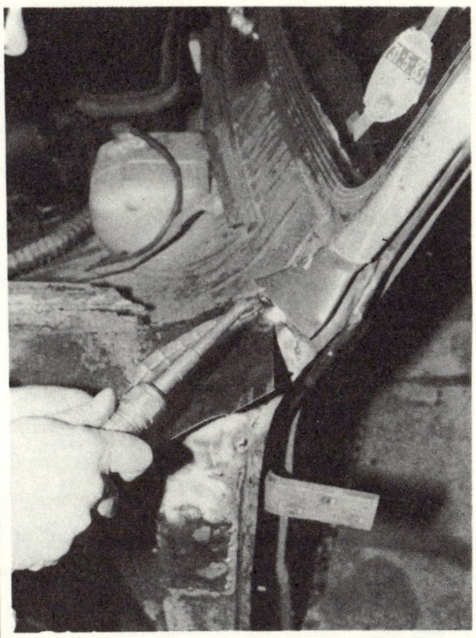

96. Das Blech wird zuerst am oberen Ende angeheftet . . .

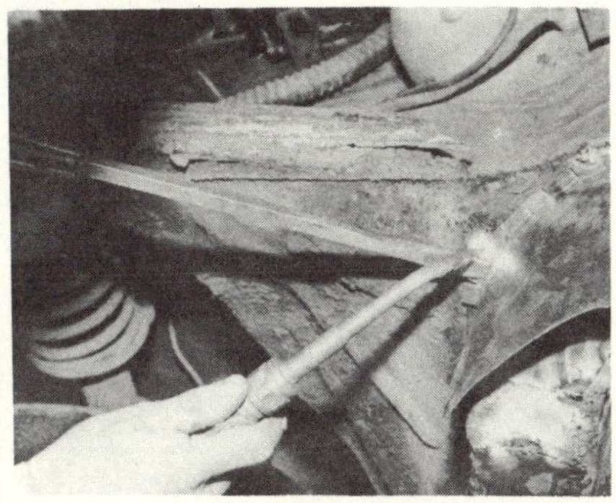

97. . . . und dann mit einem großen Schraubendreher entlang der Krümmung der Scharniersäule angedrückt (stützen Sie sich mit der Schulter dagegen, so daß Sie beide Hände frei haben). Jetzt können Sie das Blech anschweißen.

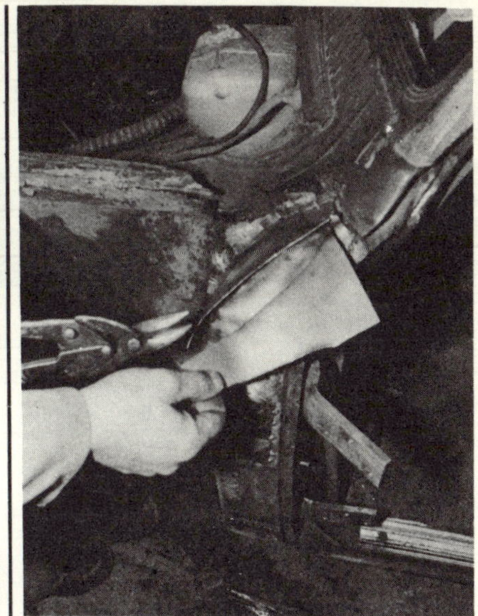

98. Das überstehende Blech wird abgeschnitten und die Naht durchgezogen. Derartige ''Falze'' sind nichts für Puristen oder Besitzer von Sammlerfahrzeugen, die Falzschweißung hält aber sicher besser als eine normale Stirnnaht.

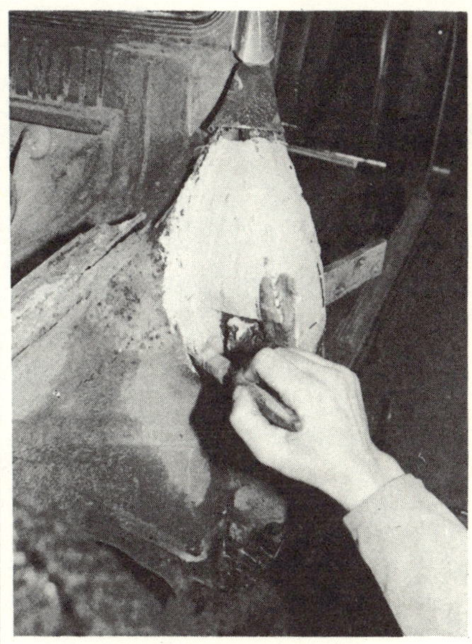

99. Auch bei Kurzzeitreparaturen wie diesen kann ein schützender Lackanstrich nichts schaden.

100. Bei Schweißarbeiten sollte man umliegende Verkleidungen immer ausbauen. Auch dann können jedoch Öl, alte Glasfaserreparaturen und Unterbodenschutz Feuer fangen. Halten Sie also einen Feuerlöscher sowie für kleinere Brände eine Spritzflasche mit Wasser bereit. Diese Wasserflasche ersetzt aber keinesfalls einen richtigen Feuerlöscher – er kann lebensrettend sein! Siehe Abschnitt „Sicherheit" in diesem Kapitel.

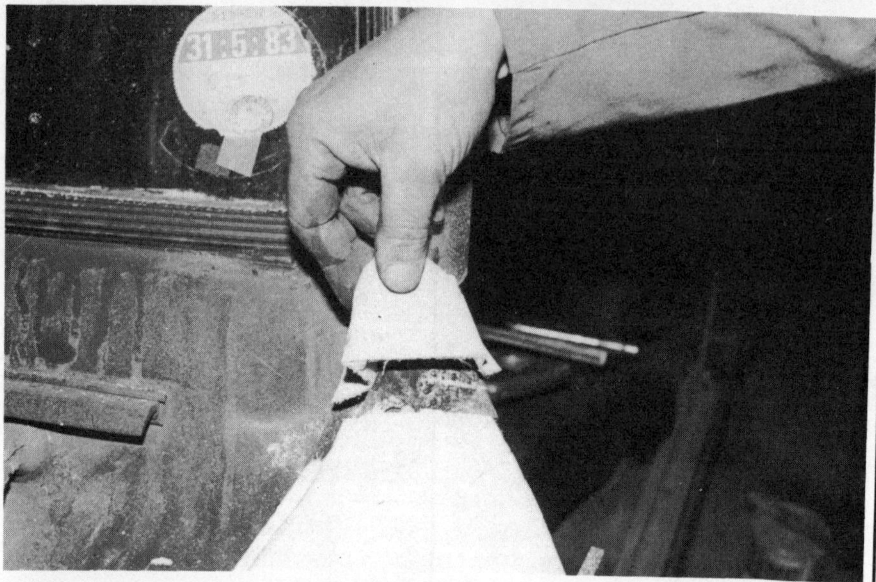

101. Der an seinem oberen Ende passend gemachte GFK-Kotflügel wird angesetzt und eingepaßt.

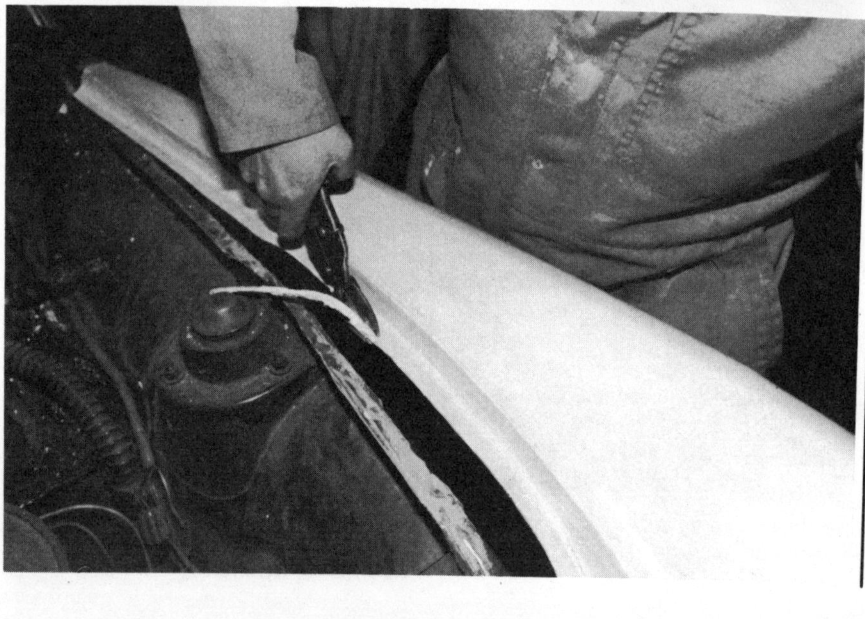

102. Der Flansch für die Regenrinne war viel zu breit, muß also nachgeschnitten werden. Vorsicht, daß Sie das GFK nicht einreißen. Dies wäre aber immer noch das kleinere Übel, als die mit Schleifmaschinen freigesetzten Glasfaserpartikel einzuatmen.

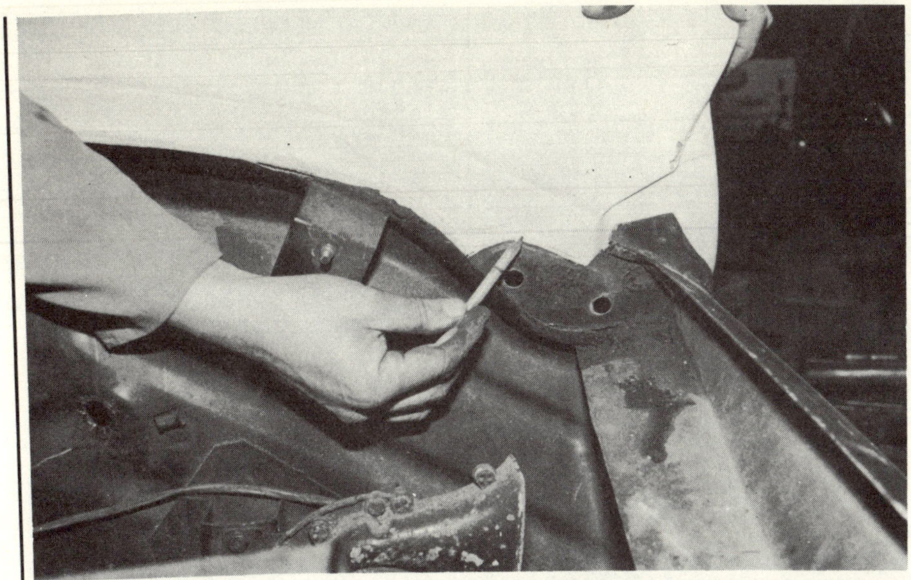

103. An der inneren Vorderkante des Kotflügel müssen noch die Bohrungen für das Motorhaubengelenk angebracht werden. Dies ist ein typisches Beispiel dafür, warum derartige Nachbaukotflügel nie genau passen.

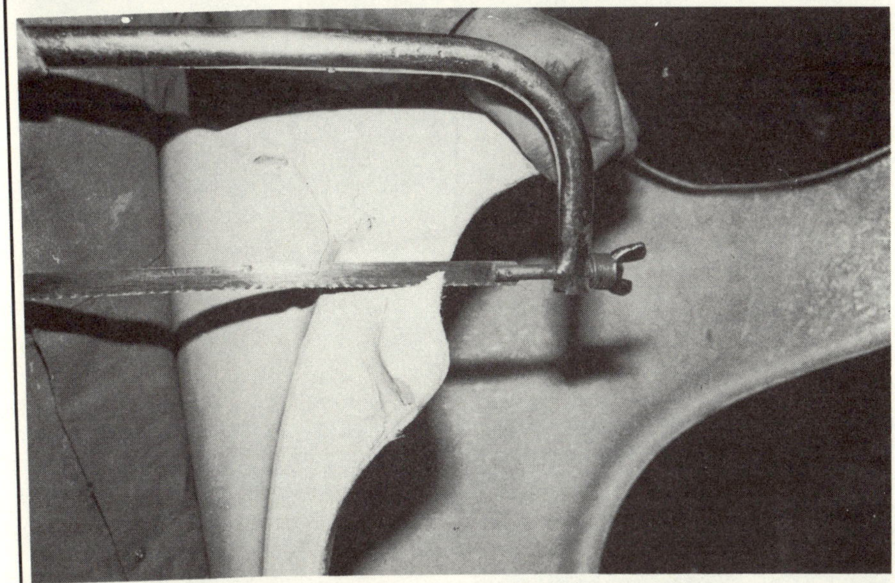

104. Dieses größere, flache Teil wird mit einer Bügelsäge eingesägt, da mit der Schere die Gefahr des Einreißens zu groß wäre.

105. Der Kotflügel, der nun einigermaßen passen müßte, wird angepaßt. Dann bohrt man den Kotflügelflansch und die Regenrinne an der Oberkante des Stahl-Innenkotflügels mit einem dünnen Bohrer an.

106. Mit einer Blechschraube und großen Unterlegscheibe kann der Kotflügel nun fixiert werden. Meistens müssen Sie ihn mehr als einmal an- und abbauen, bis er richtig paßt. Dann drehen Sie einige Befestigungsschrauben ein.

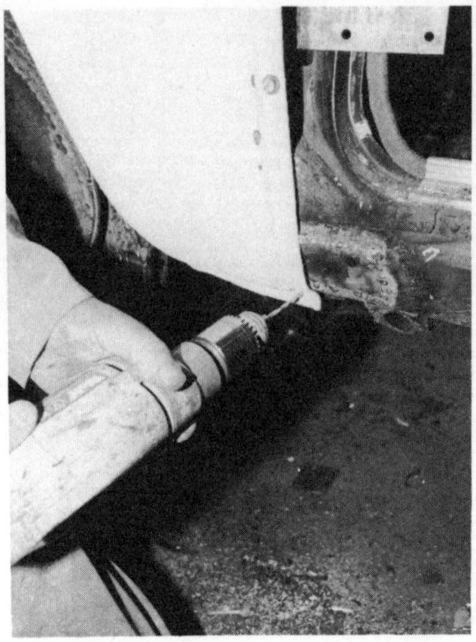

107. An der Türsäulenunterkante und am Schweller wird der Kotflügel in gleicher Weise befestigt. Drehen Sie nicht allzuviele Schrauben ein, falls noch weitere Nachkorrekturen nötig werden.

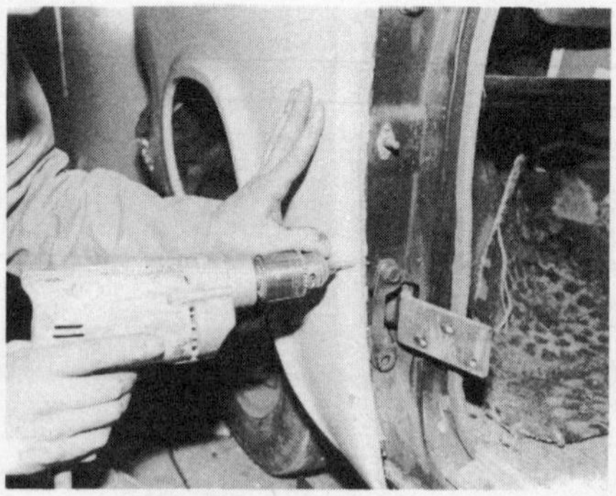

108. Weitere Befestigungslöcher können Sie anschließend immer noch bohren . . .

109. . . . und Blechschrauben eindrehen. Glasfaser reagiert sehr empfindlich auf lokale Verspannungen und reißt dann sofort ein. Je mehr Befestigungspunkte man also anbringt, desto geringer ist die Belastung pro Befestigungspunkt.

110. Die Frontschürze ließ sich leicht in Form ziehen. Da sich das GFK-Teil hier aber nicht am Stahlteil befestigen läßt, wurden die beiden Teile zur besseren Verankerung angeschliffen und mit Glasfasermatten und Kunstharz verbunden. Mit Karosseriespachtel werden dann die Konturen wiederhergestellt.

111. Am hinteren Kotflügelende wird die Fuge mit Faserspachtel verspachtelt. Tragen Sie beim Anschleifen von GFK-Teilen immer eine Atemmaske zum Schutz vor freigesetztem Glasfaserstaub.

112. Der montierte Kotflügel auf der anderen Fahrzeugseite macht einen wesentlich ordentlicheren Eindruck als der alte Kotflügel.

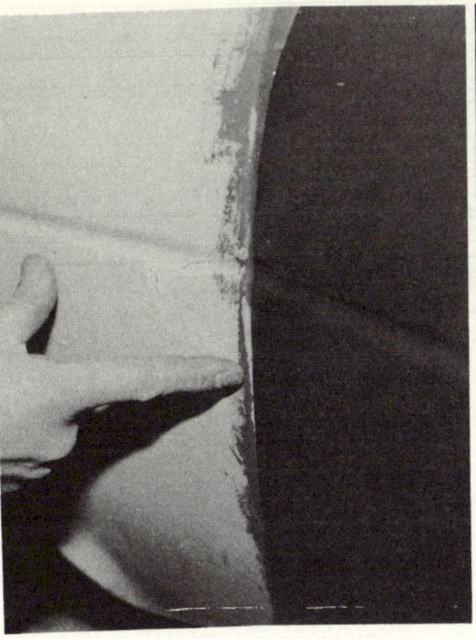

113. GFK ist dicker als Stahl. Daher scheuert oft die Türvorderkante an der Hinterkante des Kotflügels.

115. An einem der Kotflügel war die Außenschicht abgeplatzt. In derartigen Fällen müssen die Schadensstelle und die angrenzenden Bereiche bis auf die Glasfaserschicht abgeschliffen werden (nur mit Schutzbrille und Schutzmaske!).

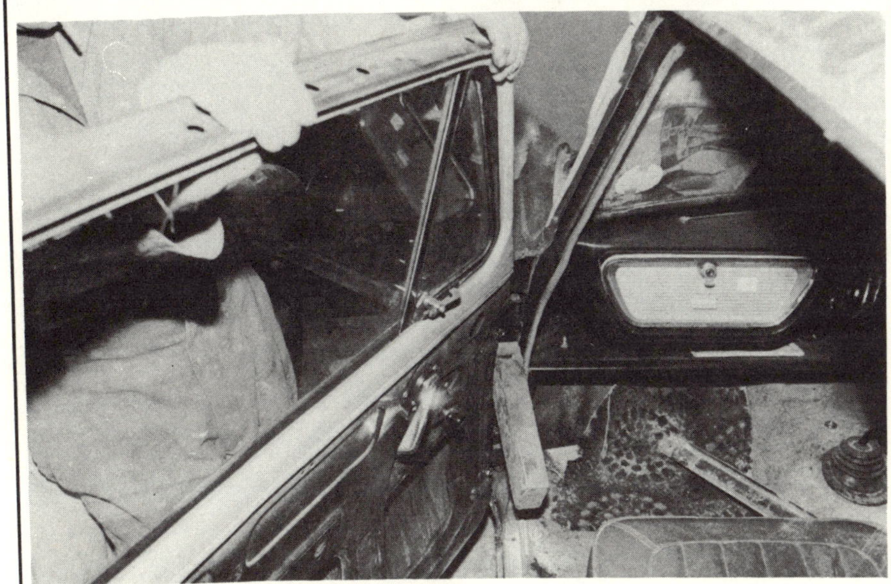

114. Läßt sich das Scharnier nicht ausreichend weit nachstellen, biegt man die Türscharniere gerade soweit heraus, daß man nicht mehr streift (dies mag wie Pfusch wirken, in Karosseriewerkstätten wendet man derartige Tricks aber tagtäglich an). Setzen Sie einen Holzklotz im Spalt zwischen der halb geöffneten Tür und der Scharniersäule an und versuchen Sie, die Tür zuzudrücken. Durch die Hebelwirkung um den Drehpunkt des Holzes wird die Tür vorne etwas nach außen gedrückt.

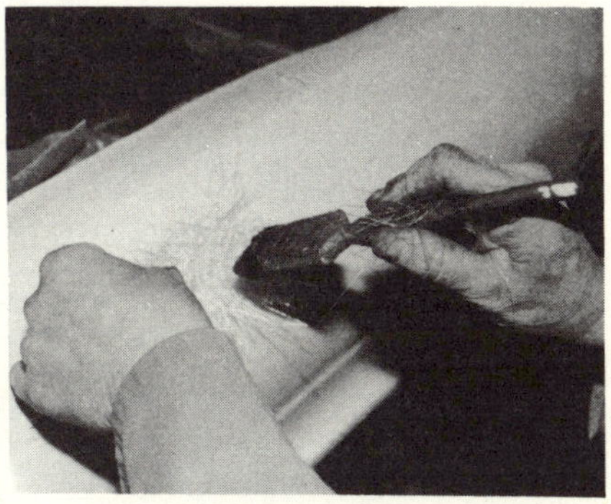

116. Feine Glasfaservliese werden mit Kunstharz getränkt, um die Festigkeit in diesem Bereich wieder herzustellen.

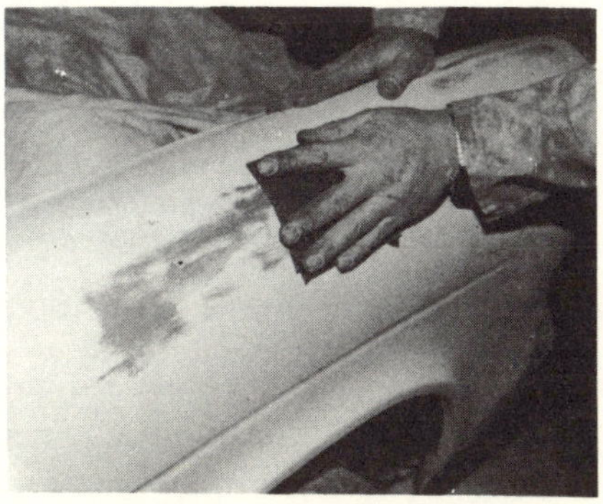

117. Die Stelle wird überschliffen, gespachtelt und auf die ursprünglichen Konturen beigeschliffen.

118. Jetzt geht es daran, die Scheinwerfer einzupassen. Anhand des Zierrings wird der genaue Scheinwerfermittelpunkt ermittelt.

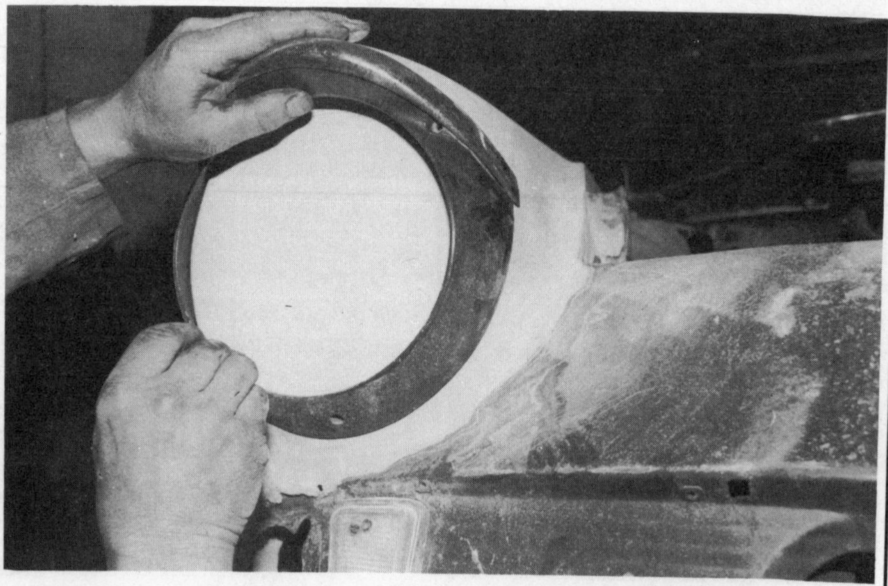

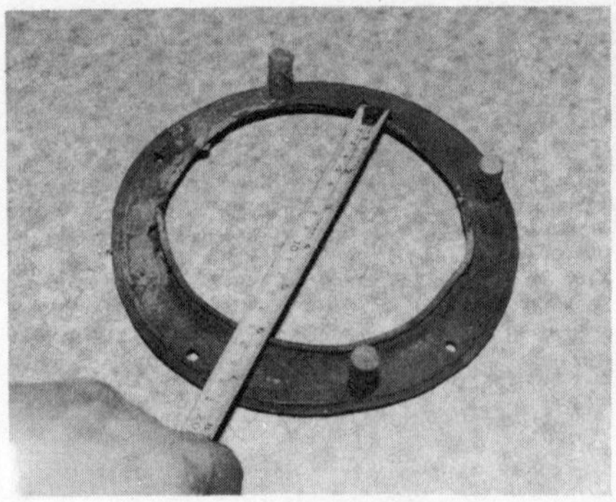

119. Dann messen wir anhand der Scheinwerfer-Gummidichtung den genauen Durchmesser des Scheinwerfertopfes.

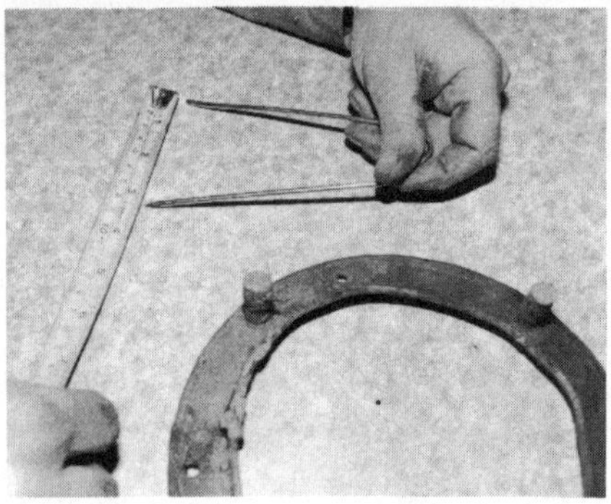

120. Aus einem an beiden Enden angeschärften Schweißdraht fertigt man sich einen improvisierten Zirkel an. Der halbe Durchmesser der Gummidichtung wird am „Zirkel" ab getragen.

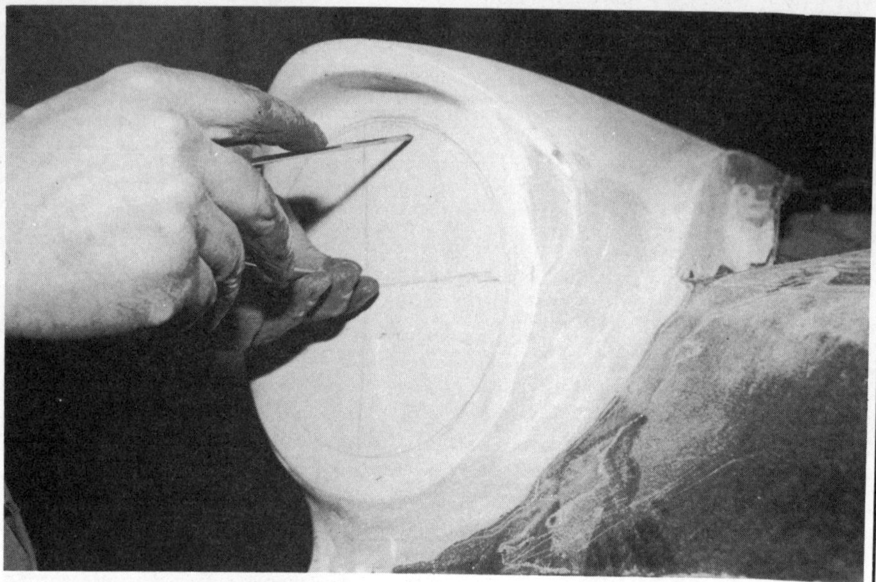

121. Mit dem improvisierten Zirkel kann man jetzt eine Linie um den Scheinwerfermittelpunkt ziehen.

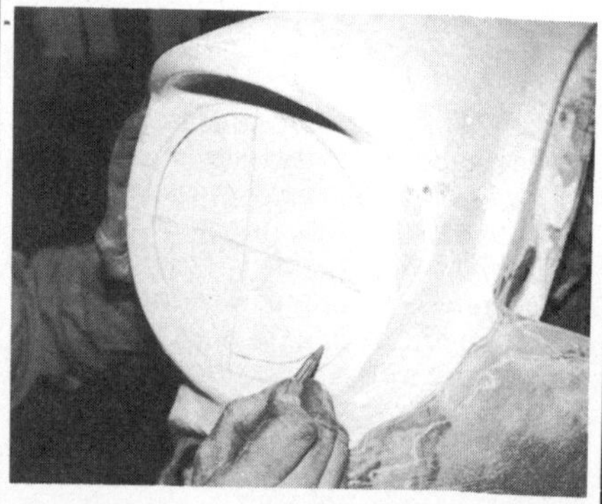

122. Zur Verdeutlichung zieht man die Linie mit einem Bleistift nach.

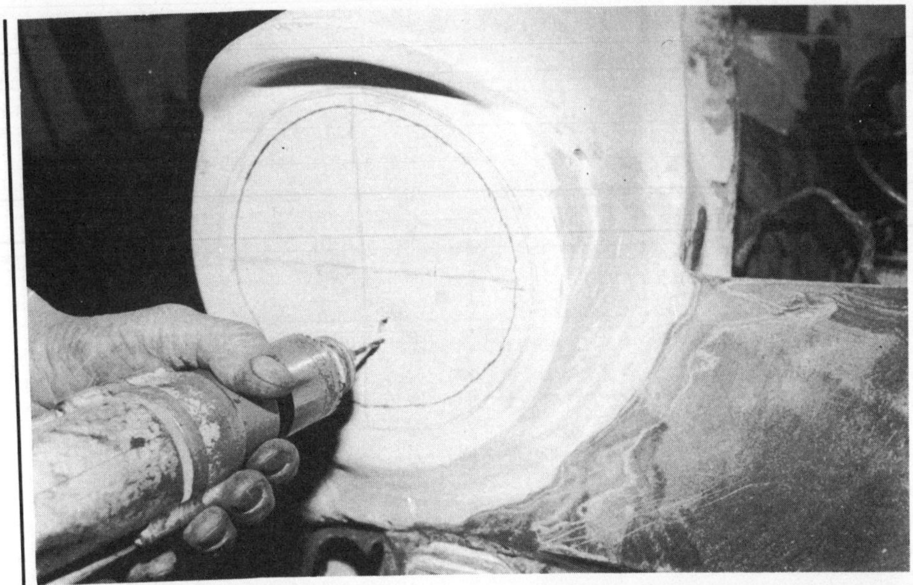

123. Zuerst bohrt man mehrere kleine Löcher, die dann soweit aufgeweitet werden, . . .

124. . . . daß man die Stichsäge ansetzen kann. Das Bild zeigt deutlich, wieviel Staub dabei freigesetzt wird.

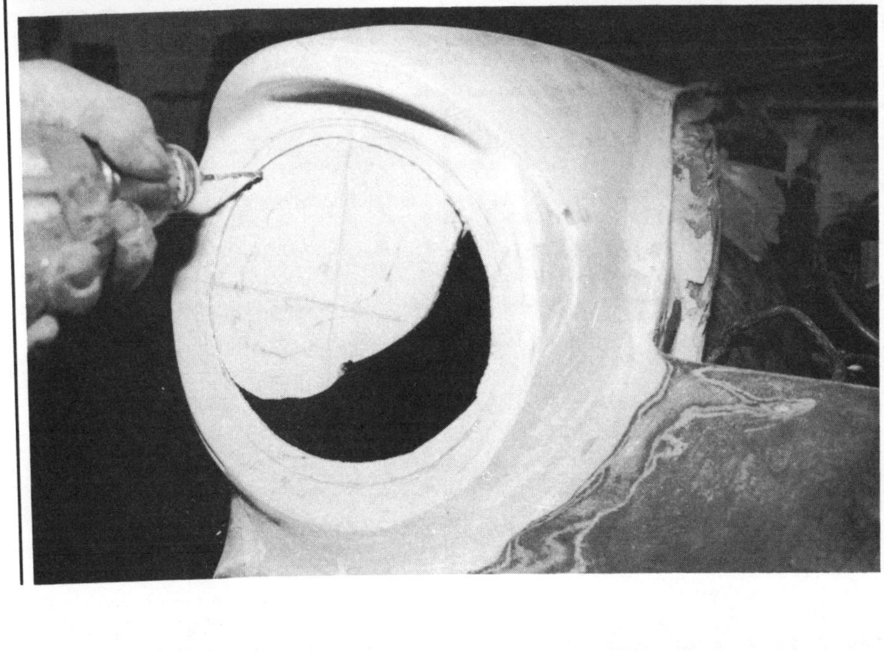

125. Wegen des Überhangs über dem Scheinwerferausschnitt konnte die Linie mit der Stichsäge nicht ganz durchgezogen werden. Stattdessen bohren wir entlang der Markierung eine Reihe von Löchern und durchstoßen die dazwischen stehengebliebenen Stege mit dem Bohrer.

126. Der Scheinwerferausschnitt paßte auf Anhieb. Genaues Vermessen und Anzeichnen macht sich also bezahlt.

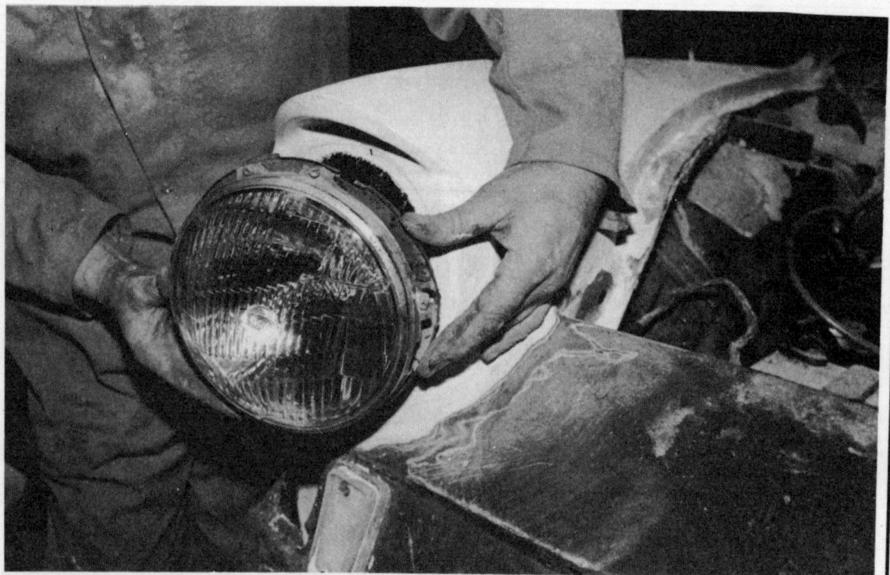

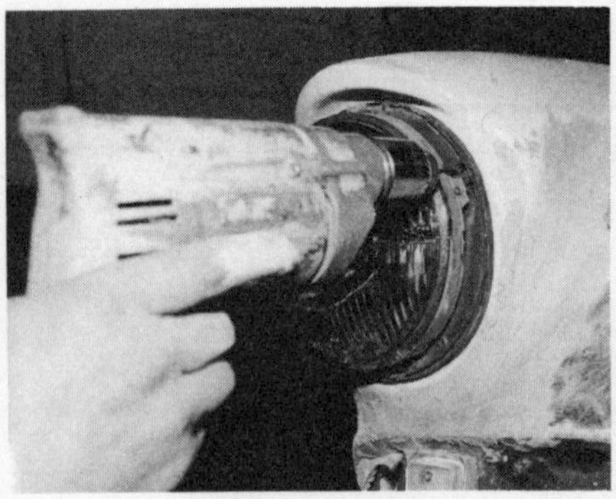

127. Am angesetzten Scheinwerfer bohren wir nun die Haltelöcher in den Kotflügel und befestigen ihn mit Blechschrauben. Der Scheinwerfer kann auch mit kleinen Schrauben und Gegenmuttern angeschraubt werden; sie wären allerdings kaum noch zu lösen, wenn die Gewinde erst einmal angerostet sind.

128. Jetzt werden die Scheinwerferkabel und das Massekabel wieder angeklemmt. Bei vielen Fahrzeugen bekommt der Scheinwerfer direkt über das Kotflügelblech Masse. Sie müssen dann ein Massekabel von der Karosserie zum Scheinwerfer ziehen, damit die Lichter funktionieren.

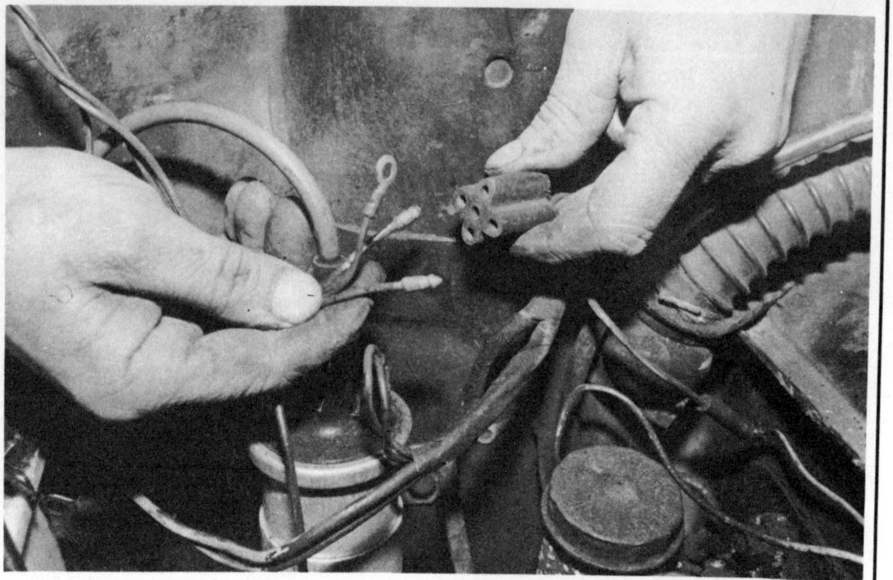

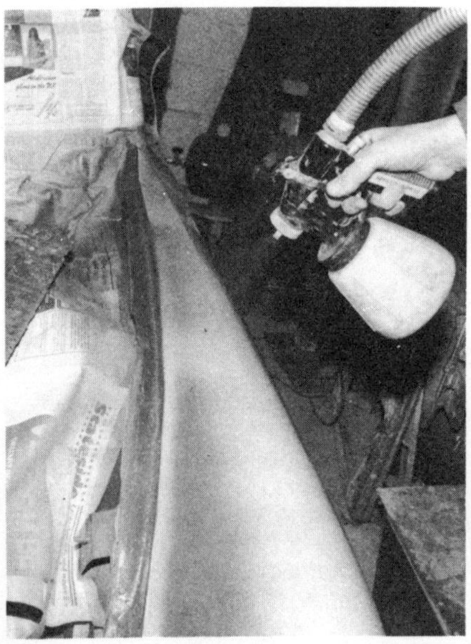

129. Die fertig montierten Kotflügel können nun abgeklebt und lackiert werden. GFK-Kotflügel sind für ihre Kratzer in der Außenhaut berüchtigt. Spritzen Sie daher mehrere Schichten Füllprimer oder sogar Spritzspachtel; dafür sind allerdings höhere Drücke nötig, als sie mit der kleinen Apollo-Pistole erzeugt werden können.

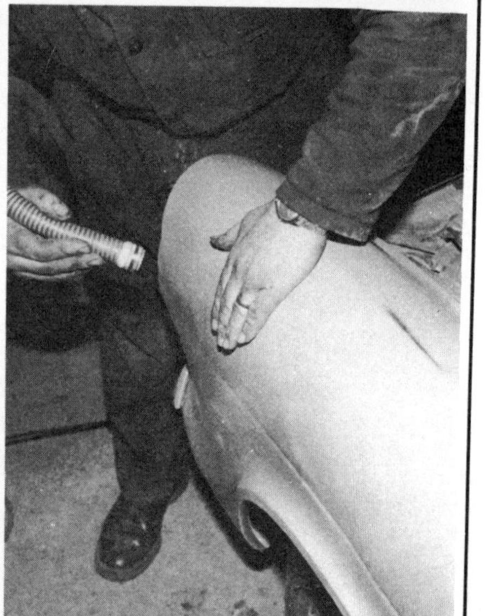

130. Nach dem gründlichen Feinschliff wird die Kotflügelfläche mit Druckluft gesäubert.

131. Für Nitrolack, mit dem die beiden Kotflügel und fast die ganze Frontmaske lackiert wurden, ist die Apollo-Spitzpistole ideal. Sie ergibt ein tadelloses Finish und trocknet rasch, da die Pistole schon leicht vorgewärmte Luft liefert.

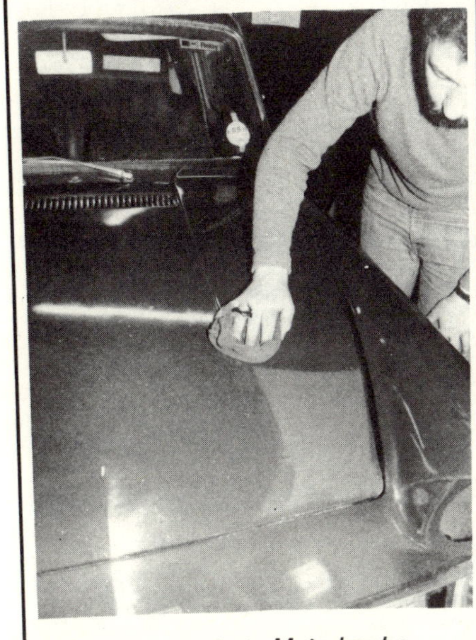

132. Die montierte Motorhaube wirkte neben den Kotflügeln recht stumpf. Der Lack war schließlich schon zwei Jahre alt. Mit leicht schleifender Polierpaste zauberten wir den Glanz aber schnell wieder herbei.

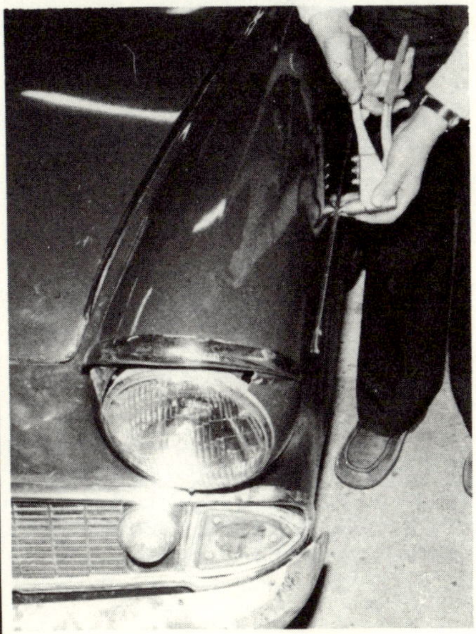

133. Jetzt müssen nur noch die Zierleisten montiert werden. Bei GFK-Teilen ist dies aber nicht so einfach. Die genieteten Originalklammern halten in der dickeren GFK-Haut nicht. Aus lauter Verzweiflung nieteten wir die Zierleisten mit überlangen Blindnieten direkt an. Links mußten wir übrigens einen nicht originalen Blinker montieren, bis passender Ersatz vom Schrottplatz beschafft werden konnte.

GFK-Kotflügel sind für weniger kostbare Fahrzeuge recht tauglich, auf jeden Fall billiger als Stahlkotflügel und auch für ein größeres Spektrum an Modellen lieferbar. Bequemer zu montieren sind sie jedoch sicherlich nicht!

Glossar

GFK (Fiberglas, Glasfaser) – ein Verbundwerkstoff aus zu Matten verwobenen Glasfasersträngen, die mit chemisch härtendem Kunstharz getränkt werden.

Matten – zu unterschiedlich dichten bzw. schweren Matten verwobene oder verknüpfte Glasfaserstränge.

Kunstharz – Flüssigkunststoff, mit dem die Matten getränkt werden, und der durch Härterzugabe aushärtet. Es liegt normalerweise als Feststoff vor, wird zur Verarbeitung aber in Styrol gelöst.

Gel-Schicht – die äußere GFK-Schicht. Diese Schicht ist nicht in die Glasfasermatten eingebettet, da diese sich sonst in der Außenhaut abzeichnen würden.

Gelierharz – ein thixotropes (tropffreies) Kunstharz, mit dem die Form ausgestrichen wird. Es bleibt auch nach Luftzutritt klebrig, so daß die folgenden Lagen leichter darauf haften.

Kunstharz für Handlaminierverfahren – trocknet klebfrei aus und wird zum Tränken der Glasfasermatten benötigt.

Auflegen/Handlaminieren – die Herstellung von kunstharzgetränkten Lagen aus Glasfasermatten.

Tränken – sattes Einstreichen der Matten mit Kunstharz.

Anziehen – geleeartige Harzschicht; angehärtet, aber noch nachgiebig; nicht ganz durchgehärtet.

9 Türen, Scheiben und Verdecke

Demontage der Türeinbauten ●

Es kommt öfters vor, daß man den Türschließ- oder Fensterhebermechanismus ausbauen muß, weil sie nicht einwandfrei funktionieren oder man die Tür anders nicht richtig reparieren kann. Die unterschiedlichen Konstruktionen von Fensterhebern und Türschließmechanismus, die an Pkw's anzutreffen sind, können hier natürlich nicht alle behandelt werden; mit der Beschreibung der wesentlichen Varianten müßte man jedoch bei so ziemlich allen Fabrikaten zurechtkommen. Kurbeln Sie die Scheibe vor dem Ausbau des Fensterhebers nach oben oder lassen Sie sie von einem Helfer festhalten, damit sie nicht nach unten wegrutscht und beschädigt wird oder Verletzungen verursacht.

Beim Einbau von Fensterführungsprofilen und Kurbelapparaten ziehen Sie alle Teile zuerst lose an. Erst nachdem alle Teile richtig und ohne Schwergängigkeit funktionieren, ziehen Sie die Schrauben fest.

Zerlegen einer Vorder- oder Seitentür

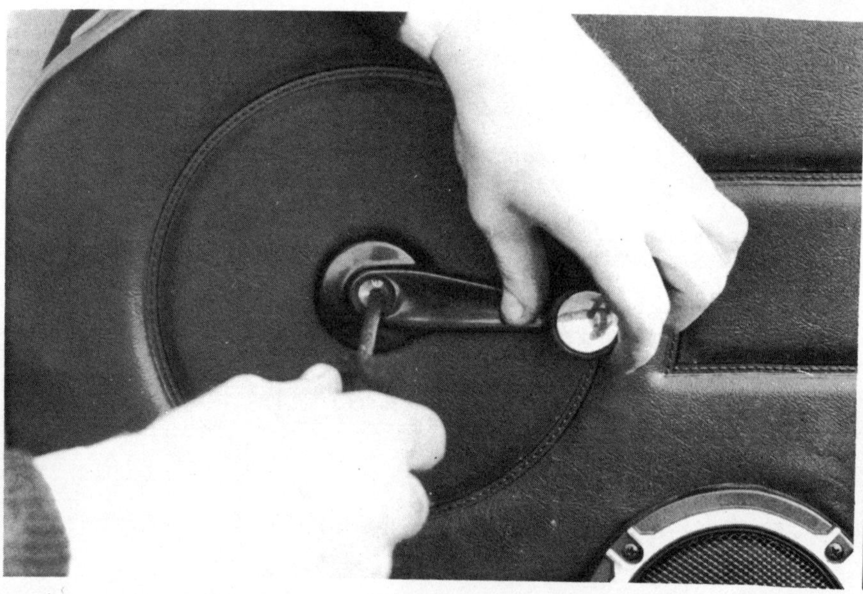

1. Zuerst nehmen Sie die Zierleiste an der Türoberkante (oft mit Kreuzschlitzschrauben befestigt) und dann die Halteschraube der Fensterkurbel ab.

2. Lösen Sie die Kreuzschlitzschrauben für die Türarmlehne.

3. Der Zierrahmen des Türöffners ist oft in der Mitte geteilt und kann nach oben bzw. unten herausgeschoben werden.

4. Türlautsprecher (sofern vorhanden) müssen natürlich ebenfalls ausgebaut werden.

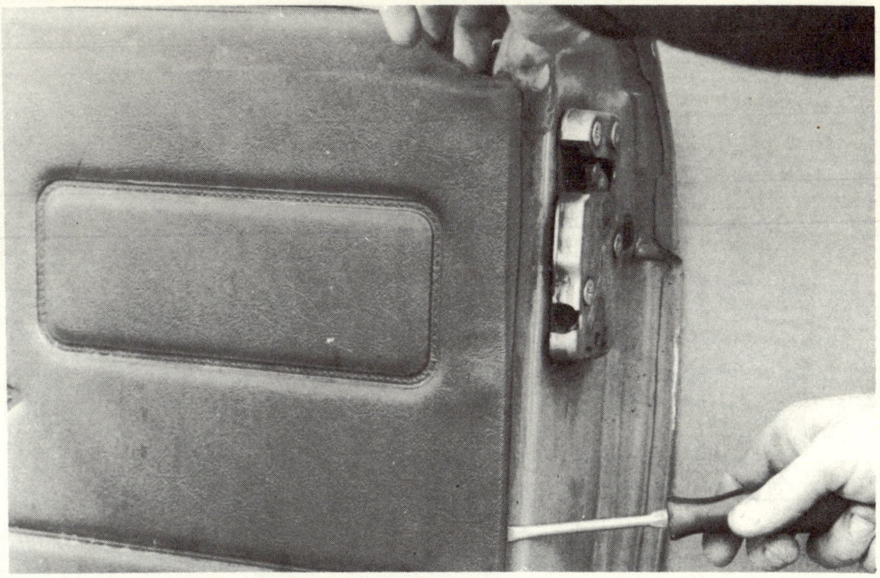

5. Die Türverkleidung kann man nach vorne abhebeln. Bei alten Verkleidungen, die noch nie angerührt worden waren, hebelt man möglichst direkt neben den Halteklammern.

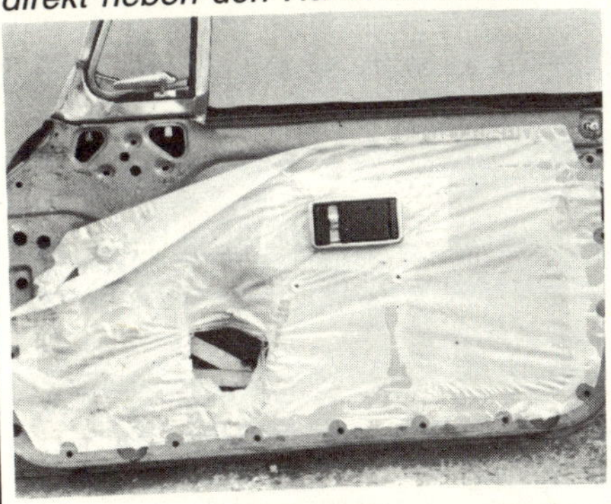

6. Die dahintersitzende Kunststoff- oder Ölpapierfolie wird vorsichtig abgezogen. Sie muß bei der Montage wieder eingebaut werden.

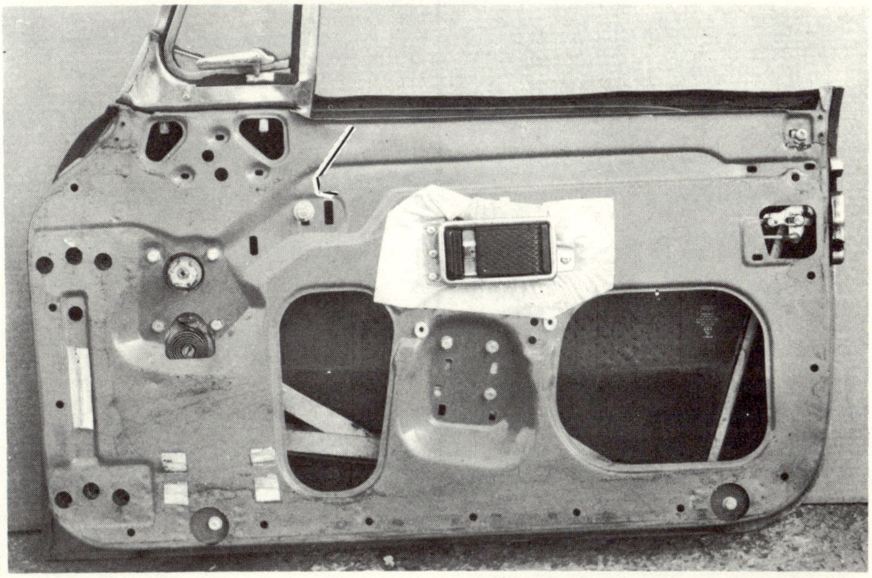

7. Die nackte Tür. Jetzt kommt man richtig an die Türeinbauten und kann sie demontieren.

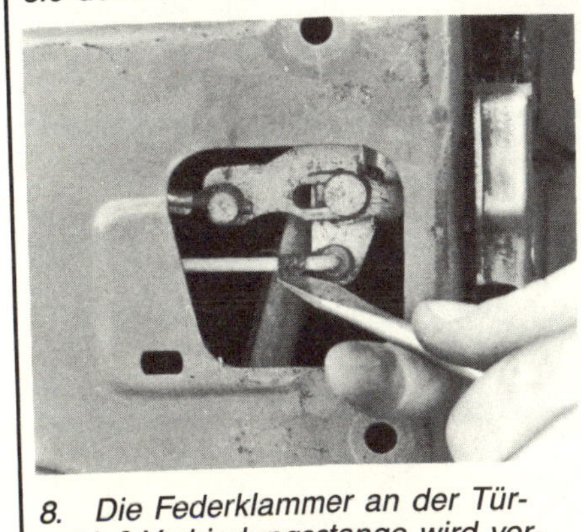

8. Die Federklammer an der Türschloß-Verbindungsstange wird vorsichtig mit dem Schraubendreher abgehebelt . . .

9. . . . ebenso die zwischen Türschloß und Türgriff.

10. Ziehen Sie sie nach vorne aus ihrem Sitz am Türschloß heraus.

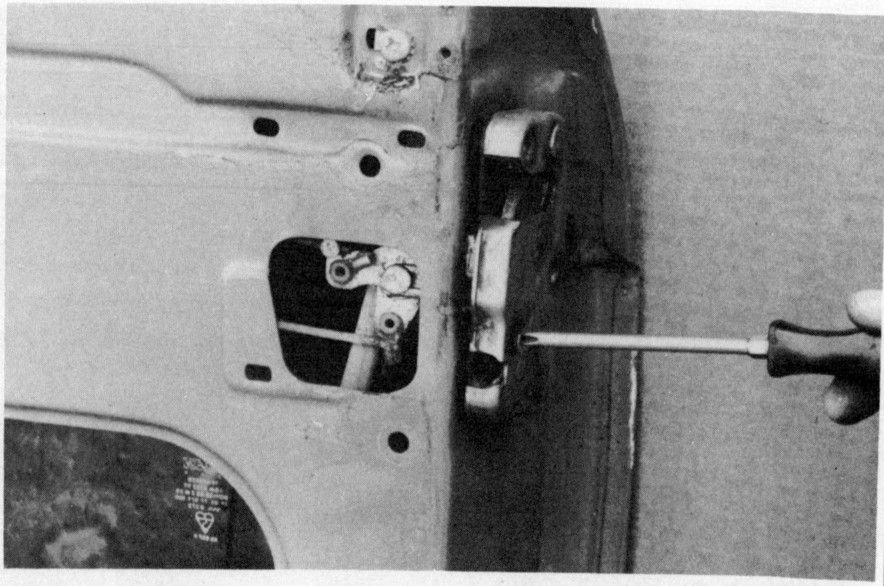

11. Jetzt wird das Türschloß am Türkasten abgeschraubt.

12. Heben Sie das Türschloß heraus.

13. Nun werden die Halteschrauben des Innentürgriffs gelöst . . .

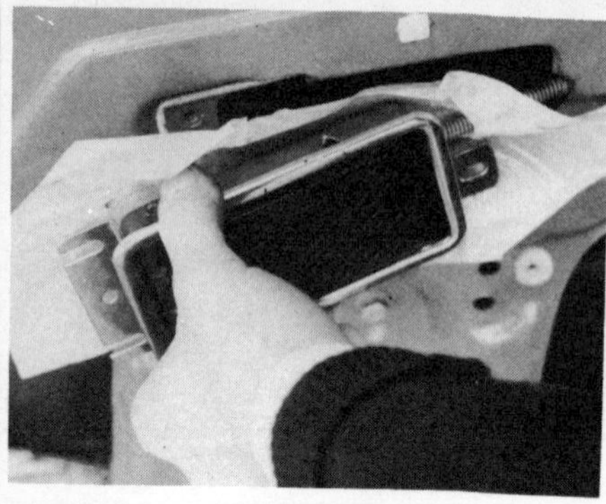

14. . . . und der Türgriff abgenommen.

15. Die obere Halteschraube der Kurbelfenster-Führungsschiene wird gelöst (die hier gezeigte Tür stammt, wie man sieht, von einem Cabriolet).

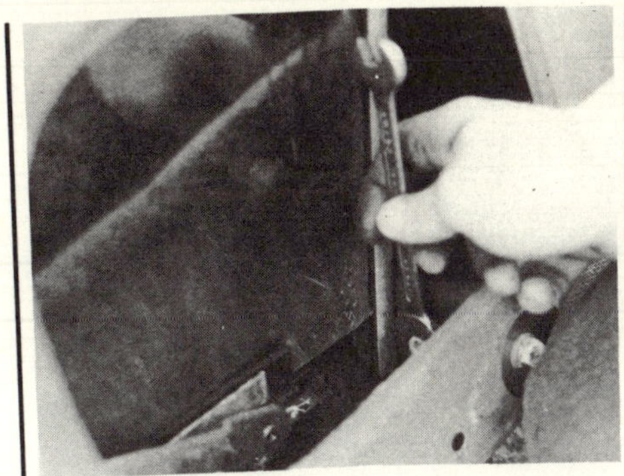

16. Dann wird die Führungsschiene am unteren Ende gelöst (entweder innen im Türkasten . . .

17. . . . oder von außen mitsamt dem Haltewinkel). Die Führungsschiene bleibt lose in der Tür.

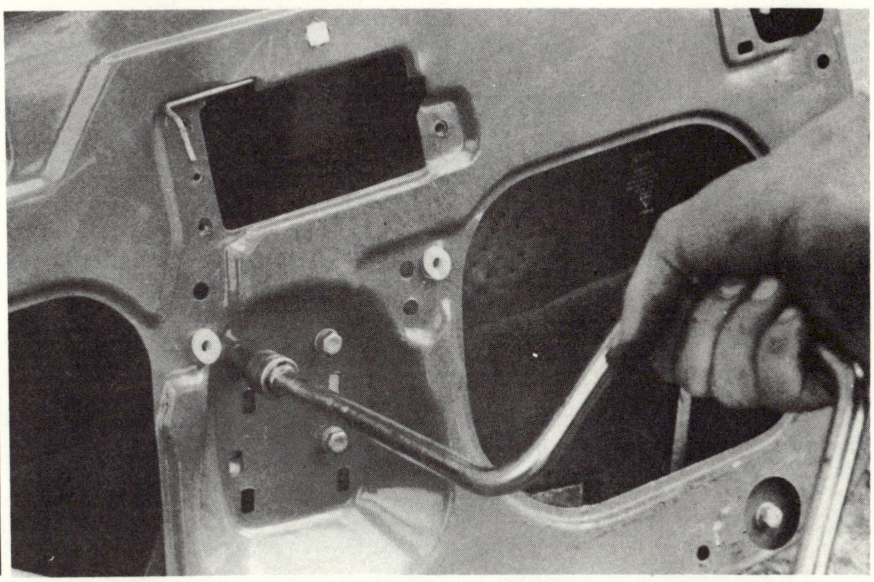

18. Jetzt lösen Sie die Halteschrauben für den Fensterkurbelapparat.

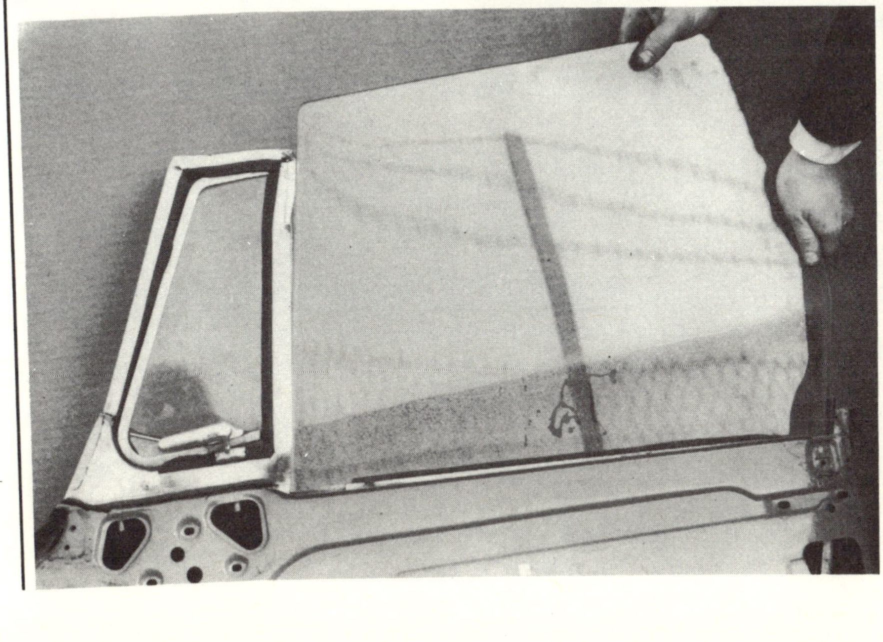

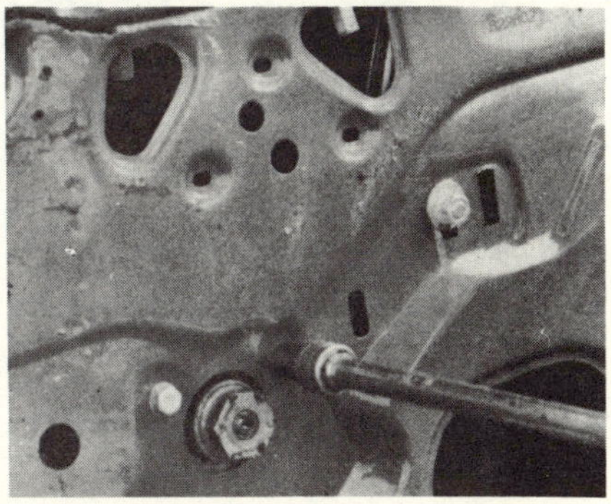

19. Nun können auch die Halteschrauben des Mechanismus gelöst werden. Die Rollen werden aus der Führung an der Scheibenunterkante herausgeschoben.

20. Die Scheibe wird nach oben aus der Tür gehoben.

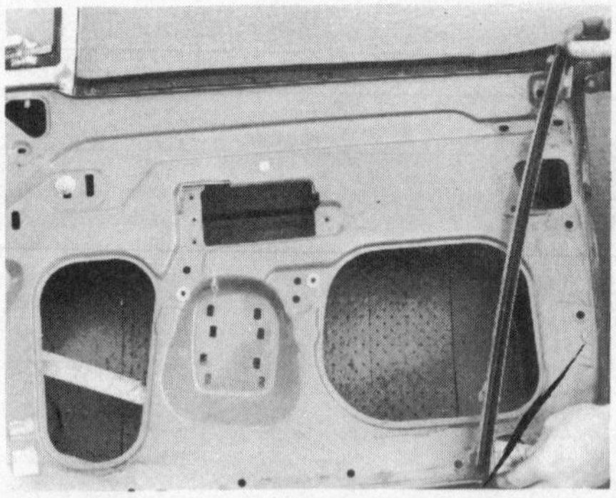

21. Ziehen Sie die hintere Fensterführungsschiene heraus.

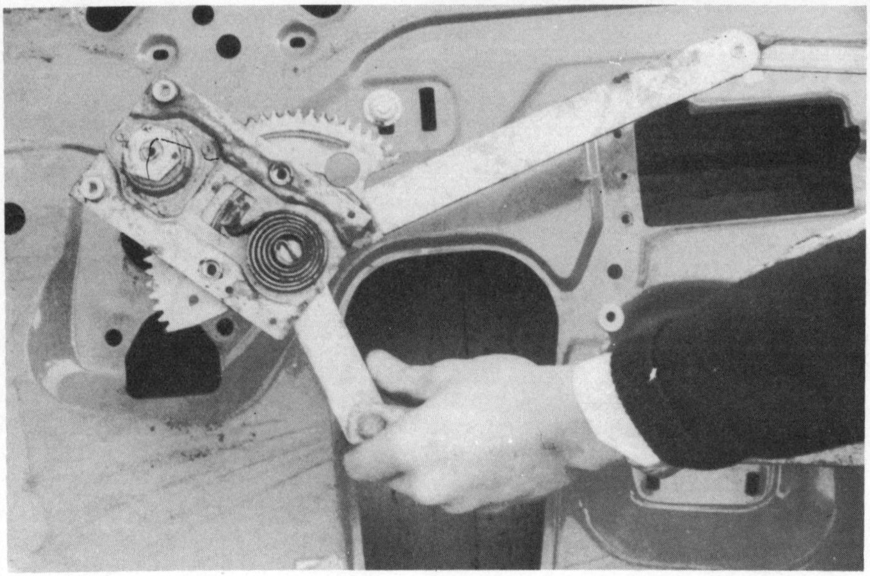

22. Der Kurbelapparat läßt sich jetzt mit etwas Gefühl aus der Öffnung im Blech herausziehen. ↑

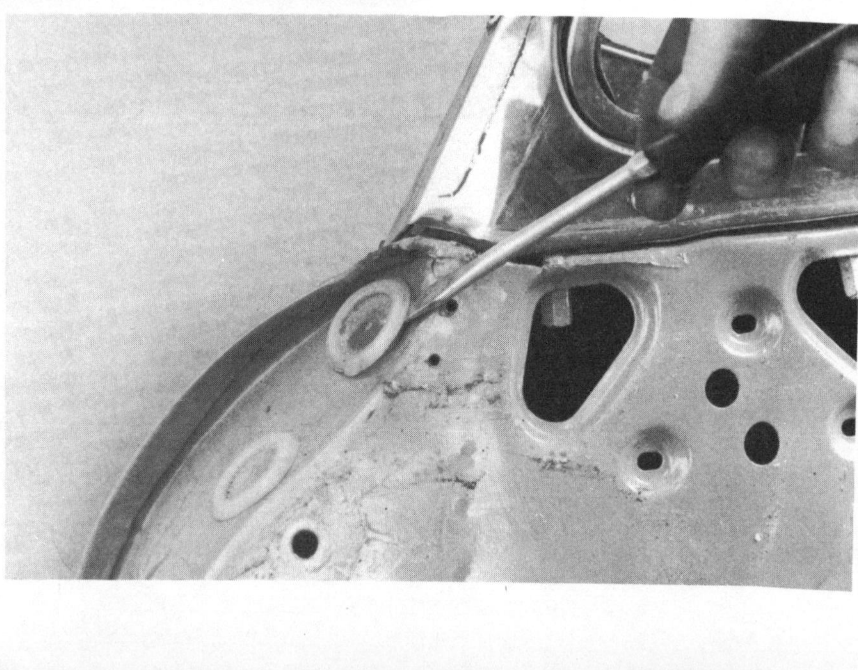

23. Nun hebelt man die Verschlußstopfen aus ihren Bohrungen vorne in der Tür heraus.

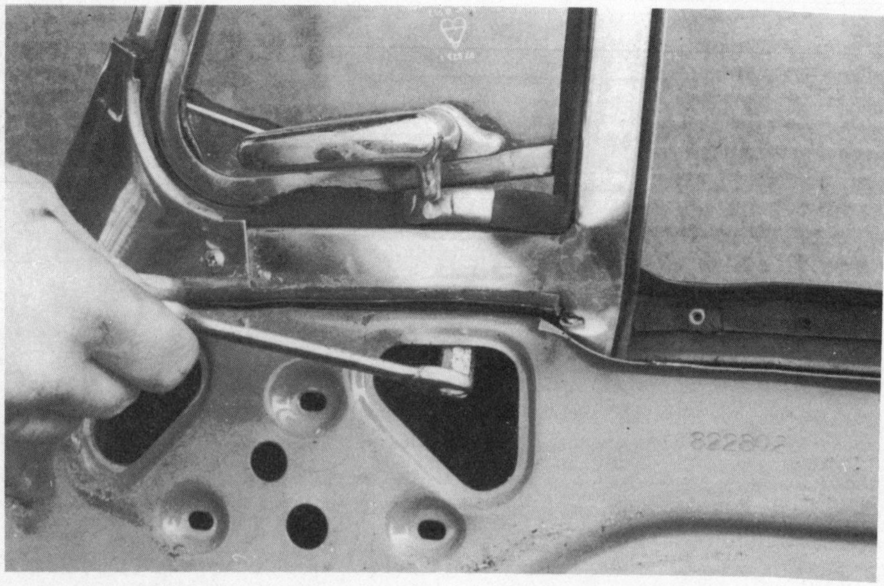

24. Die beiden Haltemuttern an der Unterseite des Ausstellfensters und die Mutter am vorderen Türblech werden gelöst.

26. Das komplette Ausstellfenster kann jetzt aus dem Fensterschacht gehoben werden.

25. Jetzt müssen die beiden Haltemuttern der vorderen Fensterführungsschiene (die meist als Verlängerung an den Ausstellfensterrahmen angesetzt ist) gelöst werden.

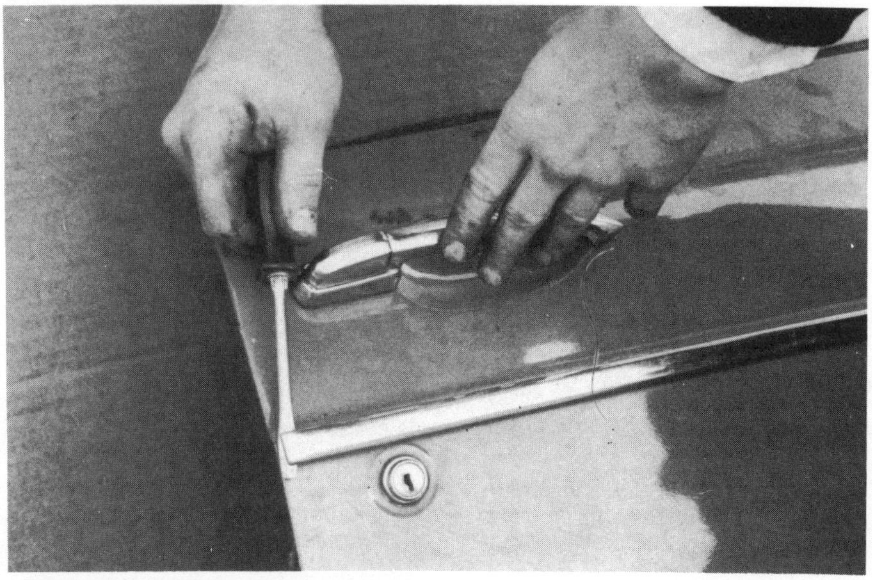

27. Die Chromzierleisten werden nach vorne von ihren Halteklammern abgezogen (Zierleisten nicht verbiegen). Der Türdruckgriff trägt am Griffsockel zwei Stiftschrauben, die durch die Türhaut durchgesteckt und mit Muttern am Türblech befestigt werden. Das Außentürschloß wird von einer Federklammer gehalten, die in eine Nut im Schloß einrastet und es damit fest an der Türhaut hält.

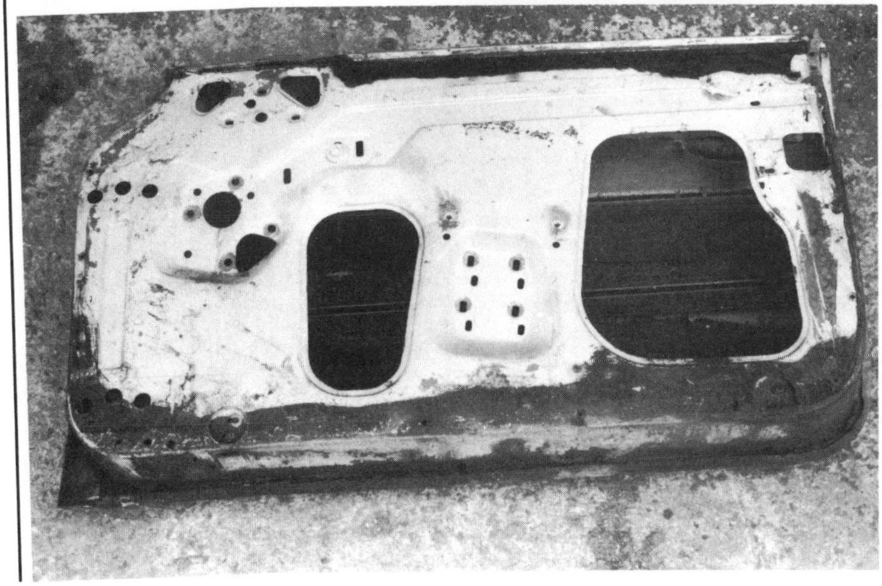

28. Voilà! Die völlig nackte Türhaut kann jetzt repariert werden.

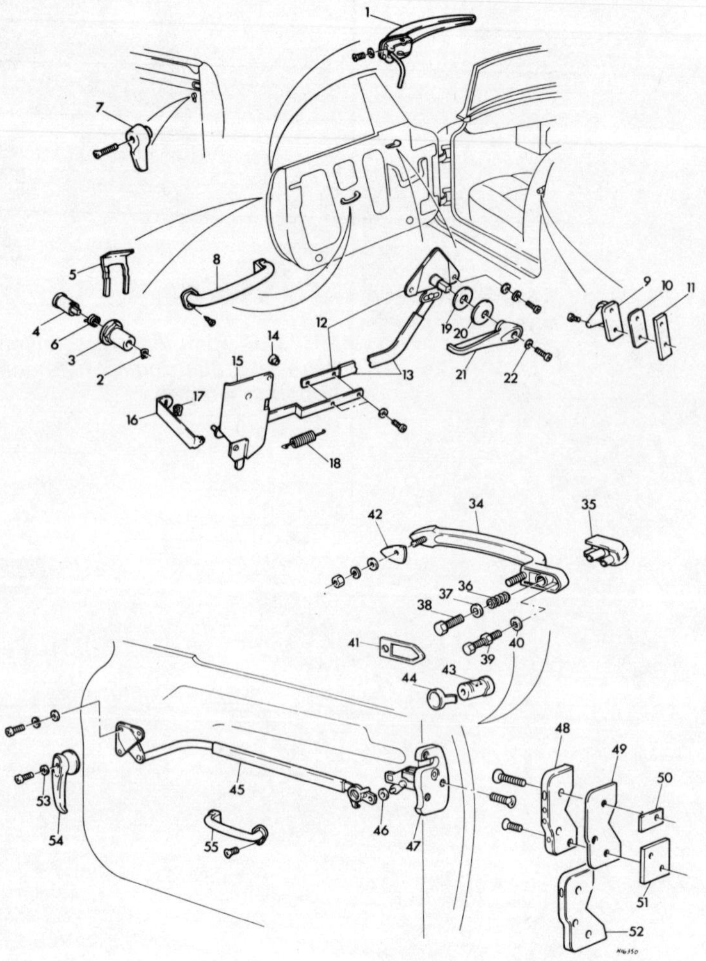

29. Der Türmechanismus des MGB

Dieser Kurbel- und Schloßmechanismus ist in ähnlicher Form an vielen Fahrzeugmarken anzutreffen. Die Punkte 1 bis 22 gelten nur für ältere Modelle mit nicht feststehenden Außengriffen.

1 Außentürgriff
2 Federklammer
3 Außentürschloß
4 Türschloßzylinder
5 Türschloß-Halteklammer
6 Zentrierfeder
7 Türknopf für Innenverriegelung
8 Türziehgriff
9 Schloßzapfen
10 Dichtung
11 Gewindeplatte
12 Fernbetätigungsstange für Türschloß
13 Isolierhülle (gegen Klappergeräusche)
14 Anschlag für Außentürgriff
15 Türschloß
16 Betätigungsstange
17 Federklammer
18 Zugfeder
19 Fiberscheibe
20 Rosette
21 Innentürgriff
22 Federscheibe
23 Außentürgriff
35 Druckknopf
36 Feder
37 Vibrationsfeste Scheibe
38 Halteschraube
39 Halteschraube mit Kontermutter
40 Vibrationsfeste Scheibe
41 Fiberscheibe
42 Fiberscheibe
43 Schloßzylinder
44 Halteklammer
45 Fernbetätigungsstange für Türschloß
46 Isolierscheibe (gegen Klappergeräusche)
47 Türschloß
48 Schließplatte
49 Paßscheibe (0,08 oder 0,16 mm)
50 Gewindeplatte (oben)
51 Gewindeplatte (unten)
52 Schließplattensperre
53 Federscheibe
54 Innentürgrif
55 Türziehgriff

Zerlegen der Türverkleidung am Austin Mini

Ältere Ausführungen

30. Zuerst nehmen Sie die Verkleidungsleisten ab, die an beiden Seiten der Türtasche aufgesteckt sind.

31. Lösen Sie die Schrauben, mit denen die Verkleidung unten an den Türtaschen festgeschraubt ist.

32. Die Verkleidungspappe kann jetzt vorsichtig (damit sie nicht einreißt) herausgenommen werden.

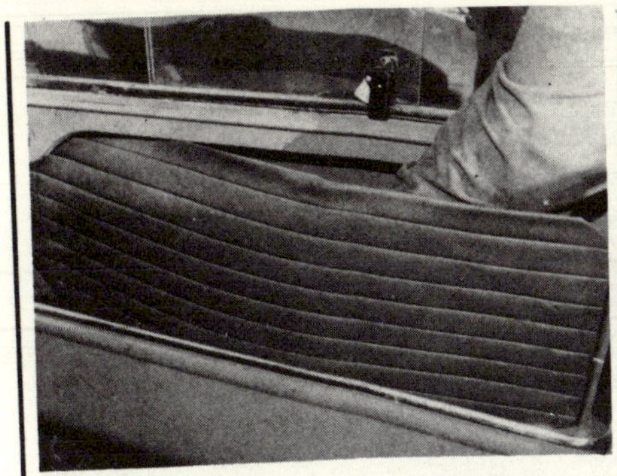

33. Greifen Sie hinter die große Verkleidungspappe und drücken Sie sie in der Mitte nach vorne, so daß sie etwas ausbeult und an der einen Seite aus dem Türrahmen herausfedert.

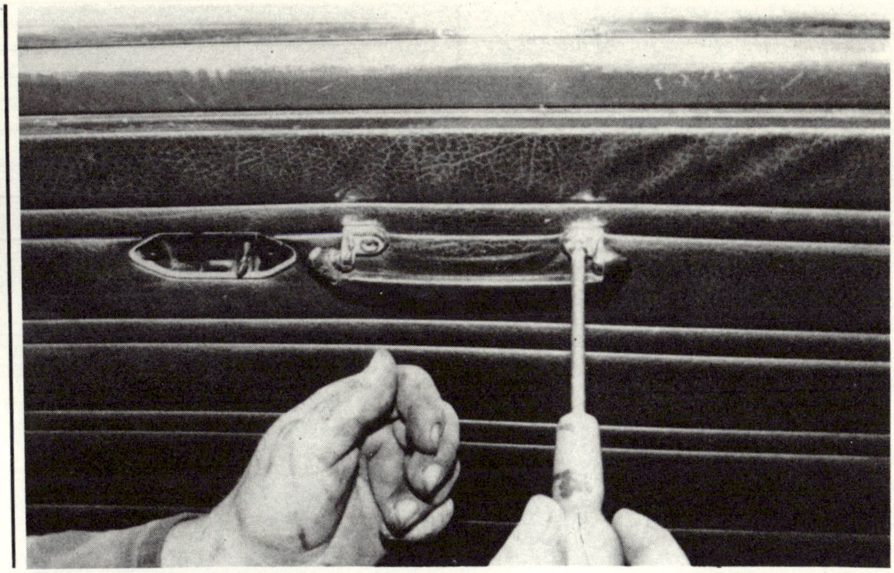

36. Anschließend werden die beiden Halteschrauben des Türziehgriffs gelöst.

34. Ziehen Sie die große Verkleidungspappe am einen Ende nach oben aus dem Türrahmen heraus.

Spätere Ausführung

35. Lösen Sie die Kreuzschlitzschrauben an der Fensterkurbel und der Türverriegelung (oben rechts). Die Griffe können dann von ihren Vierkantachsen abgezogen werden.

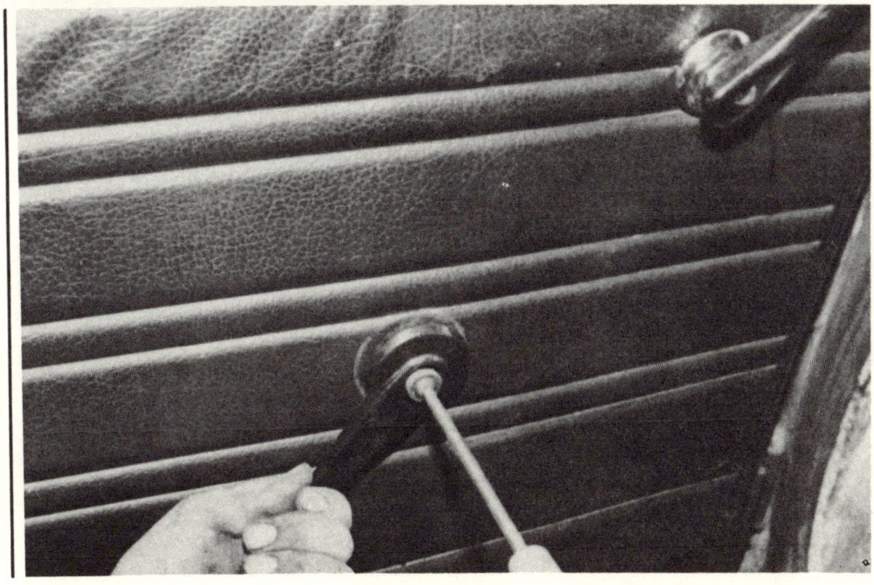

37. Die Türverkleidung sitzt mit mehreren Klammern in Bohrungen im Türrahmen. Fahren Sie mit einem Schraubendreher vorsichtig hinter die Verkleidung und lösen Sie die Klammern einzeln nacheinander. Hebeln Sie die Klammern nicht gewaltsam ab, sonst brechen sie aus der Verkleidung aus (dies kommt vor allem bei gealterten, brüchigen Verkleidungspappen vor).

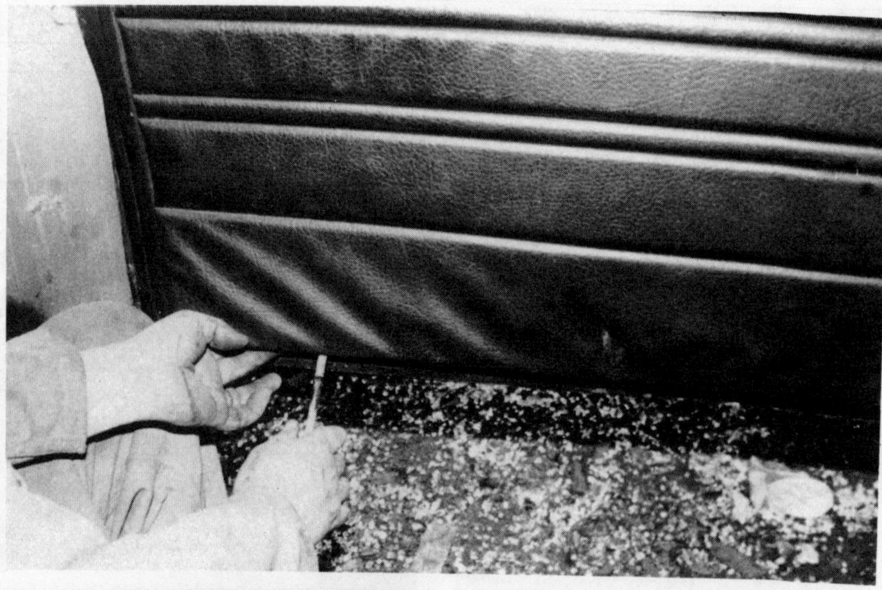

38. Nachdem die Verkleidung an beiden Seiten und an der Unterkante gelöst wurde, kann sie aus ihrem Sicherungsring an der Türoberkante nach unten abgehoben werden. Die Abdeckfolie hinter der Verkleidung muß wasserdicht abschließen. Muß sie abgenommen werden, ist sie vor dem Wiedereinbau der Verkleidungspappe fest anzukleben.

39. Explosionsdarstellung von Türgriff und Türschloß an frühen Mini-Modellen (Limousine, Kastenwagen und Pickup).

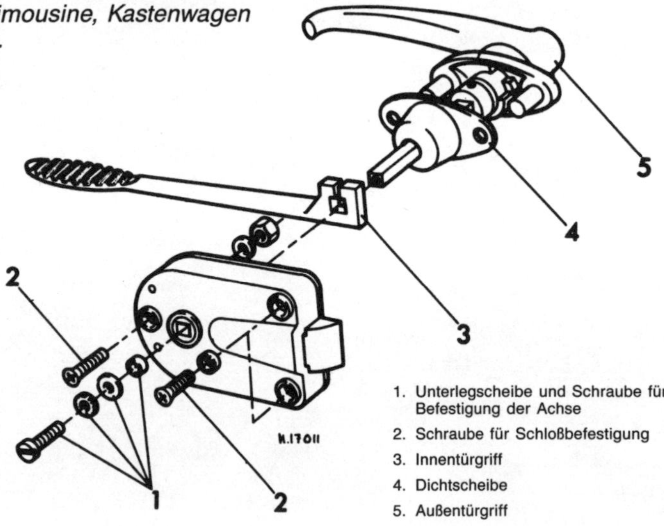

1. Unterlegscheibe und Schraube für Befestigung der Achse
2. Schraube für Schloßbefestigung
3. Innentürgriff
4. Dichtscheibe
5. Außentürgriff

Demontage der Türschlösser von älteren Modellen

Beispiel siehe Abb. 39.

40. Als erstes wird die Schraube, die die Achse des Türschlosses hält (Abb. 39, Teil 1), mit einem Schlitzschraubendreher gelöst.

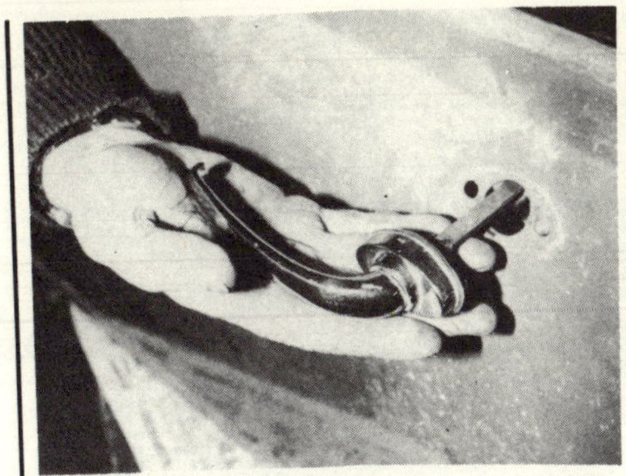

41. Der Außentürgriff kann jetzt abgenommen werden.

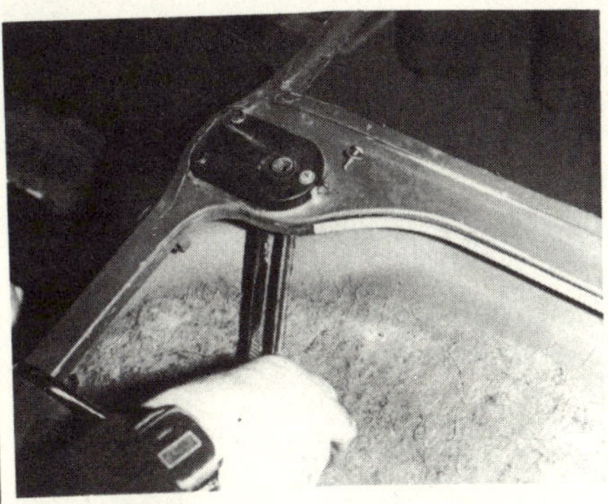

42. Zuvor muß der Innentürgriff mit einem Schraubendreher von seiner Achse heruntergehebelt werden (Abb. 2, 3). Manche Griffe sind mit einer Sicherungsschraube fixiert; sie wird hier gerade gelöst.

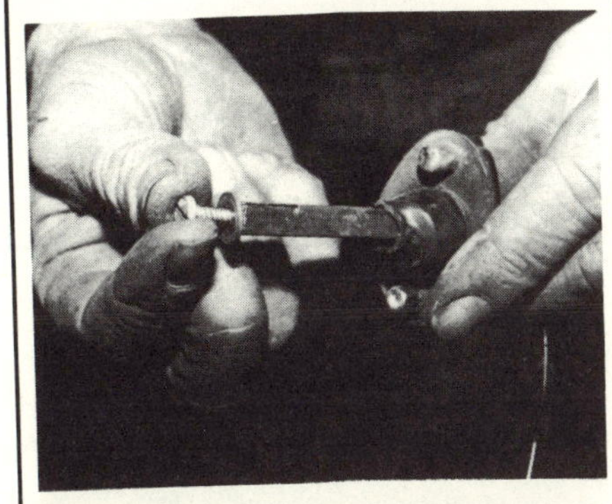

43. Schrauben Sie die Sicherungsschraube (sie hat ein spezielles Gewinde) und ihre Unterlegscheibe wieder auf die Achse auf, damit sie nicht verlorengehen.

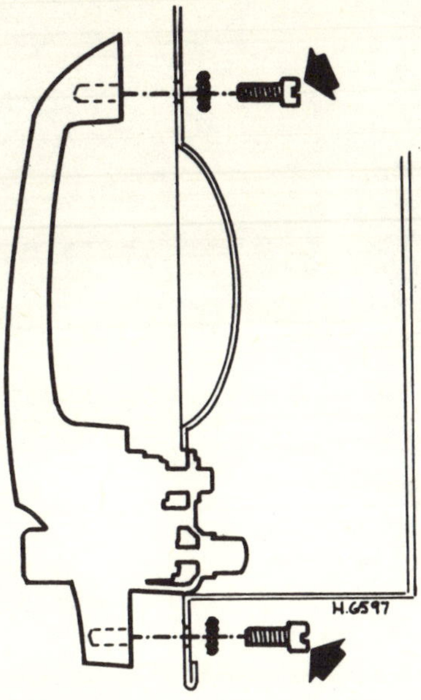

44. Der Türgriff der späteren Mini-Baujahre

Bei ausgebauter Türverkleidung können die Türgriffe (siehe Abb. 44) der späteren Ausführungen nach Lösen der beiden mit Pfeil markierten Schrauben ausgebaut werden. Die Halteschrauben des Innentürgriffs und des Türschlosses sind bei ausgebauter Verkleidung ebenfalls zugänglich. Das Türschloß ist an der hinteren senkrechten Türwand angeschraubt.

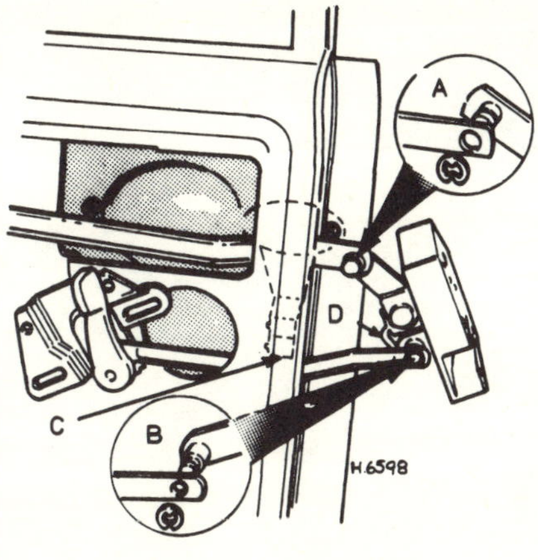

45. Ausbau des vorderen Türschlosses

A Betätigungsstange für Türfernbetätigung
B Betätigungsstange für Innenverriegelung
C Verbindungsstück für Verriegelung des Außentürgriffs
D Verbindungsstange für Türriegelsperre

Ausbau des Vordertürschlosses, wie sie die Abb. 45 zeigt. Die Klammern an Punkt A und B müssen nach Lösen aller drei Türmechanismen an der Tür abgenommen werden. Bei ausgebautem Griff können Schloßzylinder und Druckknopf wie folgt zerlegt werden: 1) Die Sicherungsklammer abhebeln, die den Schließzylinder am Griff hält. 2) Den Schlüssel in das Schloß einstecken und damit den Schließzylinder herausziehen. 3) Die Schraube der Grundplatte am Außengriff lösen. 4) Nach Abnehmen von Grundplatte, Betätigungsstange, Scheibe und Feder kann der Druckknopf jetzt herausgenommen werden.

An älteren Modellen (siehe Abb. 46) kann die Drucktastenkappe (B) durch Hinein- oder Herausschrauben eingestellt werden, so daß etwa 1 bis 1,5 mm Spiel bis zum Bewegungsbeginn des Türentriegelungshebels bleiben.

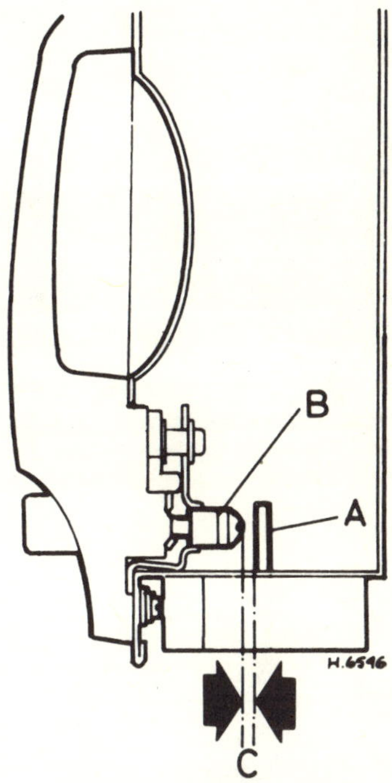

46. Einstellung der Türgriff-Drucktaste

A Entriegelungshebel
B Drucktastenkappe
C = 1,0 bis 1,5 mm

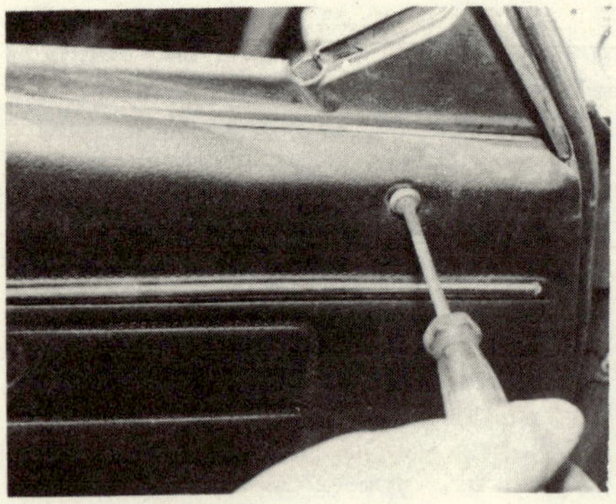

Ausbau von Volvo-Türverkleidungen

47. Die Türverkleidung ist am oberen Ende mit Blechschrauben befestigt. Die Unterlegrosetten dürfen nicht verlorengehen.

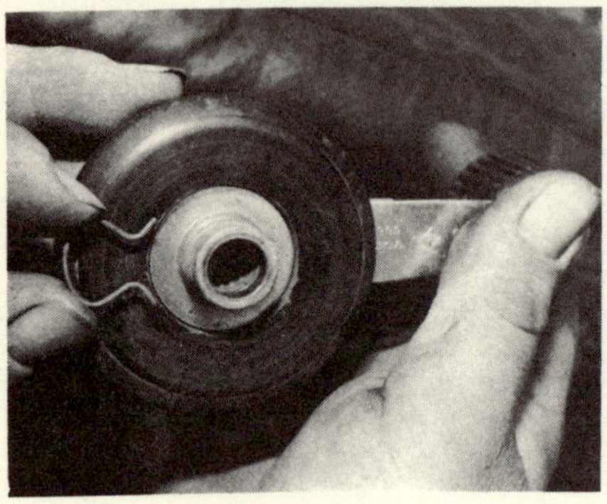

48. Die Türgriffe sitzen auf einer Achse mit Keilnutenverzahnung und werden mit einer Lyrafeder gesichert.

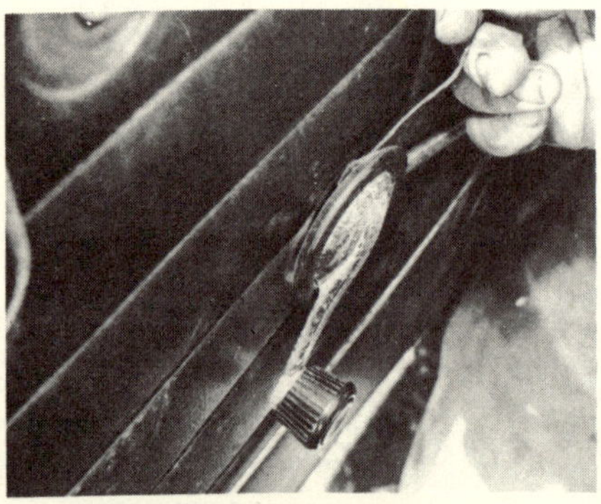

49. Diese Feder faßt man am besten mit einem Drahtbügel. Dazu die Türverkleidung soweit eindrücken, daß genug Platz zum Hantieren zwischen Verkleidung und Rosette bleibt.

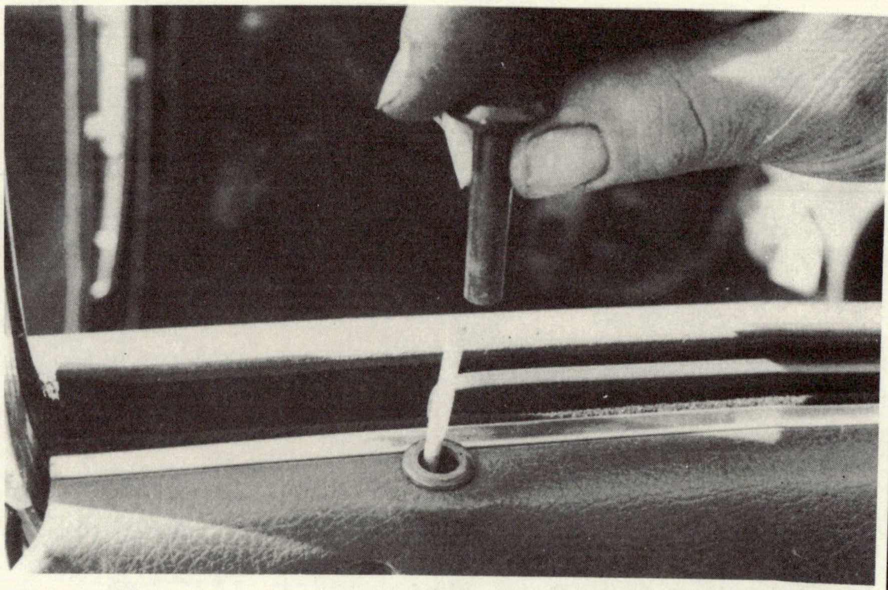

50. Der Türdruckknopf kann einfach abgeschraubt werden. Der Gewindestift bleibt stehen.

52. Jetzt werden die verdeckten Halteklammern rund um die Außenkanten der Verkleidung abgehebelt.

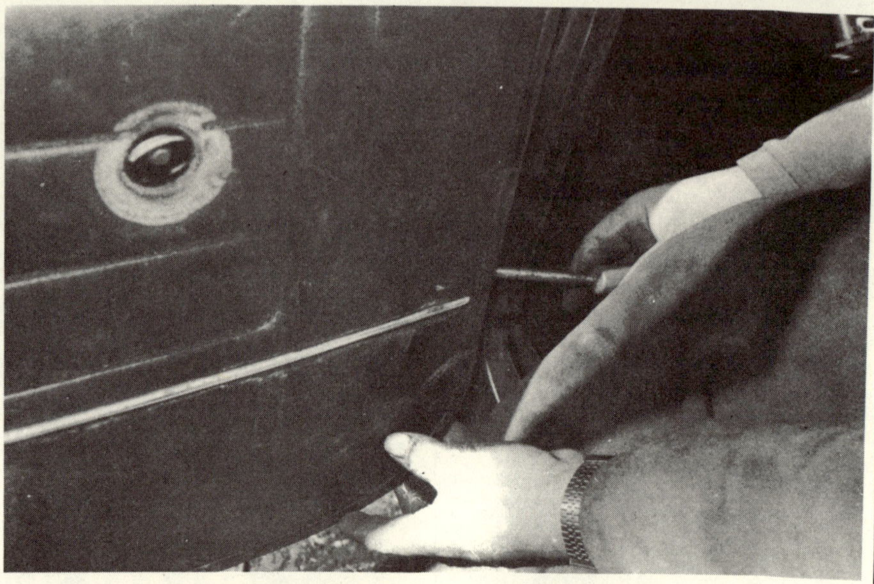

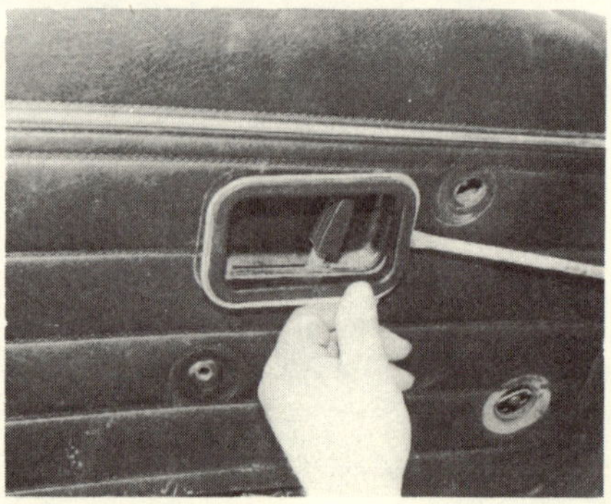

51. Die Kunststoffassung am Türöffner wird einfach abgehebelt bzw. abgedrückt.

53. Die Verkleidung braucht dann nur noch über den Stift des Türriegels abgehoben zu werden.

54. Anschließend werden die vier Halteschrauben des Fensterhebers am Türrahmen gelöst. Passen Sie auf, daß die Scheibe nicht nach unten wegrutscht.

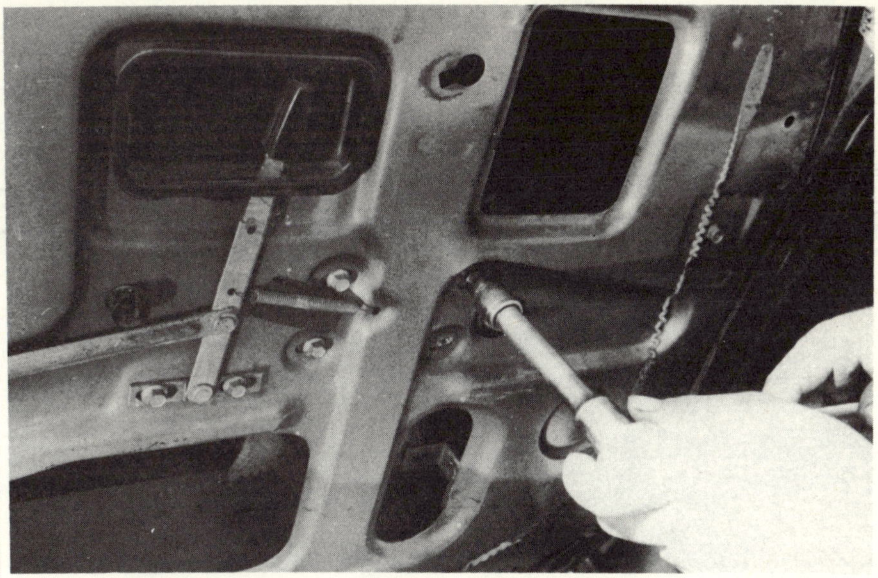

55. Diese Klammer sitzt an der Scheibenunterkante im Türgehäuse auf der nach außen (also zur Türhaut) weisenden Seite, wir konnten sie daher nur in ausgebautem Zustand photographieren.

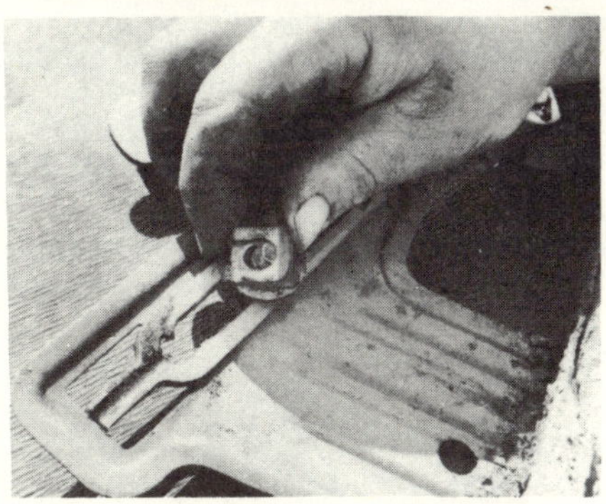

56. Zum Ausbau tastet man sich von hinten im Türgehäuse an die Federklammer heran, zieht sie über den Haltestift und drückt sie ab.

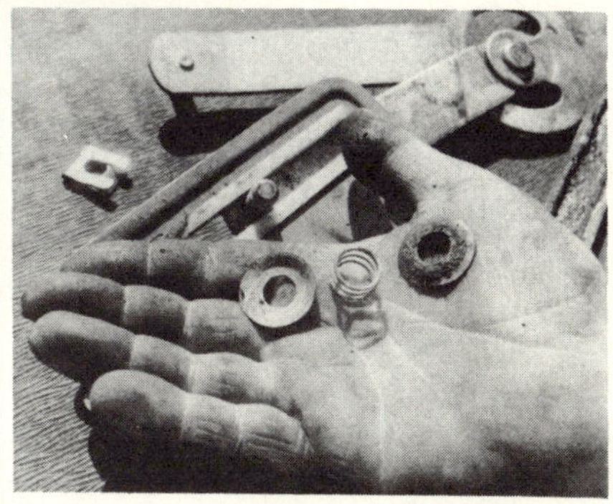

57. Die dahinterliegende Feder und Unterlegscheiben lösen sich jetzt ebenfalls. Die Scheibe wird währenddessen von einem Helfer gehalten.

58. Jetzt zieht man die Profilgummis um das Dreiecksfenster und die Kurbelscheibenführungen heraus (zum Einbau etwas Neutralseife als Gleitmittel aufstreichen und mit einem stumpfen Schraubendreher nachhelfen).

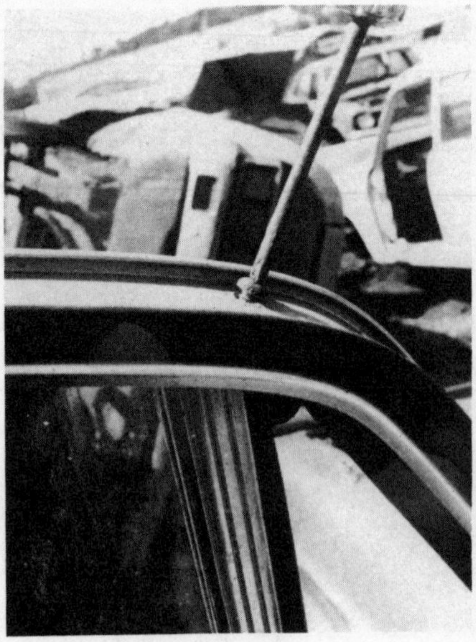

59. Lösen Sie die obere Halteschraube des Fensterführungsprofils.

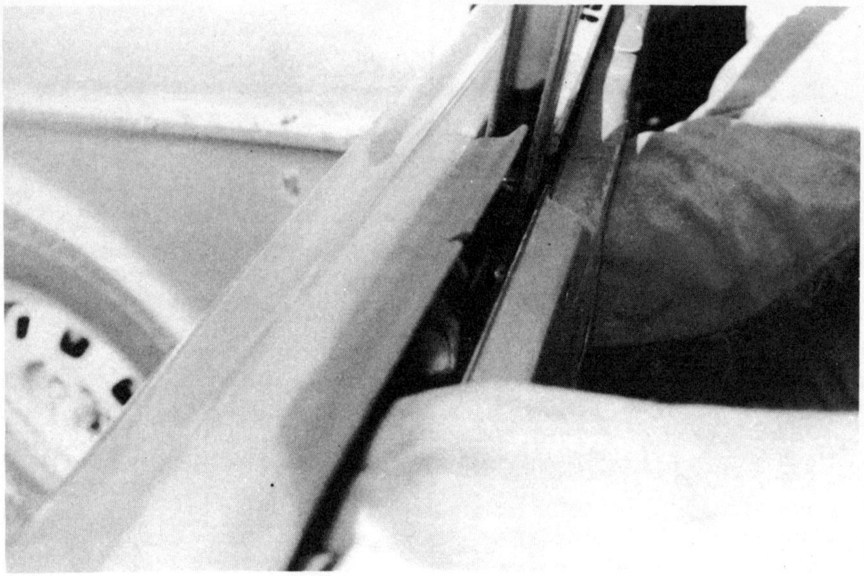

60. Dann lösen Sie die Halteschrauben direkt unter der Türrahmenoberkante. Hier ist der Fensterschacht zu sehen, durch den die Scheibe hochgekurbelt wird.

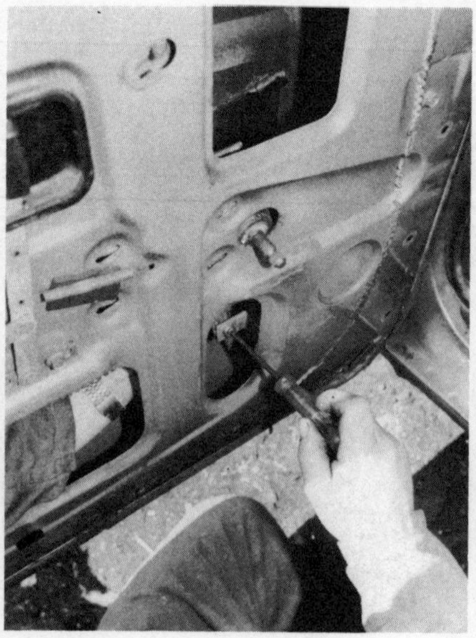

61. Dann lösen Sie die untere Halteschraube . . .

62. . . . so daß die Fensterführungsschiene nach oben herausgezogen werden kann.

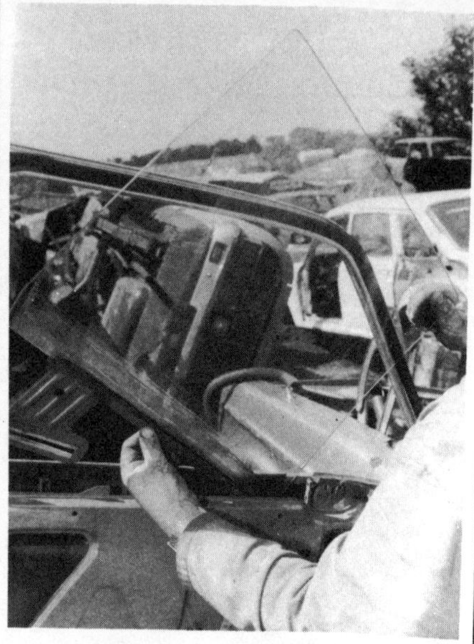

63. Jetzt kann auch die Scheibe nach oben durch den Fensterausschnitt und der Kurbelapparat durch einen der Ausschnitte im Blech herausgenommen werden.

Zerlegen der Türen des Chevrolet Modelljahr 1969 bis 1981

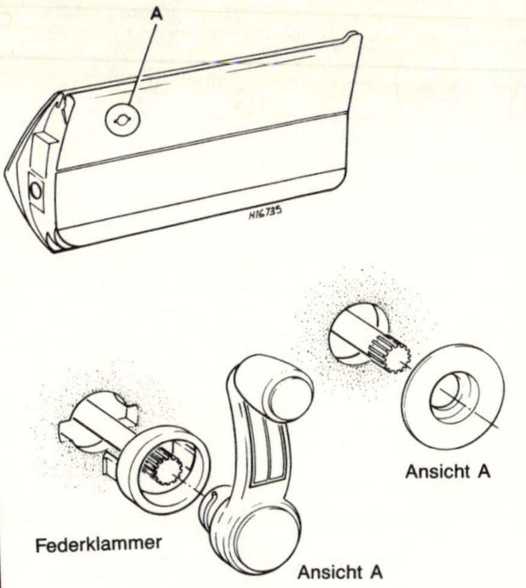

64. Einbau der Fensterkurbeln beim Chevrolet.

An einigen Modellen sind die Türgriffe in der gezeigten Weise montiert (siehe Abschnitt „Volvo"). Andere Ausführungen werden verschraubt. Die Türverkleidung wird angeschraubt oder mit Klammern befestigt und daran der Türziehgriff und die Armlehne angeschraubt. Achten Sie beim Abbauen der Türverkleidung auf die Lage des dahinter sitzenden Feuchtigkeitsschutzes; er muß wieder richtig eingebaut werden. Beim Einbau von Fensterkurbeln mit Sicherungsklammern schieben Sie die Kurbel mit einem trockenen Schlag mit dem Handballen auf ihre Halteachse auf.

Ausbau der Vordertürscheibe:

1) Türverkleidung in der gezeigten Weise ausbauen.
2) Halteklammern der Scheibendichtung, Kurbelanschläge und Stabilisierungsführung ausbauen.
3) Die Scheibe halb abkurbeln und die unteren Führungsschienenmuttern lösen. Dann die Scheibe ganz hochkurbeln und die restlichen Schrauben lösen.
4) Die Einbaulage der Schrauben anzeichnen und sie ganz herausdrehen. Die Führung von der Rolle abziehen und im Türunterteil ablegen.
5) Die Scheibe abkippen, bis die hintere Rolle vom Innenblech freikommt und die Scheibe aus der Tür herausheben.
6) Wenn die Scheibe in ganz abgekurbelter Stellung steht, kann der Fensterhebermechanismus ausgebaut werden. Zeichnen Sie die Lage der Nockenhalteschrauben vor dem Ausbau an. Bei Wagen mit elektrischen Fensterhebern muß der Kabelstrang abgezogen werden.

Demontage der Türeinbauten am Buick Regal und Century

(Einzelteile der Tür siehe Abb. 66, „Chevrolet Camaro")

1) Türverkleidung und Beschläge werden in üblicher Weise ausgebaut. Die Fensterkurbeln sind in gleicher Weise wie bei Chevrolet/Volvo (siehe oben) befestigt.
2) Zierblende unter dem Innentürgriff mit einem Schraubendreher vorsichtig abhebeln. Halteschrauben der Kurbel lösen, die Fernbetätigungsstange von der Griffrückseite abziehen und den Griff abnehmen.
3) Den Türverriegelungsknopf von seiner Achse abschrauben.
4) Die Betätigungsrosette und den Seilzug für die Außenspiegelverstellung abbauen (sofern eingebaut).
5) Armlehne bzw. kombinierte Armlehne/Türziehgriff durch Lösen der Halteschrauben (manchmal unter Abdeckkappen versteckt) abschrauben.
6) Die Verkleidung wird in üblicher Weise abgeschraubt bzw. von den Klammern abgehebelt.
7) Der Aus- und Einbau von elektrischen Fensterhebern ist Werkstattsache.
8) Bei manuellen Fensterhebern werden zuerst der innere Wasserschutz und danach die oberen Kurbelanschläge vorne und hinten in der Tür abgebaut.
9) Die vorderen und hinteren Sicherheitsgurtverkleidungs-Halter an der Türoberkante in der Fensterführung abschrauben.
10) Bei dreiviertel abgekurbelter Scheibe die Haltemuttern der unteren Führung an der Scheibe durch die Ausschnitte in der Türinnenhaut lösen.
11) Die Scheibe gerade nach oben und aus der Führung herausziehen und die Rollen auf die Nuten in der inneren Türhaut ausrichten.
12) Soll der Kurbelapparat ausgebaut werden, wird zuerst die Scheibe wie beschrieben ausgebaut.
13) Die Haltemuttern und -schrauben des Kurbelapparates an der Türinnenseite lösen. Falls der Appa-

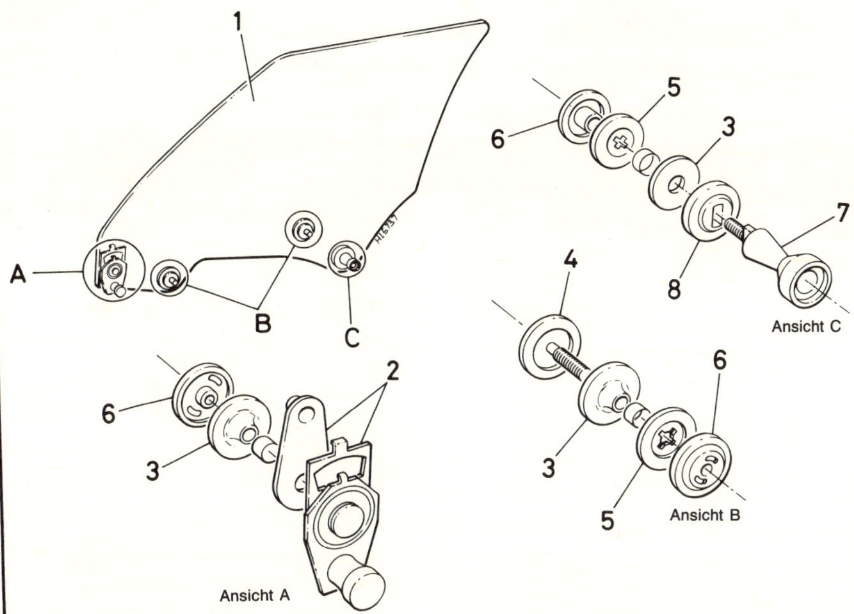

65. Einzelteile der Vordertürscheibe.

1 Türscheibe, vollst.
2 Türscheibe (Kurbel)
3 Distanzstück
4 Schraube, Nocken an Innenblech
5 Scheibe (Kunststoff)
6 Mutter
7 Rolle für Türscheibe
8 Scheibe (Metall)

Demontage der Türeinbauten am Chevrolet Camaro

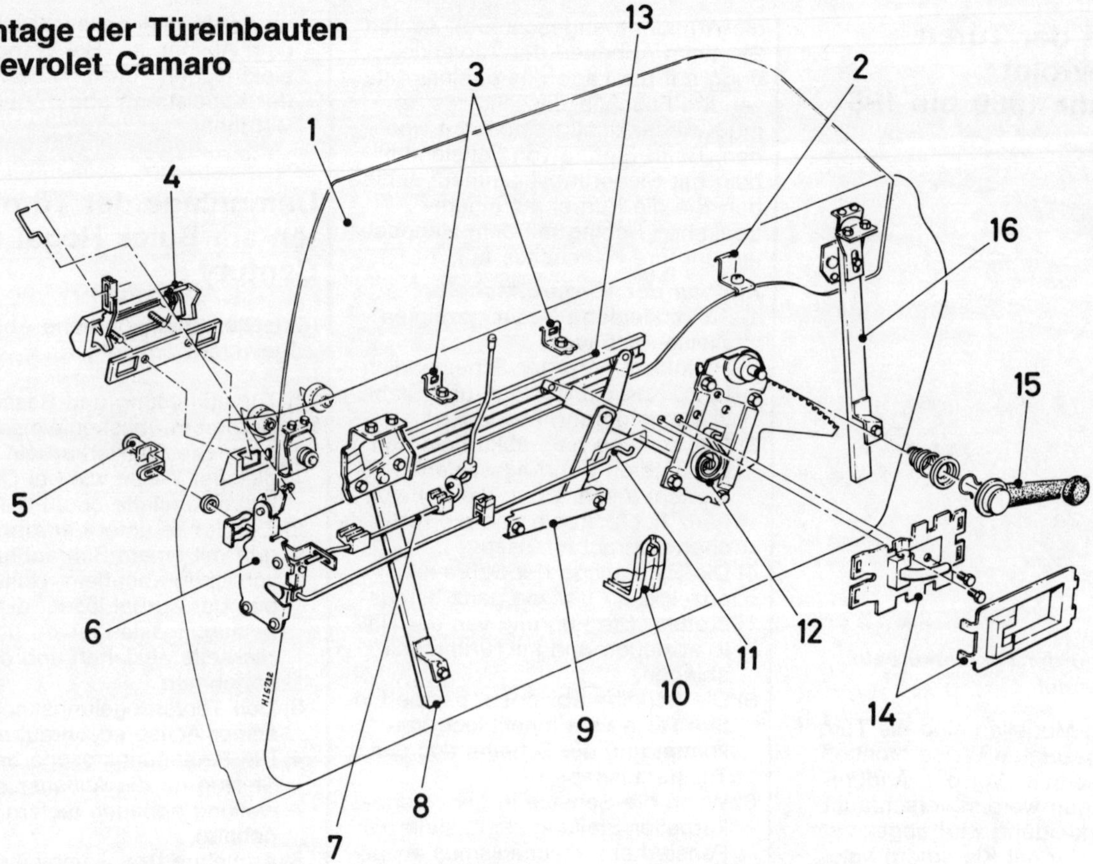

66. Einzelteile der Türeinbauten des Camaro

1 Kurbelscheibe, vollst.
2 Türverkleidungs-Haltewinkel
3 Türverkleidungs-Haltewinkel und Stabilisierungsleiste
4 Türaußengriff
5 Schloßzylinder
6 Türschloß, vollst.
7 Verriegelungsstange innen
8 Hintere Führung
9 Innenblechnocken
10 Unterer Kurbelanschlag
11 Fernbetätigungsstange der Verriegelungsstange
12 Fensterheber (manuell)
13 Nockenbahn für Fensterführung
14 Türverriegelungsgriff mit Zierblende
15 Fensterkurbel
16 Vordere Fensterführung

rat eingenietet ist (neuere Modelle), die Nietköpfe mit einem 6-mm-Bohrer vorsichtig abbohren. Den Kurbelapparat durch die große Öffnung herausziehen.

14) Nach dem Abbohren der Niete den Kurbelapparat beim Wiedereinbau mit Schrauben und Blechmuttern am Kurbelmechanismus befestigen.

Bauen Sie die Türverkleidung sowie die Türscheibe und den manuellen Fensterheber nach den Anweisungen für Buick Regal und Century aus.

Elektrische Fensterheber: Die folgende Ausbauanleitung ist genau zu befolgen, damit Verletzungen vermieden werden.

1. Bei diesem System werden die Fenster über einen Elektromotor und einen unabhängigen Schalter für jede Türscheibe betätigt. An der Fahrertür sitzt ein Hauptschalter für alle Türscheiben.
2. Der Elektro-Antriebsmotor des Fensterhebers arbeitet als 12-Volt-Umkehrmotor. Er wird durch einen integrierten Trennschalter abgesichert und am Fensterheber angeschraubt.
3. Der Elektromotor kann ohne Demontage der übrigen Einbauten nur vom Fensterheber abgebaut werden, wenn die Türscheibe intakt und am Fensterheber angebaut ist. Bei beschädigter Scheibe oder nach Abbau der Scheibe von der Tür muß der Motor abgeschraubt werden, nachdem der Fensterheber von der Türinnenseite abgebaut werden.

Scheibe intakt und eingebaut

4. Scheibe schließen und Türverkleidung und Feuchtigkeitsschutz nach obiger Beschreibung ausbauen.
5. In die Türöffnung fassen und den Kabelstrang am Motor abziehen.
6. Die Scheibe muß jetzt in geschlossener Stellung mit Klebeband fixiert oder blockiert werden. Damit wird verhindert, daß die Scheibe in die Tür abrutscht und beschädigt wird oder Verletzungen verursacht.
7. Die Halteschrauben des Fensterhebers sind nicht zugänglich, daher müssen drei große Zugangsbohrungen in das Türinnenblech gebohrt werden.

Diese Bohrungen müssen genau sitzen. Bohren Sie die Löcher nach der 1:1-Schablone in Abb. 67. Die Schablone wird auf die Fensterheber-Halteniete (neuer Baujahre) bzw. Halteschrauben (ältere Modelle) ausgerichtet und mit Klebeband am Türblech fixiert.

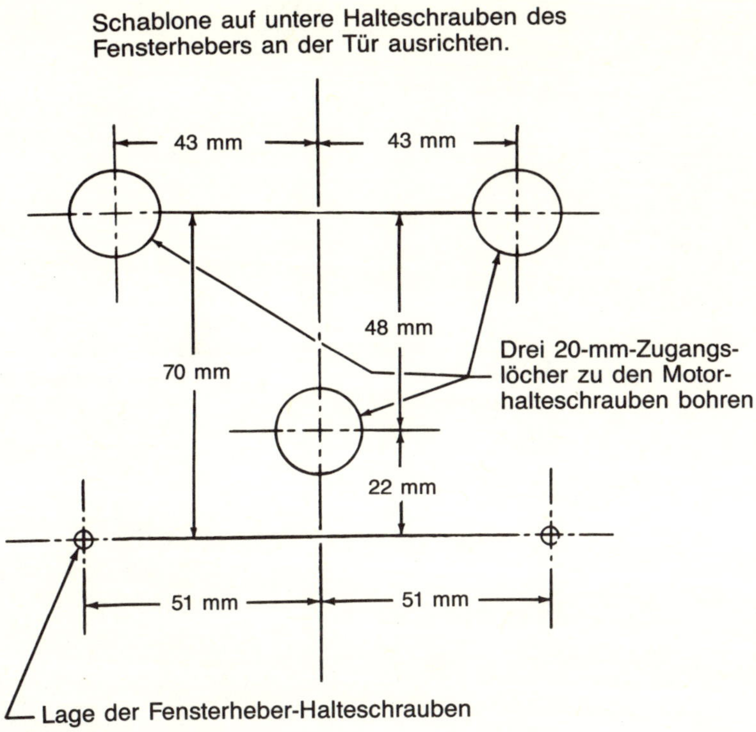

67. Schablone zum Anbohren der Zugangslöcher zu den Halteschrauben der elektrischen Fensterheber.

8. Das Blech in der Mitte der Zugangslöcher der Schablone ankörnen und die 20-mm-Löcher mit einer Stichsäge aussägen.
9. Den Motor durch die untere Öffnung abstützen, während die Halteschrauben gelöst werden. Den Motor durch die Zugangsöffnungen herausnehmen. Darauf achten, daß die Türscheibe ganz geschlossen in Stellung bleibt.
10. Vor dem Einbau Motorantriebszahnrad und Fensterheber-Zahnsegment schmieren.
11. Beim Einsetzen des Motors das Antriebszahnrad richtig in Eingriff mit den Zähnen des Fensterheber-Zahnsegments bringen. Die übrigen Teile in umgekehrter Reihenfolge des Ausbaus einbauen. Die drei Zugangsbohrungen im Türinnenblech können mit wasserdichtem Abklebeband verschlossen werden.

Scheibe gebrochen oder abgebaut

12. Fensterheber wie beschrieben ausbauen. Zuerst den Kabelstrang zum Motor abziehen.
13. Das Fensterheber-Zahnsegment muß unbedingt blockiert werden bevor der Motor vom Fensterheber abgebaut wird. Die Betätigungsarme stehen unter Druck und können Verletzungen verursachen, wenn der Motor ohne Blockieren des Zahnsegments abgebaut wird.
14. Zahnsegment und Grundplatte des Fensterhebers durchbohren, eine Schraube mit Gegenmutter durchstecken und das Zahnrad damit blockieren. Nicht näher als ca. 12 mm zum Rand des Zahnsegments bzw. der Grundplatte bohren.
15. Die drei Halteschrauben des Motors lösen und den Motor vom Fensterheber abbauen.
16. Vor dem Einbau Motorantriebsrad und Zähne des Fensterheber-Zahnsegments mit kältebeständigem Schmierfett schmieren. GM empfiehlt hierfür Lubriplate Spray Lube A.
17. Beim Anbau des Motors am Fensterheber auf richtigen Eingriff der Zähne des Zahnsegments und des Antriebszahnrades achten.
18. Nach dem Festziehen der Motorhalteschrauben können die Sicherungsschraube und -mutter wieder herausgedreht werden. Fensterheber montieren und Kabel wieder am Motor anschließen.

Fiat-Türeinbauten demontieren

Dieser ältere Seilzug-Fensterkurbelapparat läßt sich leichter als andere Konstruktionen ausbauen, da der sperrige, schwere Mechanismus wegfällt.

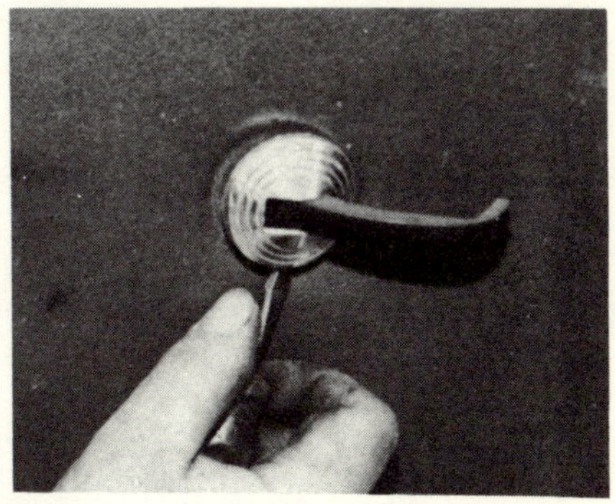

68. Der Chromring um den Sockel des Türgriffs wird vorsichtig abgehebelt.

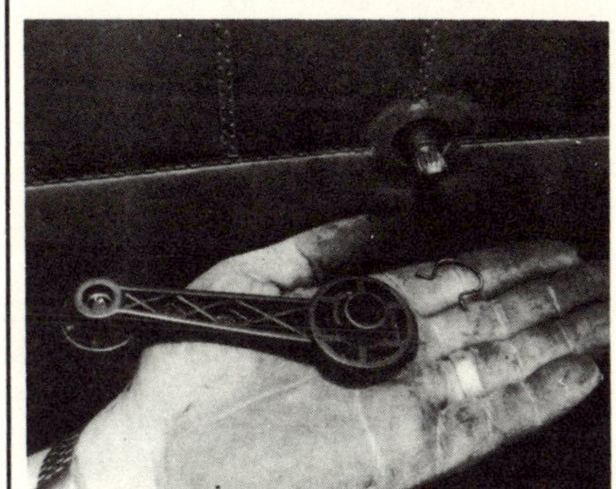

69. Auch hier sitzt die Kurbel mit einer Lyrafeder auf der Keilnutenverzahnung der Halteachse.

70. Die Armlehne (Türhaltegriff) kann nach Lösen der beiden Halteschrauben abgenommen werden.

71. Die Fensterführung ist oben am Türrahmen angeschraubt . . .

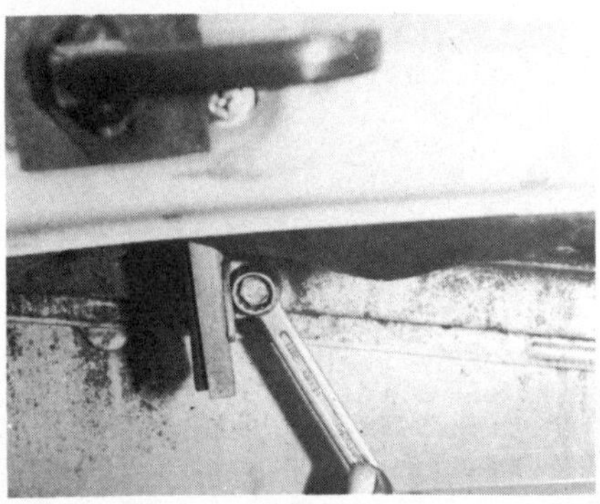

72. . . . und unten im Türrahmen mit einer Sechskantschraube befestigt.

73. Die Fensterführung kann jetzt nach unten aus der Tür herausgezogen werden.

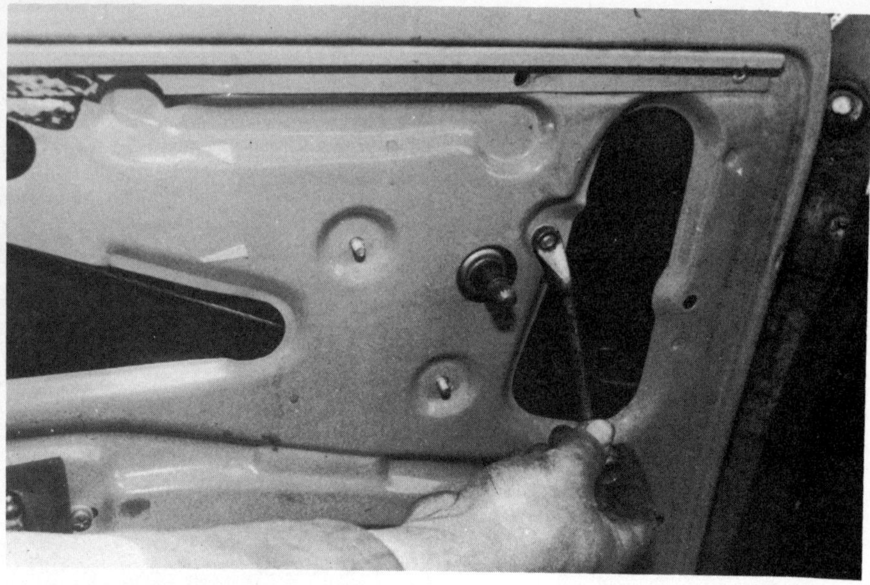

74. Der Fensterkurbelapparat ist mit drei Schrauben am Türrahmen befestigt.

75. Beim Ausbau darauf achten, daß der Seilzug nicht hängenbleibt.

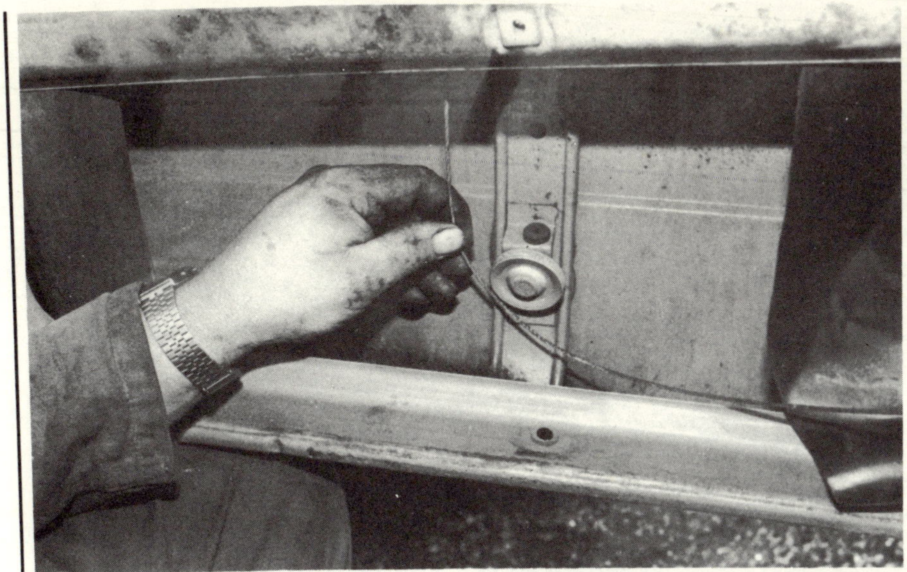

76. Der Seilzug wird von der unteren Laufrolle abgenommen . . .

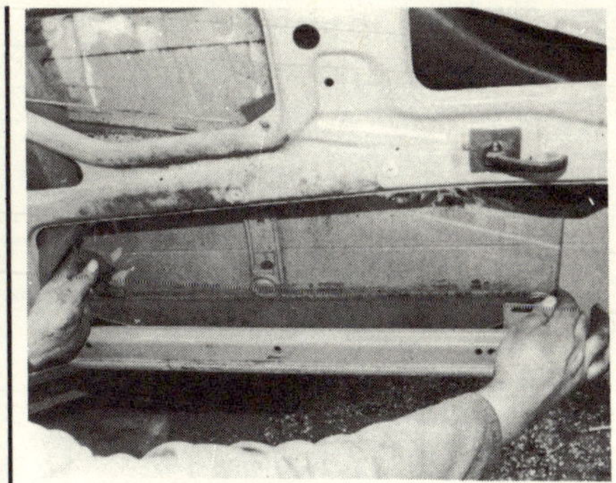

79. Die Scheibe vorsichtig nach unten aus der Tür herausziehen . . .

77. . . . und die Scheibe soweit abgesenkt, daß die Seilzughalterung freiliegt. Eine der Schrauben wird ganz herausgeschraubt, die andere braucht nur gelockert zu werden.

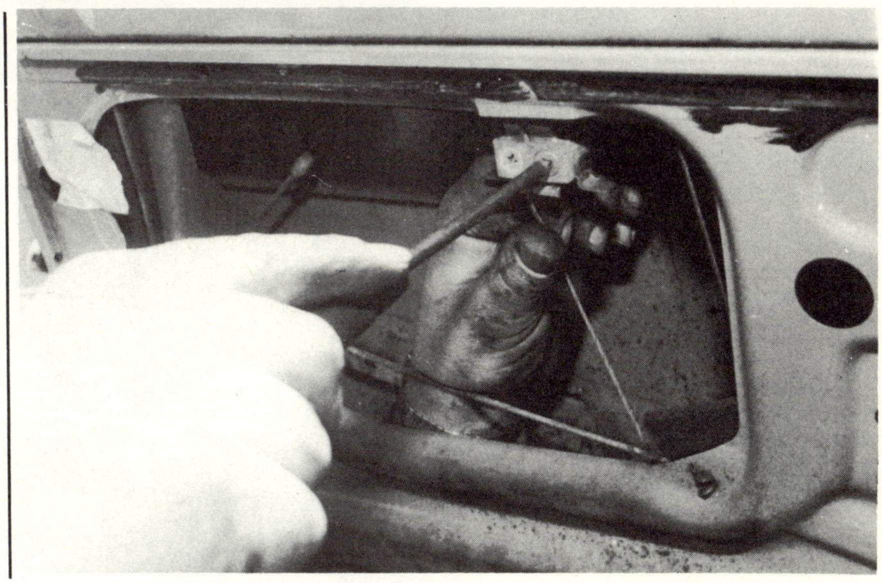

78. Der Seilzug kann jetzt an der Halterung ausgehängt und von der verdeckten Laufrolle im Türrahmen abgenommen werden.

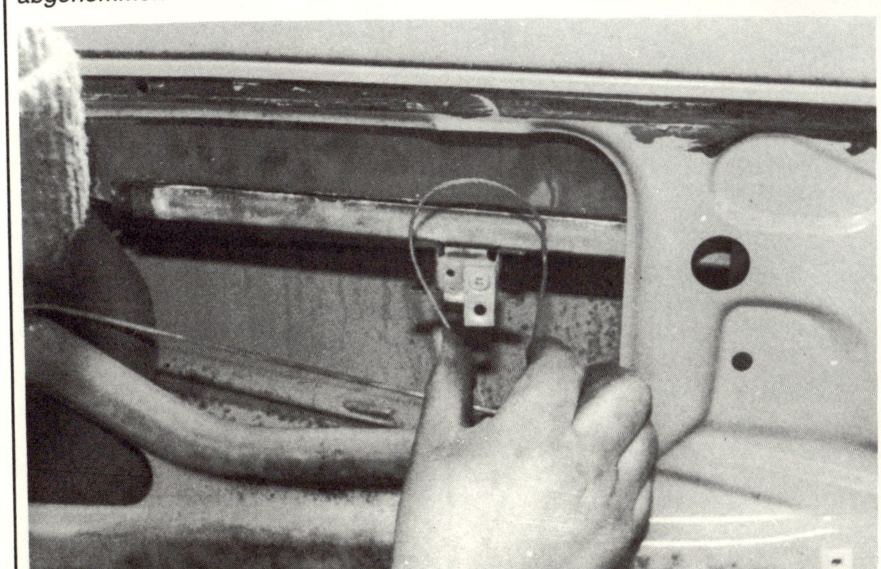

80. . . . und über die Türunterkante seitlich wegheben.

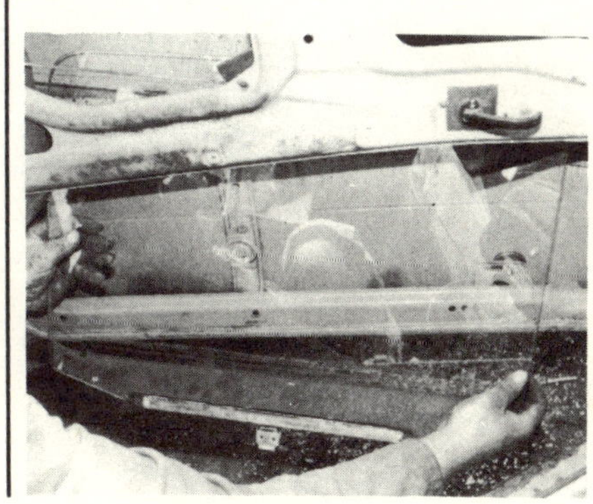

Ford-Türeinbauten demontieren

81. Diese Ford-Konstruktion bietet keine Besonderheiten und ist auch bei anderen Fabrikaten in ähnlicher Form zu finden. Kurbeln Sie die Scheibe zu 3/4 ab, und lösen Sie die drei Schrauben des Fensterheberträgers an der Tür.

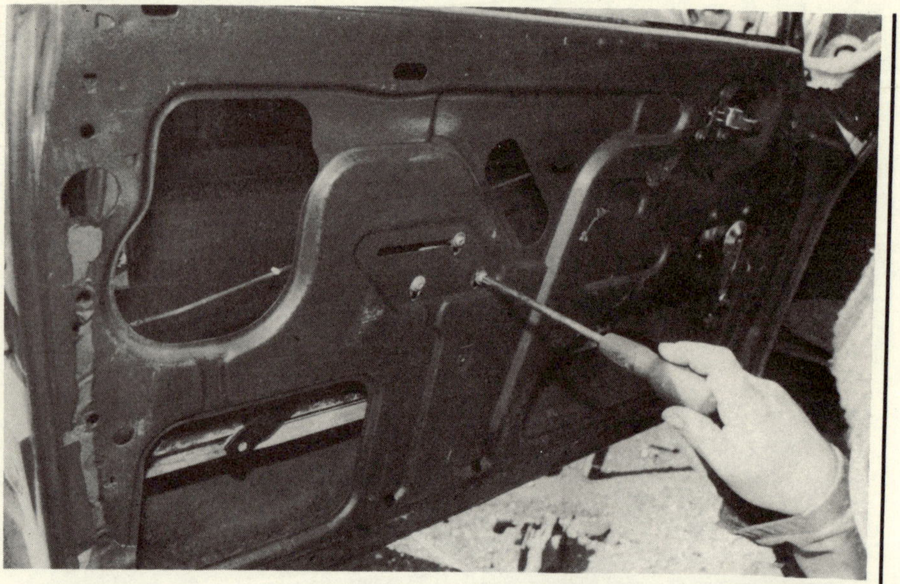

82. Lösen Sie die Halteschrauben des Scheibenmechanismus an der Tür.

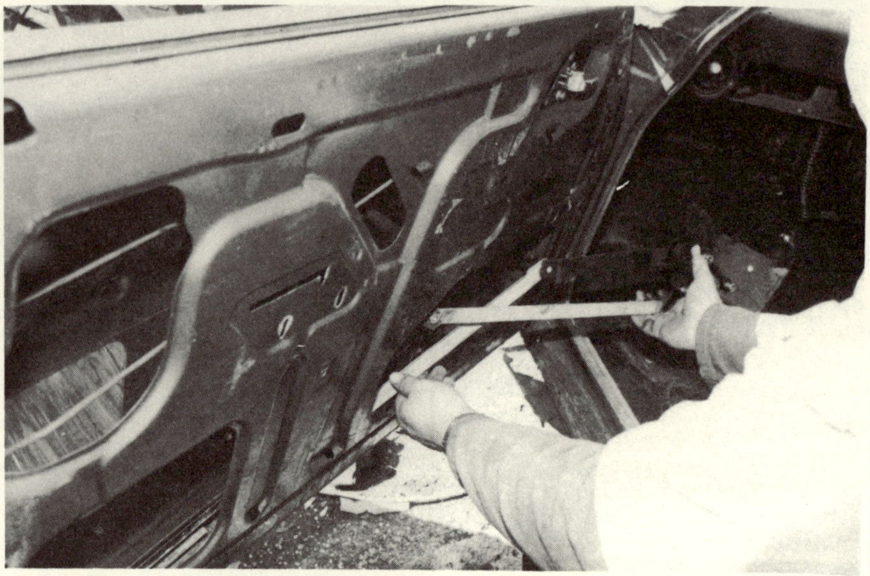

83. Wenn der Mechanismus im Türrahmen frei liegt, führen Sie die Laufrollen aus den Schienen an der Scheibenunterkante heraus.

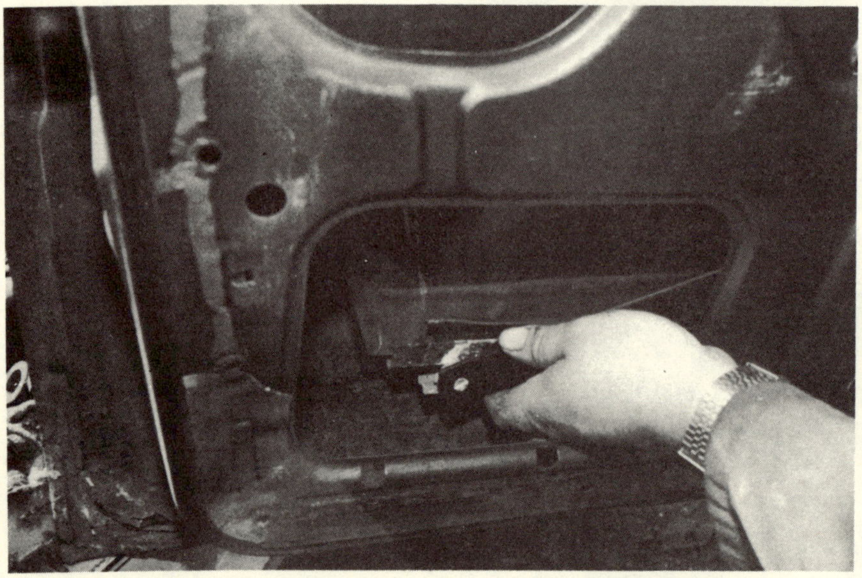

84. Der Mechanismus kann jetzt vorsichtig unten aus der Tür herausgenommen werden.

85. Die Türscheibe wird nach oben ausgebaut.

Allgemeine Hinweise

86. Es ist fast sicher, daß an den Türen älterer Fahrzeuge Wasser in das Innere eingedrungen ist. Sprühen Sie alle Haltemuttern und -schrauben daher vorab mit Rostlöser ein.

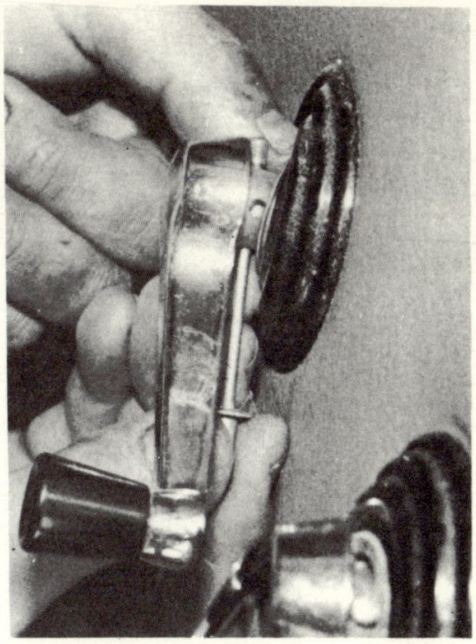

88. Die Innentürgriffe waren früher oft mit Haltestiften auf ihrer Achse befestigt. Drücken Sie die Rosette gegen die Verkleidung, so daß Sie an den Haltestift im Schaft der Kurbel und auf der Vierkantachse kommen. Manchmal sitzt hier ein Kegelstift, der also nur von einer Seite her herausgetrieben werden kann (mit einem dünnen Durchschlag oder Nagel, manchmal muß mit einem Hammerschlag nachgeholfen werden).

87. Bei manchen älteren Modellen sind die Dreiecksfenster mit der vorderen Türführung verschraubt. Achten Sie also auf versteckte Schrauben, die nicht nur die Führung, sondern auch das Ausstellfenster halten.

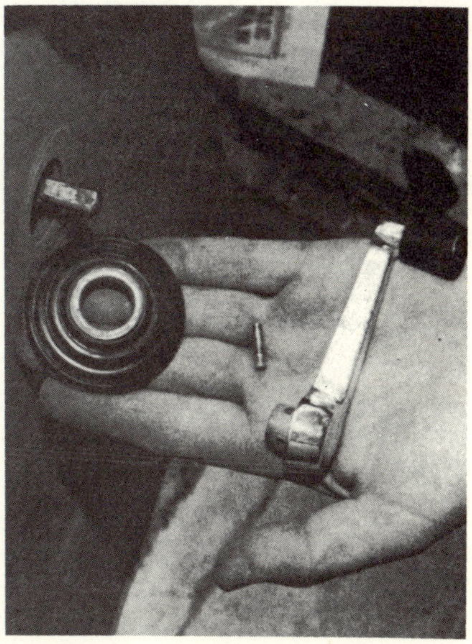

89. Kurbel und Rosette können jetzt abgezogen werden. Die Druckfeder hinter der Rosette darf nicht verlorengehen.

Auswechseln von Windschutzscheiben ●

Bei der Windschutzscheibenmontage existieren praktisch nur zwei Verfahren. Beim älteren Verfahren sitzt um die Scheibe ein Gummiprofil. Der Aus- und Einbau erfordert etwas Know-how, aber keine übermäßige Geschicklichkeit. Wer die Windschutzscheibe selbst ausbauen will, prüfe zuerst den Zustand des Dichtgummis. Alte Gummis verhärten, sind dann nicht mehr recht elastisch und reißen beim Wiedereinbau ein. Im Zweifelsfall besorgt man sich also eine neue Dichtung.

Heute werden die Scheiben oft eingeklebt, manchmal mit kalthärtendem Kleber, der wie normaler Kitt aufgetragen wird (und aushärtet). Bei einigen Varianten härtet der Kleber durch Stromfluß durch einen Heizdraht im Kleber aus. Durch die Wärme wird die Klebschicht an der Scheibe erweicht; sie härtet beim Abkühlen dann wieder aus.

Bei einigen Fahrzeugen muß vorher die Scheibenzierleiste ausgebaut werden, was oft nicht ganz einfach und nur mit etwas Geschicklichkeit möglich ist. Im ersten Beispiel wird nachstehend beschrieben, wie ein einfacher Scheibengummi ausgebaut wird. Bei anderen Marken ist der Ausbau etwas komplizierter, läuft aber im Prinzip auf dieselbe Weise ab.

Windschutzscheiben mit Profilgummidichtung

90. Diese Scheibe war ohne Vorwarnung – wahrscheinlich durch Steinschlag von einem vorausfahrenden Fahrzeug – geplatzt. Auch bei Kratzern (z.B. bei starkem Unwetter) oder starker Riefenbildung durch die Scheibenwischer muß die Scheibe ersetzt wird – vielleicht will man ja auch nur eine getönte Scheibe oder Heckscheibe mit Heizung einbauen.

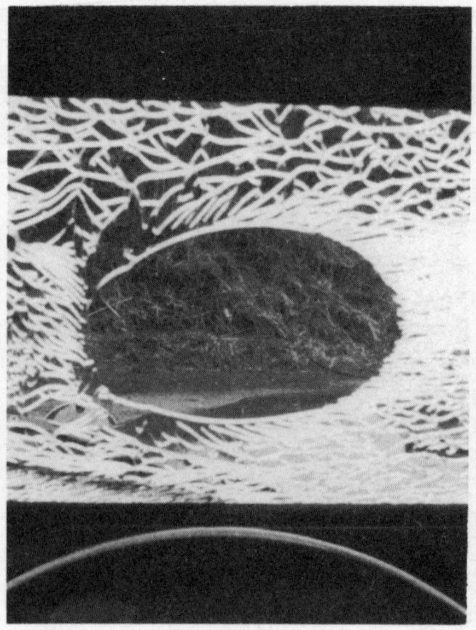

91. Bei dieser Scheibe blieb im Sichtbereich des Fahrer ein transparenter Bereich erhalten (sogenanntes „Talerglas"). Beim Einbau derartiger Scheiben ist darauf zu achten, daß der transparente Bereich auf der Fahrerseite liegt (aber gebogene Scheiben kann man ja sowieso nicht verkehrt einbauen).

92. Vor dem Ausbau geplatzter Scheiben werden zuerst alle Defrosterdüsen abgeklebt. Oft müssen auch Zierleisten und Verkleidungen an der Scheibeninnenseite abgebaut werden.

93. Eine geplatzte Scheibe zerfällt in tausende von Einzelteilen, die sich im Innenraum an den unmöglichsten Stellen wiederfinden. Decken Sie also Sitze, Armaturenbrett und Bodenblech ab, wenn Sie die Splitter hinterher nicht erst wieder mühsam zusammensuchen wollen.

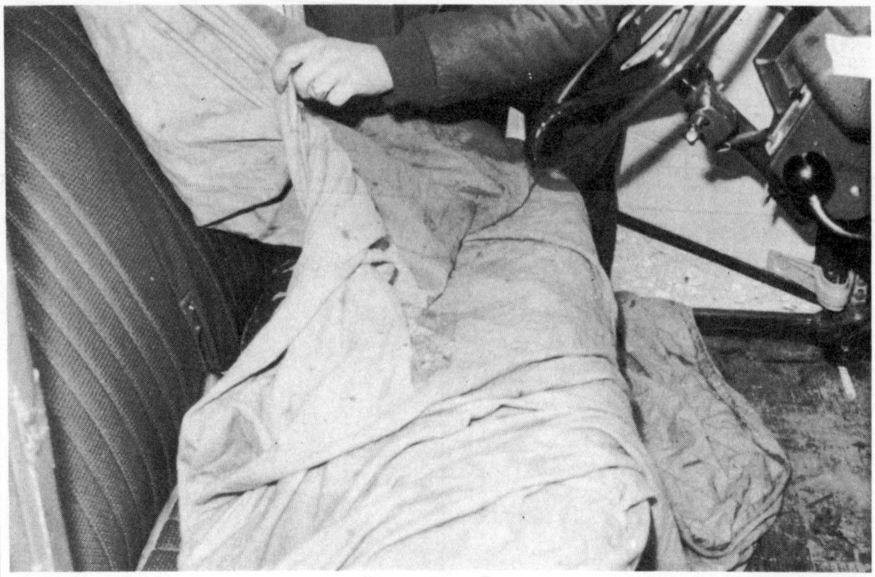

94. Die alte Scheibe schlagen wir jetzt vorsichtig nach innen (auf das Tuch, die den ganzen Innenraum abdeckt). Wer dies einige Male gemacht hat, achtet auf die damit verbundenen Risiken bald nicht mehr – trotzdem sollte man stets mit dicken Arbeitshandschuhen und evtl. einer Schutzbrille arbeiten.

95. Die Glasreste im Gummiprofil werden nun mit einer Zange oder einem Schlitzschraubendreher entfernt.

96. Die Splitter auf der Motorhaube und dem Armaturenbrett bürstet man jetzt nach innen auf das Abdecktuch.

97. Beim Herausziehen des Scheibengummis fielen – wie aus dem Nichts – noch viel mehr Splitter heraus. Gründliche Reinigung aller Ecken und Winkel ist also unbedingt empfehlenswert.

98. Das Abdecktuch wird nun von außen nach innen eingerollt, so daß die Glassplitter zusammenbleiben. Vorsicht beim Umgang mit den Glassplittern; die Scheibenreste ordnungsgemäß beseitigen.

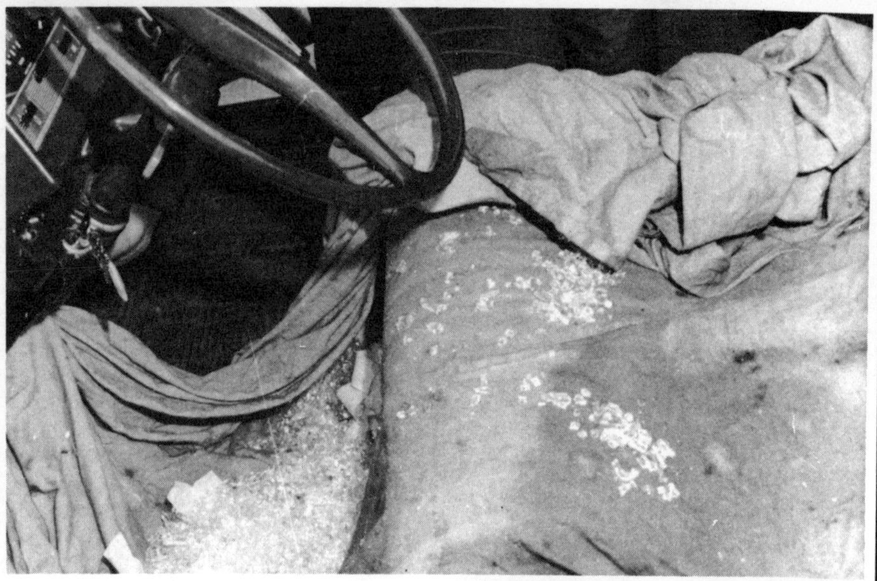

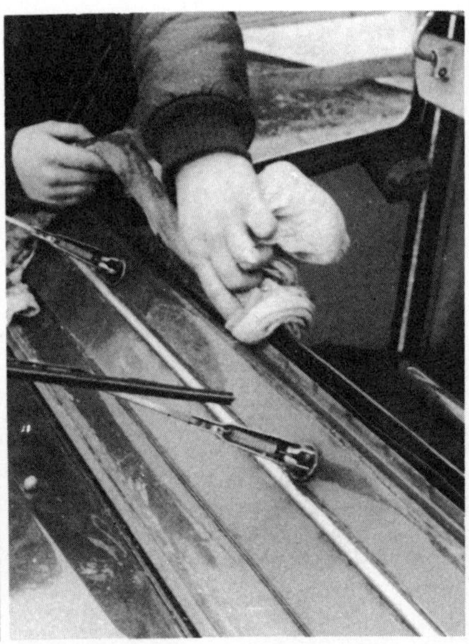

99. Mit einem in Paraffin (Kerosin) angefeuchteten Lappen wird der Anlageflansch des Gummis von allen alten Dichtmassenrückständen gesäubert. Diese Rückstände verhindern sonst eine einwandfreie Abdichtung der neuen Scheibe und verursachen bald wieder scheinbar unerklärliche Wassereinbrüche.

100. Auch am Scheibengummi müssen an den Dichtflächen alle Dichtmassenreste gründlich entfernt werden.

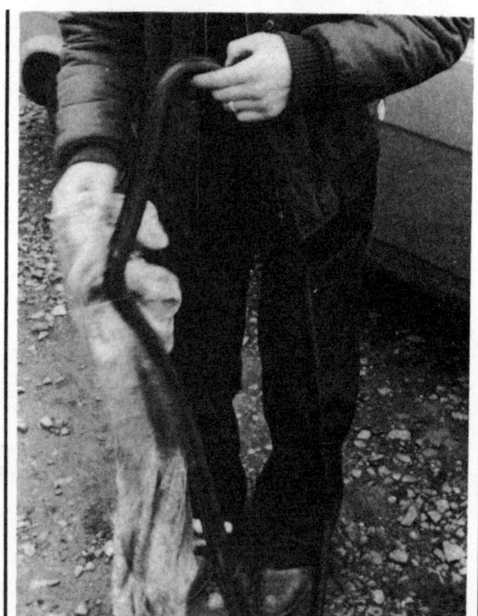

101. Die neue Scheibe wird auf einer weichen Unterlage in der richtigen Arbeitshöhe (am besten auf zwei Küchenstühle) abgelegt und der Gummi ringsum aufgezogen. Die Außenlippe des Dichtgummis muß richtig auf der Außenseite der Scheibe aufliegen.

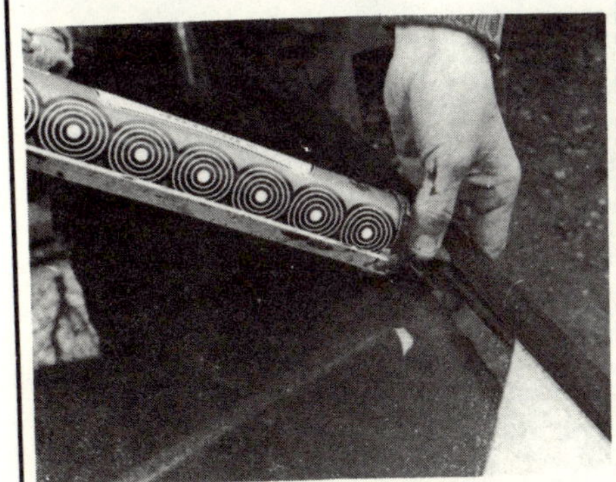

102. Scheibendichtmasse ist beim Farbenhandel oder Autoglaser erhältlich. Die Dichtmasse wird beidseitig ringsum in die Anlagefläche zwischen Scheibe und Gummi gedrückt – allerdings erst nach dem Einbau der Scheibe in die Dichtlippe, da sonst der Gummi nicht weit genug auf die Scheibe aufgelegt und die Scheibe samt Gummi nicht in den Scheibenausschnitt eingepaßt werden könnte.

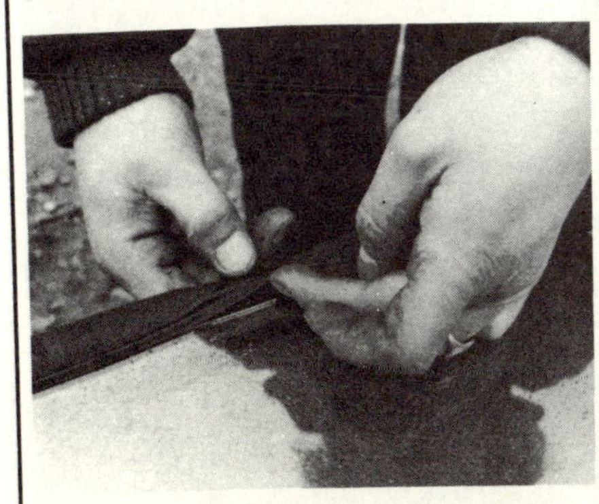

103. Der Scheibengummi weist innen zwei Dichtlippen auf – die untere wird über die Scheibe gestülpt.

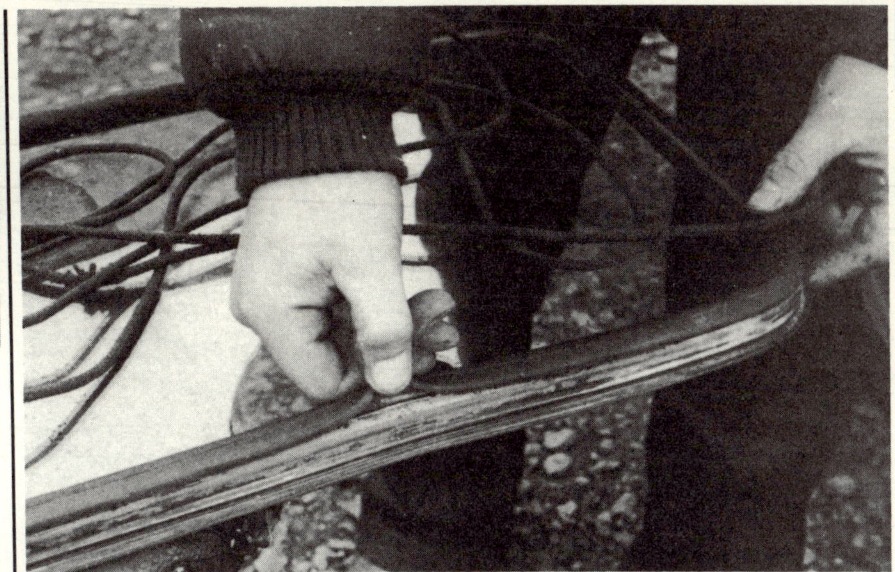

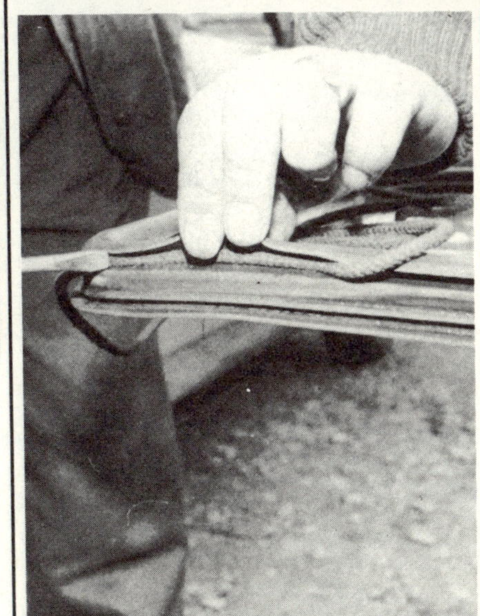

104. Die eine der beiden Dichtlippen an der Gummiaußenseite dichtet zur Außenseite des Scheibenausschnitts hin ab, die andere wird über den Ausschnitt gestülpt. Hierzu legt man eine Schnur rund um die Scheibe in die Dichtlippe ein.

105. Die Schnur wird von der unteren Ecke aus in die Dichtung eingelegt . . .

106. . . . und dann ringsum eingezogen. Die beiden Schnurenden sollten sich im Dichtprofil auf einer Länge von ca. 75 bis 100 m überkreuzen.

107. Dann drücken Sie Dichtmasse rundum hinter die vordere Lippe, die an äußeren Scheibenrahmen anliegt (nicht die Dichtlippe, in die die Schnur eingelegt wurde).

108. Die Scheibe wird mit aufgelegtem Gummiprofil in den Scheibenausschnitt eingesetzt, so daß die überstehenden Schnurenden nach innen hängen und nicht zwischen Gummi und Scheibenrahmen hängen bleiben.

109. Die Scheibe wird zuerst an der unteren Kante des Scheibenrahmens eingelegt und dann leicht in den Ausschnitt eingedrückt. Sie sitzt jetzt noch nicht endgültig, da die innere Lippe erst noch um den Blechfalz gelegt werden muß.

110. Ein Helfer drückt von außen gegen die Scheibe; von innen zieht man das eine Schnurende stramm und zieht das andere Ende an der Dichtlippe entlang. Die Lippe legt sich dadurch nach und nach über den Scheibenausschnitt.

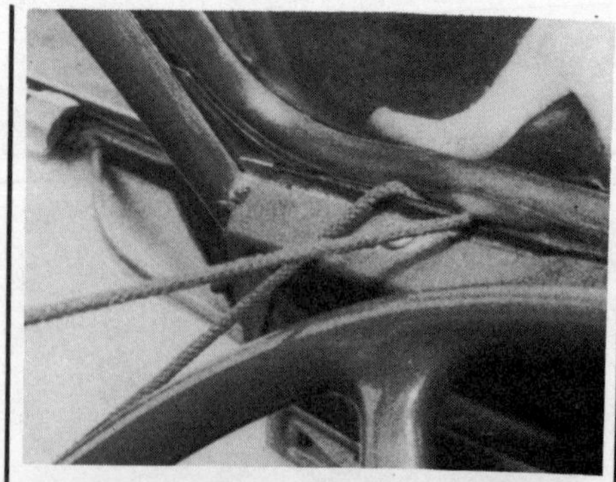

111. Das Schnurende wird jetzt weiter durchgezogen und ein Helfer drückt die Scheibe von außen an.

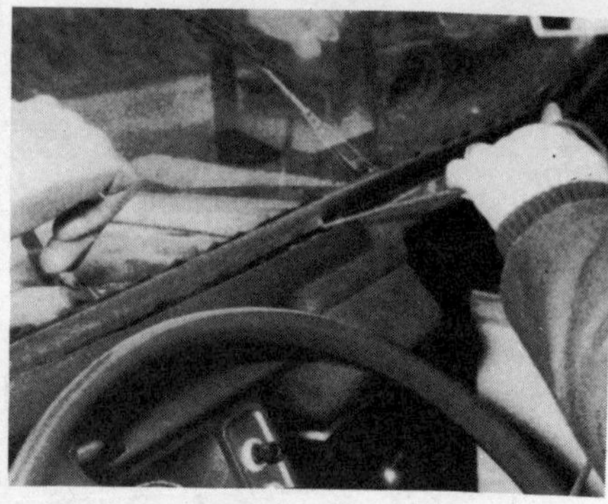

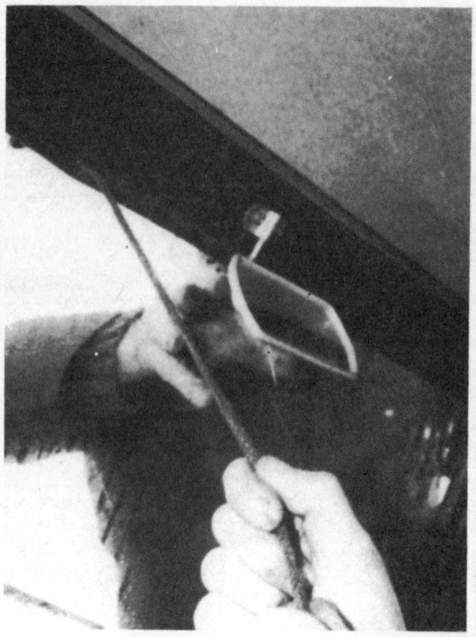

112. Die Schnur muß ringsum stramm durchgezogen werden. Die Dichtlippe muß sich sauber über den Scheibenauschnitt legen, sonst liegt sie auf der falschen Seite des Ausschnitts an und ist kaum noch richtig einzusetzen. Notfalls hilft man mit einem stumpfen Schraubendreher nach, falls die Lippe irgendwo hängenbleibt.

113. Nach Entfernen der Schnur wischt man die Scheibeninnenseite sauber ab.

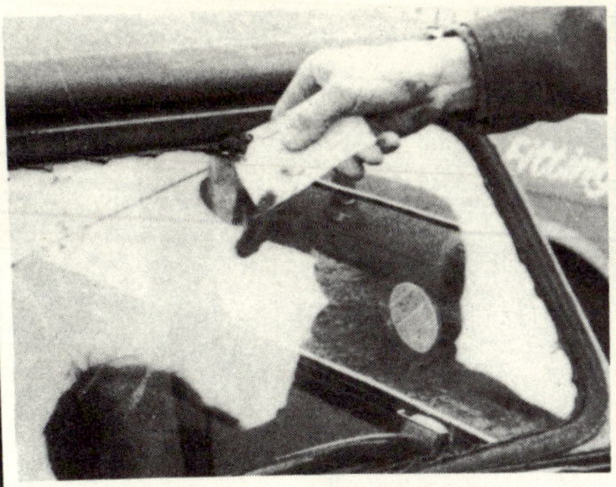

114. Die unter der Dichtung hervorgequollene Dichtmasse wird mit einem Kunststoffspatel entfernt, wie er für Polyesterspachtel verwendet wird.

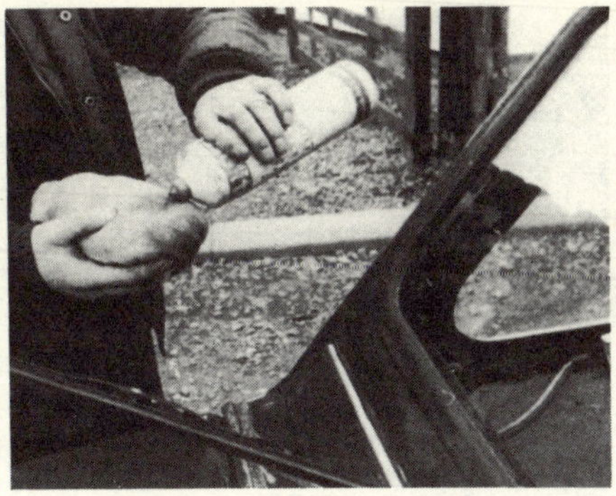

115. Die Dichtmassenreste auf Scheibe und Karosserie lassen sich mit einem mit Paraffin (Kerosin) oder Terpentinersatz beseitigen.

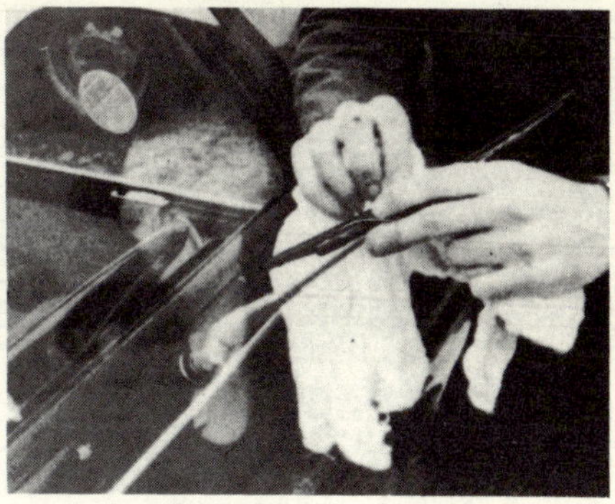

116. Zuletzt untersucht man die Wischerblätter auf Glassplitter und wischt sie mit Paraffin gründlich ab. Es gibt nichts demoralisierenderes, als eine neue Scheibe gleich durch Glassplitter irreparabel zu verkratzen.

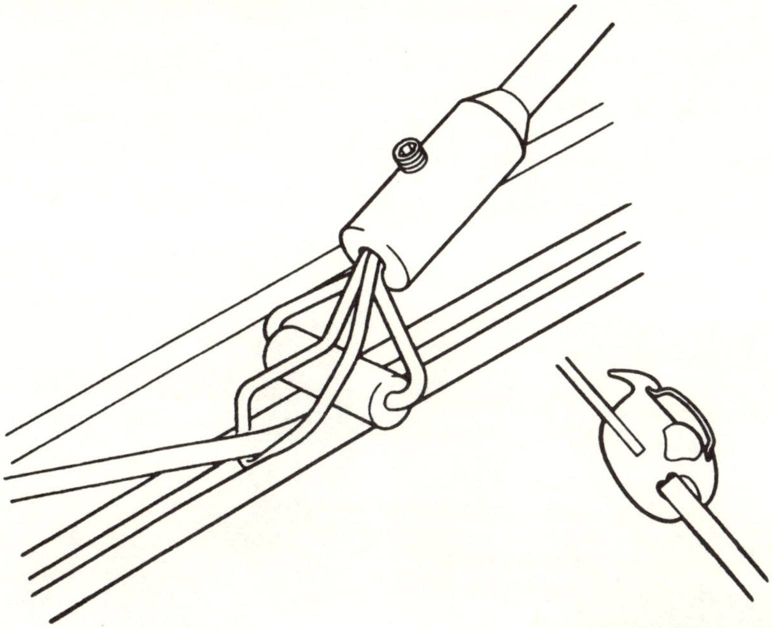

117. Bei einigen Windschutzscheiben ist auf der Vorderseite ein Spreizgummi eingesetzt, das den Dichtgummi fester gegen die Scheibe drückt. Es kann mit dem abgebildeten Spezialwerkzeug oder (nicht ganz so bequem) mit zwei Schraubendrehern eingelegt werden – einem breiteren zum Aufspreizen der Gummilippe und einem schmaleren zum Eindrücken des Füllgummis. Mit etwas Waschmittel als „Schmiermittel" geht das Einlegen wesentlich besser.

118. Oft sind Lecks an der Windschutzscheibe auf Austrocknen von Gummi und Dichtmasse zurückzuführen. Scheibendichtmasse wird auf beiden Seiten des Gummis mit der Kartusche eingedrückt und Leckbildung damit vermieden.

Sicherheit

Sind die Krümel der geplatzten Windschutzscheibe bereits in den Innenraum gefallen, müssen alle Defroster- und Heizungsdüsen und -schächte ausgebaut und gereinigt werden, damit Ihnen nicht die Glassplitter ins Gesicht fliegen, wenn Sie das nächste Mal das Heizgebläse einschalten!

Windschutzscheiben von Sportwagen

Viele ältere Sportwagen sind mit separaten Windschutzscheibenrahmen ausgerüstet, die meist aus Alugußbestehen und zusammen mit der Scheibe ausgebaut werden müssen, bevor die Scheibe ausgewechselt werden kann. Die Montage des Scheibenrahmens an der Karosserie variiert je nach Modell, ist aber nie sonderlich kompliziert. Früher galt es sogar bei vielen Puristen als Ideal, kurzerhand die Scheibe gegen zwei kleine Roadsterscheiben auszutauschen. Darauf wollen wir hier aber nicht weiter eingehen . . .

Die folgende Bildfolge zeigt die Arbeiten am meistverkauften Sportwagen aller Zeiten, dem MGB; im Prinzip werden die Arbeiten bei anderen Marken aber auf dieselbe Weise ausgeführt.

119. Der untere Halter der Mittelstütze wurde beim Ausbau der Scheibe gelöst. Nehmen Sie die Hutmutter ab, mit der das Stützenoberteil am Rahmenhalter befestigt ist.

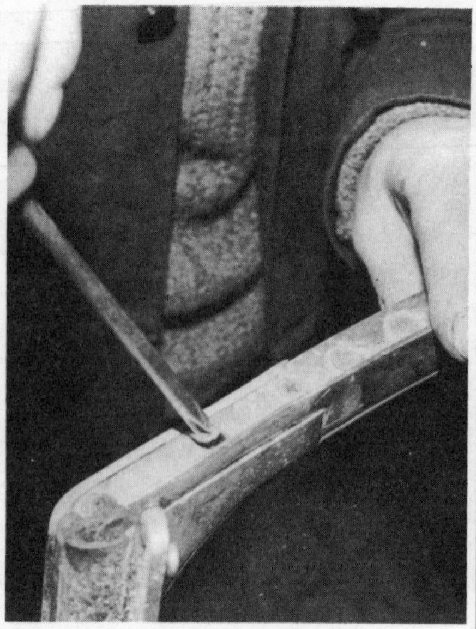

120. Lösen Sie die beiden Kreuzschlitzschrauben an beiden Seiten der oberen Leiste des Scheibenrahmens. Anstelle der beiden Niete (neben der linken Hand zu erkennen) sitzen bei späteren Ausführungen Schrauben; diese werden nicht herausgedreht.

121. Oft lassen sich einzelne Schrauben nicht lösen. Einzige Abhilfe ist dann, den Schraubenkopf abzubohren, den Schraubenrest nach Zerlegen des Scheibenrahmens auszubohren und das Gewinde mit einem Gewindebohrer nachzuschneiden.

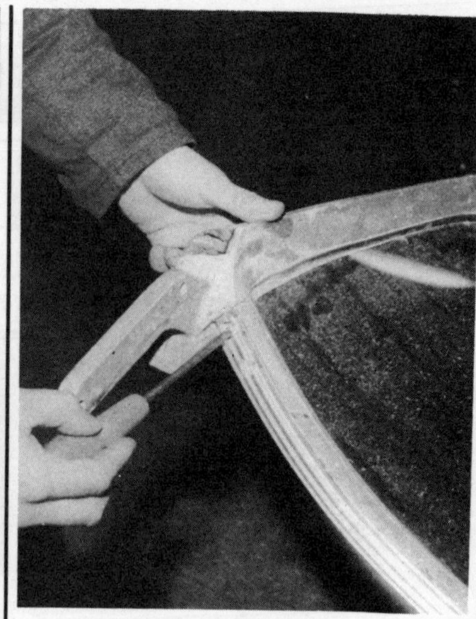

122. Die unteren Schrauben (je zwei pro Seite) sitzen unter der Gummidichtleiste, die zuerst aus ihrem Sitz gezogen werden muß.

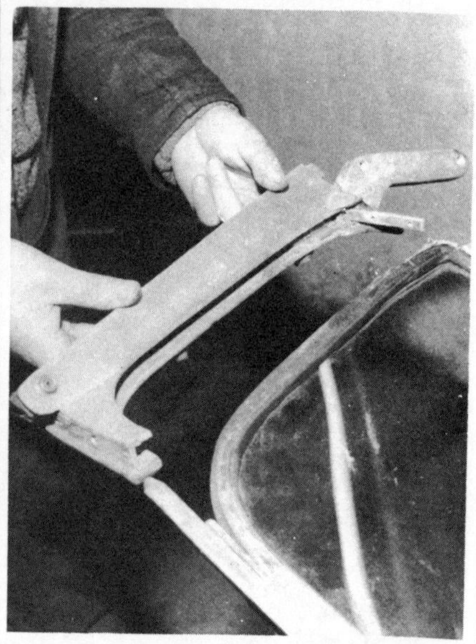

123. Der seitliche Rahmen sitzt in den oberen und unteren Leisten; nach Lösen aller Schrauben kann er abgezogen werden. Die Schrauben für die Ober- und Unterseite sind unterschiedlich lang, sollten also entsprechend abgelegt werden.

124. Die Rahmenverbindungen sitzen oft sehr fest und müssen mit einem Holzhammer vorsichtig auseinandergeklopft werden.

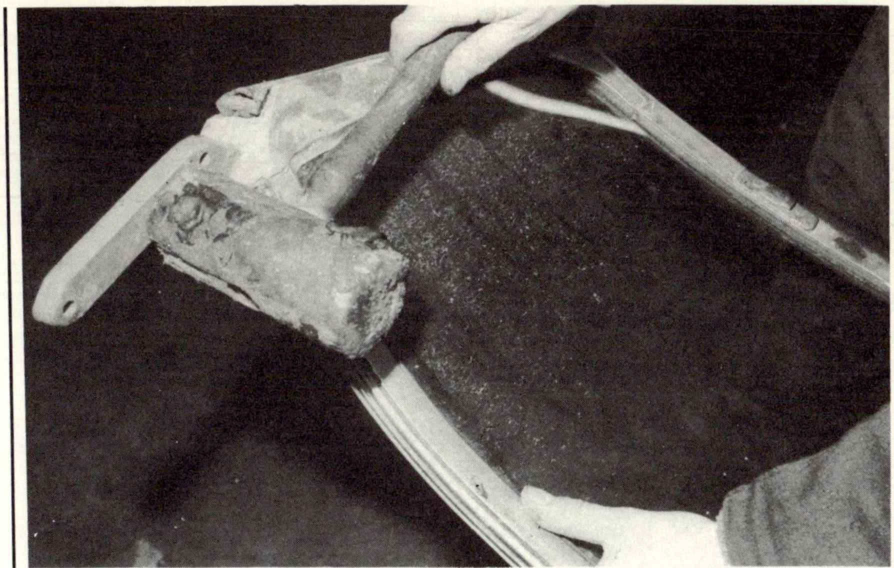

125. Nach Abnehmen beider Seitenrahmen ziehen Sie die obere Leiste vom einen Ende aus ab und ziehen dabei den Dichtgummi aus seinem Sitz im Scheibenrahmen.

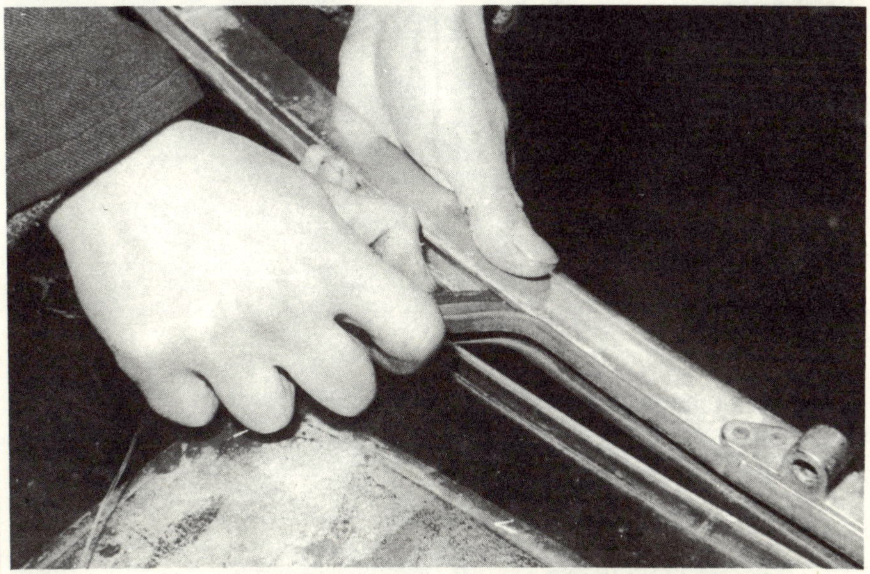

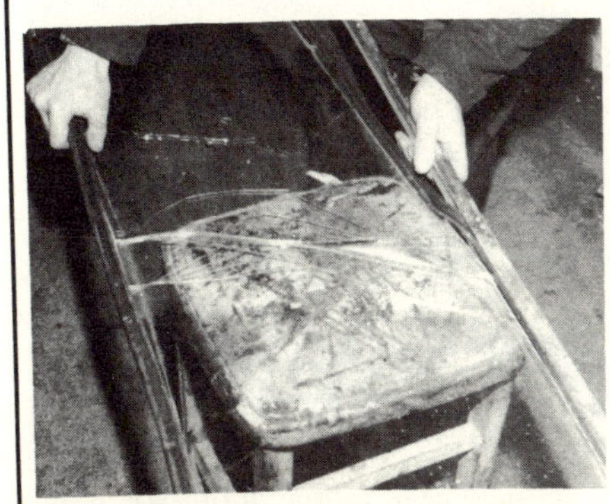

126. Die untere Leiste wird auf dieselbe Weise ausgebaut. Ein gepolsterter Stuhl eignet sich ideal als Arbeitsunterlage.

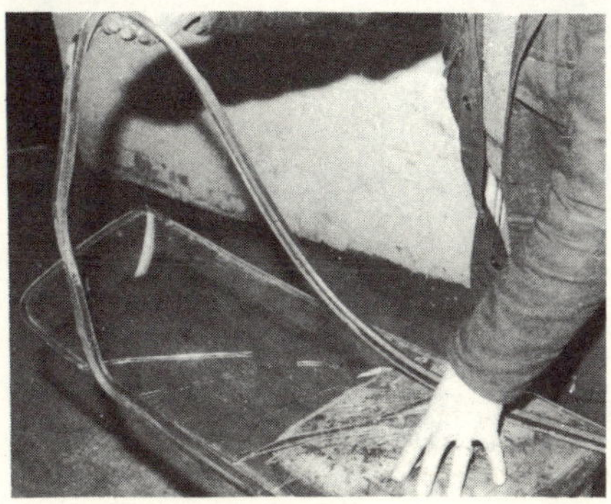

127. Nehmen Sie den Scheibendichtgummi von der Scheibe ab und achten Sie darauf, daß der Gummi nicht an Glassplittern eingeschnitten wird.

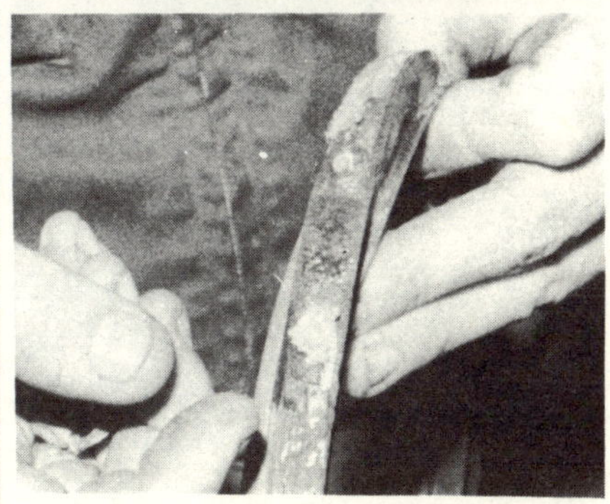

128. Dann entfernen Sie alle alten Dichtmassenreste aus den Dichtlippen.

129. Bei dieser Gelegenheit reinigt man den Scheibenrahmen und ölt die Gewinde vor dem Zusammenbau. Vorsicht, daß die Scheibe im Rahmen nicht verspannt wird und zerspringt.

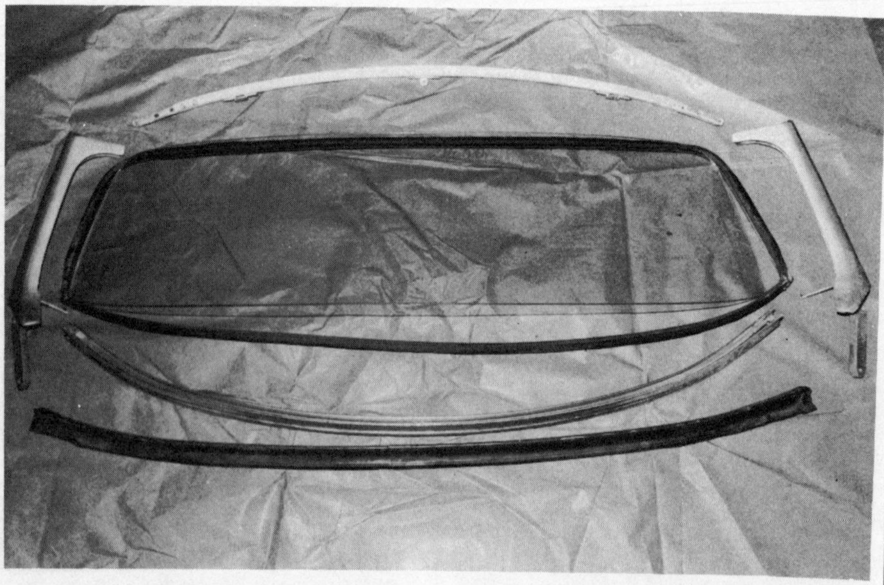

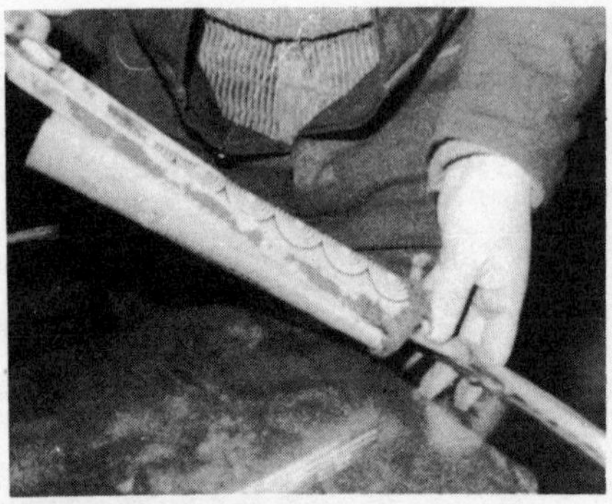

130. Drücken Sie einen Strang Scheibendichtungsmasse (im Kfz-Fachhandel erhältlich) auf beiden Seiten der Scheibe in die Dichtlippe des Scheibengummis.

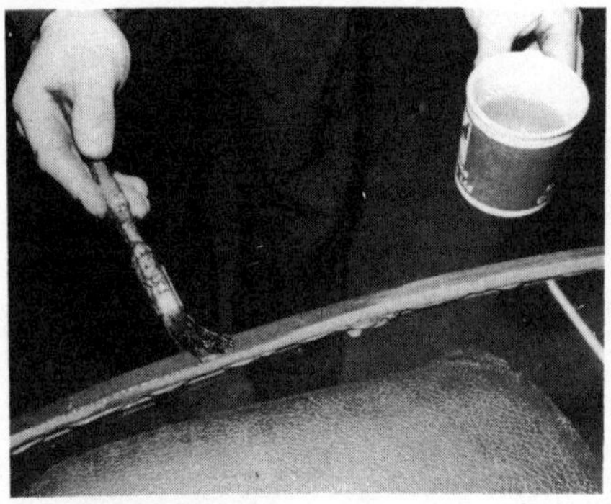

131. Streichen Sie um die Außenkante des Scheibendichtgummis etwas Neutralseifenlösung auf . . .

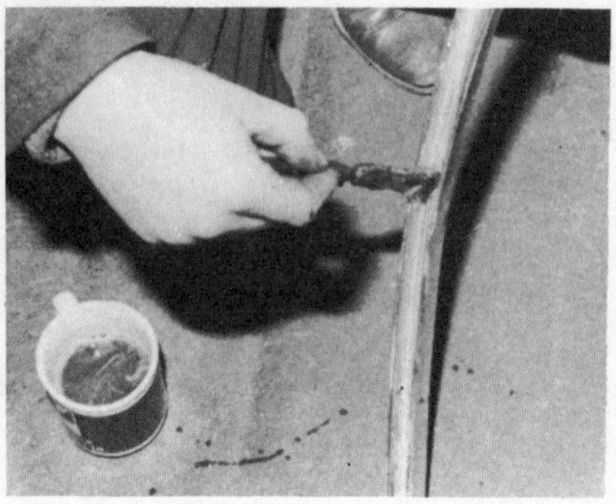

132. . . . ebenso in die oberen und unteren Kanäle der Scheibenleisten.

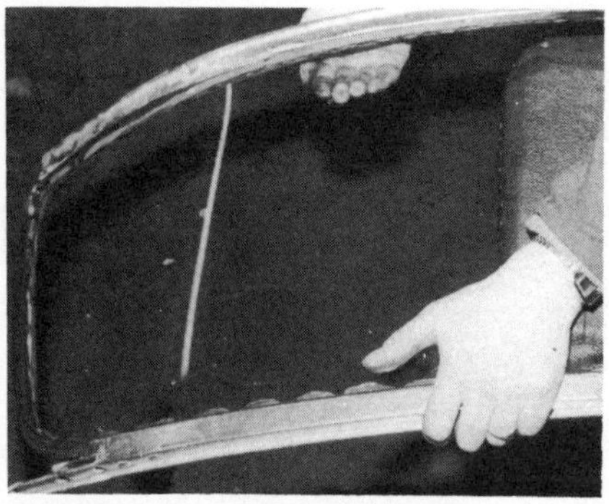

133. Drücken Sie die oberen und unteren Leisten auf die Gummis (langsam mit gleichmäßigem Druck) auf. Die überschüssige Dichtmasse wird dabei herausgedrückt.

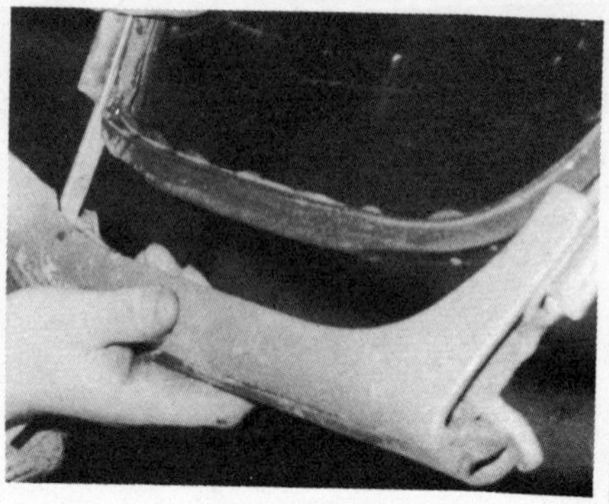

134. Schieben Sie die Seitenrahmen auf.

135. Die Schraubenbohrungen müssen genau fluchten. Notfalls hilft man mit einem trockenen Schlag mit dem Handballen nach, bis die Rahmen richtig sitzen.

136. Lassen sich die oberen und unteren Rahmen nicht weit genug zusammenziehen, spannen Sie sie in eine Tischlerschraubzwinge – aber LANGSAM, damit die überschüssige Dichtmasse entweichen kann.

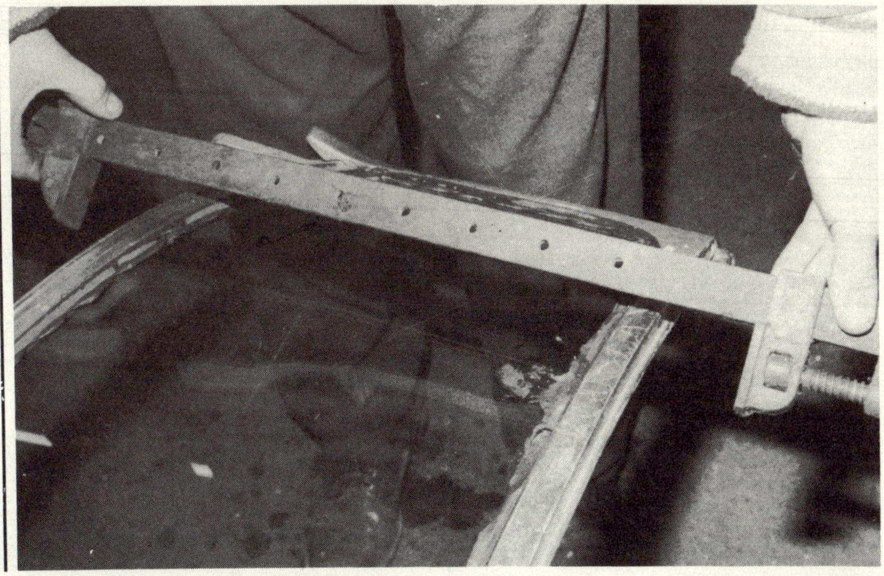

137. Drehen Sie die oberen und unteren Schrauben wieder ein. Darauf achten, daß die Schrauben mit der richtigen Länge in die entsprechenden Bohrungen eingeschraubt werden.

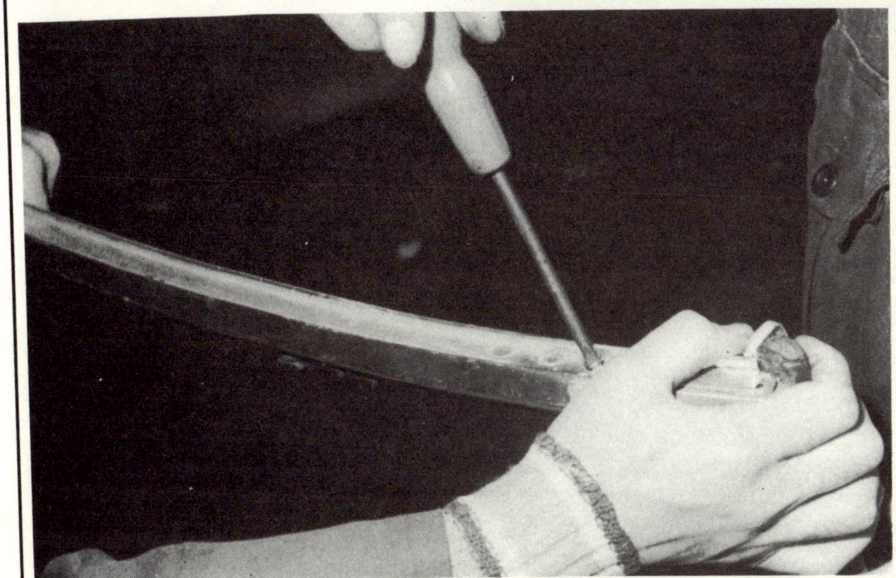

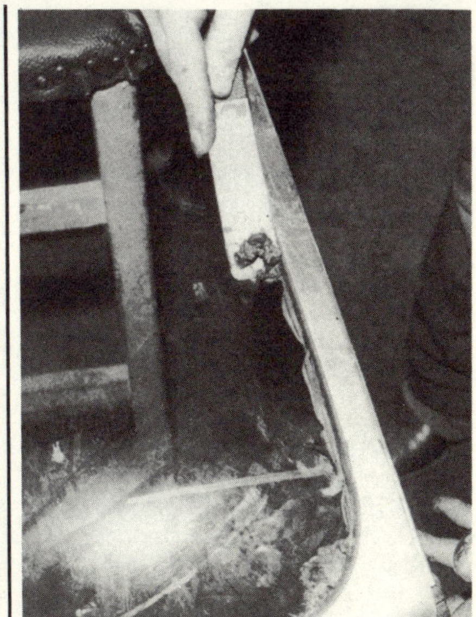

138. Die überschüssigen Dichtmassenreste entfernt man mit einem Schaber und Paraffin (Kerosin).

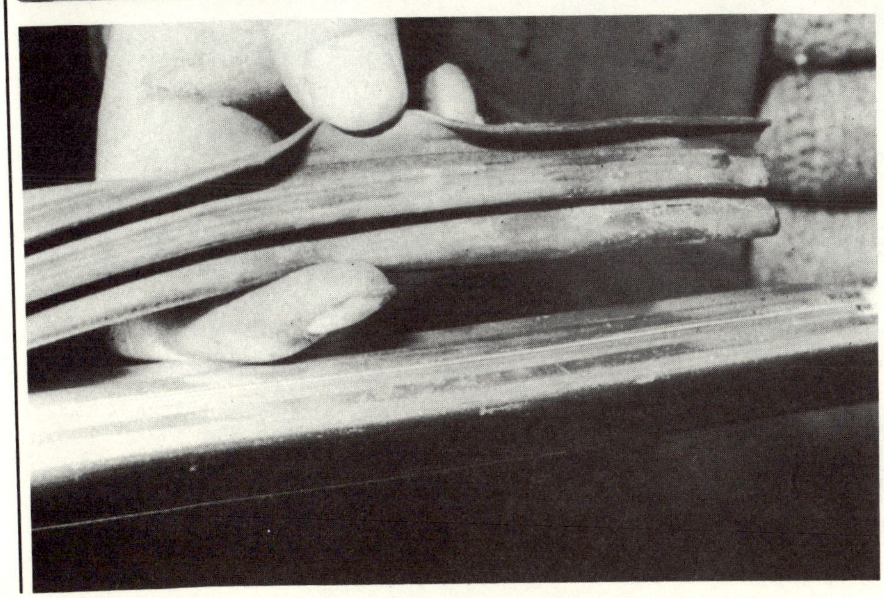

139. Der Dichtgummi zwischen unterer Rahmenleiste und Karosserie muß richtig aufgelegt werden, so daß der Gummi sauber an den Konturen des Rahmenunterteils anliegt und die hier aufgespreizte Dichtlippe um den Rahmen liegt.

140. Streichen Sie den Rahmen nur mit Neutralseifenlösung ein, falls sich der Gummi nicht trocken einsetzen läßt. Läßt er sich zu leicht montieren, löst er sich auch leicht!

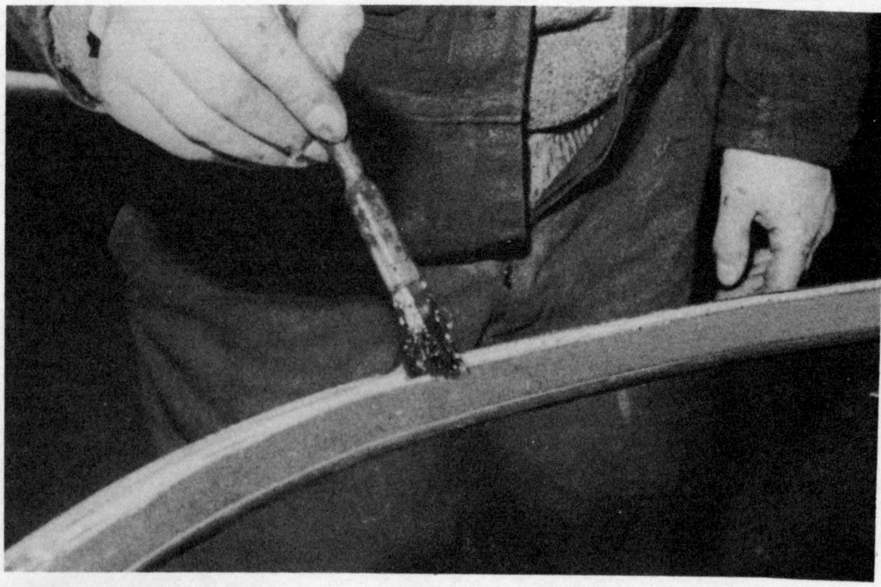

141. Der Gummi wird nun mit seiner Führungskante in die Nut im Rahmengrund eingesetzt und ganz eingedrückt.

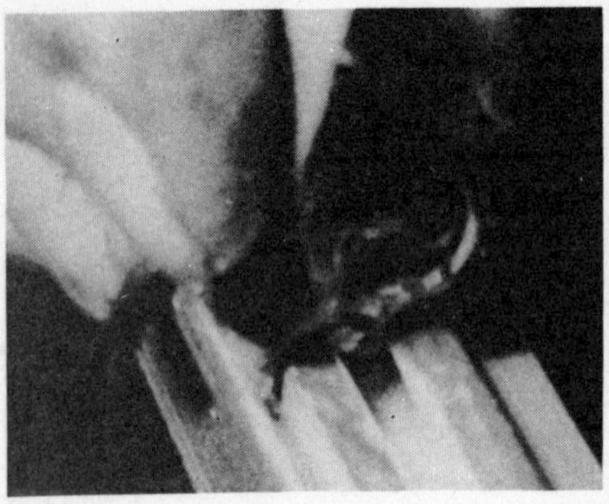

143. Drücken Sie reichlich Scheibendichtmasse zur Vorderseite hin in das Dichtprofil.

142. Drücken Sie den übrigen Teil des Gummis mit einem stumpfen Schraubendreher in seinen Sitz. Wie man sieht, braucht man dazu eigentlich vier Hände!

144. Dann legen Sie die Eckabdichtgummis auf und streichen die Eckstücke vor der Montage am Fahrzeug ebenfalls mit Dichtmasse ein.

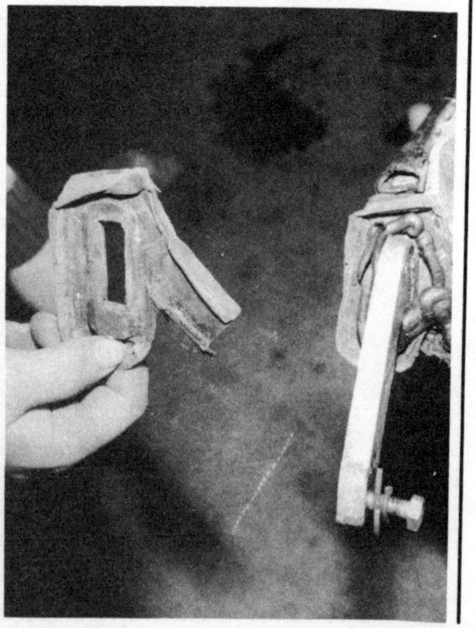

Einbau eines Verdecks ■

Der Einbau eines neuen Verdecks bringt bei Sportwagen im Winterbetrieb oft den entscheidenden Unterschied zwischen gemütlichem Fahrspaß und sibirischer Kälte im Wageninneren zutage. Bei älteren Verdecken trüben vielfach auch die Heckscheiben ein, wodurch der „Durchblick" doch sehr beeinträchtigt ist (was auch bei Polizeistreifen auf wenig Gegenliebe stößt). Am Beispiel des MGB soll daher die Erneuerung des Verdecks demonstriert werden.

In den Händen von Fachleuten sieht der Verdeckeinbau kinderleicht aus – er ist aber alles andere als einfach. Bei sorgfältiger, systematischer Arbeitsweise nach der folgenden Arbeitsanleitung kann man jedoch auch als Do-it-yourselfer falten- und zugfreie und paßgenaue Verdecke auf seinen Wagen „zaubern".

Besorgen Sie sich auf jeden Fall das qualitativ beste Verdeck, das Sie bekommen können. Originalverdecke des Herstellers passen meist viel besser als Produkte von Fremdherstellern und sind besser und aus dem richtigen Material verarbeitet. Nur sind werksneue Verdecke meist auch sündhaft teuer. Beim Bezug aus anderen Quellen sollten Sie das Verdeck auf jeden Fall nicht „blind" kaufen (manche Verdecke passen hinten und vorne nicht!) und darauf achten, daß alle Befestigungsteile bereits vormontiert sind. Dies kostet kaum mehr, spart aber viel Arbeit (und minimiert das Fehlerrisiko!).

Prüfen Sie vor Ausbau des alten oder Änderung des neuen Verdecks, ob (a) das Verdeck die richtige Ausführung für Ihren Wagen ist, und es (b) richtig paßt. Zur Kontrolle des Passung legen Sie das Verdeck einfach glatt auf das geschlossene alte Verdeck und prüfen Sie Form und Hauptabmessungen. Die Überlappungen sind vom Hersteller zur Anpassung beim Einbau vorgesehen.

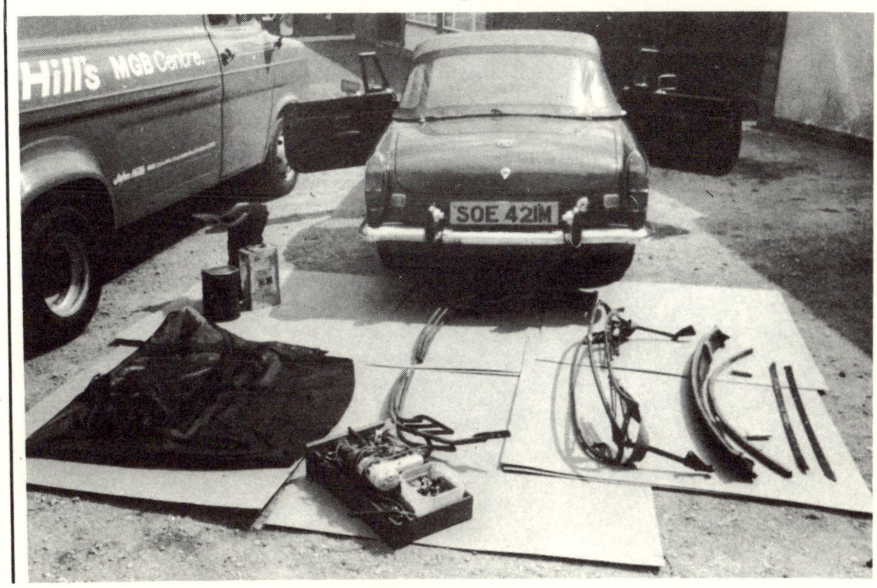

145. Bei methodischem Arbeiten ist der Verdeckeinbau (sofern das Verdeck etwas taugt) gar nicht so schwer. Vinylverdecke baut man am besten an einem warmen Tag ein – es läßt sich dann besser dehnen. Hochsommerhitze ist wiederum weniger günstig, da das Verdeck dann allzuleicht überdehnt wird. Hier sind alle erforderlichen Einzelteile und die beiden älteren Verdeckspriegelausführungen zu sehen, die vor der „Michelotti-Epoche" unseres Projektfahrzeugs montiert wurden.

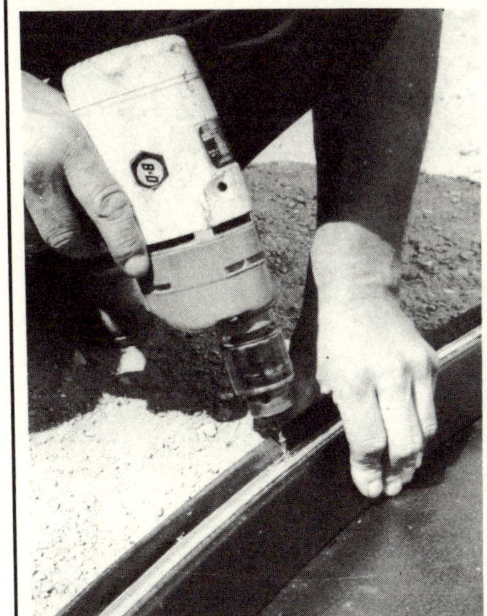

146. Als erstes öffnen Sie die Türen, legen das Verdeck zusammen, bauen das Gummidichtprofil an der Verdeckspitze aus und bohren die daruntersitzenden Niete ab.

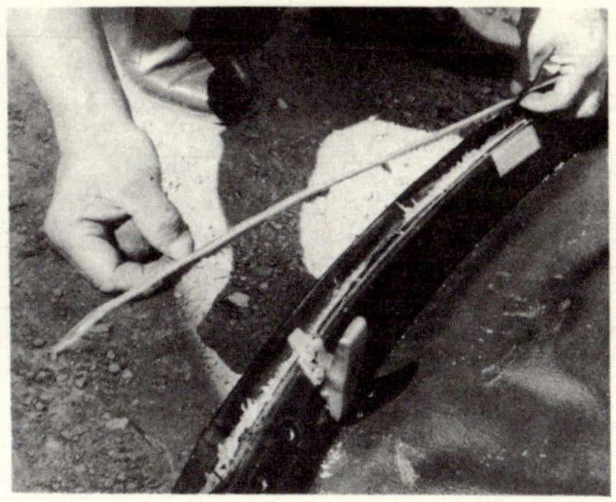

147. Heben Sie die Aluleiste vorsichtig ab, so daß sie nicht verbogen wird.

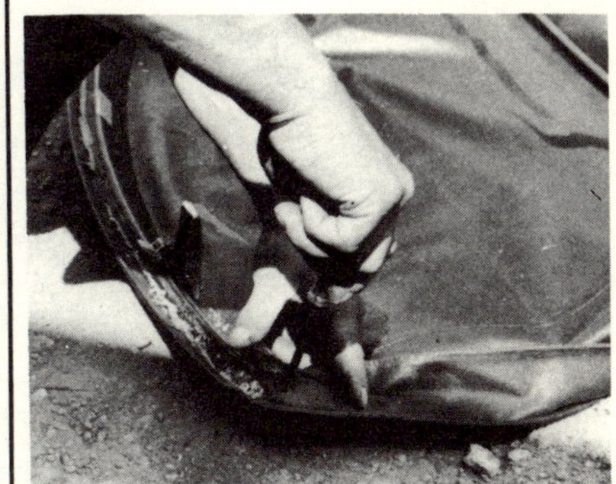

148. Das Verdeck wird an den Faltstellen und Haltepunkten an den Verdeckspitzenenden abgeschraubt. Zum Abnehmen des Verdeckvorderteils von der Verdeckspitze ist nun nur noch die Klebstoffschicht zu lösen. Vor dem Einbau des neuen Verdecks säubern und lackieren Sie die Verdeckspitze, damit sie schön glatt wird.

149. Schieben Sie die alte Stahlleiste (sie ist auf den beiden „Chromklauen“ am Karosserieheck angeklemmt) aus dem alten Verdeck heraus und gleich in das neue Verdeck hinein (bevor Sie die Einbaurichtung vergessen!).

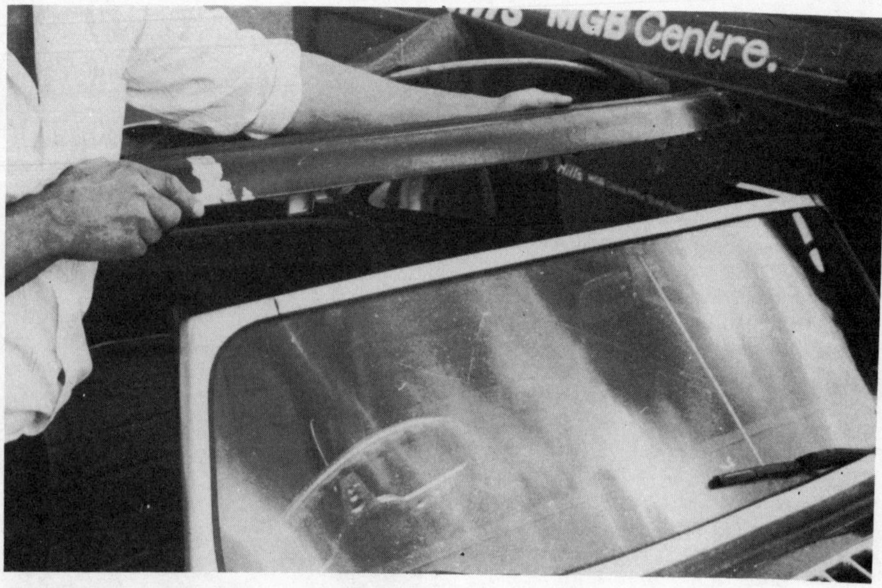

150. Die nackte Verdeckspitze wird wieder auf den Windschutzscheibenrahmen aufgesetzt.

151. Nun befestigen Sie das hintere Verdeckende nach Montage des Verdeckrahmens (bei der Michelotti-Ausführung ist er an der Verdeckspitze befestigt).

152. Falten Sie den vorderen Teil des Verdecks zurück. Messen Sie mit einem Maßband die Verdeckmitte aus und markieren Sie diesen Punkt mit Kreide.

153. Streichen Sie das mittlere Drittel der Verdeckspitze mit Klebstoff ein . . .

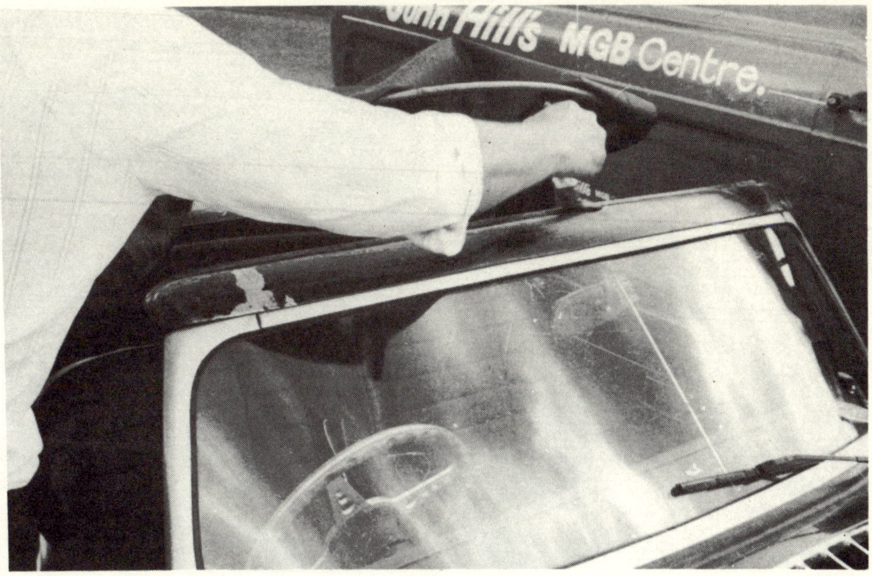

154. . . . ebenso den entsprechenden Bereich auf der Innenseite des Verdeckbezugs.

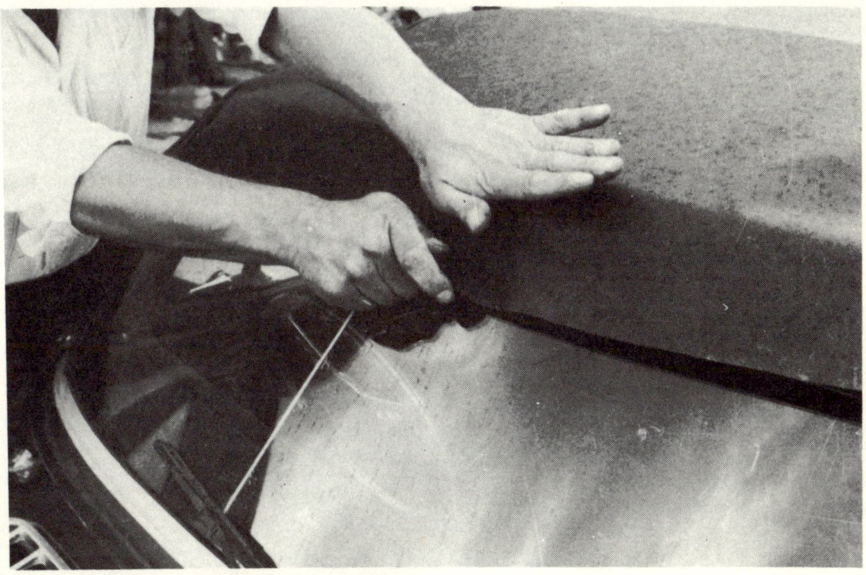

155. Ziehen Sie das Verdeck nach vorne und richten Sie die Kreidemarkierung auf die Windschutzscheibenfixierung aus. Darauf achten, daß das Verdeck stramm und faltenfrei sitzt.

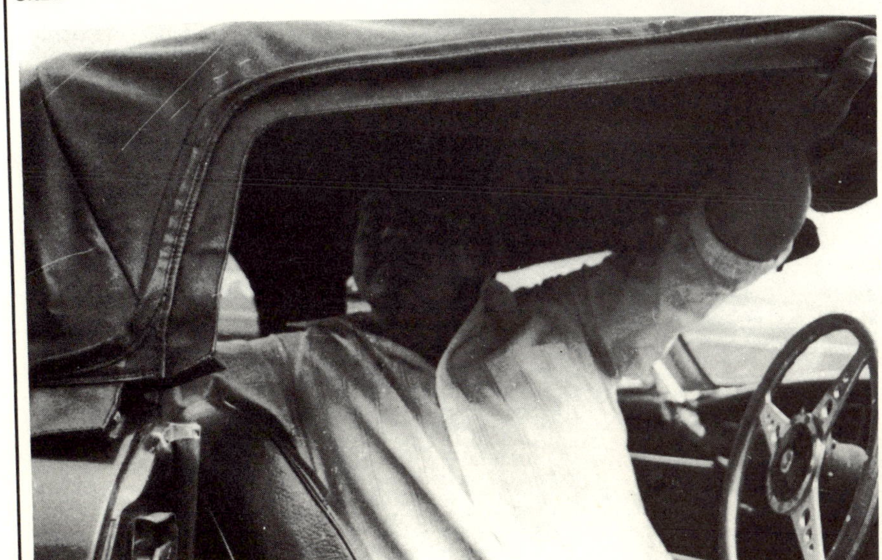

156. Die Verdeckseitenteile müssen unbedingt genau mit den Umrissen der geschlossenen Türscheiben abschließen.

157. Falten Sie die beiden Vorderseiten des Verdecks zurück und streichen Sie die Bezuginnenseite und die Verdeckspitze mit Klebstoff ein.

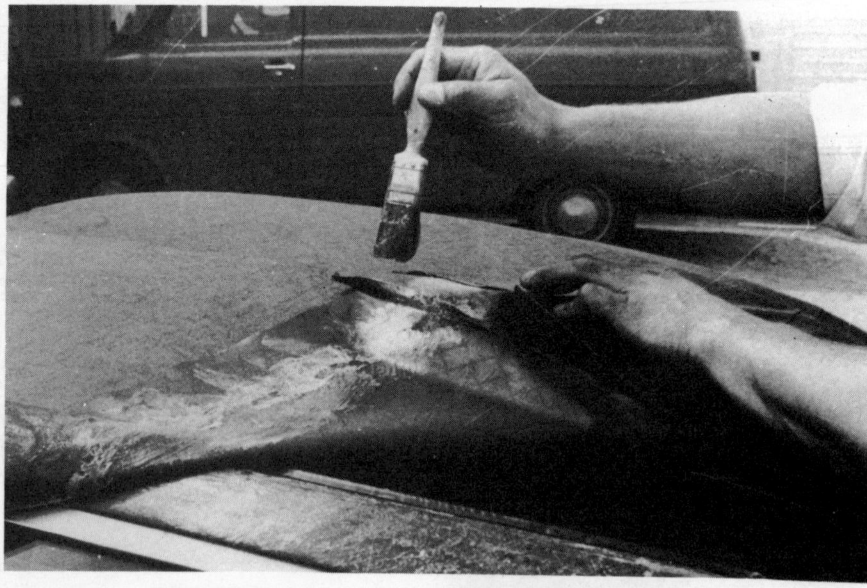

158. Ziehen Sie das Verdeck an beiden Seitenteilen soweit vor, daß alle Falten und „Durchhänger" verschwinden – aber nicht soweit, daß man an kalten Tagen, wenn sich das Verdeckmaterial zusammenzieht, das Verdeck nur noch zu dritt schließen kann.

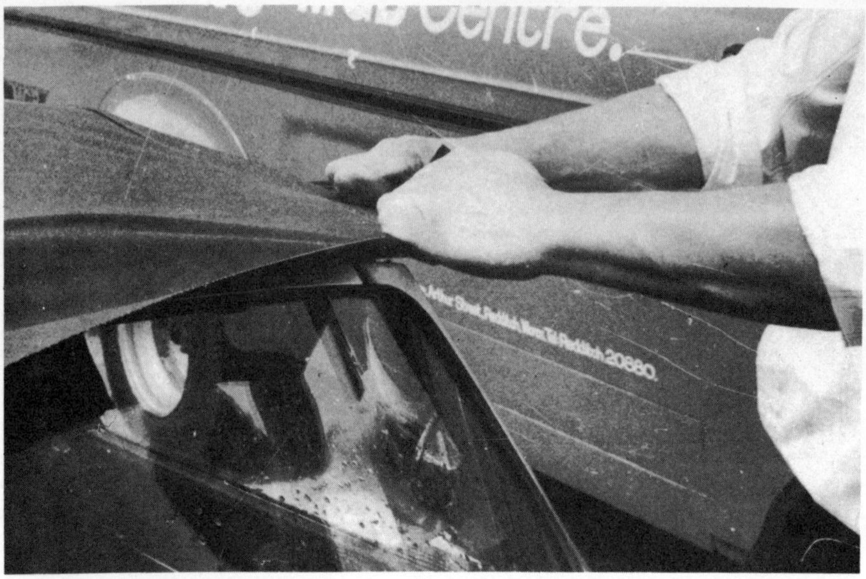

159. Jetzt werden die Ecken der Dichtleiste über die Verdeckspitze gelegt, mit einer Ahle durchstochen und mit der zuvor ausgebauten Kreuzschlitzschraube (und Beilagscheibe) befestigt.

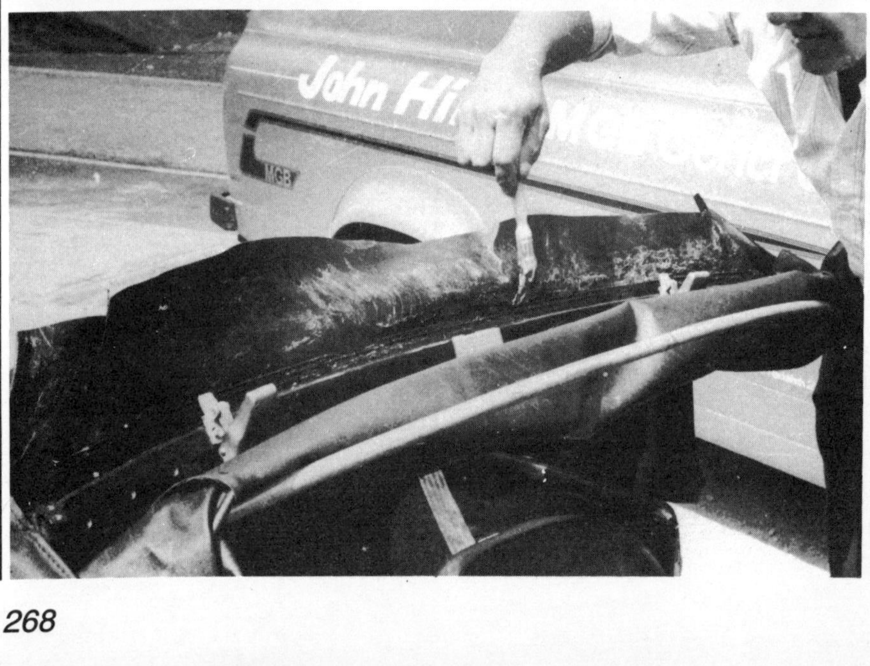

160. Kleben Sie den vorderen Überhang auf der Stirnseite der Verdeckspitze an, die auf dem Windschutzscheibenrahmen aufliegt.

161. Die Abdichtleiste wird verklebt, damit hinter der Leiste keine Wassereinbrüche auftreten. Die Bohrungen müssen mit einer Ahle aufeinander ausgerichtet werden, bevor der Klebstoff antrocknet.

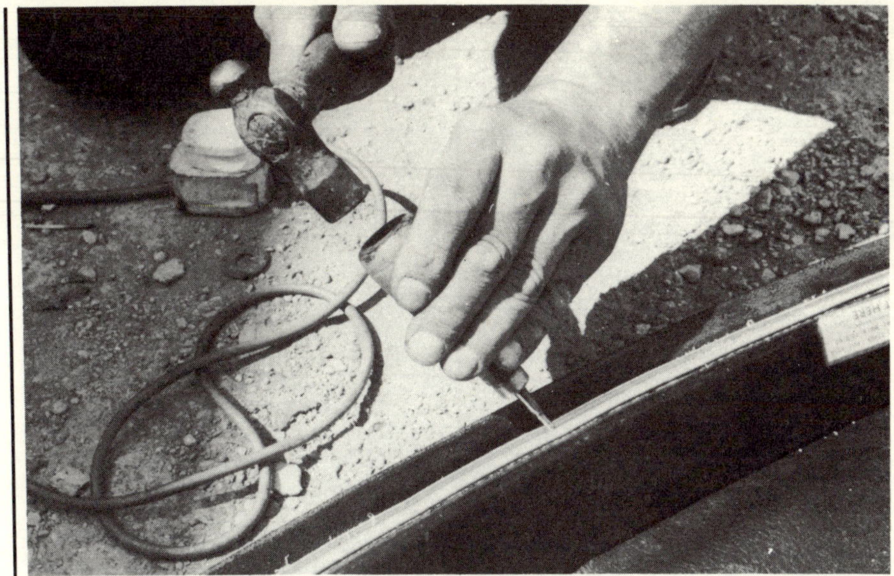

162. Dann nietet man sie an und setzt den Profildichtgummi ein.

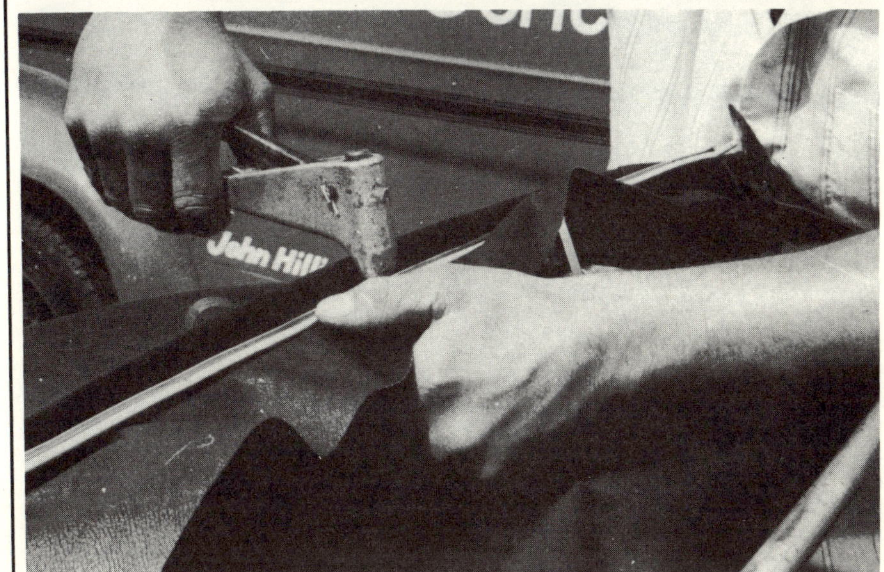

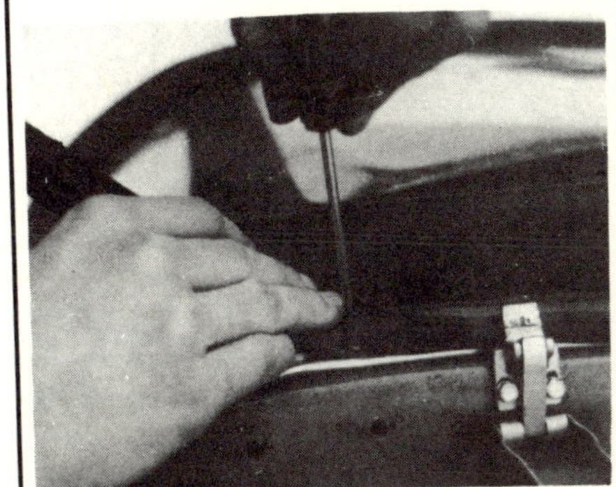

163. Mit einem Schraubendreher kann der Dichtgummi vorsichtig in seinen Sitz gedrückt werden.

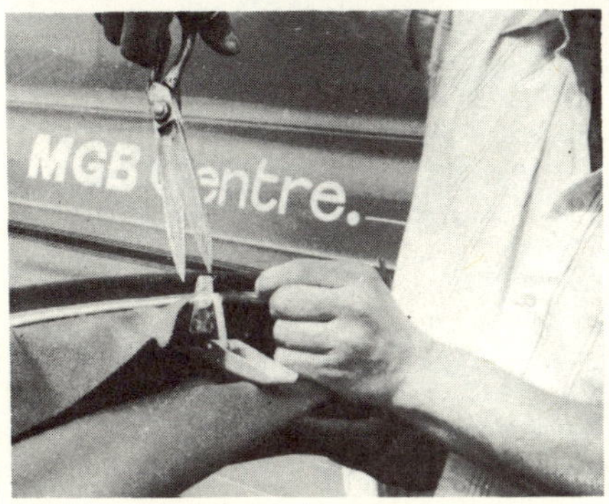

164. Schneiden Sie die überstehenden Verdeckstoffreste an den vorderen Verdeckrahmenklammern jetzt ein . . .

165. . . . und trennen Sie die Reste mit einem Stoffmesser ab.

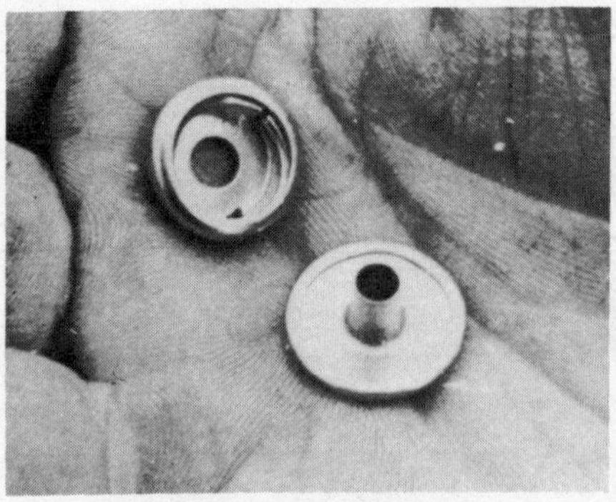

166. Die bei Verdecken häufig anzutreffenden Druckknöpfe, die aus Niet und Kugelstück bestehen . . .

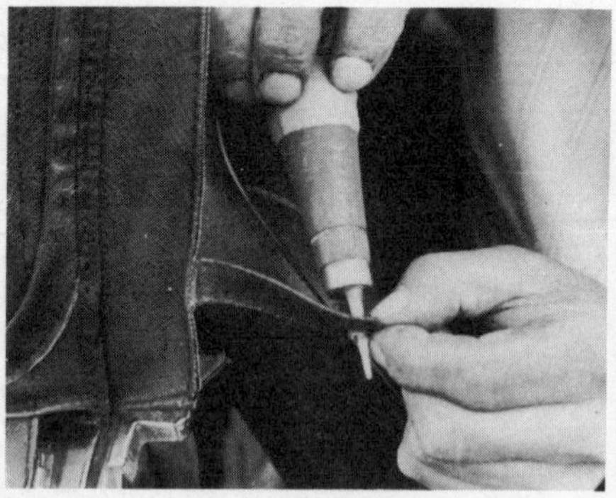

167. . . . werden in die entsprechenden Gegenstücke an der Unterkante des Scheibenausschnitts eingedrückt. Zuerst durchbohrt man das Verdeck mit einer Ahle . . .

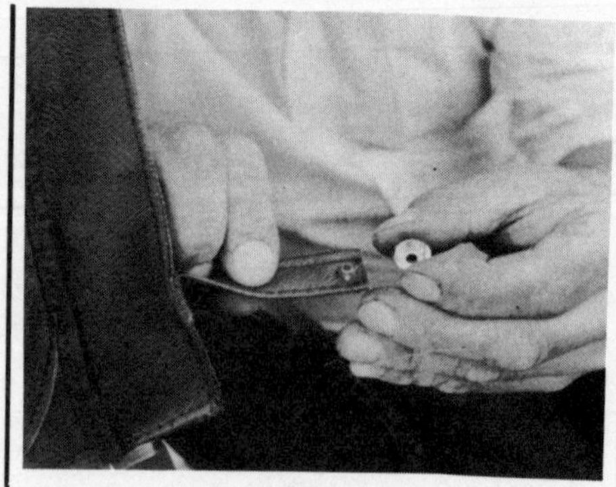

168. . . . drückt den Niet von unten auf, setzt das Kugelstück auf und bördelt den Niet mit Durchschlag und Hammer um (mit einem zweiten Hammer von unten gegenhalten). Bei eingebautem Verdeck ist dieser Einbau etwas kompliziert, doch können die Knöpfe nur dann sauber auf ihre entsprechenden Gegenstücke ausgerichtet werden.

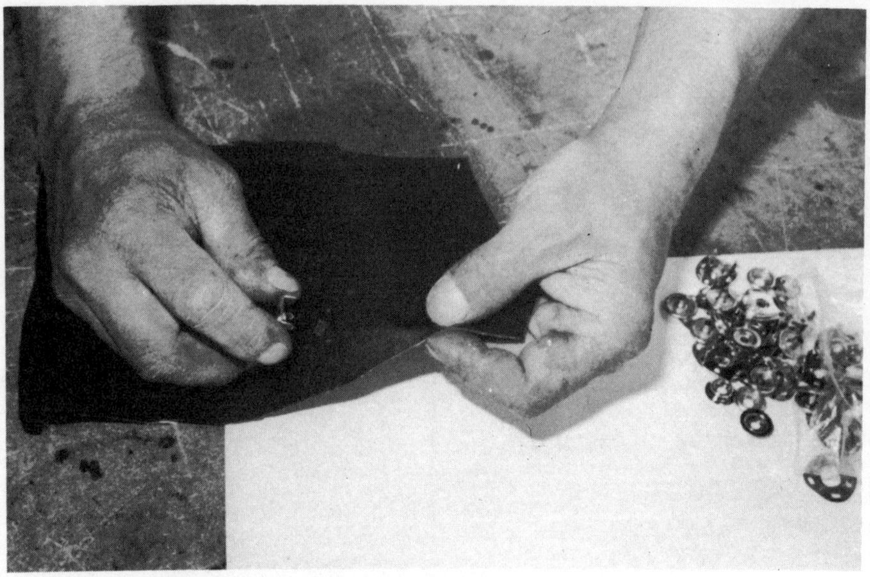

169. Besorgen Sie sich möglichst ein Verdeck, bei dem die Druckknöpfe bereits vormontiert ist. Ist dies nicht zu bekommen, bohren Sie das Verdeck wie hier gezeigt durch und drücken Sie den Niet durch das Loch im Stoff.

170. Dann legen Sie den Stoff mit den Nieten nach oben auf der Werkbank ab, setzen das Kugelstück auf und bördeln die Nietköpfe mit leichten Hammerschlägen um.

Verdecke von Viersitzern

Bei Viersitzern werden die Verdecke im Prinzip auf gleiche Weise wie bei Zweisitzern montiert, außer daß – z.B. beim alten VW Käfer und Morris Minor – das Verdeck hinten auf einer hölzernen Nagelleiste und vorne auf einer hölzernen Verdeckspitze festgenagelt wird. Üblicherweise befestigt man das Verdeck zuerst hinten, zieht es sorgfältig nach vorne und befestigt es auf der Verdeckspitze. Die Verdecke von Viersitzern sind allerdings in der Regel komplizierter und sperriger als bei typischen Sportwagen, so daß auch ihr Einbau länger dauert. Untersuchen Sie das alte Verdeck beim Ausbau also besonders genau und notieren Sie alle Besonderheiten. Für den Einbau des neuen Verdecks sind die dabei entdeckten Kniffe unbezahlbar.

Auf das Wetter achten!

Polsterer raten, das Verdeck möglichst bei mildem, trockenem Wetter oder wenigstens in einer einigermaßen warmen Garage zu montieren. Vinyl reagiert auf Temperaturstürze besonders deutlich und läßt sich bei Kälte einfach nicht richtig ziehen – wird es dagegen bei zu warmen Wetter eingebaut, dehnt es sich zu stark und verzieht sich möglicherweise, so daß es bei kaltem Wetter dermaßen stramm sitzt, daß es sich nicht mehr schließen läßt.

Mohair- oder andere Stoffverdecke sollten trocken eingebaut werden, sie spannen sich, falls sie naß werden, von selbst einigermaßen, müssen aber auf jeden Fall ordentlich vorgespannt werden. Aufgrund der Schrumpfneigung werden die Verdecke oft mit etwas ,,Materialzugabe'' gefertigt. Versuchen Sie nicht, dies durch ungleichmäßiges Zurechtziehen an der Verdeckspitze auszugleichen.

Energieabsorbierende Stoßstangen

Derartige Sicherheitsstoßstangen gibt es in unterschiedlichen Ausführungen, z.B. mit energieschluckenden Streben wie hier am Chrysler Modell 1980. Beim Aufprall geben Stoßstange und vorderer Strebenteil nach und werden nach innen gedrückt, so daß der energieabsorbierende Teil zusammengedrückt wird und die Karosserie – hoffentlich – unbeschädigt bleibt.

171. Diese Ansicht von unten zeigt, wie die Stoßstange von ihrer Strebe abgeschraubt wird. Beim Lösen sollte die Stoßstange von einem Helfer abgestützt werden, damit sie nicht herabfällt.

172. Hier wird die Strebe von der Karosserie abgeschraubt. Die Stoßstange sitzt an der Platte, die der Mechaniker in der rechten Hand hält.

10 Zubehör und Detailarbeiten

Montage einfacher Zubehörteile ■

Außenspiegel

Zunächst kontrollieren Sie vom Fahrersitz aus die richtige Anbauposition des Spiegels. Dazu hält ein Helfer den Spiegel an der Karosserie an, bis die Position gefunden ist, die die beste Sicht ergibt. Bei zu großem Abstand zum Fahrer ist das Blickfeld nach hinten eingeschränkt und bei flüchtigem Blick in den Spiegel kaum wahrnehmbar. Sitzt der Spiegel zu dicht beim Fahrer oder zu tief, ist die Sicht nach hinten evtl. versperrt. Ermitteln Sie also zuerst die richtige Montageposition des Spiegels, sonst kann er seine Funktion nicht erfüllen.

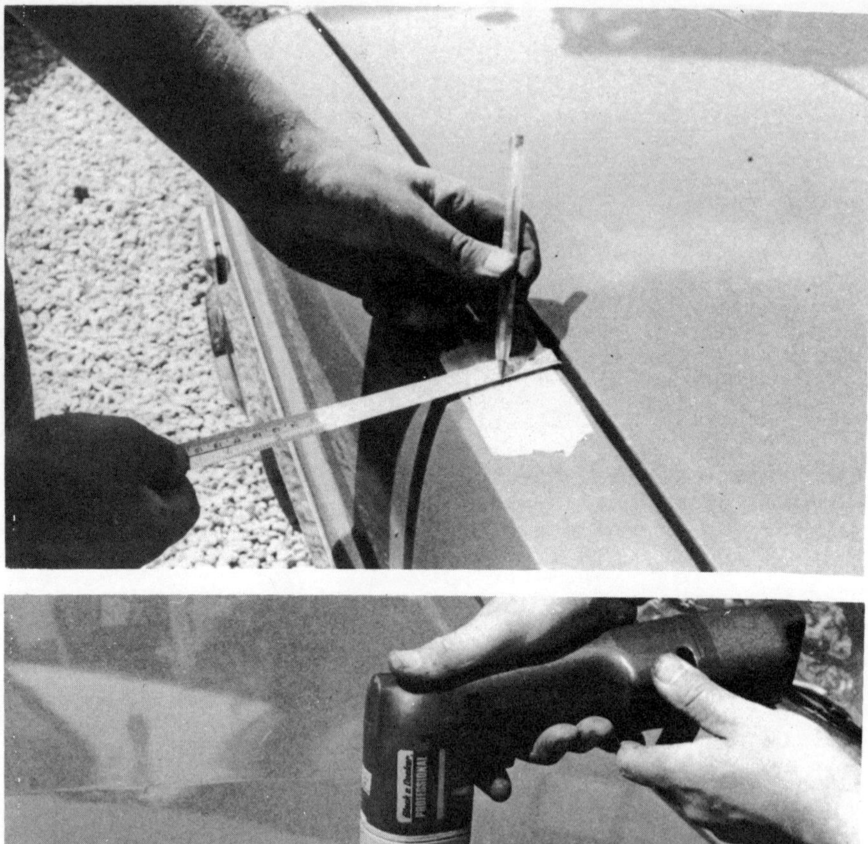

1. Ziehen Sie an der Montagestelle einige Streifen Abklebeband. Auf dem Band kann die Position des Spiegels exakt markiert werden; es schützt auch den Lack, falls der Bohrer beim Anbohren verläuft.

2. Für Basteleien im Freien ist der Akku-Bohrer von Black & Decker ideal. Zuerst bohrt man ein kleines Führungsloch, das man dann ausbohrt. Damit der Bohrer seine Führung findet, dreht man ihn einige Umdrehungen von Hand durch (noch sicherer ist Ankörnen des Blechs). Andernfalls verläuft der Bohrer fast totsicher und verschrammt den Lack.

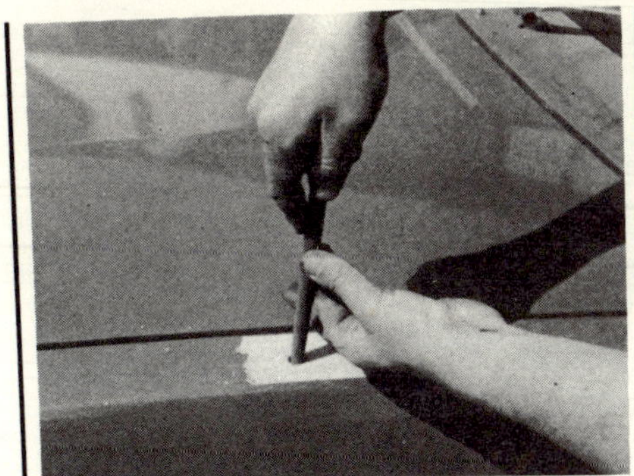

3. Das Loch wird (ggf. mit einer Rundfeile) aufgeweitet.

4. Bei vernünftigen Außenspiegeln sitzt zu beiden Seiten des Bohrlochs ein Dichtgummi mit Beilagscheibe unter dem unteren Gummi und Zahnscheibe direkt unter der Mutter.

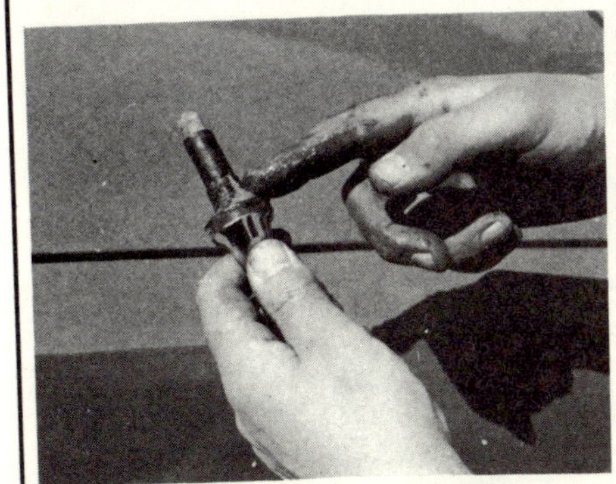

5. Die Bohrung für den Spiegel läßt sich nicht so leicht lackieren, muß aber auf jeden Fall gegen Rost geschützt werden, z.B. mit Rostumwandler oder Fett, das am Lochrand und Spiegelfuß aufgetragen wird.

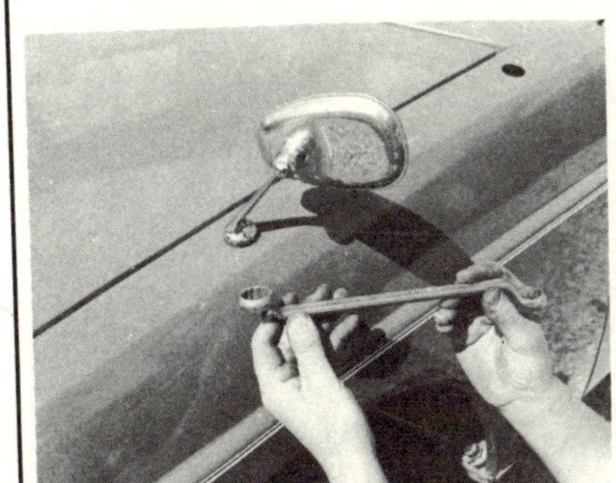

6. Die Haltemutter ist oft kaum zugänglich. Mit einem Ringschlüssel arbeitet man bei beengten Platzverhältnissen leichter als mit einem Gabelschlüssel, oft braucht man aber einen langen Steckschlüssel. Vor dem endgültigen Festziehen stellen Sie den Spiegel richtig ein.

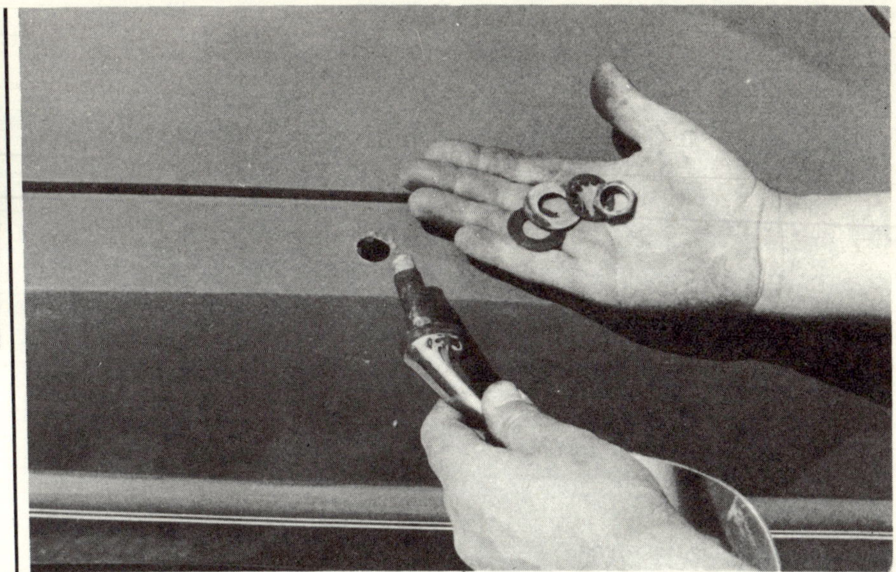

Kotflügelantenne

Ansetzen der Antenne und Bohren des Befestigungsausschnitts erfolgen wie im obigen Abschnitt. Unter dem Blech muß genug Platz für die eingezogene Antenne sein; auch sollte sie nicht gerade im spritzwasser- und straßendreckgefährdeten Bereich sitzen – vor allem, wenn es sich um eine elektrische Antenne handelt. Um Störungen möglichst zu verhindern, montieren Sie die Antenne weit von der Fahrzeugelektrik entfernt und achten auf saubere Masseverbindung.

7. Die Reihenfolge, in der die Schrauben und Scheiben montiert werden, muß genau eingehalten werden. Die in der rechten Hand sichtbare Klammer sitzt unter dem Blech, alle anderen über dem Blech.

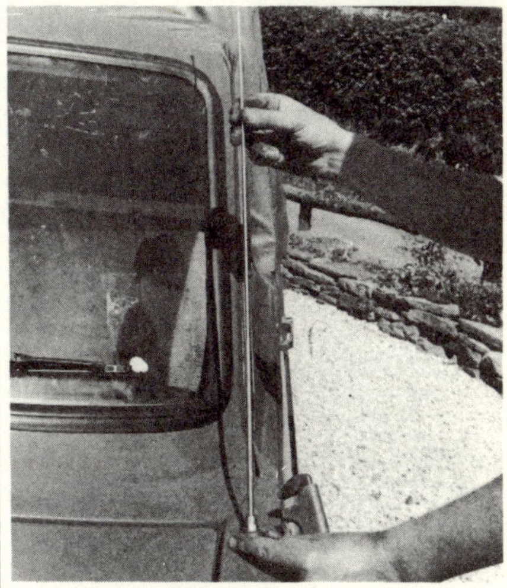

8. Bauen Sie die Antenne ein, ziehen Sie sie aus und stellen Sie ihren Winkel ein.

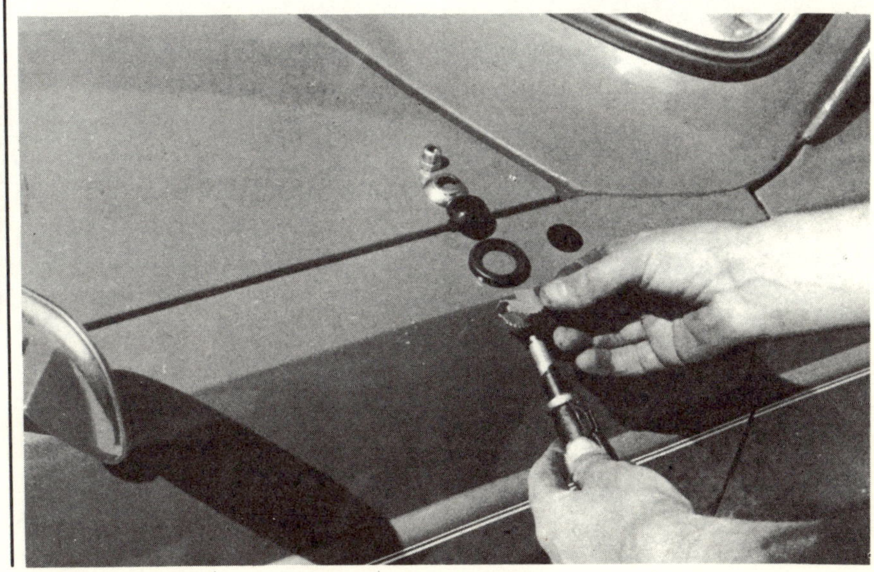

9. Dann ziehen Sie die Haltemutter an. Bei elektrischen Antennen muß zum Abstützen des schweren Antennenunterteils eine Haltestrebe (die mitgeliefert wird) am Karosserieinnenblech angeschraubt oder angenietet werden.

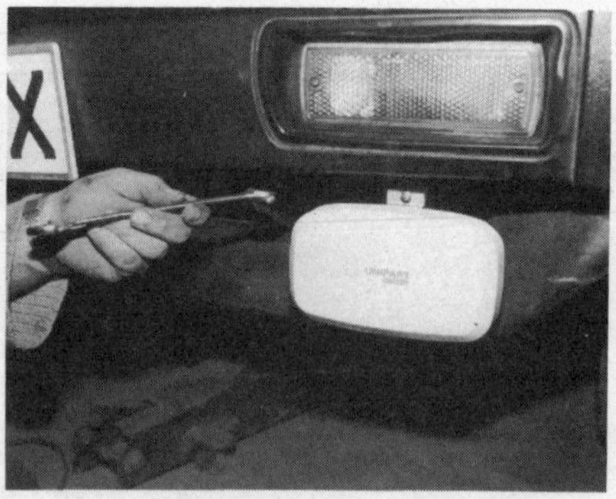

13. An dieser Lampe stellt man an der Halteschraube zugleich den Neigungswinkel ein. Eine einwandfreie Einstellung ist jedoch nur mit einer Probefahrt möglich.

14. Die Nebelleuchten an diesem TR7 fügen sich harmonisch in die Frontpartie ein. Zur Beleuchtung bei Einsetzen der Dämmerung (vor Einschalten der Hauptscheinwerfer) oder als zusätzliches optisches Signal bei schlechter Sicht machen sie sich vielfach bezahlt.

Zusatzscheinwerfer

10. Wer auf Qualität achtet, kauft möglichst die für sein Modell vorgesehenen Zusatzscheinwerfer. Alle Kabel und Befestigungsteile sowie eine Einbauanleitung werden mit den Leuchten mitgeliefert.

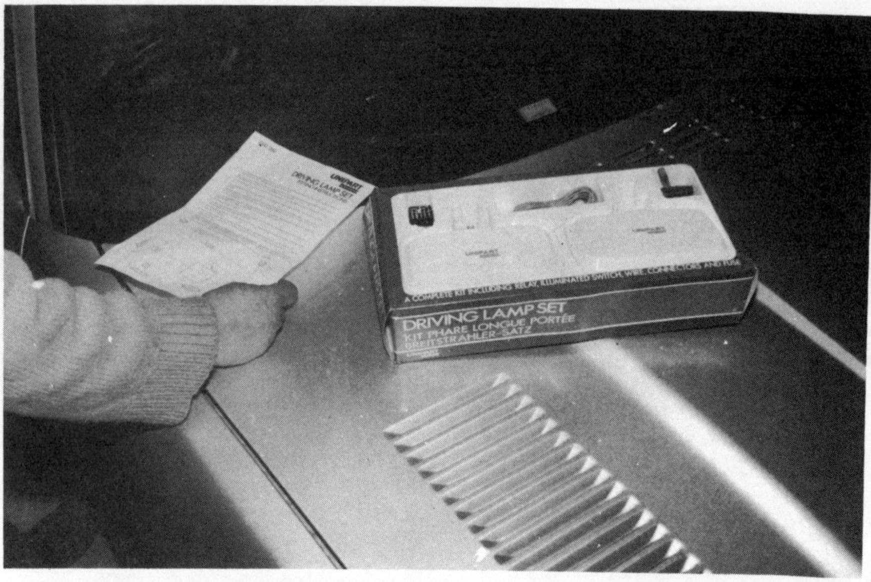

11. Legen Sie die Anbauposition der Scheinwerfer überlegt fest. Die Frontpartie sollte durch die Zusatzscheinwerfer harmonisch abgerundet werden. Im Interesse eines möglichst weit reichenden Lichtkegels sollten Sie sie nicht so tief wie hier montieren.

12. Die Einbaulage wird angezeichnet und das Befestigungsloch gebohrt. Die Bohrung unbedingt mit Rostschutz lackieren.

15. Das Anpassen und Montieren zusätzlicher Scheinwerfer (z.B. Weitstrahler) ist oft ein Kinderspiel, weil die Hersteller entsprechende Anleitungen mitliefern. Da sie eine bauliche Veränderung des Wagens darstellen, bedürfen sie allerdings der TÜV-Absegnung. Vor allem müssen die Schaltvorschriften beachtet werden; auch hierzu liefern die Hersteller Anschluß-Hinweise.

Einbau und Pflege eines Glasdachs ■

Glas- oder Sonnendächer finden als Zubehör in Fahrzeugen aller Baujahre, Modelle und Größen zunehmend Verbreitung. Sie vermitteln nicht nur mehr Sonne, Licht und Frischluft, sondern auch Fahrspaß und machen sich als wertsteigernde Option bezahlt. Die folgende Bildserie zeigt die Werkstattmontage eines normalen Webasto-Glasdachs in einem Austin Metro. Die Montage ist zwar relativ problemlos, vom Selbsteinbau wird vom Hersteller in der Regel jedoch abgeraten. Manche Dachkonstruktionen sind recht kompliziert und setzen Fachwissen voraus; außerdem kann ein einziger Fehlschnitt den ganzen Dachhimmel ruinieren.

16. Zuerst wird ein kleines Stück aus dem Dachhimmel ausgeschnitten, um an das Dachblech zu kommen.

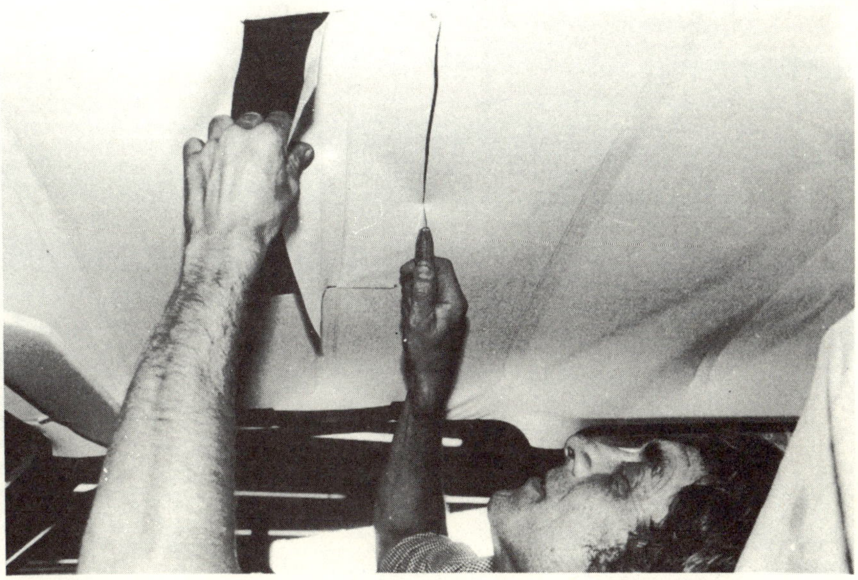

17. Die Ausschnittfläche für das Glasdach wird abgeklebt, genau angezeichnet und das Dachblech durchbohrt.

18. In diesem Loch wird das Stichsägenblatt angesetzt und entlang der angezeichneten Linie das Blech herausgetrennt. Ein Helfer (mit Schutzbrille!) hält währenddessen den Dachhimmel beiseite und stützt das Blech beim Heraustrennen ab, damit es sich nicht verzieht und die Stichsäge blockiert.

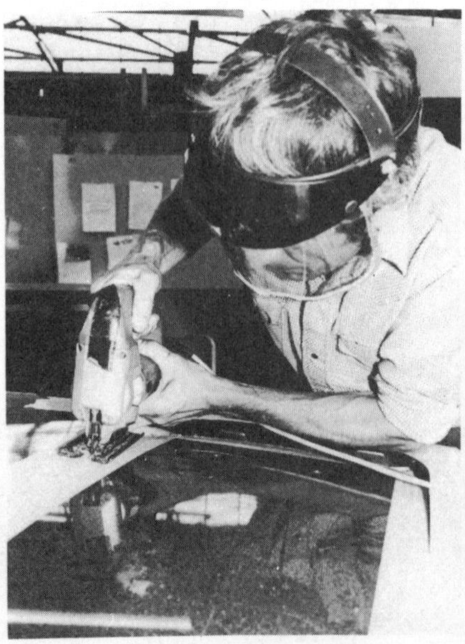

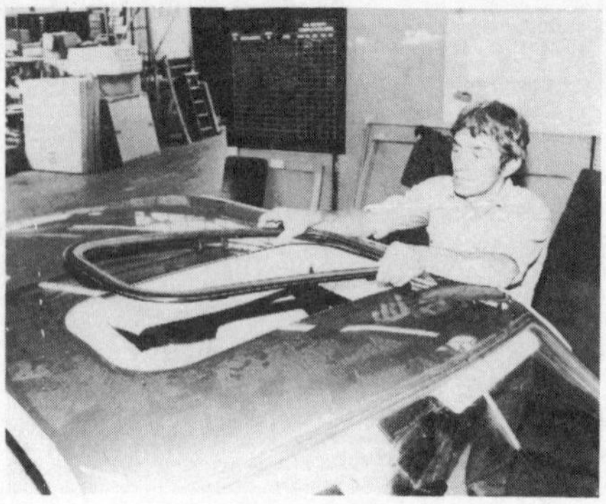

19. Das Dach wird nun genau in die ausgesägte Öffnung eingesetzt.

20. An der Innenseite wird das Dach mit einem Rahmen befestigt, der mit dem darüberliegenden Rahmen verschraubt wird. Die beiden Rahmen werden gegeneinander gedrückt und damit abgedichtet. Der überschüssige Dachhimmel wird abgetrennt und die Dachhimmelränder und Halteschrauben mit einer Zierleiste verdeckt.

21. Das Rauchglas kann nun mit Klammern an den Scharnieren eingesetzt werden. Beim Fahren können Sie das Dach hinten hochstellen oder bei sommerlicher Witerung ganz herausnehmen (im Handumdrehen erledigt – in umgekehrter Reihenfolge des Einbaus).

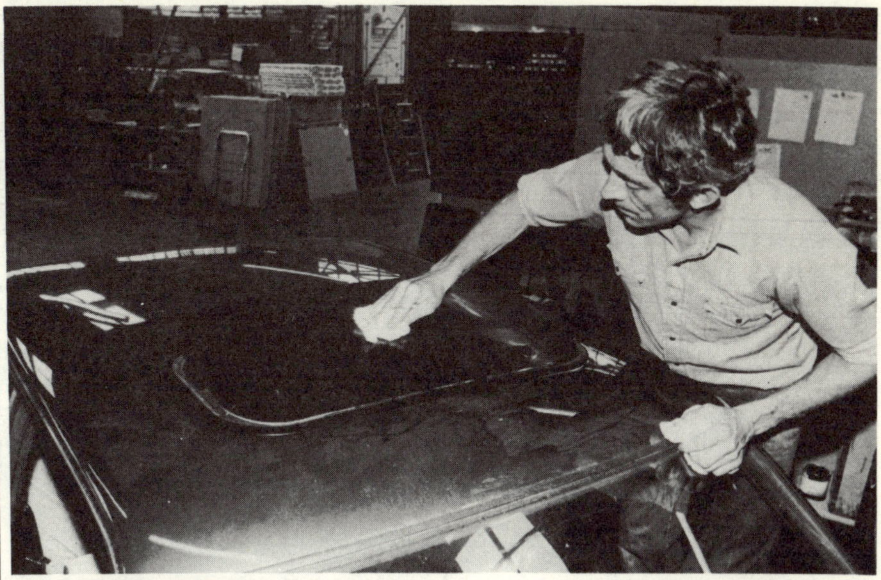

22. Die wichtigste Pflegeaufgabe für den Besitzer: die Sauberhaltung des Glasdachs. Diese Konstruktion leckt eigentlich nie (heftige Regenschauer nach langer trockener Hitzeperiode überfordern die Dichtungen jedoch manchmal), billigere Dächer sind für ihre Wassereinbrüche allerdings berüchtigt.

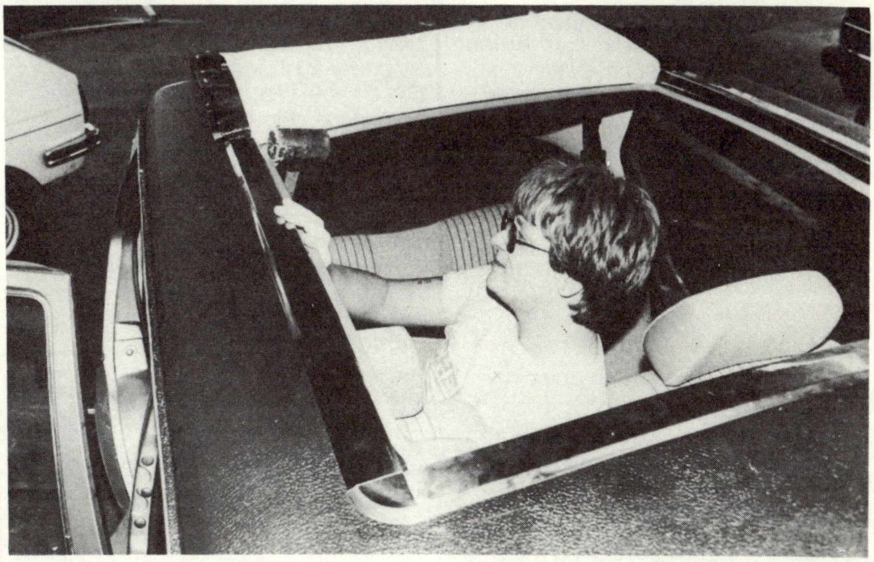

23. Von einem Extrem zum anderen. Webasto liefert nicht nur einfache Glas-„Oberlichter", sondern auch luxuriöse Stoff- und Stahlschiebedächer (kein Fall für Selbsteinbau!) . . .

24. . . . und in dieser angenehm nach exotischen Hölzern duftenden Werkstatt entstehen sogar Sonderanfertigungen in allen Varianten, z.B. hier für das angeblich größte Schiebedach der Welt, das speziell für den sechsrädrigen Range Rover eines ausländischen Kunden entsteht, der das Fahrzeug für Jagdausflüge benutzt. Das Dach soll so stabil sein, daß die gesamte Jagdmannschaft auf der Kante des Dachausschnitts sitzen kann!

25. Positiv fällt auf, daß das Unternehmen auch Service für seine alten Produkte bietet. Das Stoffschiebedach dieses Volvo P 1800 erhält gerade einen neuen Bezug (eine Operation, die die Optik jedes älteren Fahrzeugs ungeheuer aufwertet!).

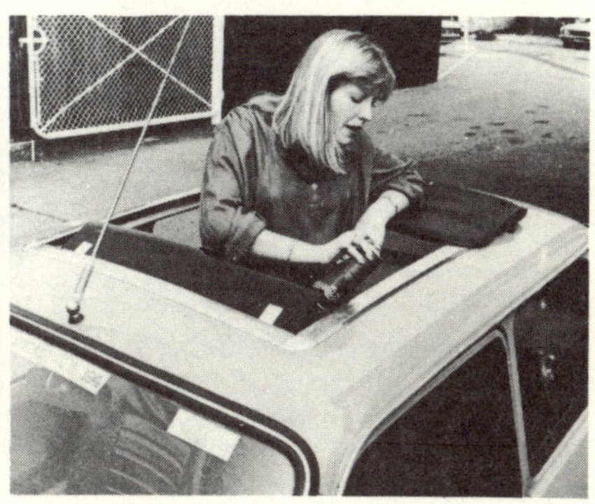

26. Schiebedächer sind weitgehend wartungsfrei, der Schiebemechanismus sollte jedoch regelmäßig gereinigt und geschmiert werden. Wischen Sie die Gleitschienen mit einem Tuch aus und sprühen Sie sie mit Silikonschmiermittel ein, das für diese Zwecke besser als andere Mittel geeignet und sauberer als Öl ist.

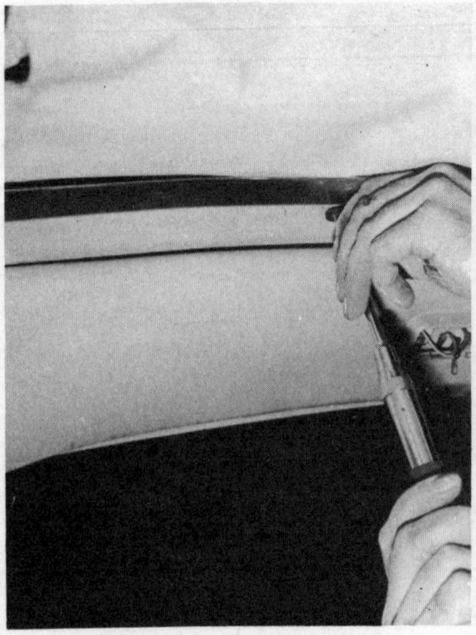

27. Der Ausbau des Schiebedachs (vor der Lackierung oder zum Erneuern des Stoffbezugs) ist relativ einfach. Das Schiebedach wird hinten mit drei oder vier Schrauben an der Dachinnenseite gehalten. Bei älteren Wagen scheren diese infolge Rostansatzes beim Lösen ab und zu ab. Sie werden bei ausgebautem Bezug ausgebohrt und ein neues Gewinde eingeschnitten.

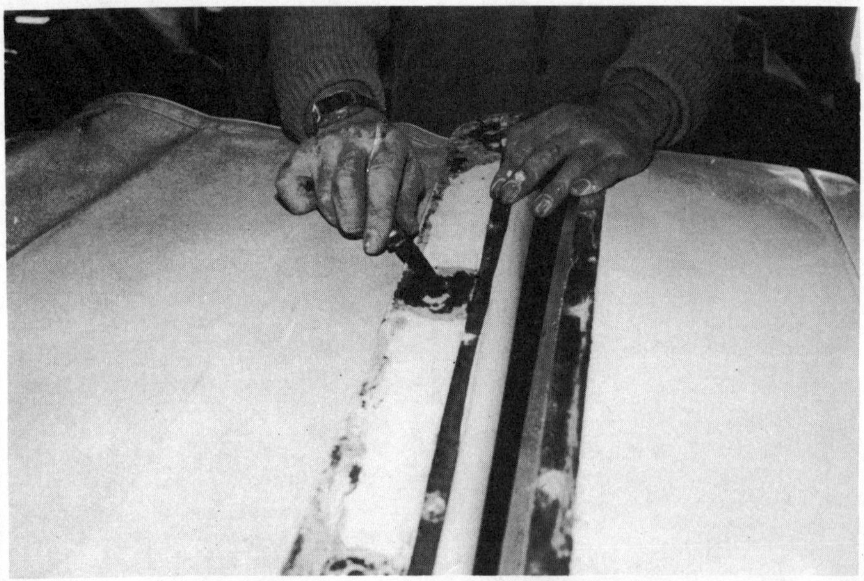

28. Schlagen Sie die Schiebedachhinterkante auf der Außenseite um. Darunter kommt eine dicke Schicht Dichtmasse zum Vorschein, die mit einem Messer entfernt werden kann.

29. Falten Sie den Bezug zusammen und drehen Sie ihn so, daß er diagonal im Dachausschnitt sitzt. Die Streben können dann nacheinander aus den Gleitschienen gezogen werden.

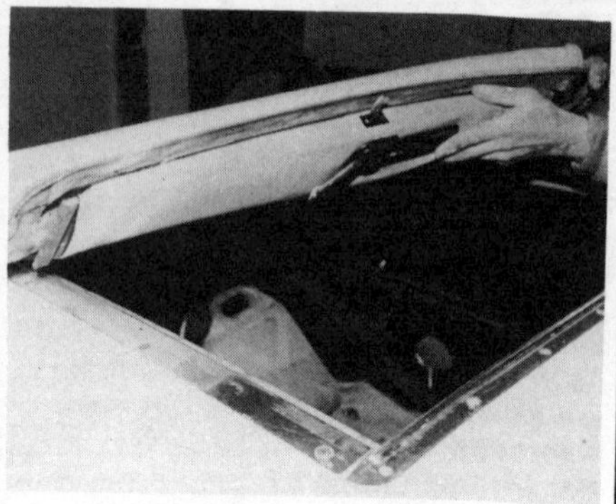

30. Der Einbau erfolgt in umgekehrter Reihenfolge. Hier sind die Führungen am Ende der vorderen Strebe zu sehen, die wie beschrieben aus den Gleitschienen herausgezogen werden müssen.

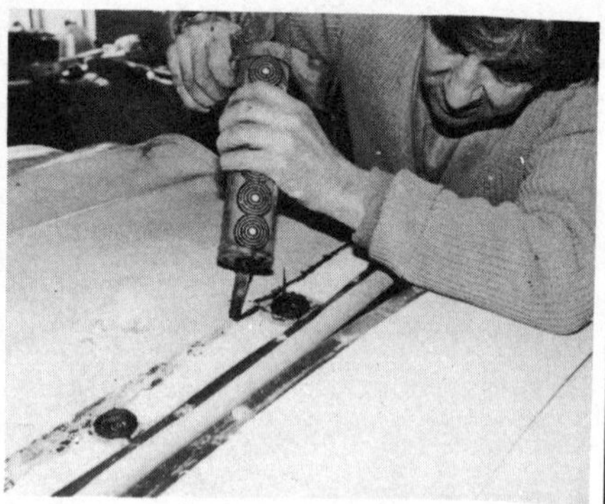

31. Vor dem Anschrauben der hinteren Strebe, aber nach dem Einbau der Gleitschienen, legen Sie die hintere Strebe mit der Unterseite nach oben um und streichen sie mit Dichtmasse ein (vor allem rund um die Schraubenlöcher und in einem doppelten Strang entlang des Randes, an dem die Originaldichtung saß. Dann brauchen nur noch die Schrauben von innen eingedreht zu werden.

Einbau von Seitenfenstern an einem Kastenwagen ■

Seitenfenster erhöhen den Nutzwert eines Kastenwagens beträchtlich. Sie sind in unterschiedlicher Ausführung und für verschiedene Kastenaufbauten als Einbausatz erhältlich. Spezialhändler können die gewünschten Auskünfte erteilen bzw. Einbausätze zum Selbsteinbau liefern oder die Scheiben auf Kundenwunsch montieren.

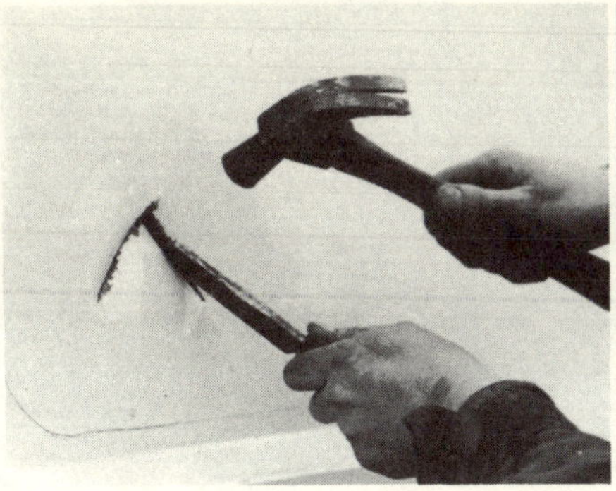

34. Trennen Sie ein „Ansatzloch“ in die Außenhaut.

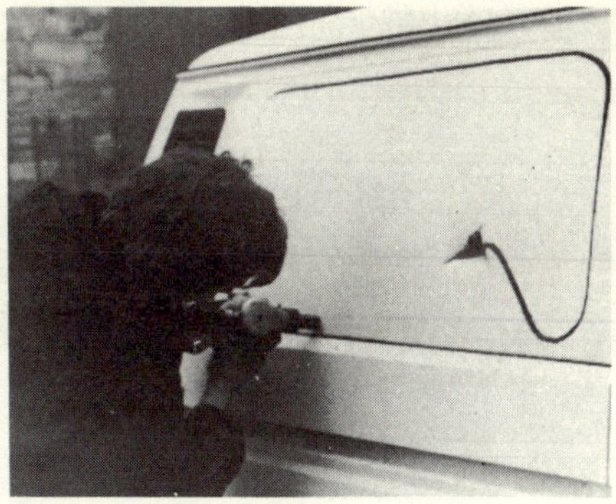

35. Das Blech kann dann ausgesägt werden. Hier verwenden wir dazu eine Druckluft-Durchlaufschere. Besorgen Sie sich ggf. eine einfachere Ausführung als Vorsatzgerät für den Handbohrer oder eine Elektro-Metallstichsäge.

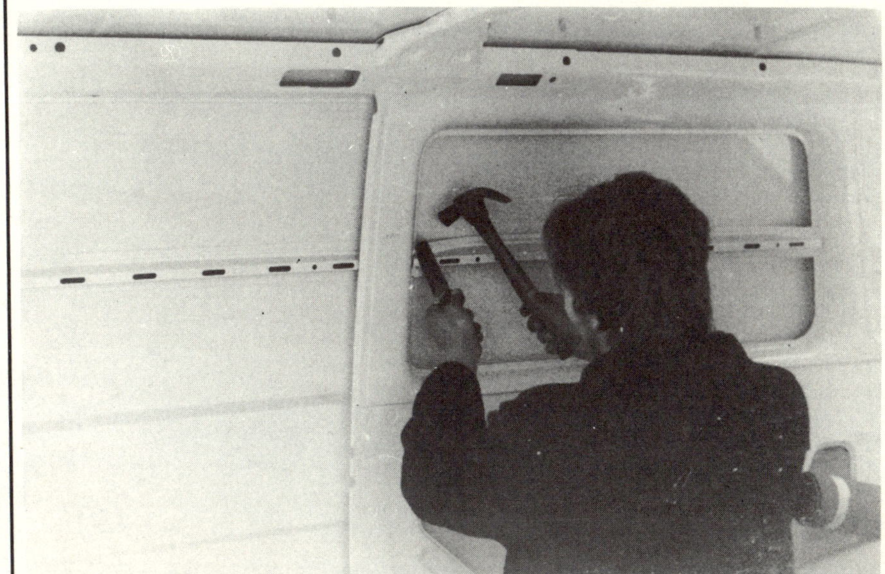

32. Meißeln Sie die waagerechte Innenverstrebung an beiden Enden ab. Die Ansatzflächen können mit einem Winkelschleifer (vor dem Einbau der Scheibe) sauber verschliffen werden (Zum Ausbau verwenden wir hier ein Hackmesser).

33. Höhe und Ausrichtung der Scheibe bzw. der Schiebefensters werden am Außenblech ringsum sauber angezeichnet. (Die Scheibe muß ggf. gegen Verrutschen gesichert werden).

36. Dann wird der selbstabdichtende Scheibengummi ringsum über die Kante des Ausschnitts gedrückt.

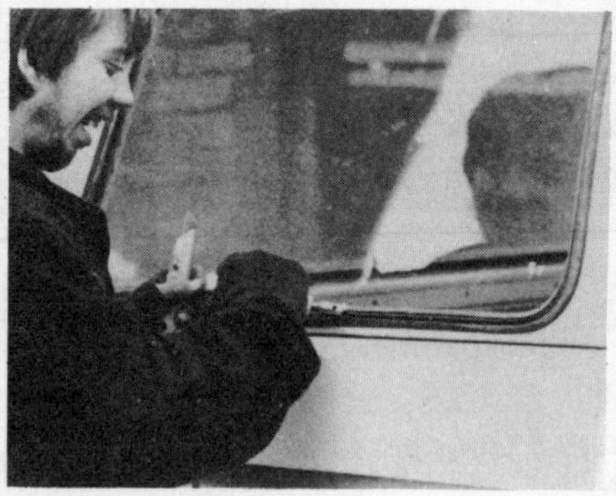

38. Die Abdeckleiste (Gummi oder „Plastik-Chrom") wird mit einem Montagewerkzeug eingesetzt, das man selbst anfertigt oder dank seines guten Drahtes zur Werkstatt ausleiht. Wer es bequemer möchte, läßt sie vom Autoglaser montieren (es dürfte nicht die Welt kosten . . .).

39. Schiebefenster werden genau wie feststehende Scheiben eingebaut. Am Scheibenrahmen sitzt eine Dichtlippe, die in gleicher Weise wie zuvor die Scheibe im Dichtgummi eingesetzt wird.

37. Die Scheibe wird nun gleichmäßig in den Gummirahmen eingedrückt. Mit einer Schraubendreherklinge hebelt man den Rand des Gummis um, bis die Scheibe richtig im Dichtprofil sitzt.

40. Der fertige Umbau besticht durch deutlich bessere Sichtverhältnisse und Belüftung.

Aufpolieren matter Lacke ●

Lacke verlieren irgendwann ihren „ladenneuen" Glanz, auch wenn nirgends Rostbefall festzustellen ist und der Lack auch absolut unbeschädigt ist. Normale Polituren helfen bald nicht mehr, so daß schärfere Mittel nötig sind. Sie bringen oft erstaunliche Ergebnisse und verwandeln angegammelte Altwagen in präsentable Lieberhaberfahrzeuge – ein Trick, den sich viele Gebrauchtwagenhändler zunutze machen!

Der Lack bleicht durch Sonneneinwirkung auf die oberste Lackschicht aus (Sonne mattiert die Farbpigmente, vor allem bei Rot-, Orange- und Gelbtönen, die besonders bleichanfällig sind) und wird durch diesen Oxidationsprozeß stumpf und matt.

Viele handelsübliche Polituren enthalten leichte Schleifzusätze, so daß beim Polieren stets auch eine mikroskopisch dünne Lackschicht abgetragen wird. Daher färbt sich das Poliertuch im Lackfarbton ein. Mit Spezialmitteln, die stärkere Lackschichten (wenn auch noch im Mikronbereich) abtragen, kann man auch stark verblichenen und mattierten Lacken zu Leibe rücken.

Diese Schleifpoliturpasten wirken wie Schleifpapier; je gröber die Körnung, desto stärker die Abtragwirkung; allerdings entstehen dann auch kräftigere Riefen. Wie beim normalen Schleifen müssen auf die Politur mit groberer Paste weitere Durchgänge mit feinerer Paste folgen, bis wieder optimaler Glanz erreicht ist. Vorsicht beim Polieren relativ dünner Lackschichten! Man bricht dabei nur allzuschnell durch; die durchpolierte Stelle erscheint dann als scheinbar schwarzer Ring. Diese Polierpasten sind fast ausschließlich im Farbengroßhandel erhältlich (dort verkauft man aber im Prinzip an jeden). Die im Do-it-yourself-Bereich üblichen Polierpasten sind meist zu feinkörnig, um mehr als nur ganz leichte Mattierungen damit aufpolieren zu können (sofern man nicht ewig polieren will!).

Lackverfärbungen können auch durch „Fallout" aus den Schornsteinen nahegelegener Industrieanlagen verursacht werden, der sich auf dem Lack niederschlägt. Dieser Niederschlag ist oft noch in größeren Entfernungen festzustellen. Derartige Schäden müssen unbedingt im Anfangsstadium wegpoliert werden, sonst setzen sie sich zu tief im Lack fest. Bei starker Verunreinigung aus der Luft waschen Sie den Wagen mit einer 10%igen Oxalsäurelösung. Bei Lagerung und Umgang mit Säuren sind natürlich die entsprechenden Sicherheitsmaßregeln zu beachten (Gesichts- und Handschutz usw.).

42. Als letztes wird mit feinerer Polierpaste nachpoliert (wie beim Umgang mit Schleifpapier), um minimalste Polierriefen zu entfernen und tief glänzenden Lack zu erzeugen. Feuchten Sie das Poliertuch an und wringen Sie es aus, so daß es nur noch schwach feucht ist; es nimmt die Polierpaste dann nicht so schnell an.

41. Poliergeräte stehen nur selten zur Verfügung; meist poliert man daher mit Muskelschmalz. Stärkere Ausbleichungen oder Eintrübungen werden am besten mit Polierschleifpaste bearbeitet (auch Orangenhaut kann damit trefflich nachbehandelt werden!). Statt gröberer Polierpasten (deren Wirkung man fast schon am Schleifgeräusch wahrnimmt!) sollte man lieber auf feinere Körnungen zurückgreifen. Sie erfordern zwar mehr Aufwand, doch läuft man damit nicht Gefahr, den Lack durchzupolieren, was vor allem an Kanten und Karosseriekonturen passieren könnte. An diesen Stellen poliert man also besonders behutsam.

Wischen sie die Paste mit einem sauberen Tuch ab und polieren Sie damit den Lack nach. Wenden Sie das Tuch regelmäßig, damit sich die Politur nicht allzusehr auf einem Fleck sammelt. Polieren Sie immer nur relativ kleine Flächen. Polieren von Hand ist recht mühsam und erfordert ziemlichen Kraftaufwand, also beschränken Sie sich auf kleinere Flächen. Polieren Sie NUR in geraden Zügen in Karosserierichtung; bei kreisendem Polieren entstehen Drehmarken.

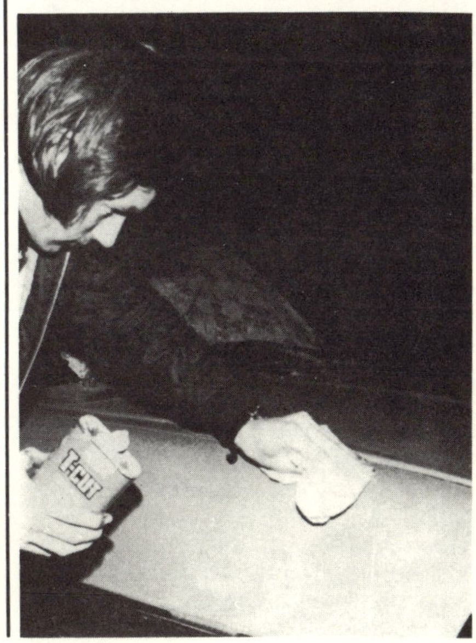

43. Hier wird die Polierpaste mit einem Profi-Poliermop aufgetragen (das Polieren geht damit bis zu 10mal so schnell). Zur Handhabung des Mop ist aber eine gewisse Routine erforderlich, damit man den Lack nicht durchpoliert oder Brandstellen verursacht. Die Poliergeräte sind nicht teuer und werden mit Druckluft betrieben, ihr Luftverbrauch ist allerdings recht hoch (zumindest im Vergleich zu anderen üblichen Druckluftgeräten); derartige Luftdurchsätze sind nur mit den wenigsten Heimwerker-Kompressoren aufzubringen.

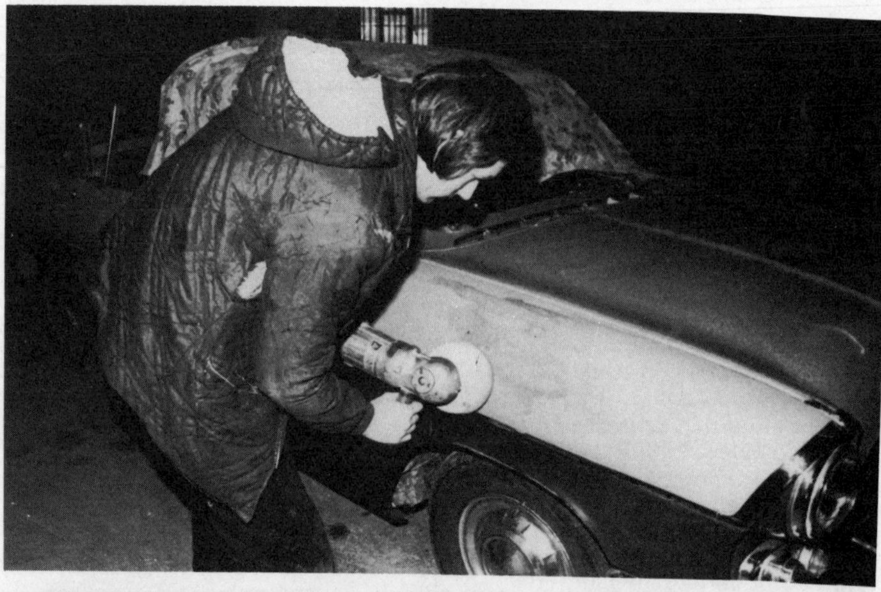

44. Elektrogeräte sind etwa um die Hälfte teurer, können aber auch gemietet werden. Man kann auch eine weiche Unterlage mit Schaffellauflage in die Bohrmaschine einspannen (für jede Politurkörnung ist dann eine eigene Fellauflage erforderlich). Die Bohrmaschinendrehzahlen sind für Polierarbeiten eigentlich zu hoch – also ist auch bei langsamster Drehzahl Vorsicht vor Brandstellen im Lack geboten; halten Sie den Mop also ständig und mit minimalem Auflagedruck in Bewegung. Sie schonen damit auch die Bohrerlagerung, die für Seitenkräfte nicht ausgelegt ist.

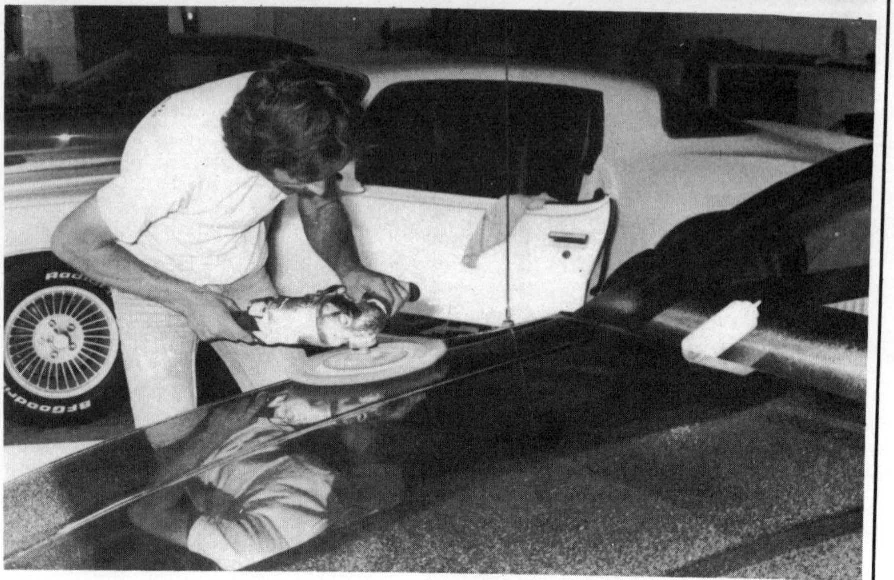

Hinweise zum Polieren

- Polierpaste wird mit Wasser verdünnt oder mit angefeuchtetem Lappen bzw. Mop (Vorsicht bei Arbeit mit Elektrogeräten) und beim Trocknen der Politur mit noch weniger Druck aufgetragen.
- Vorsicht beim maschinellen Polieren scharfer Rundungen und Kanten; diese Stellen sollten ggf. ebenso wie die Bereiche um Türgriffe u.ä., wo man mit dem Mop nicht hinkommt, von Hand poliert werden.
- Poliermop immer sauber halten. Übermäßige Farb- und Politurrückstände erhöhen die Reibung am Anlagepunkt und damit die Gefahr von Brandstellen.
- Finger weg von Ersatzstoffen! Polierpasten bestehen aus lackunschädlichen Materialien. Metallpolituren und andere schmirgelnde Polituren, die für andere Zwecke gedacht sind, ruinieren dagegen den Lack nur allzu leicht.
- Vorsicht beim Polieren von Metalliclacken – nur leicht polieren. Bei zu starkem Farbabtrag „separiert" sich der Metallicanteil; das Finish könnte dann nur durch Neulackieren wieder aufgebaut werden.
- Tragen Sie zuletzt stets eine hochwertige Wachspolitur zur Vertiefung des Glanzeffekts und Schutz der Oberfläche auf. Wachsen bzw. polieren Sie Neulacke erst nach mindestens vier bis fünf Wochen, sonst werden sie matt (durch Absorption des Wachses) oder zeigen Wasserflecken.
- Decken Sie beim maschinellen Polieren die Scheiben ab und ziehen Sie alte Kleidung an, denn beim Polieren wird reichlich Politur durch die Gegend gewirbelt.

Zierstreifen und Abziehbilder ●

Abziehbild-Graphiken sind heute auf zahlreichen US-Fahrzeugen und auch vielen europäischen Modellen zu finden. Manchmal werden sie statt der früher üblichen Chromschriftzüge angebracht, oft aber nur als besonderer Akzent auf der Karosserie. Auch nachträglich werden Abziehbildgraphiken aus Gründen der Optik oder gar zur Ausbesserung abgeblätterter oder verblichener Abziehbilder angebracht, angeblich bringen sie das „gewisse Etwas" heraus. Sie sind als Zubehör im Kfz-Zubehörhandel oder als Originalzubehör beim Vertragshändler erhältlich und können dort genau wie andere Autoteile bestellt werden.

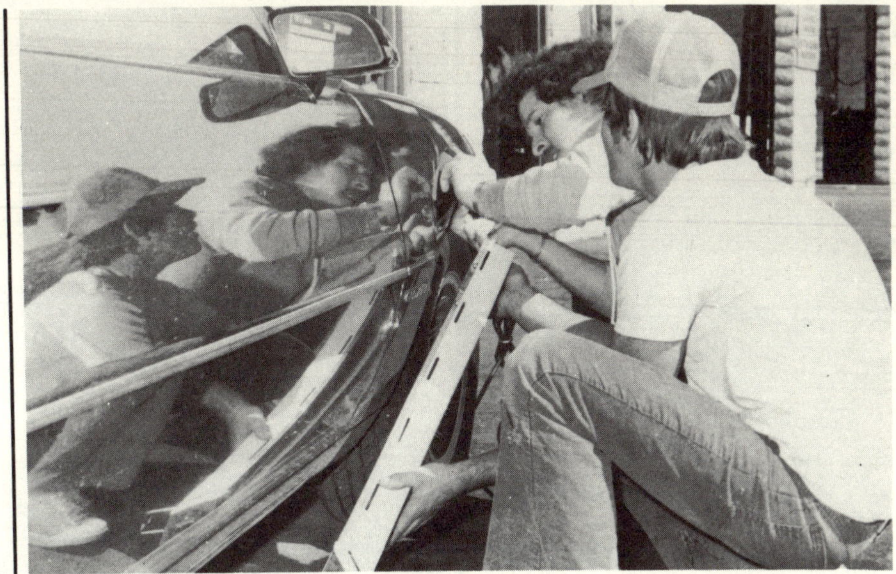

46. Der Klebegummi der Zierstreifen bzw. Abziehbilder soll angewärmt werden. Am besten hält ein Helfer den Heizstrahler, während man die alten Reste abzieht.

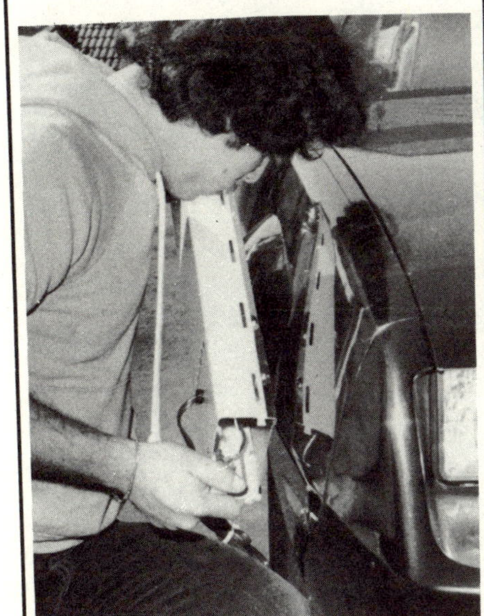

45. Zur Erneuerung alter Zierstreifen oder Abziehgraphiken müssen zuerst die alten Teile entfernt werden, ohne den Lack zu beschädigen. Wärmen Sie den Streifen mit einem Heizstrahler (siehe Bild) oder einer Heißluftpistole an. Auch auf maximale Heizleistung eingestellte Föns helfen zur Not.

47. Die Kleberrückstände werden mit Lösungsmittel abgewischt. Verwenden Sie hierfür aber keinen Nitroverdünner, der mit dem Lack reagieren könnte!

48. Vor dem Aufbringen der neuen Zierstreifen oder Aufkleber bzw. nach Entfernen der alten Reste wischt man mit Silikonentferner alle Kleberrückstände ab. Spiritus eignet sich genau wie Silikonentferner hervorragend und reagiert obendrein mit praktisch keiner Lacksorte.

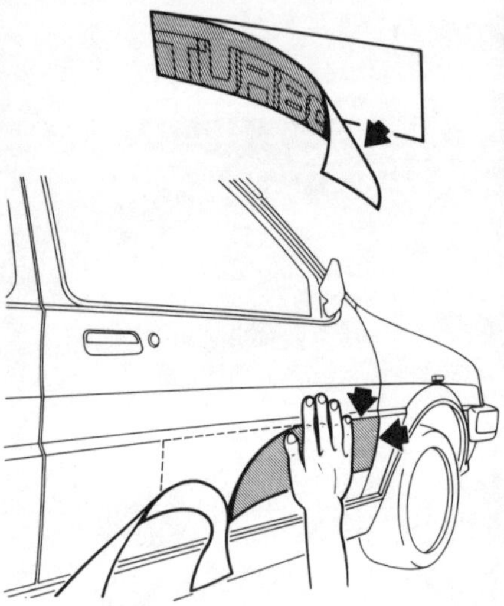

49. Die Schutzfolie von der Rückseite des Aufklebers wird abgezogen, der Aufkleber genau (denn er läßt sich hinterher kaum noch verschieben) aufgelegt und blasenfrei angedrückt (und die Schutzfolie dabei nach und nach abgezogen).

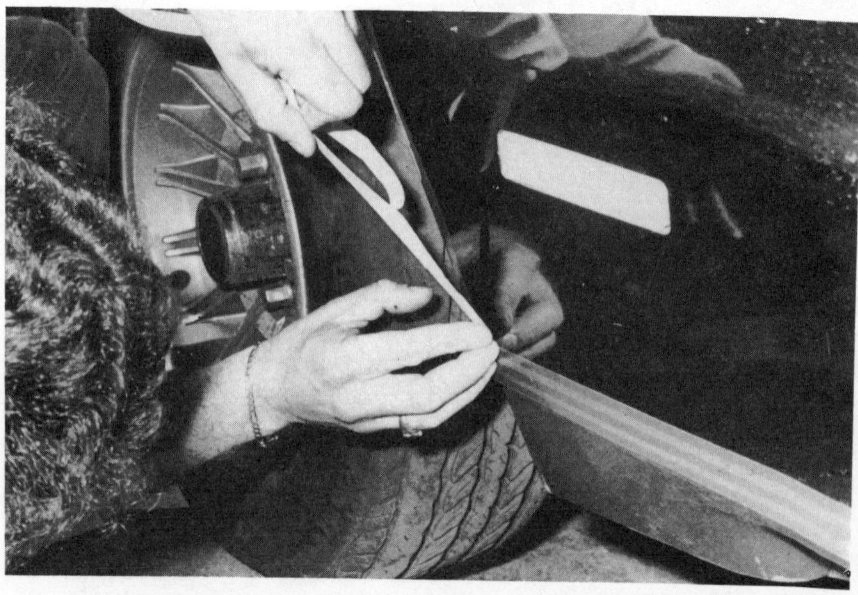

50. Die Zierstreifen legt man genauso auf, läßt jedoch etwas Überstand an den Enden.

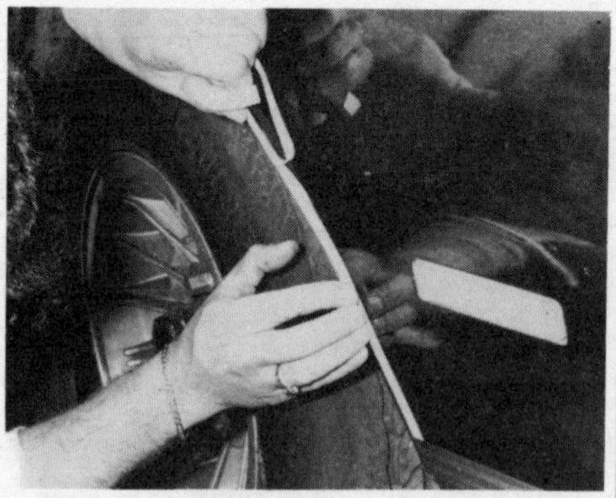

51. Drücken Sie den Streifen vorsichtig an . . .

52. . . . und legen ihn nach und nach um alle Rundungen. Verläuft der Streifen gerade am Fahrzeug entlang, legen Sie ihn ca. 300 mm vom einen Ende aus an, ziehen die Unterlage ein Stück weit vom Bandrücken ab und drücken den nächsten Abschnitt an (z.B. bis zur Türkante). Kleben Sie auf diese Weise den Streifen Stück für Stück auf, achten Sie aber ständig auf geraden Verlauf der Linie. Dann streichen Sie das Band durchgehend glatt.

53. Wie hier zu sehen, müssen Luftblasen mit einem Gummistück, einem sauberen Tuch oder der Hand aus dem angeklebten Streifen herausgedrückt werden. Schnittkanten werden mit dem Bleistift exakt angezeichnet.

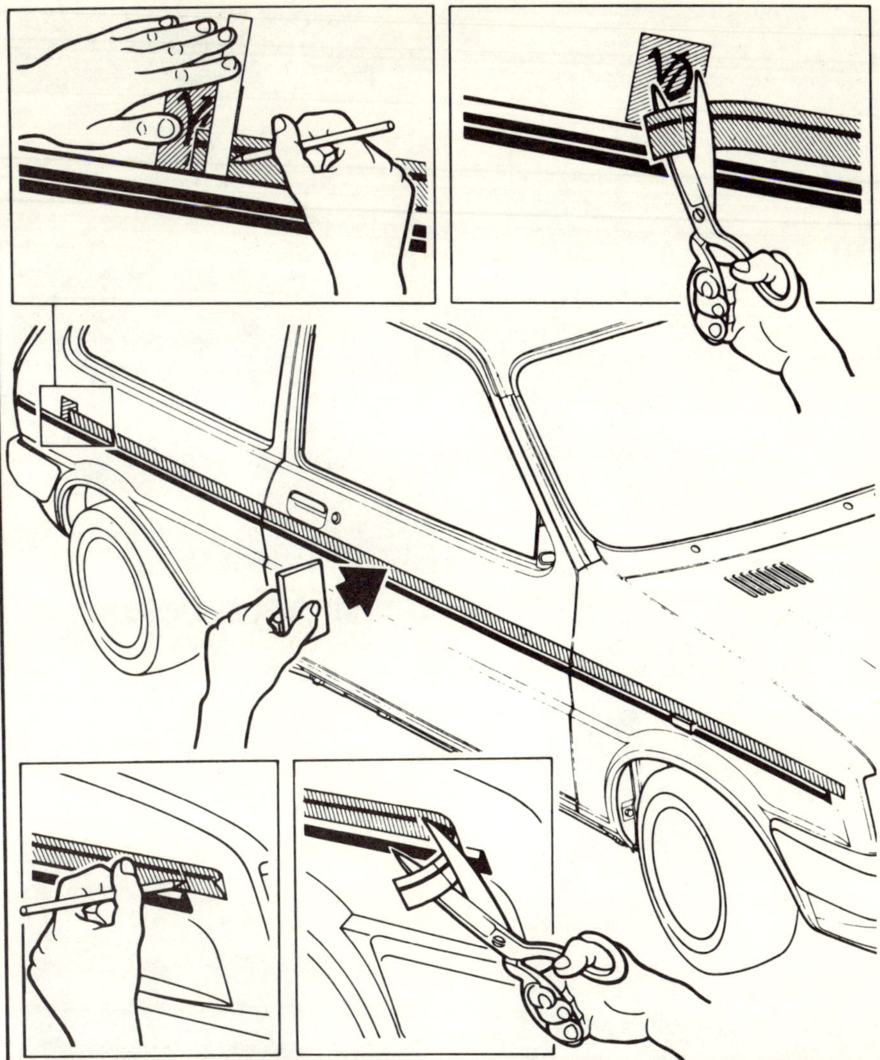

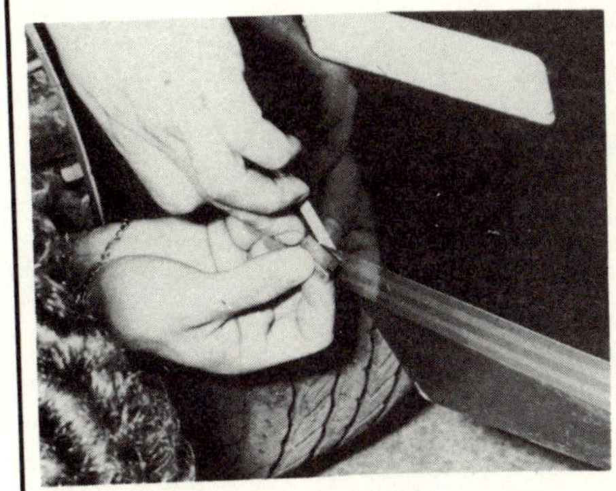

54. Auch mit einer Rasierklinge oder einem Bastelmesser ist präzises Zuschneiden möglich.

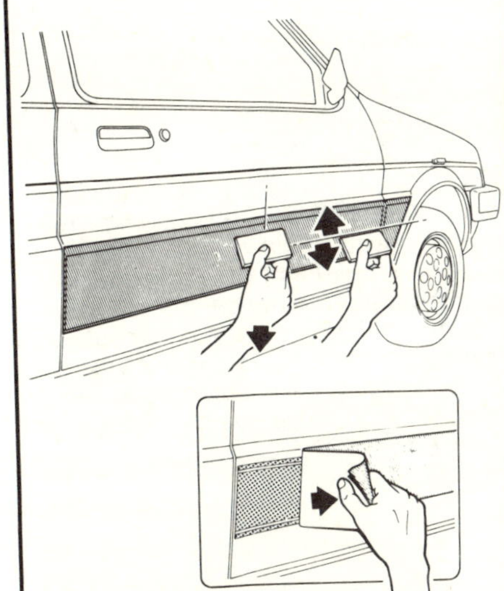

55. Beim Aufkleben eines Abziehbildes oder Aufklebers ist es besonders wichtig, Luftblasen herauszustreichen. Dann ziehen Sie die Deckfolie (die oft transparent ist) von der einen Ecke aus ab.

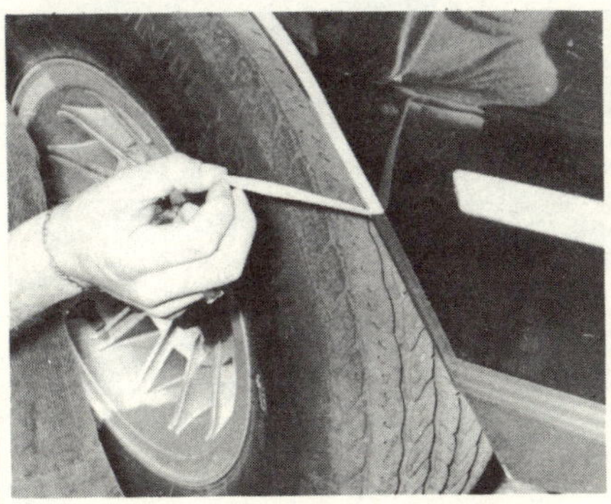

56. Dünne Streifen lösen sich beim Abziehen der Deckfolie ab und zu mit ab. Trennen Sie beide Folien voneinander, drücken Sie den Streifen wieder an und ziehen Sie die Deckfolie dann weiter ab. Verläuft der Streifen über zwei oder mehr Bleche, brauchen Sie ihn nicht an jedem Übergang abzuschneiden, sondern können ihn getrost über die Spalte hinwegziehen und hinterher zuschneiden.

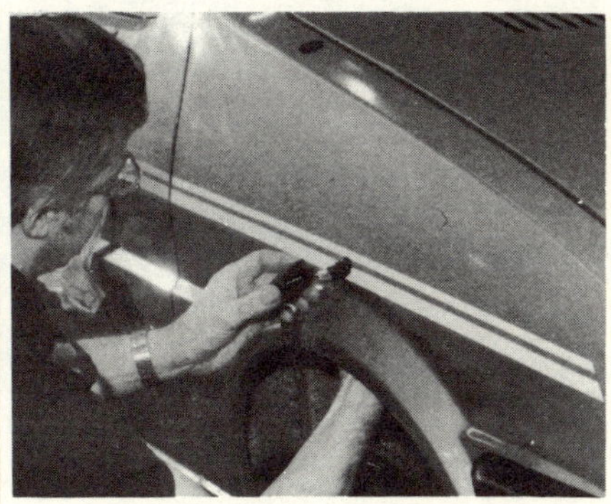

57. Sitzen die Abziehbilder hinter Blink- oder Standleuchten, bauen Sie die Leuchte ab, schneiden die Aussparung aus dem Abziehbild zu und bauen die Leuchte wieder ein.

Anbau von selbstklebenden Zierteilen

58. Vor dem Erneuern selbstklebender Zierteile entfernt man alle Fett- und Schmutzspuren auf dem Blech. Außer Silikonentferner wäre auch Spiritus hierfür geeignet. Verdünner ist natürlich meist tabu – sofern man nicht auch den Lack entfernen will!

59. Messen Sie die Lage des Zierteils genau anhand der anderen Wagenseite oder eines identischen Modells aus. Um die Zeichenmarkierungen hinterher leicht entfernen zu können, zeichnen Sie die Stelle mit wasserlöslichem Filzschreiber an.

60. Dieser Schriftzug wird mit doppelseitigem Klebeband befestigt. Klebeband wird rollenweise verkauft; vielleicht bekommt man aber beim Karosseriebetrieb auch ein kürzeres Stück. Ziehen sie die eine Schutzfolie ab, legen Sie das Band am Schriftzug an und ziehen dann die zweite Schutzfolie von der Rückseite des Bandes ab.

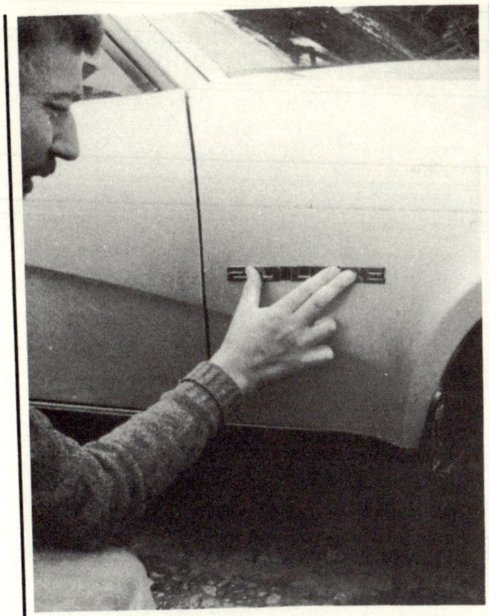

61. Setzen Sie den Schriftzug richtig an (hinterher läßt er sich kaum noch entfernen – und wenn doch, hält er danach nicht mehr richtig) und drücken Sie ihn fest.

Auffrischen von Stahlfelgen ●

Stahlfelgen führen ein unauffälliges Schattendasein. In gutem Zustand werten sie die Fahrzeugoptik aber sehr auf, bei vergammelten Rädern wirkt dagegen der ganze Wagen oft schmuddelig.

Scheibenfelgen sind unerbittlichem Steinschlag-Dauerfeuer und auch sonst allen Unbilden des Straßenschmutzes ausgesetzt, der aus kürzester Entfernung auf sie einprasselt. Zum Lackieren verwendet man daher möglichst spezielle Felgenlacke – normale Lacke halten nicht lange.

62. Zwei- oder mehrfarbige Räder erfordern erheblichen Aufwand beim Abkleben. Versuchen Sie gar nicht erst, alle Rundungen und Winkel sauber abzukleben. Kleben Sie die Übergänge der beiden Farbtöne ab, streichen Sie das Klebeband fest, so daß es auch beim nächsten Schritt richtig haftet, und schneiden Sie es mit einem scharfen Bastelmesser entlang der Übergänge ab. Dann ziehen Sie das überschüssige Klebeband ab. Damit Sie dies nicht zweimal wiederholen müssen, können Sie den ersten Farbton ohne Abkleben spritzen und erst vor dem zweiten Durchgang abkleben.

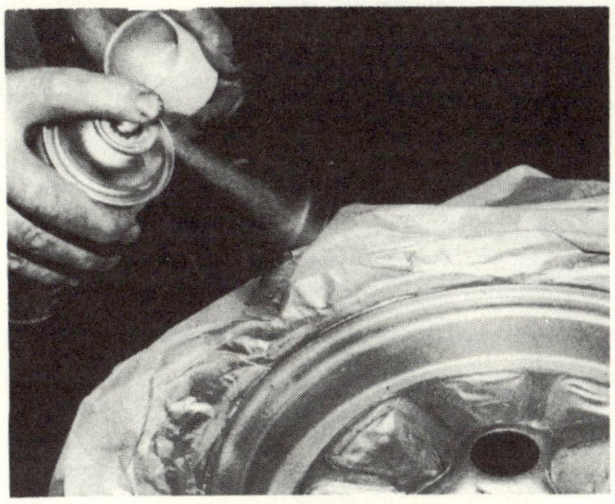

63. Die Flächen zwischen den Ausschnitten im Klebeband sind in gewohnter Weise natürlich viel leichter abzukleben. Suchen Sie den Farbton überlegt aus. Silber sieht oft zu hell und auffallend aus; Stahlfarben (die als solche erhältlich sind) sind für Stahlfelgen meist wesentlich besser geeignet.

64. Für Felgen gelten bei Lackvorbereitung, Schleifen und Grundierung dieselben Richtlinien wie für andere Karosserieteile. Roststellen müssen gründlich beseitigt und die betroffenen Flächen mit Rostumwandler behandelt werden, damit der Rost nicht allzu bald wieder zum Vorschein kommt.

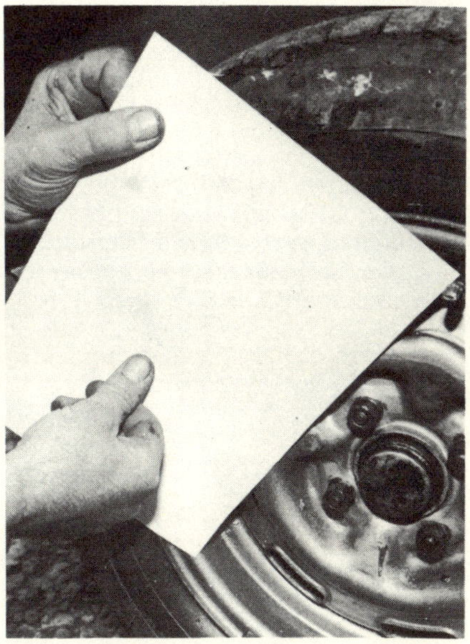

65. Montierte Räder lassen sich rasch auffrischen, indem man sie wie empfohlen säubert und aus Pappe eine Spritzschablone improvisiert. Legen Sie die Pappe dicht am Felgenrand an und drücken Sie die Umrisse des Randes durch Daumendruck auf dem Karton ab. (Ölige „Werkstattfinger" sind in diesem Fall sogar von Vorteil)

66. Dann schneiden Sie die Pappe am Kurvenabdruck entlang mit einer Schere aus.

67. Diese Pappschablone drücken Sie an der Felge an und sprühen das Rad nach und nach. Die Schablone ziehen Sie beim Spühen mit am Felgenrand entlang. Kommen dennoch Farbspuren auf den Reifen, ist dies nicht weiter schlimm: mit Reifenfarbe lassen sie sich überlackieren (verschwindet die Reifenfarbe durch Abrieb, verschwinden die Farbspuren mit).

Alufelgen erhalten zum Schutz eine dünne Schicht Klarlack; bei Oberflächenkorrosion (wie sie nur zu oft vorkommt) läßt man sie am besten von einem Spezialbetrieb aufpolieren und mit Versiegelungslack beschichten. Diese Versiegelung ist regelmäßig zu erneuern.

Innenausstattung – Reparatur und Instandsetzung ●

Die Innenausstattung gehört zwar – streng genommen – nicht zur Karosserie, doch möchte man ja bei Arbeiten am Äußeren des Wagens gern auch das Innere etwas in Ordnung bringen. Daher bringen wir im folgenden einige Hinweise zum Auffrischen von Sitzen, Bodenteppichen und Türverkleidungen. Der Ausbau diverser Türgriff Bauarten wird übrigens im Abschnitt ,,Demontage der Türeinbauten“ in Kapitel 9 beschrieben.

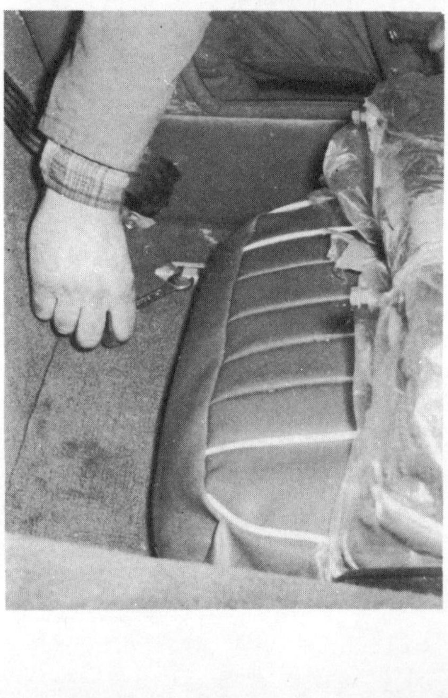

68. Die Sitze sind meist mit dem Wagenboden verschraubt. Bei Sportwagensitzen ist die Unterseite oft etwas schwer zugänglich; zum Lösen der hinteren Schrauben muß in der Regel der Sitz vor- und zum Lösen der vorderen Schrauben zurückgeschoben werden. Besondere Probleme bereiten festgerostete Schrauben. Sprühen Sie sie mit reichlich Rostlöser ein oder erwärmen Sie die Schraubstellen (aber Vorsicht vor Benzinleitungen unter dem Wagenboden oder brennbaren Polsterstoffen). Als letzte Möglichkeit bohrt man die Schrauben aus und dreht neue ein (möglichst verzinkte Schrauben).

69. Oft verlieren die Sitzbezüge ihre Form, ohne daß der Sitz beschädigt wäre. Manchmal sind auch die Bezüge eingerissen oder die Nähte aufgeplatzt. Mit neuen Bezügen von Spezialbetrieben oder besser erhaltenen aus einem Teilefahrzeug können die Sitze leicht renoviert werden (Überziehbezüge aus dem Zubehörhandel werden hier nicht behandelt, da ihre Montage wirklich zu einfach ist). Hier wurde der alte Bezug bereits entfernt und eine dünne Schaumstoffauflage an Schulterstützen, Rückenlehne und Sitzkern aufgeklebt.

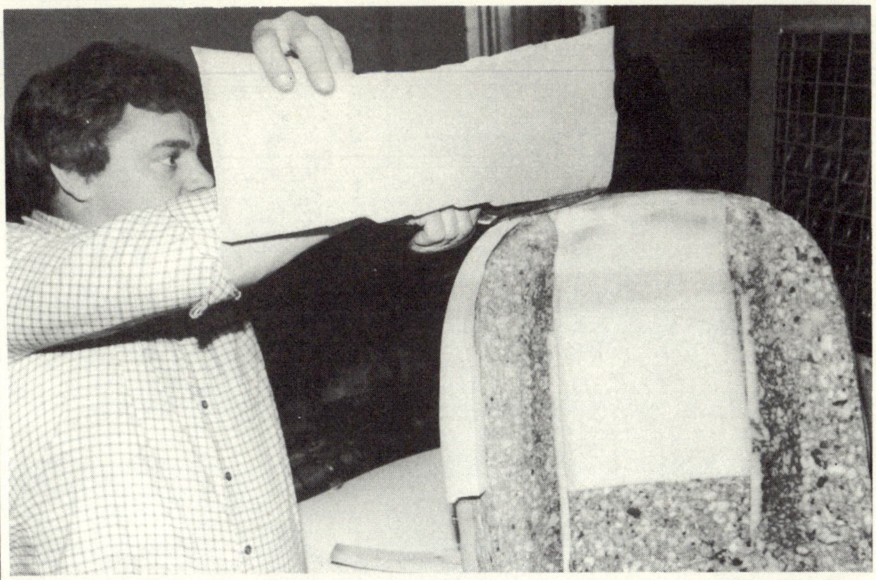

70. Dann klebt man eine aufgeschlitzte Plastiktüte auf der Rückenlehne auf, so daß sich der neue Bezug aufziehen läßt, ohne an der Schaumstoffauflage hängen zu bleiben.

71. Dann ziehen wir den Bezug auf die Lehne auf und streichen dabei alle Falten und Wülste sorgfältig glatt. Zur Befestigung des Bezugs verwendet man möglichst die originalen Klammern des Herstellers und bringt sie wieder auf dieselbe Weise wie beim alten Bezug an.

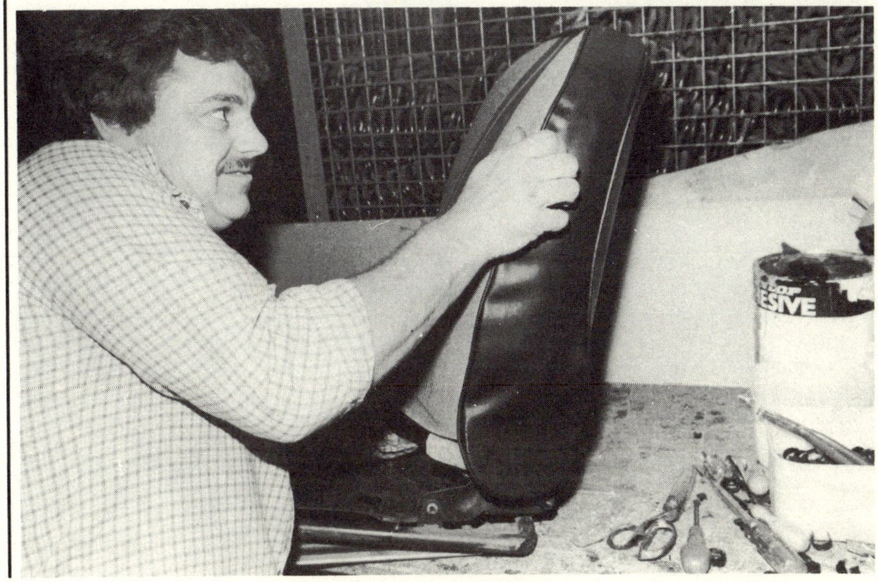

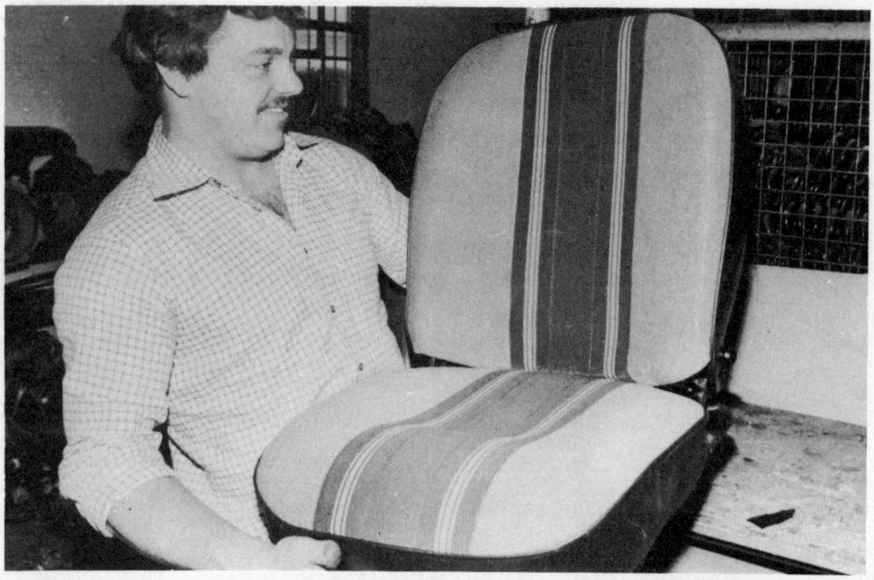

72. Der neubezogene Sitz wirkt genauso glatt und straff wie ein neuer Sitz, vor allem wenn auch erlahmte Federkerne und durchgesessene Gummiauflagen mit erneuert werden.

73. Ledersitze wirken – auch durch ihren charakteristischen Geruch – einmalig gediegen, sind aber äußerst schwer zu reparieren. Die Lederbezüge werden in gleicher Weise wie Stoffbezüge entfernt und aufgeplatzte Nähte entlang der originalen Nahtdurchstiche neu vernäht. Auch Reparaturstücke aus gebrauchten Sitzen können mit viel Geschick eingesetzt werden. Zum Vernähen sollten Sie nur stabiles Polstergarn verwenden.

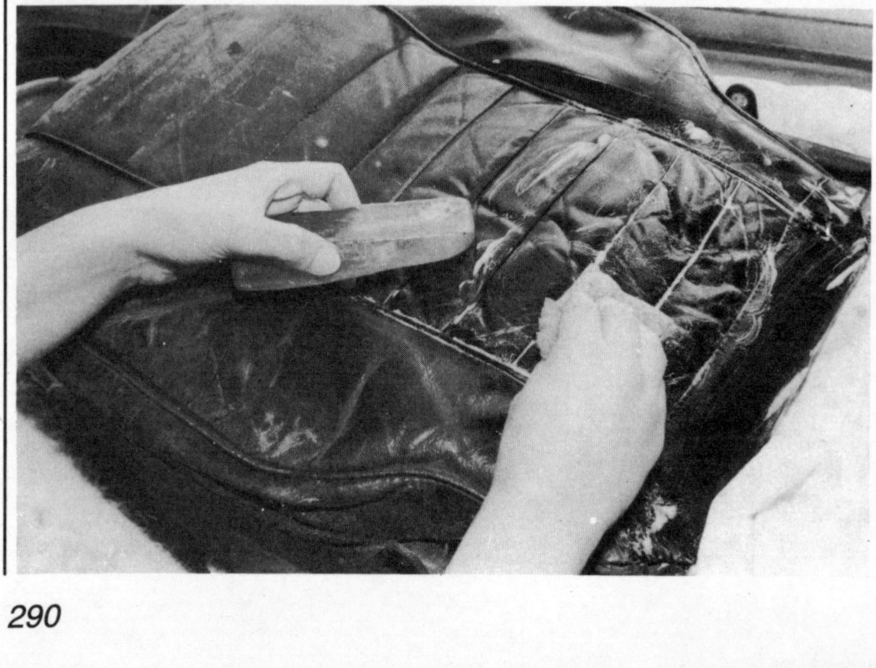

74. Altes Leder kann mit speziellen Pflegemitteln gereinigt werden und erhält dann mit „Ledernahrung" wieder seine ursprüngliche Elastizität, so daß es nicht wieder Brüche entwickelt. Pflegesätze zum Nachfärben, die den Ledersitzen fast neuwertiges Aussehen verleihen, sind von Spezialisten („Connollys" sind die bekanntesten – Adressen siehe Kleinanzeigenteil der Veteranenfachblätter) erhältlich.

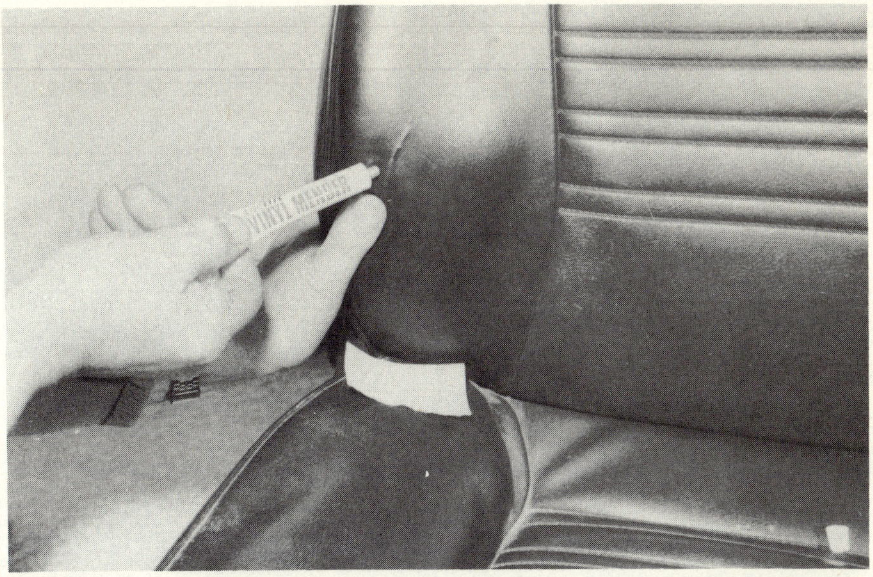

75. Auch Vinyl- bzw. Kunstlederbezüge reißen infolge Alterung ein. Leichtere Risse können nach Anrauhen der Rißkanten mit feinem Schleifpapier durch Einstreichen mit Vinylkleber (in Läden für Kfz- oder Hobbybedarf erhältlich) repariert werden.

76. Größere Einrisse müssen von hinten unterlegt werden (vor allem an Stellen, an denen dahinter keine Polsterung liegt). Die Befestigungsklammern des Bezugs am Sitzrahmen werden hier mit einem Schraubendreher aufgebogen, so daß der Bezug gelöst werden kann.

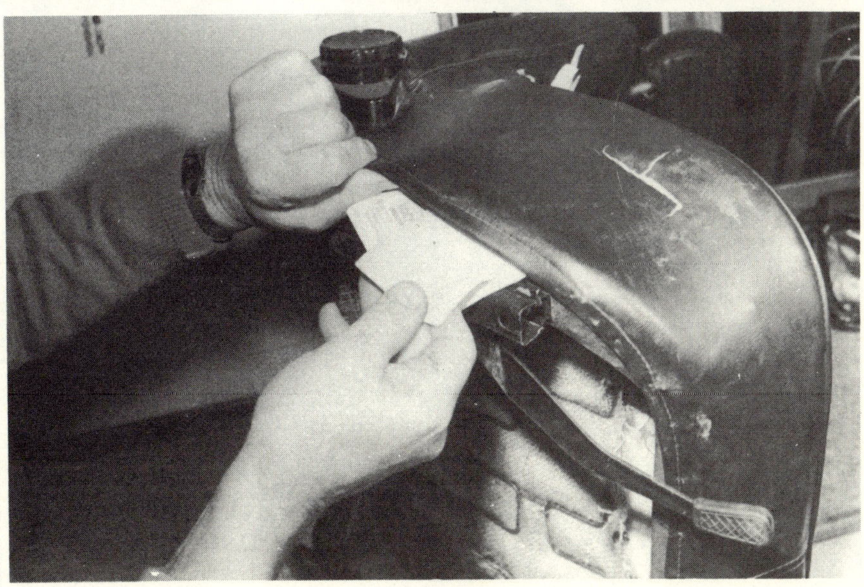

77. Dann schiebt man ein Stück Karton hinter den Riß, so daß auf diesem Karton ein Stück Kunstleder hinter dem Riß geschoben werden kann (es wäre sonst an der Polsterung hängengeblieben).

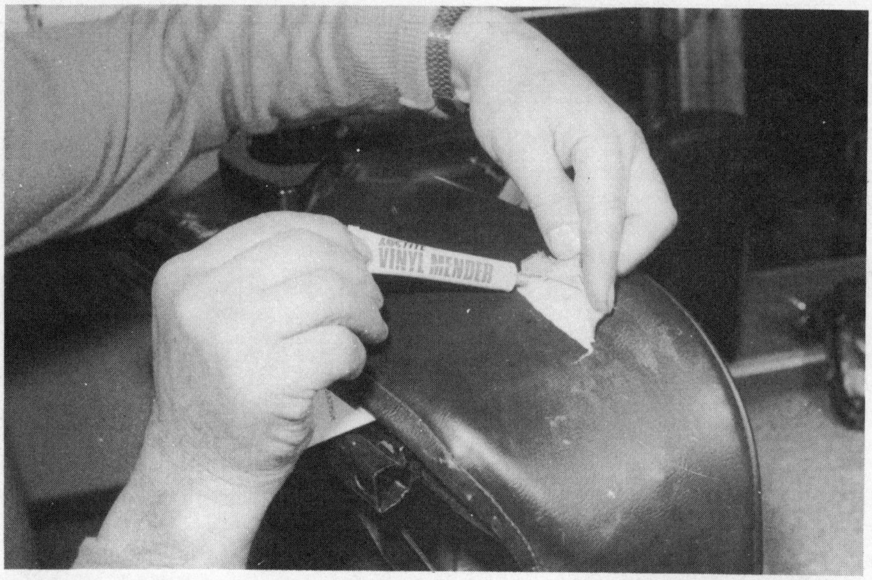

78. Nach dem Anrauhen der Rißkanten (siehe oben) hebt man die eingerissenen Stellen an und klebt das Kunstleder auf die dahinterliegende Unterlage auf.

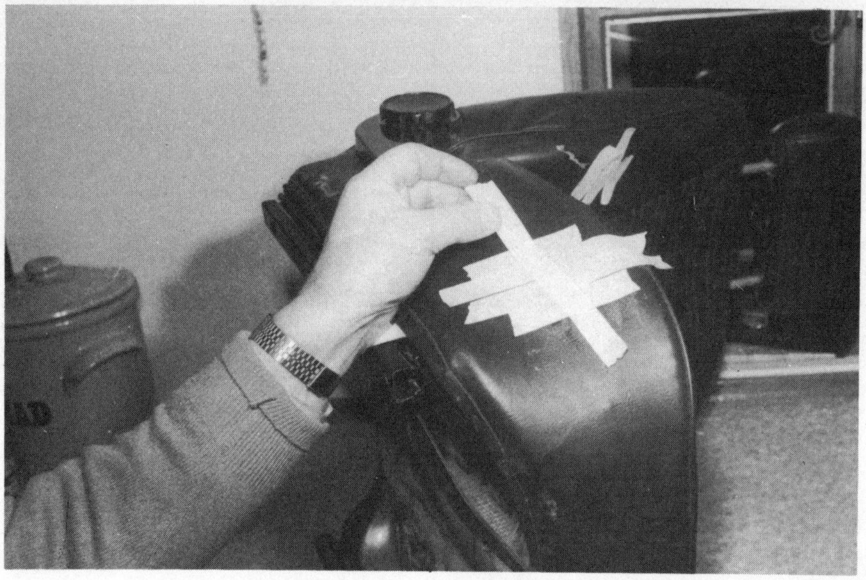

79. Mit Klebeband kann man die Rißstelle eng zusammenziehen und fixieren, bis das Klebemittel voll durchgetrocknet ist.

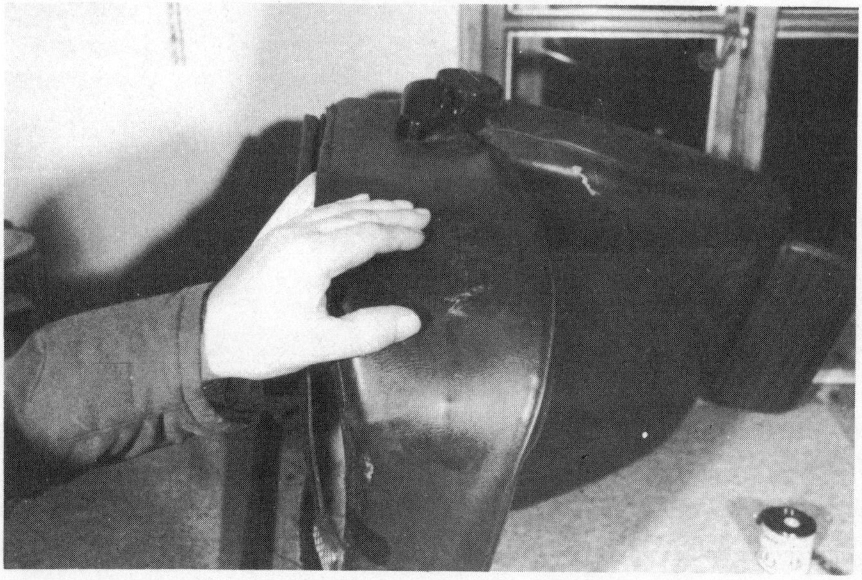

80. Die Reparaturstelle verschwindet damit zwar nicht, ist aber viel unauffälliger als ein gähnendes Loch.

81. Kunstlederbezüge werden nach und nach unmerklich stumpf; mit gründlicher Reinigung läßt sich der volle Glanz aber wieder herstellen. Hier wurde die rechte Sitzhälfte mit Pflegewachs behandelt; der damit erzeugte Glanz bleibt auch nach dem Trocknen erhalten. Außerdem erhält das Kunstleder damit zusätzliche Elastizität.

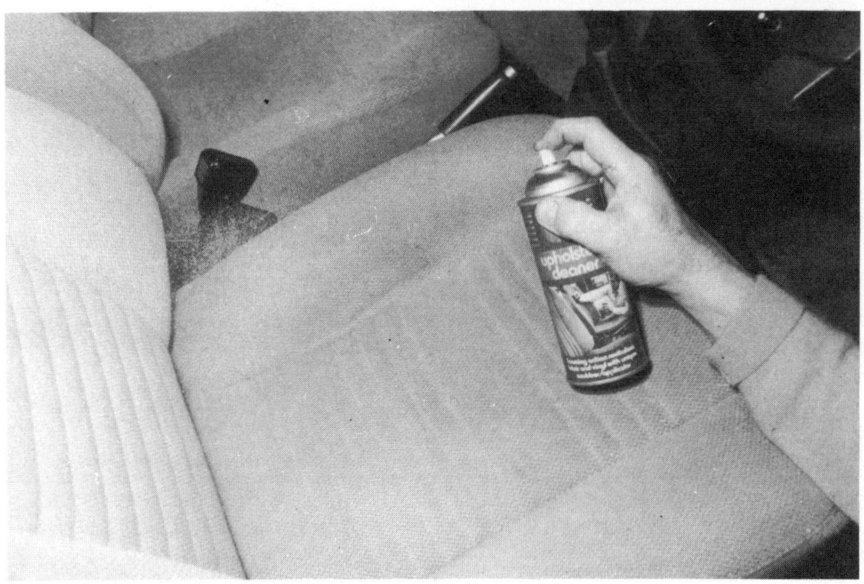

82. Stoffbezüge sind oft schwieriger zu reinigen – vor allem, weil sie den Schmutz eher annehmen. Kratzen Sie zuerst etwaige Schmutzreste mit einem stumpfen Messer von der Gewebefläche ab. Dann wird der Bezug mit Reinigungsspray eingespüht – aber nicht allzusehr, da durchnäßte Bezüge zum Schrumpfen neigen.

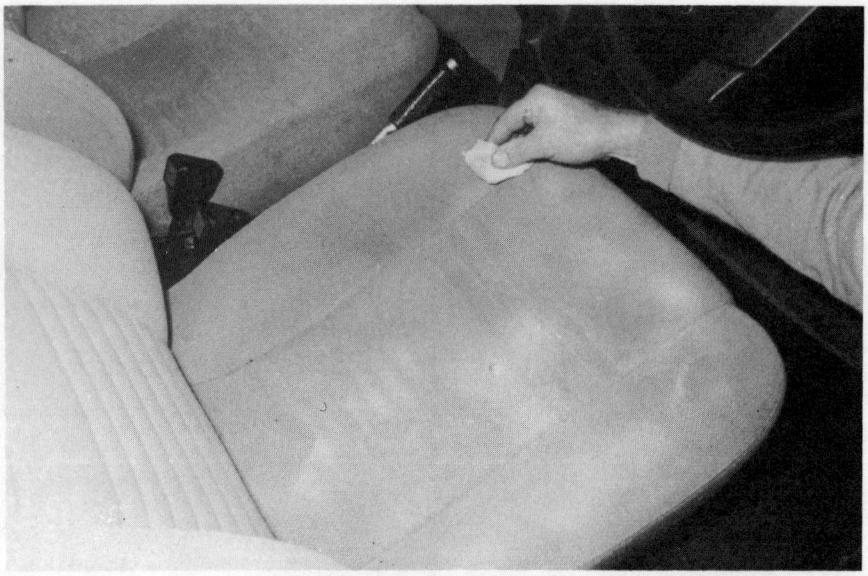

83. Dann wischen Sie den Reiniger mit einem sauberen Lappen ab. Hierdurch läßt sich erstaunlich viel Dreck entfernen; stark verschmutzte Sitze erfordern aber mehrere Durchgänge, bei denen man den Stoff zwischendurch stets trocknen läßt.

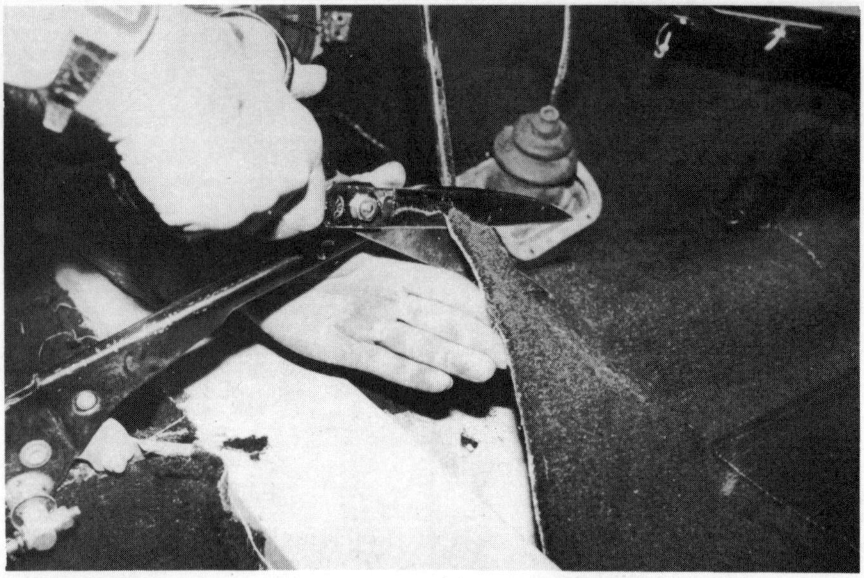

84. Bei Bodenteppichen gilt die Faustregel, daß man nur das für's Geld bekommt, wofür man zahlt, in besonderem Maße. Hochwertige Bodenteppiche vom Vertragshändler oder Spezialbetrieb passen meist wie angegossen, nur geringfügig billigere Teppiche erfordern dagegen oft überraschend viel Nacharbeit.

85. Die Bodenteppiche werden an Druckknöpfen befestigt, sonst verrutschen sie im Fußraum und stören mehr als sie nutzen. Die neuen (und ggf. zurechtgeschnittenen) Teppiche legt man im Fahrzeug aus und markiert die Lage des Befestigungsstiftes mit Kreide. Dann legen Sie den Zackenring oben auf den Teppich auf . . .

86. . . . so daß die Zacken durch den Teppich durchgedrückt werden.

87. Dann setzen Sie die Druckknopföse auf den Zacken auf und biegen diese mit einem Schraubendreher nach innen.

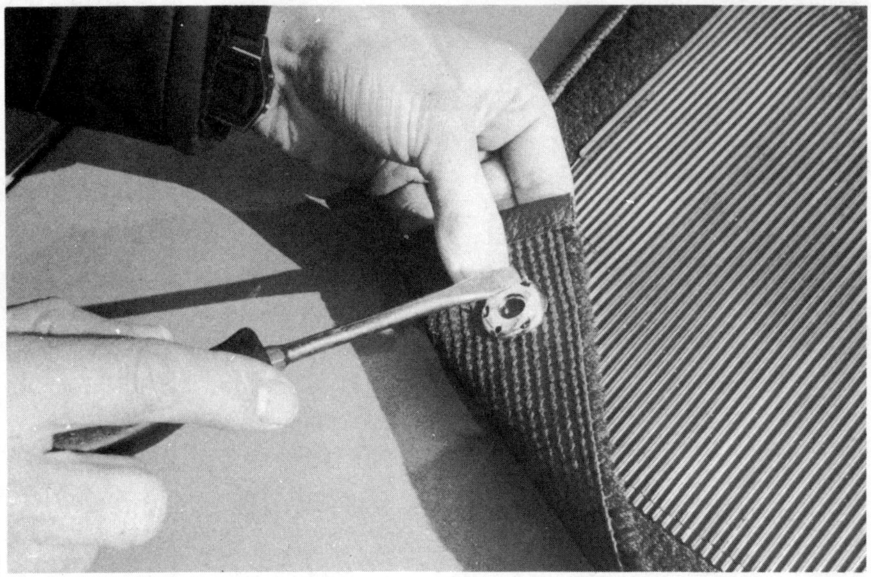

88. Die Befestigungsstifte auf dem Bodenblech fehlen vielleicht aus unerfindlichen Gründen. Neue Stifte kann man mit Blechschrauben oder Blindnieten leicht anbringen. Beim Einlegen von Isoliermatten unter den Teppichen müssen die Befestigungsstifte mit Sperrholzunterlagen höhergelegt werden.

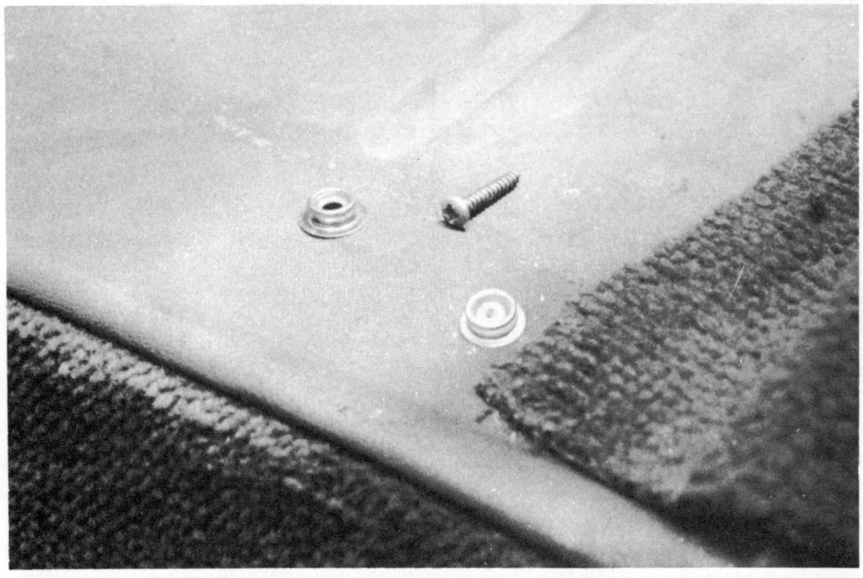

Schrader-Motor-Chronik · Schrader-Motor-Chronik · Schrader-Motor-Chronik · Schrader-

NSU Ro 80 und Wankel Spider
1964–77
ISBN 3-922617-49-2 Pp., 96 S.,
DM 39,–, Best.-Nr. 22049

Opel Olympia 1935–60
ISBN 3-922617-24-7 Br., 96 S.,
DM 28,–,
Best.-Nr. 22024

Peugeot 203/403/404 1948–72
ISBN 3-922617-18-2 Pp., 96 S.,
DM 39,–,
Best.-Nr. 22018

Porsche 911 mit Targa,
Carrera, Cabriolet 1963–86
ISBN 3-922617-27-1 Br., 96 S.,
DM 28,–, Best.-Nr. 22027

Porsche 356 1948–65
ISBN 3-922617-41-7 Pp., 96 S.,
DM 39,–,
Best.-Nr. 22041

Triumph TR2–TR8 1953–82
ISBN 3-922617-36-0 Pp., 96 S.,
DM 39,–,
Best.-Nr. 22036

VW Käfer Cabrio, Karmann Ghia,
Rometsch etc. 1949–80
ISBN 3-922617-15-8 Pp., 96 S.,
DM 39,–, Best.-Nr. 22015

die ständig wachsende Erfolgsreihe

Schrader Motor Chronik

BMW Motorräder Einzylinder R24
bis R27 1949–67
ISBN 3-922617-19-0 Br., 96 S.,
DM 28,–, Best.-Nr. 22019

DKW Motorräder 1949–58
ISBN 4-922617-47-6 Pp., 96 S.,
DM 39,–,
Best.-Nr. 22047

Horex Regina bis Imperator 1950–56
ISBN 3-922617-12-3 Pp., 96 S.,
DM 39,–,
Best.-Nr. 22012

Deutsche Seitenwagen-Motorräder
von Adler u. BMW bis Triumph und Zündapp
ISBN 3-922617-52-2 Pp., 96 S.,
DM 39,–, Best.-Nr. 22052

NSU Motorräder 1949 – 63
IBSN 3-922617-32-8 Pp., 96 S.,
DM 39,–, Best.-Nr. 22032

Vespa Motorroller mit Vespa 400
und Piaggio Dreirad 1948 – 86
ISBN 3-922617-25-5 Pp., 96 S.,
DM 39,–, Best.-Nr. 22025

Zündapp Motorräder 1947 – 84
ISBN 3-922617-37-9 Pp., 96 S.,
DM 39,–, Best.-Nr. 22037

Borgward Lastwagen 1947–61
ISBN 3-922617-23-9 Br., 96 S.,
DM 28,–,
Best.-Nr. 22023

Jeep – Willy's, Kaiser, AMC für
Straße und Gelände 1942–86
ISBN 3-922617-29-8 Pp., 96 S.,
DM 39,–, Best.-Nr. 22029

Mercedes-Benz Lastwagen und
Omnibusse 1947–61
ISBN 3-922617-38-7 Pp., 96 S.,
DM 39,–, Best.-Nr. 22038

Volkswagen Bulli
1949–67
ISBN 3-922617-09-3 Pp., 96 S.,
DM 39,–, Best.-Nr. 22009

Schrader-Motor-Chronik · Schrader-Motor-Chronik · Schrader-Motor-Chronik · Schrader-